全国优秀教材二等奖

“十二五”普通高等教育本科国家级

机电控制工程系列教材

Introduction to Control Engineering

(Fifth Edition)

控制工程基础

（第5版）

董景新　赵长德　郭美凤　陈志勇　刘云峰　李冬梅　编著

Dong Jingxin　Zhao Changde　Guo Meifeng　Chen Zhiyong　Liu Yunfeng　Li Dongmei

清华大学出版社
北京

内 容 简 介

该教材是在董景新等编著的《控制工程基础(第4版)》的基础上,适应线上线下混合式教学模式而编写的。该教材是采用纸质教材和数字化资源结合的新形态教材,既能保持纸质教材的结构逻辑严谨,又能发挥数字化资源的丰富直观。教材主要面向机械类、仪器类及其他非控制专业本科生。主要内容包括:控制系统的动态数学模型、时域瞬态响应分析、控制系统的频率特性、控制系统的稳定性分析、控制系统的误差分析和计算、控制系统的综合与校正、根轨迹法、计算机控制系统、控制系统的非线性问题,以及MATLAB软件工具在控制系统分析和综合中的应用、LabVIEW工具在控制系统分析和综合中的应用。该教材突出机械运动作为主要控制对象,并对其数学模型和分析综合重点做了介绍;着重基本概念的建立和解决机电控制问题的基本方法的阐明,并简化或略去与机电工程距离较远、较艰深的严格数学推导内容;引入和编写了较多的例题与习题,便于自学;该教材融入了有关的机电一体化新技术和新分析方法,可供相关领域的科技人员参考。同时,为了配合该教材的使用,还编写了《控制工程基础实验指导》和《控制工程基础习题解》以供选用。

图书在版编目(CIP)数据

控制工程基础/董景新等编著. —5版. —北京:清华大学出版社,2022.12(2024.7重印)
机电控制工程系列教材
ISBN 978-7-302-61440-1

Ⅰ. ①控… Ⅱ. ①董… Ⅲ. ①自动控制理论-高等学校-教材 Ⅳ. ①TP13

中国版本图书馆CIP数据核字(2022)第133662号

责任编辑:冯 昕 苗庆波
封面设计:常雪影
责任校对:赵丽敏
责任印制:刘 菲

出版发行:清华大学出版社
网 址:https://www.tup.com.cn,https://www.wqxuetang.com
地 址:北京清华大学学研大厦A座 **邮 编**:100084
社 总 机:010-83470000 **邮 购**:010-62786544
投稿与读者服务:010-62776969,c-service@tup.tsinghua.edu.cn
质量反馈:010-62772015,zhiliang@tup.tsinghua.edu.cn
印 装 者:定州启航印刷有限公司
经 销:全国新华书店
开 本:185mm×260mm **印 张**:27.75 **字 数**:671千字
版 次:1992年3月第1版 2022年12月第5版 **印 次**:2024年7月第4次印刷
定 价:78.00元

产品编号:092799-01

第5版前言

现代科技的发展使网络得到了极大的普及和完善，百年形成的近乎完美的采用纸质教材进行纯课堂教学模式受到挑战。同时由于新型冠状病毒疫情的长期性、复杂性，线上线下混合式教学模式应运而生，成为一种新的教学模式。该教材的第5版正是为了适应线上线下混合式教学模式编写的。该教材是采用纸质教材和数字化资源结合的新形态教材，既能保持纸质教材的结构逻辑严谨，又能发挥数字化资源的丰富直观。

该教材是在董景新、赵长德、郭美凤、陈志勇、刘云峰、李冬梅编著的获评全国首届教材建设奖优秀教材二等奖的《控制工程基础(第4版)》的基础上编写的。《控制工程基础(第4版)》自2015年1月正式面世已7年多。自第1、2、3、4版教材相继出版以来，随着"控制工程基础"课程在全国各高等院校的机械类、仪器类等非控制专业逐渐普遍开设，以及本教材声誉的不断提升，对教材的需求量也稳步增加。自出版以来根据需求该教材多次重新印刷，第1版11年时间累计印刷11次，印数达53000册；第2版5年多时间累计印刷10次，印数达60000册；第3版不到6年时间累计13次印刷，印数达64500册；第4版截至2021年已印刷17次，印数达74000册；截至2021年该教材总印数已达25.15万册。

"控制工程基础"课程相继被评为清华大学、北京市和国家级精品课程，国家级精品资源共享课；清华大学等院校将本课程确定为机械学院平台课。除本校使用该教材外，另有约100所兄弟院校的仪器仪表类和机械类专业将该教材选为教学教材和研究生入学考试参考书。随着需求量的增加，我们深感责任的加重，也促使我们对于教材的编写精益求精、与时俱进，于是结合教学模式的变化进一步编写了第5版教材。

第5版教材主要是融入了由加拿大Quanser公司开发的Controls数字化动画素材(用手机扫分布在纸质教材有关章节内容处的二维码即可观看)。与此同时各章相关内容也做了或多或少的补充和修改，以更好地做到纸质教材和数字化资源相互配合达到更好的教学和自学效果。

另外，根据实际工程和科研的基本需求和多年的教学经验，在各章节内容论述上继续力求概念表达清楚准确，加强对问题的归纳说明，同时对由于技术发展现在已较少应用的上一版 M 圆、N 圆、尼科尔斯图等内容予以删除，也适当增加了工程实用的一些内容。

全书由董景新教授整理统编。

该教材广泛参考了国内外同类教材和其他有关文献,保持并突出以下特点:

(1) 突出机械运动作为主要受控对象,并对其数学模型和分析综合内容重点介绍;

(2) 对自动调节原理基本内容表达清楚,着重于基本概念的建立和解决机电控制问题的基本方法的阐明,并简化或略去与机电工程距离较远、较艰深的严格数学推导内容;

(3) 引入和编写较多的例题及习题,便于自学;

(4) 反映机电一体化新技术和新分析方法。

对于属于该书领域的非基本内容,但在本领域文献中时有出现的较为繁难的部分,该教材中也作了一定简要介绍,其有关章节前注以"*"号。

在教材的编写中,得到加拿大 Quanser 公司中国区经理王薇女士的热情支持和帮助,特此致谢!

编　者

2022年9月

二维码使用指南

目录

1 概论 …… 1
1.1 控制理论在工程中的应用和发展 …… 1
1.2 自动控制系统的基本概念 …… 2
1.2.1 自动控制系统的工作原理 …… 3
1.2.2 开环控制与闭环控制 …… 4
1.2.3 反馈控制系统的基本组成 …… 5
1.2.4 自动控制系统的基本类型 …… 6
1.2.5 对控制系统的基本要求 …… 6
1.3 控制理论在机械制造工业中的应用 …… 7
1.4 课程主要内容及学时安排 …… 11
例题及习题 …… 12

2 控制系统的动态数学模型 …… 15
2.1 微分方程表示的基本环节数学模型 …… 15
2.1.1 质量-弹簧-阻尼系统 …… 15
2.1.2 电路网络 …… 17
2.1.3 电动机 …… 18
2.2 数学模型的线性化 …… 19
2.3 拉普拉斯变换及反变换 …… 21
2.3.1 拉普拉斯变换的定义 …… 21
2.3.2 简单函数的拉普拉斯变换 …… 21
2.3.3 拉普拉斯变换的性质 …… 22
2.3.4 拉普拉斯反变换 …… 27
2.3.5 借助拉普拉斯变换解常系数线性微分方程 …… 31
2.4 传递函数以及典型环节的传递函数 …… 32
2.4.1 比例环节 …… 35

2.4.2 一阶惯性环节 …… 36
2.4.3 微分环节 …… 37
2.4.4 积分环节 …… 38
2.4.5 二阶振荡环节 …… 39
2.5 系统函数方块图及其简化 …… 41
2.6 系统信号流图及梅森公式 …… 44
2.7 受控机械对象数学模型 …… 48
2.8 绘制实际物理系统的函数方块图 …… 51
2.9 控制系统数学模型的MATLAB实现 …… 59
2.9.1 控制系统在MATLAB中的描述 …… 59
2.9.2 计算闭环传递函数 …… 59
2.9.3 应用举例 …… 60
*2.10 状态空间方程的基本概念 …… 61
例题及习题 …… 65

3 时域瞬态响应分析 …… 76

3.1 时域响应以及典型输入信号 …… 76
3.1.1 阶跃函数 …… 76
3.1.2 斜坡函数 …… 77
3.1.3 加速度函数 …… 77
3.1.4 脉冲函数 …… 77
3.1.5 正弦函数 …… 78
3.2 一阶系统的瞬态响应 …… 78
3.2.1 一阶系统的单位阶跃响应 …… 79
3.2.2 一阶系统的单位斜坡响应 …… 80
3.2.3 一阶系统的单位脉冲响应 …… 80
3.3 二阶系统的瞬态响应 …… 81
3.3.1 二阶系统的单位阶跃响应 …… 81
3.3.2 二阶系统的单位脉冲响应 …… 84
3.3.3 二阶系统的单位斜坡响应 …… 85
3.4 时域分析性能指标 …… 87
3.5 高阶系统的瞬态响应 …… 91
3.6 借助MATLAB进行系统时间响应分析 …… 93
3.6.1 基于Toolbox工具箱的时域分析 …… 93
3.6.2 系统框图输入与仿真工具Simulink …… 96
3.7 时域瞬态响应的实验方法 …… 101

例题及习题 …… 103

4 控制系统的频率特性 …… 111

4.1 机电系统频率特性的概念及其基本实验方法 …… 111

4.1.1 频率特性概述 …… 111

4.1.2 频率特性的实验求取 …… 116

4.2 极坐标图 …… 118

4.2.1 典型环节的奈氏图 …… 119

4.2.2 奈氏图的一般作图方法 …… 121

4.3 对数坐标图 …… 123

4.3.1 典型环节的伯德图 …… 124

4.3.2 一般系统伯德图的作图方法 …… 128

4.3.3 最小相位系统 …… 129

4.4 由频率特性曲线求系统传递函数 …… 131

4.5 由单位脉冲响应求系统的频率特性 …… 134

4.6 控制系统的闭环频响 …… 135

4.6.1 由开环频率特性估计闭环频率特性 …… 135

4.6.2 系统频域指标 …… 136

4.7 机械系统动刚度的概念 …… 137

4.8 借助 MATLAB 进行控制系统的频域响应分析 …… 138

4.8.1 频率响应的计算方法 …… 138

4.8.2 频率响应曲线的绘制 …… 138

例题及习题 …… 141

5 控制系统的稳定性分析 …… 148

5.1 系统稳定性的基本概念 …… 148

5.2 系统稳定的充要条件 …… 149

5.3 代数稳定性判据 …… 150

5.3.1 劳斯稳定性判据 …… 150

5.3.2 赫尔维茨稳定性判据 …… 155

5.4 奈奎斯特稳定性判据 …… 156

5.4.1 映射定理 …… 156

5.4.2 奈奎斯特稳定性判据 …… 159

5.4.3 奈奎斯特稳定性判据应用于最小相位系统 …… 163

5.5 应用奈奎斯特稳定性判据分析延时系统的稳定性 …… 163

5.5.1 延时环节串联在闭环系统的前向通道中时的系统稳定性 …… 163

5.5.2 延时环节并联在闭环系统前向通道中时的系统稳定性 …… 164

5.6 由伯德图判断系统的稳定性 …… 167

5.7 控制系统的相对稳定性 …… 170

5.7.1 采用劳斯判据看系统相对稳定性 …… 170
5.7.2 采用奈奎斯特稳定性判据看系统相对稳定性及其相对稳定性指标 …… 171
5.8 借助MATLAB分析系统稳定性 …… 174
例题及习题 …… 176

6 控制系统的误差分析和计算 …… 183
6.1 稳态误差的基本概念 …… 183
6.2 输入引起的稳态误差 …… 184
6.2.1 误差传递函数与稳态误差 …… 184
6.2.2 静态误差系数 …… 185
6.3 干扰引起的稳态误差 …… 189
6.4 减小系统误差的途径 …… 193
6.5 动态误差系数 …… 195
例题及习题 …… 197

7 控制系统的综合与校正 …… 202
7.1 系统的性能指标 …… 202
7.1.1 时域性能指标 …… 202
7.1.2 开环频域指标 …… 203
7.1.3 闭环频域指标 …… 203
7.1.4 综合性能指标(误差准则) …… 203
7.2 系统的校正概述 …… 205
7.3 串联校正 …… 206
7.3.1 超前校正 …… 206
7.3.2 滞后校正 …… 208
7.3.3 滞后-超前校正 …… 210
7.3.4 PID调节器 …… 210
7.4 反馈校正 …… 214
7.4.1 利用反馈校正改变局部结构和参数 …… 215
7.4.2 速度反馈和加速度反馈 …… 216
7.5 用频率法对控制系统进行综合与校正 …… 217
7.5.1 典型系统的希望对数频率特性 …… 217
7.5.2 希望对数频率特性与系统性能指标的关系 …… 220
7.5.3 用希望对数频率特性进行校正装置的设计 …… 227
7.6 典型控制系统举例 …… 229
7.6.1 直流电动机调速系统 …… 229
7.6.2 电压-位置随动系统 …… 237
7.7 确定控制方式及参数的其他方法 …… 240
7.7.1 任意极点配置法 …… 240

7.7.2 高阶系统累试法 …… 241
7.7.3 试探法 …… 242
7.7.4 齐格勒-尼科尔斯法 …… 242
7.8 MATLAB 在系统综合校正中的应用 …… 245
7.8.1 MATLAB 函数在系统校正中的应用 …… 245
7.8.2 Simulink 在系统综合校正中的应用 …… 247
例题及习题 …… 248

8 根轨迹法 …… 255
8.1 根轨迹与根轨迹方程 …… 255
8.1.1 根轨迹 …… 255
8.1.2 根轨迹方程及相角、幅值条件 …… 256
8.2 绘制根轨迹的基本法则 …… 258
8.3 其他参数根轨迹图的绘制 …… 264
8.4 根轨迹图绘制举例 …… 265
8.5 系统闭环零点、极点的分布与性能指标 …… 269
8.5.1 闭环零极点分布与阶跃响应的定性关系 …… 269
8.5.2 利用主导极点估算系统性能指标 …… 269
8.6 借助 MATLAB 进行系统根轨迹分析 …… 275
8.6.1 根轨迹的相关函数 …… 275
8.6.2 利用 MATLAB 进行系统根轨迹分析 …… 276
例题及习题 …… 277

9 计算机控制系统 …… 281
9.1 计算机控制系统概述 …… 281
9.1.1 计算机控制系统的组成 …… 281
9.1.2 计算机内信号的处理和传递过程 …… 282
9.1.3 计算机控制系统理论 …… 286
9.2 线性离散系统的数学模型 …… 287
9.2.1 线性常系数差分方程 …… 287
9.2.2 Z 变换 …… 291
9.2.3 脉冲传递函数 …… 301
*9.2.4 离散状态空间模型 …… 309
9.3 线性离散系统的性能分析 …… 312
9.3.1 线性离散系统的稳定性分析 …… 313
9.3.2 线性离散系统的稳态误差分析 …… 318
9.4 计算机控制系统的模拟化设计方法 …… 321
9.4.1 数字校正环节的近似设计方法 …… 321
9.4.2 数字 PID 控制器 …… 324

9.5 MATLAB在计算机控制系统中的应用 …… 325
9.5.1 Z变换和Z反变换 …… 325
9.5.2 连续系统的离散化方法 …… 326
9.5.3 利用Toolbox工具箱分析离散系统 …… 327
9.5.4 利用Simulink分析离散系统 …… 329
例题及习题 …… 330

*10 控制系统的非线性问题 …… 337
10.1 概述 …… 337
10.1.1 典型的非线性类型 …… 337
10.1.2 分析非线性系统的方法 …… 339
10.2 描述函数法 …… 340
10.2.1 定义 …… 340
10.2.2 饱和放大器 …… 341
10.2.3 两位置继电特性 …… 342
10.2.4 死区 …… 343
10.2.5 三位置继电特性 …… 345
10.2.6 间隙 …… 346
10.2.7 利用描述函数法分析非线性系统稳定性 …… 349
10.3 相轨迹法 …… 353
10.3.1 相轨迹的作图法 …… 354
10.3.2 奇点 …… 358
10.3.3 从相轨迹求时间信息 …… 361
10.3.4 非线性系统的相平面分析 …… 361
10.4 李雅普诺夫稳定性方法 …… 370
10.5 借助MATLAB分析系统非线性 …… 371
10.5.1 非线性系统的时域及频域特性的MATLAB实现 …… 372
10.5.2 非线性系统的相平面图 …… 372
例题及习题 …… 373

11 基于LabVIEW的控制系统动态仿真演示软件 …… 378
11.1 LabVIEW介绍 …… 378
11.2 借助LabVIEW建立和分析控制系统 …… 381
11.2.1 在LabVIEW中创建一个虚拟仪器(VI) …… 381
11.2.2 系统参数输入 …… 382
11.2.3 系统模型建立、分析及仿真 …… 383
11.2.4 系统结果输出 …… 390
11.3 借助LabVIEW分析控制系统的时域特性 …… 392
11.3.1 系统传递函数输入 …… 393

11.3.2 时域特性分析 …… 394
11.4 借助 LabVIEW 分析控制系统的频率特性 …… 396
11.4.1 系统传递函数输入 …… 396
11.4.2 系统频域特性分析 …… 397
11.4.3 开环系统伯德图绘制 …… 401
11.4.4 闭环系统的频率特性 …… 402
11.5 借助 LabVIEW 分析控制系统的稳定性 …… 405
11.6 借助 LabVIEW 分析控制系统的稳态误差 …… 406
11.7 LabVIEW 在系统综合校正中的应用 …… 407
11.8 借助 LabVIEW 进行系统根轨迹分析 …… 409

附录 A 拉普拉斯变换表 …… 411

附录 B 高阶最优模型最佳频比的证明 …… 415

部分习题参考答案 …… 418

参考文献 …… 430

1 概　　论

本章引导读者走进控制工程领域，主要介绍控制理论在工程中的应用和发展、自动控制系统的基本概念以及控制理论在机械制造工业中的一些具体应用；同时也介绍本书的主要内容以及作为教材的讲授学时安排建议。

1.1 控制理论在工程中的应用和发展

控制理论是在产业革命的背景下，在生产和军事需求的刺激下，自动控制、电子技术、计算机科学等多种学科相互交叉发展的产物。

尽管早在约一两千年前就有亚历山大的希罗发明的开闭庙门装置和分发圣水自动计时装置以及中国的记里鼓车、张衡发明的用于观天文的水运浑象仪及自动测量地震的候风地动仪等[31]控制思想萌芽，但直到 1948 年，美国科学家维纳(Norbert Wiener，1894—1964)所著《控制论》的出版[30]，才标志着这门学科的正式诞生。

此前最引人注目的自动控制装备是公元 1788 年，英国人 J. Watt 用离心式调速器控制蒸汽机的速度，这也成为第一次工业革命标志性的成就。在工业革命的浪潮里，控制理论积累发展的里程碑式的事件包括：1868 年，J. C. Maxwell 发表了《调速器》，提出反馈控制的概念及稳定性条件；1884 年，E. J. Routh 提出劳斯稳定性判据；1892 年，A. M. Lyapunov 提出李雅普诺夫稳定性理论；1895 年，A. Hurwitz 提出赫尔维茨稳定性判据；1932 年，H. Nyquist 提出奈奎斯特稳定性判据；1945 年，H. W. Bode 提出反馈放大器的一般设计方法等。

控制论的奠基人美国科学家维纳从 1919 年开始萌发了控制论的思想，1940 年提出了数字电子计算机设计的 5 点建议。第二次世界大战期间，维纳参加了火炮自动控制的研究工作，他把火炮自动打飞机的动作与人狩猎的行为做了对比，并且提炼出了控制理论中最基本和最重要的反馈概念。他提出，准确控制的方法可以把运动结果所决定的量作为信息再反馈回控制装置中，这就是著名的负反馈概念。驾驶车辆也是由人参与的负反馈进行调节。人们不是盲目地按着预定不变的模式来操纵车上的驾驶盘，而是发现靠左了，就向右边做一个修正，反之亦然。因此他认为，目的性行为结果可以引作反馈，可以把目的性行为这个生物所特有的概念赋予机器。于是，维纳等在 1943 年发表了《行为、目的和目的论》。同时，火炮自动控制的研制获得成功，这些是控制论萌芽的重要实物标志。

20 世纪 50 年代以后，一方面在控制理论的指导下，火炮及导弹控制技术极大地发展，数控、电力、冶金自动化技术突飞猛进；另一方面在自动控制装备的需求和发展的基础上，控制理论也不断向纵深发展。1954年，我国科学家钱学森在美国运用控制论的思想和方法，用英文出版了《工程控制论》，首先把控制论推广到工程技术领域。接着短短的几十年里，在各国科学家和科学技术人员的努力下，又相继出现了生物控制论、经济控制论和社会控制论等，控制理论已经渗透到各个领域，并伴随着其他科学技术的发展，极大地改变了整个世界。控制理论自身也在创造人类文明中不断向前发展。控制理论的中心思想是通过信息的传递、加工处理并加以反馈来进行控制，控制理论也是信息学科的重要组成方面。

机电工业是我国最重要的支柱产业之一，传统的机电产品正在向机电一体化(mechatronics)方向发展。机电一体化产品或系统的显著特点是控制自动化。机电控制型产品技术含量高，附加值大，在国内外市场上具有很强的竞争优势，形成机电一体化产品发展的主流。当前国内外机电结合型产品，诸如典型的工业机器人、数控机床、自动导引车等都广泛地应用了控制理论。

根据自动控制理论的内容和发展的不同阶段，可以将控制理论分为经典控制理论和现代控制理论两大部分。

经典控制理论的内容是以传递函数为基础，以频率法和根轨迹法作为分析和综合系统的基本方法，主要研究单输入、单输出这类控制系统的分析和设计问题。

现代控制理论是在经典控制理论的基础上，于20世纪60年代以后发展起来的。它的主要内容是以状态空间法为基础，研究多输入、多输出、时变参数、分布参数、随机参数、非线性等控制系统的分析和设计问题。最优控制、最优滤波、系统辨识、自适应控制等理论都是这一领域的重要分支，特别是近年来，由于电子计算机技术和现代应用数学研究的迅速发展，现代控制理论在大系统理论和模仿人类智能活动的人工智能控制等诸多领域有了重大发展。

半个世纪以来，控制理论从主要依靠手工计算的经典控制理论发展到依赖计算机的现代控制理论，发展了最优控制、自适应控制、智能控制。智能控制中，学习控制技术从简单的参数学习向较为复杂的结构学习、环境学习和复杂对象学习的方向发展，并发展了模糊控制、神经网络控制、遗传算法、混沌控制、专家系统、鲁棒控制与H_∞控制等理论和技术。同时，还发展了MATLAB(matrix laboratory)、LabVIEW(laboratory virtual instrumentation engineering workbench)等控制系统计算机辅助分析和设计工具，使控制理论在工程上的应用更加方便。

1.2 自动控制系统的基本概念

所谓自动控制，就是在没有人直接参与的情况下，使被控对象的某些物理量准确地按照预期规律变化。例如，数控加工中心能够按预先排定的工艺程序自动地进刀切削，加工出预期的几何形状；焊接机器人可以按工艺要求焊接流水线上的各个机械部件；温度控制系统能保持恒温，等等。所有这些系统都有一个共同点，即它们都是一个或一些被控制的物理量按照给定量的变化而变化，给定量可以是具体的物理量，例如电压、位移、角度等，也可以是数字量。一般来说，如何使被控制量按照给定量的变化规律而变化，就是控制系统要完成的基本任务。学习自动控制这门科学技术要解决两方面的问题：一是如何分析某个给定控制系统的工作原理和动态特性，分析该系统的稳定性、准确性、快速性等；二是如何根据需要来进行控制系统的设计，并用机、电、光、液压元部件或设备来实现这一系统。前者主要是分析系统，后者是综合和设计系统，但无论要解决哪方面的问题，都必须具有丰富的控制理论知识。

系统的输入就是控制量，它是作用在系统的激励信号。其中，使系统具有预定性能的输入信号称为控制输入、指令输入或参考输入，而干扰或破坏系统预定性能的输入信号则称为扰动。系统的输出也称为被控制量，它表征控制对象或过程的状态和性能。

1.2.1 自动控制系统的工作原理

首先研究恒温系统的例子。实现恒温自动控制可以参考人工控制的过程。图 1-1 所示为人工控制的恒温箱。可以通过调压器改变电阻丝的电流，以达到控制温度的目的。箱内温度是由温度计测量的，人工调节过程可归结如下：

(1) 观测由测量元件(温度计)测出的恒温箱的温度(被控制量)。

(2) 将被测温度与要求的温度值(给定值)进行比较，得出偏差的大小和方向。

(3) 根据偏差的大小和方向再进行控制。当恒温箱温度高于所要求的给定温度时，就移动调压器滑动端使电流减小，温度降低；当恒温箱温度低于所要求的给定温度时，则移动调压器滑动端使电流增大，温度升高。

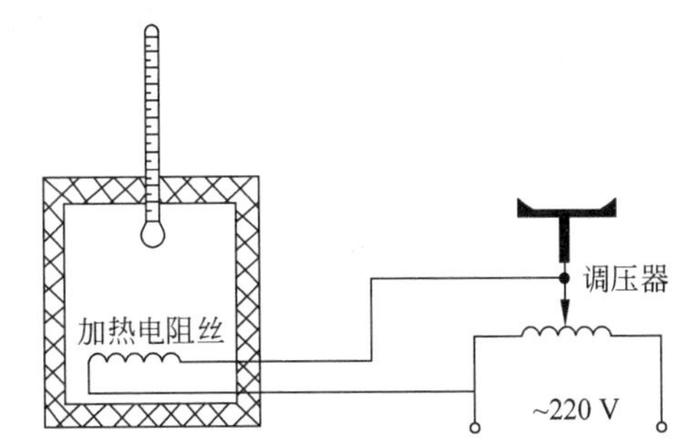

图 1-1 人工控制的恒温箱

因此，人工控制的过程就是测量、求偏差、再控制以纠正偏差的过程。简单地讲，就是检测偏差并用以纠正偏差的过程。

对于这样简单的控制形式，如果能找到一个控制器代替人的职能，那么这样一个人工调节系统就可以变成自动控制系统。图 1-2 所示就是一个自动控制系统。其中，恒温箱的温度是由给定信号电压 u_1 控制的。当外界因素引起箱内温度变化时，作为测量元件的热电偶把温度转换成对应的电压信号 u_2，并反馈回去与给定信号比较，所得结果即为温度偏差对

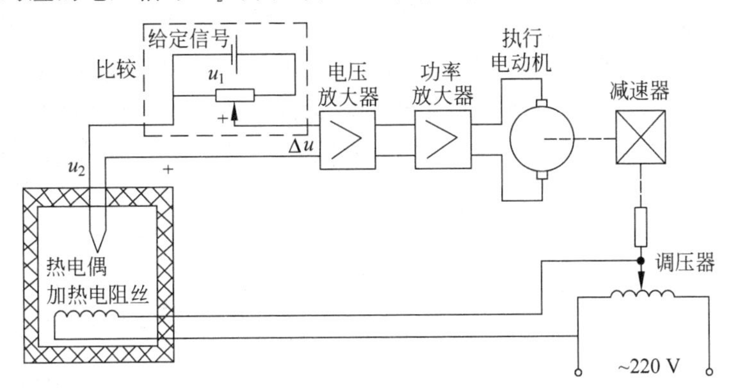

图 1-2 恒温箱的自动控制系统

应的电压信号。经电压放大、功率放大后,用以改变电动机的转速和方向,并通过传动装置拖动调压器动触头。当温度偏高时,动触头向着减小电流的方向运动;反之,加大电流,直到温度达到给定值为止;只有偏差信号为零时,电动机才停转。这样就完成了所要求的控制任务。所有这些装置便组成了一个自动控制系统。

上述人工控制系统和自动控制系统是极相似的。执行机构类似于人手,测量装置相当于人眼,控制器类似于人脑。另外,它们还有一个共同的特点,就是都要检测偏差,并用检测到的偏差去纠正偏差。可见,没有偏差便没有调节过程。在自动控制系统中,这一偏差是通过反馈建立起来的。反馈就是指输出量通过适当的测量装置将信号全部或一部分返回输入端,使之与输入量进行比较。比较的结果称为偏差。如前所述,基于反馈基础上的"检测偏差用以纠正偏差"的原理又称为反馈控制原理。利用反馈控制原理组成的系统称为反馈控制系统。

图1-3所示为恒温箱温度自动控制系统职能方块图。图中,⊗代表比较元件,箭头代表作用的方向。从图中可以看到反馈控制的基本原理,也可以看到,各职能环节的作用是单向的,每个环节的输出是受输入控制的。总之,实现自动控制的装置可能各不相同,但反馈控制的原理却是相同的。可以说,反馈控制是实现自动控制最基本的方法。

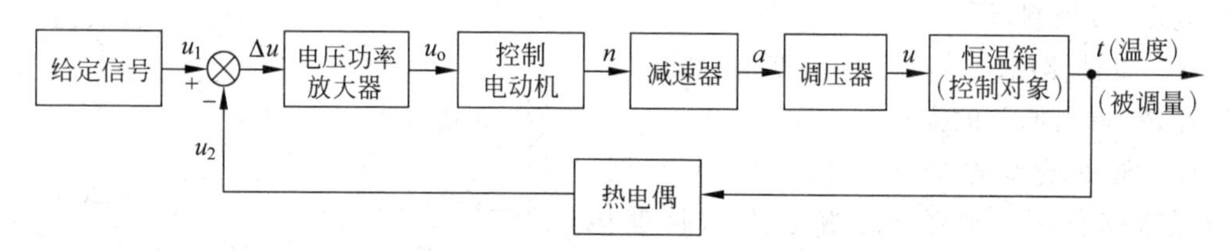

图1-3 恒温箱温度自动控制系统职能方块图

1.2.2 开环控制与闭环控制

按照有无反馈测量装置分类,控制系统分为两种基本形式,即开环系统和闭环系统,如图1-4所示。开环系统(见图1-4(a))是没有输出反馈的一类控制系统。这种系统的输入直接供给控制器,并通过控制器对受控对象产生控制作用。其主要优点是结构简单、价格便宜、容易维修;缺点是精度低,容易受环境变化(例如电源波动、温度变化等)的干扰。在要求较高的应用领域,绝大多数控制系统的基本结构方案都是采用反馈原理(见图1-4(b)),其输出的全部或部分被反馈到输入端。输入与反馈信号比较后的差值(即偏差信号)加给控制器,然后再调节受控对象的输出,从而形成闭环控制回路。所以,闭环系统又称为反馈控制系统,这种反馈称为负反馈。与开环系统相比,闭环系统具有突出的优点,包括精度高、动态性能好、抗干扰能力强等。它的缺点是结构比较复杂,价格比较贵,对维修人员要求较高。

开环闭环动画

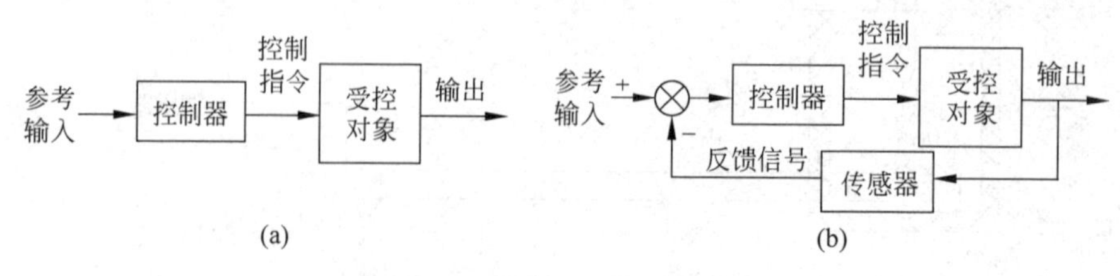

图1-4 控制系统基本类型

(a) 开环系统;(b) 闭环系统

图 1-5 所示的电动机转速控制系统是开环控制的。当给定电压改变时，电动机转速也跟着改变，但这种控制系统的转速很容易受负载力矩变化的影响。

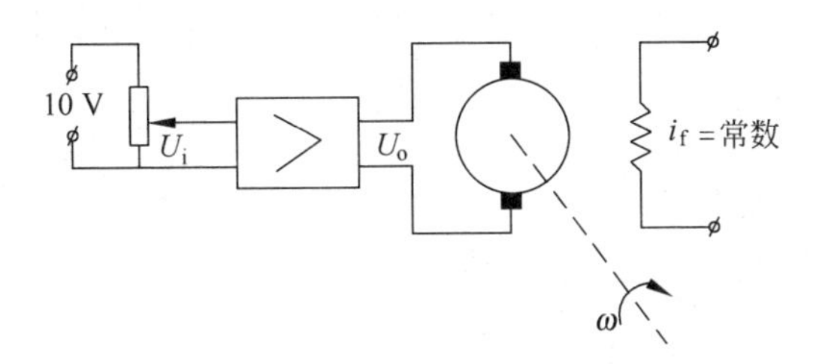

图 1-5 电动机转速控制系统

图 1-6 所示为反馈控制系统，也叫作闭环系统。其特点是系统的输出端和输入端之间存在反馈回路，即输出量对控制作用有直接影响。闭环的作用就是应用反馈来减少偏差。

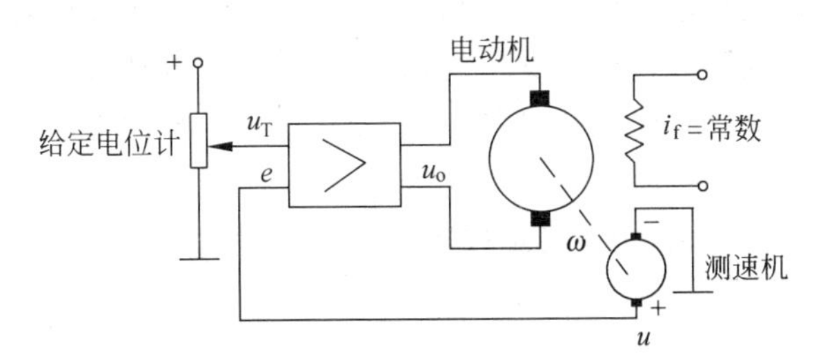

图 1-6 闭环调速系统原理图

闭环控制的突出优点是精度高，可及时减小干扰引起的偏差。图 1-6 所示的闭环调速系统能有效降低负载力矩对转速的影响。例如，负载加大，转速会降低，但有了反馈，偏差就会增大，电动机电压就会升高，转速又会上升。

由于闭环系统是靠偏差进行控制的，对于反馈控制系统，由于元件的惯性或负载的惯性，调节不好容易引起振荡，使系统不稳定。因此精度和稳定性之间的矛盾始终是闭环系统存在的一对矛盾。

从稳定性的角度看，开环系统比较容易建造，结构也比较简单，因为开环系统不存在引入反馈产生的稳定性问题。

这里需要说明，机械动力学系统，也可以画成具有反馈的方块图，但这个反馈不是人为加上的，而是机械系统所固有的，一般来说这不叫反馈控制系统，但它可用反馈控制理论来分析，可认为它是存在内反馈的反馈系统。

1.2.3 反馈控制系统的基本组成

图 1-7 所示为一个典型的反馈控制系统，表示了各元件在系统中的位置和其相互间的关系。由图可以看出，一个典型的反馈控制系统应该包括给定元件、反馈元件、比较元件（或比较环节）、放大元件、执行元件及校正元件等。

给定元件：主要用于产生给定信号或输入信号，例如调速系统的给定电位计。

反馈元件：它量测被调量或输出量，产生主反馈信号（该信号与输出量存在确定的函数关系），例如调速系统的测速电动机。

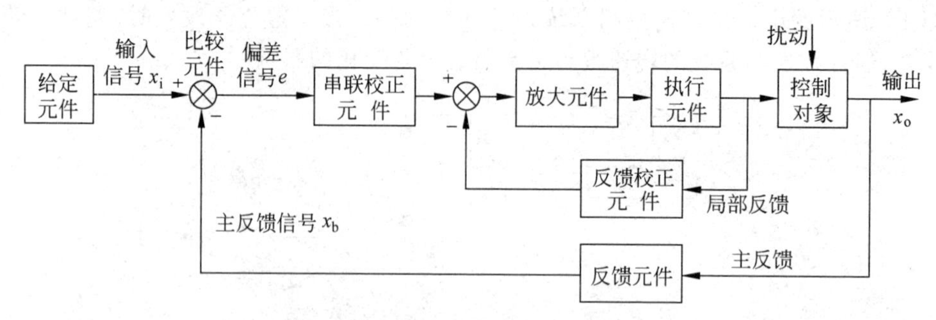

图 1-7 典型的反馈控制系统方块图

比较元件：用来比较输入信号和反馈信号之间的偏差。可以通过电路实现，有时也叫比较环节。自整角机、旋转变压器、机械式差动装置、运算放大器等都可作为物理的比较元件。

放大元件：对偏差信号进行信号放大和功率放大的元件，例如伺服功率放大器等。

执行元件：直接对控制对象进行操作的元件，例如执行电动机、液压马达等。

执行器

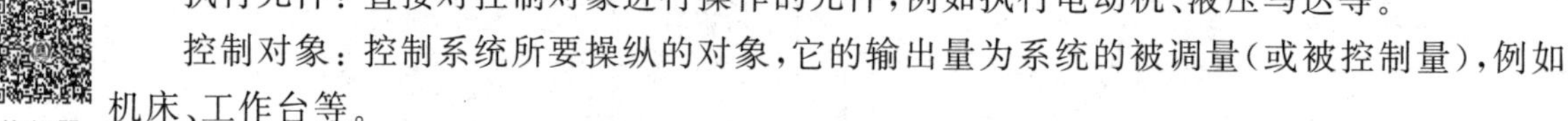

控制对象：控制系统所要操纵的对象，它的输出量为系统的被调量(或被控制量)，例如机床、工作台等。

校正元件：也称校正装置，用以稳定控制系统，提高精度和快速性能。主要有反馈校正和串联校正两种形式。

1.2.4 自动控制系统的基本类型

根据采用的信号处理技术的不同，控制系统可以分为模拟控制系统和数字控制系统。凡是采用模拟信号技术处理信号的控制系统称为模拟控制系统；而采用数字信号技术处理信号的控制系统则称为数字控制系统。对于给定的系统，采用何种信号处理技术取决于许多因素，例如可靠性、精度、复杂程度以及经济性等。随着微处理机技术的成熟，数字控制系统应用越来越广泛，形成了计算机控制系统。微处理机在控制系统中的作用是采集信号、处理控制规律以及产生控制指令。

如果给定量是恒定的，一般把这种控制系统叫作恒值调节系统，如稳压电源、恒温控制箱。对于这类系统，分析的重点在于克服扰动对被调量的影响。如果被调量随着给定量(也叫输入量)的变化而变化，则称为随动系统，例如火炮自动瞄准敌机的系统、机床随动系统等。这类系统要求输出量能够准确、快速地复现给定量。

所有变量的变化都是连续进行的系统称为连续控制系统。系统中存在离散变量的系统则称为离散控制系统。计算机控制系统属于数字控制系统，多采用离散控制系统理论进行分析。

可用线性微分方程描述的系统称为线性连续控制系统；不能用线性微分方程描述，存在着非线性部件的系统则称作非线性系统。

1.2.5 对控制系统的基本要求

自动控制系统用于不同的目的，要求也往往不一样。但自动控制技术是研究各类控制系统共同规律的一门技术，对控制系统有共同的要求，一般可归结为稳定、准确、快速。

(1) 稳定性：机械受控对象往往存在惯性，当系统的各个参数设置不当时，将会引起系统的振荡而失去工作能力。稳定性就是指动态过程的振荡倾向和系统能够恢复平衡状态的能力。输出量偏离平衡状态后应该随着时间收敛并且最后回到初始的平衡状态。稳定性的要求是系统工作的首要条件。

稳定性动画

(2) 快速性：这是在系统稳定的前提下提出的，是指当系统输出量与给定的输入量之间产生偏差时，消除这种偏差过程的快慢程度。

(3) 准确性：是指在调整过程结束后输出量与给定的输入量之间的偏差，或称为精度，这也是衡量系统工作性能的重要指标。例如，数控机床精度越高，则加工精度也越高。

由于受控对象的具体情况不同，各种系统对稳、准、快的要求各有侧重。例如，随动系统对快速性要求较高，而调速系统对稳定性提出了较严格的要求。

在同一系统中，稳、准、快有时是相互制约的。反应速度快，可能会有强烈振荡；改善稳定性，控制过程又可能过于迟缓，精度也可能变差。分析和解决这些矛盾，是本学科讨论的重要内容。

经典控制理论主要研究单输入-单输出的控制系统，而很多实际系统则是多输入-多输出的。当不存在相互关联的情况下，多输入-多输出系统可分解成多个单输入-单输出的控制系统；否则应当按照多输入-多输出系统建模研究。(参见二维码动画)直升机动画上部图像是存在相互交联的情况下按照单输入-单输出控制，而下部图像则是按照多输入-多输出控制。

单输入-单输出与多输入-多输出对比

1.3 控制理论在机械制造工业中的应用

随着控制理论的发展，控制理论在机械制造工业中的应用越来越广泛。

1788 年瓦特发明的蒸汽机离心调速器是一个自动调节系统，如图 1-8 所示，是控制理论形成的生产实践的典型代表。调速器的轴通过发动机和减速齿轮，以角速度 ω 旋转。旋转的飞锤所产生的离心力形成的轴向力被飞锤上方的弹簧力抵消，其位移相当于离心机构形成的检测量。对输出转速进行检测，并将它反馈到发动机阀门的位移，通过杠杆装置对蒸汽流量进行控制。所要求的转速由弹簧预应力调准。

伺服系统(servo system)在机电控制系统中有着广泛的应用。伺服系统就是将指令信号精确、快速地转换为相应的物理实现。例如，飞机和船舶的舵角操纵由于所需的力很大，不可能由人力直接操纵，需由伺服系统来完成，伺服系统的作用就是使舵面的转角精确地跟随驾驶员的操纵动作。当使用自动驾驶方式时，伺服系统要使舵面转角精确实现自动驾驶仪输入的指令。各种数控机床进给系统、机器人各关节运动都是伺服系统控制的。它们还能依靠多轴伺服系统的配合，完成复杂的空间曲线运动的控制。在军事上，雷达天线的自动瞄准跟踪控制、自动火炮和战术导弹发射架的瞄准运动控制、坦克炮塔的防摇稳定控制、导弹和鱼雷的制导控制等，都采用伺服系统。另外，自动绘图仪的画笔控制系统、硬盘磁头的位置控制系统、光盘驱动器读出头的控制系统、自动照相机和摄像机的镜头实现自动对焦和变焦，都采用伺服系统来完成。

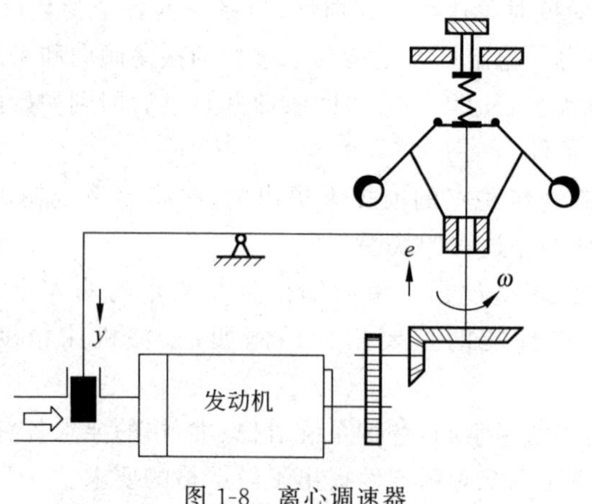

图 1-8 离心调速器

图 1-9 所示为工业机器人的一个关节伺服系统。它的受控过程是机器人的关节运动。采用微处理机作为控制器。关节轴的实际位置由旋转变压器测量,转换为电的数字信号后,反馈给控制器。微处理机经过控制算法后,输出控制指令,再经过数模转换和伺服功率放大,提供给关节轴上的伺服电动机。伺服电动机根据控制指令驱动关节轴转动,直至机器人运动到达输入参考信号设定的位置为止。

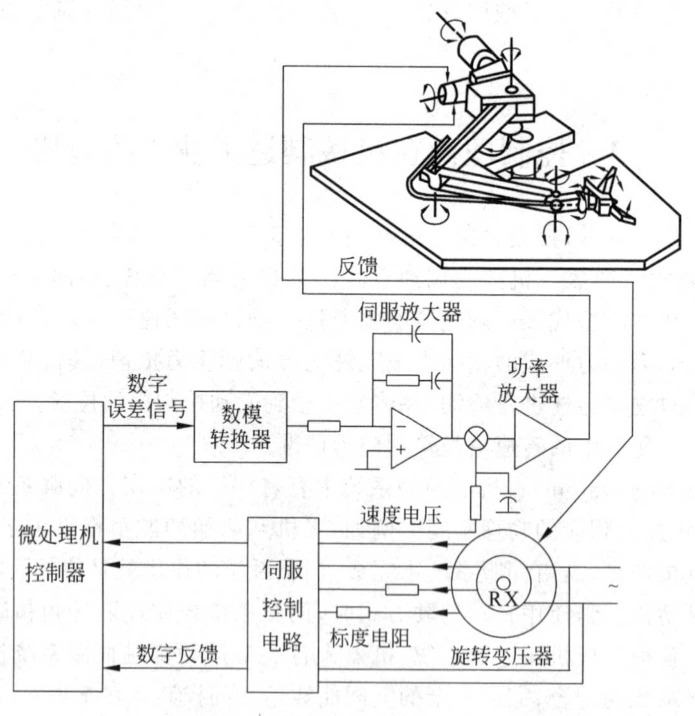

图 1-9 机器人关节伺服系统

在机械行业中广泛使用的数控机床,其进给系统是典型的反馈控制系统。图 1-10 表示一种三坐标闭环数控机床。其中,x 方向控制工作台沿丝杠轴方向水平移动工件;y 方向控制立铣头沿与丝杠轴正交的水平方向移动;z 方向控制垂直进刀。

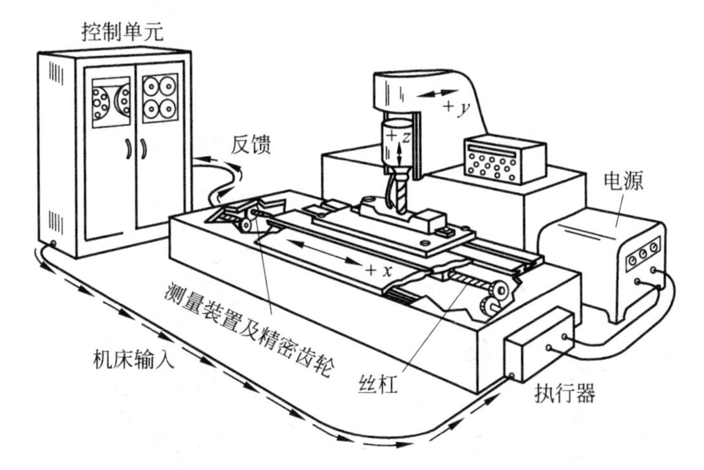

图 1-10 三坐标闭环数控机床

工业机器人是控制理论在机械行业的又一成功应用。最通用的工业机器人是具有多个自由度的机械手。图 1-11 所示为六自由度工业机器人。

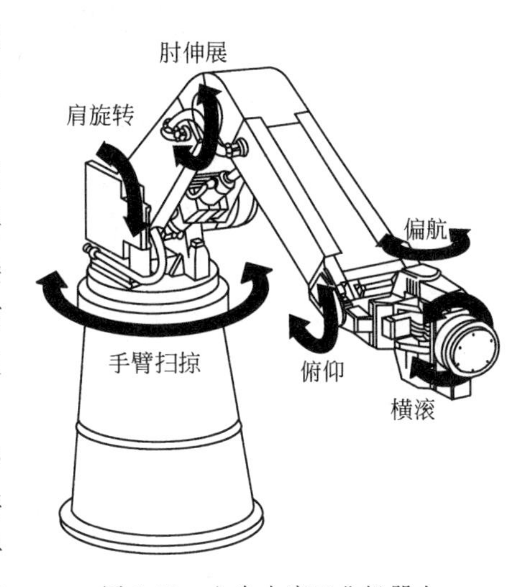

图 1-11 六自由度工业机器人

每一个运动轴都是一路伺服控制。机器人伺服控制系统利用位置和速度反馈信号控制机械手运动。智能机器人除伺服回路以外，控制器还接收包括视觉、触觉以及语音识别等其他传感器信号。控制器利用这些信号检测目标形貌、目标尺寸以及目标个性。

自动导引车(automatic guided vehicle，AGV)又称移动机器人，能够跟踪编程路径，在工厂内将零部件从一处运送到另一处。在汽车工业、电子产品加工工业以及柔性制造系统中，自动导引车物料运输系统已经得到广泛使用。图 1-12 表示了一种感应导线式自动导引车。感应导线铺设在地板槽内，导线中通以交流电流，在导线周围形成交变磁场。安装在车身前部的弓形天线跨在感应导线的上方。在导线的交变磁场作用下，天线的两个对称线圈中感应电压的差值代表车辆偏离轨道的误差信号。误差信号经过伺服放大后，驱动控制驾驶方向的电动机，使前轮偏转，改变车辆运动轨迹，从而实现自动驾驶功能。

柔性制造系统(flexible manufacturing system，FMS)是控制理论实现整个加工车间自动化的具体应用。在柔性制造系统中，将计算机数控加工中心、工业机器人以及自动导引车连接起来，以适应加工成组产品。图 1-13 表示了一柔性制造系统。它由 1 台铣削数控加工中心、1 台车削数控加工中心、1 台关节式工业机器人、1 台门吊式工业机器人、3 辆自动导引车、装卸站以及刀具库等组成，并通过单元控制器与局域网(local area network，LAN)相连，以实现各个独立设备之间的通信。

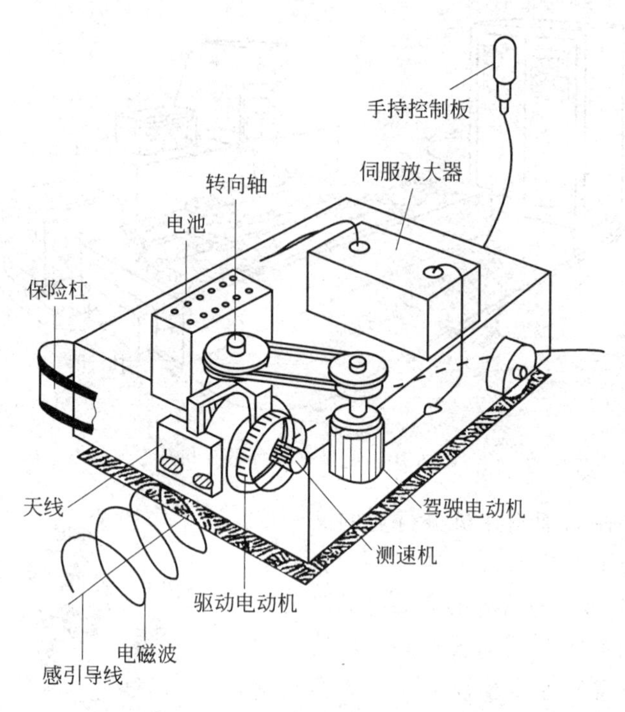

图 1-12 感应导线式自动导引车

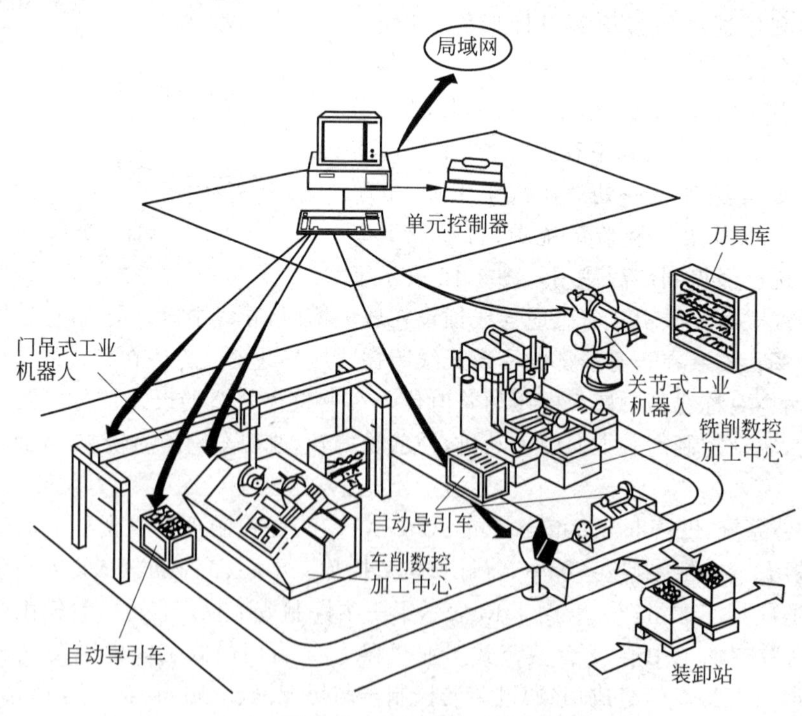

图 1-13 柔性制造系统

在柔性制造系统的基础上，加上计算机辅助设计（computer aided design，CAD）、计算机辅助规划（computer aided process planning，CAPP），可形成全工厂级的自动化，即计算机集成制造系统（computer integrated manufacturing system，CIMS）。这是自动控制理论在机械制造领域的集大成，代表了当今机械制造领域的前沿。

1.4 课程主要内容及学时安排

“控制工程基础”课程主要阐述有关反馈自动控制技术的基础理论。当前，精密仪器和机械制造工业发展的一个明显而重要的趋势是越来越广泛而深刻地引入了控制理论。本课程是一门非常重要的技术基础课，是机械类和仪器仪表类等专业的本科生必修的一门课程。它是适应机电一体化的技术需要，针对机械对象的控制，重点结合经典控制理论形成的一门课程。本课程主要涉及经典控制理论的主要内容及应用，更加突出了机电控制的特点。

本课程在高等数学、理论力学、电工电子学等先修课的基础上，使学生掌握机电控制系统的基本原理及必要的实用知识。值得指出的是，尽管经典控制理论在20世纪60年代已完全发展成熟，但它并不过时，经典控制理论是整个自动控制理论（包括现代控制理论）的基础。用一个不十分贴切的比喻，尽管微积分的基本理论在几百年前已经发展成熟，但在高等数学中并不过时，至今仍然起着重大作用。

本课程的基本要求包括：

(1) 掌握机电反馈控制系统的基本概念，其中包括机电反馈控制系统的基本原理、机电反馈控制系统的基本组成、开环控制、闭环控制等；

(2) 掌握建立机电系统动力学模型的方法；

(3) 掌握机电系统的时域分析方法；

(4) 掌握机电系统的频域分析方法；

(5) 掌握模拟量机电控制系统的分析及设计综合方法；

(6) 掌握计算机控制的基本概念及分析综合方法。

第1章为概论，要求了解机电控制系统的发展历史、国内外发展现状以及机电控制系统的基本概念。第2章为控制系统的动态数学模型，要求掌握拉普拉斯变换的工程数学方法以及建立机电系统动力学模型的方法和推导过程。第3章为时域瞬态响应分析，要求掌握典型输入信号作用下的系统瞬态响应特点以及时域性能指标。第4章为控制系统的频率特性，要求掌握幅频特性和相频特性等基本概念、奈氏图和伯德图的画法以及频域性能指标的提法。第5章为控制系统的稳定性分析，要求掌握系统稳定的充分必要条件以及劳斯判据、奈氏判据和系统相对稳定性指标。第6章为控制系统的误差分析和计算，要求掌握系统稳态误差的计算方法以及减小系统误差的途径和方法。第7章为控制系统的综合与校正，要求了解机电控制系统的常用组成、系统校正的概念、控制器的设计方法以及直流电动机驱动的位置控制系统的设计综合。第8章为根轨迹法，要求掌握根轨迹法的基本概念、绘制根轨迹图的基本法则以及系统的基本分析方法。第9章为计算机控制系统，要求掌握其分析综合方法等基本内容。第10章为控制系统的非线性问题，要求了解非线性系统的特性，掌握描述函数和相平面的基本分析方法以及学会应用计算机仿真方法分析系统非线性。随着计算机软、硬件的发展，MATLAB软件工具和LabVIEW软件工具在控制系统分析和综合中发挥着越来越重要的作用,MATLAB方面的内容分散在各章中讲授,而LabVIEW方面的内容形成第11章,为基于LabVIEW的控制系统动态仿真演示软件内容,要求了解其使用方法。

本课程讲授48～64学时,实验6～10学时。实际授课时,可根据对象、要求及实验条件的不同适当增减学时。

本教材主要涉及经典控制理论部分,对现代控制理论只作简单涉及。现代控制理论的主要内容将在后续课及研究生课程中讲授。

例题及习题

本章要求学生了解控制系统的基本概念、研究对象及任务,了解系统的信息传递、反馈和反馈控制的概念及控制系统的分类、开环控制与闭环控制的区别、闭环控制系统的基本原理和组成环节,学会将简单系统原理图抽象成职能方块图。

例题

1. 例图1-1(a)所示为晶体管直流稳压电源电路图。试画出其系统方块图。

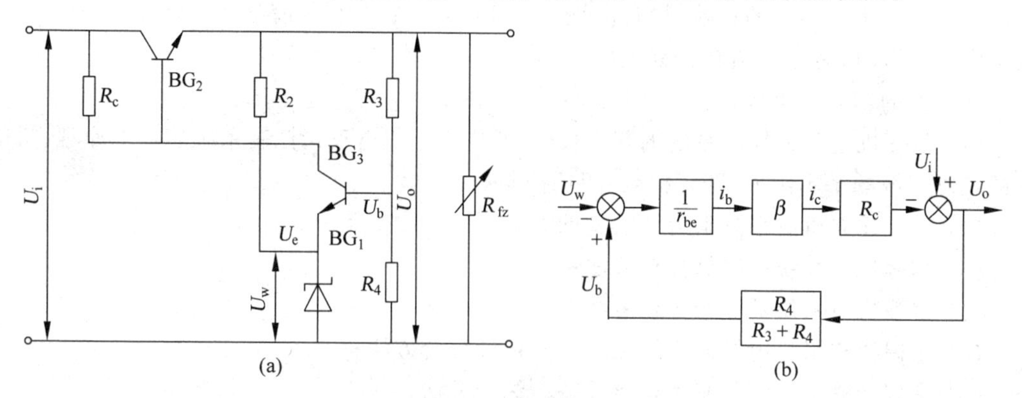

例图1-1 晶体管直流稳压电源

(a) 电路图; (b) 方块图

解: 在抽象出闭环系统方块图时,首先要抓住比较点,搞清比较的是什么量;对于恒值系统,要明确基准是什么量;还应当清楚输入量和输出量是什么。对于本题,可画出方块图如例图1-1(b)所示。

本题直流稳压电源的基准是稳压管的电压,输出电压通过R_3和R_4分压后与稳压管的电压U_w比较,如果输出电压偏高,则经R_3和R_4分压后电压也偏高,使与之相连的晶体管基极电流增大,集电极电流随之增大,加在R_c两端的电压也相应增加,于是输出电压相应减小。反之,如果输出电压偏低,则通过类似的过程使输出电压增大,以达到稳压的作用。

2. 例图1-2(a)所示为一简单液压系统工作原理图。其中,X为输入位移,Y为输出位移。试画出该系统的职能方块图。

解: 该系统是一种阀控液压油缸。当阀向左移动时,高压油从左端进入动力油缸,推动动力活塞向右移动;当阀向右移动时,高压油则从右端进入动力油缸,推动动力活塞向左移动；当阀的位置居中时，动力活塞也就停止移动。因此，阀的位移，即 B 点的位移是该系统的比较点。当 X 向左时，B 点亦向左，而高压油使 Y 向右，将 B 点拉回到原来的中点，堵住了高压油，Y 的运动也随之停下；当 X 向右时，其运动完全类似，只是运动方向相反。由此可画出如例图 1-2(b)所示的职能方块图。

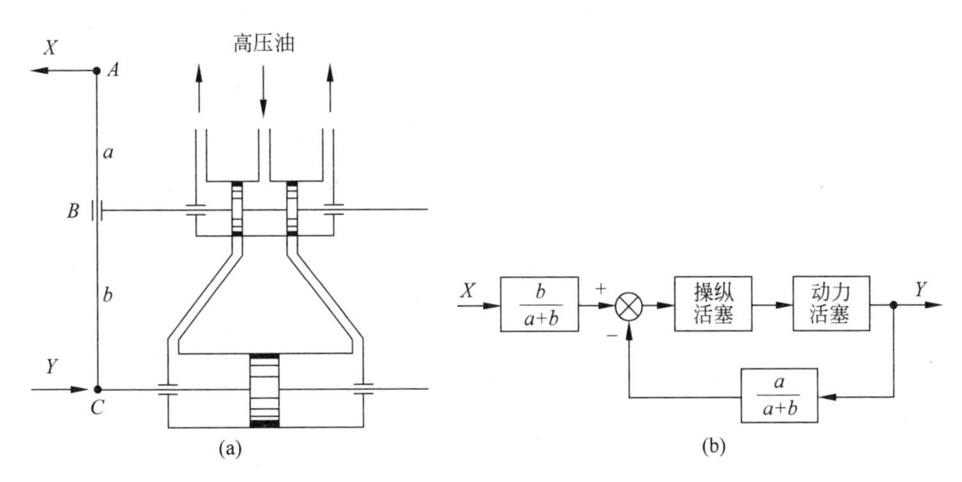

例图 1-2 简单液压系统

(a) 工作原理图；(b) 职能方块图

习题

1-1 在给出的几种答案里，选择正确的答案。

(1) 以同等精度元件组成的开环系统和闭环系统，其精度________。

A. 开环高　　B. 闭环高　　C. 相差不多　　D. 一样高

(2) 系统的输出信号对控制作用的影响________。

A. 开环有　　B. 闭环有

C. 开环、闭环都没有　　D. 开环、闭环都有

(3) 对于系统抗干扰能力________。

A. 开环强　　B. 闭环强

C. 开环、闭环都强　　D. 开环、闭环都不强

(4) 作为系统________。

A. 开环不振荡　　B. 闭环不振荡

C. 开环一定振荡　　D. 闭环一定振荡

1-2 试比较开环系统和闭环系统的优缺点。

1-3 举出 5 个身边控制系统的例子，试用职能方块图说明其基本原理，并指出是开环控制还是闭环控制。

1-4 函数记录仪是一种自动记录电压信号的设备，其原理如题图 1-4 所示。其中，记录笔与电位器 R_M 的电刷机构连接。因此，由电位器 R_0 和 R_M 组成桥式线路的输出电压 u_p 与记录笔位移是成正比的。当有输入信号 u_r 时，在放大器输入端得到偏差电压 $\Delta u = u_r - u_p$，经放大后驱动伺服电动机，并通过齿轮系及绳轮带动记录笔移动，同时使偏差电压减小，直至 $u_r = u_p$ 时，电动机停止转动。这时，记录笔的位移 L 就代表了输入信号的大小。若输入信号随时间连续变化，则记录笔便跟随并描绘出

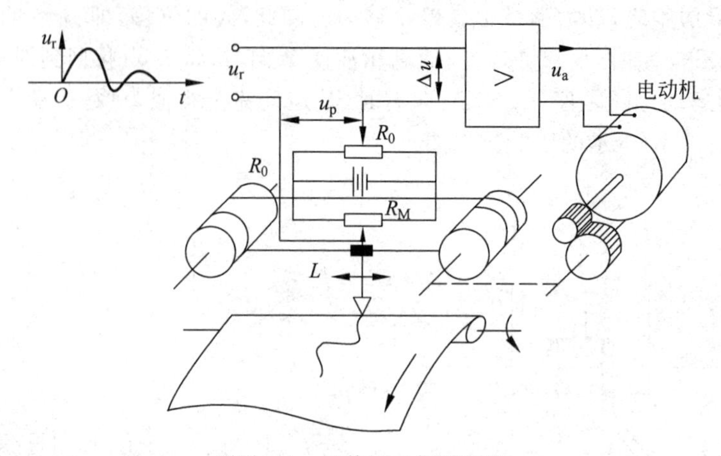

题图 1-4 函数记录仪原理图

信号随时间变化的曲线。试说明系统的输入量、输出量和被控对象,并画出该系统的职能方块图。

1-5 题图 1-5(a)和(b)是两种类型的水位自动控制系统。试画出它们的职能方块图,说明自动控制水位的过程,指出两者的区别。

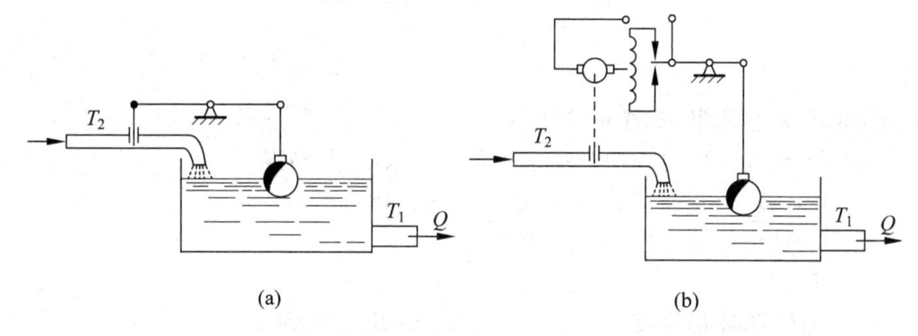

题图 1-5 水位自动控制系统

1-6 试画出图 1-8 所示离心调速器的职能方块图。

2 控制系统的动态数学模型

建立控制系统的数学模型，并在此基础上对控制系统进行分析、综合，是机电控制工程的基本方法。对于机电控制系统，在输入作用下有些什么运动规律，我们不仅希望了解其稳态情况，更重要的是要了解其动态过程。如果将物理系统在信号传递过程中的这一动态特性用数学表达式描述出来，就得到了组成物理系统的动态数学模型。系统数学模型既是分析系统的基础，又是综合设计系统的依据。

经典控制理论采用的数学模型主要以传递函数为基础；现代控制理论采用的数学模型主要以状态空间方程为基础。而以物理定律及实验规律为依据的微分方程又是最基本的数学模型，是列写传递函数和状态空间方程的基础。

2.1 微分方程表示的基本环节数学模型

2.1.1 质量-弹簧-阻尼系统

机电控制系统的受控对象是机械系统。在机械系统中，有些构件具有较大的惯性和刚度，有些构件则惯性较小、柔度较大。在集中参数法中，将前一类构件的弹性忽略，将其视为质量块；而把后一类构件的惯性忽略，将其视为无质量的弹簧。这样受控对象的机械系统可抽象为质量-弹簧-阻尼系统。

图 2-1 所示为典型的进给传动装置结构示意图及其等效的力学模型。可见，一般机械受控对象可抽象为质量-弹簧-阻尼系统或其组合。

下面通过相对简单系统的分析，学习质量-弹簧-阻尼系统数学模型的建立。例如，图 2-2(a)所示为组合机床动力滑台铣平面时的情况。当切削力 $f_i(t)$变化时，滑台可能产生振动，从而降低被加工工件的切削表面的加工精度。为了分析这个系统，首先将动力滑台连同铣刀抽象成如图 2-2(b)所示的质量-弹簧-阻尼系统的力学模型(其中，M 为受控质量，k 为弹性刚度，D 为黏性阻尼系数，$y_o(t)$为输出位移)。根据牛顿第二定律 $\sum f = ma$，可得

$$f_i(t) - D\dot{y}_o(t) - ky_o(t) = M\ddot{y}_o(t)$$

将输出变量项写在等号左边，将输入变量项写在等号右边，阶次由高向低排列，得

$$M\ddot{y}_o(t) + D\dot{y}_o(t) + ky_o(t) = f_i(t)$$

用微分方程表示的简单质量-弹簧-阻尼系统的数学模型就是如上式的二阶微分方程。

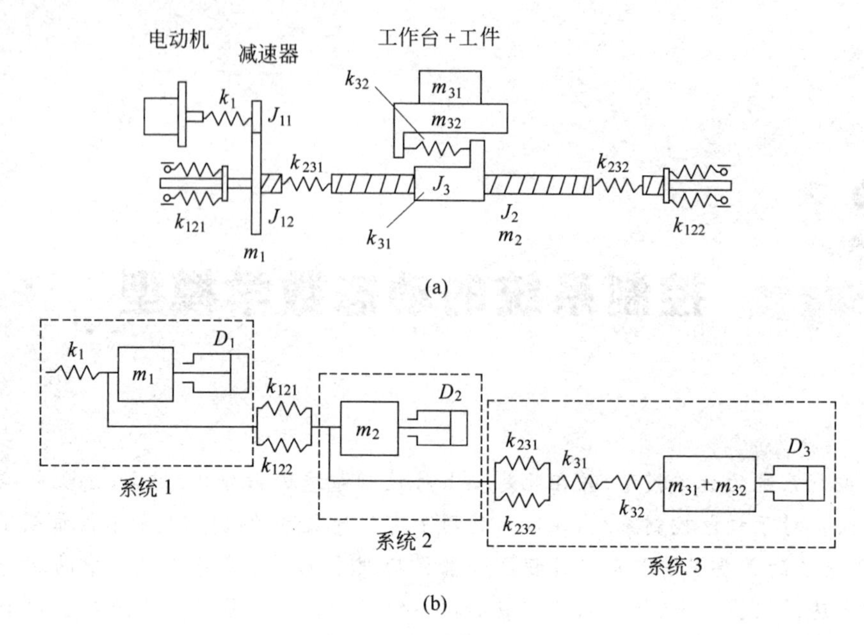

图 2-1 进给传动装置

(a) 结构示意图；(b) 等效力学模型

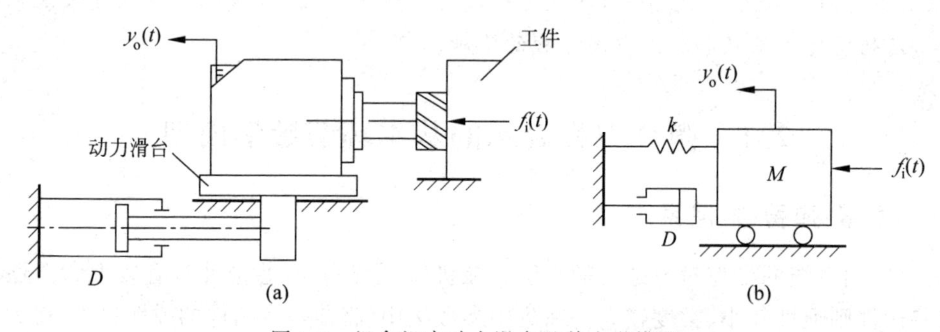

图 2-2 组合机床动力滑台及其力学模型

微分方程的系数取决于系统的结构参数，而阶次通常等于系统中独立储能元件的数量。上例中惯性质量和弹簧是储能元件；而阻尼器不是储能元件，是耗能元件，将得到的能量变成热耗散掉。

如图 2-3 所示为机械旋转系统的转动惯量-扭簧-阻尼系统图(其中，$\theta_i(t)$为输入转角；$\theta_o(t)$为输出转角；J 为负载转动体的转动惯量；k 为扭簧弹性刚度；D 为黏性阻尼系数)，有

$$\begin{cases} T_k(t)=k[\theta_i(t)-\theta_o(t)] \\ T_D(t)=D\dfrac{\mathrm{d}}{\mathrm{d}t}\theta_o(t) \\ J\dfrac{\mathrm{d}^2}{\mathrm{d}t^2}\theta_o(t)=T_k(t)-T_D(t) \end{cases}$$

联立消去中间变量 $T_k(t)T_D(t)$，整理得

$$J\frac{\mathrm{d}^2}{\mathrm{d}t^2}\theta_o(t)+D\frac{\mathrm{d}}{\mathrm{d}t}\theta_o(t)+k\theta_o(t)=k\theta_i(t)$$

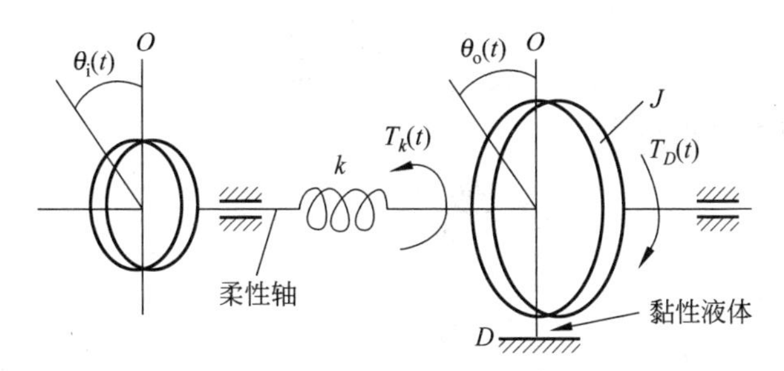

图 2-3 机械旋转系统的转动惯量-扭簧-阻尼系统图

2.1.2 电路网络

电路网络是机电控制系统的重要组成部分。例如，图 2-4 所示的无源电路网络系统（其中，R_1、R_2 为电阻，C 为电容）中，$u_i(t)$为 输入电压；$u_o(t)$为输出电压。根据基尔霍夫定律和欧姆定律，有

$$\frac{u_i(t)-u_o(t)}{R_1}+C\frac{\mathrm{d}[u_i(t)-u_o(t)]}{\mathrm{d}t}=\frac{u_o(t)}{R_2}$$

经过整理，可得到其数学模型为

$$R_1C\dot{u}_o(t)+\frac{R_1+R_2}{R_2}u_o(t)=R_1C\dot{u}_i(t)+u_i(t)$$

图 2-5 所示的有源电路网络系统（其中，R 为电阻；C 为电容）中，$u_i(t)$为输入电压；$u_o(t)$为输出电压；K_0 为运算放大器开环放大倍数。

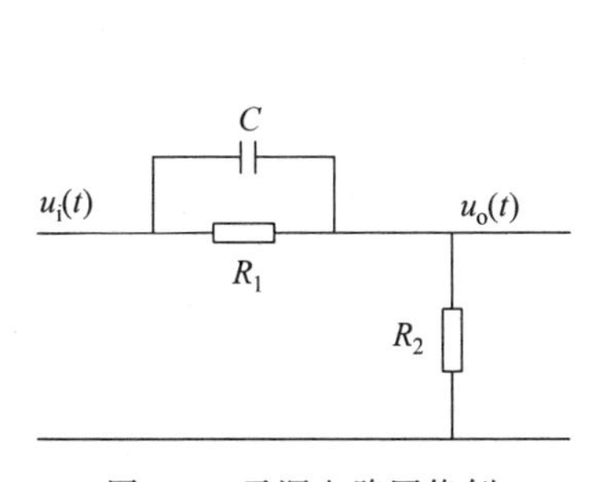

图 2-4 无源电路网络例

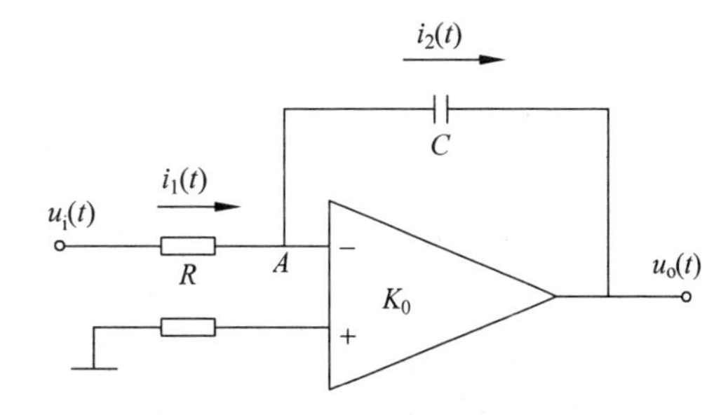

图 2-5 有源电路网络例

设运算放大器的反相输入端为 A 点。通常，运算放大器的正相输入端通过电阻接地，此时因为一般 K_0 值很大，又

$$u_o(t)=-K_0u_A(t)$$

所以，A 点电位

$$u_A(t)=-\frac{u_o(t)}{K_0}\approx 0$$

即 A 点为虚地点。

另外，因为一般输入阻抗很高，所以

$$i_1(t)\approx i_2(t)$$

据此，可列出

$$\frac{u_i(t)}{R}=-C\frac{du_o(t)}{dt}$$

经过整理,可得到其数学模型为

$$RC\frac{du_o(t)}{dt}=-u_i(t)$$

2.1.3 电动机

电动机是机电系统中最常用、最重要的执行部件。例如,图2-6所示的电枢控制式直流电动机,$e_i(t)$为电动机电枢输入电压;$\theta_o(t)$为电动机输出转角;R_a为电枢绕组电阻;L_a为电枢绕组电感;$i_a(t)$为流过电枢绕组的电流;$e_m(t)$为电动机感应反电势;$T(t)$为电动机转矩;i_f为激磁电流;J为电动机及负载折合到电动机轴上的转动惯量;D为电动机及负载折合到电动机轴上的黏性摩擦系数。

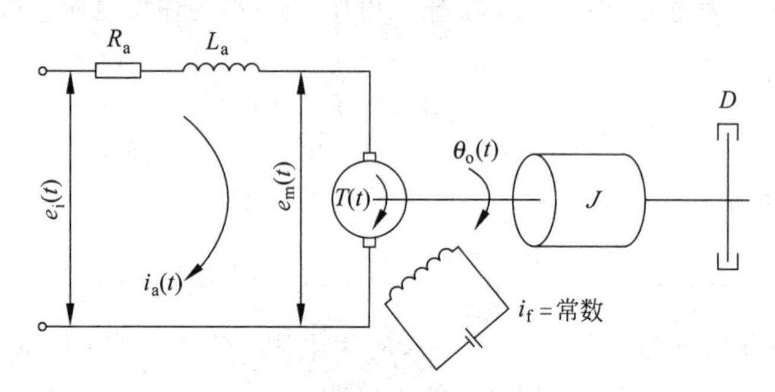

图2-6 电枢控制式直流电动机

根据基尔霍夫定律,有

$$e_i(t)=R_a i_a(t)+L_a\frac{di_a(t)}{dt}+e_m(t) \tag{2-1}$$

根据磁场对载流线圈的作用定律,有

$$T(t)=K_T i_a(t) \tag{2-2}$$

式中,K_T为电动机力矩系数。

根据电磁感应定律,有

$$e_m(t)=K_e\frac{d\theta_o(t)}{dt} \tag{2-3}$$

式中,K_e为电动机反电势系数。

根据转动体的牛顿第二定律,有

$$T(t)-D\frac{d\theta_o(t)}{dt}=J\frac{d^2\theta_o(t)}{dt^2} \tag{2-4}$$

将式(2-2)代入式(2-4),得

$$i_a(t)=\frac{J}{K_T}\frac{d^2\theta_o(t)}{dt^2}+\frac{D}{K_T}\frac{d\theta_o(t)}{dt} \tag{2-5}$$

将式(2-3)和式(2-5)代入式(2-1)并整理,得

$$L_aJ\dddot{\theta}_o(t)+(L_aD+R_aJ)\ddot{\theta}_o(t)+(R_aD+K_TK_e)\dot{\theta}_o(t)=K_Te_i(t) \tag{2-6}$$

式(2-6)即为电枢控制式直流电动机的数学模型。当电枢电感较小时,通常可忽略不计,系统微分方程可简化为

$$R_a J\ddot{\theta}_o(t)+(R_a D+K_T K_e)\dot{\theta}_o(t)=K_T e_i(t) \tag{2-7}$$

对于较复杂的系统,建立系统微分方程形式的数学模型可采用以下一般步骤:

(1) 分析系统工作原理和信号传递变换的过程,将系统划分环节,确定各环节的输入及输出信号,每个环节可考虑列写一个方程;

(2) 从输入端开始,按照信号传递变换过程,依据各变量遵循的物理定律或通过实验等方法得出的物理规律,依次列写出各元部件相关的原始动态微分方程,并考虑适当简化和线性化;

(3) 将各环节方程式联立,消去中间变量,最后得出只含输入变量、输出变量以及参量的系统方程式;

(4) 进行标准化列写,将输出变量有关的项放在等号左边,将输入变量有关的项放在等号右边,两边分别按降阶次排列。

单输入-单输出系统的微分方程表示的数学模型有如下的一般形式:

$$\begin{aligned}&a_0 x_o^{(n)}(t)+a_1 x_o^{(n-1)}(t)+\cdots+a_{n-1}\dot{x}_o(t)+a_n x_o(t)\\&=b_0 x_i^{(m)}(t)+b_1 x_i^{(m-1)}(t)+\cdots+b_{m-1}\dot{x}_i(t)+b_m x_i(t)\end{aligned} \tag{2-8}$$

从以上基本环节建模案例可看出:

(1) 物理本质不同的系统,可以有类似的数学模型,从而可以抛开系统的物理属性,用同一方法进行具有普遍意义的分析研究,这是一种信息方法。

(2) 从动态性能看,在相同形式的输入作用下,数学模型相同而物理本质不同的系统其输出响应相似。相似系统是控制理论中进行实验模拟或仿真的基础。

(3) 通常情况下,元件或系统微分方程的阶次等于元件或系统中所包含的独立储能元件(惯性质量、弹性要素、电感、电容等)的个数;因为系统每增加一个独立储能元件,其内部就多一层能量(信息)的交换。

(4) 系统的动态特性是系统的固有特性,仅取决于系统的结构及其参数,与系统的输入无关。

2.2 数学模型的线性化

实际的机电物理系统往往存在各类非线性现象。例如机械系统中的高速阻尼器,阻尼力与速度的平方有关;具有铁芯的电感,电流与电压的非线性关系;晶体管等电子器件的非线性特性等。严格地讲,几乎所有实际物理系统都是非线性的。尽管线性系统的理论已经相当成熟,但非线性系统的理论还不完善。另外,由于叠加原理不适用于非线性系统,这给解非线性系统带来了很大不便。故我们尽量对所研究的系统进行线性化处理,然后用线性理论进行分析。

当非线性因素对系统影响很小时,一般可以予以忽略,将系统当作线性系统处理。另外,如果系统的变量只发生微小的偏移,可以通过取其线性主部,用切线法进行线性化,以求得其增量方程式。所谓增量指的不是各个变量的绝对数量,而是它们偏离平衡点的量。由于反馈系统不允许出现大的偏差,故这种情况的线性化对于闭环控制系统具有实际意义。

例如,图2-7所示单摆(其中,$T_i(t)$为输入力矩;$\theta_o(t)$为输出摆角;m为单摆质量;l为单摆摆长),根据转动体的牛顿第二定律,有

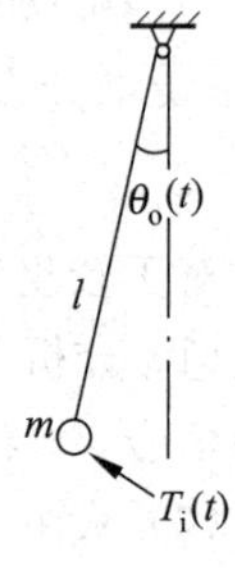

图2-7 单摆

$$T_i(t)-mgl\sin\theta_o(t)=ml^2\ddot{\theta}_o(t) \tag{2-9}$$

这是一个非线性微分方程,将非线性项$\sin\theta_o$在$\theta_o=0$点附近用泰勒级数展开,当θ_o很小时,可忽略高阶小量,则可近似得到如下的线性方程:

单摆摆幅小时可近似为线性

$$ml^2\ddot{\theta}_o(t)+mgl\theta_o(t)=T_i(t) \tag{2-10}$$

式(2-10)即为单摆线性化后的数学模型。

另外,图2-8所示为阀控液压缸线性化的例子。其中,x为阀芯位移输入;y为液压缸活塞位移输出;Q_L为负载流量;p_L为负载压差;M为负载质量。

已知$Q_L=f(p_L,x)$为非线性函数,如图2-9所示。设阀的额定工作点参量为p_{L0}和x_0,其静态方程为

$$Q_{L0}=f(p_{L0},x_0) \tag{2-11}$$

在额定工作点附近展开成泰勒级数,有

$$Q_L=f(p_{L0},x_0)+\left[\frac{\partial f(p_L,x)}{\partial x}\right]_{\substack{x=x_0\\p_L=p_{L0}}}\Delta x+\left[\frac{\partial f(p_L,x)}{\partial p_L}\right]_{\substack{x=x_0\\p_L=p_{L0}}}\Delta p_L+\cdots \tag{2-12}$$

式(2-12)减去式(2-11),并舍去高阶项,得线性方程

$$\Delta Q_L=K_q\Delta x-K_c\Delta p_L \tag{2-13}$$

式中,$K_q=\left[\frac{\partial f(p_L,x)}{\partial x}\right]_{\substack{x=x_0\\p_L=p_{L0}}}$;$K_c=-\left[\frac{\partial f(p_L,x)}{\partial p_L}\right]_{\substack{x=x_0\\p_L=p_{L0}}}$。

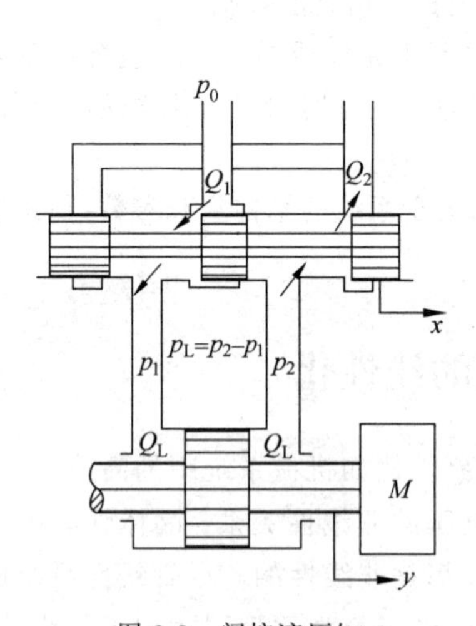

图2-8 阀控液压缸

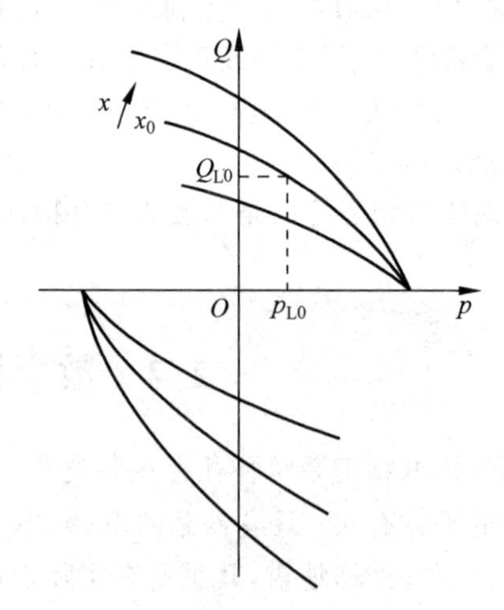

图2-9 $Q_L=f(P_L,x)$曲线

液压缸工作腔流动连续性方程为

$$\Delta Q=A\frac{\mathrm{d}(\Delta y)}{\mathrm{d}t} \tag{2-14}$$

式中,A为液压缸工作面积。液压缸力平衡方程为

$$\Delta p_L A=M\frac{\mathrm{d}^2(\Delta y)}{\mathrm{d}t^2}+D\frac{\mathrm{d}(\Delta y)}{\mathrm{d}t} \tag{2-15}$$

将式(2-13)～式(2-15)联立，消去中间变量，即得系统线性方程：

$$\frac{K_cM}{A}\frac{\mathrm{d}^2(\Delta y)}{\mathrm{d}t^2}+\left(\frac{K_cD}{A}+A\right)\frac{\mathrm{d}(\Delta y)}{\mathrm{d}t}=K_q(\Delta x) \tag{2-16}$$

通常，将式(2-16)写成

$$\frac{K_cM}{A}\ddot{y}(t)+\left(\frac{K_cD}{A}+A\right)\dot{y}(t)=K_qx(t) \tag{2-17}$$

在系统线性化的过程中，有以下几点需要注意：

(1) 线性化是相对某一额定工作点的，工作点不同，所得的方程系数也往往不同；

(2) 变量的偏移越小，线性化精度越高，因此必须注意线性化方程适用的工作范围；

(3) 增量方程中可认为其初始条件为零，即广义坐标原点平移到额定工作点处；

(4) 线性化只用于没有间断点、折断点的单值函数。某些典型的本质非线性环节，如继电器特性、间隙、死区等，由于存在不连续点，不能通过泰勒展开进行线性化，只有当它们对系统影响很小时才能忽略不计，否则只能作为非线性问题处理(见第10章)。

2.3 拉普拉斯变换及反变换

对于利用微分方程表达的数学模型形式，手算是很烦琐的。利用拉普拉斯变换，可将微分方程转换为代数方程，使求解大为简化，故拉普拉斯变换成为分析机电控制系统的基本数学方法之一。在此基础上，进一步得到系统传递函数。

2.3.1 拉普拉斯变换的定义

对于函数 $x(t)$，如果满足下列条件：

(1) 当 $t<0$ 时，$x(t)=0$；当 $t>0$ 时，$x(t)$在每个有限区间上是分段连续的。

(2) $\int_0^{+\infty}x(t)\mathrm{e}^{-\sigma t}\mathrm{d}t<+\infty$，其中 σ 为正实数，即 $x(t)$为指数级的，待变换函数随时间的增长比不上负指数函数随时间的衰减，使其从0到$+\infty$积分是有界的。则可定义 $x(t)$的拉普拉斯变换 $X(s)$为

$$X(s)=L[x(t)]\overset{\text{def}}{=}\int_0^{+\infty}x(t)\mathrm{e}^{-st}\mathrm{d}t \tag{2-18}$$

式中，s 为复变数；$x(t)$为原函数；$X(s)$为像函数。

在拉普拉斯变换中，s 的量纲是时间的倒数，即$[t]^{-1}$，$X(s)$的量纲则是 $x(t)$的量纲与时间 t 的量纲的乘积。

2.3.2 简单函数的拉普拉斯变换

1. 单位阶跃函数 1(t)

$$1(t)=\begin{cases}0, & t<0\\ 1, & t>0\end{cases}$$

$$L[1(t)]=\int_0^{+\infty}1(t)\mathrm{e}^{-st}\mathrm{d}t=-\frac{1}{s}\mathrm{e}^{-st}\Big|_0^{+\infty}=\frac{1}{s}$$

2. 指数函数 $e^{at}\cdot 1(t)$

$$L[e^{at}\cdot 1(t)]=\int_0^{+\infty}e^{at}\cdot 1(t)e^{-st}dt=\int_0^{+\infty}e^{-(s-a)t}dt=-\frac{1}{s-a}e^{-(s-a)t}\Big|_0^{+\infty}=\frac{1}{s-a}$$

3. 正弦函数 $\sin\omega t\cdot 1(t)$ 和余弦函数 $\cos\omega t\cdot 1(t)$

根据欧拉公式,有

$$e^{j\theta}=\cos\theta+j\sin\theta,\quad e^{-j\theta}=\cos\theta-j\sin\theta$$

$$\sin\theta=\frac{e^{j\theta}-e^{-j\theta}}{2j},\quad \cos\theta=\frac{e^{j\theta}+e^{-j\theta}}{2}$$

于是可以利用上面指数函数拉普拉斯变换的结果,得出正弦函数和余弦函数的拉普拉斯变换:

$$L[\sin\omega t\cdot 1(t)]=L\left[\frac{e^{j\omega t}-e^{-j\omega t}}{2j}\cdot 1(t)\right]$$

$$=\frac{1}{2j}\left(\frac{1}{s-j\omega}-\frac{1}{s+j\omega}\right)=\frac{\omega}{s^2+\omega^2}$$

$$L[\cos\omega t\cdot 1(t)]=L\left[\frac{e^{j\omega t}+e^{-j\omega t}}{2}\cdot 1(t)\right]$$

$$=\frac{1}{2}\left(\frac{1}{s-j\omega}+\frac{1}{s+j\omega}\right)=\frac{s}{s^2+\omega^2}$$

4. 幂函数 $t^n\cdot 1(t)$

可以利用 Γ 函数的性质得出如下结果:

$$\Gamma(\alpha)\overset{\text{def}}{=}\int_0^{+\infty}x^{\alpha-1}e^{-x}dx,\quad \Gamma(n+1)=n\Gamma(n)=n!$$

令 $u=st$,则

$$t=\frac{u}{s},\quad dt=\frac{1}{s}du$$

$$L[t^n\cdot 1(t)]=\int_0^{+\infty}t^n e^{-st}dt=\frac{1}{s^{n+1}}\int_0^{+\infty}u^n e^{-u}du=\frac{n!}{s^{n+1}}$$

2.3.3 拉普拉斯变换的性质

1. 叠加原理

若

$$L[x_1(t)]=X_1(s),\quad L[x_2(t)]=X_2(s)$$

则

$$L[ax_1(t)+bx_2(t)]=aX_1(s)+bX_2(s) \tag{2-19}$$

证:

$$L[ax_1(t)+bx_2(t)]=\int_0^{+\infty}[ax_1(t)+bx_2(t)]e^{-st}dt$$

$$=\int_0^{+\infty}[ax_1(t)]e^{-st}dt+\int_0^{+\infty}[bx_2(t)]e^{-st}dt$$

$$=aX_1(s)+bX_2(s)$$

2. 微分定理

$$L\left[\frac{\mathrm{d}}{\mathrm{d}t}x(t)\right]=sX(s)-x(0^{+}) \tag{2-20}$$

证：

$$\begin{aligned}L[x(t)]&=\int_{0}^{+\infty}[x(t)]\mathrm{e}^{-st}\mathrm{d}t=\int_{0}^{+\infty}[x(t)]\frac{1}{-s}\mathrm{d}\mathrm{e}^{-st}\\&=x(t)\frac{\mathrm{e}^{-st}}{-s}\bigg|_{0}^{+\infty}-\int_{0}^{+\infty}\frac{\mathrm{e}^{-st}}{-s}\mathrm{d}x(t)=\frac{x(0^{+})}{s}+\frac{1}{s}\int_{0}^{+\infty}\frac{\mathrm{d}x(t)}{\mathrm{d}t}\mathrm{e}^{-st}\mathrm{d}t\\&=\frac{x(0^{+})}{s}+\frac{1}{s}L\left[\frac{\mathrm{d}}{\mathrm{d}t}x(t)\right]\end{aligned}$$

所以

$$L\left[\frac{\mathrm{d}}{\mathrm{d}t}x(t)\right]=sX(s)-x(0^{+})$$

由此，还可得出两个重要的推论：

(1) $$L\left[\frac{\mathrm{d}^{n}}{\mathrm{d}t^{n}}x(t)\right]=s^{n}X(s)-s^{n-1}x(0^{+})-s^{n-2}\dot{x}(0^{+})-\cdots-sx^{(n-2)}(0^{+})-x^{(n-1)}(0^{+}) \tag{2-21}$$

(2) 在零初始条件下，有

$$\frac{\mathrm{d}^{n}}{\mathrm{d}t^{n}}x(t)\Leftrightarrow s^{n}X(s) \tag{2-22}$$

据此可将微分方程变换为代数方程。

3. 积分定理

$$L\left[\int x(t)\mathrm{d}t\right]=\frac{X(s)}{s}+\frac{x^{-1}(0^{+})}{s} \tag{2-23}$$

式中，符号 $x^{-1}(t)\overset{\mathrm{def}}{=}\int x(t)\mathrm{d}t$。

证：

$$\begin{aligned}L\left[\int x(t)\mathrm{d}t\right]&=\int_{0}^{+\infty}\left[\int x(t)\mathrm{d}t\right]\mathrm{e}^{-st}\mathrm{d}t=\int_{0}^{+\infty}\left[\int x(t)\mathrm{d}t\right]\frac{1}{-s}\mathrm{d}\mathrm{e}^{-st}\\&=\left[\int x(t)\mathrm{d}t\right]\frac{\mathrm{e}^{-st}}{-s}\bigg|_{0}^{+\infty}-\int_{0}^{+\infty}\frac{\mathrm{e}^{-st}}{-s}x(t)\mathrm{d}t\\&=\frac{x^{-1}(0^{+})}{s}+\frac{X(s)}{s}\end{aligned}$$

由此，也可得出两个重要的推论：

(1) $$L\left[\int\cdots\int x(t)(\mathrm{d}t)^{n}\right]=\frac{X(s)}{s^{n}}+\frac{x^{-1}(0^{+})}{s^{n}}+\frac{x^{-2}(0^{+})}{s^{n-1}}+\cdots+\frac{x^{-n}(0^{+})}{s} \tag{2-24}$$

式中，符号 $x^{-n}(t)\overset{\mathrm{def}}{=}\int\cdots\int x(t)(\mathrm{d}t)^{n}$。

(2) 在零初始条件下，有

$$\int\cdots\int x(t)(\mathrm{d}t)^{n}\Leftrightarrow\frac{X(s)}{s^{n}} \tag{2-25}$$

积分定理与微分定理对偶存在。

4. 衰减定理

$$L[e^{-at}x(t)]=X(s+a) \tag{2-26}$$

证:

$$L[e^{-at}x(t)]=\int_0^{+\infty} e^{-at}x(t)e^{-st}dt=\int_0^{+\infty} x(t)e^{-(s+a)t}dt=X(s+a)$$

5. 延时定理

$$L[x(t-a)\cdot 1(t-a)]=e^{-as}X(s) \tag{2-27}$$

证:

$$\begin{aligned}L[x(t-a)\cdot 1(t-a)]&=\int_0^{+\infty} x(t-a)\cdot 1(t-a)e^{-st}dt\\&=\int_0^{+\infty} x(t-a)e^{-st}dt\\&\overset{令\tau=t-a}{=}\int_0^{+\infty} x(\tau)e^{-s(\tau+a)}d(\tau+a)\\&=e^{-as}\int_0^{+\infty} x(\tau)e^{-s\tau}d\tau=e^{-as}X(s)\end{aligned}$$

延时定理与衰减定理对偶存在。

6. 初值定理

$$\lim_{t\to 0^+}x(t)=\lim_{s\to+\infty}sX(s) \tag{2-28}$$

证:

$$L\left[\frac{dx(t)}{dt}\right]=\int_0^{+\infty}\frac{dx(t)}{dt}e^{-st}dt$$

$$L\left[\frac{dx(t)}{dt}\right]=sX(s)-x(0^+)$$

$$\int_0^{+\infty}\frac{dx(t)}{dt}e^{-st}dt=sX(s)-x(0^+)$$

$$\lim_{s\to+\infty}\left[\int_0^{+\infty}\frac{dx(t)}{dt}e^{-st}dt\right]=\lim_{s\to+\infty}[sX(s)-x(0^+)]$$

即

$$0=\lim_{s\to+\infty}sX(s)-\lim_{s\to+\infty}x(0^+)$$

故

$$\lim_{t\to 0^+}x(t)=\lim_{s\to+\infty}sX(s)$$

7. 终值定理

$$\lim_{t\to+\infty}x(t)=\lim_{s\to 0}sX(s) \tag{2-29}$$

证:

$$L\left[\frac{dx(t)}{dt}\right]=\int_0^{+\infty}\frac{dx(t)}{dt}e^{-st}dt$$

$$L\left[\frac{\mathrm{d}x(t)}{\mathrm{d}t}\right]=sX(s)-x(0^+)$$

$$\int_0^{+\infty}\frac{\mathrm{d}x(t)}{\mathrm{d}t}\mathrm{e}^{-st}\mathrm{d}t=sX(s)-x(0^+)$$

$$\lim_{s\to 0}\left[\int_0^{+\infty}\frac{\mathrm{d}x(t)}{\mathrm{d}t}\mathrm{e}^{-st}\mathrm{d}t\right]=\lim_{s\to 0}[sX(s)-x(0^+)]$$

即

$$\int_0^{+\infty}\frac{\mathrm{d}x(t)}{\mathrm{d}t}\mathrm{d}t=\lim_{s\to 0}[sX(s)-x(0^+)]$$

故

$$\lim_{t\to+\infty}x(t)-x(0^+)=\lim_{s\to 0}[sX(s)-x(0^+)]$$

所以

$$\lim_{t\to+\infty}x(t)=\lim_{s\to 0}sX(s)$$

终值定理与初值定理对偶存在。

利用终值定理,可在复频域(s 域)中得到系统在时间域中的稳态值。当得到误差像函数时,利用该性质求系统稳态误差。这里应当注意,运用终值定理的前提是函数有终值存在,终值不确定则不能用终值定理。例如,当时间趋于无穷大时,正弦函数的函数值也始终是在± 1之间的不定值,则不能对正弦函数使用终值定理,用终值定理求出的结果是虚假现象。类似地,如果系统不稳定,则不存在稳定的终值,也不能够利用终值定理去求系统稳态误差。

8. 时间比例尺改变的像函数

$$L\left[x\left(\frac{t}{a}\right)\right]=aX(as) \tag{2-30}$$

证:令$\frac{t}{a}=\tau,as=w$,则

$$t=a\tau,\quad s=\frac{w}{a}$$

$$L\left[x\left(\frac{t}{a}\right)\right]=\int_0^{+\infty}x\left(\frac{t}{a}\right)\mathrm{e}^{-st}\mathrm{d}t=\int_0^{+\infty}x(\tau)\mathrm{e}^{-w\tau}\mathrm{d}(a\tau)$$

$$=a\int_0^{+\infty}x(\tau)\mathrm{e}^{-w\tau}\mathrm{d}\tau=aX(w)=aX(as)$$

9. $tx(t)$的像函数

$$L[tx(t)]=-\frac{\mathrm{d}X(s)}{\mathrm{d}s} \tag{2-31}$$

证:由莱布尼茨法则,有

$$\frac{\mathrm{d}X(s)}{\mathrm{d}s}=\frac{\mathrm{d}}{\mathrm{d}s}\int_0^{+\infty}x(t)\mathrm{e}^{-st}\mathrm{d}t=\int_0^{+\infty}\frac{\partial}{\partial s}[x(t)\mathrm{e}^{-st}]\mathrm{d}t$$

$$=-\int_0^{+\infty}tx(t)\mathrm{e}^{-st}\mathrm{d}t=-L[tx(t)]$$

所以

$$L[tx(t)]=-\frac{\mathrm{d}X(s)}{\mathrm{d}s}$$

同理可证推论:

$$L[t^n x(t)]=(-1)^n\frac{\mathrm{d}^n X(s)}{\mathrm{d}s^n}$$

10. $\dfrac{x(t)}{t}$的像函数

$$L\left[\frac{x(t)}{t}\right]=\int_{s}^{+\infty}X(s)\mathrm{d}s \tag{2-32}$$

证:

$$\begin{aligned}\int_{s}^{+\infty}X(s)\mathrm{d}s&=\int_{s}^{+\infty}\int_{0}^{+\infty}x(t)\mathrm{e}^{-st}\mathrm{d}t\mathrm{d}s=\int_{0}^{+\infty}x(t)\mathrm{d}t\int_{s}^{+\infty}\mathrm{e}^{-st}\mathrm{d}s\\&=\int_{0}^{+\infty}x(t)\mathrm{d}t\left[-\frac{1}{t}\mathrm{e}^{-st}\right]\Big|_{s}^{+\infty}\\&=\int_{0}^{+\infty}\frac{x(t)}{t}\mathrm{e}^{-st}\mathrm{d}t=L\left[\frac{x(t)}{t}\right]\end{aligned}$$

11. 周期函数的像函数

设函数 $x(t)$是以 T 为周期的周期函数,即 $x(t+T)=x(t)$,则

$$L[x(t)]=\frac{1}{1-\mathrm{e}^{-sT}}\int_{0}^{T}x(t)\mathrm{e}^{-st}\mathrm{d}t \tag{2-33}$$

证:

$$\begin{aligned}L[x(t)]&=\int_{0}^{+\infty}x(t)\mathrm{e}^{-st}\mathrm{d}t\\&=\lim_{n\to+\infty}\left[\int_{0}^{T}x(t)\mathrm{e}^{-st}\mathrm{d}t+\int_{T}^{2T}x(t)\mathrm{e}^{-st}\mathrm{d}t+\cdots+\int_{nT}^{(n+1)T}x(t)\mathrm{e}^{-st}\mathrm{d}t\right]\\&=\sum_{n=0}^{+\infty}\int_{nT}^{(n+1)T}x(t)\mathrm{e}^{-st}\mathrm{d}t\end{aligned}$$

令 $t=\tau+nT$,则

$$\begin{aligned}L[x(t)]&=\sum_{n=0}^{+\infty}\int_{0}^{T}x(\tau+nT)\mathrm{e}^{-s(\tau+nT)}\mathrm{d}\tau=\sum_{n=0}^{+\infty}\mathrm{e}^{-snT}\int_{0}^{T}x(\tau)\mathrm{e}^{-s\tau}\mathrm{d}\tau\\&=\frac{1}{1-\mathrm{e}^{-sT}}\int_{0}^{T}x(t)\mathrm{e}^{-st}\mathrm{d}t\end{aligned}$$

12. 卷积分的像函数

$$L[x(t)*y(t)]=X(s)Y(s) \tag{2-34}$$

其中,$x(t)*y(t)$为卷积分的数学表示,定义为

$$x(t)*y(t)\overset{\text{def}}{=}\int_{0}^{t}x(t-\tau)y(\tau)\mathrm{d}\tau$$

令 $t-\tau=\xi$,则

$$x(t)*y(t)=-\int_{t}^{0}x(\xi)y(t-\xi)\mathrm{d}\xi=\int_{0}^{t}x(\xi)y(t-\xi)\mathrm{d}\xi=y(t)*x(t)$$

下面证明卷积分的像函数。

证:

$$\begin{aligned}L[x(t)*y(t)]&=L\left[\int_{0}^{t}x(t-\tau)y(\tau)\mathrm{d}\tau\right]\\&=L\left[\int_{0}^{+\infty}x(t-\tau)\cdot 1(t-\tau)y(\tau)\mathrm{d}\tau\right]\\&=\int_{0}^{+\infty}\left[\int_{0}^{+\infty}x(t-\tau)\cdot 1(t-\tau)y(\tau)\mathrm{d}\tau\right]\mathrm{e}^{-st}\mathrm{d}t\end{aligned}$$

$$=\int_0^{+\infty}\int_0^{+\infty}x(t-\tau)\cdot 1(t-\tau)\mathrm{e}^{-s(t-\tau)}\mathrm{d}t\cdot y(\tau)\mathrm{e}^{-s\tau}\mathrm{d}\tau$$

$$\overset{令 t-\tau=\lambda}{=}\int_0^{+\infty}x(\lambda)\mathrm{e}^{-s\lambda}\mathrm{d}\lambda\int_0^{+\infty}y(\tau)\mathrm{e}^{-s\tau}\mathrm{d}\tau$$

$$=X(s)Y(s)$$

利用以上拉普拉斯变换的性质以及已知典型函数的像函数，可以推导其他函数的像函数，也可以简化运算。

例 2-1 单位脉冲函数的数学表达式为

$$\delta(t)=\begin{cases}\lim\limits_{t_0\to 0}\dfrac{1}{t_0}, & 0<t<t_0\\ 0, & t<0\ 或\ t>t_0\end{cases}$$

如图 2-10 所示。试求其像函数。

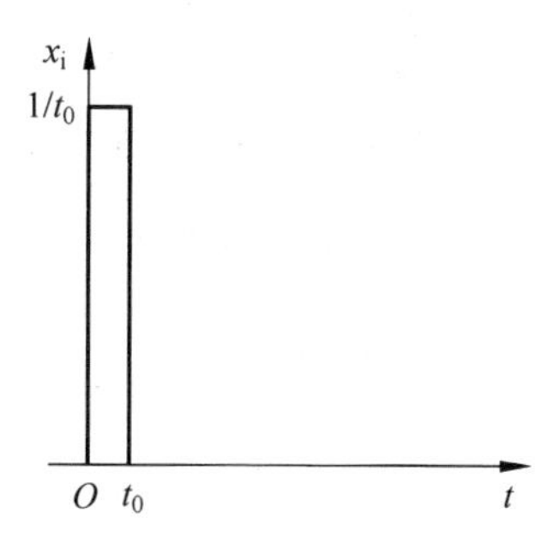

图 2-10 单位脉冲函数

解：

$$\delta(t)=\lim_{t_0\to 0}\left[\frac{1(t)}{t_0}-\frac{1(t-t_0)}{t_0}\right]$$

$$=\lim_{t_0\to 0}\frac{1}{t_0}[1(t)-1(t-t_0)]$$

$$L[\delta(t)]=\lim_{t_0\to 0}\frac{1}{t_0}\left[\frac{1}{s}-\frac{1}{s}\mathrm{e}^{-t_0 s}\right]$$

$$=\lim_{t_0\to 0}\frac{1}{t_0 s}\left[1-\left(1-t_0 s+\frac{1}{2!}t_0^2 s^2-\cdots\right)\right]$$

$$=1$$

例 2-2 试求 $L[\mathrm{e}^{-at}\cos\beta t]$。

解：已知 $L[\cos\beta t]=\dfrac{s}{s^2+\beta^2}$，根据衰减定理，可直接得出

$$L[\mathrm{e}^{-at}\cos\beta t]=\frac{s+a}{(s+a)^2+\beta^2}$$

2.3.4 拉普拉斯反变换

拉普拉斯反变换公式为

$$x(t)=\frac{1}{2\pi\mathrm{j}}\int_{a-\mathrm{j}\infty}^{a+\mathrm{j}\infty}X(s)\mathrm{e}^{st}\mathrm{d}s \tag{2-35}$$

简写为

$$x(t)=L^{-1}[X(s)]$$

这种通过复变函数积分求拉普拉斯反变换的方法通常较繁，通常对于有理分式这样形式的像函数，可将其化成典型函数像函数叠加的形式，根据拉普拉斯变换反查表，即可写出相应的原函数。

例 2-3 试求 $X(s)=\dfrac{s}{s^2+2s+5}$ 的拉普拉斯反变换。

解：

$$L^{-1}[X(s)]=L^{-1}\left[\frac{s}{s^2+2s+5}\right]=L^{-1}\left[\frac{(s+1)-1}{(s+1)^2+2^2}\right]$$

$$=L^{-1}\left[\frac{(s+1)}{(s+1)^2+2^2}\right]-L^{-1}\left[\frac{1}{2}\times\frac{2}{(s+1)^2+2^2}\right]$$

$$=\left(e^{-t}\cos 2t-\frac{1}{2}e^{-t}\sin 2t\right)\cdot 1(t)$$

在一般机电控制系统中,通常遇到如下形式的有理分式:

$$X(s)=\frac{b_0s^m+b_1s^{m-1}+\cdots+b_{m-1}s+b_m}{s^n+a_1s^{n-1}+\cdots+a_{n-1}s+a_n}$$

其中,使分母为零的 s 值称为极点;使分子为零的 s 值称为零点。根据实系数多项式因式分解定理,其分母 n 次多项式应有 n 个根,可分解成因式相乘:

$$X(s)=\frac{b_0s^m+b_1s^{m-1}+\cdots+b_{m-1}s+b_m}{(s+p_1)^{r_1}(s+p_2)^{r_2}\cdots(s+p_l)^{r_l}(s^2+c_1s+d_1)^{k_1}\cdots(s^2+c_gs+d_g)^{k_g}}$$

式中,$r_1+r_2+\cdots+r_l+2(k_1+k_2+\cdots+k_g)=n$。

对于这类分式,可通过部分分式展开法求其反变换。

1. 只含不同单极点的情况

$$X(s)=\frac{b_0s^m+b_1s^{m-1}+\cdots+b_{m-1}s+b_m}{s^n+b_1s^{n-1}+\cdots+a_{n-1}s+a_n}=\frac{b_0s^m+b_1s^{m-1}+\cdots+b_{m-1}s+b_m}{(s+p_1)(s+p_2)\cdots(s+p_n)}$$

$$=\frac{a_1}{s+p_1}+\frac{a_2}{s+p_2}+\cdots+\frac{a_{n-1}}{s+p_{n-1}}+\frac{a_n}{s+p_n} \tag{2-36}$$

式中,a_k 是常值,为 $s=-p_k$ 极点处的留数,可由下式求得

$$a_k=[X(s)\cdot(s+p_k)]_{s=-p_k} \tag{2-37}$$

将式(2-36)拉普拉斯反变换,可利用拉普拉斯变换表得

$$x(t)=L^{-1}[X(s)]=(a_1e^{-p_1t}+a_2e^{-p_2t}+\cdots+a_ne^{-p_nt})\cdot 1(t)$$

例 2-4 试求 $X(s)=\dfrac{s+3}{s^2+3s+2}$的拉普拉斯反变换。

解:

$$X(s)=\frac{s+3}{s^2+3s+2}=\frac{s+3}{(s+1)(s+2)}=\frac{a_1}{s+1}+\frac{a_2}{s+2}$$

$$a_1=\left[\frac{s+3}{(s+1)(s+2)}(s+1)\right]_{s=-1}=2$$

$$a_2=\left[\frac{s+3}{(s+1)(s+2)}(s+2)\right]_{s=-2}=-1$$

则

$$X(s)=\frac{2}{s+1}+\frac{-1}{s+2}$$

$$x(t)=(2e^{-t}-e^{-2t})\cdot 1(t)$$

2. 含共轭复数极点的情况

$$X(s)=\frac{b_0s^m+b_1s^{m-1}+\cdots+b_{m-1}s+b_m}{s^n+a_1s^{n-1}+\cdots+a_{n-1}s+a_n}$$

$$=\frac{b_0s^m+b_1s^{m-1}+\cdots+b_{m-1}s+b_m}{(s+\sigma+j\beta)(s+\sigma-j\beta)(s+p_3)\cdots(s+p_n)}$$

$$= \frac{a_1 s + a_2}{(s+\sigma+\mathrm{j}\beta)(s+\sigma-\mathrm{j}\beta)} + \frac{a_3}{s+p_3} + \cdots + \frac{a_{n-1}}{s+p_{n-1}} + \frac{a_n}{s+p_n} \tag{2-38}$$

式中，a_1、a_2 是常值，可由以下步骤求得：

(1) 将式(2-38)两边乘 $(s+\sigma+\mathrm{j}\beta)(s+\sigma-\mathrm{j}\beta)$，两边同时令 $s=-\sigma-\mathrm{j}\beta$(或同时令 $s=-\sigma+\mathrm{j}\beta$)，得

$$(a_1 s + a_2)_{s=-\sigma-\mathrm{j}\beta} = [X(s)(s+\sigma+\mathrm{j}\beta)(s+\sigma-\mathrm{j}\beta)]_{s=-\sigma-\mathrm{j}\beta} \tag{2-39}$$

(2) 分别令式(2-39)两边实部、虚部对应相等，即可求得 a_1，a_2。

$\dfrac{a_1 s + a_2}{s^2+cs+d}$ 可通过配方，化成正弦、余弦像函数的形式，然后求其反变换。

例 2-5 试求 $X(s)=\dfrac{s+1}{s^3+s^2+s}$ 的拉普拉斯反变换。

解：

$$X(s) = \frac{s+1}{s^3+s^2+s} = \frac{s+1}{s(s^2+s+1)} = \frac{a_1 s + a_2}{s^2+s+1} + \frac{a_3}{s}$$

其中，(s^2+s+1) 的两个根为 $-\dfrac{1}{2}\pm\mathrm{j}\dfrac{\sqrt{3}}{2}$。

将前式两边同乘 s^2+s+1，并令 $s=-\dfrac{1}{2}-\mathrm{j}\dfrac{\sqrt{3}}{2}$，得

$$\left[\frac{s+1}{s}\right]_{s=-\frac{1}{2}-\mathrm{j}\frac{\sqrt{3}}{2}} = (a_1 s + a_2)_{s=-\frac{1}{2}-\mathrm{j}\frac{\sqrt{3}}{2}}$$

即

$$\frac{1}{2}+\mathrm{j}\frac{\sqrt{3}}{2} = \left(-\frac{1}{2}a_1 + a_2\right) + \mathrm{j}\left(-\frac{\sqrt{3}}{2}a_1\right)$$

解

$$\begin{cases} \dfrac{1}{2} = -\dfrac{1}{2}a_1 + a_2 \\ \dfrac{\sqrt{3}}{2} = -\dfrac{\sqrt{3}}{2}a_1 \end{cases}$$

得

$$\begin{cases} a_1 = -1 \\ a_2 = 0 \end{cases}$$

又

$$a_3 = \left[\frac{s+1}{s^3+s^2+s}s\right]_{s=0} = 1$$

故

$$X(s) = \frac{-s}{s^2+s+1} + \frac{1}{s} = \frac{-\left(s+\frac{1}{2}\right) + \frac{\sqrt{3}}{3}\times\frac{\sqrt{3}}{2}}{\left(s+\frac{1}{2}\right)^2 + \left(\frac{\sqrt{3}}{2}\right)^2} + \frac{1}{s}$$

$$= \frac{-\left(s+\frac{1}{2}\right)}{\left(s+\frac{1}{2}\right)^2 + \left(\frac{\sqrt{3}}{2}\right)^2} + \frac{\sqrt{3}}{3}\times\frac{\frac{\sqrt{3}}{2}}{\left(s+\frac{1}{2}\right)^2 + \left(\frac{\sqrt{3}}{2}\right)^2} + \frac{1}{s}$$

则

$$x(t)=\left[e^{-\frac{1}{2}t}\left(\frac{\sqrt{3}}{3}\sin\frac{\sqrt{3}}{2}t-\cos\frac{\sqrt{3}}{2}t\right)+1\right]\cdot 1(t)$$

含共轭复根的情况,也可用第一种情况的方法。值得注意的是,此时共轭复根相应的两个分式的分子 a_k 和 a_{k+1} 是共轭复数,因此,只要求出其中一个值,另一个即可写出。

例 2-6 试求 $X(s)=\dfrac{s+1}{s^3+s^2+s}$ 的拉普拉斯反变换。

解:

$$X(s)=\frac{s+1}{s^3+s^2+s}=\frac{a_1}{s+\frac{1}{2}+j\frac{\sqrt{3}}{2}}+\frac{a_2}{s+\frac{1}{2}-j\frac{\sqrt{3}}{2}}+\frac{a_3}{s}$$

$$a_1=\left[\frac{s+1}{s^3+s^2+s}\left(s+\frac{1}{2}+j\frac{\sqrt{3}}{2}\right)\right]_{s=-\frac{1}{2}-j\frac{\sqrt{3}}{2}}=-\frac{1}{2}+j\frac{\sqrt{3}}{6}$$

则

$$a_2=-\frac{1}{2}-j\frac{\sqrt{3}}{6}$$

$$a_3=\left[\frac{s+1}{s^3+s^2+s}s\right]_{s=0}=1$$

$$X(s)=\frac{s+1}{s^3+s^2+s}=\frac{-\frac{1}{2}+j\frac{\sqrt{3}}{6}}{s+\frac{1}{2}+j\frac{\sqrt{3}}{2}}+\frac{-\frac{1}{2}-j\frac{\sqrt{3}}{6}}{s+\frac{1}{2}-j\frac{\sqrt{3}}{2}}+\frac{1}{s}$$

借助欧拉公式,有

$$\begin{aligned}x(t)&=\left[\left(-\frac{1}{2}+j\frac{\sqrt{3}}{6}\right)e^{-\left(\frac{1}{2}+j\frac{\sqrt{3}}{2}\right)t}+\left(-\frac{1}{2}-j\frac{\sqrt{3}}{6}\right)e^{-\left(\frac{1}{2}-j\frac{\sqrt{3}}{2}\right)t}+1\right]\cdot 1(t)\\&=\left[e^{-\frac{1}{2}t}\left(\frac{\sqrt{3}}{3}\sin\frac{\sqrt{3}}{2}t-\cos\frac{\sqrt{3}}{2}t\right)+1\right]\cdot 1(t)\end{aligned}$$

3. 含多重极点的情况

$$\begin{aligned}X(s)&=\frac{b_0s^m+b_1s^{m-1}+\cdots+b_{m-1}s+b_m}{s^n+a_1s^{n-1}+\cdots+a_{n-1}s+a_n}\\&=\frac{b_0s^m+b_1s^{m-1}+\cdots+b_{m-1}s+b_m}{(s+p_1)^r(s+p_{r+1})\cdots(s+p_n)}\\&=\frac{a_r}{(s+p_1)^r}+\frac{a_{r-1}}{(s+p_1)^{r-1}}+\cdots+\frac{a_{r-j}}{(s+p_1)^{r-j}}+\cdots+\frac{a_1}{(s+p_1)}+\\&\quad\frac{a_{r+1}}{s+p_{r+1}}+\cdots+\frac{a_{n-1}}{s+p_{n-1}}+\frac{a_n}{s+p_n}\end{aligned}\tag{2-40}$$

式中,a_{r-j} 可由下式求得:

$$a_r=[X(s)(s+p_1)^r]_{s=-p_1}$$

$$a_{r-1}=\left\{\frac{d}{ds}[X(s)(s+p_1)^r]\right\}_{s=-p_1}$$

$$\vdots$$

$$a_{r-j}=\frac{1}{j!}\left\{\frac{\mathrm{d}^j}{\mathrm{d}s^j}[X(s)(s+p_1)^r]\right\}_{s=-p_1}$$

$$\vdots$$

$$a_1=\frac{1}{(r-1)!}\left\{\frac{\mathrm{d}^{r-1}}{\mathrm{d}s^{r-1}}[X(s)(s+p_1)^r]\right\}_{s=-p_1}$$

根据拉普拉斯反变换，有

$$L^{-1}\left[\frac{1}{(s+p_1)^k}\right]=\frac{t^{k-1}}{(k-1)!}\mathrm{e}^{-p_1 t}\cdot 1(t) \tag{2-41}$$

据此，可求出含多重极点情况的拉普拉斯反变换式。

例 2-7 试求 $X(s)=\dfrac{s^2+2s+3}{(s+1)^3}$的拉普拉斯反变换。

解：

$$X(s)=\frac{s^2+2s+3}{(s+1)^3}=\frac{a_3}{(s+1)^3}+\frac{a_2}{(s+1)^2}+\frac{a_1}{s+1}$$

$$a_3=\left[\frac{s^2+2s+3}{(s+1)^3}(s+1)^3\right]_{s=-1}=2$$

$$a_2=\left\{\frac{\mathrm{d}}{\mathrm{d}s}\left[\frac{s^2+2s+3}{(s+1)^3}(s+1)^3\right]\right\}_{s=-1}=\{2s+2\}_{s=-1}=0$$

$$a_1=\frac{1}{2!}\left\{\frac{\mathrm{d}^2}{\mathrm{d}s^2}\left[\frac{s^2+2s+3}{(s+1)^3}(s+1)^3\right]\right\}_{s=-1}=\frac{1}{2!}\{2\}_{s=-1}=1$$

则

$$X(s)=\frac{2}{(s+1)^3}+\frac{1}{s+1}$$

$$x(t)=(t^2\mathrm{e}^{-t}+\mathrm{e}^{-t})\cdot 1(t)$$

2.3.5 借助拉普拉斯变换解常系数线性微分方程

例 2-8 解方程 $\ddot{y}(t)+5\dot{y}(t)+6y(t)=6$，其中，$\dot{y}(0)=2$，$y(0)=2$。

解：将方程两边取拉普拉斯变换，得

$$s^2Y(s)-sy(0)-\dot{y}(0)+5[sY(s)-y(0)]+6Y(s)=\frac{6}{s}$$

将 $\dot{y}(0)=2$，$y(0)=2$ 代入，并整理，得

$$Y(s)=\frac{2s^2+12s+6}{s(s+2)(s+3)}=\frac{1}{s}+\frac{5}{s+2}-\frac{4}{s+3}$$

所以

$$y(t)=1+5\mathrm{e}^{-2t}-4\mathrm{e}^{-3t}$$

由例 2-8 可见，用拉普拉斯变换解微分方程的步骤是：

(1) 将微分方程通过拉普拉斯变换变为 s 的代数方程；

(2) 解 s 的代数方程，得到待解变量的拉普拉斯变换表达式；

(3) 作待解变量的拉普拉斯反变换，即求出微分方程的时间解。

另外，由上例可见：

(1) 应用拉普拉斯变换法求解微分方程时，由于初始条件已自动地包含在微分方程的

拉普拉斯变换式中,因此,不需要根据初始条件求积分常数的值就可得到微分方程的全解。

(2) 如果所有的初始条件为零,微分方程的拉普拉斯变换可以简单地用 s^n 代替 $\mathrm{d}^n/\mathrm{d}t^n$ 得到。

2.4 传递函数以及典型环节的传递函数

传递函数是在拉普拉斯变换的基础上,以系统本身的参数描述的线性定常系统输入量与输出量的关系式,它表达了系统内在的固有特性,而与输入量或驱动函数无关。它可以是无量纲的,也可以是有量纲的,视系统的输入量、输出量而定,它包含着联系输入量与输出量所需要的量纲,通常不能表明系统的物理特性和物理结构。许多物理性质不同的系统,有着相同形式的传递函数,正如一些不同的物理现象可以用相同形式的微分方程描述一样。

在零初始条件下,线性定常系统输出像函数 $X_o(s)$ 与输入像函数 $X_i(s)$ 之比,称为系统的传递函数,用 $G(s)$ 表示,即

$$G(s)\overset{\text{def}}{=}\frac{X_o(s)}{X_i(s)} \tag{2-42}$$

设描述线性定常系统的微分方程为

$$\begin{aligned}&a_0x_o^{(n)}(t)+a_1x_o^{(n-1)}(t)+\cdots+a_{n-1}\dot{x}_o(t)+a_nx_o(t)\\=&b_0x_i^{(m)}(t)+b_1x_i^{(m-1)}(t)+\cdots+b_{m-1}\dot{x}_i(t)+b_mx_i(t)\end{aligned}$$

则零初始条件下,系统传递函数为

$$G(s)=\frac{X_o(s)}{X_i(s)}=\frac{b_0s^m+b_1s^{m-1}+\cdots+b_{m-1}s+b_m}{a_0s^n+a_1s^{n-1}+\cdots+a_{n-1}s+a_n} \tag{2-43}$$

传递函数分母形成的多项式称为特征多项式;令特征多项式为 $D(s)$,则 $D(s)=0$ 称为系统的特征方程,其根称为系统的特征根。特征方程是决定系统动态特性的主要因素。$D(s)$ 中 s 的最高阶次等于系统的阶次。

对于传递函数,当 $s=0$ 时,有

$$G(0)=\frac{b_m}{a_n}=K \tag{2-44}$$

式中,K 称为系统的静态放大系数或静态增益。

从微分方程的角度看,此时相当于所有的导数项都为零。因此 K 反映了系统处于静态时输出与输入的比值。

传递函数 $G(s)$ 也可写成下面的形式:

$$G(s)=\frac{X_o(s)}{X_i(s)}=\frac{b_0(s-z_1)(s-z_2)\cdots(s-z_m)}{a_0(s-p_1)(s-p_2)\cdots(s-p_n)} \tag{2-45}$$

$N(s)=b_0(s-z_1)(s-z_2)\cdots(s-z_m)=0$ 的根 $s=z_i(i=1,2,\cdots,m)$,称为传递函数的零点;$D(s)=a_0(s-p_1)(s-p_2)\cdots(s-p_n)=0$ 的根 $s=p_j(j=1,2,\cdots,n)$,称为传递函数的极点。

系统传递函数的极点就是系统的特征根。零点和极点的数值完全取决于系统的结构参数。将传递函数的零、极点表示在复平面上的图形称为传递函数的零、极点分布图。图 2-11 中,零点用"○"表示,极点用"×"表示,反映系统 $G(s)=\dfrac{K(s+2)}{(s+3)(s^2+2s+2)}$ 的零极点图。

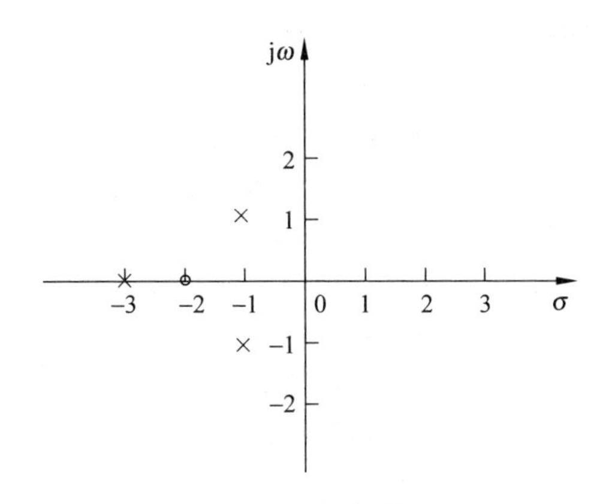

图 2-11 $G(s)=\dfrac{K(s+2)}{(s+3)(s^2+2s+2)}$的零极点图

在机电控制工程中，传递函数是一个非常重要的概念，是分析线性定常系统的有力数学工具，它有以下特点：

(1) 比微分方程简单，通过拉普拉斯变换，实数域内复杂的微积分运算已经转化为简单的代数运算。

(2) 当系统输入典型信号时，其输出与传递函数之间存在一定的对应关系。当输入是单位脉冲函数时，输入的像函数为 1，其输出像函数与传递函数相同。

(3) 令传递函数中的 $s=\mathrm{j}\omega$，则系统可在频率域内分析(详见第 4 章)。

(4) $G(s)$的零极点分布决定系统动态特性。

例 2-9 如图 2-12 所示的质量-弹簧-阻尼系统，其中 $f_i(t)$为输入外力；$y_o(t)$为输出位移；M 为质量；k 为弹簧刚度；D 为黏性阻尼系数。求其传递函数。

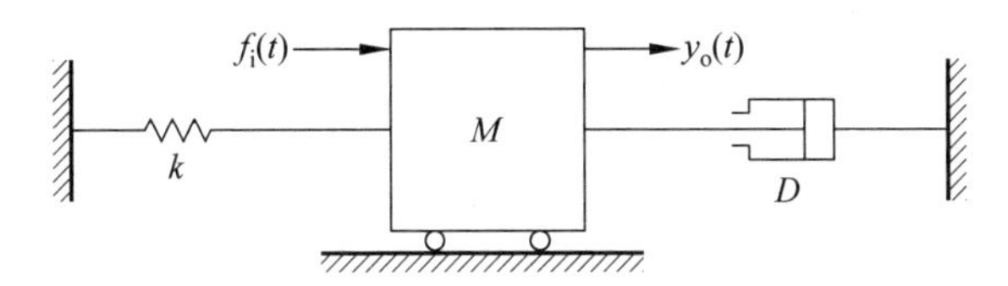

图 2-12 质量-弹簧-阻尼系统

解：列方程 $f_i(t)-D\dot{y}_o(t)-ky_o(t)=M\ddot{y}_o(t)$。

经拉普拉斯变换得

$$F_i(s)-DsY_o(s)-kY_o(s)=Ms^2Y_o(s)$$

则传递函数为

$$G(s)=\frac{Y_o(s)}{F_i(s)}=\frac{1}{Ms^2+Ds+k}$$

对于传递函数，有以下几点值得注意：

(1) 传递函数是一种以系统参数表示的线性定常系统输入量与输出量之间的关系式，传递函数的概念通常只适用于线性定常系统。

(2) 传递函数是 s 的复变函数。传递函数中的各项系数和相应微分方程中的各项系数对应相等，完全取决于系统结构参数。

(3) 传递函数是在零初始条件下定义的,即在零时刻之前,系统对所给定的平衡工作点处于相对静止状态。因此,传递函数不反映系统在非零初始条件下的全部运动规律。

(4) 传递函数只能表示系统输入与输出的关系,无法描述系统内部中间变量的变化情况。

(5) 一个传递函数只能表示一个输入对一个输出的关系,适合于单输入-单输出系统的描述,对于多输入-多输出系统将采用传递函数阵。

由于单位脉冲函数$\delta(t)$的像函数为1,根据传递函数定义,初始条件为0时,系统在单位脉冲输入作用下的输出响应的拉普拉斯变换为

$$Y(s)=G(s)X(s)=G(s) \tag{2-46}$$

即其输出像函数就是传递函数。将其拉普拉斯反变换,得

$$y(t)=L^{-1}[Y(s)]=L^{-1}[G(s)]=g(t) \tag{2-47}$$

$g(t)$称为系统的脉冲响应函数,又称权函数。系统的脉冲响应函数与传递函数包含关于系统动态特性的相同信息。

另外值得注意的是,注意到复数域相乘等同于时域内卷积,因此,输出像函数等于传递函数与输入像函数相乘并不对应时域输出等于脉冲响应函数与时域输入相乘,而是

$$y(t)=g(t)*x(t)=\int_0^t g(\tau)x(t-\tau)\mathrm{d}\tau=\int_0^t x(\tau)g(t-\tau)\mathrm{d}\tau \tag{2-48}$$

式中,当$t<0$时,$g(t)=x(t)=0$。

假设系统有b个实零点,c对复零点,d个非零实极点,e对复极点和v个等于零的极点,线性系统传递函数的零、极点表达式为

$$G(s)=\frac{X_{\mathrm{o}}(s)}{X_{\mathrm{i}}(s)}=\frac{b_0(s-z_1)(s-z_2)\cdots(s-z_m)}{a_0(s-p_1)(s-p_2)\cdots(s-p_n)} \tag{2-49}$$

式中,$b+2c=m$;$v+d+2e=n$。

对于实零点$z_i=-\alpha_i$和实极点$p_j=-\beta_j$,其因式可以变换成如下形式:

$$s-z_i=s+\alpha_i=\frac{1}{\tau_i}(\tau_i s+1),\quad \tau_i=\frac{1}{\alpha_i} \tag{2-50}$$

$$s-p_j=s+\beta_j=\frac{1}{T_j}(T_j s+1),\quad T_j=\frac{1}{\beta_j} \tag{2-51}$$

对于复零点对$z_l=-\alpha_l+\mathrm{j}\omega_l$和$z_{l+1}=-\alpha_l-\mathrm{j}\omega_l$,其因式可以变换成如下形式:

$$\begin{aligned}(s-z_l)(s-z_{l+1})&=(s+\alpha_l-\mathrm{j}\omega_l)(s+\alpha_l+\mathrm{j}\omega_l)\\&=s^2+2\alpha_l s+\alpha_l^2+\omega_l^2\\&=\frac{1}{\tau_l^2}(\tau_l^2 s^2+2\zeta_l\tau_l s+1)\end{aligned} \tag{2-52}$$

式中,

$$\tau_l=\frac{1}{\sqrt{\alpha_l^2+\omega_l^2}},\quad \zeta_l=\frac{\alpha_l}{\sqrt{\alpha_l^2+\omega_l^2}}$$

对于复极点对$p_k=-\alpha_k+\mathrm{j}\omega_k$和$p_{k+1}=-\alpha_k-\mathrm{j}\omega_k$,其因式可以变换成如下形式:

$$\begin{aligned}(s-p_k)(s-p_{k+1})&=(s+\beta_k-\mathrm{j}\omega_k)(s+\beta_k+\mathrm{j}\omega_k)\\&=s^2+2\beta_k s+\beta_k^2+\omega_k^2\\&=\frac{1}{T_k^2}(T_k^2 s^2+2\zeta_k T_k s+1)\end{aligned} \tag{2-53}$$

式中，

$$T_k=\frac{1}{\sqrt{\beta_k^2+\omega_k^2}},\quad \zeta_k=\frac{\beta_k}{\sqrt{\beta_k^2+\omega_k^2}}$$

于是，系统的传递函数可以写成：

$$G(s)=\frac{K\prod_{i=1}^{b}(\tau_i s+1)\prod_{l=1}^{c}(\tau_l^2 s^2+2\zeta_l\tau_l s+1)}{s^v\prod_{j=1}^{d}(T_j s+1)\prod_{k=1}^{e}(T_k^2 s^2+2\zeta_k T_k s+1)} \tag{2-54}$$

式中，$K=\frac{b_0}{a_0}\cdot\prod_{i=1}^{b}\frac{1}{\tau_i}\cdot\prod_{l=1}^{c}\frac{1}{\tau_l^2}\cdot\prod_{j=1}^{d}T_j\cdot\prod_{k=1}^{e}T_k^2$ 为系统静态增益。

由式(2-54)可见，传递函数表达式包含 6 种不同的因子，即

$$K,\quad \tau s+1,\quad \tau^2 s^2+2\xi\tau s+1,\quad \frac{1}{s},\quad \frac{1}{Ts+1},\quad \frac{1}{T^2 s^2+2\zeta Ts+1}$$

一般，任何线性系统都可以看作是由上述 6 种因子表示的典型环节的串联组合。

实际系统中还存在纯时间延迟现象，输出完全复现输入，但延迟了时间 τ，即 $x_o(t)=x_i(t-\tau)\cdot 1(t-\tau)$，此时

$$X_o(s)=e^{-\tau s}X_i(s)$$

即

$$G(s)=e^{-\tau s}$$

因此，除了上述 6 种典型环节外，还有一类典型环节——延迟环节 $e^{-\tau s}$。延迟环节与惯性环节有本质的区别，惯性环节从输入开始时刻起就已有输出，仅由于惯性，输出要滞后一段时间才接近所要求的输出值；延迟环节从输入开始之初，在 $0\sim\tau$ 时间内，没有输出，但 $t=\tau$ 之后，输出等于 τ 之前时刻的输入。

2.4.1 比例环节

$$G(s)=k,\quad k\ 为常数$$

在时间域里，输入变量与输出变量成比例，可表示为

$$x_o(t)=kx_i(t)$$

设初始条件为零，将上式两边进行拉普拉斯变换，得

$$X_o(s)=kX_i(s) \tag{2-55}$$

则

$$G(s)=\frac{X_o(s)}{X_i(s)}=k \tag{2-56}$$

比例环节输出量不失真、无惯性地跟随输入量，两者成比例关系。

例 2-10 图 2-13 所示为一运算放大器，求其传递函数。其中，$u_i(t)$为输入电压；$u_o(t)$为输出电压；R_1、R_2 为电阻。

解：已知 $u_o(t)=-\frac{R_2}{R_1}u_i(t)$，经拉普拉斯变换后得

$$U_o(s)=-\frac{R_2}{R_1}U_i(s)$$

则

$$G(s)=\frac{U_o(s)}{U_i(s)}=-\frac{R_2}{R_1}$$

即常数 $k=-\dfrac{R_2}{R_1}$。

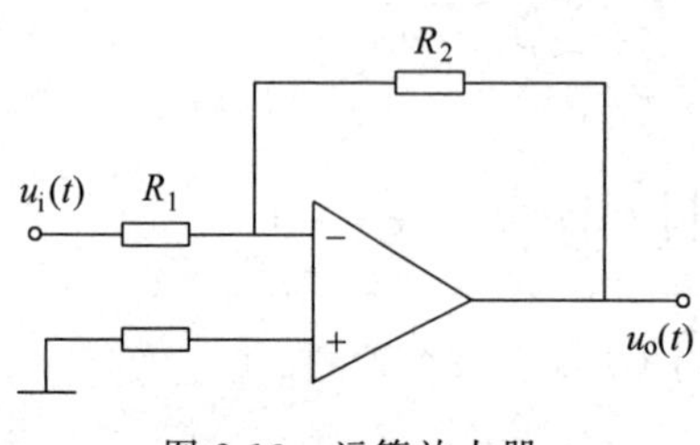

图 2-13 运算放大器

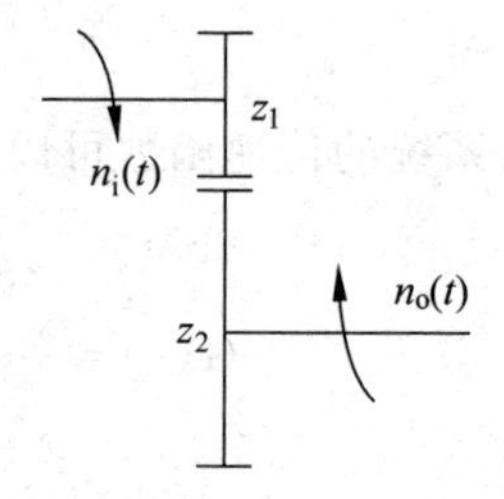

图 2-14 齿轮传动副

例 2-11 图 2-14 所示为齿轮传动副,求其传递函数。其中,$n_i(t)$为输入轴转速;$n_o(t)$为输出轴转速;z_1、z_2 为齿轮齿数。

解:已知 $n_o(t)z_2=n_i(t)z_1$,经拉普拉斯变换后得

$$N_o(s)z_2=N_i(s)z_1$$

则

$$G(s)=\frac{N_o(s)}{N_i(s)}=\frac{z_1}{z_2}$$

即常数 $k=\dfrac{z_1}{z_2}$。

2.4.2 一阶惯性环节

$$G(s)=\frac{1}{Ts+1},\quad T\text{ 为时间常数} \tag{2-57}$$

在时间域里,如果输入变量、输出变量关系可表达为如下一阶微分方程:

$$T\dot{x}_o(t)+x_o(t)=x_i(t)$$

设初始条件为零,将上式两边进行拉普拉斯变换,得

$$TsX_o(s)+X_o(s)=X_i(s)$$

则

$$G(s)=\frac{X_o(s)}{X_i(s)}=\frac{1}{Ts+1}$$

其中,T 为常数,称为时间常数,表征环节的惯性,和环节结构参数有关。

例 2-12 图 2-15 所示为无源滤波电路,求其传递函数。其中,$u_i(t)$为输入电压;$u_o(t)$为输出电压;R 为电阻;C 为电容。

解:已知

$$\begin{cases}u_i(t)=i(t)R+\dfrac{1}{C}\displaystyle\int i(t)\,\mathrm{d}t\\[2ex] u_o(t)=\dfrac{1}{C}\displaystyle\int i(t)\,\mathrm{d}t\end{cases}$$

拉普拉斯变换后得

$$\begin{cases}U_i(s)=I(s)R+\dfrac{1}{Cs}I(s)\\[2ex] U_o(s)=\dfrac{1}{Cs}I(s)\end{cases}$$

消去 $I(s)$，得 $U_i(s)=(RCs+1)U_o(s)$，则

$$G(s)=\frac{U_o(s)}{U_i(s)}=\frac{1}{RCs+1}$$

即常数 $T=RC$。

例 2-13 图 2-16 所示为弹簧-阻尼系统，求其传递函数。其中，$x_i(t)$为输入位移；$x_o(t)$为输出位移；k 为弹簧刚度；D 为黏性阻尼系数。

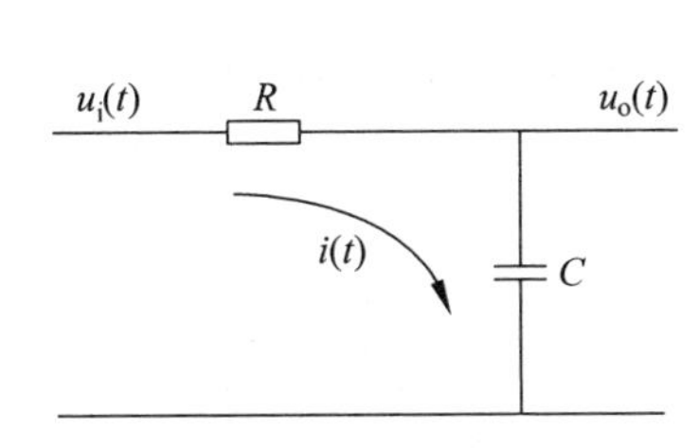

图 2-15 无源滤波电路

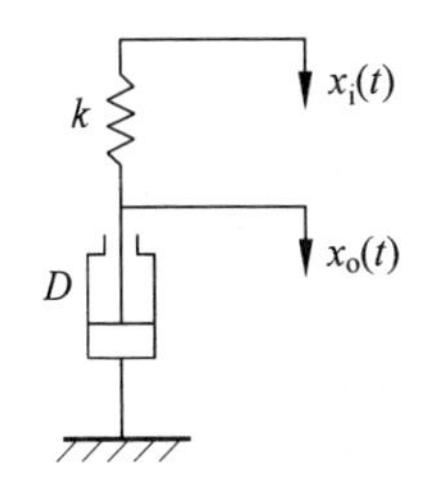

图 2-16 弹簧-阻尼系统

解：已知 $k[x_i(t)-x_o(t)]=D\dfrac{dx_o(t)}{dt}$，进行拉普拉斯变换后得

$$k[X_i(s)-X_o(s)]=DsX_o(s)$$

即
$$\left(\frac{D}{k}s+1\right)X_o(s)=X_i(s)$$

则
$$G(s)=\frac{X_o(s)}{X_i(s)}=\frac{1}{\dfrac{D}{k}s+1}$$

即常数 $T=\dfrac{D}{k}$。

2.4.3 微分环节

1. 理想微分环节

$$G(s)=ks,\quad k\text{ 为常数} \tag{2-58}$$

如果输出变量正比于输入变量的微分，即

$$x_o(t)=k\dot{x}_i(t)$$

进行拉普拉斯变换后得

$$X_o(s)=ksX_i(s)$$

则
$$G(s)=\frac{X_o(s)}{X_i(s)}=ks$$

例 2-14 图 2-17 所示为永磁式直流测速机，求其传递函数。其中，$\theta_i(t)$为输入转角；$u_o(t)$为输出电压。

解：已知 $u_o(t)=k\dfrac{d\theta_i}{dt}(t)$，进行拉普拉斯变换后得

$$U_o(s)=ks\Theta_i(s)$$

则
$$G(s)=\frac{U_o(s)}{\Theta_i(s)}=ks$$

对于相同量纲的理想微分环节物理上是难以实现的,电路中常遇到下述近似微分环节。

2. 近似微分环节

$$G(s)=\frac{kTs}{Ts+1},\quad k、T\ 为常数 \tag{2-59}$$

该传递函数包括惯性环节和微分环节,也可称之为惯性微分环节,只有当$|Ts|\ll 1$时,才近似为微分环节。

例 2-15 图2-18所示为无源微分电路,求其传递函数。其中,$u_i(t)$为输入电压;$u_o(t)$为输出电压;R为电阻;C为电容。

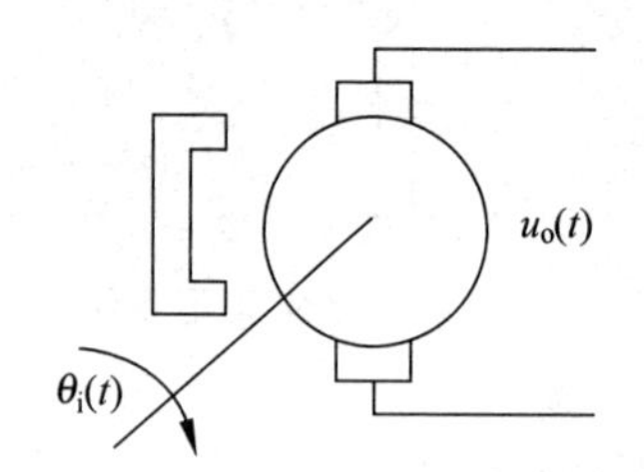

图 2-17 永磁式直流测速机

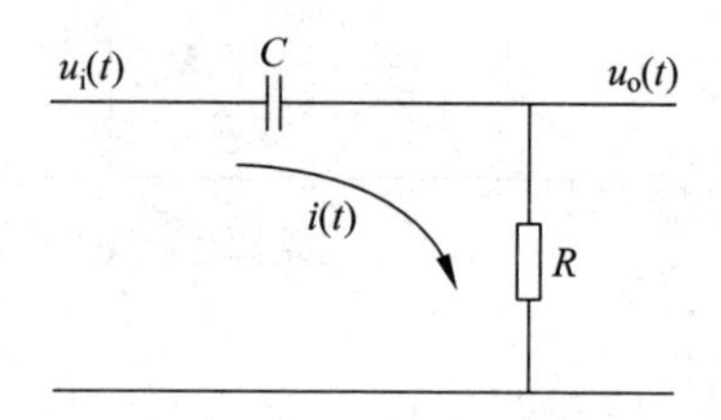

图 2-18 无源微分网络

解:已知

$$\begin{cases}u_i(t)=\dfrac{1}{C}\displaystyle\int i(t)\mathrm{d}t+i(t)R\\ u_o(t)=i(t)R\end{cases}$$

进行拉普拉斯变换后得

$$\begin{cases}U_i(s)=\dfrac{1}{Cs}I(s)+RI(s)\\ U_o(s)=RI(s)\end{cases}$$

消去$I(s)$,得$U_i(s)=\dfrac{RCs+1}{RCs}U_o(s)$,则

$$G(s)=\frac{U_o(s)}{U_i(s)}=\frac{RCs}{RCs+1}$$

即常数$T=RC,k=1$。

2.4.4 积分环节

$$G(s)=\frac{k}{s},\quad k\ 为常数 \tag{2-60}$$

如果输出变量正比于输入变量的积分,即

$$x_o(t)=k\int x_i(t)\mathrm{d}t$$

进行拉普拉斯变换后得

$$X_o(s)=k\frac{X_i(s)}{s}$$

则

$$G(s)=\frac{X_o(s)}{X_i(s)}=\frac{k}{s}$$

例 2-16 图 2-19 所示为有源积分网络,求其传递函数。其中,$u_i(t)$为输入电压;$u_o(t)$为输出电压;R 为电阻;C 为电容。

解:已知 $RC\frac{u_o(t)}{dt}=-u_i(t)$(见 2.1 节),进行拉普拉斯变换后得

$$RCsU_o(s)=-U_i(s)$$

则

$$G(s)=\frac{U_o(s)}{U_i(s)}=\frac{-\frac{1}{RC}}{s}$$

即常数 $k=-\frac{1}{RC}$。

例 2-17 图 2-20 所示为机械积分器,A 盘作恒速转动并带动 B 盘转动,B 盘和 I 轴间用滑键连接,同轴转动,B 盘(或 I 轴)与 A 盘的转速关系取决于距离 $e_i(t)$,其关系为

$$n(t)=Ke_i(t)$$

式中,$e_i(t)$为距离,输入量;$\theta_o(t)$为 I 轴的转角,输出量;$n(t)$为 I 轴的转速。求其传递函数。

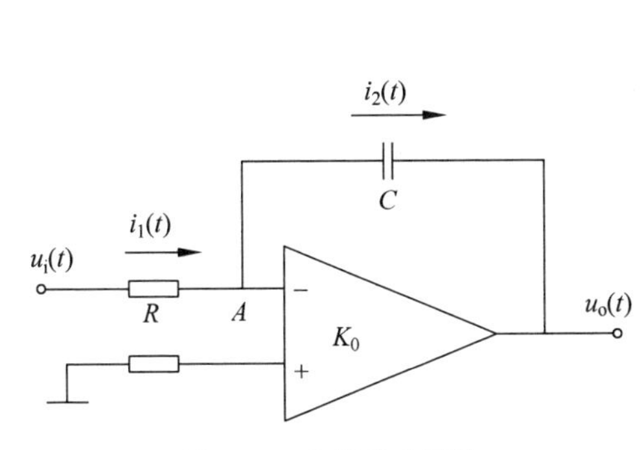

图 2-19 有源积分网络

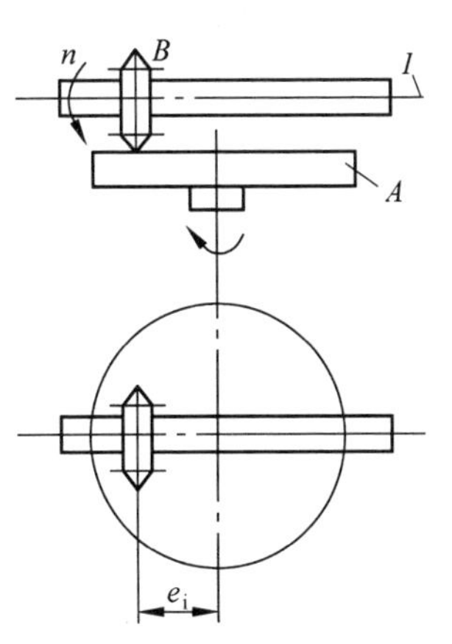

图 2-20 机械积分器

解:因为

$$n(t)=\frac{d\theta_o(t)}{dt},\quad n(t)=Ke_i(t)$$

所以

$$\frac{d\theta_o(t)}{dt}=Ke_i(t)$$

进行拉普拉斯变换后得

$$s\Theta_o(s)=Ke_i(s)$$

则

$$G(s)=\frac{\Theta_o(s)}{E_i(s)}=\frac{K}{s}$$

2.4.5 二阶振荡环节

$$G(s)=\frac{1}{T^2s^2+2\zeta Ts+1},\quad 0<\zeta<1 \tag{2-61}$$

如果输入变量、输出变量关系可表达为如下二阶微分方程：

$$T^2\ddot{x}_o(t)+2\zeta T\dot{x}_o(t)+x_o(t)=x_i(t)$$

经拉普拉斯变换得

$$T^2s^2X_o(s)+2\zeta TsX_o(s)+X_o(s)=X_i(s)$$

则

$$G(s)=\frac{X_o(s)}{X_i(s)}=\frac{1}{T^2s^2+2\zeta Ts+1}$$

二阶振荡环节含有两个独立的储能元件，且所存储的能量能够相互转换，从而导致输出带有振荡的性质。

例 2-18 图 2-21 所示为无源 RCL 网络，求其传递函数。其中，$u_i(t)$为输入电压；$u_o(t)$为输出电压；R 为电阻；C 为电容。

解：已知

$$\begin{cases}u_i(t)=L\dfrac{\mathrm{d}i(t)}{\mathrm{d}t}+\dfrac{1}{C}\int i(t)\mathrm{d}t+i(t)R\\ u_o(t)=\dfrac{1}{C}\int i(t)\mathrm{d}t\end{cases}$$

进行拉普拉斯变换后得

$$\begin{cases}U_i(s)=LsI(s)+\dfrac{1}{Cs}I(s)+RI(s)\\ U_o(s)=\dfrac{1}{Cs}I(s)\end{cases}$$

消去 $I(s)$，得 $U_i(s)=(LCs^2+RCs+1)U_o(s)$，则传递函数为

$$\begin{aligned}G(s)&=\frac{U_o(s)}{U_i(s)}=\frac{1}{LCs^2+RCs+1}\\&=\frac{1}{(\sqrt{LC})^2s^2+2\times\dfrac{RC}{2\sqrt{LC}}\sqrt{LC}s+1}\\&=\frac{1}{T^2s^2+2\zeta Ts+1}\end{aligned}$$

即常数 $T=\sqrt{LC}$，$\zeta=\dfrac{RC}{2\sqrt{LC}}$。

例 2-19 图 2-22 所示为质量-弹簧-阻尼系统，求其传递函数。其中，$f_i(t)$为输入外力；$y_o(t)$为输出位移；M 为质量；k 为弹簧刚度；D 为黏性阻尼系数。

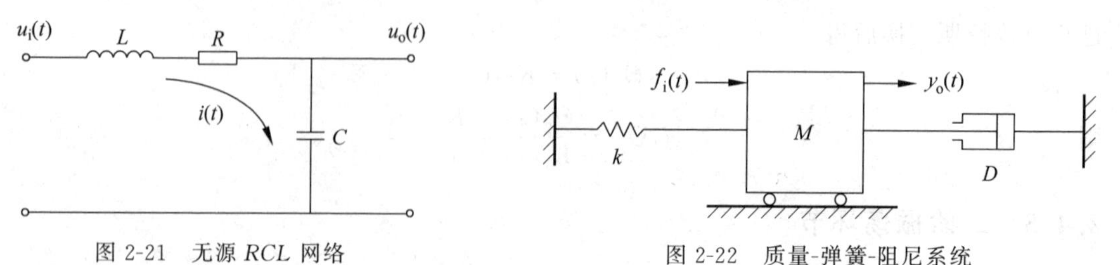

图 2-21 无源 RCL 网络

图 2-22 质量-弹簧-阻尼系统

解：列方程

$$f_i(t)-D\dot{y}_o(t)-ky_o(t)=M\ddot{y}_o(t)$$

经拉普拉斯变换得

$$F_i(s) - DsY_o(s) - kY_o(s) = Ms^2Y_o(s)$$

则传递函数为

$$G(s) = \frac{Y_o(s)}{F_i(s)} = \frac{1}{Ms^2 + Ds + k}$$

$$= \frac{1/k}{\left(\sqrt{\frac{M}{k}}\right)^2 s^2 + 2 \times \frac{D}{2\sqrt{Mk}}\sqrt{\frac{M}{k}}s + 1}$$

$$= \frac{1/k}{T^2s^2 + 2\zeta Ts + 1}$$

即常数 $T = \sqrt{\frac{M}{k}}, \zeta = \frac{D}{2\sqrt{Mk}}$。

数学建模中的环节有以下特点：

(1) 构造数学模型时，环节是根据微分方程划分的，往往不是按具体的物理装置或元件划分；

(2) 一个环节往往由几个元件之间的运动特性共同组成；

(3) 同一元件在不同系统中作用不同，输入、输出的物理量不同，可起到不同环节的作用。

2.5 系统函数方块图及其简化

在控制工程领域，人们习惯于用函数方块图说明和讨论问题。方块图是系统中各个环节功能和信号流向的图解表示，它清楚地表明了系统中各个环节间的相互关系，便于对系统进行分析和研究。方块图包括以下要点。

1. 方块图的基本单元

方块图的基本单元如图 2-23 所示。图中指向方块的箭头表示输入，从方块出来的箭头表示输出，带箭头线上标明了相应的变量，$G(s)$表示其传递函数。

2. 比较点

比较点如图 2-24 所示。它代表两个或两个以上的输入信号进行相加或相减的元件，对于相减的元件又称比较器，箭头上的"＋"或"－"表示信号相加还是相减，相加、减的量应具有相同的量纲。

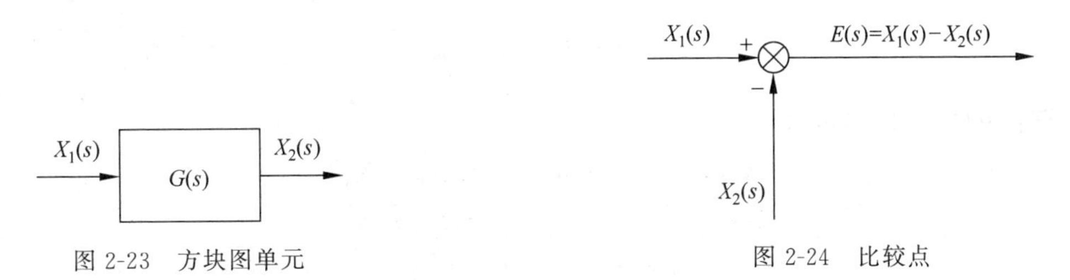

图 2-23 方块图单元

图 2-24 比较点

3. 引出点

引出点如图 2-25 所示。它表示信号引出和测量的位置,同一位置引出的几个信号,其大小和性质完全一样。

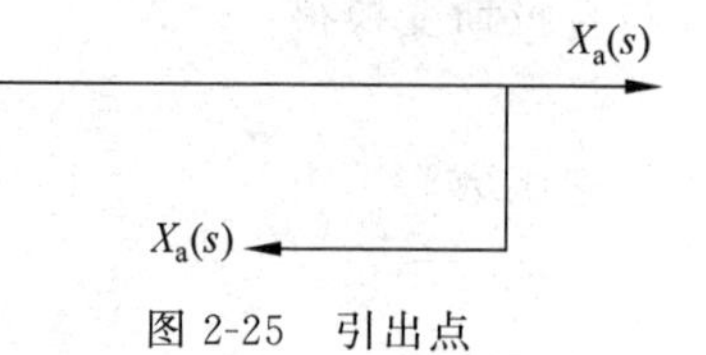

图 2-25 引出点

4. 串联

图 2-26(a)所示的串联环节可以等效简化为图 2-26(b)所示的环节。环节串联后,总的传递函数等于每个串联环节传递函数的乘积。

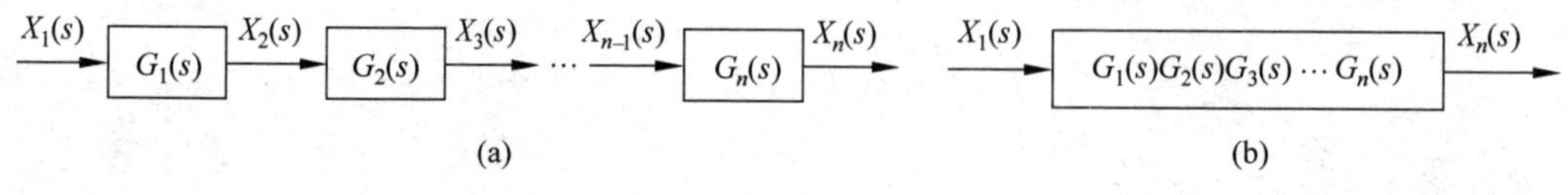

图 2-26 方块图串联

5. 并联

图 2-27(a)所示的并联环节可以等效简化为图 2-27(b)所示的环节。环节并联后,总的传递函数等于所有并联环节传递函数之和。

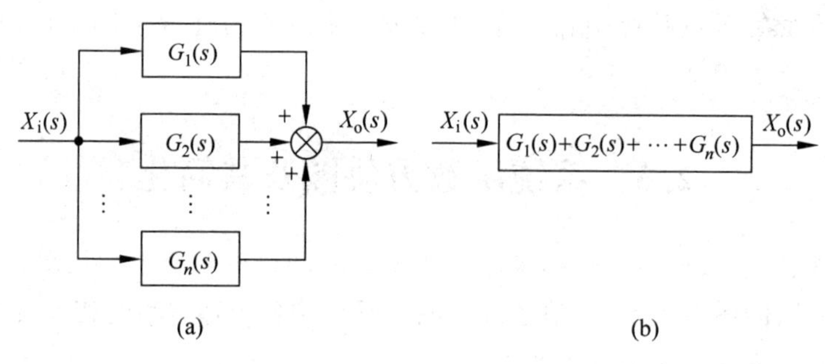

图 2-27 方块图并联

6. 反馈

图 2-28(a)所示的反馈系统可以等效简化为图 2-28(b)所示的系统。

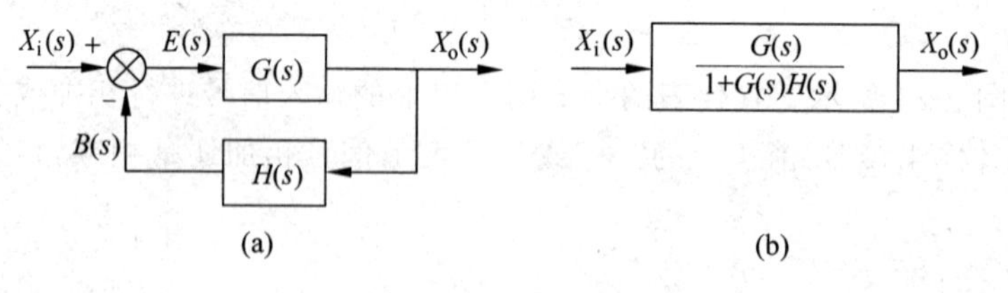

图 2-28 反馈系统

证:由图 2-28(a)可得

$$[X_i(s)-X_o(s)H(s)]G(s)=X_o(s)$$

则

$$G(s)X_i(s)=[1+G(s)H(s)]X_o(s)$$

所以

$$\frac{X_o(s)}{X_i(s)}=\frac{G(s)}{1+G(s)H(S)}$$

即对于具有负反馈的环节，其传递函数等于前向通道的传递函数除以 1 加上前向通道与反馈通道传递函数的乘积。称 $G(s)H(s)$ 为闭环系统的开环传递函数。

同理，对于正反馈环节有

$$\frac{X_o(s)}{X_i(s)}=\frac{G(s)}{1-G(s)H(s)} \tag{2-62}$$

7. 方块图变换法则

方块图的另外一些变换法则见表 2-1。这里有两条规律：

(1) 各前向通路传递函数的乘积保持不变；

(2) 各回路传递函数的乘积保持不变。

表 2-1 方块图变换法则

比较点前移	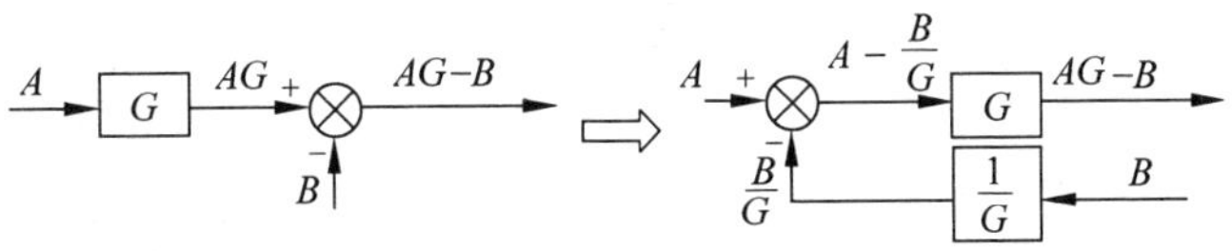 A，G，AG，+，B，−，$AG-B$ ⇒ A，+，$A-\frac{B}{G}$，G，$AG-B$，$\frac{B}{G}$，−，$\frac{1}{G}$，B
比较点后移	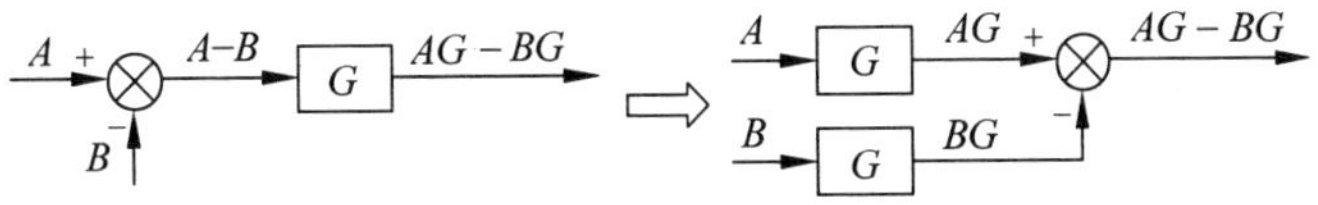 A，+，$A-B$，G，$AG-BG$，B，− ⇒ A，G，AG，+，$AG-BG$，B，G，BG，−
引出点前移	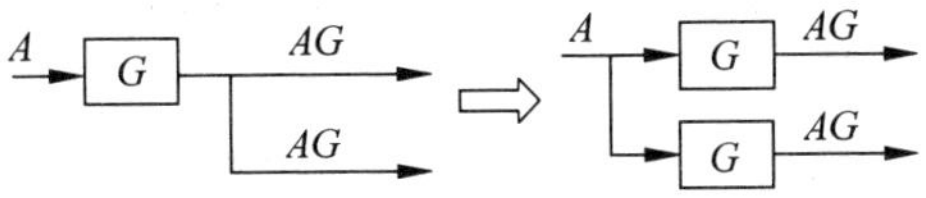 A，G，AG，AG ⇒ A，G，AG，G，AG
引出点后移	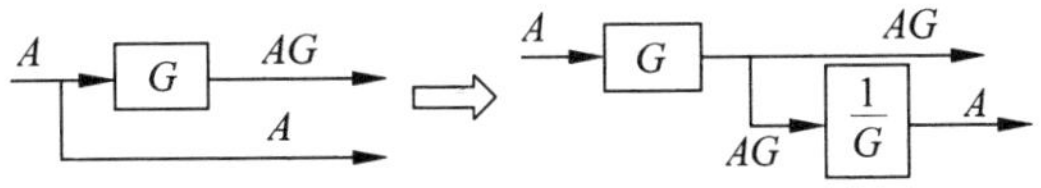 A，G，AG，A ⇒ A，G，AG，AG，$\frac{1}{G}$，A
将反馈通道变为单位反馈	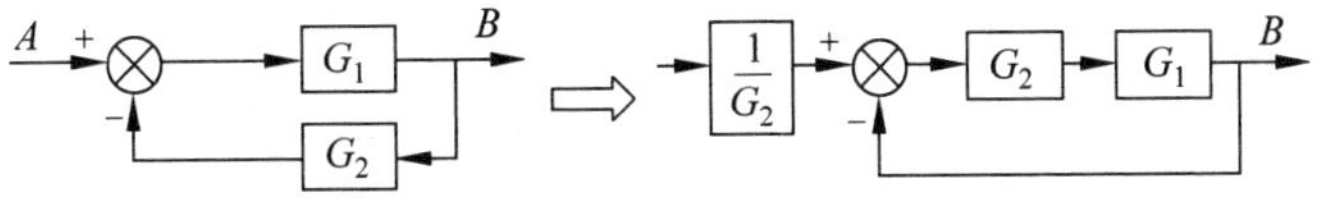 A，+，G_1，B，−，G_2 ⇒ $\frac{1}{G_2}$，+，G_2，G_1，B，−

8. 方块图简化

例 2-20 试化简图 2-29(a)所示系统的方块图，并求系统传递函数。

解：A 点后移，得图 2-29(b)；消去回路Ⅰ，得图 2-29(c)；消去回路Ⅱ，得图 2-29(d)；最后消去回路Ⅲ，得图 2-29(e)。所以

$$\frac{X_o(s)}{X_i(s)}$$

$$=\frac{G_1(s)G_2(s)G_3(s)G_4(s)}{1+G_2(s)G_3(s)G_5(s)+G_3(s)G_4(s)G_6(s)+G_1(s)G_2(s)G_3(s)G_4(s)G_7(s)}$$

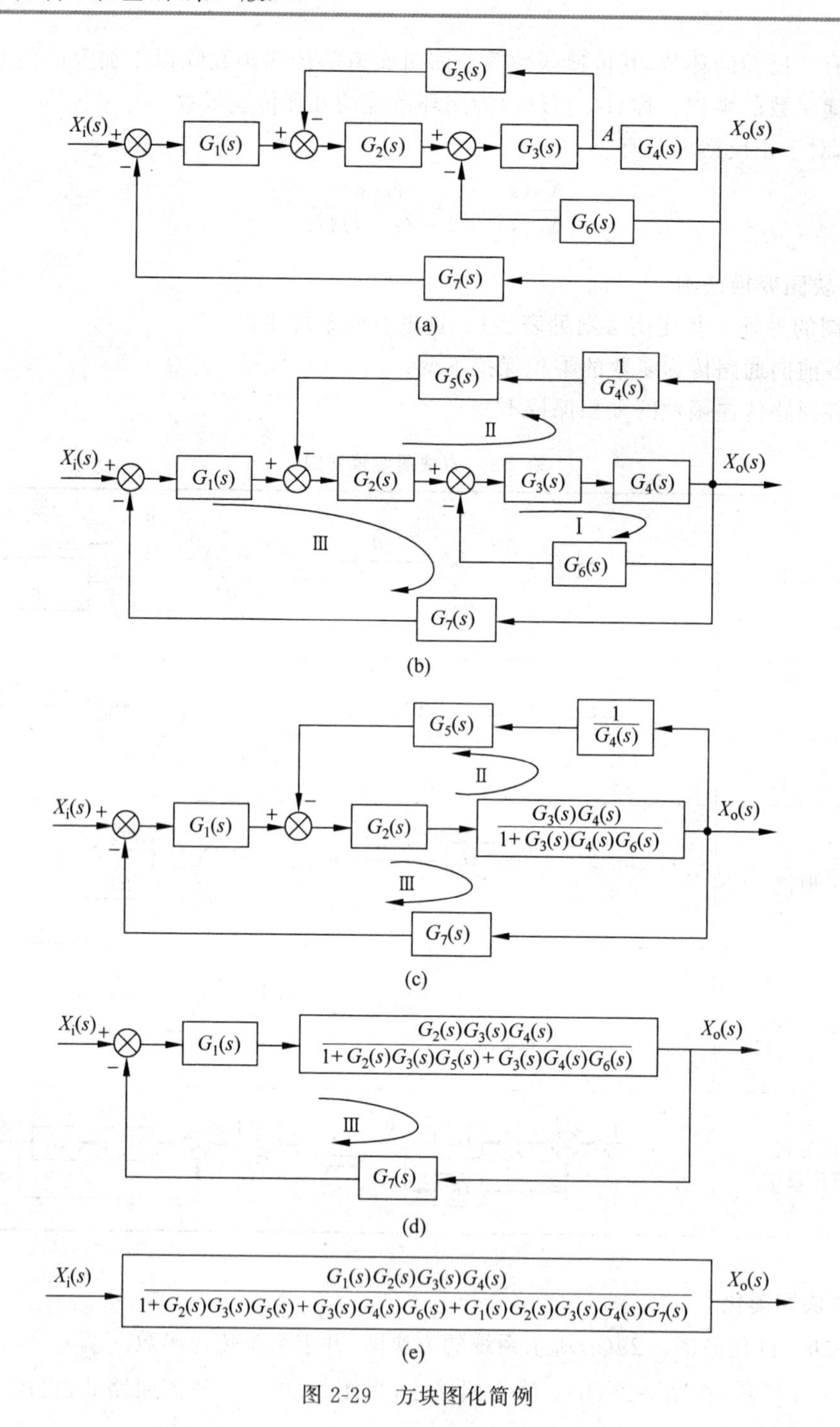

图 2-29　方块图化简例

2.6　系统信号流图及梅森公式

信号流图起源于梅森(S. J. Mason)利用图示法来描述一个和一组线性代数方程，是由节点和支路组成的一种信号传递网络。

例如,如下线性代数方程可画出如图 2-30 所示的信号流图。

$$\begin{cases} x_2 = x_1 + e x_3 \\ x_3 = a x_2 + f x_4 \\ x_4 = b x_3 \\ x_5 = d x_2 + c x_4 + g x_5 \end{cases}$$

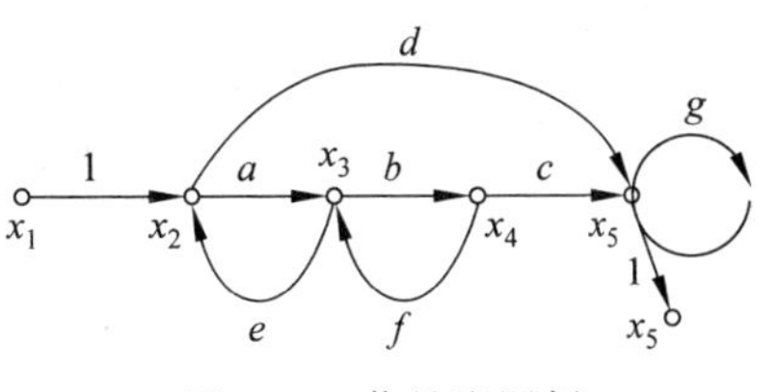

图 2-30 信号流图例

复频域中的数学模型也可由一组 s 的代数方程组成,因此也可画出相应的信号流图。其中包括以下术语。

(1) 节点:表示变量或信号,其值等于所有进入该节点的信号之和。节点用“o”表示。

(2) 支路:连接两个节点的定向线段,用支路增益(传递函数)表示方程式中两个变量的因果关系。信号在支路上沿箭头单向传递。

(3) 输入节点(又称源点):只有输出的节点,代表系统的输入变量。

(4) 输出节点(又称阱点或汇点):只有输入的节点,代表系统的输出变量。

源点和汇点图示可参见图 2-31。

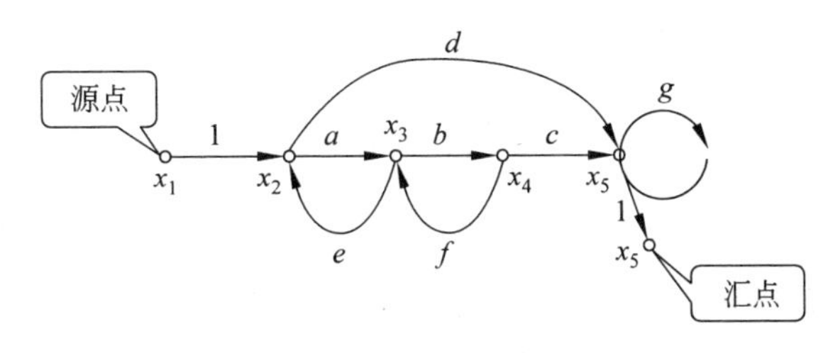

图 2-31 源点和汇点图示

(5) 混合节点:既有输入又有输出的节点。若从混合节点引出一条具有单位增益的支路,可将混合节点变为输出节点。图 2-31 中除源点和汇点外的节点均为混合节点。

(6) 通路:沿支路箭头方向穿过各相连支路的路径。

(7) 前向通路:从输入节点到输出节点通路上通过任何节点不多于一次的通路。前向通路上各支路增益之乘积,称为前向通路总增益,一般用 p_k 表示。

(8) 回路:起点与终点重合且通过任何节点不多于一次的闭合通路。回路中所有支路增益之乘积称为回路增益,一般用 L_a 表示。相互间没有任何公共节点的回路称为不接触回路。

信号流图的绘制可以根据描述系统环节的微分方程开始,其绘制步骤与绘制方框图的步骤类似。

例 2-21 绘制如图 2-32 所示的低通滤波网络的信号流图。

由图 2-32,有

$$i_1(t) = \frac{u_i(t) - u_A(t)}{R_1}$$

$$u_A(t) = \frac{1}{C_1}\int [i_1(t) - i_2(t)]\mathrm{d}t$$

$$i_2(t) = \frac{u_A(t) - u_o(t)}{R_2}$$

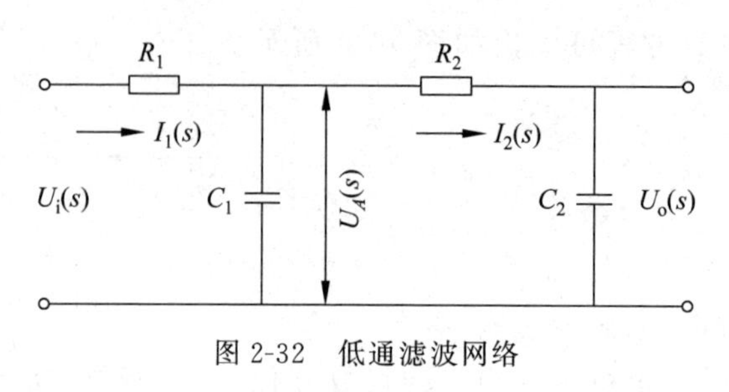

图 2-32 低通滤波网络

$$u_o(t)=\frac{1}{C_2}\int i_2(t)\mathrm{d}t$$

将其零初始条件下拉普拉斯变换,得

$$I_1(s)=\frac{U_i(s)-U_A(s)}{R_1}$$

$$U_A(s)=\frac{1}{C_1 s}[I_1(s)-I_2(s)]$$

$$I_2(s)=\frac{U_A(s)-U_o(s)}{R_2}$$

$$U_o(s)=\frac{1}{C_2 s}I_2(s)$$

取 $U_i(s)$、$I_1(s)$、$U_A(s)$、$I_2(s)$、$U_o(s)$作为信号流图的节点,其中,$U_i(s)$、$U_o(s)$分别为输入及输出节点。按上述方程绘制出各部分的信号流图见表 2-2。

表 2-2 图 2-32 电路网络各部分的信号流图

$I_1(s)=\frac{U_i(s)-U_A(s)}{R_1}$	$U_i(s)$, $1/R_1$, 1, $I_1(s)$, $U_A(s)$, −1
$U_A(s)=\frac{1}{C_1 s}[I_1(s)-I_2(s)]$	−1, 1, $I_1(s)$, $\frac{1}{C_1 s}$, $U_A(s)$, $I_2(s)$
$I_2(s)=\frac{U_A(s)-U_o(s)}{R_2}$	1, $1/R_2$, $U_o(s)$, $U_A(s)$, $I_2(s)$, −1
$U_o(s)=\frac{1}{C_2 s}I_2(s)$	$\frac{1}{C_2 s}$, $I_2(s)$, $U_o(s)$

将各部分的信号流图综合后即得到系统如图 2-33 所示的信号流图。

信号流图是表示控制系统的另一种图形,与方块图有类似之处,因此也可以将系统函数方块图转化为信号流图,并据此采用梅森公式求出系统的传递函数。

与图 2-34 所示系统方块图对应的系统信号流图如图 2-35 所示。

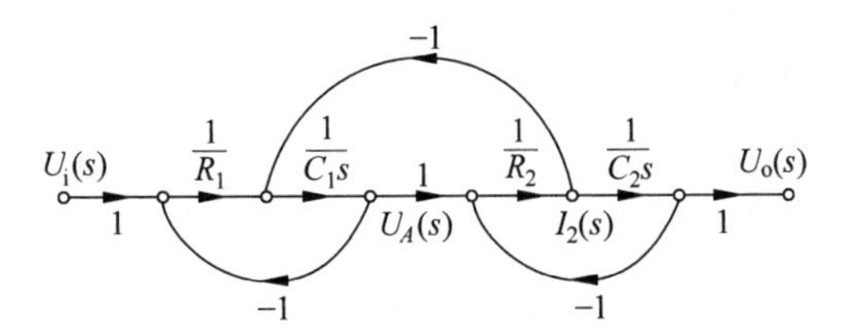

图 2-33 网络的信号流图

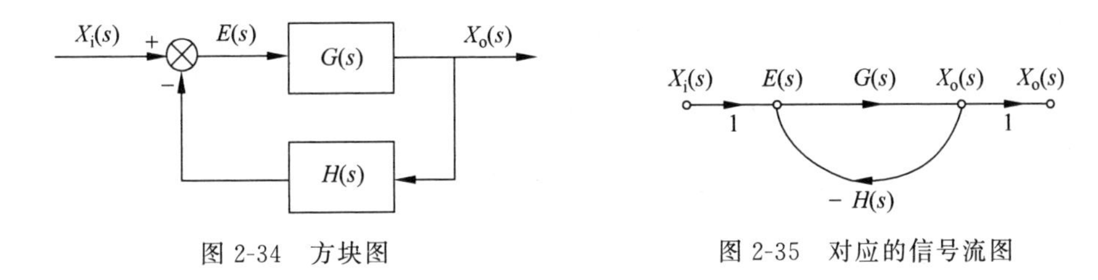

图 2-34 方块图

图 2-35 对应的信号流图

从输入变量到输出变量的系统传递函数可由梅森公式求得。梅森公式可表示为

$$P=\frac{1}{\Delta}\sum_{k}P_k\Delta_k \tag{2-63}$$

式中，P 为系统总传递函数；P_k 为第 k 条前向通路的传递函数；Δ 为流图的特征式，按下式计算：

$$\Delta=1-\sum_{a}L_a+\sum_{b,c}L_bL_c-\sum_{d,e,f}L_dL_eL_f+\cdots \tag{2-64}$$

式中，$\sum_{a}L_a$ 为所有不同回路的传递函数之和；$\sum_{b,c}L_bL_c$ 为每 2 个互不接触回路传递函数乘积之和；$\sum_{d,e,f}L_dL_eL_f$ 为每 3 个互不接触回路传递函数乘积之和；Δ_k 为第 k 条前向通路特征式的余因子，即对于流图的特征式 Δ，将与第 k 条前向通路相接触的回路传递函数代以零值，余下的 Δ 即为 Δ_k。

例 2-22 用梅森公式求图 2-33 所示信号流图的传递函数。

解：根据梅森公式，有

$$\Delta=1+\frac{1}{R_1C_1s}+\frac{1}{R_2C_1s}+\frac{1}{R_2C_2s}+\frac{1}{R_1C_1s}\,\frac{1}{R_2C_2s}$$

则

$$\frac{U_o(s)}{U_i(s)}=\frac{1}{\Delta}\sum_{k}P_k\Delta_k=\frac{\frac{1}{R_1}\,\frac{1}{C_1s}\,\frac{1}{R_2}\,\frac{1}{C_2s}}{1+\frac{1}{R_1C_1s}+\frac{1}{R_2C_1s}+\frac{1}{R_2C_2s}+\frac{1}{R_1C_1s}\,\frac{1}{R_2C_2s}}$$

$$=\frac{1}{R_1R_2C_1C_2s^2+(R_1C_1+R_2C_2+R_1C_2)s+1}$$

例 2-23 某系统信号流图如图 2-36 所示，求$\frac{X_o(s)}{X_i(s)}$。

解：$\frac{X_o(s)}{X_i(s)}$

$$=\frac{G_1G_2G_3G_4G_5G_8G_9+G_1G_6G_4G_5G_8G_9+G_1G_2G_7G_8G_9(1+G_4H_1)}{1+G_4H_1+G_2G_7H_2+G_6G_4G_5H_2+G_2G_3G_4G_5H_2+G_9H_3+\sum_{b,c}L_bL_c-\sum_{d,e,f}L_dL_eL_f}$$

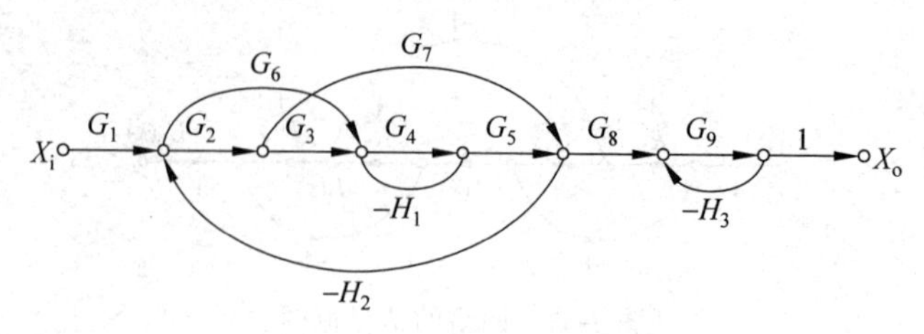

图 2-36 某系统信号流图

式中，

$$\sum_{b,c} L_b L_c = G_4 H_1 G_2 G_7 H_2 + G_4 H_1 G_9 H_3 + G_2 G_3 G_4 G_5 H_2 G_9 H_3 + G_2 G_7 H_2 G_9 H_3 + G_6 G_4 G_5 H_2 G_9 H_3$$

$$\sum_{d,e,f} L_d L_e L_f = -G_4 H_1 G_2 G_7 H_2 G_9 H_3$$

2.7 受控机械对象数学模型

为了得到良好的闭环机电系统性能，对于受控机械对象，应注意以下几个方面。

1. 高谐振频率

一般整个机械传动系统的特性可以用若干相互耦合的质量-弹簧-阻尼系统表示。其中，每部分的动力学特性可以表示为如下传递函数：

$$\frac{X(s)}{F(s)} = \frac{1}{ms^2 + Ds + k} = \frac{\frac{1}{k}\left(\sqrt{\frac{k}{m}}\right)^2}{s^2 + 2 \times \frac{D}{2}\sqrt{\frac{1}{mk}}\sqrt{\frac{k}{m}} \cdot s + \left(\sqrt{\frac{k}{m}}\right)^2} \tag{2-65}$$

式中，$X(s)$为位移的像函数；$F(s)$为外力的像函数；m 为质量；k 为弹性刚度；D 为黏性阻尼系数。

谐振角频率(无阻尼自振角频率)即

$$\omega = \sqrt{\frac{k}{m}} \tag{2-66}$$

为了满足机电系统的高动态特性，机械传动的各个分系统的谐振频率均应远高于机电系统的设计截止频率。各机械传动分系统谐振频率最好相互错开。另外，对于可控硅驱动装置，应注意机械传动系统谐振频率不能与控制装置的脉冲频率接近，否则将产生机械噪声并加速机械部件的磨损。

2. 高刚度

由式(2-66)可得机械传动分系统的刚度为

$$k = \omega^2 m = 4\pi^2 m f^2 \tag{2-67}$$

式中，f 为谐振频率，单位为 Hz。

可以根据所需要的机械传动部件的谐振频率确定必要的质量和刚度值。在闭环系统中，低刚度往往造成稳定性下降，与摩擦一起，造成反转误差，引起系统在被控位置附近振荡。

在刚度的计算中，需要注意机械传动部件的串并联关系。对于串联部件（例如在同一根轴上），总刚度 k 为

$$k=\frac{1}{\sum_{i=1}^{n}\frac{1}{k_i}} \tag{2-68}$$

式中，k_i 为各分部件的刚度。

对于并联部件（例如，同一支承上有几个轴承），总刚度 k 为

$$k=\sum_{i=1}^{n}k_i \tag{2-69}$$

式中，k_i 为各分部件的刚度。

从低速轴上的刚度 k_1 折算到高速轴上时，等效的刚度 k 为

$$k=k_1\frac{1}{i^2} \tag{2-70}$$

式中，i 为速比，$i>1$。

3. 适当阻尼

由式(2-65)可得机械传动分系统的阻尼比为

$$\zeta=\frac{D}{2}\sqrt{\frac{1}{mk}} \tag{2-71}$$

一般电动机驱动装置从驱动电压到输出转速的数学模型是二阶振荡环节。存在所需要的机械传动环节较合适的阻尼比 ζ。一方面，增加机械传动阻尼比往往会引起摩擦力增加，进而产生摩擦反转误差的不利影响；另一方面，为了衰减机械振动和颤振现象，又需要增加机械传动阻尼比。针对以上矛盾，根据经验，适当的机械传动阻尼比可选为 $0.1\leqslant\zeta\leqslant0.2$。

4. 低转动惯量

快速性是现代机电一体化系统的显著特点。在驱动力矩一定的前提下，转动惯量越小，加速性能越好。

机械传动部件对于电动机等驱动装置是负载，通常将其折算成电动机转轴上的转动惯量来评价它对快速性的影响。

闭环控制系统通常可表示成如图 2-37 所示的系统方块图，其中，$X_i(s)$为输入；$X_o(s)$为输出；$N(s)$为干扰；$\varepsilon(s)$为偏差；$B(s)$为反馈量。$X_i(s)\sim X_o(s)$的信号传递通路称为前向通道，$X_o(s)\sim B(s)$的信号传递通路称为反馈通道。

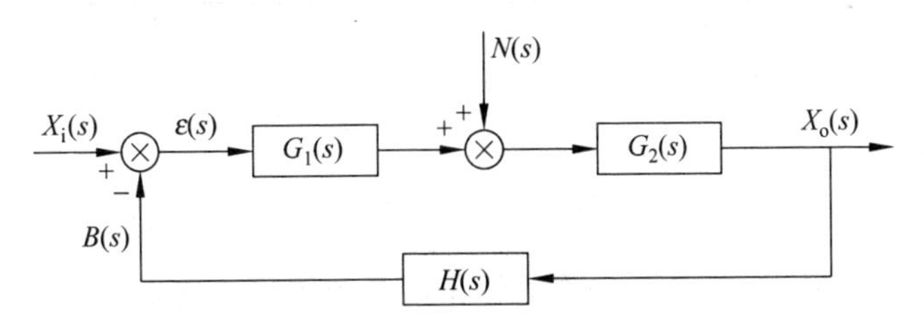

图 2-37 闭环控制系统方块图

将闭环控制系统主反馈通道的输出断开，即 $H(s)$的输出通道断开，此时，前向通道传

递函数与反馈通道传递函数的乘积 $G_1(s)G_2(s)H(s)$ 称为该闭环控制系统的开环传递函数,记为 $G_K(s)$。闭环系统的开环传递函数也可定义为反馈信号 $B(s)$ 和偏差信号 $\varepsilon(s)$ 之间的传递函数,即

$$G_K(s)=\frac{B(s)}{\varepsilon(s)}=G_1(s)G_2(s)H(s)$$

求 $X_i(s)$ 作为输入、$X_o(s)$ 作为输出的系统闭环传递函数时,令 $N(s)=0$,系统相当于如图 2-38 所示的方块图,系统的闭环传递函数为

$$\Phi_i(s)=\frac{X_{o1}(s)}{X_i(s)}=\frac{G_1(s)G_2(s)}{1+G_1(s)G_2(s)H(s)}$$

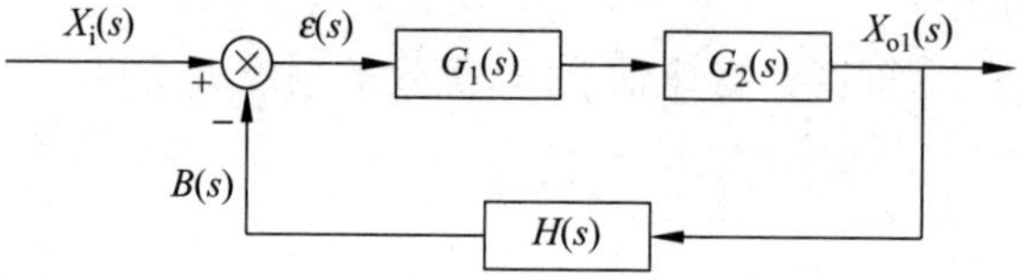

图 2-38 $X_i(s)$ 作为输入、$X_o(s)$ 作为输出的等效方块图

求 $X_i(s)$ 作为输入、偏差 $\varepsilon(s)$ 作为输出的系统闭环传递函数(称为输入作用下的偏差传递函数)时,令 $N(s)=0$,系统相当于如图 2-39 所示的方块图,系统的闭环传递函数为

$$\Phi\varepsilon_i(s)=\frac{\varepsilon_i(s)}{X_i(s)}=\frac{1}{1+G_1(s)G_2(s)H(s)}$$

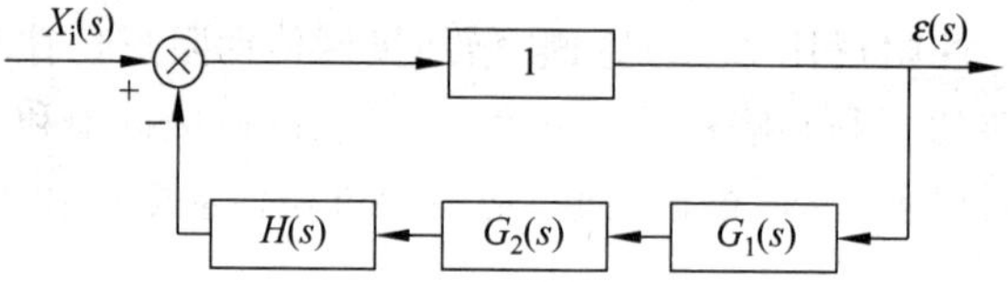

图 2-39 $X_i(s)$ 作为输入、$\varepsilon(s)$ 作为输出的等效方块图

求干扰 $N(s)$ 作为输入、$X_o(s)$ 作为输出的系统闭环传递函数时,令 $X_i(s)=0$,系统相当于如图 2-40 所示的方块图,此时在扰动 $N(s)$ 作用下系统的闭环传递函数(干扰传递函数)为

$$\Phi_N(s)=\frac{X_{o2}(s)}{N(s)}=\frac{G_2(s)}{1+G_1(s)G_2(s)H(s)}$$

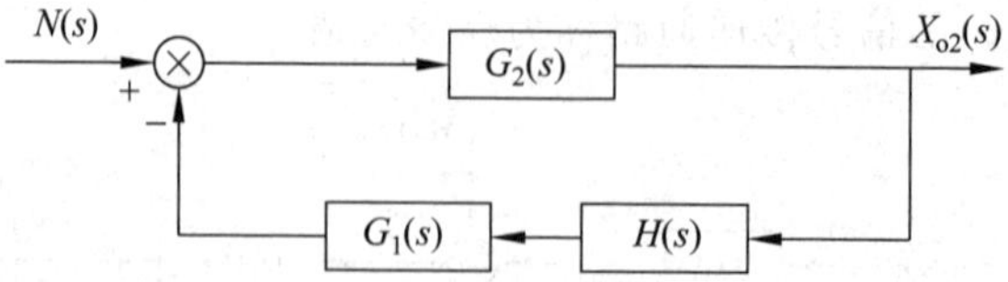

图 2-40 $N(s)$ 作为输入、$X_o(s)$ 作为输出的等效方块图

求干扰 $N(s)$ 作为输入、偏差 $\varepsilon(s)$ 作为输出的系统闭环传递函数(称为扰动偏差传递函数)时,令 $X_i(s)=0$,系统相当于如图 2-41 所示的方块图,系统的闭环传递函数为

$$\Phi_{\varepsilon N}(s)=\frac{\varepsilon_N(s)}{N(s)}=\frac{-G_2(s)H(s)}{1+G_1(s)G_2(s)H(s)}$$

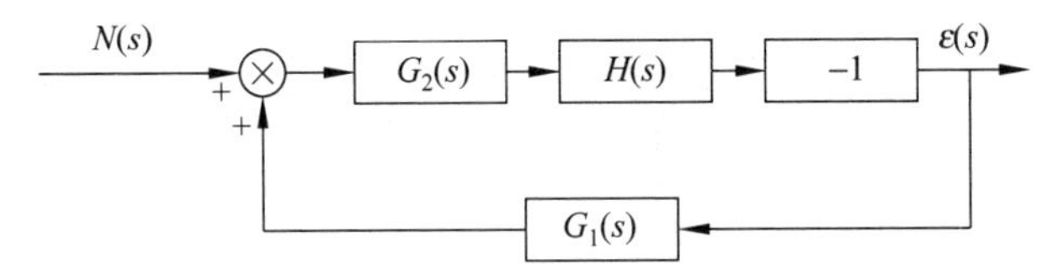

图 2-41 $N(s)$作为输入、$\varepsilon(s)$作为输出的等效方块图

由上可见，系统的闭环传递函数 $\Phi_i(s)=\dfrac{X_{o1}(s)}{X_i(s)}$、$\Phi\varepsilon_i(s)=\dfrac{\varepsilon_i(s)}{X_i(s)}$、$\Phi_N(s)=\dfrac{X_{o2}(s)}{N(s)}$及 $\Phi_{\varepsilon N}(s)=\dfrac{\varepsilon_N(s)}{N(s)}$具有相同的特征多项式：

$$1+G_1(s)G_2(s)H(s)$$

其中，$G_1(s)G_2(s)H(s)$为系统的开环传递函数。

2.8 绘制实际物理系统的函数方块图

例 2-24 绘制图 2-42 所示的系统方块图。其中，$\theta_i(t)$为输入转角；$\theta_o(t)$为输出转角；k_1、k_2 为扭簧刚度；J_1、J_2 为转动惯量；$T_1(t)$、$T_2(t)$为转矩；D 为黏性阻尼系数。

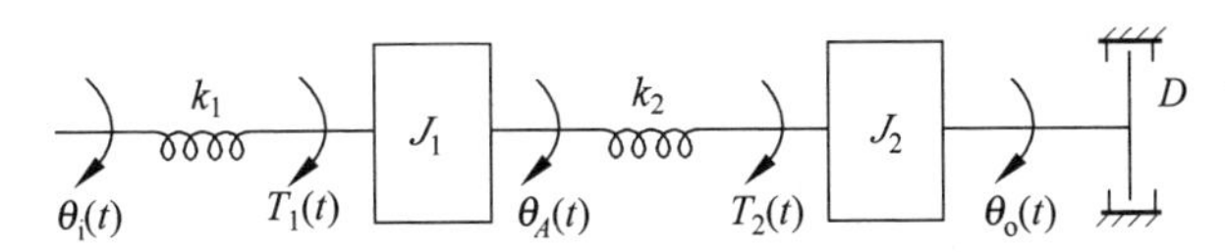

图 2-42 转动惯量-弹簧-阻尼系统

解：设 J_1 的转角为 $\theta_A(t)$，如图 2-42 所示。列方程组：

$$\begin{cases}T_1(t)=k_1[\theta_i(t)-\theta_A(t)]\\T_1(t)-T_2(t)=J_1\ddot{\theta}_A(t)\\T_2(t)=k_2[\theta_A(t)-\theta_o(t)]\\T_2(t)=J_2\ddot{\theta}_o(t)+D\dot{\theta}_o(t)\end{cases}$$

设初始条件均为零，经拉普拉斯变换得

$$\begin{cases}T_1(s)=k_1[\theta_i(s)-\theta_A(s)] & (2\text{-}72)\\T_1(s)-T_2(s)=J_1s^2\Theta_A(s) & (2\text{-}73)\\T_2(s)=k_2[\theta_A(s)-\theta_o(s)] & (2\text{-}74)\\T_2(s)=J_2s^2\Theta_o(s)+Ds\Theta_o(s) & (2\text{-}75)\end{cases}$$

其中，每一个方程可理解为系统的一个环节，然后画出各环节的方块图。

式(2-72)～式(2-75)对应的环节如图 2-43(a)～(d)所示。将各环节方块图合为一体，即得到系统方块图，如图 2-43(e)所示。

对于质量-弹簧-阻尼系统，利用等效弹性刚度的概念，可以避免从微分方程开始列写，而直接列写复频域内的代数方程，使绘制系统方块图和求取系统传递函数变得简便。等效弹性刚度说明见表 2-3。

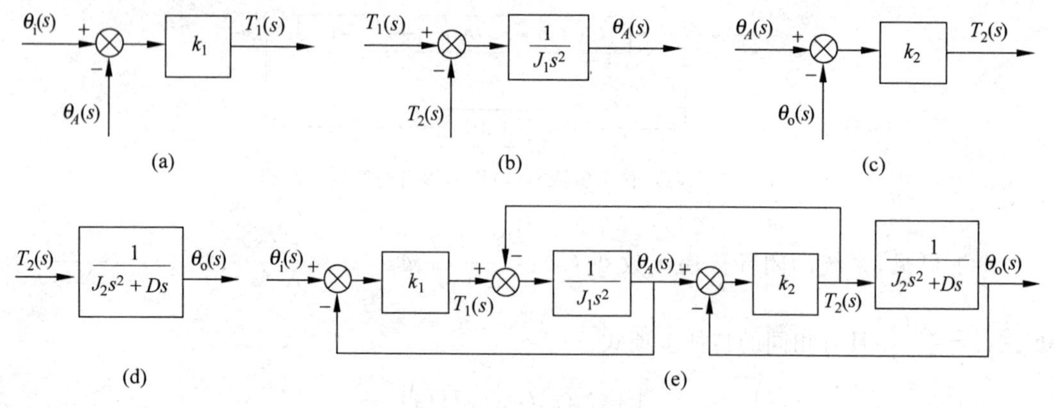

图 2-43 系统方块图

表 2-3 等效弹性刚度说明

名 称	力学模型	时域方程	拉普拉斯变换式	等效弹簧刚度
弹簧	k, $x(t)$	$f(t)=kx(t)$	$F(s)=kX(s)$	k
阻尼器	D, $x(t)$	$f(t)=D\dot{x}(t)$	$F(s)=DsX(s)$	Ds
质量	M, $x(t)$	$f(t)=M\ddot{x}(t)$	$F(s)=Ms^2X(s)$	Ms^2

图 2-44 所示的汽车在凹凸不平路面上行驶时承载系统的简化力学模型。路面的高低变化形成激励源,由此造成汽车的振动和轮胎受力。

设 $x_i(t)$为输入位移;$x_o(t)$为汽车体垂直位移。轮胎垂直受力可看作弹簧 k_2 的受力,根据胡克定律,其大小为 $k_2[x_i(t)-x_2(t)]$。根据动力学关系可画出图 2-45 所示的方块图。

由此例和前面的电路例子可以看到,机械系统和电路系统一样,除可人为加入反馈组成反馈控制系统外,还由于系统内存在储能元件存在着内反馈。

因此,$x_i(t)$作为输入,汽车质量垂直位移作为输出的传递函数为

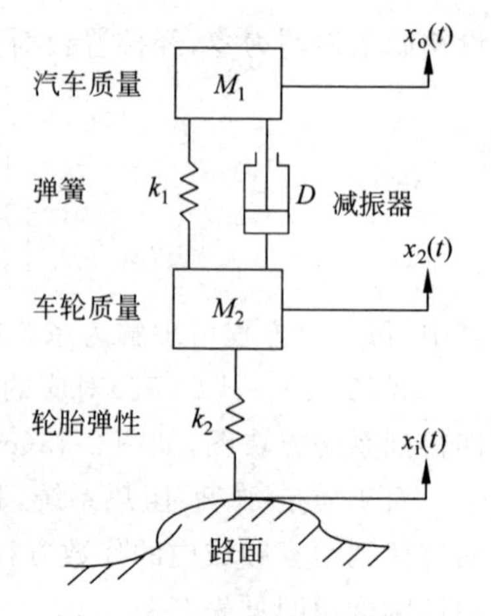

图 2-44 汽车简化力学模型

$$\frac{X_o}{X_i}=\frac{\dfrac{k_2}{M_2s^2}(k_1+Ds)\dfrac{1}{M_1s^2}}{1+\dfrac{k_2}{M_2s^2}+(k_1+Ds)\dfrac{1}{M_1s^2}+\dfrac{(k_1+Ds)}{M_2s^2}+\dfrac{k_2(k_1+Ds)}{M_1M_2s^4}}$$

$$=\frac{k_2(Ds+k_1)}{M_1M_2s^4+(M_1+M_2)Ds^3+(M_1k_1+M_1k_2+M_2k_1)s^2+Dk_2s+k_1k_2}$$

$x_i(t)$作为输入,轮胎垂直受力 $f_s(t)$作为输出的传递函数为

$$\frac{F_s}{X_i}=\frac{k_2[M_1M_2s^2+(M_1+M_2)Ds+(M_1k_1+M_2k_1)]s^2}{M_1M_2s^4+(M_1+M_2)Ds^3+(M_1k_1+M_1k_2+M_2k_1)s^2+Dk_2s+k_1k_2}$$

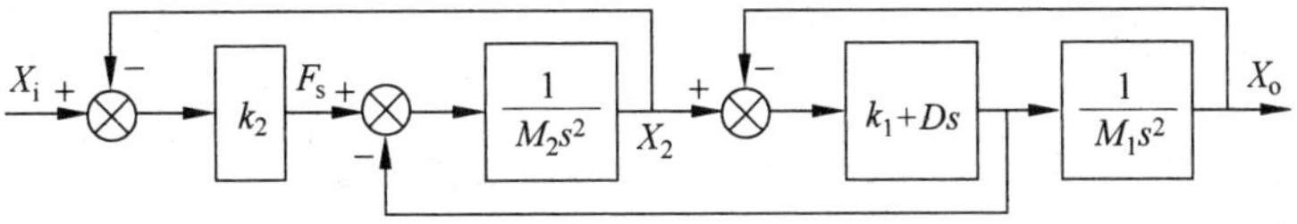

图 2-45 汽车受力方块图

由以上例题可以看出,一般绘制系统方块图的步骤如下:

(1) 列出描述系统各个环节的微分方程式;

(2) 假定初始条件为零,对方程式进行拉普拉斯变换;

(3) 分别画出各环节的方块图;

(4) 将各环节方块图结合为一体,组成完整的系统方块图。

对于比较熟悉的物理对象,绘制方块图时可省去步骤(1)和步骤(2),甚至步骤(3)。二维码动画可展示当黏性阻尼系数和弹性刚度设置为不同参数时车体的颠簸情况。

汽车颠簸动画

此外,类似于机械系统中引入等效弹性刚度的概念,对于电路网络系统,利用复阻抗的概念,也可以避免从微分方程开始列写,而直接列写复频域内的代数方程,使绘制系统方块图和求取系统传递函数变得简便,复阻抗说明见表 2-4。

表 2-4 等效复阻抗说明

负载类型	典型电路	时域方程	拉普拉斯变换式	复阻抗
电阻负载	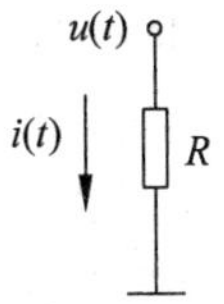 $u(t)$ $i(t)$ R	$u(t)=i(t)R$	$U(s)=I(s)R$	R
电容负载	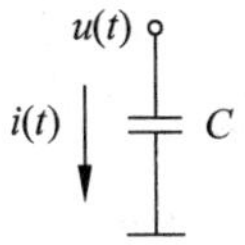 $u(t)$ $i(t)$ C	$u(t)=\dfrac{1}{C}\int i(t)\mathrm{d}t$	$U(s)=I(s)\dfrac{1}{Cs}$	$\dfrac{1}{Cs}$
电感负载	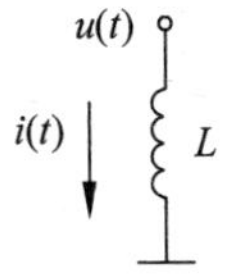 $u(t)$ $i(t)$ L	$u(t)=L\dfrac{\mathrm{d}i(t)}{\mathrm{d}t}$	$U(s)=I(s)Ls$	Ls

例 2-25 绘制图 2-46 所示系统的方块图。

解：设中间点 A，如图 2-46 所示。

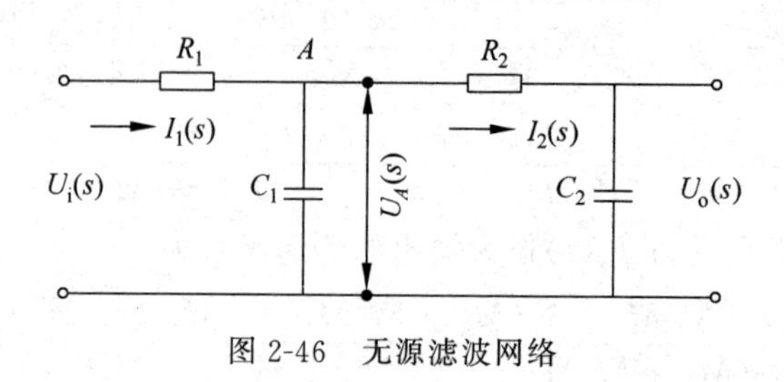

图 2-46　无源滤波网络

各环节方块图如图 2-47 所示。

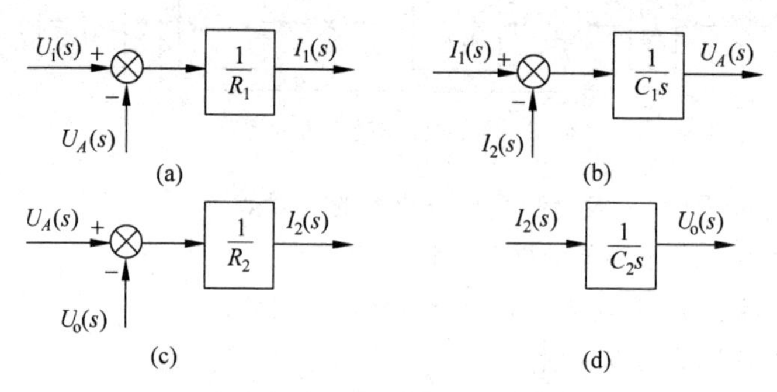

图 2-47　系统各环节方块图

将各环节方块图结合成一体，得系统方块图如图 2-48 所示。

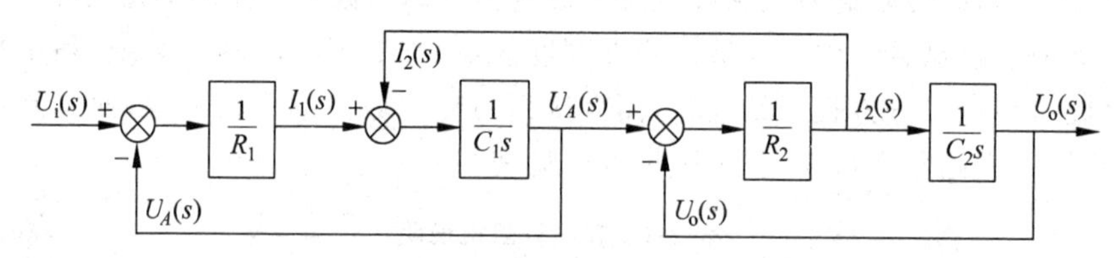

图 2-48　系统方块图

这里还需要指出，环节方块图的串联与具体电路环节的串联有时是不对应的。例如，图 2-46 所示电路是图 2-49 所示电路环节串联而成的，但图 2-49 电路环节的方块图串联起来(见图 2-50)与图 2-46 电路的方块图(见图 2-48)并不相同，这是由于环节负载效应的缘故。如果负载效应可以忽略，例如在电路环节之间加上放大倍数为 1 的隔离放大器，则具体电路环节的串联与相应方块图的串联就可以对应起来。对于由运算放大器组成的有源电路，由于输入阻抗高，通常可认为与前面的电路之间存在隔离放大器。

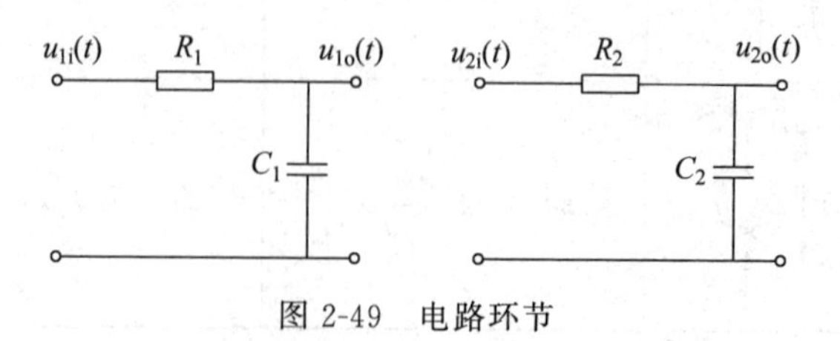

图 2-49　电路环节

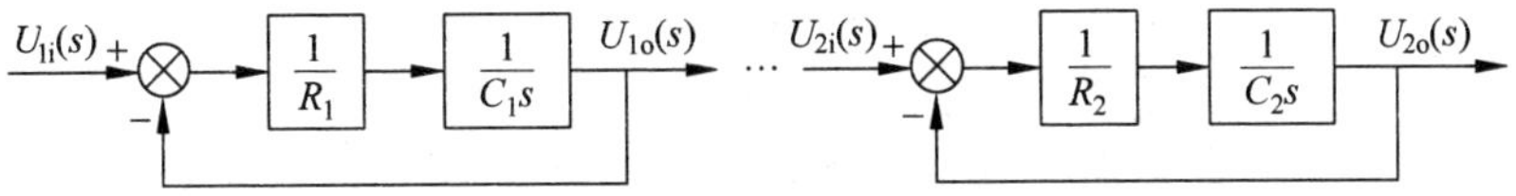

图 2-50 方块图串联

下面讨论机械传动机构的等效负载问题。如图 2-51 所示齿轮传动机构，主动轮由电动机驱动，从动轮通过轴带动负载转动。假设电动机轴上的转矩为 T_1，转角为 θ_1，转动惯量为 J_1；从动轴上的负载转矩为 T_2，转角为 θ_2，转动惯量为 J_2，阻尼系数为 D_2；主动轮和从动轮的齿数分别为 z_1 和 z_2，速比 $i=z_2/z_1$。

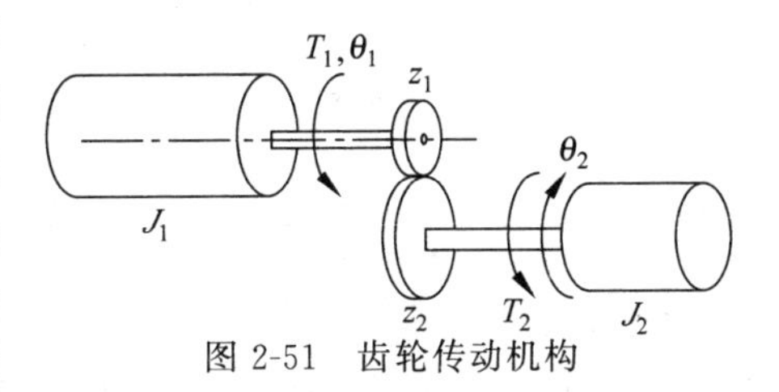

图 2-51 齿轮传动机构

依题意，有

$$\begin{cases} J_1 \dfrac{\mathrm{d}^2\theta_1}{\mathrm{d}t^2} = T_1 - T_{c1} \\ J_2 \dfrac{\mathrm{d}^2\theta_2}{\mathrm{d}t^2} + D_2 \dfrac{\mathrm{d}\theta_2}{\mathrm{d}t} = T_{c2} - T_2 \\ T_{c1} \dfrac{\mathrm{d}\theta_1}{\mathrm{d}t} = T_{c2} \dfrac{\mathrm{d}\theta_2}{\mathrm{d}t} \\ \dfrac{T_{c1}}{T_{c2}} = \dfrac{\mathrm{d}\theta_2/\mathrm{d}t}{\mathrm{d}\theta_1/\mathrm{d}t} = \dfrac{z_1}{z_2} = \dfrac{1}{i} \end{cases} \tag{2-76}$$

其中，T_{c1} 是主动轴用于驱动从动轴的力矩；T_{c2} 是从动轴的驱动力矩。消去中间变量，可得

$$\left(J_1 + \frac{J_2}{i^2}\right)\frac{\mathrm{d}^2\theta_1}{\mathrm{d}t^2} + \frac{D_2}{i^2}\frac{\mathrm{d}\theta_1}{\mathrm{d}t} = T_1 - \frac{T_2}{i} \tag{2-77}$$

$$(i^2 J_1 + J_2)\frac{\mathrm{d}^2\theta_2}{\mathrm{d}t^2} + D_2\frac{\mathrm{d}\theta_2}{\mathrm{d}t} = iT_1 - T_2 \tag{2-78}$$

其中，式(2-77)是折合到主动轴的关系式，式(2-78)是折合到从动轴的关系式。

可见，当折合到主动轴上时，从动轴上的转动惯量和阻尼系数都要除以传动比的平方，负载转矩除以传动比。因此，减速传动时，相当于电动机带的负载变小了，也可以说电动机带负载的力矩增大了。反之，当折合到从动轴上时，主动轴上的转动惯量和阻尼系数都要乘以传动比的平方，输入转矩乘以传动比。

将式(2-77)和式(2-78)进行拉普拉斯变换后，可得

$$\Theta_1(s) = \frac{T_1(s) - \dfrac{T_2(s)}{i}}{s\left[\left(J_1 + \dfrac{J_2}{i^2}\right)s + \dfrac{D_2}{i^2}\right]} \tag{2-79}$$

$$\Theta_2(s) = \frac{iT_1(s) - T_2(s)}{s[(i^2 J_1 + J_2)s + D_2]} \tag{2-80}$$

若从动轴具有弹性刚度 K_2，可列写主动轴和从动轴的动力学方程为

$$J_1 \frac{d^2\theta_1}{dt^2} = T_1 - \frac{K_2}{i}\left(\frac{\theta_1}{i} - \theta_2\right) \tag{2-81}$$

$$J_2 \frac{d^2\theta_2}{dt^2} + D_2 \frac{d\theta_2}{dt} = K_2\left(\frac{\theta_1}{i} - \theta_2\right) - T_2 \tag{2-82}$$

对式(2-81)和式(2-82)进行拉普拉斯变换后可得

$$\left(J_1 s^2 + \frac{K_2}{i^2}\right)\Theta_1(s) - \frac{K_2}{i}\Theta_2(s) = T_1(s) \tag{2-83}$$

$$-\frac{K_2}{i}\Theta_1(s) + (J_2 s^2 + D_2 s + K_2)\Theta_2(s) = -T_2(s) \tag{2-84}$$

可见,当折合到主动轴上时,从动轴上的转动惯量和阻尼系数以及刚度都要除以传动比的平方,负载转矩除以传动比,从动轴的转角则乘以传动比。反之,当折合到从动轴上时,主动轴上的转动惯量和阻尼系数以及刚度都要乘以传动比的平方,输入转矩乘以传动比,主动轴的转角则除以传动比。

联立求解代数方程(2-83)和方程(2-84),可得

$$\Theta_1(s) = \frac{(J_2 s^2 + D_2 s + K_2)T_1(s) - \frac{K_2}{i}T_2(s)}{s\left[J_1 J_2 s^3 + J_1 D_2 s^2 + \left(J_1 + \frac{J_2}{i^2}\right)K_2 s + \frac{K_2 D_2}{i^2}\right]} \tag{2-85}$$

$$\Theta_2(s) = \frac{\frac{K_2}{i}T_1(s) - \left(J_1 s^2 + \frac{K_2}{i^2}\right)T_2(s)}{s\left[J_1 J_2 s^3 + J_1 D_2 s^2 + \left(J_1 + \frac{J_2}{i^2}\right)K_2 s + \frac{K_2 D_2}{i^2}\right]} \tag{2-86}$$

若 $K_2 \to +\infty$,则变为刚性传动,式(2-85)和式(2-86)退化为式(2-79)和式(2-80)。

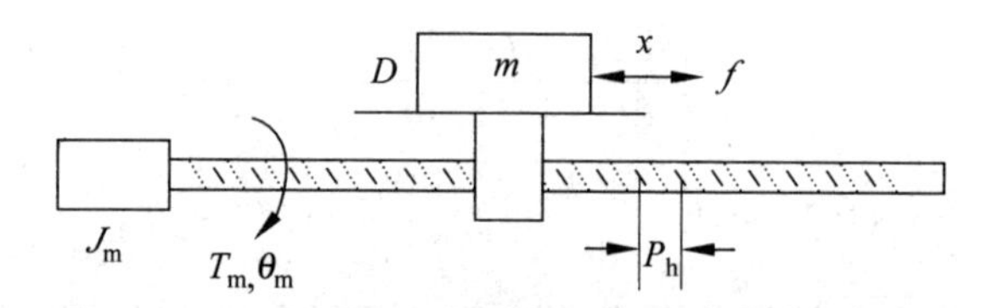

图 2-52 丝杠螺母副传动装置

丝杠螺母副传动有类似的结果。参考图 2-52,设电动机驱动转矩为 T_m;转角为 Θ_m;电动机转子与丝杠一起的转动惯量为 J_m。设工作台连同工件一起的质量为 m;位移为 x;负载阻力为 f;工作台与导轨之间的黏性阻尼系数为 D;丝杠螺距为 P_h。根据图 2-52 所示关系,可得

$$\Theta_m(s) = \frac{T_m(s) - \frac{F(s)}{i}}{s\left[\left(J_m + \frac{m}{i^2}\right)s + \frac{D}{i^2}\right]} \tag{2-87}$$

$$X(s) = \frac{iT_m(s) - F(s)}{s[(i^2 J_m + m)s + D]} \tag{2-88}$$

式中,丝杠螺母副的传动比 i 定义为

$$i=\frac{2\pi}{P_h}=\frac{\theta_m}{x} \tag{2-89}$$

若丝杠具有弹性刚度 K，则有

$$\Theta_m(s)=\frac{(ms^2+Ds+i^2K)T_m(s)-iKF(s)}{s[J_m ms^3+J_m Ds^2+(i^2J_m+m)Ks+KD]} \tag{2-90}$$

$$X(s)=\frac{iKT_m(s)-(J_m s^2+K)F(s)}{s[J_m ms^3+J_m Ds^2+(i^2J_m+m)Ks+KD]} \tag{2-91}$$

上述结果可以推广到更加复杂的机械传动系统。可以证明：任何机械传动系统，经过简化，都可以得到类似由式(2-90)和式(2-91)或式(2-85)和式(2-86)所描写的动态数学模型。

例 2-26 绘制图 2-53 所示机床进给传动链的系统方块图。这里，电液步进电动机通过两级减速齿轮及丝杠螺母副驱动工作台。其中，$\theta_i(t)$为输入转角；$x_o(t)$为输出位移；z_1、z_2、z_3、z_4 为齿轮齿数；J_1、J_2、J_3 分别为Ⅰ轴、Ⅱ轴、Ⅲ轴的转动惯量；M 为工作台直线运动部分的质量；D 为直线运动速度阻尼系数；l 为丝杠螺母的螺距；k 为电动机轴上的扭转刚度系数。

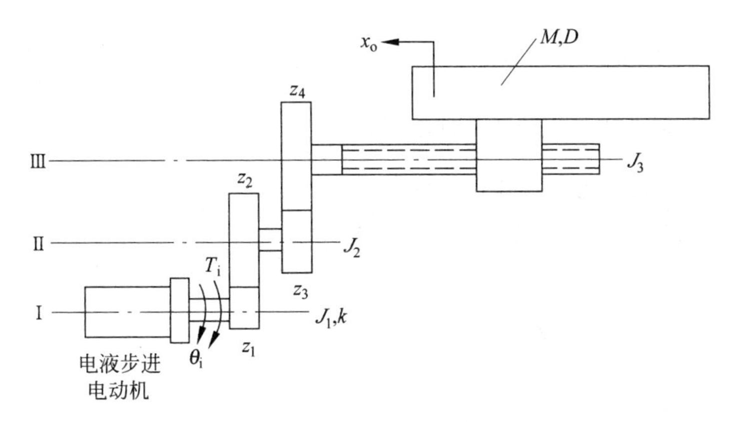

图 2-53 机床进给传动链

设Ⅲ轴驱动工作台质量运动的力矩为 $T_l(t)$，Ⅲ轴克服工作台运动阻尼的力矩为 $T_f(t)$。

解：由做功相等，得

$$T_l(t)\cdot 2\pi=M\frac{dv}{dt}l$$

又

$$v=\frac{\omega l}{2\pi}$$

所以

$$T_l(t)=\frac{Ml}{2\pi}\frac{d}{dt}\frac{\omega l}{2\pi}=M\left(\frac{l}{2\pi}\right)^2\frac{d\omega}{dt}$$

同理，由做功相等，得

$$T_f(t)\cdot 2\pi=Dvl$$

又

$$v=\frac{\omega l}{2\pi}$$

所以

$$T_f(t)=\frac{Dl}{2\pi}\frac{\omega l}{2\pi}=D\left(\frac{l}{2\pi}\right)^2\omega$$

这里,进一步验证移动负载折合到驱动电动机轴上,其等效转动惯量和等效黏性阻尼系数均除以传动比的平方。

设作用在齿轮 z_2 上的转矩为 T_2;作用在齿轮 z_4 上的转矩为 T_3。经过简化后,列方程

$$\begin{cases} k\left[\theta_i(t)-\dfrac{z_2}{z_1}\dfrac{z_4}{z_3}\dfrac{2\pi}{l}x_o(t)\right]=J_1\dfrac{\mathrm{d}^2\left[\dfrac{z_2}{z_1}\dfrac{z_4}{z_3}\dfrac{2\pi}{l}x_o(t)\right]}{\mathrm{d}t^2}+\dfrac{z_1}{z_2}T_2(t) \\ T_2(t)=J_2\dfrac{\mathrm{d}^2\left[\dfrac{z_4}{z_3}\dfrac{2\pi}{l}x_o(t)\right]}{\mathrm{d}t^2}+\dfrac{z_3}{z_4}T_3(t) \\ T_3(t)=\left[J_3+M\left(\dfrac{l}{2\pi}\right)^2\right]\dfrac{\mathrm{d}^2\left[\dfrac{2\pi}{l}x_o(t)\right]}{\mathrm{d}t^2}+D\left(\dfrac{l}{2\pi}\right)^2\dfrac{\mathrm{d}\left[\dfrac{2\pi}{l}x_o(t)\right]}{\mathrm{d}t} \end{cases}$$

式中,$\dfrac{z_2}{z_1}\dfrac{z_4}{z_3}\dfrac{2\pi}{l}x_o(t)$为 $x_o(t)$等效到Ⅰ轴上的转角;$\dfrac{z_4}{z_3}\dfrac{2\pi}{l}x_o(t)$为 $x_o(t)$等效到Ⅱ轴上的转角;$\dfrac{2\pi}{l}x_o(t)$为 $x_o(t)$等效到Ⅲ轴上的转角;$M\left(\dfrac{l}{2\pi}\right)^2$ 为 M 等效到Ⅲ轴上的转动惯量;$D\left(\dfrac{l}{2\pi}\right)^2$ 为 D 等效到Ⅲ轴上的转动黏性阻尼系数。

对上面的微分方程组进行拉普拉斯变换,得

$$\begin{cases} k\left[\Theta_i(s)-\dfrac{z_2}{z_1}\dfrac{z_4}{z_3}\dfrac{2\pi}{l}X_o(s)\right]=\dfrac{z_2}{z_1}\dfrac{z_4}{z_3}\dfrac{2\pi}{l}J_1s^2X_o(s)+\dfrac{z_1}{z_2}T_2(s) \\ T_2(s)=\dfrac{z_4}{z_3}\dfrac{2\pi}{l}J_2s^2X_o(s)+\dfrac{z_3}{z_4}T_3(s) \\ T_3(s)=\left[J_3+M\left(\dfrac{l}{2\pi}\right)^2\right]\dfrac{2\pi}{l}s^2X_o(s)+D\dfrac{l}{2\pi}sX_o(s) \end{cases}$$

各环节方块图如图 2-54 所示。

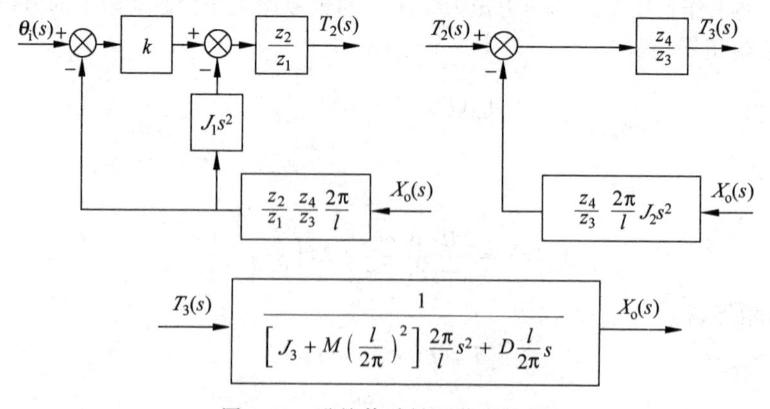

图 2-54 进给传动链环节方块图

将环节方块图合为一体,即得到图 2-55 所示的整个进给传动链系统方块图。

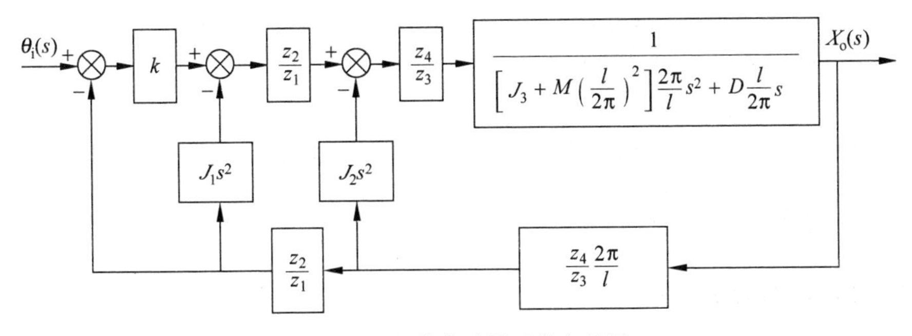

图 2-55 进给传动链系统方块图

通过对图 2-55 进行简化,可得进给传动链系统传递函数为

$$\frac{X_{\mathrm{o}}(s)}{\Theta_{\mathrm{i}}(s)}=\frac{k\left(\frac{lz_1z_3}{2\pi z_2z_4}\right)}{\left[J_1+J_2\left(\frac{z_1}{z_2}\right)^2+J_3\left(\frac{z_1z_3}{z_2z_4}\right)^2+M\left(\frac{lz_1z_3}{2\pi z_2z_4}\right)^2\right]s^2+\left(\frac{lz_1z_3}{2\pi z_2z_4}\right)^2Ds+k}$$

可见,一般机床进给传动链近似为二阶振荡环节。

2.9 控制系统数学模型的 MATLAB 实现

2.9.1 控制系统在 MATLAB 中的描述

要分析系统,首先需要能够描述这个系统。例如,用下列传递函数的形式描述系统:

$$G(s)=\frac{b_1s^m+b_2s^{m-1}+\cdots+b_ms+b_{m+1}}{a_1s^n+a_2s^{n-1}+\cdots+a_ns+a_{n+1}}$$

在 MATLAB 中,用 num=[b_1,b_2,…,b_m,b_{m+1}]和 den=[a_1,a_2,…,a_n,a_{n+1}]分别表示分子和分母多项式系数,然后利用下面的语句就可以表示这个系统:

```
sys=tf(num,den)
```

其中,tf()代表传递函数的形式描述系统。也可以用零极点形式来描述,语句为

```
ss = zpk(sys)
```

而且传递函数形式和零极点形式之间可以相互转化,语句为

```
[z,p,k] = tf2zp(num,den)
[num,den] = zp2tf(z,p,k)
```

当传递函数复杂时,应用多项式乘法函数 conv()等实现。例如:

```
den1 = [1,2,2]
den2 = [2,3,3,2]
den = conv(den1,den2)
```

2.9.2 计算闭环传递函数

系统的基本连接方式有 3 种:串联、并联和反馈。

串联：sys＝series(sys1,sys2)

并联：sys＝parallel(sys1,sys2)

反馈：sys＝feedback(sys1,sys2,－1)

如果是单位反馈系统,则可使用 cloop()函数,sys＝cloop(sys1,－1)。

2.9.3 应用举例

1. 用 MATLAB 展开部分分式

$$G(s)=\frac{B(s)}{A(s)}=\frac{b_0s^m+b_1s^{m-1}+\cdots+b_{m-1}s+b_m}{a_0s^n+a_1s^{n-1}+\cdots+a_{n-1}s+a_n}$$

用 num 和 den 分别表示 $G(s)$的分子和分母多项式,即

```
num = [b0  b1  …  bm]
den = [a0  a1  …  an]
```

MATLAB 提供函数 residue 用于实现部分分式展开,其句法为

```
[r,p,k] = residue(num,den)
```

其中,r、p 分别为展开后的留数及极点构成的列向量；k 为余项多项式行向量。

若无重极点,MATLAB 展开后的一般形式为

$$G(s)=\frac{r(1)}{s-p(1)}+\frac{r(1)}{s-p(2)}+\cdots+\frac{r(n)}{s-p(n)}+k(s)$$

若存在 q 个重极点 $p(j)$,则展开式将包括下列各项：

$$\frac{r(j)}{s-p(j)}+\frac{r(j+1)}{[s-p(j)]^2}+\cdots+\frac{r(j+q-1)}{[s-p(j)]^q}$$

例 2-27 求下式的部分分式展开。

$$G(s)=\frac{s^4+11s^3+39s^2+52s+26}{s^4+10s^3+35s^2+50s+24}$$

解：

```
≫ num = [1 11 39 52 26];
≫ den = [1 10 35 50 24];
≫ [r,p,k] = residue(num,den)
r =
    1.0000
    2.5000
   -3.0000
    0.5000
p =
   -4.0000
   -3.0000
   -2.0000
   -1.0000
k =
    1
```

展开式为

$$G(s)=\frac{1}{s+4}+\frac{2.5}{s+3}+\frac{-3}{s+2}+\frac{0.5}{s+1}+1$$

函数 residue 也可用于将部分分式合并,其句法为

```
[num,den] = residue(r,p,k)
≫ r = [1 2 3 4]'; p = [ - 1   - 2   - 3   - 4]'; k = 0;
≫ [num,den] = residue(r,p,k)
num = 10   70   150   96
den = 1   10   35   50   24
```

合并式为

$$F(s)=\frac{10s^3+70s^2+150s+96}{s^4+10s^3+35s^2+50s+24}$$

2. 用 MATLAB 求系统传递函数

已知两个系统 $G_1(s)=\frac{1}{s}$ 和 $G_2(s)=\frac{1}{s+2}$,分别求两者串联、并联连接时的系统传递函数,并求负反馈连接时系统的零、极点增益模型。

解:

```
num1 = [1];
den1 = [1,0];
num2 = [1];
den2 = [1,2];
[numc,denc] = series(num1,den1,num2,den2);
[numb,denb] = parallel(num1,den1,num2,den2);
[numf,denf] = feedback(num1,den1,num2,den2, - 1);
[z,p,k] = tf2zp(numf,denf)
```

*2.10 状态空间方程的基本概念

以传递函数为基础的经典控制理论的数学模型适应当时手工计算的局限,着眼于系统的外部联系,重点为单输入-单输出的线性定常系统。伴随计算机的发展,以状态空间理论为基础的现代控制理论的数学模型采用状态空间方程,以时域分析为主,着眼于系统的状态及其内部联系,研究的机电控制系统扩展为多输入-多输出的时变系统。

所谓状态方程是由系统状态变量构成的一阶微分方程组;状态变量是足以完全表征系统运动状态的最小个数的一组变量。状态变量相互独立,但不唯一。

状态空间方程可表示成

$$\dot{\boldsymbol{x}}=\boldsymbol{A}\boldsymbol{x}+\boldsymbol{B}\boldsymbol{u} \quad (\text{状态方程}) \tag{2-92}$$

$$\boldsymbol{y}=\boldsymbol{C}\boldsymbol{x}+\boldsymbol{D}\boldsymbol{u} \quad (\text{输出方程}) \tag{2-93}$$

式中,$\boldsymbol{x}$ 为 n 维状态矢量;$\boldsymbol{A}$ 为 $n\times n$ 系统状态系数矩阵;$\boldsymbol{u}$ 为 r 维控制矢量;$\boldsymbol{B}$ 为 $n\times r$ 系统控制系数矩阵;$\boldsymbol{y}$ 为 m 维输出矢量;$\boldsymbol{C}$ 为 $m\times n$ 输出状态系数矩阵;$\boldsymbol{D}$ 为 $m\times r$ 输出控制系数矩阵。

$$x=[x_1\quad x_2\quad \cdots\quad x_n]^{\mathrm{T}}$$

$$A=\begin{bmatrix} a_{11} & a_{12} & \cdots & a_{1n} \\ a_{21} & a_{22} & \cdots & a_{2n} \\ \vdots & \vdots & & \vdots \\ a_{n1} & a_{n2} & \cdots & a_{nn} \end{bmatrix}$$

$$u=[u_1\quad u_2\quad \cdots\quad u_r]^{\mathrm{T}}$$

$$B=\begin{bmatrix} b_{11} & b_{12} & \cdots & b_{1r} \\ b_{21} & b_{22} & \cdots & b_{2r} \\ \vdots & \vdots & & \vdots \\ b_{n1} & b_{n2} & \cdots & b_{nr} \end{bmatrix}$$

$$y=[y_1\quad y_2\quad \cdots\quad y_m]^{\mathrm{T}}$$

$$C=\begin{bmatrix} c_{11} & c_{12} & \cdots & c_{1n} \\ c_{21} & c_{22} & \cdots & c_{2n} \\ \vdots & \vdots & & \vdots \\ c_{m1} & c_{m2} & \cdots & c_{mn} \end{bmatrix}$$

$$D=\begin{bmatrix} d_{11} & d_{12} & \cdots & d_{1r} \\ d_{21} & d_{22} & \cdots & d_{2r} \\ \vdots & \vdots & & \vdots \\ d_{m1} & d_{m2} & \cdots & d_{mr} \end{bmatrix}$$

系统信号传递方块图如图 2-56 所示。

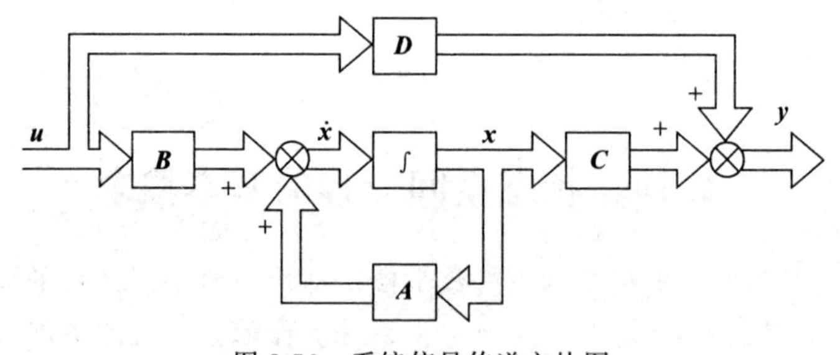

图 2-56 系统信号传递方块图

例 2-28 如图 2-57 所示系统,已知 $u_i(t)$和 $u_o(t)$分别为输入电压和输出电压,求其状态空间方程。

解:该系统可表示为如下微分方程组:

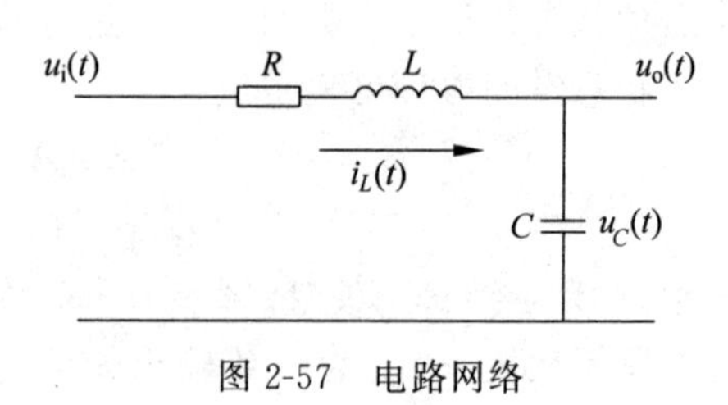

图 2-57 电路网络

$$\begin{cases} u_i(t)=Ri_L(t)+L\dfrac{\mathrm{d}i_L(t)}{\mathrm{d}t}+u_C(t) \\ i_L(t)=C\dfrac{\mathrm{d}u_C(t)}{\mathrm{d}t} \\ u_o(t)=u_C(t) \end{cases}$$

即

$$
\begin{cases}
\dfrac{\mathrm{d}i_L(t)}{\mathrm{d}t} = -\dfrac{R}{L}i_L(t) - \dfrac{1}{L}u_C(t) + \dfrac{1}{L}u_\mathrm{i}(t) \\
\dfrac{\mathrm{d}u_C(t)}{\mathrm{d}t} = \dfrac{1}{C}i_L(t) \\
u_\mathrm{o}(t) = u_C(t)
\end{cases}
$$

也可表示为

$$
\begin{cases}
\begin{bmatrix} \dot{i}_L \\ \dot{u}_C \end{bmatrix} = \begin{bmatrix} -\dfrac{R}{L} & -\dfrac{1}{L} \\ \dfrac{1}{C} & 0 \end{bmatrix} \begin{bmatrix} i_L \\ u_C \end{bmatrix} + \begin{bmatrix} \dfrac{1}{L} \\ 0 \end{bmatrix} u_\mathrm{i} \\
u_\mathrm{o} = [0 \quad 1] \begin{bmatrix} i_L \\ u_C \end{bmatrix}
\end{cases}
$$

例 2-29 如图 2-58 所示系统，已知 $f_\mathrm{i}(t)$ 为输入力；$x_\mathrm{o}(t)$ 为输出位移，求其状态空间方程。

解：该系统可表示为如下微分方程组：

$$
\begin{cases}
v_\mathrm{o}(t) = \dfrac{\mathrm{d}x_\mathrm{o}(t)}{\mathrm{d}t} \\
f_\mathrm{i}(t) - Dv_\mathrm{o}(t) - kx_\mathrm{o}(t) = m\dfrac{\mathrm{d}v_\mathrm{o}(t)}{\mathrm{d}t}
\end{cases}
$$

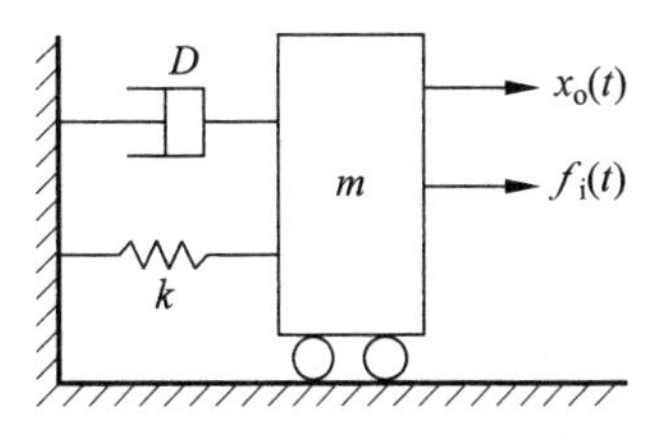

图 2-58 质量-弹簧-阻尼系统(一)

即

$$
\begin{cases}
\dfrac{\mathrm{d}x_\mathrm{o}(t)}{\mathrm{d}t} = v_\mathrm{o}(t) \\
\dfrac{\mathrm{d}v_\mathrm{o}(t)}{\mathrm{d}t} = -\dfrac{k}{m}x_\mathrm{o}(t) - \dfrac{D}{m}v_\mathrm{o}(t) + \dfrac{1}{m}f_\mathrm{i}(t)
\end{cases}
$$

也可表示为

$$
\begin{cases}
\begin{bmatrix} \dot{x}_\mathrm{o}(t) \\ \dot{v}_\mathrm{o}(t) \end{bmatrix} = \begin{bmatrix} 0 & 1 \\ -\dfrac{k}{m} & -\dfrac{D}{m} \end{bmatrix} \begin{bmatrix} x_\mathrm{o}(t) \\ v_\mathrm{o}(t) \end{bmatrix} + \begin{bmatrix} 0 \\ \dfrac{1}{m} \end{bmatrix} f_\mathrm{i}(t) \\
x_\mathrm{o}(t) = [1 \quad 0] \begin{bmatrix} x_\mathrm{o}(t) \\ v_\mathrm{o}(t) \end{bmatrix}
\end{cases}
$$

例 2-30 如图 2-59 所示系统，$f_\mathrm{i}(t)$ 为输入外力；$x_\mathrm{o}(t)$ 为输出位移；m_1，m_2 为质量；D_1、D_2 为黏性阻尼系数；k_1、k_2、k_3 为弹性刚度；a、b、c 为长度，求其状态空间方程。

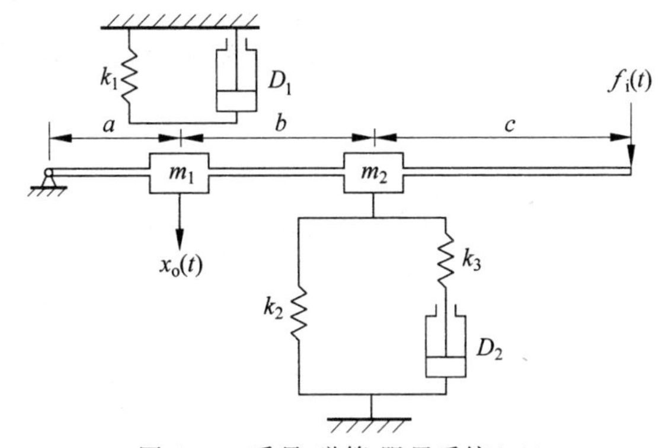

图 2-59 质量-弹簧-阻尼系统(二)

解：设 $x_1=x_o$，$x_2=\dot{x}_1$，k_3 和 D_2 之间的位移为 x_3，则

$$\begin{cases} D_2\dot{x}_3=k_3\left(\dfrac{a+b}{a}x_1-x_3\right) \\ f_i(a+b+c)=(m_1\dot{x}_2+D_1x_2+k_1x_1)a+ \\ \qquad\qquad \left[m_2\dfrac{a+b}{a}\dot{x}_2+k_2\dfrac{a+b}{a}x_1+k_3\left(\dfrac{a+b}{a}x_1-x_3\right)\right](a+b) \end{cases}$$

整理后得

$$\begin{cases} \dot{x}_1=x_2 \\ \dot{x}_2=-\dfrac{a^2k_1+(a+b)^2(k_2+k_3)}{a^2m_1+(a+b)^2m_2}x_1-\dfrac{a^2D_1}{a^2m_1+(a+b)^2m_2}x_2+ \\ \qquad \dfrac{a(a+b)k_3}{a^2m_1+(a+b)^2m_2}x_3+\dfrac{a(a+b+c)}{a^2m_1+(a+b)^2m_2}f_i \\ \dot{x}_3=\dfrac{k_3}{D_2}\dfrac{a+b}{a}x_1-\dfrac{k_3}{D_2}x_3 \\ x_o=x_1 \end{cases}$$

即

$$\begin{cases} \begin{bmatrix}\dot{x}_1\\ \dot{x}_2\\ \dot{x}_3\end{bmatrix}=\begin{bmatrix} 0 & 1 & 0 \\ -\dfrac{a^2k_1+(a+b)^2(k_2+k_3)}{a^2m_1+(a+b)^2m_2} & -\dfrac{a^2D_1}{a^2m_1+(a+b)^2m_2} & \dfrac{a(a+b)k_3}{a^2m_1+(a+b)^2m_2} \\ \dfrac{k_3(a+b)}{D_2a} & 0 & -\dfrac{k_3}{D_2} \end{bmatrix}\begin{bmatrix}x_1\\ x_2\\ x_3\end{bmatrix}+ \\ \qquad \begin{bmatrix} 0 \\ \dfrac{a(a+b+c)}{a^2m_1+(a+b)^2m_2} \\ 0 \end{bmatrix}f_i \\ x_o=\begin{bmatrix}1 & 0 & 0\end{bmatrix}\begin{bmatrix}x_1\\ x_2\\ x_3\end{bmatrix} \end{cases}$$

对于图2-44所示的汽车在凹凸不平路上行驶时承载系统的简化力学模型，设 $q_i(t)$ 为路面垂直位移；$q_2(t)$ 为汽车底盘垂直位移；$q_o(t)$ 为汽车体垂直位移。设其状态分别为 $x_1=q_2$，$x_2=\dot{q}_2$，$x_3=q_o$，$x_4=\dot{q}_o$，输出为 $y_1=q_o-q_2$，$y_2=\ddot{q}_o$；则其状态空间方程为

$$\begin{bmatrix}\dot{x}_1\\ \dot{x}_2\\ \dot{x}_3\\ \dot{x}_4\end{bmatrix}=\begin{bmatrix} 0 & 1 & 0 & 0 \\ \dfrac{-k_1-k_2}{M_2} & \dfrac{-D}{M_2} & \dfrac{k_1}{M_2} & \dfrac{D}{M_2} \\ 0 & 0 & 0 & 1 \\ \dfrac{k_1}{M_1} & \dfrac{D}{M_1} & \dfrac{-k_1}{M_1} & \dfrac{-D}{M_1} \end{bmatrix}\begin{bmatrix}x_1\\ x_2\\ x_3\\ x_4\end{bmatrix}+\begin{bmatrix}0\\ \dfrac{k_2}{M_2}\\ 0\\ 0\end{bmatrix}q_i$$

$$\begin{bmatrix} y_1 \\ y_2 \end{bmatrix} = \begin{bmatrix} -1 & 0 & 1 & 0 \\ \dfrac{k_1}{M_1} & \dfrac{D}{M_1} & \dfrac{-k_1}{M_1} & \dfrac{-D}{M_1} \end{bmatrix} \begin{bmatrix} x_1 \\ x_2 \\ x_3 \\ x_4 \end{bmatrix}$$

二维码动画可展示路面给出不同阶跃输入时，各状态和输出的变化情况。

状态空间法建模的汽车颠簸动画

本章讨论了控制系统数学模型的建立。数学模型是描述系统输入量、输出量以及内部各变量之间关系的数学表达式，它揭示了系统结构及其参数与其性能之间的内在关系。

数学模型分为静态数学模型和动态数学模型。静态数学模型是在静态条件(变量各阶导数为零)下描述变量之间关系的代数方程。反映系统处于稳态时，系统状态有关属性变量之间关系的数学模型。动态数学模型可定义为描述实际系统各物理量随时间演化的数学表达式，通常可用变量各阶导数之间关系的微分方程描述，是描述动态系统瞬态与过渡态特性的模型。动态系统的输出信号不仅取决于同时刻的激励信号，而且与它过去的工作状态有关。连续系统以微分方程作为最基本的动态数学模型。而离散系统以差分方程作为最基本的动态数学模型(详见第 9 章)。

对于给定的动态系统，数学模型表达不唯一。工程上常用的数学模型包括微分方程、传递函数和状态方程等。对于线性系统，它们之间是等价的。

建立数学模型的方法包括解析法和实验法。解析法依据系统及元件各变量之间所遵循的物理定律和物理规律列写出相应的数学关系式以建立模型。实验法是人为地对系统施加某种测试信号，记录其输出响应，并用适当的数学模型进行逼近。这种方法也称为系统辨识。

数学模型应能反映系统内在的本质特征，同时应对模型的简洁性和精确性进行折中考虑。

例题及习题

本章要求学生熟练掌握拉普拉斯变换方法，明确拉普拉斯变换是分析研究线性动态系统的有力工具，通过拉普拉斯变换将时域的微分方程变换为复数域的代数方程，掌握拉普拉斯变换的定义，并用定义求常用函数的拉普拉斯变换，会查拉普拉斯变换表，掌握拉普拉斯变换的重要性质及其应用，掌握用部分分式法求拉普拉斯反变换的方法以及了解用拉普拉斯变换求解线性微分方程的方法。明确为了分析、研究机电控制系统的动态特性，进而对它们进行控制，首先是会建立系统的数学模型，明确数学模型的含义。对于线性定常系统，能够列写其微分方程，会求其传递函数，会画其函数方块图，并掌握方块图的变换及化简方法。了解信号流图及梅森公式的应用，以及数学模型、传递函数、方块图和信号流图之间的关系。

例题

1. 对于例图 2-1 所示函数：

(1) 写出其时域表达式；

(2) 求出其对应的拉普拉斯变换像函数。

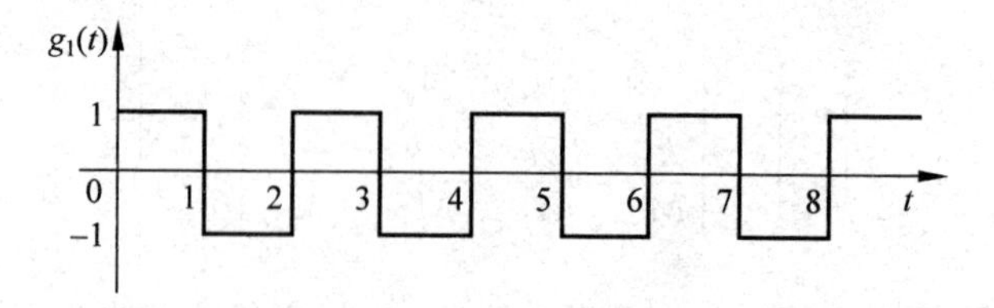

例图 2-1 矩形波函数曲线

解:方法 1

$$g_1(t)=1(t)-2\cdot 1(t-1)+2\cdot 1(t-2)-2\cdot 1(t-3)+2\cdot 1(t-4)-\cdots$$

$$\begin{aligned}G_1(s)&=\frac{1}{s}-\frac{2}{s}\mathrm{e}^{-s}+\frac{2}{s}\mathrm{e}^{-2s}-\frac{2}{s}\mathrm{e}^{-3s}+\frac{2}{s}\mathrm{e}^{-4s}-\cdots\\&=\frac{1}{s}-\frac{2}{s}\mathrm{e}^{-s}(1-\mathrm{e}^{-s}+\mathrm{e}^{-2s}-\mathrm{e}^{-3s}+\cdots)\\&=\frac{1}{s}-\frac{2}{s}\mathrm{e}^{-s}\ \frac{1}{1+\mathrm{e}^{-s}}=\frac{1-\mathrm{e}^{-s}}{s(1+\mathrm{e}^{-s})}\end{aligned}$$

方法 2

根据周期函数拉普拉斯变换性质,有

$$\begin{aligned}G_1(s)&=\frac{1}{1-\mathrm{e}^{-2s}}\int_0^2[1-2\times 1(t-1)]\mathrm{e}^{-st}\mathrm{d}t\\&=\frac{1}{1-\mathrm{e}^{-2s}}\ \frac{1}{s}(\mathrm{e}^{-2s}-2\mathrm{e}^{-s}+1)\\&=\frac{1}{(1+\mathrm{e}^{-s})(1-\mathrm{e}^{-s})}\ \frac{1}{s}(1-\mathrm{e}^{-s})^2\\&=\frac{1-\mathrm{e}^{-s}}{s(1+\mathrm{e}^{-s})}\end{aligned}$$

2. 试求例图 2-2(a)所示力学模型的传递函数。其中,$x_i(t)$为输入位移;$x_o(t)$为输出位移;k_1和k_2为弹性刚度;D_1和D_2为黏性阻尼系数。

解:黏性阻尼系数为D的阻尼筒可等效为弹性刚度为Ds的弹性元件。并联弹簧的弹性刚度等于各弹簧弹性刚度之和,而串联弹簧弹性刚度的倒数等于各弹簧弹性刚度的倒数之和,因此,例图 2-2(a)所示力学模型的函数方块图可画成例图 2-2(b)的形式。

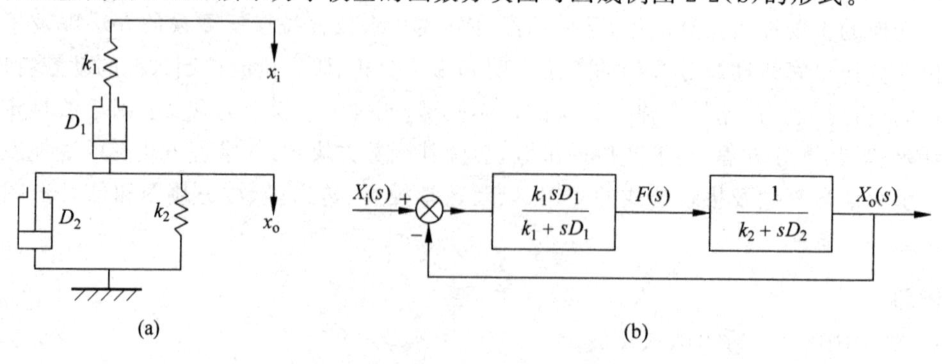

例图 2-2 弹簧-阻尼系统

(a) 力学模型;(b) 系统方块图

根据例图 2-2(b)所示的系统方块图，有

$$\frac{X_o(s)}{X_i(s)}=\frac{\dfrac{k_1D_1s}{k_1+D_1s}\dfrac{1}{k_2+D_2s}}{1+\dfrac{k_1D_1s}{k_1+D_1s}\dfrac{1}{k_2+D_2s}}=\frac{\dfrac{D_1}{k_2}s}{\dfrac{D_1D_2}{k_1k_2}s^2+\left(\dfrac{D_1}{k_1}+\dfrac{D_1}{k_2}+\dfrac{D_2}{k_2}\right)s+1}$$

3. 试求例图 2-3 所示无源电路网络的传递函数。其中，$u_o(t)$为输出电压；$u_i(t)$为输入电压；R_1 和 R_2 为电阻；C_1 和 C_2 为电容。

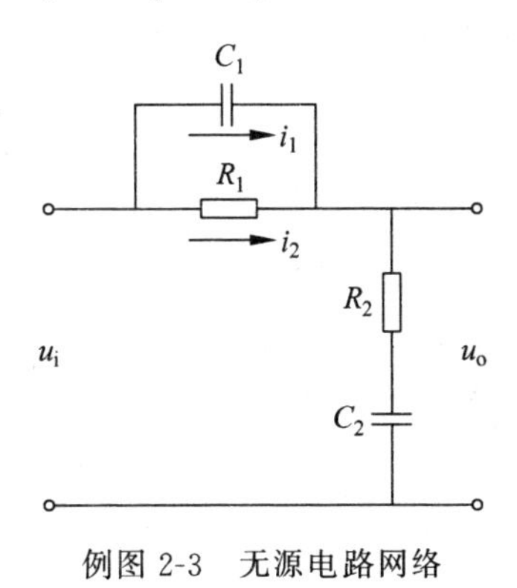

例图 2-3 无源电路网络

解：如例图 2-3 所示，设电流 $i_1(t)$和 $i_2(t)$为中间变量，根据基尔霍夫定律，可列出如下方程组：

$$\begin{cases}\dfrac{1}{C_1}\displaystyle\int i_1(t)\mathrm{d}t=R_1i_2(t)\\ u_i(t)-u_o(t)=R_1i_2(t)\\ u_o(t)=\dfrac{1}{C_2}\displaystyle\int[i_1(t)+i_2(t)]\mathrm{d}t+[i_1(t)+i_2(t)]R_2\end{cases}$$

消去中间变量 $i_1(t)$和 $i_2(t)$，得

$$R_1R_2C_1C_2\frac{\mathrm{d}^2u_o(t)}{\mathrm{d}t^2}+(R_1C_1+R_2C_2+R_1C_2)\frac{\mathrm{d}u_o(t)}{\mathrm{d}t}+u_o(t)$$
$$=R_1R_2C_1C_2\frac{\mathrm{d}^2u_i(t)}{\mathrm{d}t^2}+(R_1C_1+R_2C_2)\frac{\mathrm{d}u_i(t)}{\mathrm{d}t}+u_i(t)$$

令初始条件为零，将上式进行拉普拉斯变换，得

$$R_1R_2C_1C_2s^2U_o(s)+(R_1C_1+R_2C_2+R_1C_2)sU_o(s)+U_o(s)$$
$$=R_1R_2C_1C_2s^2U_i(s)+(R_1C_1+R_2C_2)sU_i(s)+U_i(s)$$

由此，可得出系统传递函数为

$$\frac{U_o(s)}{U_i(s)}=\frac{R_1R_2C_1C_2s^2+(R_1C_1+R_2C_2)s+1}{R_1R_2C_1C_2s^2+(R_1C_1+R_2C_2+R_1C_2)s+1}$$

4. 试求例图 2-4 所示有源电路网络的传递函数。其中，$u_i(t)$为输入电压；$u_o(t)$为输出电压。

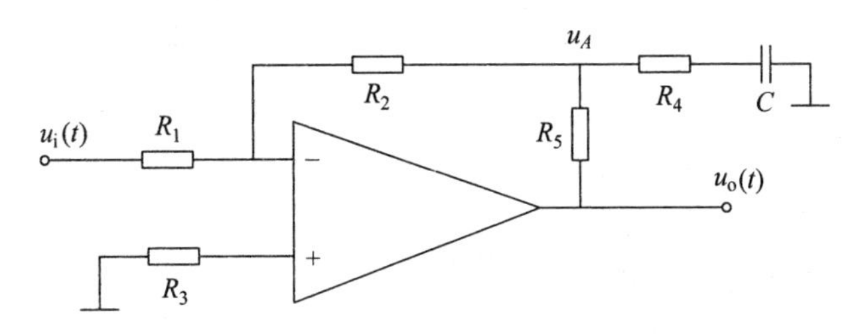

例图 2-4 有源电路网络

解：如例图 2-4 所示，设 R_2、R_4 和 R_5 中间点的电位为中间变量 $u_A(t)$。按照复阻抗的概念，电容 C 上的复阻抗为$\dfrac{1}{Cs}$。

根据运算放大器的特性以及基尔霍夫定律，可列出如下方程组：

$$\begin{cases}\dfrac{U_{\mathrm{i}}(s)}{R_1}=-\dfrac{U_A(s)}{R_2}\\[2ex]-\dfrac{U_A(s)}{R_2}=\dfrac{U_A(s)-U_{\mathrm{o}}(s)}{R_5}+\dfrac{U_A(s)}{R_4+\dfrac{1}{Cs}}\end{cases}$$

消去中间变量 $U_A(s)$,可得

$$\frac{U_{\mathrm{o}}(s)}{U_{\mathrm{i}}(s)}=-\frac{R_2+R_5}{R_1}\;\frac{\dfrac{R_2R_4+R_2R_5+R_4R_5}{R_2+R_5}Cs+1}{R_4Cs+1}$$

5. 如例图 2-5 所示系统,$u_{\mathrm{i}}(t)$为输入电压,$i_{\mathrm{o}}(t)$为输出电流。试写出系统状态空间表达式。

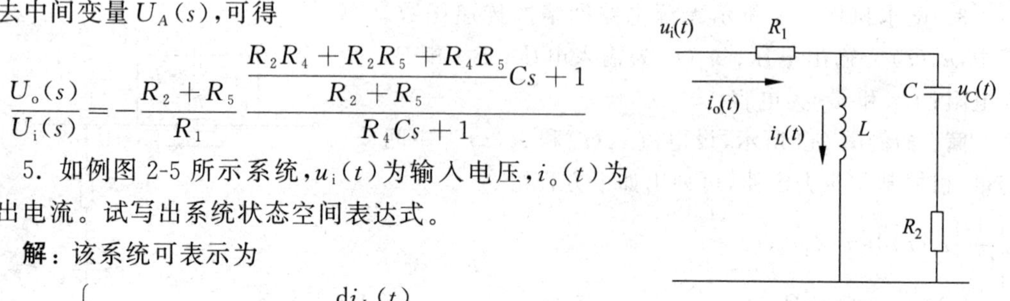

例图 2-5 电路网络

解:该系统可表示为

$$\begin{cases}u_{\mathrm{i}}(t)=R_1i_{\mathrm{o}}(t)+L\dfrac{\mathrm{d}i_L(t)}{\mathrm{d}t}\\[2ex]u_{\mathrm{i}}(t)=R_1i_{\mathrm{o}}(t)+u_C(t)+[i_{\mathrm{o}}(t)-i_L(t)]R_2\\[2ex]i_{\mathrm{o}}(t)-i_L(t)=C\dfrac{\mathrm{d}u_C(t)}{\mathrm{d}t}\end{cases}$$

则

$$\begin{cases}\dfrac{\mathrm{d}i_L(t)}{\mathrm{d}t}=-\dfrac{R_1R_2}{L(R_1+R_2)}i_L(t)+\dfrac{R_1}{L(R_1+R_2)}u_C(t)+\dfrac{R_2}{L(R_1+R_2)}u_{\mathrm{i}}(t)\\[2ex]\dfrac{\mathrm{d}u_C(t)}{\mathrm{d}t}=-\dfrac{R_1}{C(R_1+R_2)}i_L(t)-\dfrac{1}{C(R_1+R_2)}u_C(t)+\dfrac{1}{C(R_1+R_2)}u_{\mathrm{i}}(t)\\[2ex]i_{\mathrm{o}}(t)=\dfrac{R_2}{(R_1+R_2)}i_L(t)-\dfrac{1}{(R_1+R_2)}u_C(t)+\dfrac{1}{(R_1+R_2)}u_{\mathrm{i}}(t)\end{cases}$$

可表示为

$$\begin{cases}\begin{bmatrix}\dot{i}_L\\ \dot{u}_C\end{bmatrix}=\begin{bmatrix}-\dfrac{R_1R_2}{L(R_1+R_2)} & \dfrac{R_1}{L(R_1+R_2)}\\[2ex]-\dfrac{R_1}{C(R_1+R_2)} & -\dfrac{1}{C(R_1+R_2)}\end{bmatrix}\begin{bmatrix}i_L\\ u_C\end{bmatrix}+\begin{bmatrix}\dfrac{R_2}{L(R_1+R_2)}\\[2ex]\dfrac{1}{C(R_1+R_2)}\end{bmatrix}u_{\mathrm{i}}\\[4ex]i_{\mathrm{o}}=\begin{bmatrix}\dfrac{R_2}{(R_1+R_2)} & -\dfrac{1}{(R_1+R_2)}\end{bmatrix}\begin{bmatrix}i_L\\ u_C\end{bmatrix}+\dfrac{1}{(R_1+R_2)}u_{\mathrm{i}}\end{cases}$$

习题

2-1 试求下列函数的拉普拉斯变换:

(1) $f(t)=(4t+5)\delta(t)+(t+2)\cdot 1(t)$;

(2) $f(t)=\sin\left(5t+\dfrac{\pi}{3}\right)\cdot 1(t)$;

(3) $f(t)=\begin{cases}\sin t, & 0\leqslant t\leqslant\pi\\ 0, & t<0,t>\pi\end{cases}$;

(4) $f(t)=\left[4\cos\left(2t-\dfrac{\pi}{3}\right)\right]\cdot 1\left(t-\dfrac{\pi}{6}\right)+\mathrm{e}^{-5t}\cdot 1(t)$;

(5) $f(t)=(15t^2+4t+6)\delta(t)+1(t-2)$；

(6) $f(t)=6\sin\left(3t-\frac{\pi}{4}\right)\cdot 1\left(t-\frac{\pi}{4}\right)$；

(7) $f(t)=e^{-6t}(\cos 8t+0.25\sin 8t)\cdot 1(t)$；

(8) $f(t)=e^{-20t}(2+5t)\cdot 1(t)+(7t+2)\delta(t)+\left[3\sin\left(3t-\frac{\pi}{2}\right)\right]\cdot 1\left(t-\frac{\pi}{6}\right)$。

2-2 试求下列函数的拉普拉斯反变换：

(1) $F(s)=\frac{s+1}{(s+2)(s+3)}$；

(2) $F(s)=\frac{1}{s^2+4}$；

(3) $F(s)=\frac{s}{s^2-2s+5}$；

(4) $F(s)=\frac{e^{-s}}{s-1}$；

(5) $F(s)=\frac{s}{(s+2)(s+1)^2}$；

(6) $F(s)=\frac{4}{s^2+s+4}$；

(7) $F(s)=\frac{s+1}{s^2+9}$。

2-3 用拉普拉斯变换法解下列微分方程：

(1) $\frac{d^2x(t)}{dt^2}+6\frac{dx(t)}{dt}+8x(t)=1$，其中 $x(0)=1$，$\left.\frac{dx(t)}{dt}\right|_{t=0}=0$；

(2) $\frac{dx(t)}{dt}+10x(t)=2$，其中 $x(0)=0$；

(3) $\frac{dx(t)}{dt}+100x(t)=300$，其中$\left.\frac{dx(t)}{dt}\right|_{t=0}=50$。

2-4 对于题图 2-4 所示的曲线，求其拉普拉斯变换。

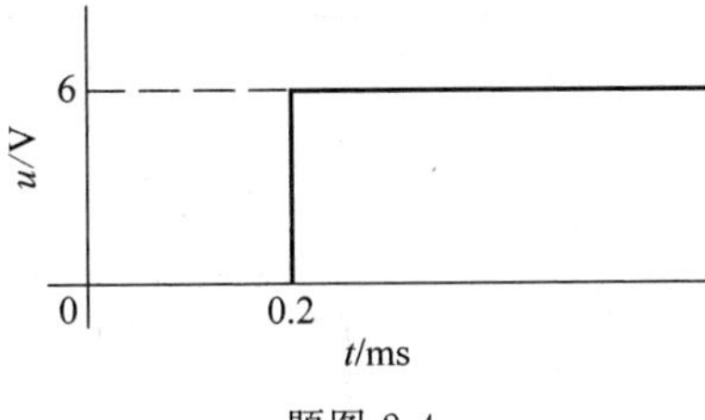

题图 2-4

2-5 某系统微分方程为 $3\frac{dy_o(t)}{dt}+2y_o(t)=2\frac{dx_i(t)}{dt}+3x_i(t)$，已知 $y_o(0^-)=x(0^-)=0$，当输入为 $1(t)$时，输出的终值和初值各为多少？

2-6　化简下列方块图(见题图 2-6),并确定其传递函数。

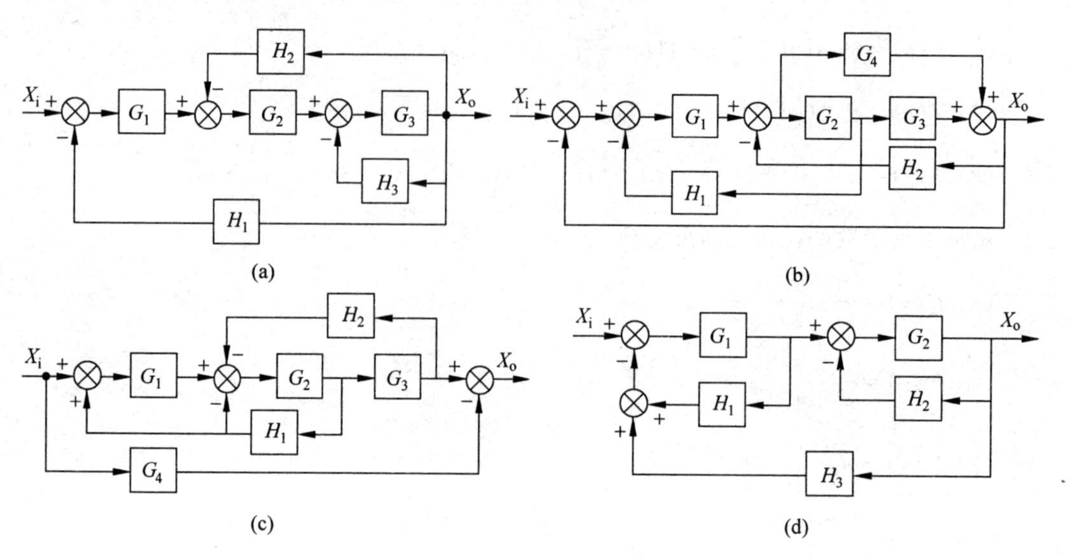

题图 2-6

2-7　对于题图 2-7 所示的系统:

(1) 求 $X_o(s)$和 $X_{i1}(s)$之间的闭环传递函数;

(2) 求 $X_o(s)$和 $X_{i2}(s)$之间的闭环传递函数。

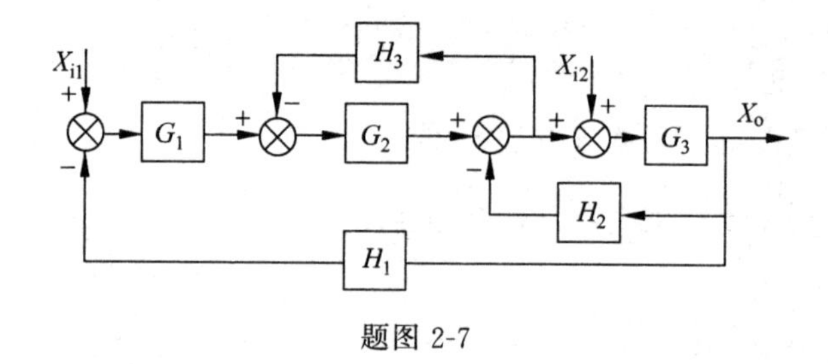

题图 2-7

2-8　对于题图 2-8 所示的系统,分别求$\dfrac{X_{o1}(s)}{X_{i1}(s)}$,$\dfrac{X_{o2}(s)}{X_{i2}(s)}$,$\dfrac{X_{o1}(s)}{X_{i2}(s)}$,$\dfrac{X_{o2}(s)}{X_{i1}(s)}$。

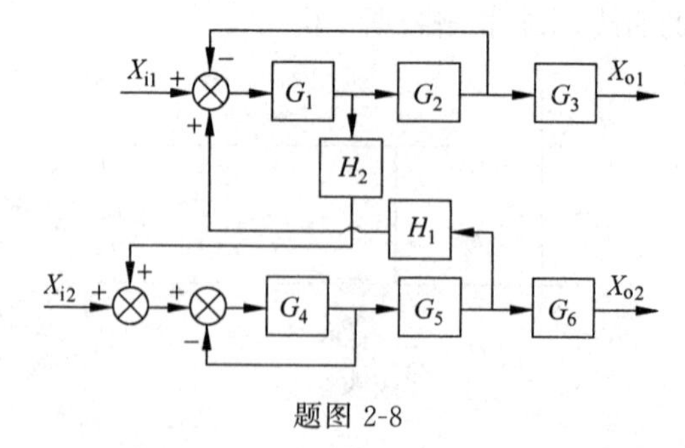

题图 2-8

2-9　试求题图 2-9 所示机械系统的传递函数。

2-10　试求题图 2-10 所示无源电路网络的传递函数。

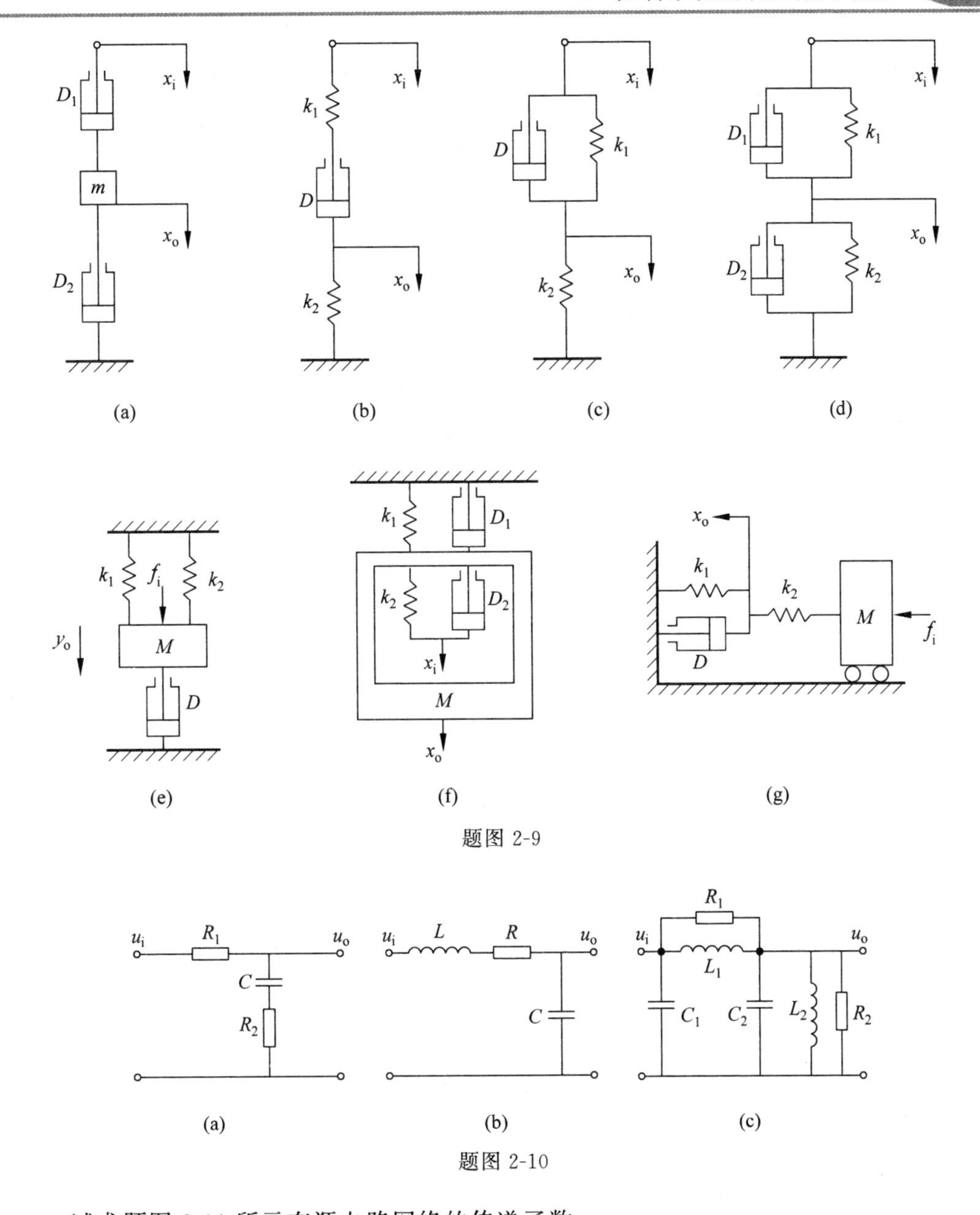

题图 2-9

题图 2-10

2-11 试求题图 2-11 所示有源电路网络的传递函数。

2-12 试求题图 2-12 所示机械系统的传递函数。

2-13 证明题图 2-13 中(a)与(b)表示的系统是相似系统(即证明两个系统的传递函数具有相似的形式)。

2-14 题图 2-14 所示系统中,弹簧为非线性弹簧,弹簧刚度为 ky_o^2; $f_i(t)$为输入外力; $y_o(t)$为输出位移; D 为阻尼系数。试用增量方程表示线性化后的系统微分方程关系式。

2-15 如题图 2-15 所示系统,试求:

(1) 以 $X_i(s)$为输入,分别以 $X_o(s)$,$Y(s)$,$B(s)$,$E(s)$为输出的传递函数;

(2) 以 $N(s)$为输入,分别以 $X_o(s)$,$Y(s)$,$B(s)$,$E(s)$为输出的传递函数。

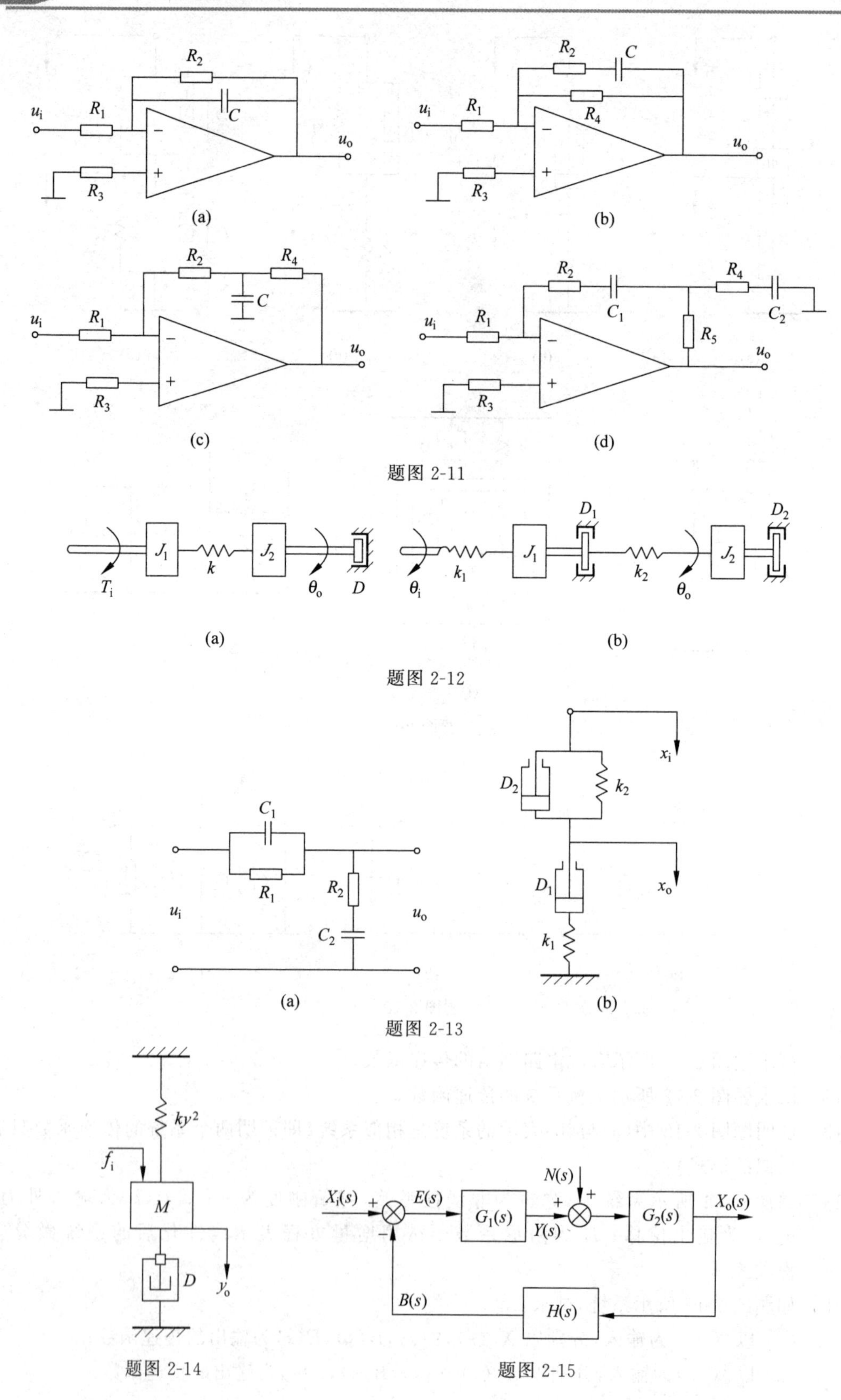

题图 2-11

题图 2-12

题图 2-13

题图 2-14

题图 2-15

2-16 对于题图 2-16 所示系统，试求$\dfrac{N_o(s)}{U_i(s)}$和$\dfrac{N_o(s)}{M_c(s)}$。其中，$M_c(s)$为负载干扰力矩的像函数，$N_o(s)$为转速的像函数。

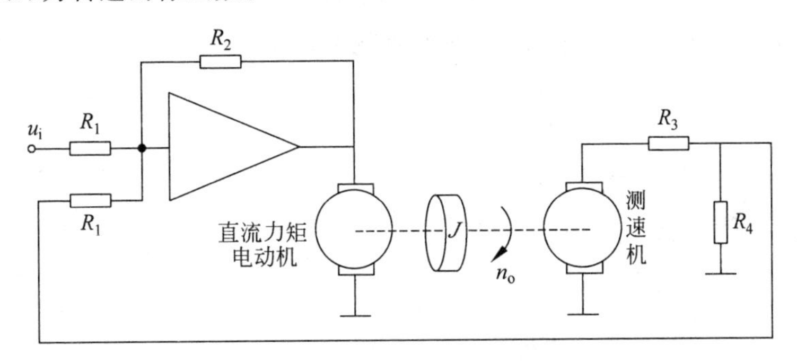

题图 2-16

2-17 试求如下形式函数 $f(t)$的拉普拉斯变换，$f(t)$为单位脉冲函数 $\delta(t)$的导数。

$$f(t)=\lim_{t_0\to 0}\frac{1(t)-2[1(t-t_0)]+1(t-2t_0)}{t_0^2}$$

2-18 试画出题图 2-18 所示系统的方块图，并求出其传递函数。其中，$f_i(t)$为输入力；$x_o(t)$为输出位移。

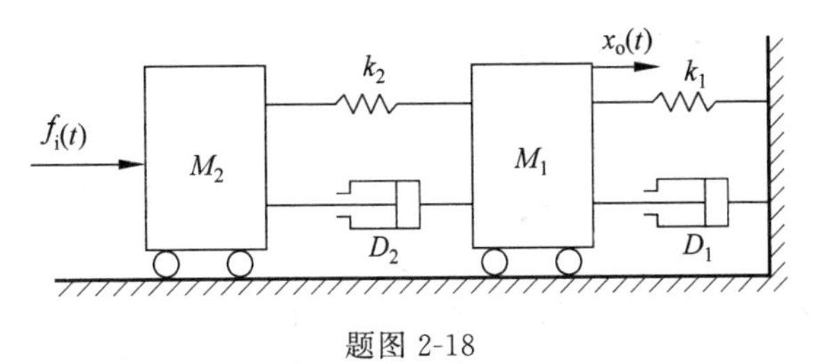

题图 2-18

2-19 某机械系统如题图 2-19 所示，其中，M_1 和 M_2 为质量块的质量，D_1、D_2 和 D_3 分别为质量块 M_1、质量块 M_2 和基础之间、质量块之间的黏性阻尼系数。$f_i(t)$是输入外力；$y_1(t)$和 $y_2(t)$分别为两质量块 M_1 和 M_2 的位移。试求 $G_1(s)=\dfrac{Y_1(s)}{F_i(s)}$和 $G_2(s)=\dfrac{Y_2(s)}{F_i(s)}$。

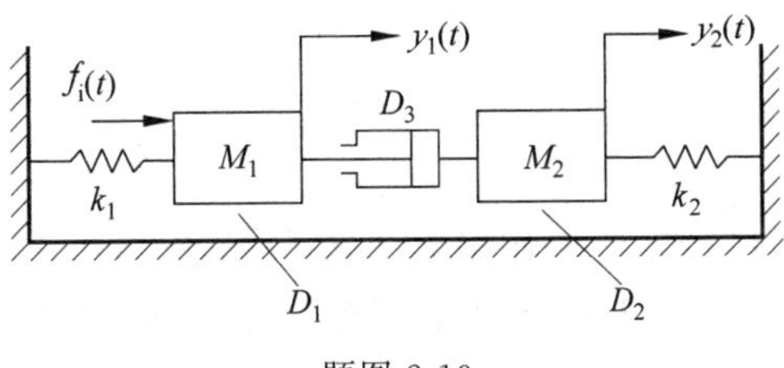

题图 2-19

2-20 如题图 2-20 所示，ω 为角速度，t 为时间变量，试求 $F_1(s)$，$F_2(s)$和 $F_3(s)$。

2-21 对于题图 2-21 所示系统，已知 D 为黏性阻尼系数。试求：

(1) 从作用力 $f_1(t)$到位移 $x_2(t)$的传递函数；

(2) 从作用力 $f_2(t)$到位移 $x_1(t)$的传递函数；

(3) 从作用力 $f_1(t)$到位移 $x_1(t)$的传递函数；

(4) 从作用力 $f_2(t)$到位移 $x_2(t)$的传递函数。

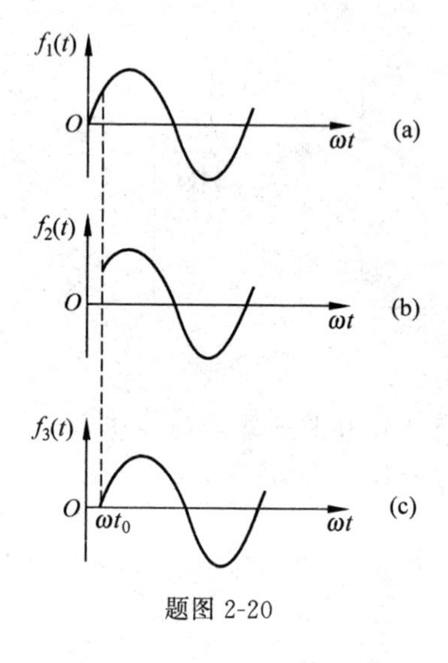

题图 2-20

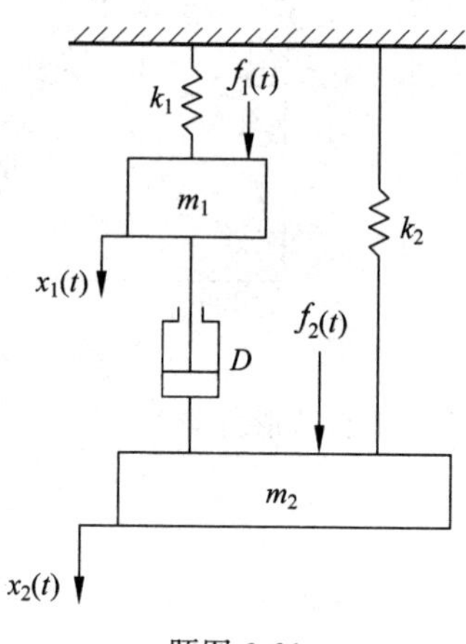

题图 2-21

2-22 试求题图 2-22 中各种波形所表示的函数的拉普拉斯变换。

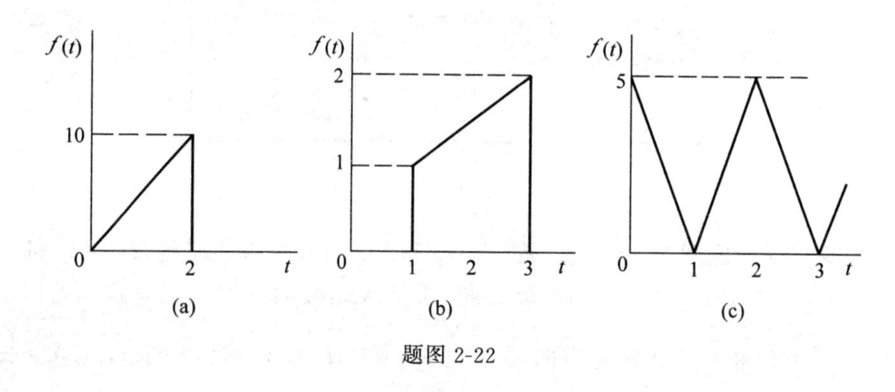

题图 2-22

2-23 试求下列卷积：

(1) $1*1$；

(2) $t*t$；

(3) $t*\mathrm{e}^t$；

(4) $t*\sin t$。

2-24 试求题图 2-24 所示机械系统的作用力 $f(t)$与位移 $x(t)$之间关系的传递函数。

2-25 如题图 2-25 所示，$f(t)$为输入力；系统的扭簧刚度为 k；轴的转动惯量为 J；阻尼系数为 D；系统的输出为轴的转角 $\theta(t)$；轴的半径为 r。求系统的传递函数。

2-26 试求题图 2-26 所示系统的传递函数。

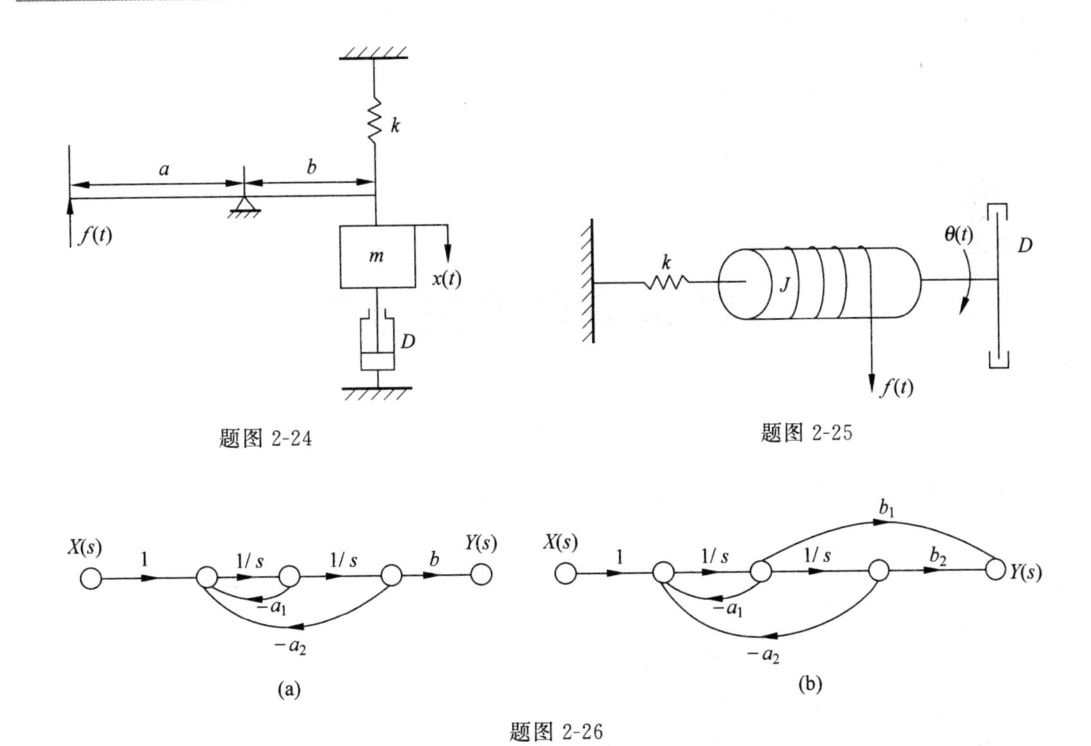

题图 2-24

题图 2-25

(a)

(b)

题图 2-26

时域瞬态响应分析

机电控制系统的运行在时域中最为直观。当系统输入某些典型信号时,利用拉普拉斯变换中的终值定理,可以了解当时间 $t \to +\infty$ 时系统的输出情况,即稳态状况;但对动态系统来说,更重要的是要了解系统加上输入信号后其输出随时间变化的情况,我们希望系统响应满足稳、准、快。另外,我们还希望从动力学的观点分析研究机械系统随时间变化的运动规律。以上就是时域瞬态响应分析所要解决的问题。在控制理论发展初期,由于计算机还没有充分发展,时域瞬态响应分析只限于较低阶次的简单系统。随着计算机技术的不断发展,很多复杂系统可以在时域直接分析,使时域分析法在现代控制理论中得到了广泛应用。

3.1 时域响应以及典型输入信号

首先给出瞬态响应和稳态响应的定义。

瞬态响应:系统在某一输入信号作用下其输出量从初始状态到稳定状态的响应过程。

稳态响应:当输入某一信号时,系统在时间趋于无穷大时的输出状态。

稳态也称为静态,瞬态响应也称为过渡过程。

在分析瞬态响应时,往往选择典型输入信号,这有如下好处:

(1) 数学处理简单,给定典型信号下的性能指标,便于分析和综合系统;

(2) 典型输入的响应往往可以作为分析复杂输入时系统性能的基础;

(3) 根据典型信号输入得到的输出,便于进行系统辨识,确定未知环节的传递函数。

常见的典型输入信号如下。

3.1.1 阶跃函数

阶跃函数指输入变量有一个突然的定量变化,例如输入量的突然加入或突然停止等,如图 3-1 所示,其数学表达式为

$$x_{\mathrm{i}}(t)=\begin{cases}a, & t>0\\ 0, & t<0\end{cases}$$

其中,a 为常数。当 $a=1$ 时,该函数称为单位阶跃函数。

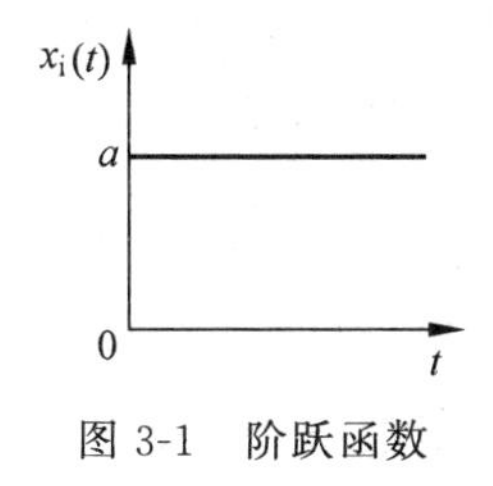

图 3-1 阶跃函数

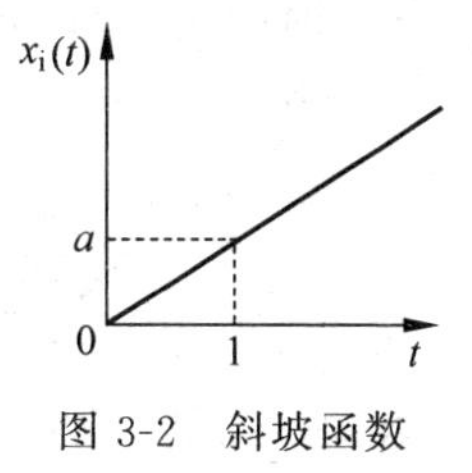

图 3-2 斜坡函数

3.1.2 斜坡函数

斜坡函数指输入变量是等速度变化的，如图 3-2 所示，其数学表达式为

$$x_i(t)=\begin{cases}at, & t>0\\0, & t<0\end{cases}$$

其中，a 为常数。当 $a=1$ 时，该函数称为单位斜坡函数。

3.1.3 加速度函数

加速度函数指输入变量是等加速度变化的，如图 3-3 所示，其数学表达式为

$$x_i(t)=\begin{cases}at^2, & t>0\\0, & t<0\end{cases}$$

其中，a 为常数。当 $a=\frac{1}{2}$时，该函数称为单位加速度函数。

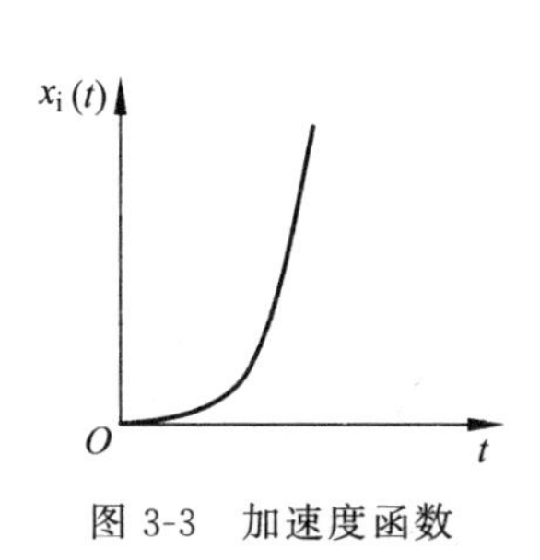

图 3-3 加速度函数

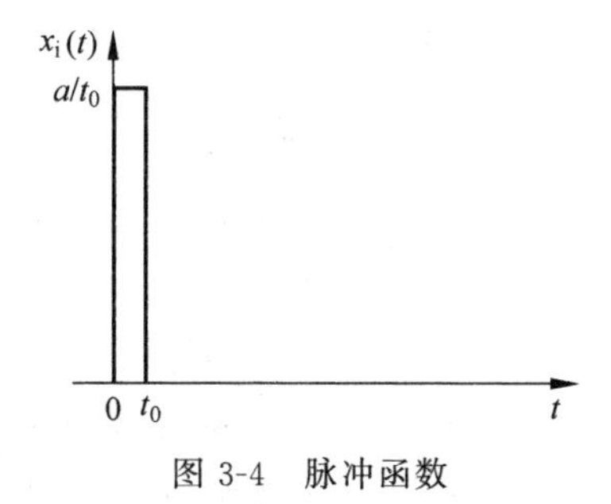

图 3-4 脉冲函数

3.1.4 脉冲函数

脉冲函数的数学表达式可以表达为

$$x_i(t)=\begin{cases}\lim\limits_{t_0\to 0}\dfrac{a}{t_0}, & 0<t<t_0\\0, & t<0\text{ 或 }t>t_0\end{cases}$$

其中，a 为常数。因此，当 $t_0\to 0$ 时，该函数值为趋近无穷大。

脉冲函数可以表示成如图 3-4 所示，其脉冲高度为无穷大，持续时间为无穷小，脉冲面积为 a，因此，通常脉冲强度是以其面积 a 衡量的。当面积 $a=1$ 时，脉冲函数称为单位脉冲函数，又称 δ 函数。当系统输入为单位脉冲函数时，其输出响应称为脉冲响应函数。由于 δ 函数有一个很重要的性质，即其拉普拉斯变换等于 1，因此系统传递函数即为脉冲响应函数的像函数。

当系统输入任一时间函数时,如图3-5所示,可将输入信号分割为n个脉冲,当$n\to+\infty$时,输入函数$x(t)$可看成n个脉冲叠加而成。按比例和时间平移的方法,可得τ_k时刻的响应为$x(\tau_k)\Delta\tau g(t-\tau_k)$,则

$$y(t)=\lim_{n\to+\infty}\sum_{k=0}^{n-1}x(\tau_k)g(t-\tau_k)\Delta\tau=\int_0^t x(\tau)g(t-\tau)\mathrm{d}\tau$$

即输出响应为输入函数与脉冲响应函数的卷积,脉冲响应函数由此又得名权函数。

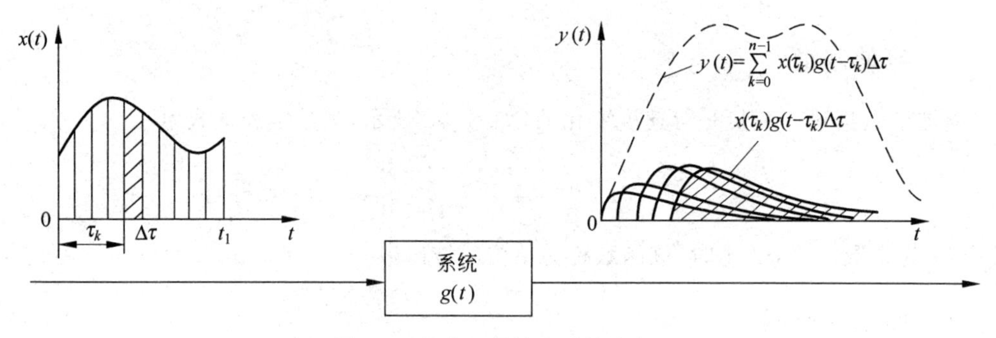

图3-5 任意函数输入下的响应

如果$x(t)$在$t=0$处包含一个脉冲函数,那么,其拉普拉斯变换的积分下限必须明确指出是0^-,因为此时$L_+[x(t)]\neq L_-[x(t)]$。

如果$x(t)$在$t=0$处不含脉冲函数,则$L_+[x(t)]=L_-[x(t)]$,其积分下限可不必注明是0^-。

3.1.5 正弦函数

正弦函数如图3-6所示,其数学表达式为

$$x_i(t)=\begin{cases}a\sin\omega t, & t>0\\ 0, & t<0\end{cases}$$

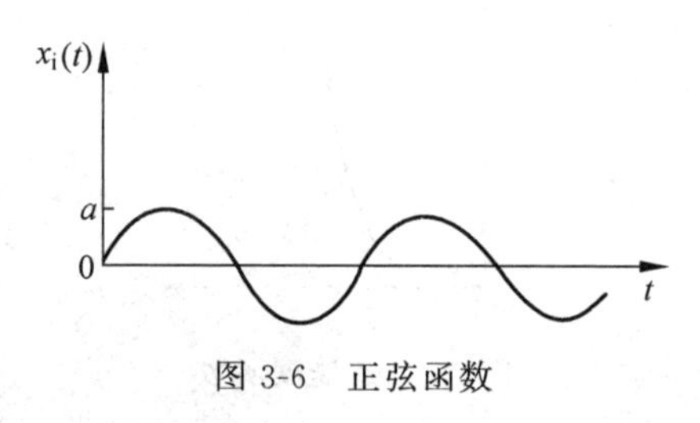

图3-6 正弦函数

选择哪种函数作为典型输入信号,应视不同系统的具体工作状况而定。例如,如果控制系统的输入量是随时间逐渐变化的函数,像机床、雷达天线、火炮、控温装置等,以选择斜坡函数较为合适;如果控制系统的输入量是冲击量,像导弹发射,以选择脉冲函数较为适当;如果控制系统的输入量是随时间变化的往复运动,像研究机床振动,以选择正弦函数为好;如果控制系统的输入量是突然变化的,像突然合电、断电,则以选择阶跃函数为宜。值得注意的是,时域的性能指标往往是选择阶跃函数作为输入来定义的。另外,对于正弦函数作为典型输入的情况,将在第4章着重讨论。

3.2 一阶系统的瞬态响应

能够用一阶微分方程描述的系统称为一阶系统,它的典型形式是一阶惯性环节,即

$$\frac{X_o(s)}{X_i(s)}=\frac{1}{Ts+1}$$

3.2.1 一阶系统的单位阶跃响应

单位阶跃输入 $x_i(t)=1(t)$ 的像函数为 $X_i(s)=\frac{1}{s}$，则

$$X_o(s)=\frac{X_o(s)}{X_i(s)}X_i(s)=\frac{1}{Ts+1}\frac{1}{s}=\frac{1}{s}-\frac{T}{Ts+1}=\frac{1}{s}-\frac{1}{s+\frac{1}{T}}$$

进行拉普拉斯反变换，得

一阶系统单位阶跃响应

$$x_o(t)=(1-e^{-\frac{1}{T}t})\cdot 1(t) \tag{3-1}$$

根据式(3-1)，即可得出单位阶跃输入情况下系统任意时刻的输出值，表 3-1 给出了一些典型时刻的输出数据。

表 3-1 一阶惯性环节的单位阶跃响应

t	0	T	$2T$	$3T$	$4T$	$5T$	…	∞
$x_o(t)$	0	0.632	0.865	0.95	0.982	0.993	…	1

不同时间常数的一阶系统阶跃响应

二维码动画显示不同时间常数的一阶惯性环节阶跃响应。

一阶惯性环节在单位阶跃输入下的响应曲线如图 3-7 所示。由此可以得出：

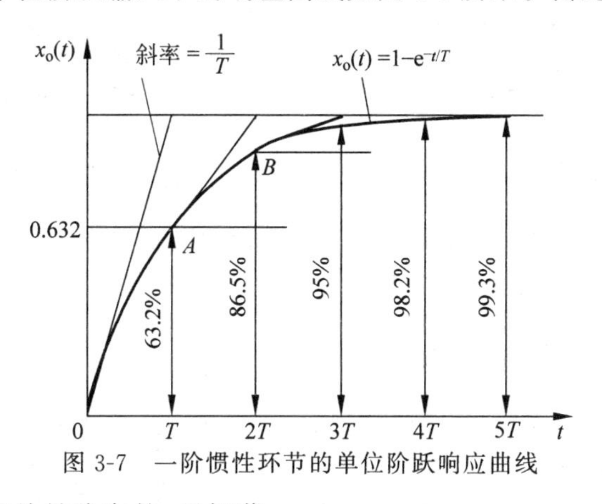

图 3-7 一阶惯性环节的单位阶跃响应曲线

(1) 一阶惯性系统总是稳定的，无振荡；

(2) 经过时间 T 曲线上升到 0.632 的高度，据此用实验的方法测出响应曲线达到稳态值的 63.2%高度点所用的时间，即是惯性环节的时间常数 T；

(3) 经过时间 $(3\sim4)T$，响应曲线已达稳态值的 95%～98%，可以认为其调整过程已经基本完成，故一般取过渡过程时间为 $(3\sim4)T$；

(4) 在 $t=0$ 处，响应曲线的切线斜率为 $1/T$；

(5) 式(3-1)可写成

$$e^{-\frac{1}{T}t}=1-x_o(t)$$

两边取对数，得

$$\underbrace{\left(-\frac{1}{T}\lg e\right)}_{\text{常数}}t=\lg[1-x_o(t)]$$

将 $\lg[1-x_o(t)]$ 作为纵坐标,时间 t 作为横坐标,可得到图3-8所示的一条过原点的直线。通过实测某系统单位阶跃响应 $x_o(t)$,将 $[1-x_o(t)]$ 标在半对数坐标纸上,如果得出一条直线,则可鉴别出该系统为一阶惯性环节。

3.2.2　一阶系统的单位斜坡响应

单位斜坡输入 $x_i(t)=t\cdot 1(t)$ 的像函数为 $X_i(s)=\frac{1}{s^2}$,则

$$X_o(s)=\frac{X_o(s)}{X_i(s)}X_i(s)=\frac{1}{Ts+1}\frac{1}{s^2}=\frac{1}{s^2}-\frac{T}{s}+\frac{T}{s+\frac{1}{T}}$$

进行拉普拉斯反变换,得

$$x_o(t)=(t-T+Te^{-\frac{1}{T}t})\cdot 1(t) \tag{3-2}$$

根据式(3-2),可得出一阶惯性环节的单位斜坡响应曲线如图3-9所示。

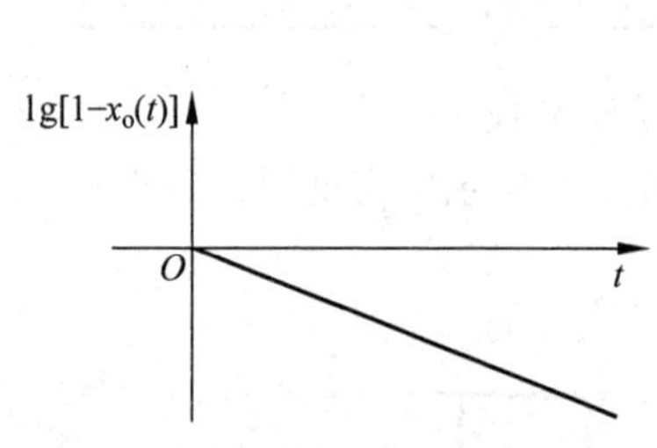

图3-8　一阶惯性环节识别曲线

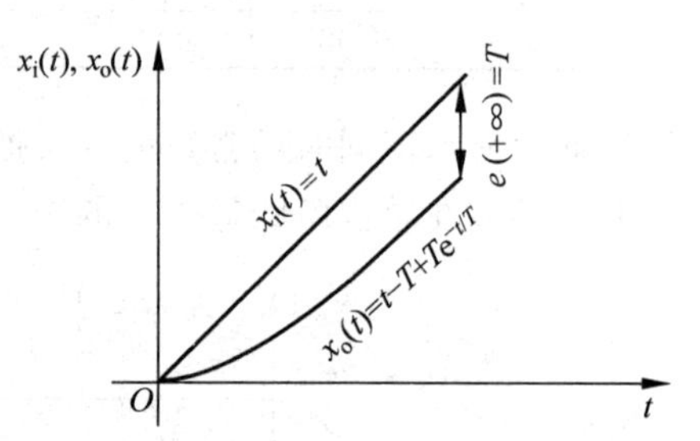

图3-9　一阶惯性环节的单位斜坡响应曲线

当 $t=+\infty$ 时,$e(+\infty)=T$。故当输入为单位斜坡函数时,一阶惯性环节的稳态误差为 T。显然,时间常数越小,则该环节稳态的误差越小。

3.2.3　一阶系统的单位脉冲响应

单位脉冲输入 $x_i(t)=\delta(t)$ 的像函数为 $X_i(s)=1$,则

$$X_o(s)=\frac{X_o(s)}{X_i(s)}X_i(s)=\frac{1}{Ts+1}\times 1=\frac{1/T}{s+(1/T)}$$

进行拉普拉斯反变换,得

$$x_o(t)=\left(\frac{1}{T}e^{-\frac{1}{T}t}\right)\cdot 1(t) \tag{3-3}$$

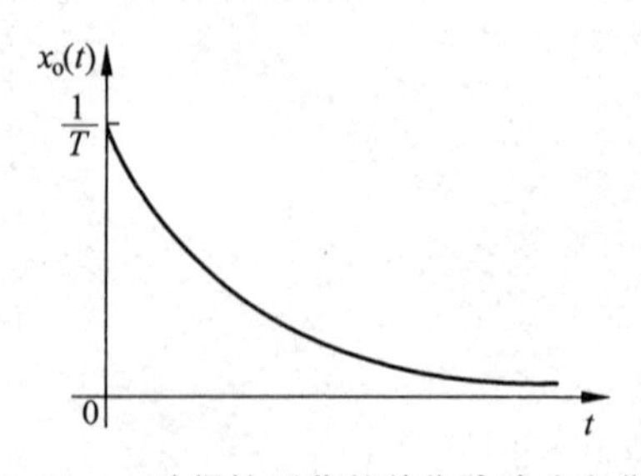

图3-10　一阶惯性环节的单位脉冲响应曲线

根据式(3-3),可得出一阶惯性环节的单位脉冲响应曲线如图3-10所示。已知 $\delta(t)=\frac{d}{dt}[1(t)]$,$1(t)=\frac{d}{dt}[t\cdot 1(t)]$,由式(3-1)~式(3-3)可知

$$x_{o\delta}(t)=\frac{dx_{o1}(t)}{dt}$$

$$x_{o1}(t)=\frac{dx_{ot}(t)}{dt}$$

由此可见,系统对输入信号导数的响应,可通过把系统对输入信号响应求导得出,而系统对输入信号积分的响应,等于系统对原输入信号响应的积分,其积分常数由初始条件确定。这是线性定常系统的一个特性。

3.3 二阶系统的瞬态响应

用二阶微分方程描述的系统称为二阶系统。从物理意义上讲,二阶系统起码包含两个储能元件,能量有可能在两个元件之间交换,引起系统具有往复振荡的趋势,当阻尼不充分大时,系统呈现出振荡的特性。所以,典型的二阶系统也称为二阶振荡环节。

二阶系统的典型传递函数可表示为

$$\frac{X_o(s)}{X_i(s)}=\frac{\omega_n^2}{s^2+2\zeta\omega_n s+\omega_n^2}$$

式中,ζ 为阻尼比;ω_n 为无阻尼自振角频率。

3.3.1 二阶系统的单位阶跃响应

1. 欠阻尼

当 $0<\zeta<1$ 时,称为欠阻尼。此时,二阶系统的极点一定是一对共轭复根,可表示为

$$\frac{X_o(s)}{X_i(s)}=\frac{\omega_n^2}{(s+\zeta\omega_n+j\omega_d)(s+\zeta\omega_n-j\omega_d)}$$

式中,$\omega_d=\omega_n\sqrt{1-\zeta^2}$,称为阻尼自振角频率。

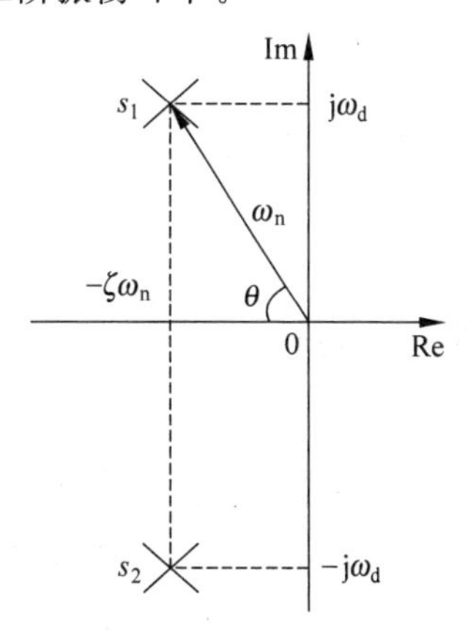

图 3-11 欠阻尼二阶系统极点与参数关系图

欠阻尼二阶系统极点与参数关系图可表示为图 3-11,其中

$$\sqrt{(\zeta\omega_n)^2+(\omega_n\sqrt{1-\zeta^2})^2}=\omega_n$$

$$\cos\theta=\frac{\zeta\omega_n}{\omega_n}=\zeta$$

$$\theta=\arccos\zeta=\arctan\frac{\sqrt{1-\zeta^2}}{\zeta}$$

单位阶跃输入 $x_i(t)=1(t)$ 的像函数为 $X_i(s)=\frac{1}{s}$,则

$$\begin{aligned}X_o(s)&=\frac{X_o(s)}{X_i(s)}X_i(s)\\&=\frac{\omega_n^2}{(s+\zeta\omega_n+j\omega_d)(s+\zeta\omega_n-j\omega_d)}\frac{1}{s}\\&=\frac{1}{s}-\frac{s+\zeta\omega_n}{(s+\zeta\omega_n)^2+\omega_d^2}-\frac{\zeta\omega_n}{(s+\zeta\omega_n)^2+\omega_d^2}\end{aligned}$$

进行拉普拉斯反变换,得

$$x_o(t)=\left(1-e^{-\zeta\omega_n t}\cos\omega_d t-\frac{\zeta}{\sqrt{1-\zeta^2}}e^{-\zeta\omega_n t}\sin\omega_d t\right)\cdot 1(t)$$

即
$$x_o(t)=\left[1-\frac{e^{-\zeta\omega_n t}}{\sqrt{1-\zeta^2}}\left(\sqrt{1-\zeta^2}\cos\omega_d t+\zeta\sin\omega_d t\right)\right]\cdot 1(t) \tag{3-4}$$

或
$$x_o(t)=\left[1-\frac{e^{-\zeta\omega_n t}}{\sqrt{1-\zeta^2}}\sin\left(\omega_d t+\arctan\frac{\sqrt{1-\zeta^2}}{\zeta}\right)\right]\cdot 1(t) \tag{3-5}$$

由式(3-5)可知,当 $0<\zeta<1$ 时,二阶系统的单位阶跃响应是以 ω_d 为角频率的衰减振荡,其响应曲线如图 3-12 所示。由图可见,随着 ζ 的减小,其振荡幅度加大。

2. 临界阻尼

当 $\zeta=1$ 时,称为临界阻尼。此时,二阶系统的极点是二重实根,可表示为

$$\frac{X_o(s)}{X_i(s)}=\frac{\omega_n^2}{(s+\omega_n)^2}$$

则

$$X_o(s)=\frac{X_o(s)}{X_i(s)}X_i(s)=\frac{\omega_n^2}{(s+\omega_n)^2}\frac{1}{s}=\frac{1}{s}-\frac{\omega_n}{(s+\omega_n)^2}-\frac{1}{s+\omega_n}$$

进行拉普拉斯反变换,得

$$x_o(t)=(1-\omega_n t e^{-\omega_n t}-e^{-\omega_n t})\cdot 1(t) \tag{3-6}$$

其响应曲线如图 3-13 所示。由图可见,系统没有超调。

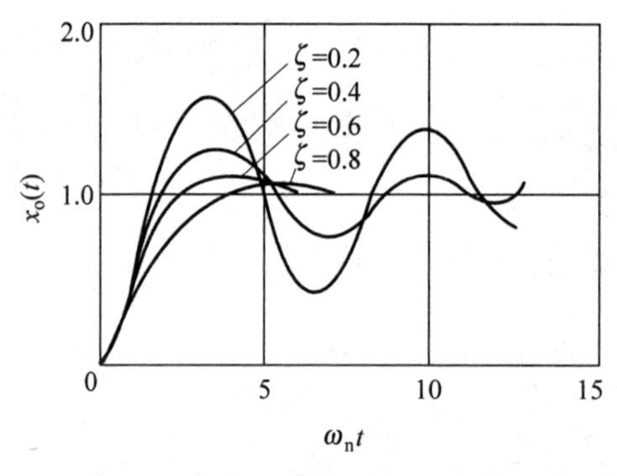

图 3-12 欠阻尼二阶系统的单位阶跃响应

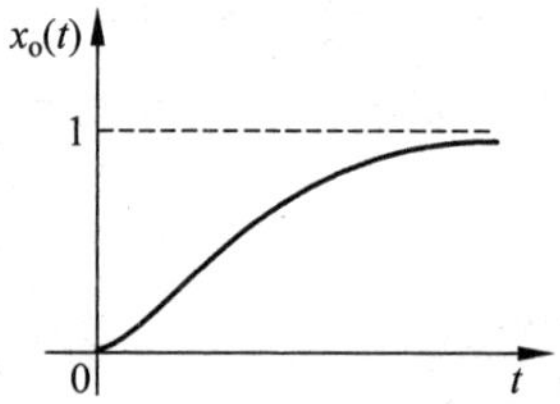

图 3-13 临界阻尼系统的单位阶跃响应

3. 过阻尼

当 $\zeta>1$ 时,称为过阻尼。此时,过阻尼二阶系统的极点是两个负实根,可表示为

$$\frac{X_o(s)}{X_i(s)}=\frac{\omega_n^2}{(s+\zeta\omega_n+\omega_n\sqrt{\zeta^2-1})(s+\zeta\omega_n-\omega_n\sqrt{\zeta^2-1})}$$

则

$$X_o(s)=\frac{X_o(s)}{X_i(s)}X_i(s)=\frac{\omega_n^2}{(s+\zeta\omega_n+\omega_n\sqrt{\zeta^2-1})(s+\zeta\omega_n-\omega_n\sqrt{\zeta^2-1})}\frac{1}{s}$$

$$=\frac{1}{s}-\frac{\dfrac{1}{2(-\zeta^2-\zeta\sqrt{\zeta^2-1}+1)}}{s+\zeta\omega_n+\omega_n\sqrt{\zeta^2-1}}-\frac{\dfrac{1}{2(-\zeta^2+\zeta\sqrt{\zeta^2-1}+1)}}{s+\zeta\omega_n-\omega_n\sqrt{\zeta^2-1}}$$

进行拉普拉斯反变换,得

$$x_o(t)=\left[1-\frac{1}{2(-\zeta^2+\zeta\sqrt{\zeta^2-1}+1)}e^{-(\zeta-\sqrt{\zeta^2-1})\omega_n t}-\frac{1}{2(-\zeta^2-\zeta\sqrt{\zeta^2-1}+1)}e^{-(\zeta+\sqrt{\zeta^2-1})\omega_n t}\right]\cdot 1(t) \tag{3-7}$$

其响应曲线如图 3-14 所示。由图可见，系统没有超调，且过渡过程时间较长。

4. 零阻尼

当 $\zeta=0$ 时，称为零阻尼。此时，二阶系统的极点为一对共轭虚根，其传递函数可表示为

$$\frac{X_o(s)}{X_i(s)}=\frac{\omega_n^2}{s^2+\omega_n^2}$$

则

$$X_o(s)=\frac{X_o(s)}{X_i(s)}X_i(s)=\frac{\omega_n^2}{s^2+\omega_n^2}\frac{1}{s}=\frac{1}{s}-\frac{s}{s^2+\omega_n^2}$$

进行拉普拉斯反变换，得

$$x_o(t)=(1-\cos\omega_n t)\cdot 1(t) \tag{3-8}$$

其响应曲线如图 3-15 所示。由图可见，系统为无阻尼等幅振荡。

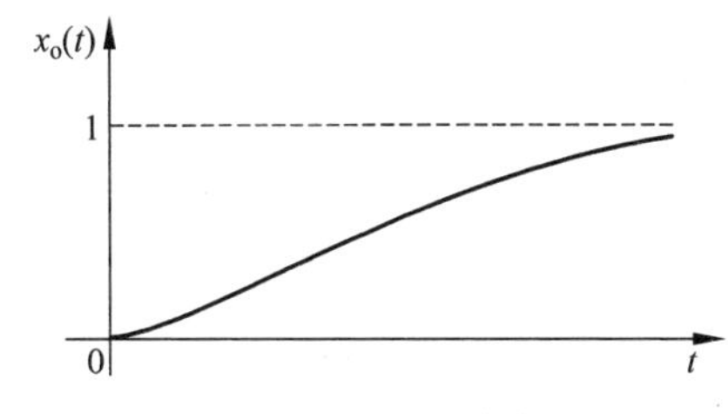

图 3-14　过阻尼系统的单位阶跃响应

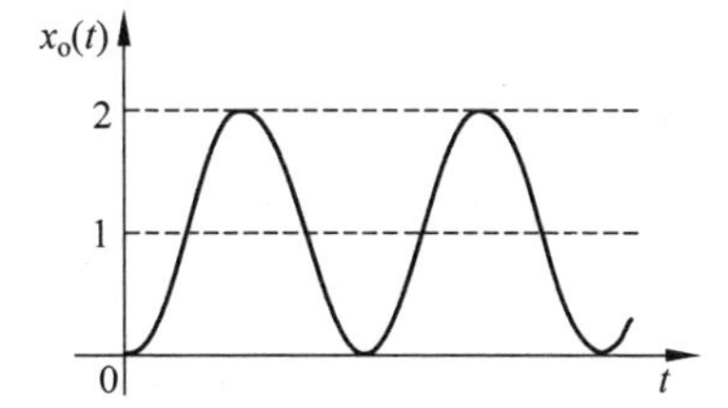

图 3-15　零阻尼系统的单位阶跃响应

以上四种情况的二阶系统阶跃响应可参见二维码动画。

二阶系统的阶跃响应

5. 负阻尼

当 $\zeta<0$ 时，称为负阻尼。其分析方法与正阻尼情况类似，只是其响应表达式的指数项变为正指数，故随着时间 $t\to+\infty$ 时，其输出 $x_o(t)\to\infty$，即负阻尼系统的阶跃响应是发散的，系统不稳定。如果系统为共轭复根，负阻尼二阶系统的单位阶跃响应曲线如图 3-16 所示，呈现振荡发散；如果系统为两个实根，负阻尼二阶系统的单位阶跃响应曲线如图 3-17 所示，呈现单调发散。

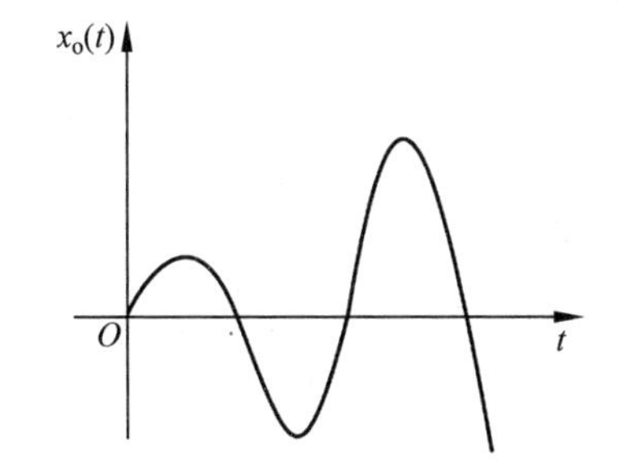

图 3-16　负阻尼系统的振荡发散阶跃响应

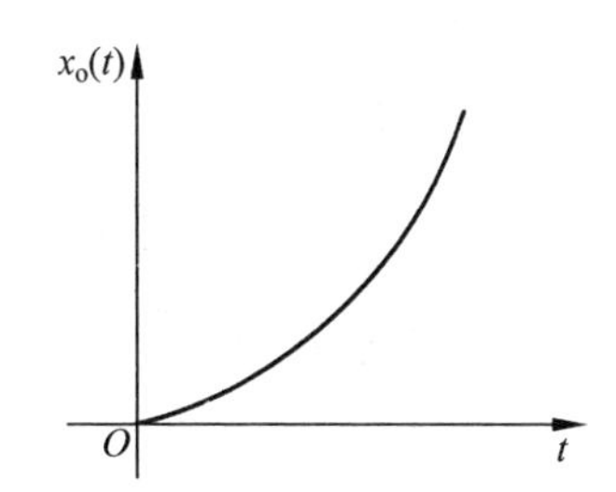

图 3-17　负阻尼系统的单调发散阶跃响应

综上,二阶欠阻尼系统的阶跃响应为衰减振荡,振荡角频率为 $\omega_n\sqrt{1-\zeta^2}$,随着 ζ 的减小,其振荡幅度加大。临界阻尼和过阻尼系统的阶跃响应均没有超调,对于临界阻尼和过阻尼系统,阻尼比越大,过渡过程时间越长。零阻尼系统的阶跃响应为等幅振荡。负阻尼系统的阶跃响应是发散的,系统不稳定。一般机电系统都具有正阻尼,此时系统是稳定的。

3.3.2 二阶系统的单位脉冲响应

单位脉冲输入 $x_i(t)=\delta(t)$ 的像函数为 $X_i(s)=1$。

1. 当 $0<\zeta<1$ 时

$$X_o(s)=\frac{X_o(s)}{X_i(s)}X_i(s)=\frac{\omega_n^2}{(s+\zeta\omega_n+j\omega_d)(s+\zeta\omega_n-j\omega_d)}\times 1$$

$$=\frac{\dfrac{\omega_n}{\sqrt{1-\zeta^2}}(\omega_n\sqrt{1-\zeta^2})}{(s+\zeta\omega_n)^2+(\omega_n\sqrt{1-\zeta^2})^2}$$

经拉普拉斯反变换,得

$$x_o(t)=\left[\frac{\omega_n}{\sqrt{1-\zeta^2}}e^{-\zeta\omega_n t}\sin(\omega_d t)\right]\cdot 1(t) \tag{3-9}$$

由式(3-9)可知,当 $0<\zeta<1$ 时,二阶系统的单位脉冲响应是以 ω_d 为角频率的衰减振荡,其响应曲线如图3-18所示。由图可见,随着 ζ 的减小,其振荡幅度加大。

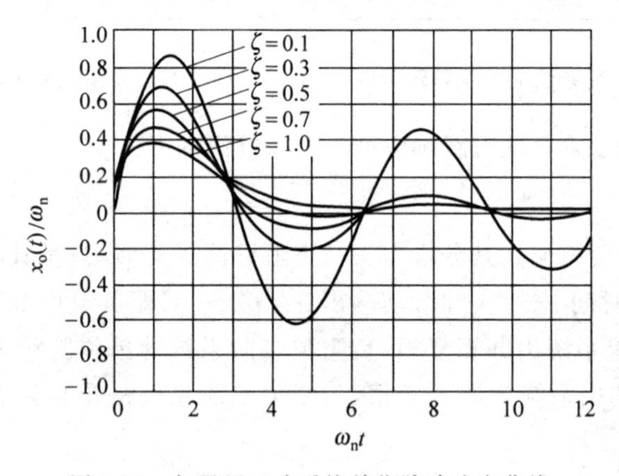

图3-18 欠阻尼二阶系统单位脉冲响应曲线

2. 当 $\zeta=1$ 时

$$X_o(s)=\frac{X_o(s)}{X_i(s)}X_i(s)=\frac{\omega_n^2}{(s+\omega_n)^2}\times 1$$

进行拉普拉斯反变换,得

$$x_o(t)=(\omega_n^2 t e^{-\omega_n t})\cdot 1(t) \tag{3-10}$$

其响应曲线如图3-19所示。

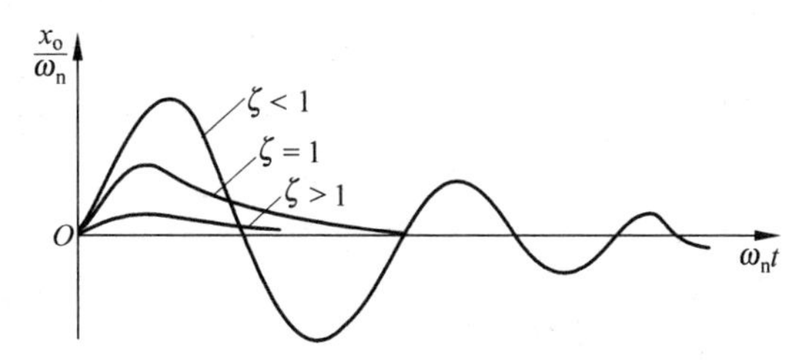

图 3-19 各种阻尼二阶系统单位脉冲响应曲线

3. 当$\zeta>1$时

根据“线性系统对输入信号导数的响应,可通过把系统对输入信号响应求导得出”的结论,有

$$\begin{aligned}x_o(t)&=\frac{\mathrm{d}x_{o1}}{\mathrm{d}t}=\frac{\mathrm{d}}{\mathrm{d}t}\left[1-\frac{1}{2(-\zeta^2+\zeta\sqrt{\zeta^2-1}+1)}\mathrm{e}^{-(\zeta-\sqrt{\zeta^2-1})\omega_n t}-\right.\\&\left.\frac{1}{2(-\zeta^2-\zeta\sqrt{\zeta^2-1}+1)}\mathrm{e}^{-(\zeta+\sqrt{\zeta^2-1})\omega_n t}\right]\cdot 1(t)\\&=\left[\frac{(\zeta-\sqrt{\zeta^2-1})\omega_n}{2(-\zeta^2+\zeta\sqrt{\zeta^2-1}+1)}\mathrm{e}^{-(\zeta-\sqrt{\zeta^2-1})\omega_n t}+\right.\\&\left.\frac{(\zeta+\sqrt{\zeta^2-1})\omega_n}{2(-\zeta^2-\zeta\sqrt{\zeta^2-1}+1)}\mathrm{e}^{-(\zeta+\sqrt{\zeta^2-1})\omega_n t}\right]\cdot 1(t)\\&=\left\{\frac{\omega_n}{2\sqrt{\zeta^2-1}}\left[\mathrm{e}^{-(\zeta-\sqrt{\zeta^2-1})\omega_n t}-\mathrm{e}^{-(\zeta+\sqrt{\zeta^2-1})\omega_n t}\right]\right\}\cdot 1(t)\end{aligned}\tag{3-11}$$

其响应曲线如图 3-19 所示。由图可见,系统没有超调。

3.3.3 二阶系统的单位斜坡响应

单位斜坡输入 $x_i(t)=t\cdot 1(t)$的像函数为 $X_i(s)=\frac{1}{s^2}$。

1. 当$0<\zeta<1$时

$$\begin{aligned}X_o(s)&=\frac{X_o(s)}{X_i(s)}X_i(s)=\frac{\omega_n^2}{(s+\zeta\omega_n+\mathrm{j}\omega_d)(s+\zeta\omega_n-\mathrm{j}\omega_d)}\frac{1}{s^2}\\&=\frac{\omega_n^2}{s^2[(s+\zeta\omega)^2+(\omega_n\sqrt{1-\zeta^2})^2]}\end{aligned}$$

查附录 A 拉普拉斯变换表,得

$$\begin{aligned}x_o(t)&=\omega_n^2\left[t-\frac{2\zeta\omega_n}{(\zeta\omega_n)^2+(\omega_n\sqrt{1-\zeta^2})^2}+\right.\\&\left.\frac{1}{\omega_n\sqrt{1-\zeta^2}}\mathrm{e}^{-\zeta\omega_n t}\sin\left(\omega_n\sqrt{1-\zeta^2}\,t+2\arctan\frac{\sqrt{1-\zeta^2}}{\zeta}\right)\right]\frac{1}{(\zeta\omega_n)^2+(\omega_n\sqrt{1-\zeta^2})^2}\\&=\left[t-\frac{2\zeta}{\omega_n}+\frac{\mathrm{e}^{-\zeta\omega_n t}}{\omega_n\sqrt{1-\zeta^2}}\sin\left(\omega_n\sqrt{1-\zeta^2}\,t+2\arctan\frac{\sqrt{1-\zeta^2}}{\zeta}\right)\right]\cdot 1(t)\end{aligned}$$

又因为
$$\tan\left(2\arctan\frac{\sqrt{1-\zeta^2}}{\zeta}\right)=\frac{2\tan\left(\arctan\frac{\sqrt{1-\zeta^2}}{\zeta}\right)}{1-\tan^2\left(\arctan\frac{\sqrt{1-\zeta^2}}{\zeta}\right)}=\frac{2\zeta\sqrt{1-\zeta^2}}{2\zeta^2-1}$$

所以
$$x_o(t)=\left[t-\frac{2\zeta}{\omega_n}+\frac{e^{-\zeta\omega_n t}}{\omega_n\sqrt{1-\zeta^2}}\sin\left(\omega_n\sqrt{1-\zeta^2}\,t+\arctan\frac{2\zeta\sqrt{1-\zeta^2}}{2\zeta^2-1}\right)\right]\cdot 1(t) \tag{3-12}$$

当时间 $t\to+\infty$ 时,其误差为

$$e(+\infty)=\lim_{t\to+\infty}[x_i(t)-x_o(t)]=\frac{2\zeta}{\omega_n}$$

其响应曲线如图 3-20 所示。随着 ζ 的减小,其振荡幅度加大。

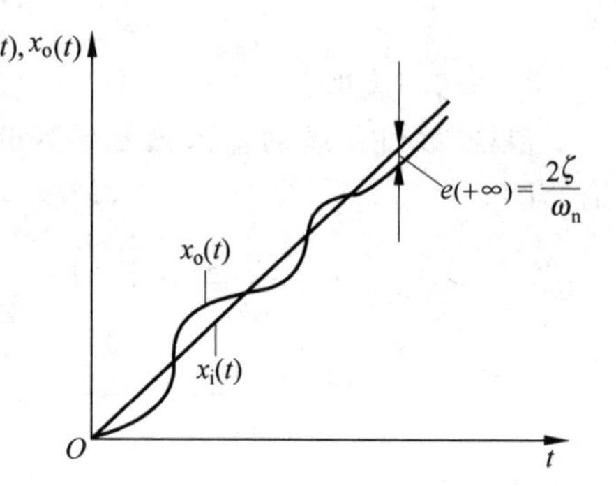

图 3-20 欠阻尼二阶系统单位斜坡响应曲线

2. 当$\zeta=1$时

$$X_o(s)=\frac{X_o(s)}{X_i(s)}X_i(s)=\frac{\omega_n^2}{(s+\omega_n)^2}\frac{1}{s^2}$$
$$=\frac{1}{s^2}-\frac{\frac{2}{\omega_n}}{s}+\frac{1}{(s+\omega_n)^2}+\frac{\frac{2}{\omega_n}}{s+\omega_n}$$

进行拉普拉斯反变换,得

$$x_o(t)=\left(t-\frac{2}{\omega_n}+te^{-\omega_n t}+\frac{2}{\omega_n}e^{-\omega_n t}\right)\cdot 1(t) \tag{3-13}$$

当时间 $t\to+\infty$ 时,其误差为

$$e(+\infty)=\lim_{t\to+\infty}[x_i(t)-x_o(t)]=\frac{2}{\omega_n}$$

其响应曲线如图 3-21 所示。

3. 当$\zeta>1$时

$$X_o(s)=\frac{X_o(s)}{X_i(s)}X_i(s)=\frac{\omega_n^2}{(s+\zeta\omega_n+\omega_n\sqrt{\zeta^2-1})(s+\zeta\omega_n-\omega_n\sqrt{\zeta^2-1})}\frac{1}{s^2}$$
$$=\frac{1}{s^2}-\frac{2\zeta}{\omega_n s}+\frac{\frac{2\zeta^2+2\zeta\sqrt{\zeta^2-1}-1}{2\omega_n\sqrt{\zeta^2-1}}}{s+\zeta\omega_n-\omega_n\sqrt{\zeta^2-1}}-\frac{\frac{2\zeta^2-2\zeta\sqrt{\zeta^2-1}-1}{2\omega_n\sqrt{\zeta^2-1}}}{s+\zeta\omega_n+\omega_n\sqrt{\zeta^2-1}}$$

进行拉普拉斯反变换,得

$$x_o(t)=\left[t-\frac{2\zeta}{\omega_n}+\frac{2\zeta^2+2\zeta\sqrt{\zeta^2-1}-1}{2\omega_n\sqrt{\zeta^2-1}}e^{-(\zeta-\sqrt{\zeta^2-1})\omega_n t}-\right.$$
$$\left.\frac{2\zeta^2-2\zeta\sqrt{\zeta^2-1}-1}{2\omega_n\sqrt{\zeta^2-1}}e^{-(\zeta+\sqrt{\zeta^2-1})\omega_n t}\right]\cdot 1(t) \tag{3-14}$$

当时间 $t\to+\infty$ 时,其误差为

$$e(+\infty)=\lim_{t\to+\infty}[x_i(t)-x_o(t)]=\frac{2\zeta}{\omega_n}$$

其响应曲线如图 3-22 所示。

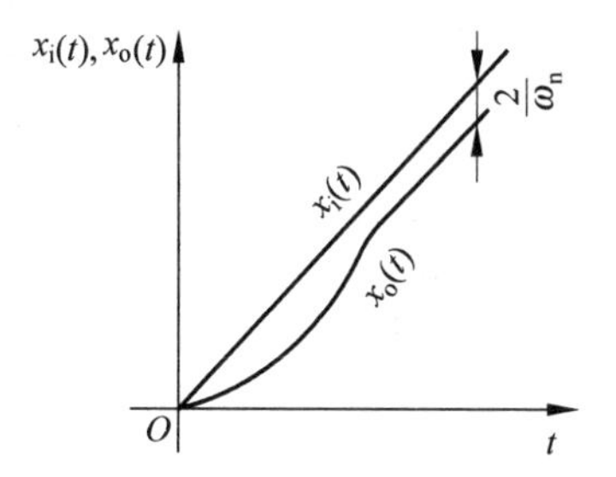

图 3-21　临界阻尼二阶系统单位斜坡响应曲线

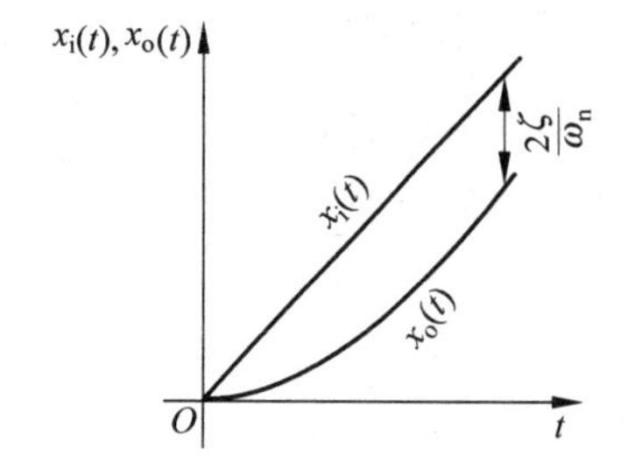

图 3-22　过阻尼二阶系统单位斜坡响应曲线

3.4　时域分析性能指标

系统性能指标可以在时间域里提出，也可以在频率域里提出。时域内的指标比较直观。对于具有储能元件的系统(即大于或等于一阶的系统)，受到输入信号作用时，一般不能立即达到要求值，表现出一定的过渡过程。时域分析性能指标是以系统对单位阶跃输入的瞬态响应形式给出的，如图 3-23 所示。

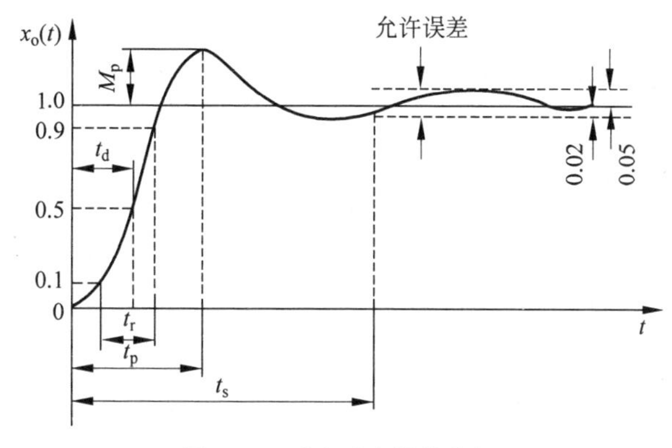

图 3-23　瞬态响应性能指标

瞬态响应性能指标包括以下内容。

(1) 上升时间 t_r：指响应曲线从零时刻首次到达稳态值的时间，即响应曲线从零上升到稳态值所需的时间。有些系统没有超调，理论上到达稳态值时间需要无穷大，因此，也将上升时间定义为响应曲线从稳态值的 10%上升到稳态值的 90%所需的时间。

(2) 峰值时间 t_p：指响应曲线从零时刻到达峰值的时间，即响应曲线从零上升到第一个峰值点所需要的时间。

(3) 最大超调量 M_p：指单位阶跃输入时，响应曲线的最大峰值与稳态值的差。通常用百分数表示。

(4) 调整时间 t_s：指响应曲线达到并一直保持在允许误差范围内的最短时间。

(5) 延迟时间 t_d：指响应曲线从零上升到稳态值的 50%所需要的时间。

(6) 振荡次数：指在调整时间 t_s 内响应曲线振荡的次数。

以上性能指标中，上升时间、峰值时间、调整时间、延迟时间反映系统快速性，而最大超调量、振荡次数反映系统相对稳定性。

以下以欠阻尼二阶系统的时域性能指标为例加以说明。

1. 求上升时间 t_r

由式(3-5)可知：

$$x_o(t)=\left[1-\frac{e^{-\zeta\omega_n t}}{\sqrt{1-\zeta^2}}\sin\left(\omega_d t+\arctan\frac{\sqrt{1-\zeta^2}}{\zeta}\right)\right]\cdot 1(t)$$

将 $x_o(t_r)=1$ 代入，得

$$1=1-\frac{e^{-\zeta\omega_n t_r}}{\sqrt{1-\zeta^2}}\sin\left(\omega_d t_r+\arctan\frac{\sqrt{1-\zeta^2}}{\zeta}\right)$$

因为
$$e^{-\zeta\omega_n t_r}\neq 0$$

所以
$$\sin\left(\omega_d t_r+\arctan\frac{\sqrt{1-\zeta^2}}{\zeta}\right)=0$$

由于上升时间是输出响应首次达到稳态值的时间，故

$$\omega_d t_r+\arctan\frac{\sqrt{1-\zeta^2}}{\zeta}=\pi$$

所以
$$t_r=\frac{1}{\omega_d}\left(\pi-\arctan\frac{\sqrt{1-\zeta^2}}{\zeta}\right)=\frac{1}{\omega_n\sqrt{1-\zeta^2}}(\pi-\arccos\zeta) \tag{3-15}$$

2. 求峰值时间 t_p

由式(3-5)可知：

$$x_o(t)=\left[1-\frac{e^{-\zeta\omega_n t}}{\sqrt{1-\zeta^2}}\sin\left(\omega_d t+\arctan\frac{\sqrt{1-\zeta^2}}{\zeta}\right)\right]\cdot 1(t)$$

峰值点为极值点，令 $\frac{dx_o(t)}{dt}=0$，得

$$\frac{\zeta\omega_n e^{-\zeta\omega_n t_p}}{\sqrt{1-\zeta^2}}\sin(\omega_d t_p+\theta)-\frac{\omega_d e^{-\zeta\omega_n t_p}}{\sqrt{1-\zeta^2}}\cos(\omega_d t_p+\theta)=0$$

因为
$$e^{-\zeta\omega_n t_p}\neq 0$$

所以
$$\tan(\omega_d t_p+\theta)=\frac{\omega_d}{\zeta\omega_n}=\tan\theta$$

$$\omega_d t_p=\pi$$

$$t_p=\frac{\pi}{\omega_d}=\frac{\pi}{\omega_n\sqrt{1-\zeta^2}} \tag{3-16}$$

3. 求最大超调量 M_p

将式(3-16)代入式(3-4)表示的单位阶跃响应的输出表达式中，得

$$M_p = x_o(t_p) - 1 = \left[1 - \frac{e^{-\zeta\omega_n\left(\frac{\pi}{\omega_d}\right)}}{\sqrt{1-\zeta^2}}\left(\sqrt{1-\zeta^2}\cos\pi + \zeta\sin\pi\right)\right] - 1$$

$$= e^{-\zeta\omega_n\left(\frac{\pi}{\omega_n\sqrt{1-\zeta^2}}\right)} = e^{-\frac{\zeta\pi}{\sqrt{1-\zeta^2}}} \tag{3-17}$$

依式(3-17)，可得表 3-2。

表 3-2 不同阻尼比的最大超调量

ζ	0	0.1	0.2	0.3	0.4	0.5	0.6	0.7	1
$M_p/\%$	100	72.9	52.7	37.2	25.4	16.3	9.4	4.3	0

4. 求调整时间 t_s

由式(3-5)可知欠阻尼二阶系统输出解为

$$x_o(t) = \left[1 - \frac{e^{-\zeta\omega_n t}}{\sqrt{1-\zeta^2}}\sin\left(\omega_d t + \arctan\frac{\sqrt{1-\zeta^2}}{\zeta}\right)\right] \cdot 1(t)$$

考虑单调进入误差带，取其包络线(见图 3-24)，求其进入误差带的时间即近似为调整时间。表达包络线的函数为

$$F(t) = 1 \pm \frac{e^{-\zeta\omega_n t}}{\sqrt{1-\zeta^2}}$$

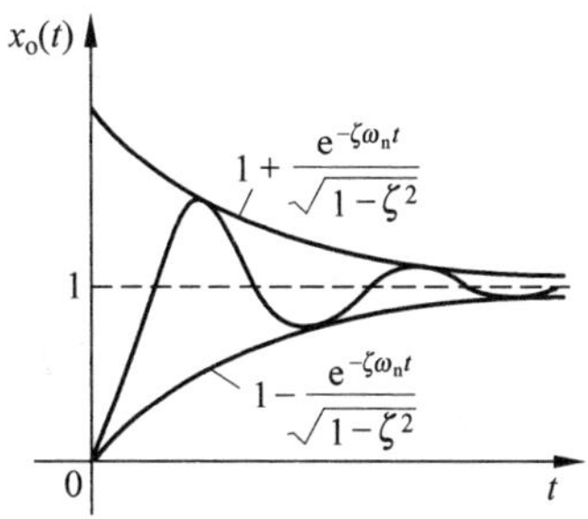

图 3-24 二阶系统单位阶跃响应包络线

以进入±5%的误差范围为例，解$\dfrac{e^{-\zeta\omega_n t}}{\sqrt{1-\zeta^2}}=5\%$，得

$$t_s = \frac{-\ln 0.05 - \ln\sqrt{1-\zeta^2}}{\zeta\omega_n} \tag{3-18}$$

当阻尼比 ζ 较小时，有

$$t_s \approx \frac{-\ln 0.05}{\zeta\omega_n} \approx \frac{3}{\zeta\omega_n} \tag{3-19}$$

此时，欠阻尼的二阶系统进入±5%的误差范围。

同理可证，欲使欠阻尼的二阶系统进入±2%的误差范围，则有

$$t_s \approx \frac{-\ln 0.02}{\zeta\omega_n} \approx \frac{4}{\zeta\omega_n} \tag{3-20}$$

由式(3-18)～式(3-20)可见，当阻尼比 ζ 一定时，无阻尼自振角频率 ω_n 越大，调整时间 t_s 越短，即系统响应越快。

另外，由调整时间 t_s 的推导还可见，当 ζ 较大时，式(3-19)和式(3-20)的近似度降低。当允许有一定超调时，工程上一般选择二阶系统阻尼比在 0.5～1 之间。当 ζ 变小时，ζ 越小，则调整时间 t_s 越长；而当 ζ 变大时，ζ 越大，则调整时间 t_s 越长。

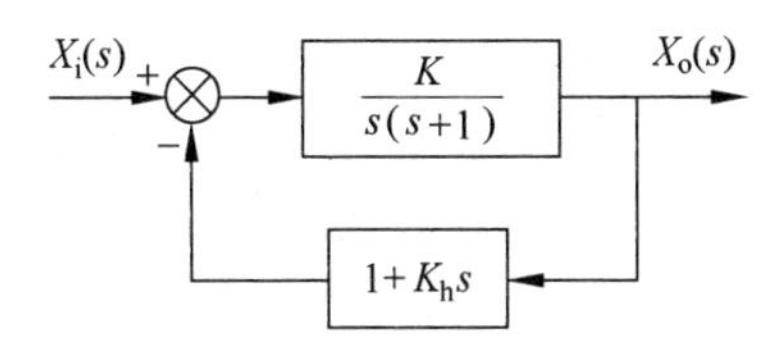

图 3-25 例 3-1 系统方块图

例 3-1 如图 3-25 所示系统，欲使系统的最大超调量等于 20%，峰值时间等于 1 s，试确定增益 K 和 K_h 的数值，并确定在此 K 和 K_h 数值下，系统的上升时间 t_r 和调整时间 t_s。

解：依题意，有

$$M_{\mathrm{p}}=\mathrm{e}^{-\frac{\zeta\pi}{\sqrt{1-\zeta^{2}}}}=20\%$$

解之，得

$$\zeta=0.456$$

依题意，有

$$t_{\mathrm{p}}=\frac{\pi}{\omega_{\mathrm{n}}\sqrt{1-\zeta^{2}}}=1$$

则

$$\omega_{\mathrm{n}}=\frac{\pi}{\sqrt{1-\zeta^{2}}}=\frac{\pi}{\sqrt{1-0.456^{2}}}\ \mathrm{rad/s}=3.53\ \mathrm{rad/s}$$

$$\frac{X_{\mathrm{o}}(s)}{X_{\mathrm{i}}(s)}=\frac{\dfrac{K}{s(s+1)}}{1+\dfrac{K(1+K_{\mathrm{h}}s)}{s(s+1)}}=\frac{K}{s^{2}+(KK_{\mathrm{h}}+1)s+K}=\frac{\omega_{\mathrm{n}}^{2}}{s^{2}+2\zeta\omega_{\mathrm{n}}s+\omega_{\mathrm{n}}^{2}}$$

所以

$$K=\omega_{\mathrm{n}}^{2}=3.53^{2}\ \mathrm{rad^{2}/s^{2}}\approx 12.5\ \mathrm{rad^{2}/s^{2}}$$

$$K_{\mathrm{h}}=\frac{2\zeta\omega_{\mathrm{n}}-1}{K}=\frac{2\times 0.456\times 3.53-1}{12.5}\ \mathrm{s}=0.178\ \mathrm{s}$$

$$t_{\mathrm{r}}=\frac{\pi-\arccos\zeta}{\omega_{\mathrm{d}}}=\frac{\pi-\arccos\zeta}{\pi}\ \mathrm{s}=0.65\ \mathrm{s}$$

$$t_{\mathrm{s}}=\frac{4}{\zeta\omega_{\mathrm{n}}}=\frac{4}{0.456\times 3.53}\ \mathrm{s}=2.48\ \mathrm{s}\quad(\text{系统进入}\pm 2\%\text{的误差范围})$$

例 3-2 如图 3-26 所示系统，施加 8.9 N 的阶跃力后，记录其时间响应如图 3-27 所示。试求该系统的质量 M、弹性刚度 k 和黏性阻尼系数 D 的数值。

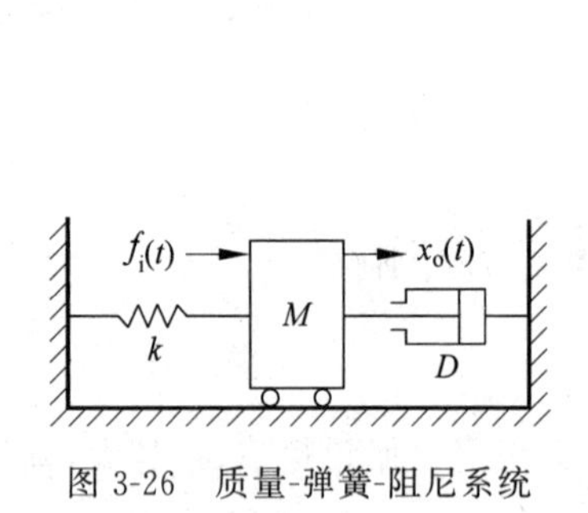

图 3-26 质量-弹簧-阻尼系统

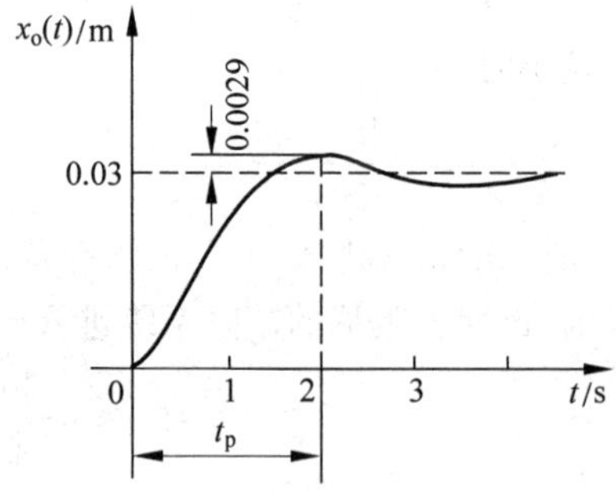

图 3-27 系统阶跃响应曲线

解：根据牛顿第二定律，有

$$f_{\mathrm{i}}(t)-kx_{\mathrm{o}}(t)-D\frac{\mathrm{d}x_{\mathrm{o}}(t)}{\mathrm{d}t}=M\frac{\mathrm{d}x_{\mathrm{o}}^{2}(t)}{\mathrm{d}t^{2}}$$

进行拉普拉斯变换并整理，得

$$(Ms^{2}+Ds+k)X_{\mathrm{o}}(s)=F_{\mathrm{i}}(s)$$

$$\frac{X_{\mathrm{o}}(s)}{F_{\mathrm{i}}(s)}=\frac{1}{Ms^{2}+Ds+k}=\frac{\dfrac{1}{k}\cdot\dfrac{k}{M}}{s^{2}+\dfrac{D}{M}s+\dfrac{k}{M}}=\frac{\dfrac{1}{k}\omega_{\mathrm{n}}^{2}}{s^{2}+2\zeta\omega_{\mathrm{n}}s+\omega_{\mathrm{n}}^{2}}$$

$$M_p = e^{-\frac{\zeta\pi}{\sqrt{1-\zeta^2}}} = \frac{0.0029}{0.03}$$

解得
$$\zeta = 0.6$$

$$\omega_n = \frac{\pi}{t_p\sqrt{1-\zeta^2}} = \frac{\pi}{2\sqrt{1-0.6^2}}\ \text{rad/s} \approx 1.96\ \text{rad/s}$$

$$X_o(s) = \frac{1}{Ms^2+Ds+k}F_i(s) = \frac{1}{Ms^2+Ds+k}\frac{8.9}{s}$$

由终值定理得

$$x_o(+\infty) = \lim_{s\to 0} sX_o(s) = \lim_{s\to 0} s\frac{1}{Ms^2+Ds+k}\frac{8.9}{s} = \frac{8.9}{k} = 0.03\ \text{m}$$

所以

$$k = \frac{8.9}{0.03}\ \text{N/m} = 297\ \text{N/m}$$

$$M = \frac{k}{\omega_n^2} = \frac{297}{1.96^2}\ \text{kg} \approx 77.3\ \text{kg}$$

$$D = 2\zeta\omega_n M = 2\times 0.6\times 1.96\times 77.3\ \text{N}\cdot\text{m/s} \approx 181.8\ \text{N}\cdot\text{m/s}$$

3.5 高阶系统的瞬态响应

一般的高阶机电系统可以分解成若干一阶惯性环节和二阶振荡环节的叠加。其瞬态响应即由这些一阶惯性环节和二阶振荡环节的响应函数叠加组成。

对于一般单输入-单输出的线性定常系统，其传递函数可表示为

$$\frac{X_o(s)}{X_i(s)} = \frac{k(s^m+b_1s^{m-1}+\cdots+b_{m-1}s+b_m)}{s^n+a_1s^{n-1}+\cdots+a_{n-1}s+a_n}$$
$$= \frac{k(s^m+b_1s^{m-1}+\cdots+b_{m-1}s+b_m)}{\prod_{j=1}^{q}(s+p_j)\prod_{k=1}^{r}(s^2+2\zeta_k\omega_k s+\omega_k^2)},\quad m\leqslant n, q+2r=n$$

设输入为单位阶跃，则

$$X_o(s) = \frac{X_o(s)}{X_i(s)}X_i(s) = \frac{k(s^m+b_1s^{m-1}+\cdots+b_{m-1}s+b_m)}{s\prod_{j=1}^{q}(s+p_j)\prod_{k=1}^{r}(s^2+2\zeta_k\omega_k s+\omega_k^2)} \tag{3-21}$$

如果其极点互不相同，则式(3-21)可展开成

$$X_o(s) = \frac{\alpha}{s} + \sum_{j=1}^{q}\frac{\alpha_j}{s+p_j} + \sum_{k=1}^{r}\frac{\beta_k(s+\zeta_k\omega_k)+\gamma_k(\omega_k\sqrt{1-\zeta^2})}{(s+\zeta_k\omega_k)^2+(\omega_k\sqrt{1-\zeta^2})^2}$$

经拉普拉斯反变换，得

$$x_o(t) = \alpha + \sum_{j=1}^{q}\alpha_j e^{-p_j t} + \sum_{k=1}^{r}\beta_k e^{-\zeta_k\omega_k t}\cos(\omega_k\sqrt{1-\zeta^2})t + \sum_{k=1}^{r}\gamma_k e^{-\zeta_k\omega_k t}\sin(\omega_k\sqrt{1-\zeta^2})t \tag{3-22}$$

可见,一般高阶系统的瞬态响应是由一些一阶惯性环节和二阶振荡环节的响应函数叠加组成的。由式(3-22)可见,当所有极点均具有负实部时,除常数 a,其他各项随着时间 $t\to+\infty$ 而衰减为零,即系统是稳定的,高阶系统的阶跃响应可能出现如图3-28所示的各种非标准波形。

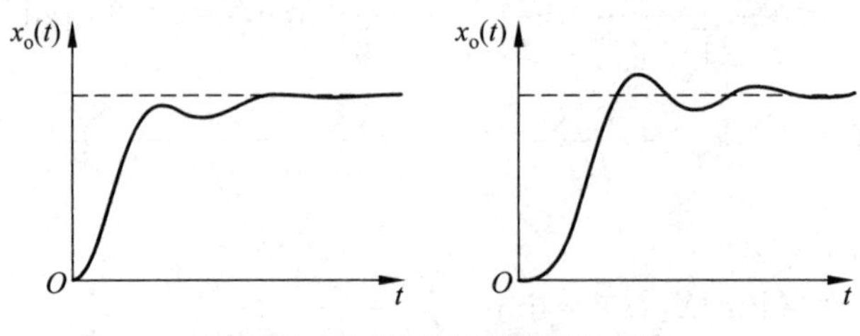

图3-28 高阶系统阶跃响应曲线

为了在工程上处理方便,某些高阶系统通过合理简化,可以用低阶系统近似,以便大致估算其时域响应。以下两种情况可以作为降阶简化的依据:

(1) 系统极点的负实部离虚轴越远,则该极点对应的项在瞬态响应中衰减得越快。反之,距虚轴最近的闭环极点对应着瞬态响应中衰减最慢的项,故称距虚轴最近的闭环极点为主导极点。一般工程上当极点 A 距离虚轴大于5倍极点 B 离虚轴的距离时,分析系统时可忽略极点 A。

(2) 系统传递函数中,如果分子分母具有负实部的零、极点数值上相近,则可将该零点和极点一起消掉,称为偶极子相消。工程上认为某极点与对应的零点之间的间距小于它们本身到原点距离的1/10时,即可认为是偶极子。

例3-3 已知某系统的闭环传递函数为

$$\frac{X_o(s)}{X_i(s)}=\frac{3.12\times10^5 s+6.25\times10^6}{s^4+100s^3+8.0\times10^3 s^2+4.40\times10^5 s+6.24\times10^6}$$

试求系统近似的单位阶跃响应 $x_o(t)$。

解:对于高阶系统的传递函数,首先需要分解因式,如果能找到一个根,则多项式可以分离出一个因式,工程上常用的找根方法,一是试探法,二是采用计算机程序找根。

首先,找到该题传递函数的分母有一个根 $s_1=-20$,则利用下面长除法分解出一个因式:

$$\begin{array}{r}
s^3+80s^2+6.4\times10^3 s+3.12\times10^5 \\
s+20\,\overline{\big)\;s^4+100s^3+8.0\times10^3 s^2+4.40\times10^5 s+6.24\times10^6} \\
-)\,s^4+20s^3 \qquad\qquad\qquad\qquad\qquad\qquad\qquad \\
\hline
80s^3+8.0\times10^3 s^2 \qquad\qquad\qquad\qquad \\
-)\,80s^3+1.6\times10^3 s^2 \qquad\qquad\qquad\qquad \\
\hline
6.4\times10^3 s^2+4.40\times10^5 s \qquad\qquad \\
-)\,6.4\times10^3 s^2+1.28\times10^5 s \qquad\qquad \\
\hline
3.12\times10^5 s+6.24\times10^6 \\
-)\,3.12\times10^5 s+6.24\times10^6 \\
\hline
0
\end{array}$$

对于得到的三阶多项式，又找到一个根 $s_2=-60$，则可继续利用长除法分解出一个因式：

$$
\begin{array}{r}
s^2+20s+5.2\times10^3 \\
s+60\,\overline{\big)\; s^3+80s^2+6.4\times10^3 s+3.12\times10^5} \\
-)\,s^3+60s^2 \qquad\qquad\qquad\qquad \\
\hline
20s^2+6.4\times10^3 s \qquad\quad \\
-)\,20s^2+1.2\times10^3 s \qquad\quad \\
\hline
5.2\times10^3 s+3.12\times10^5 \\
-)\,5.2\times10^3 s+3.12\times10^5 \\
\hline
0
\end{array}
$$

对于剩下的二阶多项式，可以很容易地解出剩下的一对共轭复根：

$$s_{3,4}=-10\pm \mathrm{j}71.4$$

则系统传递函数为

$$\frac{X_o(s)}{X_i(s)}=\frac{3.12\times10^5(s+20.03)}{(s+20)(s+60)(s^2+20s+5.2\times10^3)}$$

其零点、极点如图 3-29 所示。根据前面叙述简化高阶系统的依据，该四阶系统可简化为

$$\frac{X_o(s)}{X_i(s)}\approx\frac{5.2\times10^3}{s^2+20s+5.2\times10^3}$$

这里需要注意：当考虑主导极点消去 $(s+60)$ 因式时，应将 3.12×10^5 除以 60 以保证原系统静态增益不变。简化后该系统近似为一个二阶系统，可用二阶系统的一套成熟的理论去分析该四阶系统，可得到近似的单位阶跃响应结果为

$$x_o(t)\approx 1-\mathrm{e}^{-10t}\sin(71.4t+1.43),\quad t>0$$

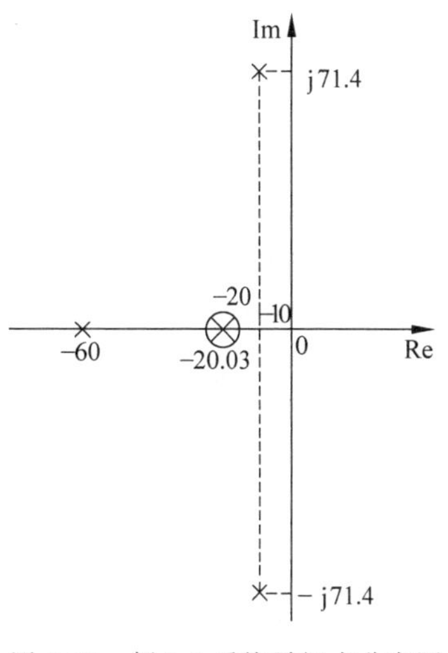

图 3-29 例 3-3 系统零极点分布图

3.6 借助 MATLAB 进行系统时间响应分析

3.6.1 基于 Toolbox 工具箱的时域分析

MATLAB 的 Control 工具箱提供了很多线性系统在特定输入下仿真的函数，例如连续时间系统在阶跃输入激励下的仿真函数 step()、脉冲激励下的仿真函数 impulse()及任意输入激励下的仿真函数 lsim()等。其中，阶跃响应函数 step()的调用格式为

```
[y,x] = step(sys,t)   或[y,x] = step(sys)
```

其中，sys 可以由 tf()或 zpk()函数得到，t 为选定的仿真时间向量，如果不加 t，仿真时间范围自动选择。此函数只返回仿真数据而不在屏幕上画仿真图形，返回值 y 为系统在各个仿真时刻的输出所组成的矩阵，而 x 为自动选择的状态变量的时间响应数据。如果用户对具体的响应数值不感兴趣，而只想绘制出系统的阶跃响应曲线，则可以由如下的格式调用：

```
step(sys,t) 或 step(sys)
```

求取脉冲响应的函数 impulse()和函数 step()的调用格式完全一致,而任意输入下的仿真函数 lsim()的调用格式稍有不同,因为在调用此函数时还应该给出一个输入表向量,该函数的调用格式为

```
[y,x] = lsim(sys,u,t)
```

式中,u 为给定输入构成的列向量,它的元素个数应该和 t 的个数是一致的。当然,该函数若调用时不返回参数,也可以直接绘制出响应曲线图形。例如:

```
t = 0:0.01:5;
u = sin(t);
lsim(sys,u,t)
```

为单输入模型 sys 对 u(t)=sin(t)在 5 s 之内的输入响应仿真。

MATLAB 还提供了离散时间系统的仿真函数,包括阶跃响应函数 dstep()、脉冲响应函数 dimpulse()和任意输入响应函数 dlsim()等。它们的调用方式和连续系统的不完全一致,读者可以参阅 MATLAB 帮助,如在 MATLAB 的提示符≫下输入 help dstep 来了解它们的调用方式。

时域分析常用函数如下:

step——阶跃响应;

impulse——脉冲响应;

lsim——对指定输入的连续输出;

gensig——对 lsim 产生输入信号;

stepfun——产生单位阶跃输入。

例 3-4 绘制系统$\dfrac{X_o(s)}{X_i(s)}=\dfrac{50}{25s^2+2s+1}$的单位阶跃响应曲线。

解:下列 MATLAB Program1 将给出该系统的单位阶跃响应曲线,如图 3-30 所示。

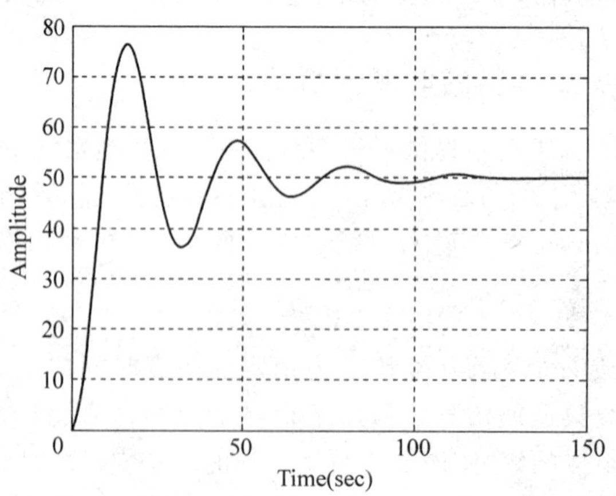

图 3-30 $G(s)=50/(25s^2+2s+1)$的单位阶跃响应曲线

```
----MATLAB Program1----
num = [0,0,50];
den = [25,2,1];
step(num,den)
grid
```

例 3-5 绘制系统$\frac{X_o(s)}{X_i(s)}=\frac{50}{25s^2+2s+1}$的单位脉冲响应曲线。

解：下列 MATLAB Program2 将给出该系统的单位脉冲响应曲线，如图 3-31 所示。

```
----MATLAB Program2----
  num = [0,0,50];
  den = [25,2,1];
  impulse(num,den)
  grid
```

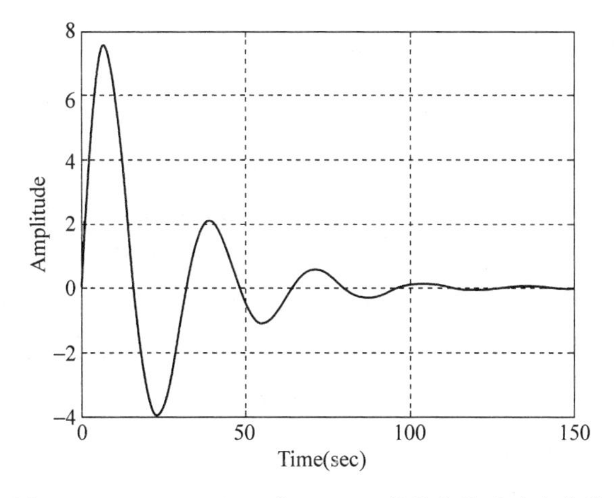

图 3-31 $G(s)=50/(25s^2+2s+1)$的单位脉冲响应曲线

在 MATLAB 中没有斜坡响应命令，可利用阶跃响应命令求斜坡响应，先用 s 除 $G(s)$，再利用阶跃响应命令。例如，考虑下列闭环系统：

$$\frac{X_o(s)}{X_i(s)}=\frac{50}{25s^2+2s+1}$$

对于单位斜坡输入量 $X_i(s)=\frac{1}{s^2}$，有

$$X_o(s)=\frac{50}{25s^2+2s+1}\frac{1}{s^2}=\frac{50}{(25s^2+2s+1)s}\frac{1}{s}=\frac{50}{25s^3+2s^2+s}\frac{1}{s}$$

下列 MATLAB Program3 将给出该系统的单位斜坡响应曲线，如图 3-32 所示。

```
----MATLAB Program3----
num = [0,0,0,50];
den = [25,2,1,0];
t = 0:0.01:100;
step(num,den,t)
grid
```

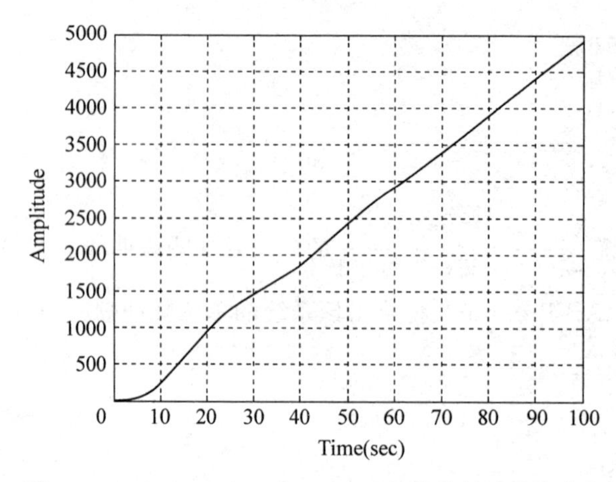

图 3-32 $G(s)=50/(25s^2+2s+1)$的单位斜坡响应曲线

3.6.2 系统框图输入与仿真工具 Simulink

1. Simulink 简介

对结构很复杂的控制系统,若不借助专用的系统建模软件,很难准确地把一个控制系统的复杂模型输入给计算机,并对之进行分析和仿真。1990 年 MathWorks 软件公司为 MATLAB 提供了新的控制系统模型图形输入与仿真工具,并在控制界很快得到了广泛使用,后命名为 Simulink。这一名字的含义相当直观,simu(仿真)与 link(连接),亦即可以利用鼠标器在模型窗口上"画"出所需的控制系统模型,然后利用 Simulink 提供的功能来对系统进行仿真或线性化。这种做法的一个优点是,可以使一个很复杂的系统输入变得相当容易且直观。

2. 控制系统框图模型建立

进入 MATLAB 环境之后,输入 Simulink 命令就可以打开相应的系统模型库浏览器,如图 3-33 所示。打开浏览器的 Simulink(见图 3-34),可以看到 Simulink 包括以下各个子模型库:Continuous(连续时间模型),Discrete(离散时间模型),Functions & Tables(函数及表),Math(数学),Nonlinear(非线性环节),Signals & Systems(信号及系统),Sinks(输出方式),Sources(输入源)。

若想输入一个控制系统结构框图,则应该选择"Create a new model"图标,这样就会自动打开一个空白的"Untitled"模型编辑窗口,允许用户输入自己的模型框图。打开输入源子模型库,它还包括下列各个子模块:Band-Limited White Noise, Chirp Signal, Clock, Constant, Digital Clock, Discrete Pulse Generator, From Workspace, From File, Pulse Generator, Ramp, Random Number, Repeating Sequence, Signal Generator, Sine Wave, Step, Uniform Random Number,可以利用鼠标选择所需的子模块,并将之拖动到所打开的模型窗口上。打开其中的 Linear(线性环节)和 Sinks(输出方式)等其他子模型库,也会给出相应的子模块库,而这些模块都可以采用选中后拖动的方式复制到模型窗口中去。连接两个模块是相当容易的,因为可以简单地用鼠标先单击起点模块的输出端(三角符号),然后拖动鼠标,这时就会出现一条带箭头的直线,将它的箭头拉到终点模块的输入端再释放鼠标键,则 Simulink 会自动地产生一条带箭头的连线,将两个模块连接起来。

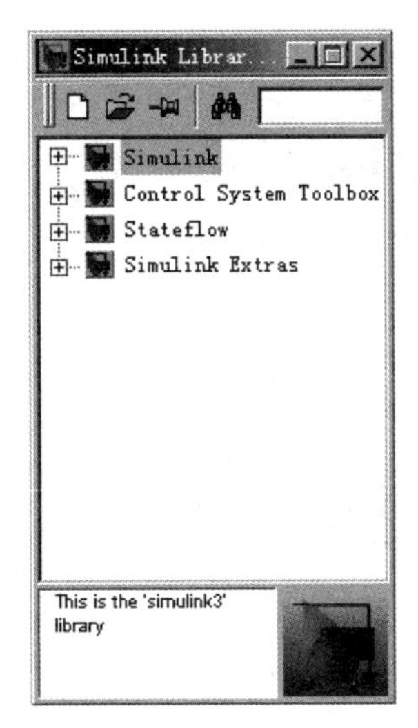

图 3-33 Simulink 的系统模型库

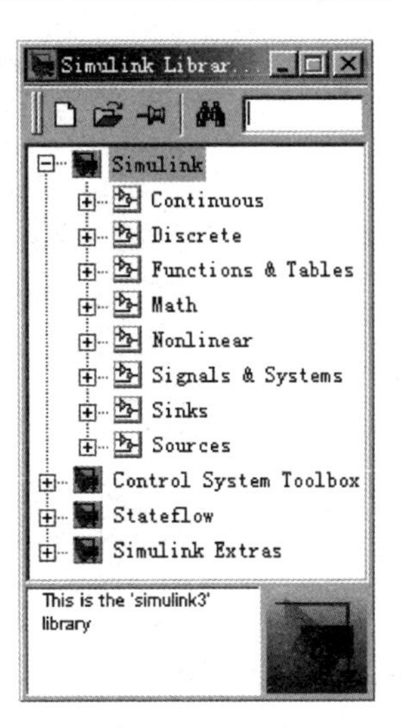

图 3-34 Simulink 的子模型库

例如,若想建立一个图 3-35 所示的控制系统模型,则首先应该单击 Simulink 界面的 New 图标,打开一个空白的编辑窗口,准备绘制系统的方框图。打开一个新的编辑窗口之后,可以在该窗口内建立起阶跃输入模型,这应该从图 3-34 所示的 Sources 模块中选择 Step,将之用鼠标拖动到编辑窗口中后释放鼠标键,这时用户就会发现在该窗口中出现了一个 Step 图标。此外,因为可能采用变步长的仿真方法,所以还应该将 Clock 输入图标拖动到编辑窗口然后释放鼠标键,这时在编辑窗口内就会出现一个 Clock 图标。

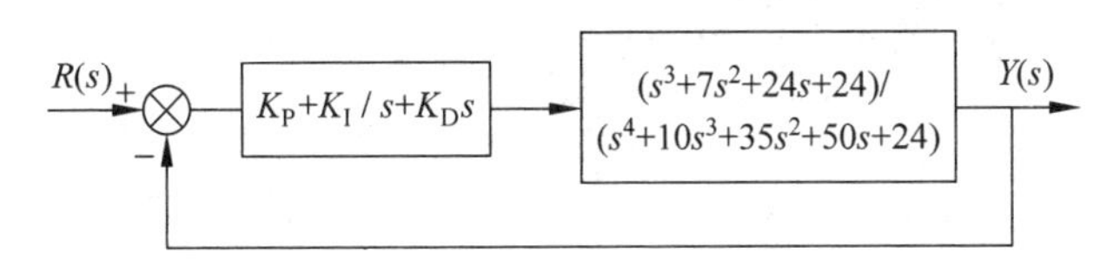

图 3-35 控制系统方框图

各个模块的参数是可以随意改动的。比如 Step 模块,双击鼠标会出现图 3-36 所示的对话框,用户可以在该对话框中修改其中的 Step time,也可以修改 Initial value 和 Final value 来重新定义阶跃信号。除了 Step 和 Clock 输入外,Simulink 还允许用户输入 Band-Limited White Noise,Chirp Signal,Constant,Discrete Pulse Generator,Pulse Generator, Ramp, Random Number, Repeating Sequence, Sine Wave, Uniform Random Number, Signal Generator 等输入信号。在每种输入方式下,都可以采用双击该图标的方式来修改有关参数,而且 Simulink 对每个模块都给出了较为详细的说明,因此用户可以自己摸索学习每一个模块的使用方法。

因为系统中有负反馈环节,所以应该在模型窗口中加入一个加法器,这就需要首先打开 Linear 模块库,然后从中选中加法器(Sum)模块的图标,并将之拖动到模型窗口中去,再释放鼠标键。因为这里使用的是单位负反馈,所以需要对加法器中的符号进行修改,具体方法是双击该图标来获得图 3-37 所示的对话框,在 List of signs 编辑框中输入+-字样,这时新的加法器的两个输入信号将一正一负。下面还要将 PID 控制器的各个元件输入到模块窗口中去,这些元件都可以从线性模块库中选择出来。PID 控制器的比例模块、积分器、微分

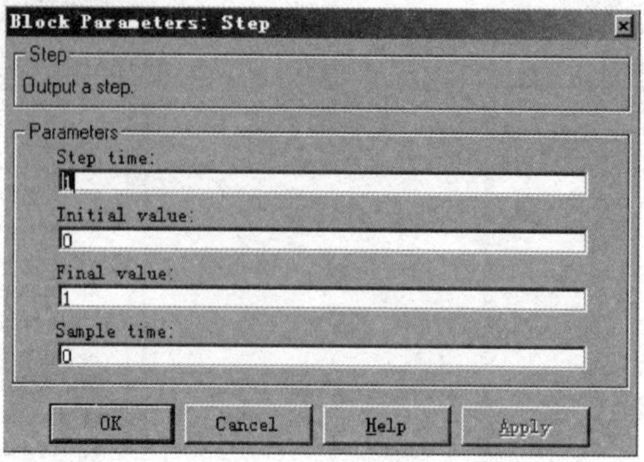

Block Parameters: Step

Step

Output a step.

Parameters

Step time:

1

Initial value:

0

Final value:

1

Sample time:

0

OK　Cancel　Help　Apply

图 3-36　阶跃输入信号参数修改对话框

器,用户可以通过双击相应图标的方法来获得参数修正对话框,这里不再详述。在 PID 控制器的后面还应该添加一个加法器,使得 3 个输出信号能够叠加起来。同样还需要对其中的 List of signs 进行修正,这时只需在图 3-37 所示的对话框中填写上＋＋＋即可。

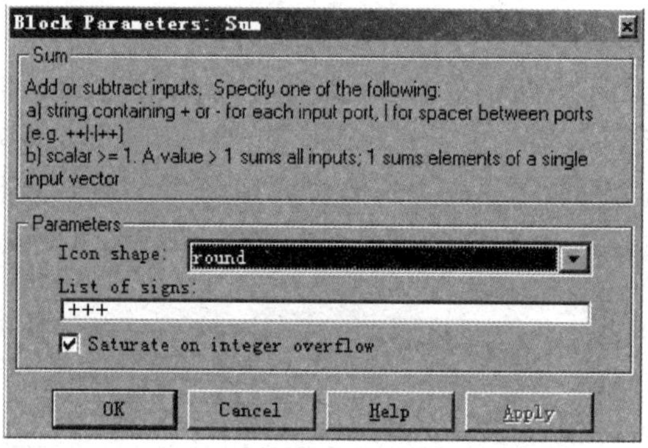

Block Parameters: Sum

Sum

Add or subtract inputs. Specify one of the following:
a) string containing + or - for each input port, | for spacer between ports (e.g. ++|-|++)
b) scalar >= 1. A value > 1 sums all inputs; 1 sums elements of a single input vector

Parameters

Icon shape: round

List of signs:

+++

☑ Saturate on integer overflow

OK　Cancel　Help　Apply

图 3-37　加法器参数修改对话框

对象模型是由传递函数给出的,所以应该在 Linear 模块库中选择传递函数模块的图标,并将之拖动到模型窗口中。这里的传递函数的默认值为 $1/(s+1)$。如果想改变其参数,则应该双击该图标来获得一个如图 3-38 所示的对话框,并分别在 Numerator(分子)和 Denominator(分母)编辑框中填写系统传递函数的分子和分母多项式系数,然后单击 OK

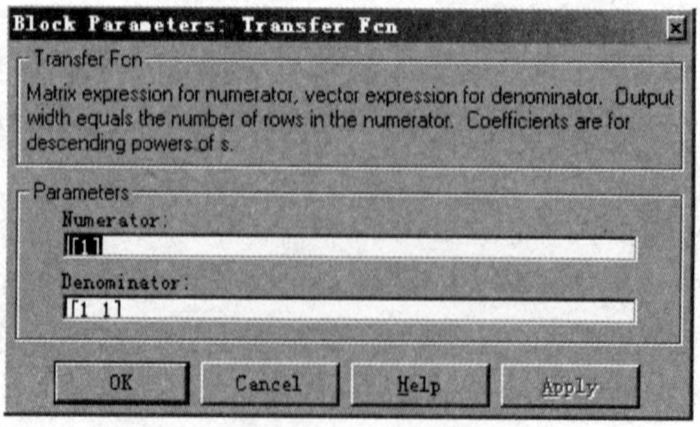

Block Parameters: Transfer Fcn

Transfer Fcn

Matrix expression for numerator, vector expression for denominator. Output width equals the number of rows in the numerator. Coefficients are for descending powers of s.

Parameters

Numerator:

[1]

Denominator:

[1 1]

OK　Cancel　Help　Apply

图 3-38　传递函数参数修改对话框

按钮，这时该模块的值以及该模块的图标显示都将赋予新的传递函数表示。

有了这些基本模块之后，还要引入输出模块，输出的各个模块是在 Sinks 模块库中给出的，在图 3-34 中单击 Sinks 前面的＋框，会打开图 3-39 所示的各个子模块，从中选择 Scope（示波器）和 To Workspace（传送到 MATLAB 工作空间）两个模块，分别拖动到模型窗口中去，打开 Scope 模块，则可以得到图 3-40 所示的示波器显示，用户可以根据自己的需要设定示波器的横、纵坐标的范围，使输出结果能够在示波器上较好地显示出来。从图 3-40 中可以看出，Simulink 提供的示波器和硬件示波器的效果是很接近的。除了示波器形象的输出之外，用户还可以使用 To Workspace 模块将仿真结果返回到 MATLAB 的工作空间，这样返回的结果当然可以利用前面叙述的 MATLAB 命令进行进一步处理，比如用 plot() 函数将结果绘制出来。向 MATLAB 工作空间传送数据时，应该给数据指定一个变量名，它是通过双击 To Workspace 模块的图标来完成的，这将得出一个如图 3-41 所示的对话框，用户可以在 Variable name（变量名）的编辑框中输入相应的变量名。

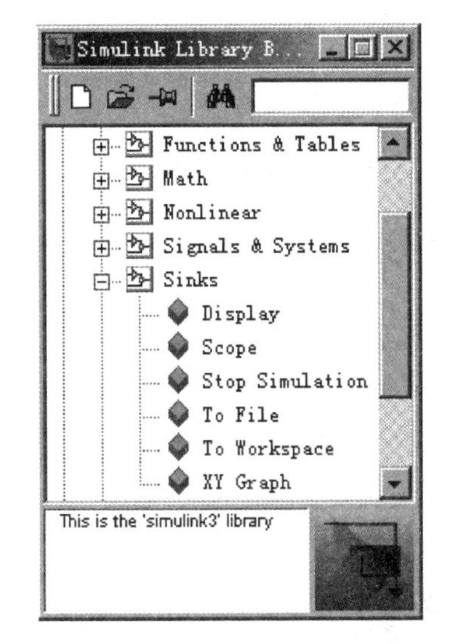

图 3-39 Sinks 模块中的各子模块图

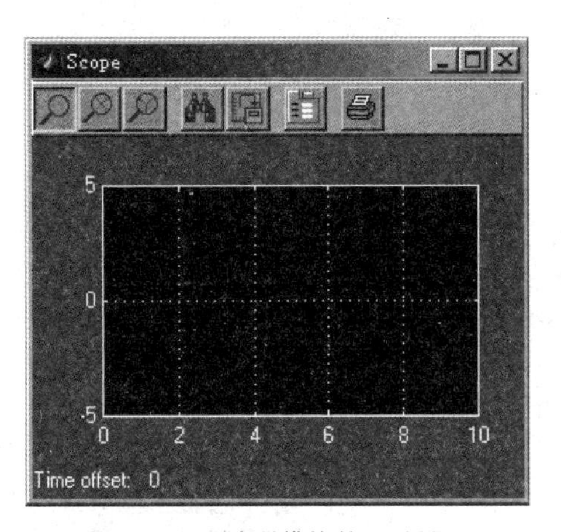

图 3-40 示波器模块的显示界面

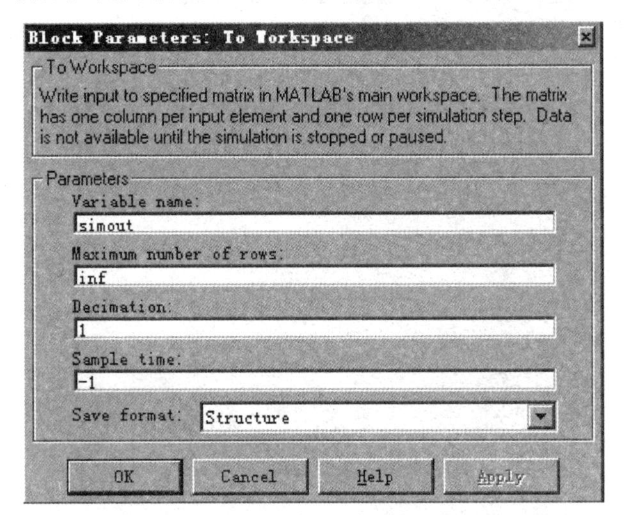

图 3-41 To Workspace 模块的参数设置对话框

按照上述方法将所有各个模块画出来之后,就可以采用前面介绍的方法将相关的模块用鼠标器连接起来构成一个原系统的框图描述,亦即可以得出一个图3-42所示的PID控制系统的Simulink描述,所以这样得出的模型就可以由MATLAB环境来直接处理了(PID控制内容详见第7章)。

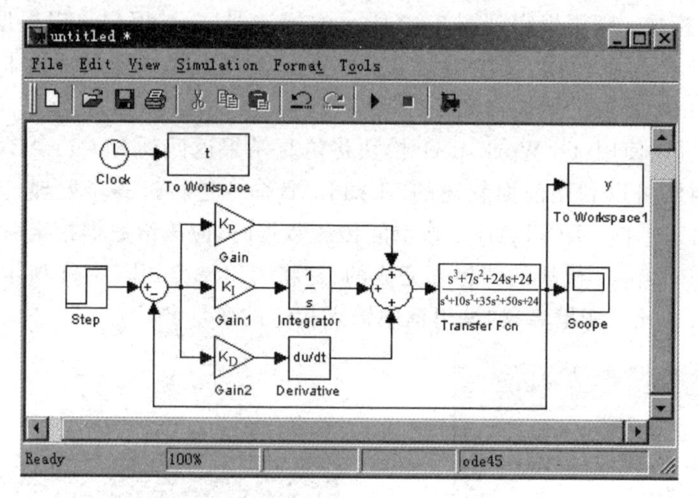

图3-42 控制系统的Simulink实现

3. 利用Simulink进行时域分析

建立起来系统模型之后,可以打开Simulation(仿真分析)菜单,这时将得出图3-43所示的菜单结构。在启动仿真过程之前,首先应选择Simulation|Parameters选项来设置仿真控制参数,这时将给出一个如图3-44所示的对话框,有必要的话,用户可以随意改变该对话框的默认内容。在对话框中定义了下述的有关仿真参数:

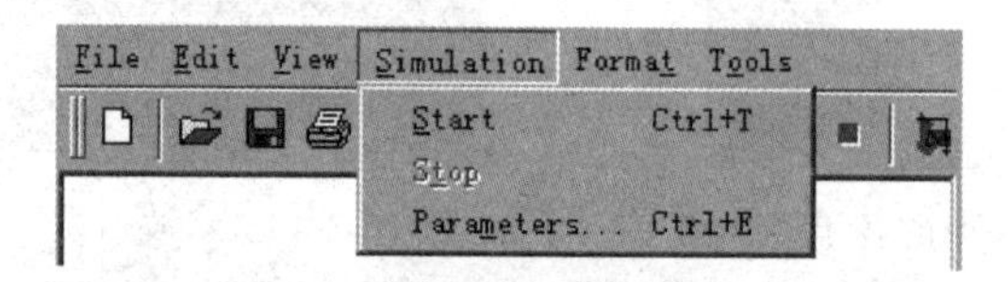

图3-43 Simulink的Simulation菜单

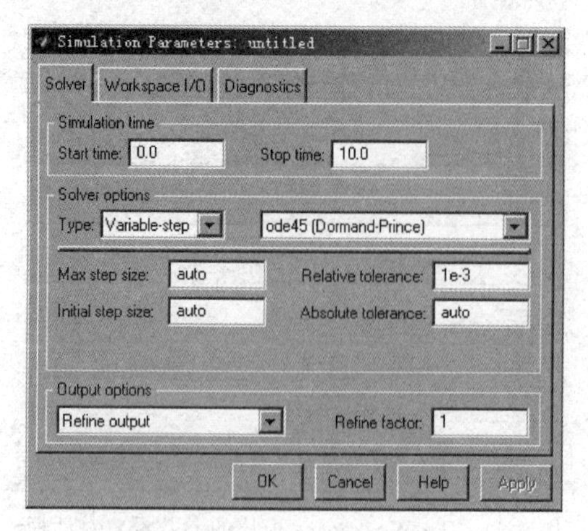

图3-44 仿真控制参数设置对话框

(1) 仿真算法的选择。应该针对解决实际问题的需要，选择合适的算法。

(2) 仿真范围的指定。由图3-44给出的对话框可以容易地看出，仿真范围是根据Start time(开始时间)和Stop time(终止时间)引导的编辑框来指定的，所以用户只需在这两个编辑框中填写上合适的数据就可以了。

(3) 仿真步长的指定。允许用户选择Variable-step(变步长)或Fixed-step(定步长)的方法进行仿真。Max step size(最大的仿真步长)可以选默认值Auto(自动)，也可以根据实际需要自己设定。

(4) 仿真精度的定义。在采用变步长算法时，应该先指定一个容许误差限(默认值是0.001)，使得当误差超过这一误差限时，会自动地对仿真步长进行适当修正。

设置完仿真控制参数后，就可以选择Simulation|Start选项来启动仿真过程。这时，如果仿真模型中有些参数没有定义，则会给出一个消息框来通知用户；如果模型中所有参数均有定义，则可以正式开始仿真分析；若依靠示波器作输出时，则会自动地将仿真结果从示波器上"实时地"显示出来。在实际仿真过程中，还可以采用Simulation菜单下的Pause和Resume来暂停或恢复仿真过程。此外，在仿真过程启动起来以后，Start菜单项将被Stop菜单项取代，这时若选择Stop选项将中止仿真过程。

3.7 时域瞬态响应的实验方法

为了实际测试系统在典型信号输入时的瞬态响应，首先需要产生典型信号。我们知道，脉冲信号的幅值在理论上为无穷大，持续的时间趋近于零。实际上，这种信号是产生不出来的，而是用幅值相对持续时间足够大的信号来近似。对于电的系统，这种近似脉冲信号比较容易产生，也比较容易保证其脉冲强度一致，以便重复测试。对于机械系统，一种简易的方法是用重锤迅速地敲击作为脉冲输入，同时应设法使敲击的冲量一致，以便重复测试。如果可能，也可以从被测系统上发射质量，以其反作用力作为脉冲力输入，如图3-45所示。另外，还可以将电的脉冲信号通过转换装置，转换为所要求的非电量脉冲信号。

最常用的典型输入信号是阶跃信号。对于电的系统，最简单的产生方法是打开直流电源开关，这就相当于产生了一个电的阶跃信号；也可以利用周期足够长的方波，作为交替的正、负阶跃信号。另外，还可以设法产生非电量的阶跃输入信号。图3-46所示为利用快速地抽掉垫块，在弹簧的作用下来产生阶跃角位移信号。

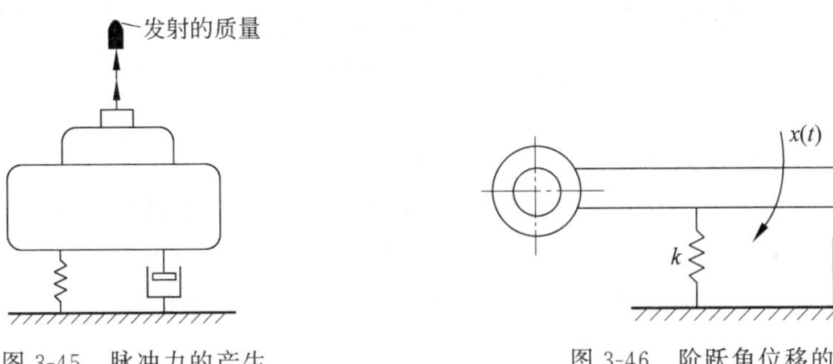

图3-45 脉冲力的产生

图3-46 阶跃角位移的产生

其次是斜坡输入信号。对于电的系统,可以利用足够长周期的三角波作为交替的正、反斜坡输入。对于机械系统,可利用大惯量恒速转动体作为被测系统的输入源,将它与被测系统的输入端快速结合即可给系统以恒速输入。

对于输入信号和输出响应的测量,最常用的方法是将各种非电量都转换成电量用示波器或记录仪显示并进行记录。图3-47所示为一个光电式角位移测量装置,灯光经透镜聚成平行光,通过狭缝射在光电管上,具有阿基米德螺线的遮光板和输出轴固定连接,当输出轴转动时,使光电管受光面积(即光通量)和遮光板的转角成正比,因而输出电压V随转角线性变化,如图3-48所示,实际角位移是Ⅰ,Ⅱ,Ⅲ,…各段角位移之和。另外,实验中常利用下列测量传感器,它们使用起来更方便,而且可以以更高的精度将位移量转换成电量。

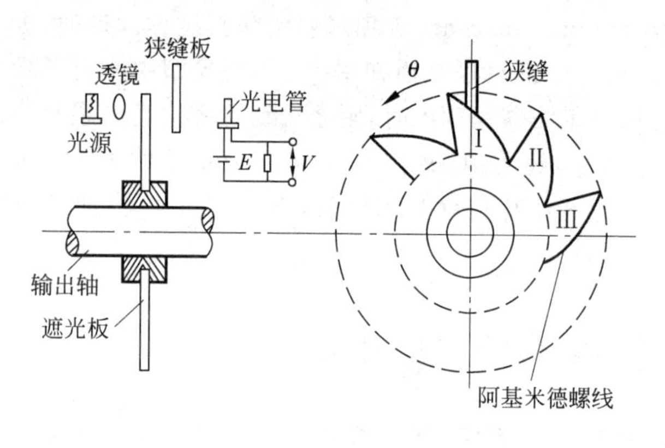

图3-47 光电式角位移测量装置

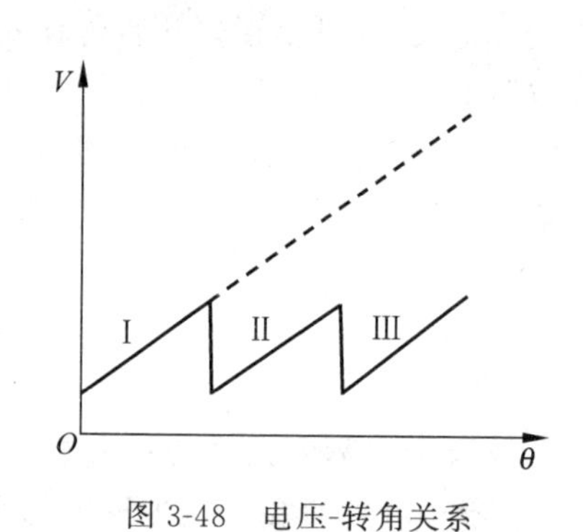

图3-48 电压-转角关系

(1) 旋转变压器:是输出电压随转子转角变化的角位移测量装置。从物理本质上看,旋转变压器是一种可以转动的变压器,它的原、副边绕组分别放置在定子、转子上,原边、副边绕组之间的电磁耦合程度与转子的转角有关。也就是说,当它的原边绕组施加交流电压励磁时,副边绕组输出交流电压的幅值将与转子转角有关。旋转变压器有多种分类方法,若按输出电压与转子转角的函数关系来分,有正余弦旋转变压器和线性旋转变压器;若按有无电刷和滑环之间的滑动接触来分,有接触式旋转变压器和无接触式旋转变压器;若按电动机的极对数多少来分,有一对极旋转变压器和多对极旋转变压器,多对极旋转变压器可提高测角精度;若按结构来分,有整机式旋转变压器和分装式旋转变压器。

(2) 感应同步器:是一种应用电磁感应原理测量位移的高精度检测元件。感应同步器采用多极结构,在电与磁两方面对误差做补偿,所以具有很高的精度。感应同步器按其结构可分为直线式和圆盘式两种。直线式用来检测直线位移信号,圆盘式用来检测角度位移信号。

(3) 光电编码器:是码盘式角度-数字检测元件。有两种类型:一种是增量编码器;另一种是绝对编码器。两者相比,增量编码器具有结构简单、价格低,而且精度易于保证等优点,所以采用较多。

(4) 光栅传感器:是又一种高精度的位移检测元件,是由大量等宽、等间距的平行狭缝组成的光学器件。有长光栅和圆光栅两类,分别用来测量线性长度和角度。它主要由主光栅、指示光栅、光源和光电器件等组成,其中主光栅和被测物体相连,并随被测物体的位移而产生移动。

(5) 电位器：是将位移变化转化成输出电压变化的传感器，其工作原理是通过改变电位器触头位置，实现将位移转换成电阻值的变化。当电位器两端加上直流电压时，它就将位移变化转化成输出电压的变化。电位器常用的阻值变化规律有线性、指数和对数式3种，在位移传感器中大多使用线性电位器。电位器式传感器通常用于中小量程线位移和大角位移的测量，用于精度要求一般的场合，其分辨率最小可达0.01 mm。特点是结构简单、使用方便、成本低，但电刷和电阻元件之间接触面的移动和磨损，会使接触电阻发生不规则变化，从而产生噪声。

例题及习题

时域分析是重要的方法之一。本章要求学生明确系统在外加作用激励下，根据所描述系统的数学模型，求出系统的输出量随时间变化的规律，并由此确定系统的性能，明确系统的时间响应及其组成和脉冲响应函数的概念，掌握一阶、二阶系统的典型时间响应和高阶系统的时间响应以及主导极点的概念，尤其应熟练掌握一阶及二阶系统的阶跃响应和脉冲响应的内容。

例题

1. 某系统如例图3-1所示，试求其无阻尼自振角频率 ω_n、阻尼比 ζ、超调量 M_p、峰值时间 t_p 和调整时间 t_s（进入±5%的误差带）。

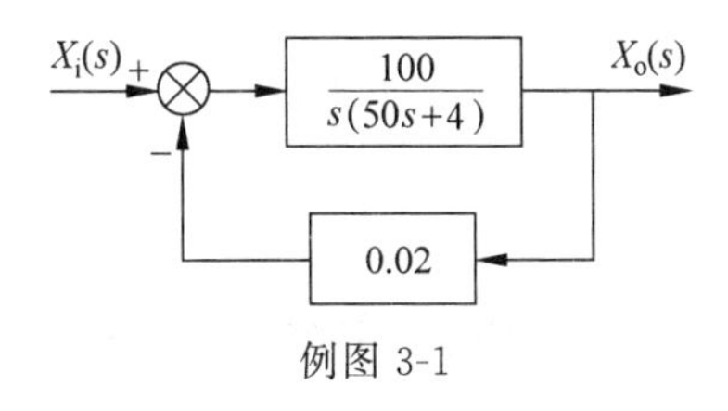

例图 3-1

解：对于例图3-1所示系统，首先应求出其传递函数，化成标准形式，然后可用公式求出各项特征量及瞬态响应指标。

$$\frac{X_o(s)}{X_i(s)}=\frac{\dfrac{100}{s(50s+4)}}{1+\dfrac{100}{s(50s+4)}\times 0.02}=\frac{100}{s(50s+4)+2}$$

$$=\frac{50}{5^2s^2+2\times 0.2\times 5s+1}$$

所以

$$\omega_n=\frac{1}{5}\ \text{rad/s}=0.2\ \text{rad/s}$$

$$\zeta=0.2$$

$$M_p=e^{-\frac{\pi\zeta}{\sqrt{1-\zeta^2}}}=e^{-\frac{\pi\times 0.2}{\sqrt{1-0.2^2}}}\approx 52.7\%$$

$$t_p=\frac{\pi}{\omega_n\sqrt{1-\zeta^2}}=\frac{\pi}{0.2\sqrt{1-0.2^2}}\ \text{s}\approx 16.03\ \text{s}$$

$$t_s\approx\frac{3}{\zeta\omega_n}=\frac{3}{0.2\times 0.2}\ \text{s}=75\ \text{s}$$

2. 设单位反馈系统的开环传递函数为$G(s)=\dfrac{2s+1}{s^2}$,试求该系统单位阶跃响应和单位脉冲响应。

解:欲求系统响应,可先求出系统的闭环传递函数,然后求出输出变量的像函数,拉普拉斯反变换即得相应的时域瞬态响应。

$$\frac{X_o(s)}{X_i(s)}=\frac{\dfrac{2s+1}{s^2}}{1+\dfrac{2s+1}{s^2}}=\frac{2s+1}{(s+1)^2}$$

(1) 当输入单位阶跃信号时,$x_i(t)=1(t)$,则

$$X_i(s)=\frac{1}{s}$$

$$X_o(s)=\frac{X_o(s)}{X_i(s)}X_i(s)=\frac{2s+1}{(s+1)^2}\frac{1}{s}=\frac{1}{s}+\frac{1}{(s+1)^2}-\frac{1}{s+1}$$

所以

$$x_o(t)=[1+(t\mathrm{e}^{-t}-\mathrm{e}^{-t})]\cdot 1(t)$$

(2) 线性定常系统对输入信号导数的响应,可通过把系统对输入信号响应求导得出。当单位脉冲输入时,有

$$x_i(t)=\delta(t)=\frac{\mathrm{d}[1(t)]}{\mathrm{d}t}$$

则

$$x_o(t)=\frac{\mathrm{d}[1+(t\mathrm{e}^{-t}-\mathrm{e}^{-t})]}{\mathrm{d}t}\cdot 1(t)=(2\mathrm{e}^{-t}-t\mathrm{e}^{-t})\cdot 1(t)$$

3. 设一单位反馈控制系统的开环传递函数为$G(s)=\dfrac{0.4s+1}{s(s+0.6)}$,试求系统对单位阶跃输入的响应,并求其上升时间和最大超调量。

解:求解系统的阶跃响应可用例题2的思路。这里需要注意:由于求出的系统传递函数不是典型的二阶振荡环节,其分子存在微分作用,因此采用欠阻尼二阶系统公式求其上升时间和最大超调量将引起较大误差,故宜按定义求其值。

$$\frac{X_o(s)}{X_i(s)}=\frac{\dfrac{0.4s+1}{s(s+0.6)}}{1+\dfrac{0.4s+1}{s(s+0.6)}}=\frac{0.4s+1}{s^2+s+1}$$

当$x_i(t)=1(t)$时,有

$$X_i(s)=\frac{1}{s}$$

$$X_o(s)=\frac{X_o(s)}{X_i(s)}X_i(s)=\frac{0.4s+1}{s^2+s+1}\frac{1}{s}$$

$$=\frac{1}{s}-\frac{\left(s+\dfrac{1}{2}\right)+\dfrac{\sqrt{3}}{15}\left(\dfrac{\sqrt{3}}{2}\right)}{\left(s+\dfrac{1}{2}\right)^2+\left(\dfrac{\sqrt{3}}{2}\right)^2}$$

进行拉普拉斯反变换，得

$$x_o(t)=\left[1-e^{-t/2}\left(\cos\frac{\sqrt{3}}{2}t+\frac{\sqrt{3}}{15}\sin\frac{\sqrt{3}}{2}t\right)\right]\cdot 1(t)$$

求其上升时间，即求首次到达稳态值的时间，则有

$$x_o(t_r)=\left[1-e^{-t_r/2}\left(\cos\frac{\sqrt{3}}{2}t_r+\frac{\sqrt{3}}{15}\sin\frac{\sqrt{3}}{2}t_r\right)\right]\cdot 1(t)=1$$

$$\cos\frac{\sqrt{3}}{2}t_r+\frac{\sqrt{3}}{15}\sin\frac{\sqrt{3}}{2}t_r=0$$

$$\tan\frac{\sqrt{3}}{2}t_r=-\frac{15}{\sqrt{3}}$$

解之，得

$$t_r\approx 1.946\ \text{s}$$

对于单位阶跃输入，最大超调量为最大峰值与稳态值之差，而峰值处导数为零。求

$$\left.\frac{\mathrm{d}x_o(t)}{\mathrm{d}t}\right|_{t_p}=0$$

得

$$t_p\approx 3.156\ \text{s}$$

则

$$M_p=x_o(t_p)-1=\left[1-e^{-3.156/2}\left(\cos\frac{\sqrt{3}}{2}\times 3.156+\frac{\sqrt{3}}{15}\sin\frac{\sqrt{3}}{2}\times 3.156\right)\right]\cdot 1(t)-1$$

$$\approx 18\%$$

习题

3-1 题图 3-1 所示的阻容网络中，$u_i(t)=[1(t)-1(t-30)](\text{V})$。当 t 为 4 s 时，输出 $u_o(t)$值为多少？当 t 为 30 s 时，输出 $u_o(t)$又约为多少？

3-2 某系统传递函数为 $\Phi(s)=\dfrac{s+1}{s^2+5s+6}$，试求其单位脉冲响应函数。

3-3 某网络如题图 3-3 所示，当 $t\leqslant 0^-$ 时，开关与触点 1 接触；当 $t\geqslant 0^+$ 时，开关与触点 2 接触。试求出输出响应表达式，并画出输出响应曲线。

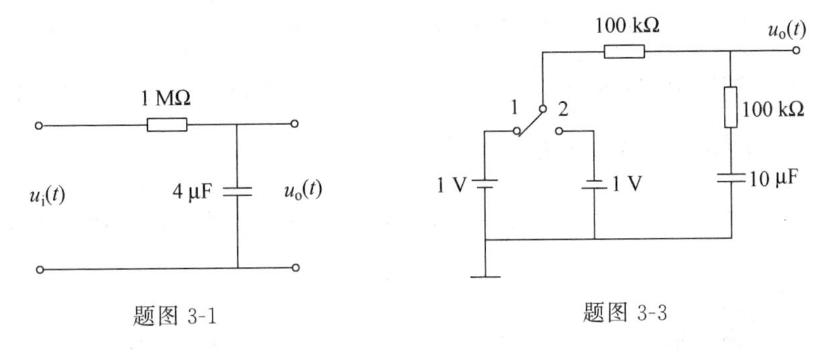

题图 3-1　　题图 3-3

3-4 题图 3-4 所示系统中，若忽略小的时间常数，可认为 $\dfrac{\mathrm{d}y}{\mathrm{d}t}=0.5\Delta B$。其中，$\Delta B$ 为阀芯位移，单位为 cm，令 $a=b$（ΔB 在堵死油路时为零）。

(1) 试画出系统函数方块图,并求$\dfrac{Y(s)}{X(s)}$。

(2) 当$x(t)=[0.5\times1(t)+0.5\times1(t-4)-1(t-40)]$cm时,试求$t=0$ s,4 s,8 s,40 s,400 s时的$y(t)$值,$\Delta B(+\infty)$为多少。

(3) 试画出$x(t)$和$y(t)$的波形。

3-5 设单位反馈系统的开环传递函数为$G(s)=\dfrac{4}{s(s+5)}$,试求该系统的单位阶跃响应和单位脉冲响应。

3-6 试求题图3-6所示系统的闭环传递函数,并求出闭环阻尼比为0.5时所对应的K值。

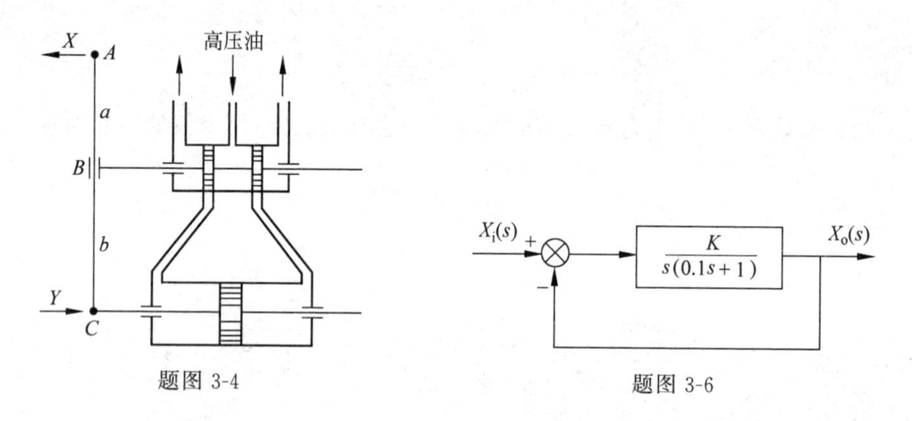

题图3-4　　题图3-6

3-7 设单位反馈系统的开环传递函数为$G(s)=\dfrac{1}{s(s+1)}$,试求系统的上升时间、峰值时间、最大超调量和调整时间。当$G(s)=\dfrac{K}{s(s+1)}$时,试分析放大倍数K对单位阶跃输入产生的输出动态过程特性的影响。

3-8 已知一系统由下述微分方程描述:

$$\frac{d^2y}{dt^2}+2\zeta\frac{dy}{dt}+y=x,\quad 0<\zeta<1$$

当$x(t)=1(t)$时,试求最大超调量。

3-9 设有一系统的传递函数为$\dfrac{X_o(s)}{X_i(s)}=\dfrac{\omega_n^2}{s^2+2\zeta\omega_n s+\omega_n^2}$,为使系统对阶跃响应有5%的超调量和2 s的调整时间,试求ζ和ω_n。

3-10 证明对于题图3-10所示系统,$\dfrac{Y(s)}{X(s)}$在右半s平面上有零点,当$x(t)$为单位阶跃时,求$y(t)$。

3-11 设一单位反馈系统的开环传递函数为$G(s)=\dfrac{10}{s(s+1)}$,该系统的阻尼比为0.157,无阻尼自振角频率为3.16 rad/s,现将系统改变为如题图3-11所示,使阻尼比为0.5。试确定K_n值。

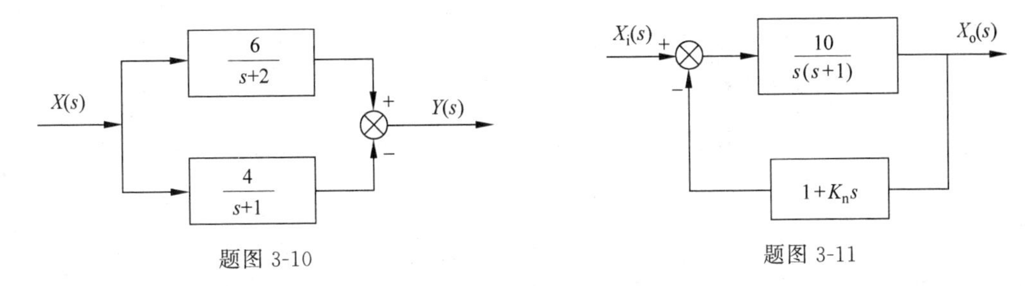

题图 3-10　　题图 3-11

3-12 二阶系统在 s 平面中有一对复数共轭极点，试在 s 平面中画出与下列指标相应的极点可能分布的区域：

(1) $\zeta \geqslant 0.707, \omega_n > 2$ rad/s；

(2) $0 \leqslant \zeta \leqslant 0.707, \omega_n \leqslant 2$ rad/s；

(3) $0 \leqslant \zeta \leqslant 0.5$，2 rad/s $\leqslant \omega_n \leqslant$ 4 rad/s；

(4) $0.5 \leqslant \zeta \leqslant 0.707, \omega_n \leqslant 2$ rad/s。

3-13 设一系统如题图 3-13(a)所示。

(1) 当控制器 $G_c(s)=1$ 时，求单位阶跃输入时系统的响应。设初始条件为零，讨论 L 和 J 对响应的影响。

(2) 设 $G_c(s)=1+T_d s$，$J=1000$，为使系统为临界阻尼，求 T_d 值。

(3) 现在要求得到一个没有过调的响应，输入函数形式如题图 3-13(b)所示。设 $G_c(s)=1$，L 和 J 参数同前，求 K 和 t_1。

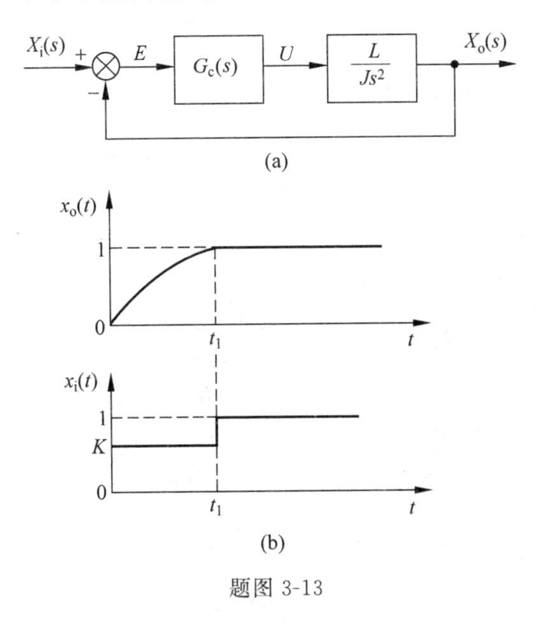

题图 3-13

3-14 题图 3-14 所示为宇宙飞船姿态控制系统方块图。假设系统中控制器时间常数 T 等于 3 s，力矩与惯量比为 $\dfrac{K}{J}=\dfrac{2}{9}$ rad/s^2，试求系统阻尼比。

3-15 设一伺服电动机的传递函数为 $\dfrac{\Omega(s)}{U(s)}=\dfrac{K}{Ts+1}$。假定电动机以 ω_0 的恒定速度转动，当

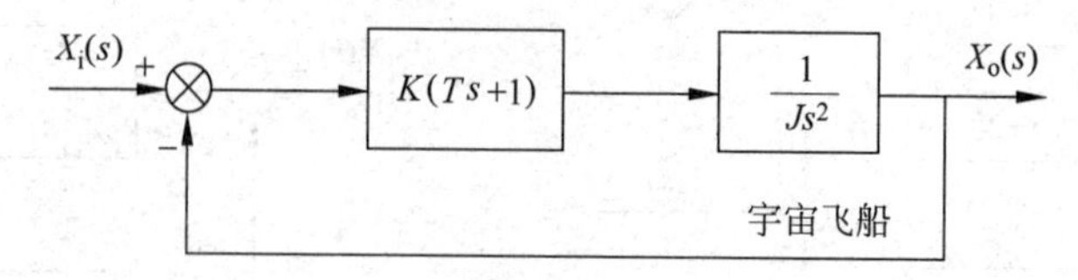

题图 3-14

电动机的控制电压 u_0 突然降到 0 时,试求其速度响应方程式。

3-16 对于题图 3-16 所示的系统,如果将阶跃输入 θ_i 作用于该系统,试确定表示角度位置 θ_o 的方程式。假设该系统为欠阻尼系统,初始状态静止。

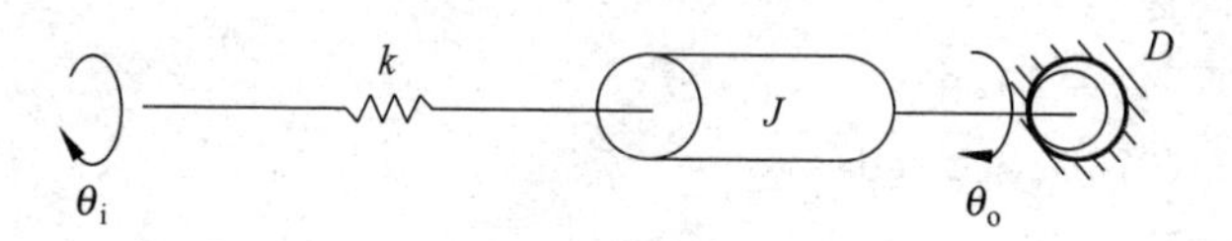

题图 3-16

3-17 某系统如题图 3-17 所示,试求单位阶跃响应的最大超调量 M_p、上升时间 t_r 和调整时间 t_s。

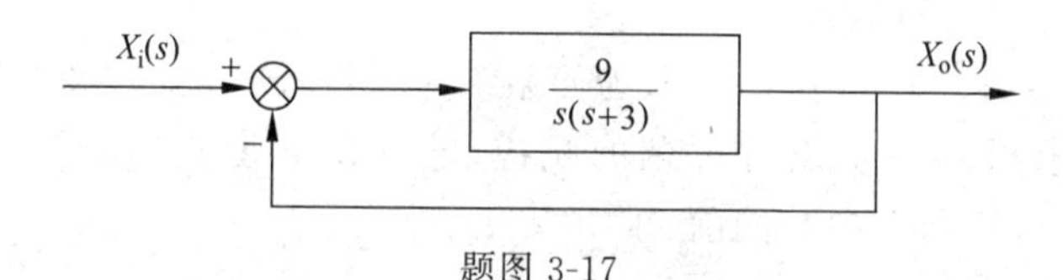

题图 3-17

3-18 单位反馈系统的开环传递函数为 $G(s)=\dfrac{K}{s(Ts+1)}$。其中,$K>0$,$T>0$。问放大器增益减少多少方能使系统单位阶跃响应的最大超调量由 75%降到 25%?

3-19 单位阶跃输入情况下测得某伺服机构的响应为 $x_o(t)=1+0.2e^{-60t}-1.2e^{-10t}$。试求:

(1) 闭环传递函数;

(2) 系统的无阻尼自振角频率及阻尼比。

3-20 某单位反馈系统的开环传递函数为 $G(s)=\dfrac{K}{s(s+10)}$,当阻尼比为 0.5 时,求 K 值,并求单位阶跃输入时该系统的调整时间、最大超调量和峰值时间。

3-21 某石英挠性摆式加速度计的摆片参数如下:摆性 $mL=0.58\ \mathrm{g\cdot cm}$,转动惯量 $J=0.52\ \mathrm{g\cdot cm^2}$,弹性刚度 $K=0.04\ \mathrm{N\cdot cm/rad}$。

(1) 当摆片放入表头时,阻尼系数为 $0.015\ \mathrm{N\cdot cm\cdot s/rad}$,试求摆片转角对加速度输入的传递函数,并求出阻尼比。

(2) 如果将摆片从表头取出,阻尼系数下降为 $0.0015\ \mathrm{N\cdot cm\cdot s/rad}$,此时阻尼比为多少?无阻尼自振角频率是否改变?

3-22 试比较题图 3-22 所示两个系统的单位阶跃响应。

3-23 试分析题图 3-23 所示各系统是否稳定。输入撤除后这些系统是衰减还是发散?是否振荡?

3-24 某高阶系统,闭环极点如题图 3-24 所示,没有零点。请估计其阶跃响应。

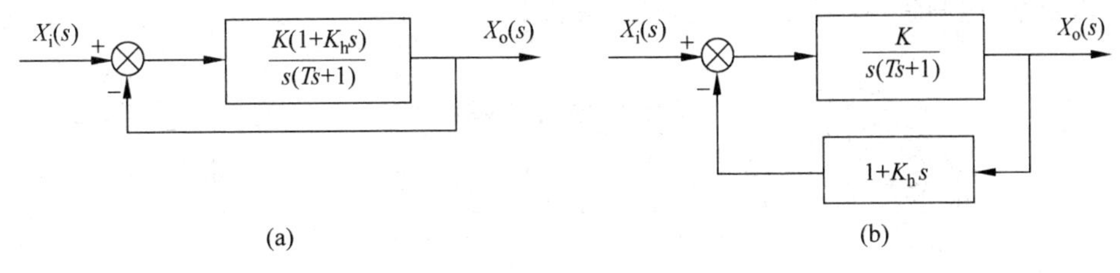

题图 3-22

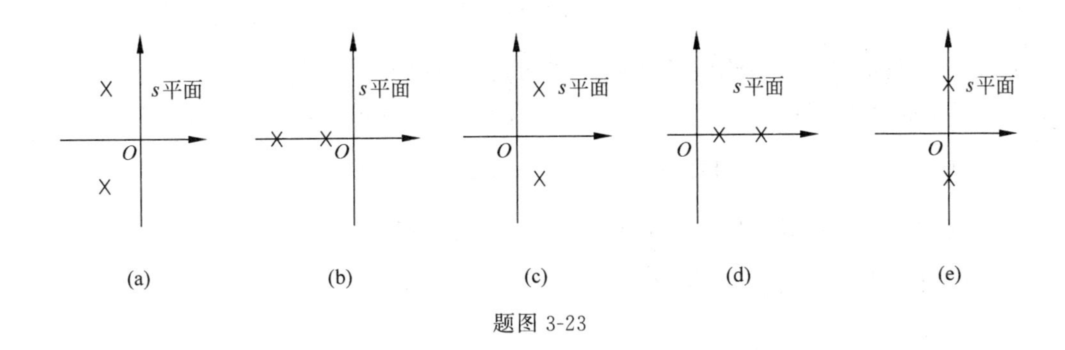

题图 3-23

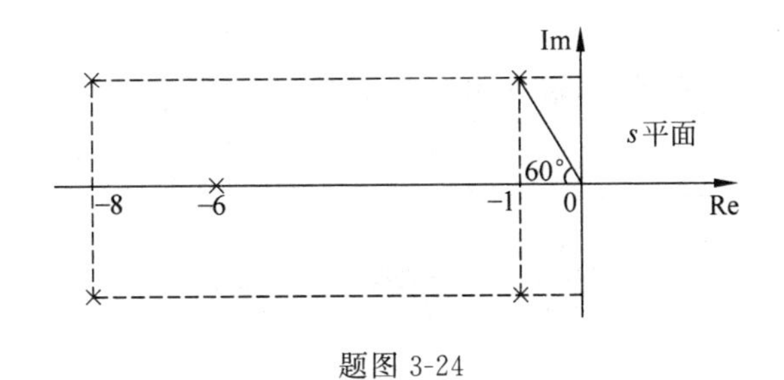

题图 3-24

3-25 两系统的传递函数分别为 $G_1(s)=\frac{2}{2s+1}$ 和 $G_2(s)=\frac{1}{s+1}$，当输入信号为 $1(t)$ 时，试说明其输出到达各自稳态值的 63.2%的先后。

3-26 对于题图 3-26 所示的系统，当 $x_i(t)=5[1(t)-1(t-\tau)]$ 时，分别求出 $\tau=0.01$ s、30 s，$t=3$ s、9 s、30 s 时的 $x_o(t)$ 值，并画出 $x_o(t)$ 的波形。

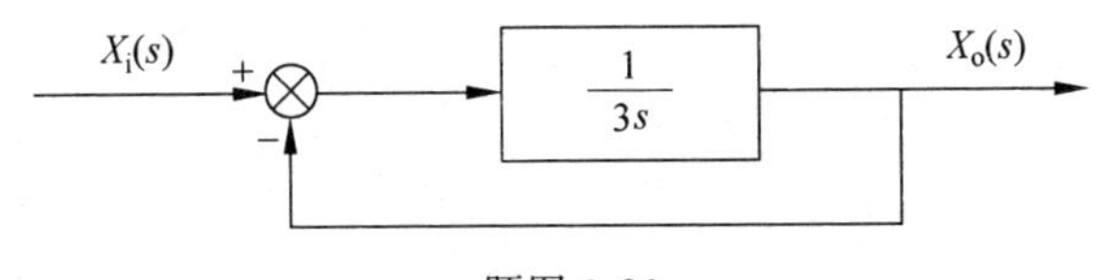

题图 3-26

3-27 某系统的微分方程为 $3\dot{x}_o(t)+x_o(t)=15x_i(t)$。试求：

(1) 系统单位脉冲过渡函数 $g(t_1)=0.3$ 时的 t_1 值；

(2) 系统在单位阶跃函数作用下 $x_o(t_2)=15$ 时的 t_2 值。

3-28 某位置随动系统的输出为 $X_o(s)=\frac{2s+3}{3s^2+7s+1}$，试求系统的初始位置。

3-29 题图 3-29 所示为仿型机床位置随动系统方块图。试求该系统的阻尼比、无阻尼自振角频率、超调量、峰值时间及过渡过程时间。

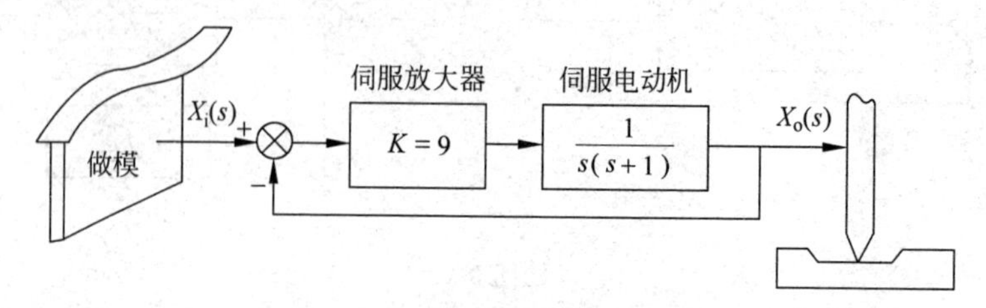

题图 3-29

3-30 设各系统的单位脉冲响应函数如下,试求这些系统的传递函数。

(1) $g(t)=0.35e^{-2.5t}$; (2) $g(t)=a\sin\omega t+b\cos\omega t$;

(3) $g(t)=0.5t+5\sin\left(3t+\frac{\pi}{3}\right)$; (4) $g(t)=0.2(e^{-0.4t}-e^{-0.1t})$。

3-31 设系统的单位阶跃响应为 $x_o(t)=8(1-e^{-0.3t})$,求系统的过渡过程时间。

3-32 试求下列系统的脉冲响应函数,$G(s)$为系统传递函数。

(1) $G(s)=\frac{s+3}{s^2+3s+2}$; (2) $G(s)=\frac{s^2+3s+5}{(s+1)^2(s+2)}$。

3-33 一电路如题图 3-33 所示,当输入电压 $u_i(t)=\begin{cases}0\ \text{V}, & t<0\\ 5\ \text{V}, & 0<t<0.1\ \text{s}\\ 0\ \text{V}, & t>0.1\ \text{s}\end{cases}$ 时,试求 $u_o(t)$ 的响应函数。

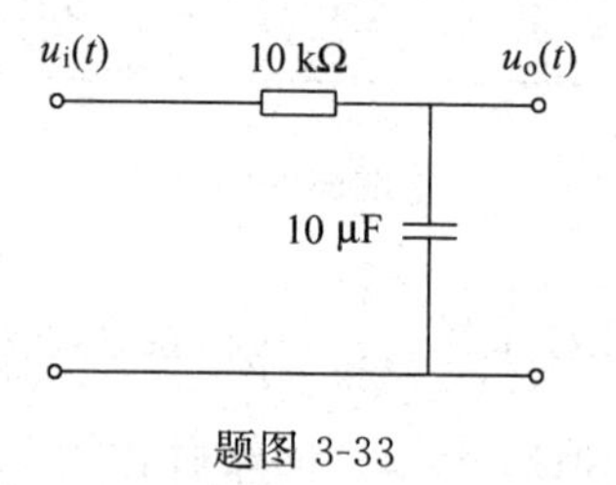

题图 3-33

4 控制系统的频率特性

时域瞬态响应法是分析控制系统的直接方法,比较直观,但是不借助计算机时,分析高阶系统非常繁琐。因此,发展了其他一些分析控制系统的方法。其中,频域法是一种工程上广为采用的分析和综合系统的间接方法之一。这种方法的一个重要特点是从系统的开环频率特性去分析闭环控制系统的各种特性,而开环频率特性是容易绘制或通过实验获得的。系统的频率特性和系统的时域响应之间也存在对应关系,即可以通过系统的频率特性分析系统的稳定性、瞬态性能和稳态性能等。

另外,除了电路与频率特性有着密切关系外,在机械工程中机械振动与频率特性也有着密切的关系。机械受到一定频率的作用力时产生强迫振动,由于内反馈还会引起自激振动。机械振动学中的共振频率、频谱密度、动刚度、抗振稳定性等概念都可归结为机械系统在频率域中表现的特性。频域法能简便而清晰地建立这些概念。

4.1 机电系统频率特性的概念及其基本实验方法

4.1.1 频率特性概述

我们先举图 4-1 所示较简单电路说明概念。

该电路传递函数为

$$\frac{U_o(s)}{U_i(s)}=\frac{\frac{1}{Cs}}{R+\frac{1}{Cs}}=\frac{1}{RCs+1}=\frac{1}{Ts+1},\quad T=RC$$

当 $u_i(t)=\sin(\omega t)$ 时,$U_i(s)=\frac{\omega}{s^2+\omega^2}$,则

$$U_o(s)=U_i(s)G(s)=\frac{\omega}{s^2+\omega^2}\,\frac{1}{Ts+1}$$

$$u_o(t)=\frac{T\omega}{1+T^2\omega^2}\mathrm{e}^{-\frac{t}{T}}+a(\omega)\sin[\omega t+\phi(\omega)]$$

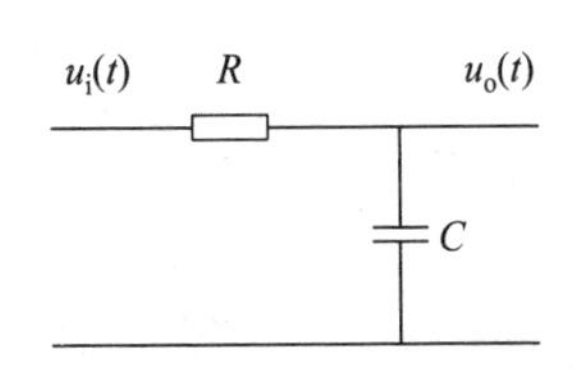

图 4-1 说明正弦输入稳态响应的电路网络

稳态时,有

$$\lim_{t\to+\infty}u_o(t)=a(\omega)\sin[\omega t+\phi(\omega)]$$

式中：

$$a(\omega)=\frac{1}{\sqrt{(\omega T)^2+1}}$$

$$\phi(\omega)=-\arctan(\omega T)$$

$a(\omega)$即为幅频特性，$\phi(\omega)$即为相频特性。

可见，对于图4-1所示的电路网络，当输入正弦信号时，输出稳定后也是正弦信号。其输出正弦信号的频率与输入正弦信号的频率相同；输出的幅值小于输入幅值；输出相位滞后于输入相位。并且当输入信号的幅值不变而频率变化时，输出幅值和相位随着输入正弦信号频率的变化而变化。

对于一般线性系统均有类似的性质(对于有些系统在某些频段幅值还会增大，相位会超前)。系统对正弦输入的稳态响应称为频率响应。当输入正弦信号时，线性系统输出稳定后也是正弦信号，其输出正弦信号的频率与输入正弦信号的频率相同；输出幅值和输出相位按照系统传递函数的不同随着输入正弦信号频率的变化而有规律的变化，如图4-2所示。

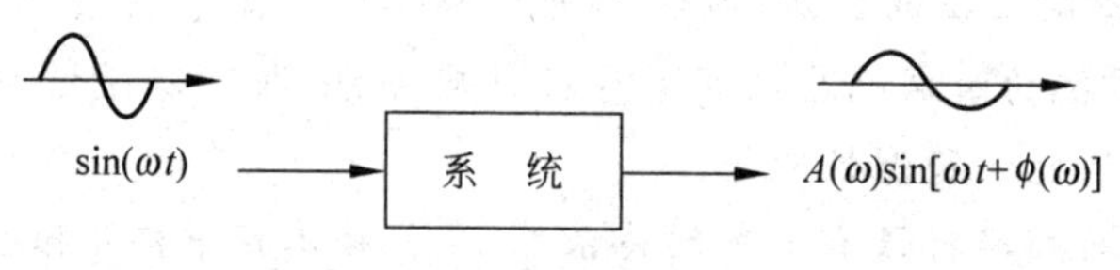

图4-2 线性系统的正弦稳态响应

当输入为非正弦的周期信号时，其输入可利用傅里叶级数展开成正弦波的叠加，其输出为相应的正弦波的叠加，如图4-3所示。

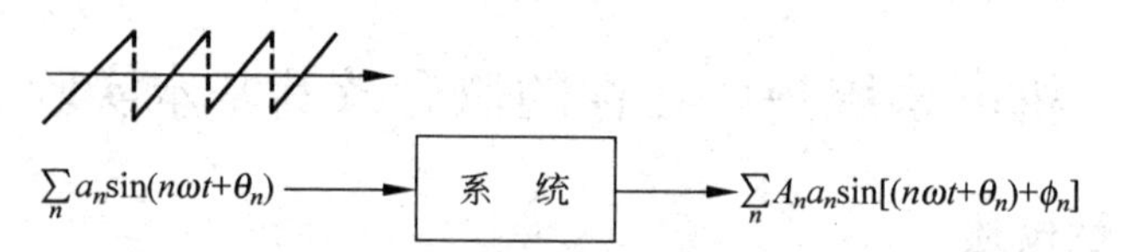

图4-3 线性系统周期信号输入的稳态响应

当输入为非周期信号时，可将该非周期信号看作周期 $T\to+\infty$的周期信号。

频域法的数学基础是傅里叶变换。设周期函数 $f(t)$的周期为 T，相应角频率为

$$\omega=\frac{2\pi}{T}$$

其展开的傅里叶级数为

$$f(t)=A_0+\sum_{n=1}^{+\infty}(a_n\cos n\omega t+b_n\sin n\omega t) \tag{4-1}$$

根据欧拉公式，有

$$\cos n\omega t=\frac{e^{jn\omega t}+e^{-jn\omega t}}{2} \tag{4-2}$$

$$\sin n\omega t=\frac{e^{jn\omega t}-e^{-jn\omega t}}{2j} \tag{4-3}$$

将式(4-2)和式(4-3)代入式(4-1)，并令

$$C_n=\frac{a_n-\mathrm{j}b_n}{2},\quad D_n=\frac{a_n+\mathrm{j}b_n}{2}$$

得傅里叶级数的指数形式：

$$f(t)=A_0+\sum_{n=1}^{+\infty}(C_n\mathrm{e}^{\mathrm{j}n\omega t}+D_n\mathrm{e}^{-\mathrm{j}n\omega t})\tag{4-4}$$

根据傅里叶级数的系数公式：

$$a_n=\frac{2}{T}\int_{-T/2}^{T/2}f(t)\cos n\omega t\,\mathrm{d}t\tag{4-5}$$

$$b_n=\frac{2}{T}\int_{-T/2}^{T/2}f(t)\sin n\omega t\,\mathrm{d}t\tag{4-6}$$

故
$$C_n=\frac{a_n-\mathrm{j}b_n}{2}=\frac{1}{T}\int_{-T/2}^{T/2}f(t)\mathrm{e}^{-\mathrm{j}n\omega t}\mathrm{d}t,\quad n=1,2,3,\cdots\tag{4-7}$$

$$D_n=\frac{a_n+\mathrm{j}b_n}{2}=\frac{1}{T}\int_{-T/2}^{T/2}f(t)\mathrm{e}^{\mathrm{j}n\omega t}\mathrm{d}t,\quad n=1,2,3,\cdots\tag{4-8}$$

由式(4-7)和式(4-8)可见，

$$C_{-n}=D_n$$

又因
$$C_0=\frac{1}{T}\int_{-T/2}^{T/2}f(t)\mathrm{e}^0\mathrm{d}t=\frac{1}{T}\int_{-T/2}^{T/2}f(t)\mathrm{d}t=A_0$$

所以式(4-4)可写成如下指数形式：

$$f(t)=\sum_{n=-\infty}^{+\infty}C_n\mathrm{e}^{\mathrm{j}n\omega t}\tag{4-9}$$

其中，

$$C_n=\frac{1}{T}\int_{-T/2}^{T/2}f(t)\mathrm{e}^{-\mathrm{j}n\omega t}\mathrm{d}t$$

傅里叶变换是在傅里叶级数的基础上推出的。对于一般非周期函数 $f(t)$，可将其看成周期 $T\to+\infty$的周期函数，则式(4-9)变成

$$\begin{aligned}f(t)&=\lim_{T\to+\infty}\sum_{n=-\infty}^{+\infty}\left[\frac{1}{T}\int_{-T/2}^{T/2}f(\tau)\mathrm{e}^{-\mathrm{j}n\omega\tau}\mathrm{d}\tau\right]\mathrm{e}^{\mathrm{j}n\omega t}\\&=\lim_{T\to+\infty}\sum_{n=-\infty}^{+\infty}\left[\frac{\Delta\omega}{2\pi}\int_{-T/2}^{T/2}f(\tau)\mathrm{e}^{-\mathrm{j}n\omega\tau}\mathrm{d}\tau\right]\mathrm{e}^{\mathrm{j}n\omega t}\\&=\frac{1}{2\pi}\lim_{T\to+\infty}\sum_{n=-\infty}^{+\infty}\left[\int_{-T/2}^{T/2}f(\tau)\mathrm{e}^{-\mathrm{j}n\omega\tau}\mathrm{d}\tau\right]\mathrm{e}^{\mathrm{j}n\omega t}\Delta\omega\\&=\frac{1}{2\pi}\int_{-\infty}^{+\infty}\left[\int_{-\infty}^{+\infty}f(\tau)\mathrm{e}^{-\mathrm{j}\omega\tau}\mathrm{d}\tau\right]\mathrm{e}^{\mathrm{j}\omega t}\mathrm{d}\omega\end{aligned}\tag{4-10}$$

令
$$F(\omega)=\int_{-\infty}^{+\infty}f(\tau)\mathrm{e}^{-\mathrm{j}\omega\tau}\mathrm{d}\tau$$

即
$$F(\omega)=\int_{-\infty}^{+\infty}f(t)\mathrm{e}^{-\mathrm{j}\omega t}\mathrm{d}t\tag{4-11}$$

根据式(4-10)和式(4-11)，有

$$f(t)=\frac{1}{2\pi}\int_{-\infty}^{+\infty}F(\omega)\mathrm{e}^{\mathrm{j}\omega t}\mathrm{d}\omega\tag{4-12}$$

式(4-11)称为傅里叶正变换式,该式将时域的 $f(t)$ 变换成频域的 $F(\omega)$；而式(4-12)称为傅里叶反变换式,该式将频域的 $F(\omega)$ 变换成时域的 $f(t)$。

傅里叶变换存在的充分条件为

(1) $f(t)$ 和 $f'(t)$ 分段连续；

(2) $f(t)$ 在区间 $(-\infty,+\infty)$ 绝对可积,即 $\int_{-\infty}^{+\infty}|f(t)|\mathrm{d}t$ 存在。

傅里叶变换有一系列性质,其中有一些性质与拉普拉斯变换的性质类似。例如:

(1) 叠加原理。若

$$F[x_1(t)]=X_1(\omega),\quad F[x_2(t)]=X_2(\omega)$$

则

$$F[ax_1(t)+bx_2(t)]=aX_1(\omega)+bX_2(\omega)$$

(2) 微分定理。若

$$\lim_{t\to\pm\infty}x^{(i)}(t)=0,\quad i=0,1,2,\cdots,n-1$$

则

$$F\left[\frac{\mathrm{d}^n x(t)}{\mathrm{d}t^n}\right]=(\mathrm{j}\omega)^n X(\omega)$$

(3) 频率位移性质。若

$$F[x(t)]=X(\omega)$$

则

$$F[\mathrm{e}^{\mathrm{j}\omega_0 t}x(t)]=X(\omega-\omega_0)$$

(4) 延迟定理。若

$$F[x(t)]=X(\omega)$$

则

$$F[x(t-\tau)]=\mathrm{e}^{-\mathrm{j}\omega\tau}X(\omega)$$

(5) 时间比例尺的改变。若

$$F[x(t)]=X(\omega)$$

则

$$F\left[x\left(\frac{t}{a}\right)\right]=aX(a\omega)$$

(6) 卷积定理。若

$$F[x_1(t)]=X_1(\omega),\quad F[x_2(t)]=X_2(\omega)$$

则

$$F[x_1(t)*x_2(t)]=X_1(\omega)X_2(\omega)$$

除上述性质与拉普拉斯变换的性质类似外,对照傅里叶变换式(4-11)和拉普拉斯变换式(2-18),可见二者的变换式也是类似的。除了积分下限不同外,只要将 s 换成 $\mathrm{j}\omega$,就可将已知的拉普拉斯变换式变成相应的傅里叶变换式。拉普拉斯变换可看作是一种单边的广义的傅里叶变换,其积分区间是从0到 $+\infty$。当然,函数适合进行拉普拉斯变换的条件比傅里叶变换的条件弱一些,因此适合函数的范围也宽一些。大多数机电系统可简单地将拉普拉斯变换 $G(s)$ 中的 s 换成 $\mathrm{j}\omega$ 而直接得到相应的傅里叶变换式。

系统的频率特性函数是一种复变函数,可表示成如下形式:

$$G(\mathrm{j}\omega)=U(\omega)+\mathrm{j}V(\omega) \tag{4-13}$$

其中,$U(\omega)$ 是 $G(\mathrm{j}\omega)$ 的实部,称为实频特性；$V(\omega)$ 是 $G(\mathrm{j}\omega)$ 的虚部,称为虚频特性。这种表示对应复数的点表示法。

频率特性函数也可表示为如下幅频特性 $A(\omega)$ 和相频特性 $\phi(\omega)$ 的形式。这种表示对应复数的矢量表示法。

$$\begin{cases} A(\omega) \overset{\text{def}}{=} |G(\mathrm{j}\omega)| = \sqrt{[U(\omega)]^2 + [V(\omega)]^2} \\ \phi(\omega) \overset{\text{def}}{=} \angle G(\mathrm{j}\omega) = \arctan\left[\dfrac{V(\omega)}{U(\omega)}\right] \end{cases} \tag{4-14}$$

这里应说明，对应每个确定的 ω，都存在一个确定的相角 $\phi(\omega)$。

另外，频率特性函数还可仿照复数的三角表示法和指数表示法，表示成

$$\begin{cases} U(\omega) = A(\omega)\cos\phi(\omega) \\ V(\omega) = A(\omega)\sin\phi(\omega) \\ G(\mathrm{j}\omega) = U(\omega) + \mathrm{j}V(\omega) = A(\omega)[\cos\phi(\omega) + \mathrm{j}\sin\phi(\omega)] = A(\omega)\mathrm{e}^{\mathrm{j}\phi(\omega)} \end{cases}$$

以上各个量可以在图 4-4 所示的矢量图中表示出来。

以幅频特性 $A(\omega)$ 和相频特性 $\phi(\omega)$ 表示频率特性在工程中最为常见。

要想用频域法分析综合系统，首先要求出系统的频率特性。频率特性函数可用以下方法求取：

(1) 如果已知系统的微分方程，可将输入变量以正弦函数代入，求系统的输出变量的稳态解，输出变量的稳态解与输入正弦函数的复数比即为系统的频率特性函数。

(2) 如果已知系统的传递函数，可将系统传递函数中的 s 代之以 $\mathrm{j}\omega$，即得到系统的频率特性函数。

(3) 可以通过实验的手段求出。

例 4-1 求图 4-5 所示系统的频率特性函数。已知其传递函数为 $G(s) = \dfrac{\frac{1}{Cs}}{R + \frac{1}{Cs}} = \dfrac{1}{RCs + 1}$。

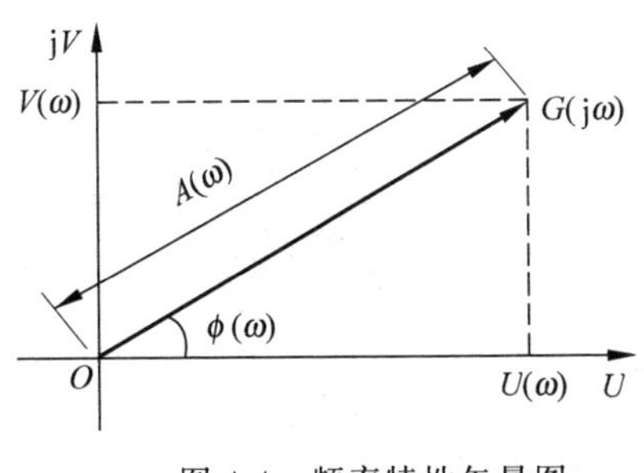

图 4-4 频率特性矢量图

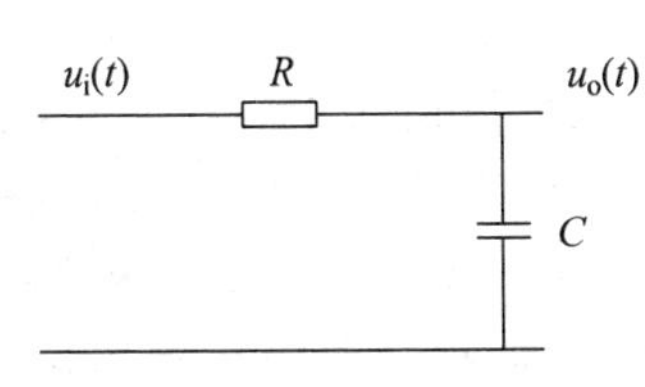

图 4-5 RC 网络

解：将 s 代之以 $\mathrm{j}\omega$，即得到系统的频率特性函数为

$$G(\mathrm{j}\omega) = \frac{1}{\mathrm{j}\omega RC + 1}$$

例 4-2 试求 $G(\mathrm{j}\omega) = \dfrac{K}{\mathrm{j}\omega(T_1\mathrm{j}\omega + 1)(T_2\mathrm{j}\omega + 1)}$ 的幅频特性和相频特性。

解：

$$G(\mathrm{j}\omega) = K\frac{1}{\mathrm{j}\omega}\frac{1}{T_1\mathrm{j}\omega + 1}\frac{1}{T_2\mathrm{j}\omega + 1}$$

$$=K\ \frac{1}{\omega}\mathrm{e}^{\mathrm{j}\left(-\frac{\pi}{2}\right)}\ \frac{1}{\sqrt{(T_1\omega)^2+1}}\mathrm{e}^{\mathrm{j}(-\arctan T_1\omega)}\ \frac{1}{\sqrt{(T_2\omega)^2+1}}\mathrm{e}^{\mathrm{j}(-\arctan T_2\omega)}$$

$$=\frac{K}{\omega\sqrt{(T_1\omega)^2+1}\sqrt{(T_2\omega)^2+1}}\mathrm{e}^{\mathrm{j}\left(-\frac{\pi}{2}-\arctan T_1\omega-\arctan T_2\omega\right)}$$

所以

$$A(\omega)=\frac{K}{\omega\sqrt{(T_1\omega)^2+1}\sqrt{(T_2\omega)^2+1}}$$

$$\phi(\omega)=-\frac{\pi}{2}-\arctan T_1\omega-\arctan T_2\omega$$

4.1.2 频率特性的实验求取

以实验方法求取系统频率特性的原理如图4-6所示。在系统的输入端加入一定幅值的正弦信号,稳定后系统的输出也是正弦信号,记录不同频率的输入、输出的幅值和相位,即可求得系统的频率特性。

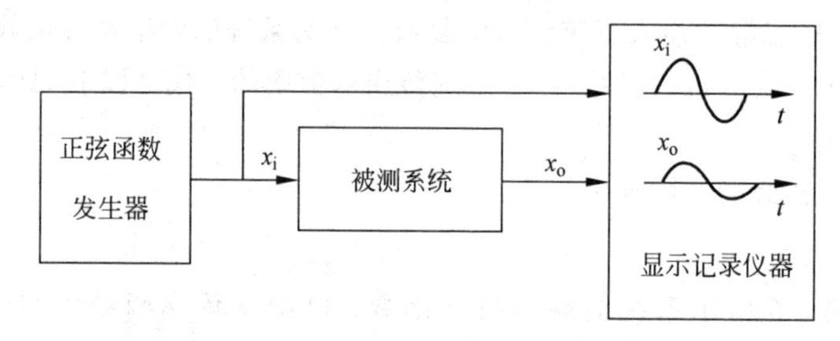

图4-6 频率特性的实验求取

由上述可知,首先需要有可以产生正弦信号的装置。对于电路系统,可以直接使用正弦波信号发生器;对于非电的系统,可将电的正弦波信号通过一定的装置转换成相应的非电量,也可采用直接产生非电正弦信号的装置。

图4-7是一个机械角位移正弦函数发生装置。输入轴可以输入不同的转速,轴上装有夹角α可调整的滚动轴承,轴承外圈通过销钉与外环连接,销钉在外环上可以自由转动,但在轴承外圈上则是固定的,外环与输出轴连接。当滚珠轴承与输入轴的夹角满足$0<\alpha<45°$时,如果输入轴作等速转动,在输出轴上即可得到角正弦运动,其频率对应于输入轴的转速,其振幅与α角成正比,当$\alpha=45°$时输出振幅最大。

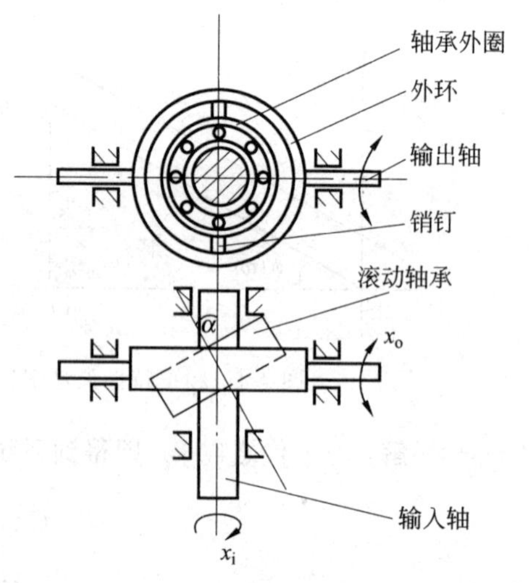

图4-7 机械角位移正弦函数发生装置

图4-8所示是一个电液正弦位移激振装置。与图4-7所示装置比较,它有较高的频响范围。其工作原理如图4-9所示。首先,正弦波信号发生器产生电的正弦信号,通过功率放大,给差动式力矩器输入正弦波电流,衔铁将依支点左右摆动,经过伺服阀及液压缸,使活塞输出正弦位移,此正弦位移的频率与输入正弦电信号的频率相同。

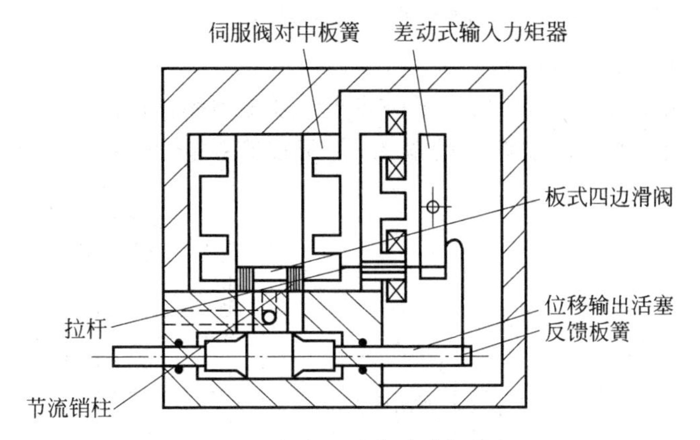

图 4-8 电液正弦位移激振装置

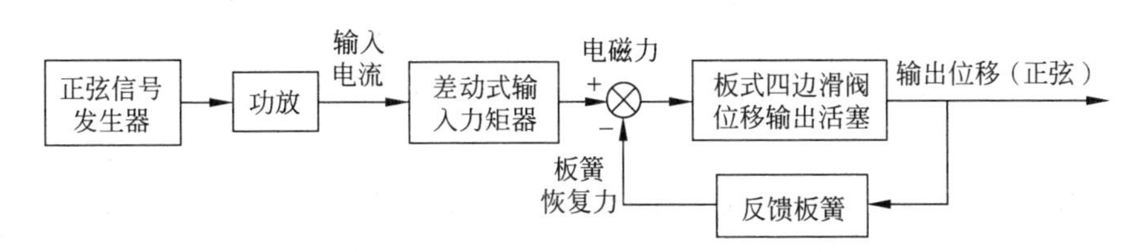

图 4-9 电液正弦位移激振装置工作原理

如果将输出位移反馈改为输出力反馈，就可以得到电液正弦力激振器，如图 4-10 和图 4-11 所示。该装置可以达到 10～1000 Hz 范围内激振力振幅恒定，最大出力幅值可达 500 N。

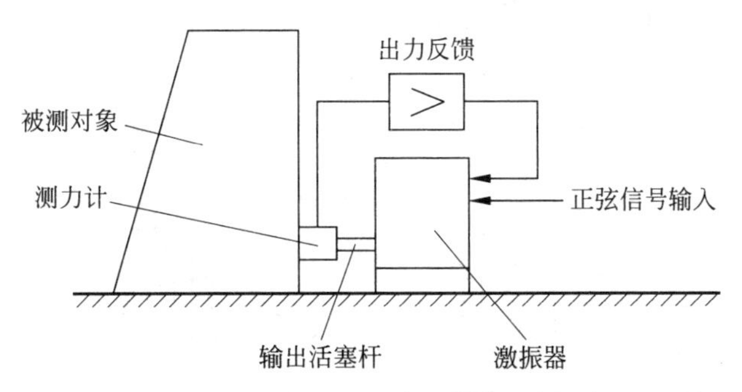

图 4-10 电液正弦力激振器

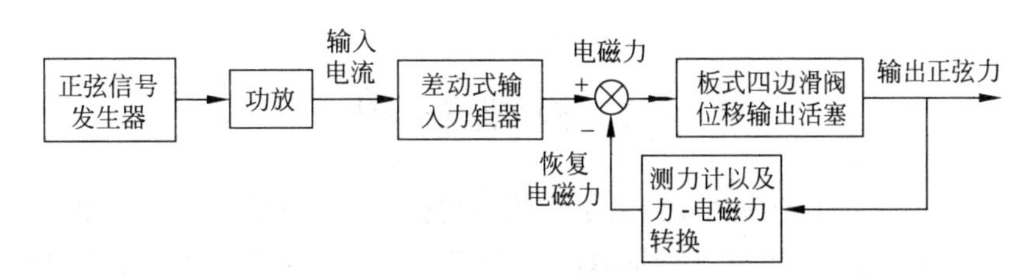

图 4-11 电液正弦力激振器工作原理

选用何种装置产生正弦信号，除考虑信号的性质应与被测对象匹配外，还应考虑频率范围，一般机械系统测试的频率范围比电系统要低，往往在 1000 Hz 以下。

对于输入正弦信号和输出正弦信号的显示和记录,最简单的方法是将输入、输出都转换成电量,用示波器或记录仪显示和记录。

除了上述最简单的方法外,还发展了一些测试系统频率特性的专用仪器。例如,图4-12所示的增益-相位计,对于各个频率的输入,都可以直接读出输出、输入的振幅比以及相位差。

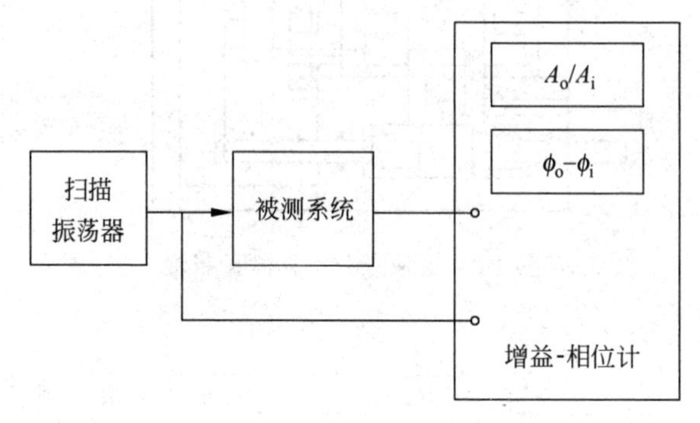

图4-12 增益-相位计

较为先进的传递函数分析仪,如图4-13所示,它可以直接获取频率响应的对数坐标图。更先进的是与电子计算机结合,可将所有感兴趣的量及曲线都打印出来。

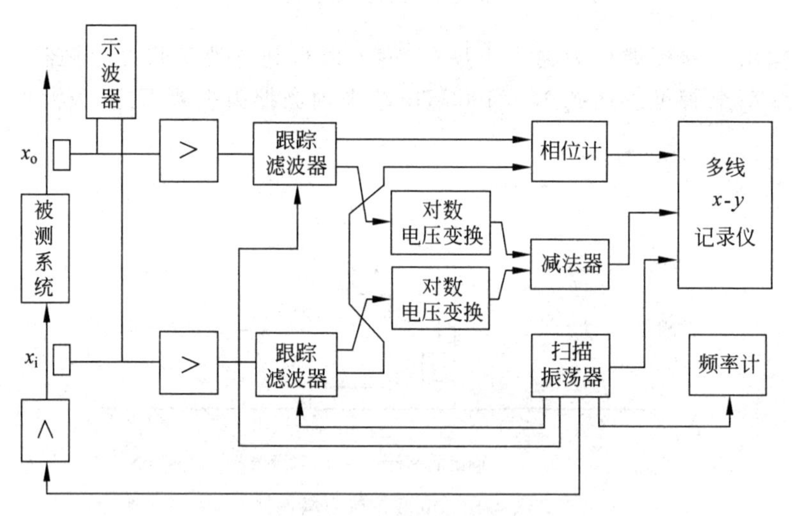

图4-13 传递函数分析仪

4.2 极坐标图

极坐标图是反映频率响应的几何表示。频率响应$G(\mathrm{j}\omega)$是输入频率ω的复变函数,是一种变换,当ω从0逐渐增长至$+\infty$时,$G(\mathrm{j}\omega)$作为一个矢量,其端点在复平面相对应的轨迹就是频率响应的极坐标图,也称为奈氏图(奈奎斯特(Nyquist)曲线)。

例如,图4-14是依据某系统频率特性$G(\mathrm{j}\omega)$所确定的变换,将图4-14(a)映射成图4-14(b),图4-14(b)即为该系统的奈氏图。

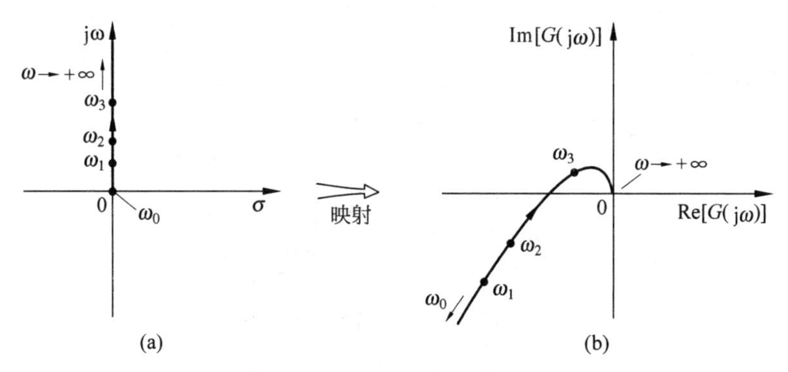

图 4-14 奈氏图映射关系

4.2.1 典型环节的奈氏图

1. 比例环节

由 $G(\mathrm{j}\omega)=k$,得

$$|G(\mathrm{j}\omega)|=K,\quad \angle G(\mathrm{j}\omega)=0^\circ$$

其奈氏图如图 4-15 所示,为实轴上的一个点。

2. 积分环节

由 $G(\mathrm{j}\omega)=\dfrac{1}{\mathrm{j}\omega}$,得

$$|G(\mathrm{j}\omega)|=\frac{1}{\omega},\quad \angle G(\mathrm{j}\omega)=-90^\circ$$

则 $G(\mathrm{j}0)=+\infty\angle-90^\circ$,$G(\mathrm{j}\infty)=0\angle-90^\circ$

其奈氏图如图 4-16 所示。

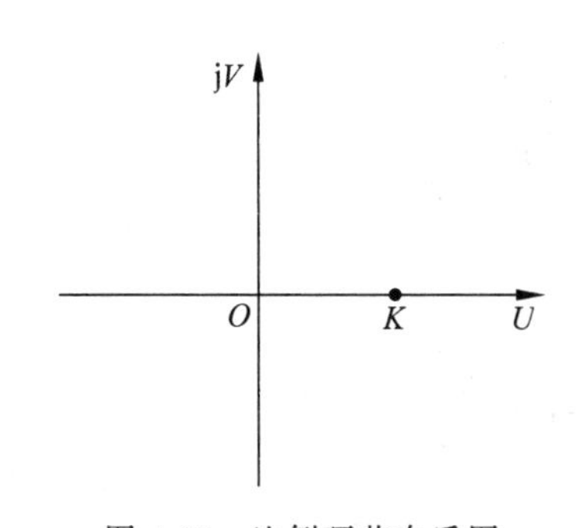

图 4-15 比例环节奈氏图

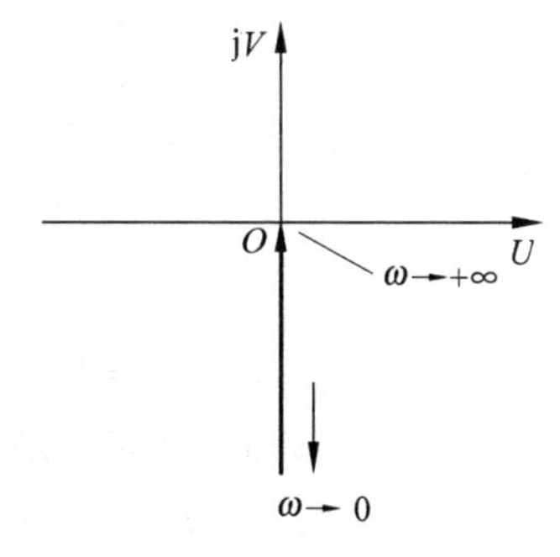

图 4-16 积分环节奈氏图

3. 微分环节

由 $G(\mathrm{j}\omega)=\mathrm{j}\omega$,得

$$|G(\mathrm{j}\omega)|=\omega,\quad \angle G(\mathrm{j}\omega)=90^\circ$$

则

$$G(\mathrm{j}0)=0\angle 90^\circ,\quad G(\mathrm{j}\infty)=+\infty\angle 90^\circ$$

其奈氏图如图4-17所示。

4. 一阶惯性环节

由 $G(\mathrm{j}\omega)=\dfrac{1}{\mathrm{j}\omega T+1}$,得

$$|G(\mathrm{j}\omega)|=\frac{1}{\sqrt{(\omega T)^2+1}},\quad \angle G(\mathrm{j}\omega)=-\arctan(\omega T)$$

则

$$G(\mathrm{j}0)=1\angle 0^\circ,\quad G(\mathrm{j}\infty)=0\angle -90^\circ$$

其奈氏图是圆心在$\left(\dfrac{1}{2},0\right)$、半径为$\dfrac{1}{2}$的圆,如图4-18所示。

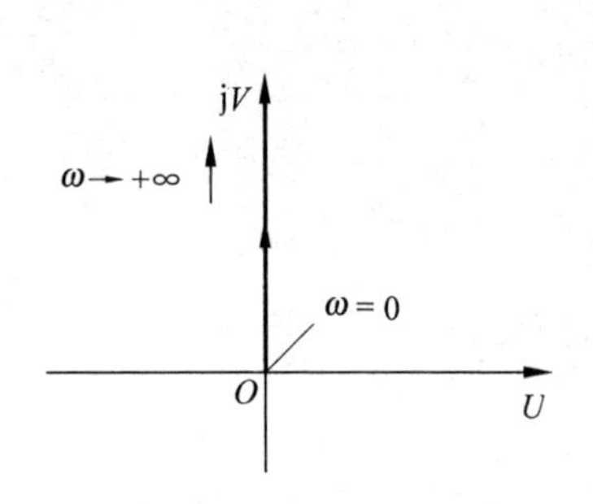

图4-17 微分环节奈氏图

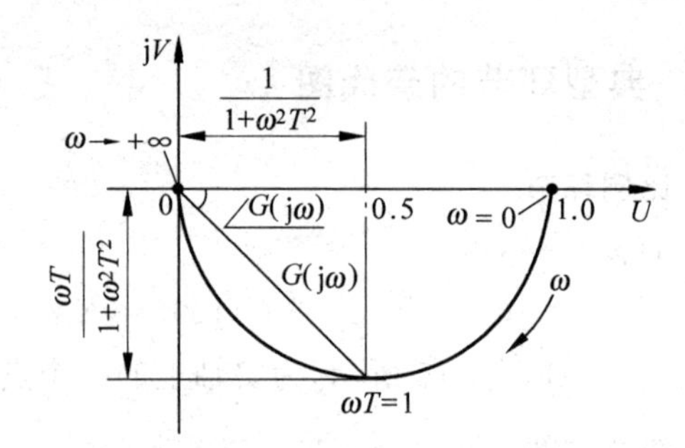

图4-18 一阶惯性环节奈氏图

5. 二阶振荡环节

由 $G(\mathrm{j}\omega)=\dfrac{1}{T^2(\mathrm{j}\omega)^2+2\zeta T(\mathrm{j}\omega)+1}$,得

$$|G(\mathrm{j}\omega)|=\frac{1}{\sqrt{(1-T^2\omega^2)^2+(2\zeta T\omega)^2}}$$

$$\angle G(\mathrm{j}\omega)=\begin{cases}-\arctan\dfrac{2\zeta T\omega}{1-T^2\omega^2}, & \omega\leqslant\dfrac{1}{T}\\ -\pi-\arctan\dfrac{2\zeta T\omega}{1-T^2\omega^2}, & \omega>\dfrac{1}{T}\end{cases}$$

则

$$G(\mathrm{j}0)=1\angle 0^\circ,\quad G(\mathrm{j}\infty)=0\angle -180^\circ$$

相角从0°到−180°,因此奈氏图与负虚轴有交点。

令 $\mathrm{Re}|G(\mathrm{j}\omega)|=0$ 或 $\angle G(\mathrm{j}\omega)=-90^\circ$

得

$$\omega=\frac{1}{T}=\omega_{\mathrm{n}}$$

$G(\mathrm{j}\omega_{\mathrm{n}})=\dfrac{1}{2\zeta}\angle -90^\circ$为与负虚轴交点。

其奈氏图如图4-19所示。

6. 延迟环节

由 $G(\mathrm{j}\omega)=\mathrm{e}^{-\mathrm{j}\omega T}$,得

$$|G(\mathrm{j}\omega)|=1,\quad \angle G(\mathrm{j}\omega)=-\omega T$$

则

$$G(\mathrm{j}0)=1\angle 0^\circ,\quad G(\mathrm{j}\infty)=1\angle -\infty^\circ$$

其奈氏图为单位圆,如图 4-20 所示。随着 ω 从 0 变化到 $+\infty$,其奈氏图沿单位圆顺时针转无穷多圈。

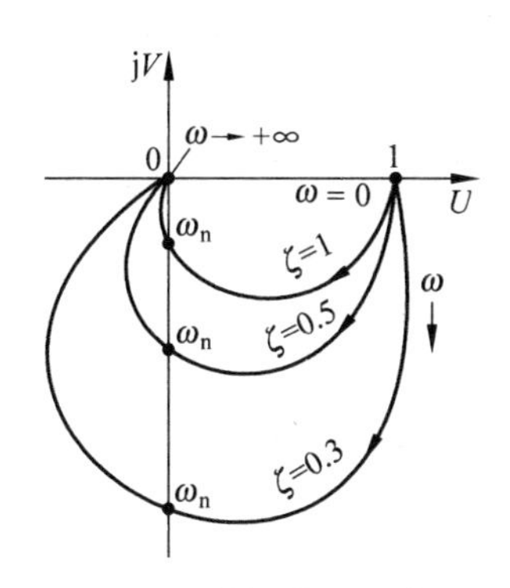

图 4-19 二阶振荡环节奈氏图

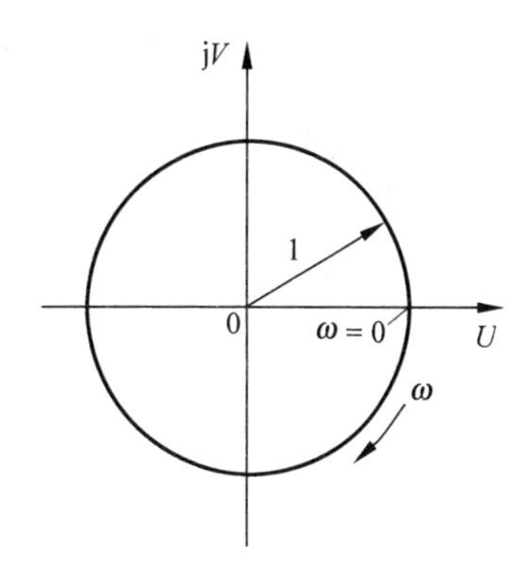

图 4-20 延迟环节奈氏图

4.2.2 奈氏图的一般作图方法

由以上典型环节奈氏图的绘制,大致可归纳奈氏图的一般作图方法如下:

(1) 写出 $|G(\mathrm{j}\omega)|$ 和 $\angle G(\mathrm{j}\omega)$ 的表达式;

(2) 分别求出 $\omega=0$ 和 $\omega\to+\infty$ 时的 $G(\mathrm{j}\omega)$;

(3) 求奈氏图与实轴的交点,交点可利用 $\mathrm{Im}[G(\mathrm{j}\omega)]=0$ 的关系式求出,也可以利用关系式 $\angle G(\mathrm{j}\omega)=n\cdot 180^\circ$(其中 n 为整数)求出;

(4) 求奈氏图与虚轴的交点,交点可利用 $\mathrm{Re}[G(\mathrm{j}\omega)]=0$ 的关系式求出,也可利用关系式 $\angle G(\mathrm{j}\omega)=n\cdot 90^\circ$(其中 n 为奇数)求出;

(5) 必要时画出奈氏图中间几点;

(6) 勾画出大致曲线。

例 4-3 绘制 $G(\mathrm{j}\omega)=\dfrac{\mathrm{e}^{-\mathrm{j}\omega\tau}}{\mathrm{j}\omega T+1}$的奈氏图。

解:因为

$$|G(\mathrm{j}\omega)|=\frac{1}{\sqrt{(\omega T)^2+1}},\quad \angle G(\mathrm{j}\omega)=-\tau\omega-\arctan(\omega T)$$

当 $\omega=0$ 时,$G(\mathrm{j}\omega)=1\angle 0^\circ$;当 $\omega=+\infty$时,$G(\mathrm{j}\omega)=0\angle -\infty^\circ$。所以,其奈氏图与实轴和虚轴有无穷多交点,随着频率 ω 的增大,曲线距离原点越来越近,相角越来越负,如图 4-21 所示。

例 4-4 绘制 $G(\mathrm{j}\omega)=\dfrac{1}{\mathrm{j}\omega(\mathrm{j}\omega+1)(2\mathrm{j}\omega+1)}$的奈氏图。

解：因为

$$|G(\mathrm{j}\omega)|=\frac{1}{\omega\sqrt{\omega^2+1}\sqrt{(2\omega)^2+1}}$$

$$\angle G(\mathrm{j}\omega)=-90^\circ-\arctan\omega-\arctan(2\omega)$$

当 $\omega=0$ 时，$G(\mathrm{j}\omega)=+\infty\angle-90^\circ$；当 $\omega=+\infty$ 时，$G(\mathrm{j}\omega)=0\angle-270^\circ$。由相频特性的表达式可知，其相角范围为 $-90^\circ\sim-270^\circ$，因此必有与负实轴的交点。

解方程

$$\angle G(\mathrm{j}\omega)=-90^\circ-\arctan\omega-\arctan(2\omega)=-180^\circ$$

即

$$\arctan(2\omega)=90^\circ-\arctan\omega$$

两边取正切，得

$$2\omega=\frac{1}{\omega},\quad 即\quad \omega^2=\frac{1}{2}$$

所以

$$\omega=\sqrt{\frac{1}{2}}\ \mathrm{rad/s}=0.707\ \mathrm{rad/s}$$

为曲线与负实轴交点的频率。

$$|G(\mathrm{j}0.707)|=\frac{1}{0.707\sqrt{0.707^2+1}\sqrt{(2\times0.707)^2+1}}=0.67$$

为该交点距原点的距离。

其奈氏图如图 4-22 所示。

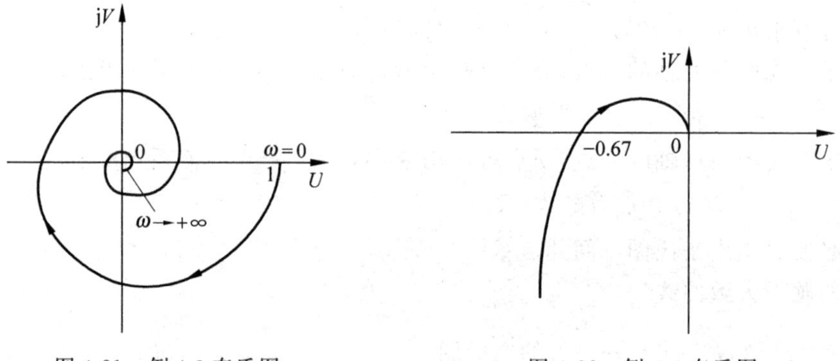

图 4-21 例 4-3 奈氏图　　图 4-22 例 4-4 奈氏图

机电系统的开环频率特性一般可表示为

$$G(\mathrm{j}\omega)=\frac{K(\mathrm{j}\omega\tau_1+1)(\mathrm{j}\omega\tau_2+1)\cdots}{(\mathrm{j}\omega)^\lambda(\mathrm{j}\omega T_1+1)(\mathrm{j}\omega T_2+1)\cdots}\tag{4-15}$$

当 $\lambda=0$ 时，称该系统为 0 型系统；当 $\lambda=1$ 时，称该系统为 Ⅰ 型系统；当 $\lambda=2$ 时，称该系统为 Ⅱ 型系统……

由式(4-15)可见，对于零、极点均不在右半平面的系统，当 $K>0$ 时，0 型系统的奈氏图始于正实轴的有限值处，即始于$(K,\mathrm{j}0)$点。其他型次系统的奈氏图始于无穷远处，其中，Ⅰ 型系统始于相角为 -90° 的无穷远处，Ⅱ 型系统始于相角为 -180° 的无穷远处……如图 4-23 所示。

通常，机电系统频率特性分母的阶次大于分子的阶次，故当 $\omega\to+\infty$ 时，奈氏图曲线终止于坐标原点处；而当频率特性分母的阶次等于分子的阶次时，当 $\omega\to+\infty$时，奈氏图曲线终止于坐标实轴上的有限值处。

一般在系统频率特性分母上加极点，使系统相角滞后，而在系统频率特性分子上加零点，使系统相角超前。

令 ω 从$-\infty$增长到 0，相应得出的奈氏图是与 ω 从 0 增长到$+\infty$得出的奈氏图以实轴对称的，例如图 4-24 所示的奈氏图。

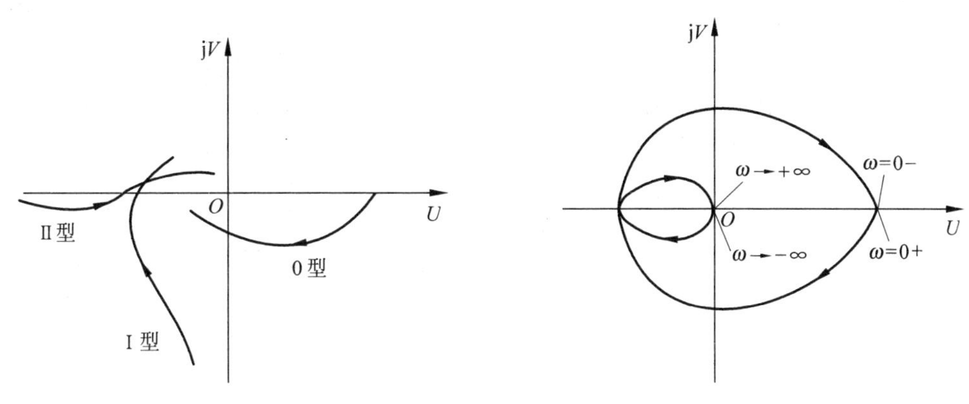

图 4-23　奈氏图低频段位置

图 4-24　ω 从$-\infty\sim+\infty$的奈氏图

有时为了将无穷远处的部分表示在原点附近，可画逆极坐标图，它是在极坐标上画 $\dfrac{1}{G(\mathrm{j}\omega)H(\mathrm{j}\omega)}$图，而不是 $G(\mathrm{j}\omega)H(\mathrm{j}\omega)$图。$F(\mathrm{j}\omega)$的倒数称为逆频率特性函数，记作 $F^{-1}(\mathrm{j}\omega)$，即

$$F^{-1}(\mathrm{j}\omega)=\frac{1}{F(\mathrm{j}\omega)}$$

显然，逆幅频和逆相频特性函数与幅频和相频特性函数之间有如下关系：

$$\begin{cases}|F^{-1}(\mathrm{j}\omega)|=\dfrac{1}{|F(\mathrm{j}\omega)|}\\ \angle F^{-1}(\mathrm{j}\omega)=-\angle F(\mathrm{j}\omega)\end{cases}$$

$[G(\mathrm{j}\omega)H(\mathrm{j}\omega)]^{-1}$ 图像称为逆奈氏图。

4.3　对数坐标图

对数坐标图，即伯德(Bode)图，是将幅值对频率的关系和相位对频率的关系分别画在两张图上，用半对数坐标纸绘制，频率坐标按对数分度，幅值和相角坐标则以线性分度。

幅频特性的坐标如图 4-25 所示。

伯德图幅值所用的单位分贝(dB)定义为

$$n(\mathrm{dB})=20\lg N$$

式中，N 为任意正数。

若 $\omega_2=10\omega_1$，则称从 ω_1 到 ω_2 为十倍频程，以“dec”(decade)表示。

相频特性的坐标如图 4-26 所示。

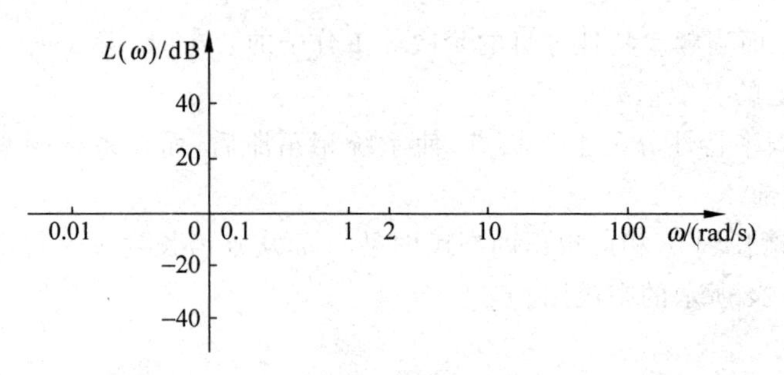

图 4-25 幅频特性坐标

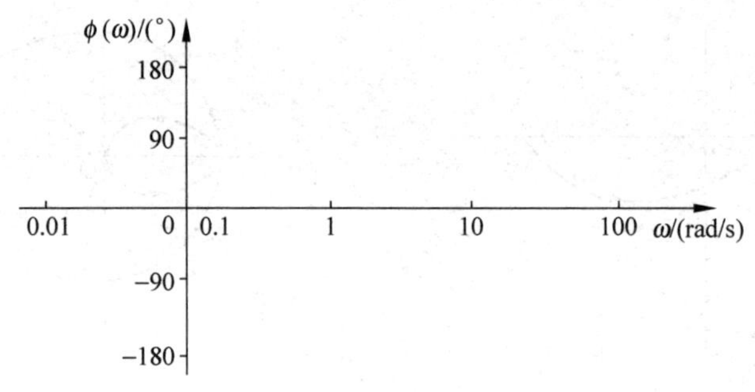

图 4-26 相频特性坐标

采用伯德图有如下优点：

(1) 由于频率坐标按照对数分度，故可合理利用纸张，以有限的纸张空间表示很宽的频率范围；

(2) 由于幅值采用分贝作单位，故可以将乘除运算简化为加减运算；

(3) 幅频特性往往用折线近似曲线，系统的幅频特性用组成该系统各环节的幅频特性折线叠加，使得作图非常方便。

4.3.1 典型环节的伯德图

1. 比例环节

由 $G(\mathrm{j}\omega)=k$，得

$$L(\omega)=20\lg k, \quad \phi(\omega)=0^\circ$$

所以其伯德图如图 4-27 所示。

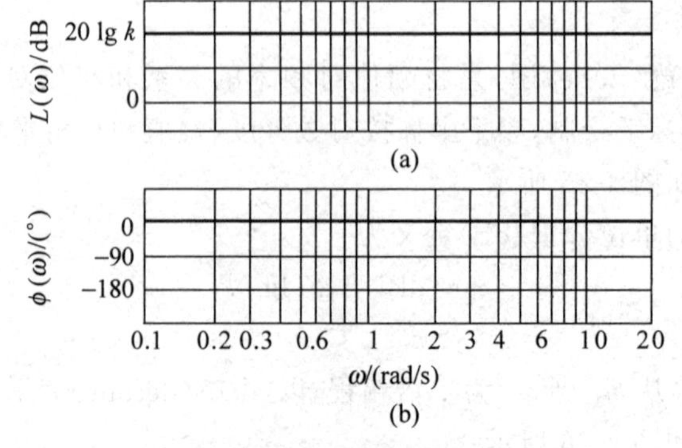

图 4-27 比例环节伯德图

2. 积分环节

由 $G(\mathrm{j}\omega)=\frac{1}{\mathrm{j}\omega}$,得

$$L(\omega)=20\lg\left|\frac{1}{\mathrm{j}\omega}\right|=-20\lg\omega,\quad \phi(\omega)=-90^\circ$$

所以其伯德图如图 4-28 所示。

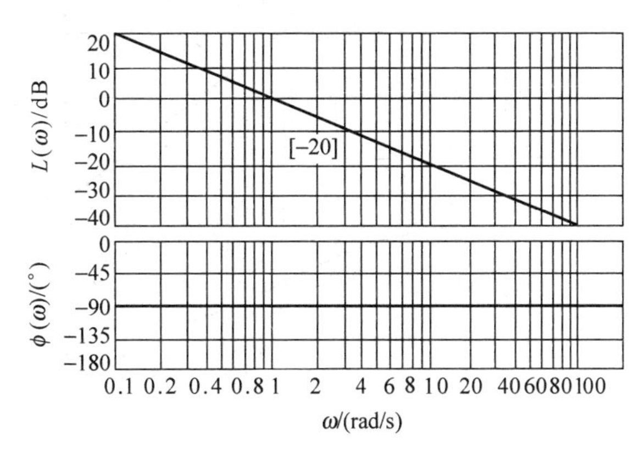

图 4-28 积分环节伯德图①

对于二重积分环节,由 $G(\mathrm{j}\omega)=\frac{1}{(\mathrm{j}\omega)^2}$,得

$$L(\omega)=20\lg\left|\frac{1}{(\mathrm{j}\omega)^2}\right|=-40\lg\omega,\quad \phi(\omega)=-180^\circ$$

所以其伯德图如图 4-29 所示。

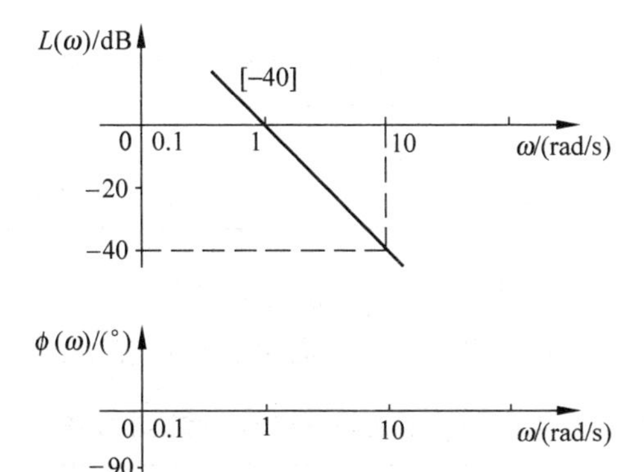

图 4-29 二重积分伯德图

3. 一阶惯性环节

由 $G(\mathrm{j}\omega)=\frac{1}{\mathrm{j}\omega T+1}$,得

① 图中带[]的数字表示每十倍频幅频变化的分贝值,如[−20]表示−20 dB/dec。全书同。

$$L(\omega)=20\lg\left|\frac{1}{\mathrm{j}\omega T+1}\right|=-20\lg\sqrt{(T\omega)^2+1}$$

在低频段，ω 很小，$T\omega\approx 0$，$L(\omega)\approx 0$ dB；在高频段，ω 很大，近似一重积分环节，$L(\omega)\approx -20\lg(T\omega)$。其幅频特性的伯德图可用上述低频段和高频段的两条直线组成的折线近似表示，如图 4-30 所示渐近线。

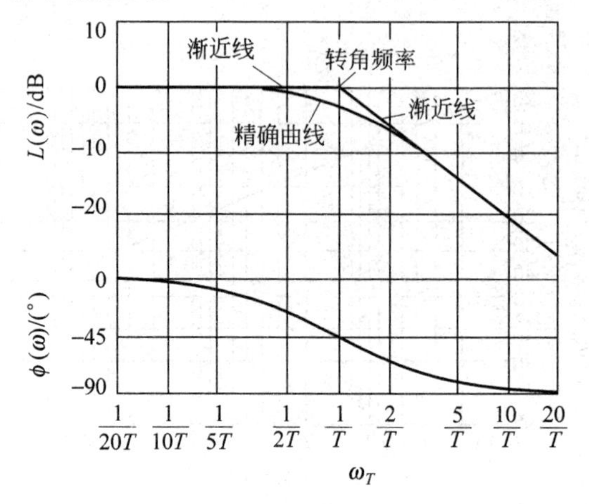

图 4-30 一阶惯性环节伯德图

当 $T\omega=1$ 时，$\omega_T=\dfrac{1}{T}$，ω_T 称为转角频率。

近似伯德图的 ω_T 点是近似幅频伯德图误差最大的点，与精确值大约相差 3 dB，其精确曲线可以在近似曲线的基础上，根据精确值的表格或模板加以修正求得。表 4-1 是简单的修正量表。

表 4-1 一阶惯性环节幅频伯德图修正量

ωT	0.1	0.2	0.5	1	2	5	10
修正量/dB	−0.04	−0.17	−0.97	−3.01	−0.97	−0.17	−0.04

$$\phi(\omega)=-\arctan(\omega T)$$

其相频特性伯德图示于图 4-30，其相频特性的简单表格见表 4-2。

表 4-2 一阶惯性环节相频伯德图角度值

ωT	0	0.1	0.2	0.5	1	2	5	10	$+\infty$
ϕ/(°)	0	−5.7	−11.3	−26.6	−45	−63.4	−78.7	−84.8	−90

4. 一阶微分环节

由 $G(\mathrm{j}\omega)=\mathrm{j}\omega\tau+1$，得

$$L(\omega)=20\lg\sqrt{\tau^2\omega^2+1},\quad \phi(\omega)=\arctan(\omega\tau)$$

其分析方法与一阶惯性环节类似，其伯德图如图 4-31 所示。

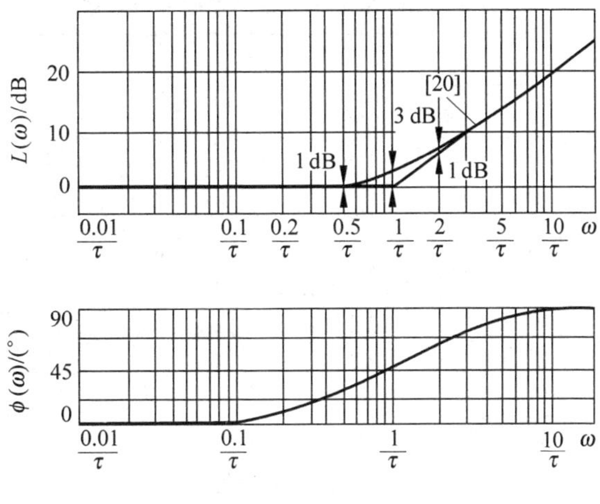

图 4-31 一阶微分环节伯德图

5. 二阶振荡环节

由 $G(\mathrm{j}\omega)=\dfrac{1}{T^2(\mathrm{j}\omega)^2+2\zeta T(\mathrm{j}\omega)+1}$，得

$$L(\omega)=20\lg\left|\frac{1}{T^2(\mathrm{j}\omega)^2+2\zeta T(\mathrm{j}\omega)+1}\right|=-20\lg\sqrt{(1-T^2\omega^2)^2+(2\zeta T\omega)^2}$$

在低频段，ω 很小，$T\omega\approx 0$，$L(\omega)\approx 0$ dB；在高频段，ω 很大，近似二重积分环节，$L(\omega)\approx -40\lg(T\omega)$。其幅频特性伯德图可用低频段和高频段的两条直线组成的折线近似表示，如图 4-32 所示渐近线。两条渐近线交于无阻尼自振角频率 ω_n。

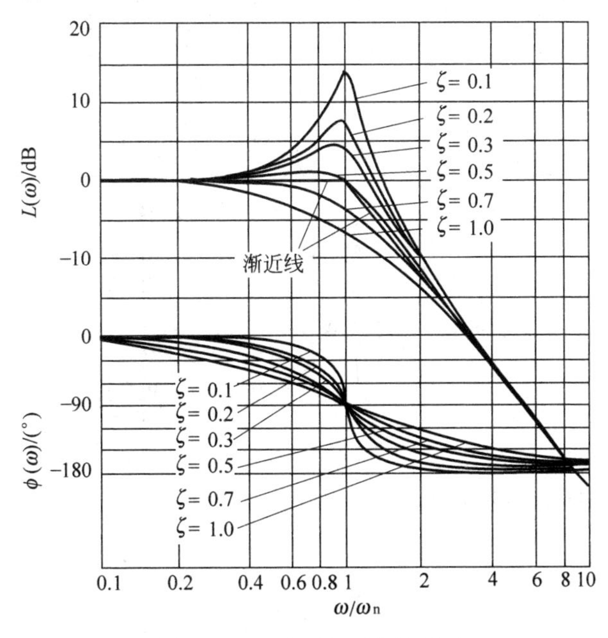

图 4-32 二阶振荡环节伯德图

实际曲线随阻尼比的不同而不同，如图 4-32 所示。其修正值见表 4-3。

表 4-3 二阶振荡环节幅频伯德图修正量

ζ	ωT										
	0.1	0.2	0.4	0.6	0.8	1	1.25	1.66	2.5	5	10
0.1	0.086	0.348	1.480	3.728	8.094	13.98	8.094	3.728	1.480	0.348	0.086
0.2	0.080	0.325	1.360	3.305	6.345	7.96	6.345	3.305	1.360	0.325	0.080
0.3	0.071	0.292	1.179	2.681	4.439	4.439	4.439	2.681	1.179	0.292	0.071
0.5	0.044	0.17	0.627	1.137	1.137	0.00	1.137	1.137	0.627	0.170	0.044
0.7	0.001	0.00	−0.08	−0.472	−1.410	−2.92	−1.410	−0.472	−0.080	0.000	0.001
1.0	−0.086	−0.34	−1.29	−2.76	−4.296	−6.20	−4.296	−2.76	−1.29	−0.340	−0.086

二阶系统的相频特性表示为

$$\underline{/G(\mathrm{j}\omega)}=\begin{cases}-\arctan\dfrac{2\zeta T\omega}{1-T^2\omega^2}, & \omega\leqslant\dfrac{1}{T}\\[2ex]-\pi-\arctan\dfrac{2\zeta T\omega}{1-T^2\omega^2}, & \omega>\dfrac{1}{T}\end{cases}$$

实际曲线随阻尼比的不同而变化，可依据表 4-4 的数据绘制出不同阻尼比的相频特性，其相频特性伯德图如图 4-32 所示。

表 4-4 二阶振荡环节相频伯德图角度值 (°)

ζ	ωT							
	0.1	0.2	0.5	1	2	5	10	20
0.1	−1.2	−2.4	−7.6	−90	−172.4	−177.6	−178.8	−179.4
0.2	−2.3	−4.8	−14.9	−90	−165.1	−175.2	−177.7	−178.8
0.3	−3.5	−7.1	−21.8	−90	−158.2	−172.9	−176.5	−178.3
0.5	−5.8	−11.8	−33.7	−90	−146.3	−168.2	−174.2	−177.1
0.7	−8.1	−16.3	−43.0	−90	−137.0	−163.7	−171.9	−176.0
1.0	−11.4	−22.6	−53.1	−90	−126.9	−157.4	−168.6	−174.0

6. 延迟环节

由 $G(\mathrm{j}\omega)=\mathrm{e}^{-\mathrm{j}\omega\tau}$，得

$$L(\omega)=20\lg|\mathrm{e}^{-\mathrm{j}\omega\tau}|=20\lg 1\ \mathrm{dB}=0\ \mathrm{dB}$$

$$\phi(\omega)=-\omega\tau$$

所以其伯德图如图 4-33 所示。

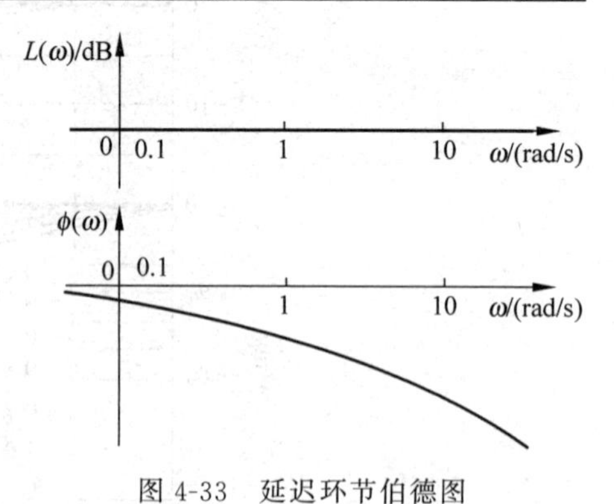

图 4-33 延迟环节伯德图

4.3.2 一般系统伯德图的作图方法

对于一般系统，有

$$G(\mathrm{j}\omega)=\frac{k\prod\limits_{i=1}^{\mu}(\tau_i\mathrm{j}\omega+1)\prod\limits_{l=1}^{\eta}[\tau_l^2(\mathrm{j}\omega)^2+2\zeta_l\tau_l\mathrm{j}\omega+1]}{(\mathrm{j}\omega)^{\lambda}\prod\limits_{m=1}^{\rho}(T_m\mathrm{j}\omega+1)\prod\limits_{n=1}^{\sigma}[T_n^2(\mathrm{j}\omega)^2+2\zeta_nT_n\mathrm{j}\omega+1]}$$

则

$$L(\omega)=20\lg k+\sum_{i=1}^{\mu}20\lg\sqrt{(\tau_i\omega)^2+1}+\sum_{l=1}^{\eta}20\lg\sqrt{[1-(\tau_l\omega)^2]^2+(2\zeta_l\tau_l\omega)^2}-$$

$$20\lambda\lg\omega-\sum_{m=1}^{\rho}20\lg\sqrt{(T_m\omega)^2+1}-\sum_{n=1}^{\sigma}20\lg\sqrt{[1-(T_n\omega)^2]^2+(2\zeta_nT_n\omega)^2}$$

可见,系统幅频特性的伯德图可由各典型环节的幅频特性伯德图叠加得到。系统相频特性的伯德图也可用各典型环节的相频特性伯德图叠加得到。

例 4-5 绘制系统伯德图。已知 $G(j\omega)=\dfrac{2.39}{(j\omega)(j\omega+2.78)[0.39(j\omega)^2+0.75j\omega+1]}$,即

$$G(j\omega)=\frac{0.86}{(j\omega)\left(\frac{1}{2.78}j\omega+1\right)\left[\left(\frac{1}{1.60}\right)^2(j\omega)^2+2\times0.6\times\frac{1}{1.60}j\omega+1\right]}$$

解:该系统可认为由下列 4 个典型环节组成:

$$G_1(j\omega)=\frac{1}{\left(\frac{1}{2.78}j\omega+1\right)}$$

$$G_2(j\omega)=\frac{1}{\left[\left(\frac{1}{1.60}\right)^2(j\omega)^2+2\times0.6\times\frac{1}{1.60}j\omega+1\right]}$$

$$G_3(j\omega)=\frac{1}{j\omega}$$

$$G_4(j\omega)=0.86$$

其伯德图如图 4-34 所示。

由此可以看出,伯德图由如下步骤形成:

(1) 将系统频率特性化为典型环节频率特性的乘积;

(2) 根据组成系统的各典型环节确定转角频率及相应斜率,并画近似幅频折线和相频曲线;

(3) 必要时对近似曲线作适当修正。

以上是说明画伯德图的依据,而真正画伯德图时,并不需要先画出各环节伯德图,可根据静态放大倍数和各环节时间常数直接画出整个系统伯德图。

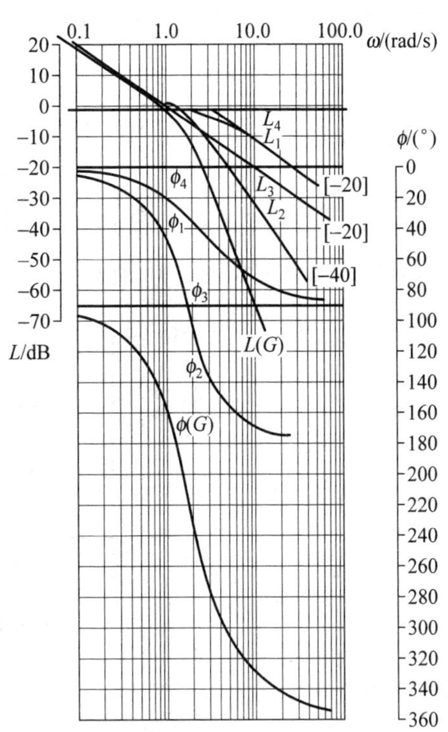

图 4-34 系统伯德图作图例

4.3.3 最小相位系统

在 s 右半平面上既无极点,又无零点的传递函数,称为最小相位传递函数;否则,为非最小相位传递函数。具有最小相位传递函数的系统,称

为最小相位系统。

对于相同阶次的基本环节,当频率 ω 从 0 连续变化到 $+\infty$ 时,最小相位的基本环节造成的相移是最小的。对于最小相位系统,知道了系统幅频特性,其相频特性就唯一确定了。表 4-5 示出了最小相位系统幅频特性与相频特性的对应关系。

表 4-5 最小相位系统幅频、相频对应关系

环　节	幅频/(dB/dec)	相频/(°)
$\frac{1}{j\omega}$	$-20\to-20$	$-90\to-90$
$\frac{1}{Tj\omega+1}$	$0\to-20$	$0\to-90$
$\frac{1}{T^2(j\omega)^2+2\zeta Tj\omega+1}$	$0\to-40$	$0\to-180$
$\tau j\omega+1$	$0\to20$	$0\to90$
…	…	…
$\frac{1}{\prod_{i=1}^{n}(T_i j\omega+1)}$	$0\to n(-20)$	$0\to n(-90)$
$\prod_{i=1}^{m}(\tau_i j\omega+1)$	$0\to 20m$	$0\to m(+90)$

例 4-6 设有下列两个系统,其中 $T_1>T_2>0$,故系统 1 为最小相位系统,而系统 2 为非最小相位系统。试绘制其伯德图。

$$G_1(j\omega)=\frac{T_1 j\omega+1}{T_2 j\omega+1},\quad G_2(j\omega)=\frac{-T_1 j\omega+1}{T_2 j\omega+1}$$

解:两个系统的幅频特性一样,均为

$$|G_1(j\omega)|=|G_2(j\omega)|=\frac{\sqrt{(T_1\omega)^2+1}}{\sqrt{(T_2\omega)^2+1}}$$

其幅频特性伯德图如图 4-35 所示。

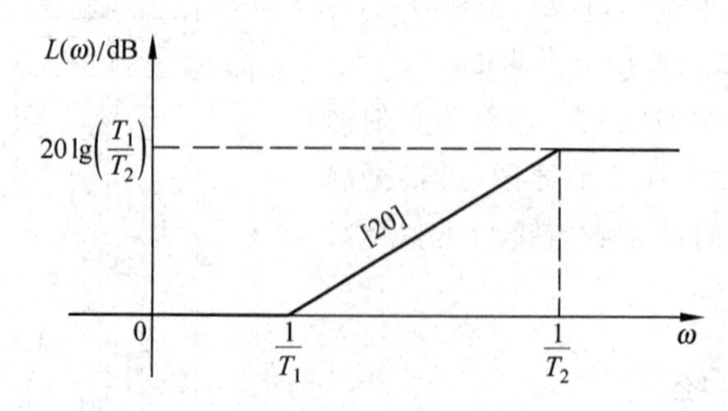

图 4-35 最小相位系统(例 4-6)幅频特性

而其相频特性分别为

$$\angle G_1(j\omega)=\arctan(T_1\omega)-\arctan(T_2\omega)$$

$$\underline{/G_2(j\omega)} = -\arctan(T_1\omega) - \arctan(T_2\omega)$$

其相频特性伯德图如图 4-36(a)和(b)所示。

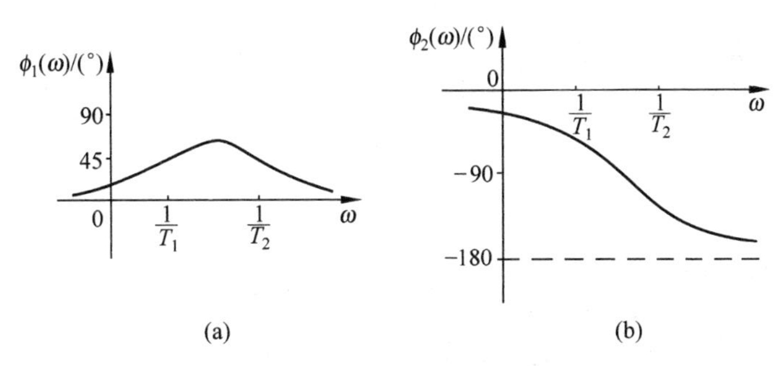

图 4-36 最小相位系统(例 4-6)相频特性

4.4 由频率特性曲线求系统传递函数

工程实际中,有许多系统的物理模型很难抽象得很准确,其传递函数很难用纯数学分析的方法求出。对于这类系统,可以通过实验测出系统的频率特性曲线,进而求出系统的传递函数。

对于 0 型系统,有

$$G_0(j\omega) = \frac{K_0(\tau_1 j\omega + 1)(\tau_2 j\omega + 1)\cdots}{(T_1 j\omega + 1)(T_2 j\omega + 1)\cdots}$$

在低频时,ω 很小,则有

$$G_0(j\omega) \approx K_0, \quad |G_0(j0)| = K_0$$

可见,0 型系统幅频特性伯德图在低频处的高度为 20 lg K_0,例如图 4-37 所示的低频段。

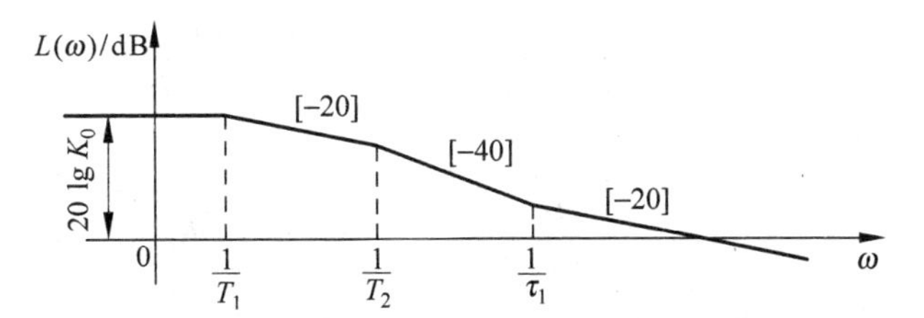

图 4-37 0 型系统伯德图低频高度的确定

对于 Ⅰ 型系统,有

$$G_1(j\omega) = \frac{K_1(\tau_1 j\omega + 1)(\tau_2 j\omega + 1)\cdots}{j\omega(T_1 j\omega + 1)(T_2 j\omega + 1)\cdots}$$

在低频时,ω 很小,则有

$$G_1(j\omega) \approx \frac{K_1}{j\omega}, \quad |G_1(j1)| \approx K_1$$

可见,如果系统各转角频率均大于 $\omega=1$,Ⅰ 型系统幅频特性伯德图在 $\omega=1$ 处的高度为 20 lg K_1;如果系统有的转角频率小于 $\omega=1$,则首段 −20 dB/dec 斜率线的延长线与 $\omega=1$ 线的交点高度为 20 lg K_1,如图 4-38 所示。

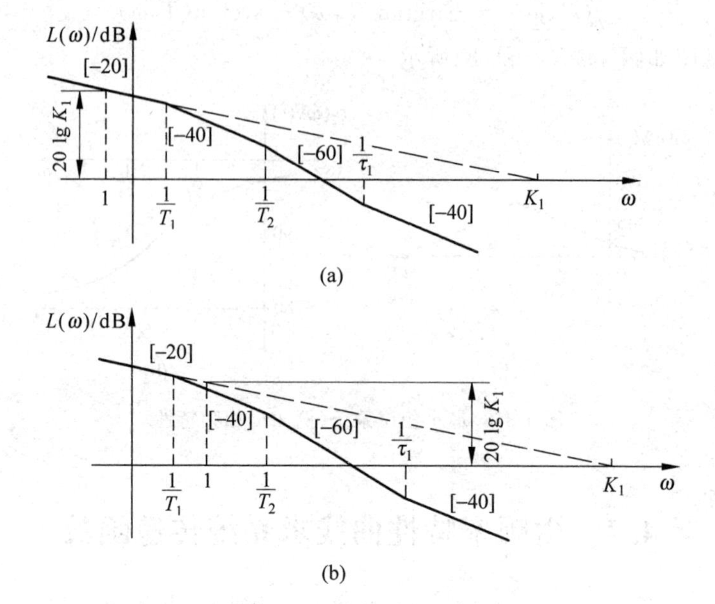

图 4-38　Ⅰ型系统伯德图低频高度的确定

另外,伯德图首段(或其延长线)与 0 dB 线的交点应满足

$$\left|\frac{K_1}{\mathrm{j}\omega}\right|=1$$

解之,得

$$\omega=K_1$$

可见,其首段 -20 dB/dec 斜率线或其延长线与 0 dB 线的交点坐标为 $\omega_1=K_1$,如图 4-38 所示。

对于Ⅱ型系统,有

$$G_2(\mathrm{j}\omega)=\frac{K_2(\tau_1\mathrm{j}\omega+1)(\tau_2\mathrm{j}\omega+1)\cdots}{(\mathrm{j}\omega)^2(T_1\mathrm{j}\omega+1)(T_2\mathrm{j}\omega+1)\cdots}$$

在低频时,ω 很小,则有

$$G_2(\mathrm{j}\omega)\approx\frac{K_2}{(\mathrm{j}\omega)^2},\quad |G_2(\mathrm{j}1)|\approx K_2$$

可见,如果系统各转角频率均大于 $\omega=1$,Ⅱ型系统幅频特性伯德图在 $\omega=1$ 处的高度为 $20\lg K_2$;如果系统有的转角频率小于 $\omega=1$,则首段 -40 dB/dec 斜率线的延长线与 $\omega=1$ 线的交点高度为 $20\lg K_2$,如图 4-39 所示。

另外,伯德图首段(或其延长线)与 0 dB 线的交点应满足

$$\left|\frac{K_2}{(\mathrm{j}\omega)^2}\right|=1$$

解之,得

$$\omega=\sqrt{K_2}$$

可见,其首段 -40 dB/dec 斜率线或其延长线与 0 dB 线的交点坐标为 $\omega_1=\sqrt{K_2}$,如图 4-39 所示。

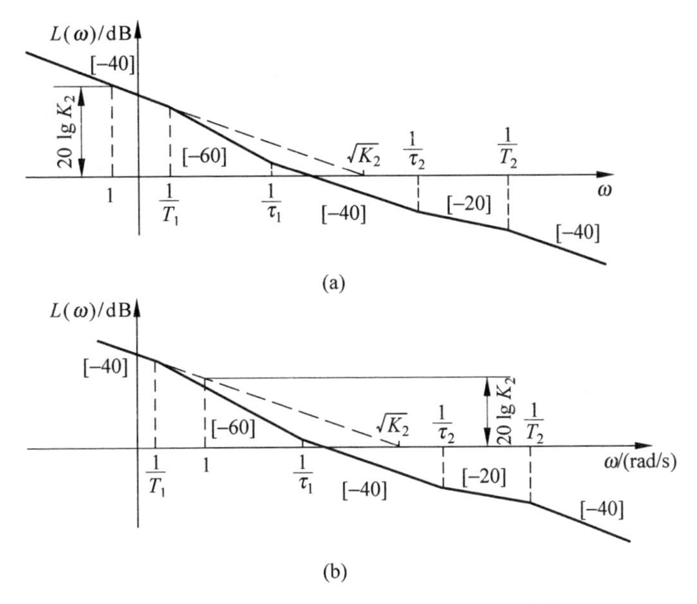

图 4-39 Ⅱ型系统伯德图低频高度的确定

例 4-7 图 4-40 中的实线是某系统用实验测出的频率特性伯德图,试求该系统的传递函数。

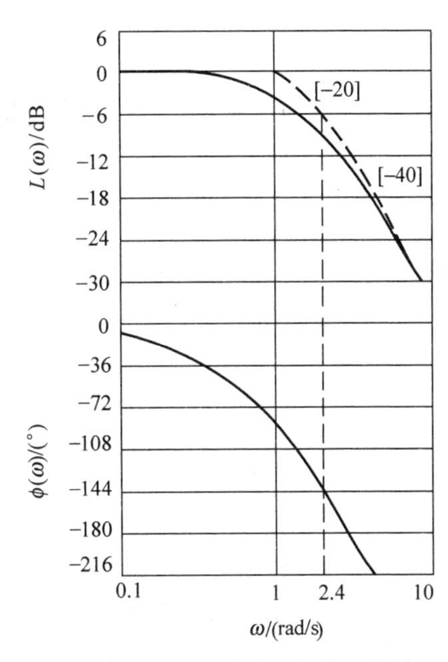

图 4-40 由实验曲线求传递函数例

解:用折线作为渐近线逼近幅频特性曲线,首段折线以 $\omega=0$ 附近的切线斜率为准;末段折线以 $\omega\to+\infty$ 附近的切线斜率为准;中间各段以 [i(±20) dB/dec]的斜率逼近。由幅频特性低频段可见,该系统为 0 型系统,且 $K_0=1$。

其高频段斜率为 −40 dB/dec,两个转角频率分别为

$$\omega_1=1\ \text{rad/s},\quad \omega_2=2.4\ \text{rad/s}$$

由上可知,该系统为二阶系统,则

$$T_1=\frac{1}{\omega_1}=1\ \text{s},\quad T_2=\frac{1}{\omega_2}=0.417\ \text{s}$$

对于最小相位系统,二阶系统的相频特性不会小于 −180°,但该系统在高频处已小于 −180°,且呈现不断下降的趋势,故可断定该系统存在着延迟环节,系统频率特性有如下形式:

$$G(\mathrm{j}\omega)=\frac{\mathrm{e}^{-\tau\mathrm{j}\omega}}{(\mathrm{j}\omega+1)(0.417\mathrm{j}\omega+1)}$$

按照转角频率确定各环节的时间常数后只有参数 τ 尚未确定,该参数可通过相频特性的关系式求出。根据实验数据,可由多点求出的值平均作为该参数值。该例以两点平均求出。

由图 4-40 可见,$\phi(1)=-85°$,故

$$\phi(1) = -\tau_1 \times 1 \times \frac{180^\circ}{\pi} - \arctan 1 - \arctan 0.417 = -85^\circ$$

解之,得

$$\tau_1 = 0.303$$

另由图4-40可见,$\phi(2.4) = -155^\circ$,故

$$\phi(2.4) = -\tau_2 \times 2.4 \times \frac{180^\circ}{\pi} - \arctan 2.4 - \arctan(0.417 \times 2.4) = -155^\circ$$

解之,得

$$\tau_2 = 0.310$$

取其平均值为

$$\tau = \frac{\tau_1 + \tau_2}{2} = \frac{0.303 + 0.310}{2} = 0.307$$

由以上得到

$$G(\mathrm{j}\omega) = \frac{\mathrm{e}^{-0.307\mathrm{j}\omega}}{(\mathrm{j}\omega + 1)(0.417\mathrm{j}\omega + 1)}$$

则系统传递函数为

$$G(s) = \frac{\mathrm{e}^{-0.307s}}{(s + 1)(0.417s + 1)}$$

4.5 由单位脉冲响应求系统的频率特性

已知单位脉冲函数的拉普拉斯变换像函数等于1,即

$$L[\delta(t)] = 1$$

其像函数不含s,故单位脉冲函数的傅里叶变换像函数也等于1,即

$$F[\delta(t)] = 1$$

上式说明单位脉冲$\delta(t)$隐含着幅值相等的各种频率。如果对某系统输入一个单位脉冲,则相当于用等单位强度的所有频率去激发系统。

由于当$x_\mathrm{i}(t) = \delta(t)$时,$X_\mathrm{i}(\mathrm{j}\omega) = 1$,则系统传递函数等于其输出像函数,即

$$G(\mathrm{j}\omega) = \frac{X_\mathrm{o}(\mathrm{j}\omega)}{X_\mathrm{i}(\mathrm{j}\omega)} = X_\mathrm{o}(\mathrm{j}\omega)$$

系统单位脉冲响应的傅里叶变换即为系统的频率特性。单位脉冲响应简称为脉冲响应,脉冲响应函数又称为权函数。

为了识别系统的传递函数,可以产生一个近似的单位脉冲信号$\delta(t)$作为系统的输入,记录系统响应的曲线$g(t)$,则系统的频率特性按照定义可表示为

$$G(\mathrm{j}\omega) = \int_0^{+\infty} g(t)\mathrm{e}^{-\mathrm{j}\omega t}\mathrm{d}t \tag{4-16}$$

对于渐近稳定的系统,系统的单位脉冲响应随时间增长逐渐趋于零。因此,可以对照式(4-16)对响应$g(t)$采样足够的点,借助计算机,用多点求和的方法即可近似求出系统频率特性,即

$$G(\mathrm{j}\omega) \approx \Delta t \sum_{n=0}^{N-1} g(n\Delta t)\mathrm{e}^{-\mathrm{j}\omega n \Delta t}$$

$$=\Delta t\sum_{n=0}^{N-1}g(n\Delta t)[\cos(\omega n\Delta t)-\mathrm{j}\sin(\omega n\Delta t)]$$

$$=\mathrm{Re}(\omega)+\mathrm{j}\mathrm{Im}(\omega) \tag{4-17}$$

则系统幅频特性可由式(4-17)求得为

$$|G(\mathrm{j}\omega)|=\sqrt{\mathrm{Re}^2(\omega)+\mathrm{Im}^2(\omega)} \tag{4-18}$$

系统相频特性也可由式(4-17)求得为

$$\angle G(\mathrm{j}\omega)=\arctan\frac{\mathrm{Im}(\omega)}{\mathrm{Re}(\omega)} \tag{4-19}$$

4.6 控制系统的闭环频响

4.6.1 由开环频率特性估计闭环频率特性

所谓开环频率特性，是指将闭环回路的环打开前向通道和反馈通道串联起来的频率特性。对于图 4-41 所示系统，其开环频率特性为 $G(\mathrm{j}\omega)H(\mathrm{j}\omega)$。而该系统闭环频率特性为

$$\frac{X_o(\mathrm{j}\omega)}{X_i(\mathrm{j}\omega)}=\frac{G(\mathrm{j}\omega)}{1+G(\mathrm{j}\omega)H(\mathrm{j}\omega)} \tag{4-20}$$

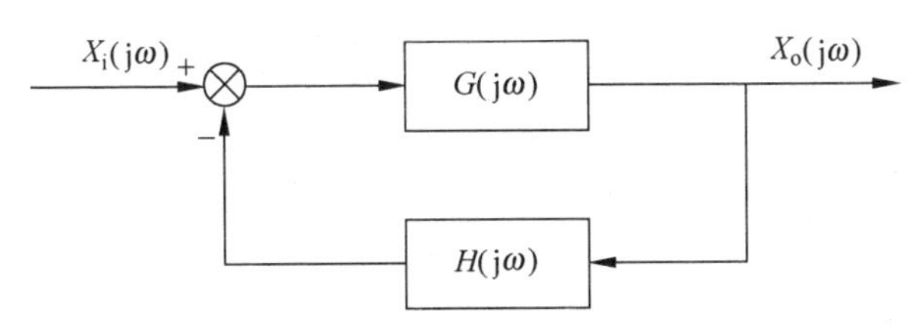

图 4-41 典型闭环系统

据此，可以画出系统闭环频率特性图。由于求出的闭环频率特性分子分母通常不是因式分解的形式，故其频率特性图一般不如开环频率特性图容易画。但随着计算机的应用日益普及，其冗繁的计算工作量由计算机完成，情况有所改善。另一方面，已知开环幅频特性，也可定性地估计闭环频率特性。

设系统为单位反馈，则

$$\frac{X_o(\mathrm{j}\omega)}{X_i(\mathrm{j}\omega)}=\frac{G(\mathrm{j}\omega)}{1+G(\mathrm{j}\omega)} \tag{4-21}$$

一般实用系统的开环频率特性具有低通滤波的性质，低频时，$|G(\mathrm{j}\omega)|\gg1$，$G(\mathrm{j}\omega)$与 1 相比，1 可以忽略不计，则

$$\left|\frac{X_o(\mathrm{j}\omega)}{X_i(\mathrm{j}\omega)}\right|=\left|\frac{G(\mathrm{j}\omega)}{1+G(\mathrm{j}\omega)}\right|\approx1$$

高频时，$|G(\mathrm{j}\omega)|\ll1$，$G(\mathrm{j}\omega)$与 1 相比，$G(\mathrm{j}\omega)$可以忽略不计，则

$$\left|\frac{X_o(\mathrm{j}\omega)}{X_i(\mathrm{j}\omega)}\right|=\left|\frac{G(\mathrm{j}\omega)}{1+G(\mathrm{j}\omega)}\right|\approx|G(\mathrm{j}\omega)|$$

系统开环及闭环幅频特性对照如图 4-42 所示。其中，ω_c 是开环剪切频率，是开环幅频特性与 0 dB 线交点的频率，即幅值等于 1 时的频率。因此，对于一般单位反馈的最小相位

系统,低频输入时,输出信号的幅值和相位均与输入基本相等,这正是闭环反馈控制系统所需要的工作频段及结果;高频输入时,输出信号的幅值和相位则均与开环特性基本相同,而中间频段的形状随系统阻尼的不同有较大的不同。

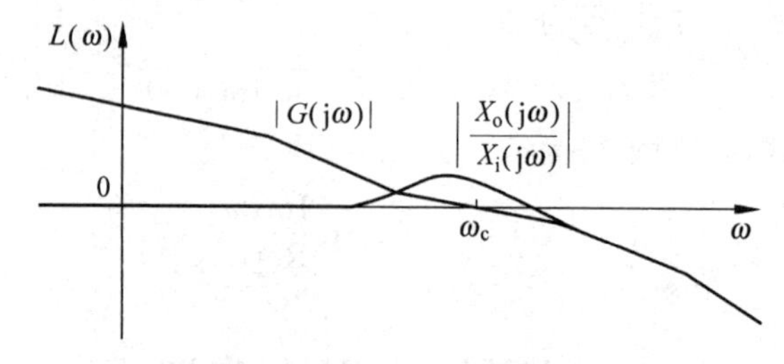

图 4-42 系统开环及闭环幅频特性对照

对于非单位反馈系统,其闭环传递函数为

$$\frac{X_o(s)}{X_i(s)}=\frac{G(s)}{1+G(s)H(s)} \tag{4-22}$$

闭环频率特性可写为

$$\frac{X_o(j\omega)}{X_i(j\omega)}=\frac{G(j\omega)}{1+G(j\omega)H(j\omega)}=\frac{1}{H(j\omega)}\ \frac{G(j\omega)H(j\omega)}{1+G(j\omega)H(j\omega)} \tag{4-23}$$

在求取闭环频率特性时,可得到$\frac{G(j\omega)H(j\omega)}{1+G(j\omega)H(j\omega)}$的某一频率下的幅值和相角,用$\frac{1}{H(j\omega)}$乘以$\frac{G(j\omega)H(j\omega)}{1+G(j\omega)H(j\omega)}$,就可得到系统闭环频率特性。

4.6.2 系统频域指标

1. 开环频域指标

ω_c 为开环剪切频率,它是系统快速性性能指标。

2. 闭环频域指标

如图 4-43 所示闭环频率特性曲线,给出闭环频域指标:

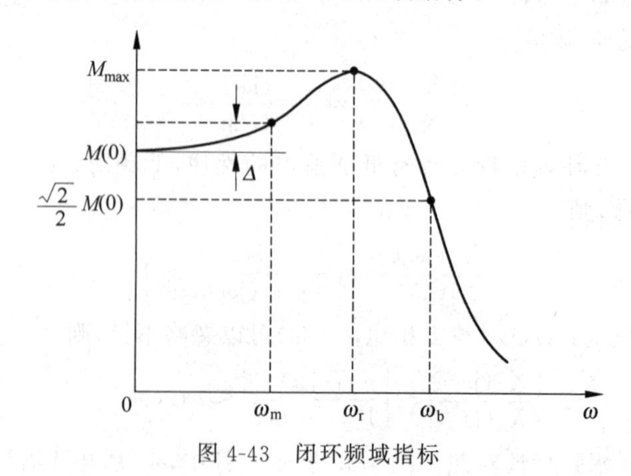

图 4-43 闭环频域指标

ω_r 为谐振角频率；

M_r 为谐振峰值；

ω_m 为复现频率，即在允许误差范围内最高工作频率，相应的 $0\sim\omega_m$ 称为复现带宽；

ω_b 为闭环截止频率，相应的 $0\sim\omega_b$ 一般称为系统带宽。

其中，M_r 是系统相对稳定性性能指标；ω_b 是系统快速性性能指标。

4.7 机械系统动刚度的概念

一个典型的由质量-弹簧-阻尼构成的机械系统在输入力 $f(t)$ 作用下产生的输出位移为 $y(t)$，其传递函数为

$$G(s)=\frac{Y(s)}{F(s)}=\frac{1}{ms^2+Ds+k}=\frac{1/k}{\frac{1}{\omega_n^2}s^2+2\zeta\frac{1}{\omega_n}s+1} \tag{4-24}$$

系统的频率特性为

$$G(j\omega)=\frac{Y(j\omega)}{F(j\omega)}=\frac{1/k}{\left(1-\frac{\omega^2}{\omega_n^2}\right)+j\frac{2\zeta\omega}{\omega_n}} \tag{4-25}$$

该式反映了动态作用力 $f(t)$ 与系统动态变形 $y(t)$ 之间的关系，如图 4-44 所示。

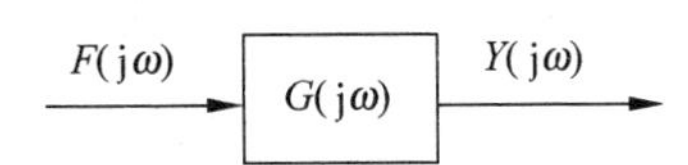

图 4-44 系统在力作用下产生变形

如果将力看成弹性体相对位移与弹性刚度相乘，则 $G(j\omega)$ 表示的是机械结构的动柔度 $\lambda(j\omega)$，也就是它的动刚度 $K(j\omega)$ 的倒数，即

$$G(j\omega)=\lambda(j\omega)=\frac{1}{K(j\omega)} \tag{4-26}$$

当 $\omega=0$ 时，有

$$K(j\omega)\,|_{\omega=0}=\frac{1}{G(j\omega)}\bigg|_{\omega=0}=k \tag{4-27}$$

即该机械结构的静刚度为 k。

当 $\omega\neq0$ 时，可以写出动刚度 $K(j\omega)$ 的幅值为

$$|K(j\omega)|=\sqrt{\left(1-\frac{\omega^2}{\omega_n^2}\right)^2+\left(\frac{2\zeta\omega}{\omega_n}\right)^2}\cdot k \tag{4-28}$$

其动刚度曲线如图 4-45 所示。对二阶系统幅频特性 $|G(j\omega)|$ 求偏导等于零，即

$$\frac{\partial\,|G(j\omega)|}{\partial\omega}=0$$

可求出二阶系统的谐振频率，即

$$\omega_r=\omega_n\sqrt{1-2\zeta^2},\quad 0\leqslant\zeta\leqslant0.707 \tag{4-29}$$

可见，二阶系统只有当 $0<\zeta<0.707$ 时才有谐振峰。

将式(4-29)代入幅频特性，可求出二阶系统谐振峰值为

$$M_r=|G(j\omega_r)|=\frac{1/k}{2\zeta\sqrt{1-\zeta^2}} \tag{4-30}$$

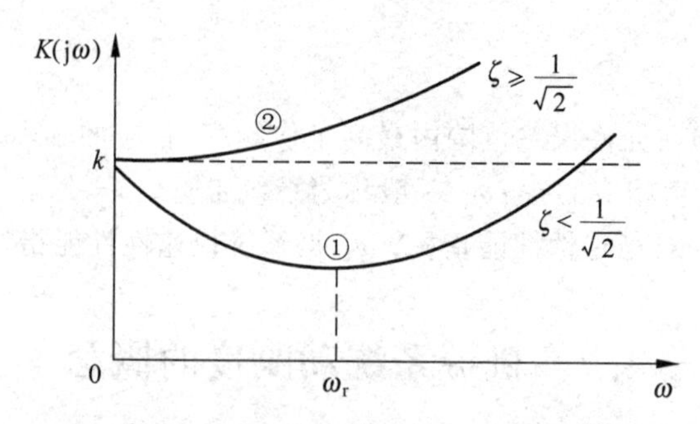

图 4-45 动刚度曲线机械系统动刚度的概念

此时,动柔度最大,而动刚度$|K(j\omega)|$则有最小值:

$$|K(j\omega)|_{\min} = 2\zeta\sqrt{1-\zeta^2} \cdot k \tag{4-31}$$

由式(4-29)和式(4-31)可知,当$\zeta \ll 1$时,$\omega_r \to \omega_n$,系统的最小动刚度幅值近似为

$$|K(j\omega)|_{\min} \approx 2\zeta k \tag{4-32}$$

由此可以看出,增加机械结构的阻尼比,能有效提高系统的动刚度。上述有关频率特性、机械阻尼、动刚度等概念及其分析可推广到高阶系统,具有普遍意义,并在工程实践中得到了应用。

因为$20\lg\frac{\sqrt{2}}{2} \approx -3\ \text{dB}$,由$|G(j\omega)| = \frac{\sqrt{2}}{2}|G(j0)|$,得二阶系统截止频率为

$$\omega_b = \omega_n\sqrt{\sqrt{4\zeta^4 - 4\zeta^2 + 2} - (2\zeta^2 - 1)}, \quad 0 \leqslant \zeta \leqslant 0.707 \tag{4-33}$$

4.8 借助 MATLAB 进行控制系统的频域响应分析

4.8.1 频率响应的计算方法

已知系统的传递函数模型为$G(s) = \frac{b_1 s^m + b_2 s^{m-1} + \cdots + b_m s + b_{m+1}}{a_1 s^n + a_2 s^{n-1} + \cdots + a_n s + a_{n+1}}$,则该系统的频率响应为

$$G(j\omega) = \frac{b_1(j\omega)^m + b_2(j\omega)^{m-1} + \cdots + b_m(j\omega) + b_{m+1}}{a_1(j\omega)^n + a_2(j\omega)^{n-1} + \cdots + a_n(j\omega) + a_{n+1}} \tag{4-34}$$

可以由下面的语句来实现,其中 w 代表角频率 ω,则

```
Gw = polyval(num,sqrt( - 1) * w)./polyval(den,sqrt( - 1) * w);
```

其中,num 和 den 分别为系统的分子、分母多项式系数向量。

4.8.2 频率响应曲线的绘制

MATLAB 提供了多种求取并绘制系统频率响应曲线的函数,如用伯德图绘制函数 bode(),用奈奎斯特曲线绘制函数 nyquist()等。其中,bode()函数的调用格式为

```
[m,p] = bode(num,den,w)
```

这里,num、den 和前面的叙述一样;w 为频率点构成的向量,该向量最好由 logspace()

函数构成。m、p 分别代表伯德图中的幅值向量和相位向量。如果用户只想绘制出系统的伯德图,而对获得幅值和相位的具体数值并不感兴趣,则可以由以下更简洁的格式调用 bode()函数:

```
bode(num,den,w)
```

或更简洁地

```
bode(num,den)
```

这时该函数会自动地根据模型的变化情况选择一个比较合适的频率范围。

奈奎斯特曲线绘制函数 nyquist()类似于 bode()函数,可以利用 help nyquist 来了解它的调用方法。

在分析系统性能的时候经常涉及系统的幅值裕量与相位裕量的问题,使用 Control 工具箱提供的 margin()函数可以直接求出系统的幅值裕量与相位裕量,该函数的调用格式为

```
[Gm,Pm,wcg,wcp] = margin(num,den)
```

可以看出,该函数能直接由系统的传递函数来求取系统的幅值裕量 Gm 和相位裕量 Pm,并求出幅值裕量和相位裕量处相应的频率值 wcg 和 wcp。

常用频域分析函数如下:

bode——频率响应伯德图;

nyquist——频率响应奈奎斯特图;

freqresp——求取频率响应数据;

margin——幅值裕量与相位裕量;

pzmap——零极点图。

使用时可以利用它们的帮助,如 help bode。

例 4-8 绘制系统 $G(s)=\dfrac{50}{25s^2+2s+1}$ 的伯德图。

解:下列 MATLAB Program1 将给出该系统对应的伯德图,如图 4-46 所示。

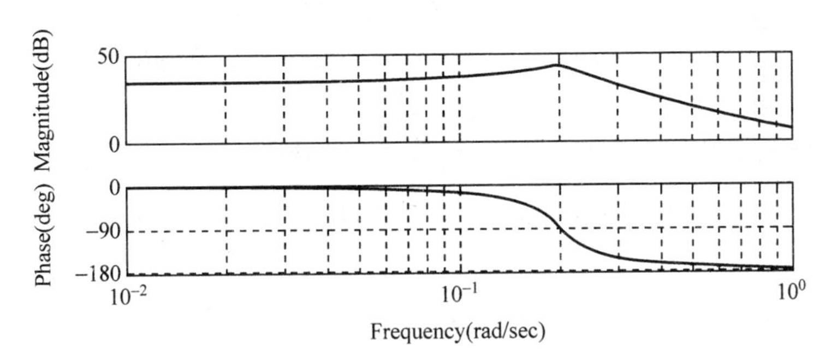

图 4-46 $G(s)=50/(25s^2+2s+1)$的伯德图

```
----MATLAB Program1----
  num = [0,0,50];
  den = [25,2,1];
```

```
bode(num,den)
grid
```

如果希望从0.01～1000 rad/s画伯德图,可输入下列命令:

```
w = logspace( - 2,3,100)
bode(num,den,w)
```

该命令在0.01～100 rad/s之间产生100个在对数刻度上等距离的点。

例 4-9 绘制系统 $G(s)=\dfrac{10(s+3)}{s(s+2)(s^2+s+2)}$ 的伯德图。

解:下列 MATLAB Program2 将给出该系统对应的伯德图,如图 4-47 所示。

```
----MATLAB Program2----
  num = [10,30];
  den1 = [1,2,0];
  den2 = [1,1,2];
  den = conv(den1,den2)
  w = logspace( - 2,3,100)
  bode(num,den,w)
  grid
```

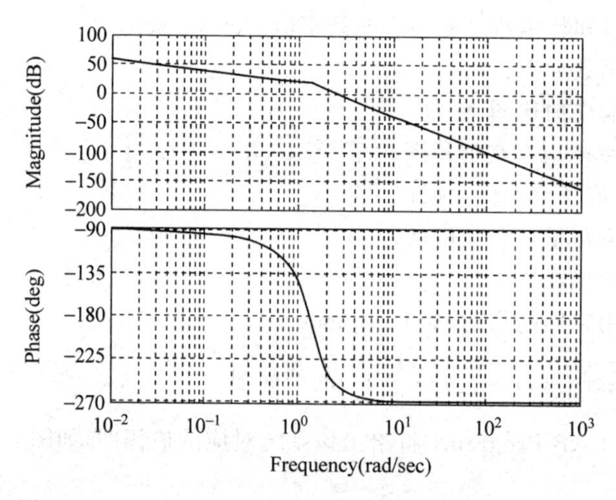

图 4-47 $G(s)=10(s+3)/[s(s+2)(s^2+s+2)]$的伯德图

例 4-10 绘制系统 $G(s)=\dfrac{50}{25s^2+2s+1}$ 的奈奎斯特图。

解:下列 MATLAB Program3 将给出该系统对应的奈奎斯特图,如图 4-48 所示。

```
----MATLAB Program3----
  num = [0,0,50];
  den = [25,2,1];
  nyquist(num,den)
  grid
```

本章讨论了控制系统的频率特性。频率响应是时间响应的特例,是控制系统对正弦输入信号的稳态响应。而频率特性是系统对不同频率正弦输入信号的响应特性。

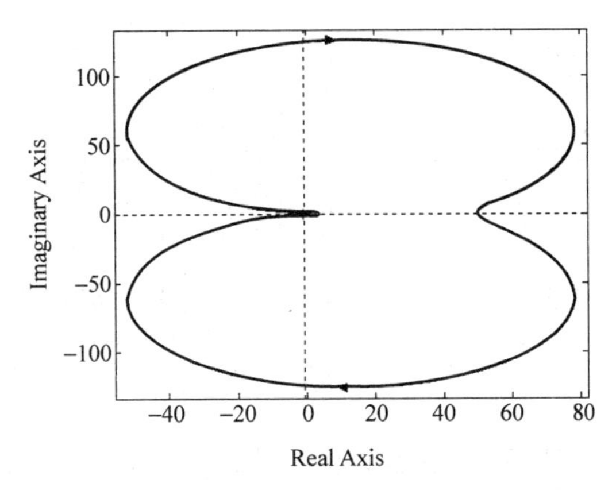

图 4-48 $G(s)=50/(25s^2+2s+1)$的奈奎斯特图

频率特性分析法(频域法)是利用系统的频率特性来分析系统性能的方法,研究的问题仍然是系统的稳定性、快速性和准确性等(见后续章节),是工程上广为采用的控制系统分析和综合的方法。

频率特性分析法是一种图解的分析方法。不必直接求解系统输出的时域表达式,可以间接地运用系统的开环频率特性去分析闭环系统的响应性能,不需要求解系统的闭环特征根。

系统的频域指标和时域指标之间存在着对应关系。频率特性分析中大量使用简洁的曲线、图表及经验公式,使得控制系统的分析十分方便、直观。

例题及习题

本章要求学生掌握频率特性的概念,明确频率特性与传递函数的关系,掌握频率特性的表示方法、各基本环节及系统的奈氏图和伯德图的画法、闭环频率特性及相应的性能指标,为频域分析系统的稳定性以及综合校正打下基础。要求学生能够由已知的系统传递函数画出奈氏图和伯德图,也能够根据系统频率特性曲线求出系统的传递函数,同时了解系统的动刚度与动柔度的概念。

例题

1. 某系统传递函数为$G(s)=\dfrac{7}{3s+2}$,当输入为$\dfrac{1}{7}\sin\left(\dfrac{2}{3}t+45°\right)$时,试求其稳态输出。

解:当给一个线性系统输入正弦函数信号时,其系统输出为与输入同频率的正弦信号,其输出的幅值与相角取决于系统幅频特性与相频特性。

已知$G(s)=\dfrac{7}{3s+2}$,则

$$G(\mathrm{j}\omega)=\frac{7}{3\mathrm{j}\omega+2}$$

$$A(\omega)=\frac{7}{\sqrt{9\omega^2+4}}$$

$$\phi(\omega)=-\arctan\left(\frac{3\omega}{2}\right)$$

又有 $x_i(t)=\frac{1}{7}\sin\left(\frac{2}{3}t+45°\right)$，则

$$\frac{1}{7}A\left(\frac{2}{3}\right)=\frac{1}{7}\times\frac{7}{\sqrt{9\times\left(\frac{2}{3}\right)^2+4}}=\frac{\sqrt{2}}{4}$$

$$\phi\left(\frac{2}{3}\right)+45°=-\arctan\left(\frac{3}{2}\times\frac{2}{3}\right)+45°=0°$$

所以
$$x_o(t)=\frac{\sqrt{2}}{4}\sin\left(\frac{2}{3}t\right)$$

2. 某最小相位系统的开环频响实验数据见例表 4-2，试画出其对数幅频特性，并确定其传递函数。

解：首先根据例表 4-2 的数据绘出如例图 4-2 所示的系统幅频特性曲线。

例表 4-2

f/Hz	0.1	0.2	0.3	0.7	1.0	1.5	2.0
G/dB	34	28	24.6	14.2	8	1.5	−3.5
f/Hz	2.5	4.0	5.0	6.0	9.0	20	35
G/dB	−7.2	−12.5	−14.7	−16.0	−17.5	−17.5	−17.5

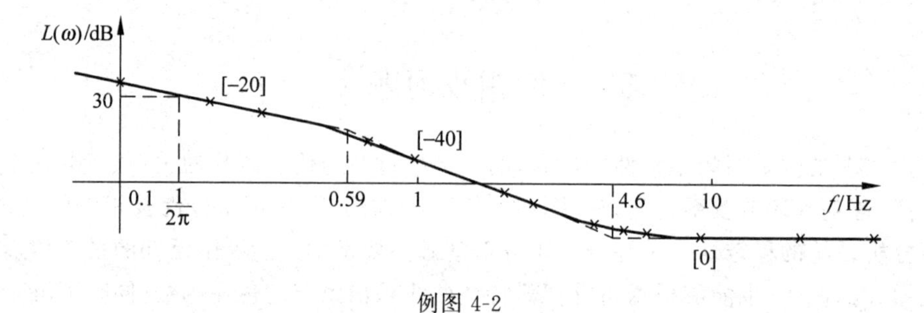

例图 4-2

将绘出的曲线用折线逼近，得

$$G(s)=\frac{K(T_2s+1)^2}{s(T_1s+1)}$$

因为 $\omega=1$ rad/s 即 $f=\frac{1}{2\pi}$ Hz，所以该频率点的幅值由曲线可见为 30 dB。

解 $20\lg K=30$ dB，得 $K\approx31.6$。由例图 4-2 测得转角频率 $f_1=0.59$ Hz，$f_2=4.6$ Hz，则

$$T_1\approx\frac{1}{2\pi\times0.59}\ \mathrm{s}\approx0.27\ \mathrm{s}$$

$$T_2\approx\frac{1}{2\pi\times4.6}\ \mathrm{s}\approx0.035\ \mathrm{s}$$

所以所测系统的传递函数近似为

$$G(s)=\frac{31.6(0.035s+1)^2}{s(0.27s+1)}$$

习题

4-1 用分贝数(dB)表达下列量：

(1) 2； (2) 5； (3) 10； (4) 40；

(5) 100； (6) 0.01； (7) 1； (8) 0。

4-2 当频率 $\omega_1=2$ rad/s 和 $\omega_2=20$ rad/s 时，试确定下列传递函数的幅值和相角：

(1) $G_1(s)=\dfrac{10}{s}$； (2) $G_2(s)=\dfrac{1}{s(0.1s+1)}$。

4-3 试求下列函数的幅频特性 $A(\omega)$、相频特性 $\phi(\omega)$、实频特性 $U(\omega)$ 和虚频特性 $V(\omega)$：

(1) $G_1(\mathrm{j}\omega)=\dfrac{5}{30\mathrm{j}\omega+1}$； (2) $G_2(\mathrm{j}\omega)=\dfrac{1}{\mathrm{j}\omega(0.1\mathrm{j}\omega+1)}$。

4-4 某系统传递函数 $G(s)=\dfrac{5}{0.25s+1}$，当输入为 $5\cos(4t-30°)$ 时，试求系统的稳态输出。

4-5 某单位反馈的二阶Ⅰ型系统，其最大超调量为16.3%，峰值时间为114.6 ms。试求其开环传递函数，并求出闭环谐振峰值 M_r 和谐振频率 ω_r。

4-6 题图4-6均是最小相位系统的开环对数幅频特性曲线，试写出其开环传递函数。

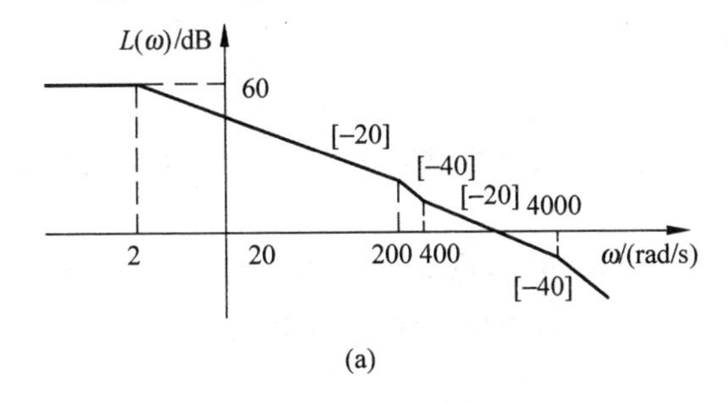

(a)

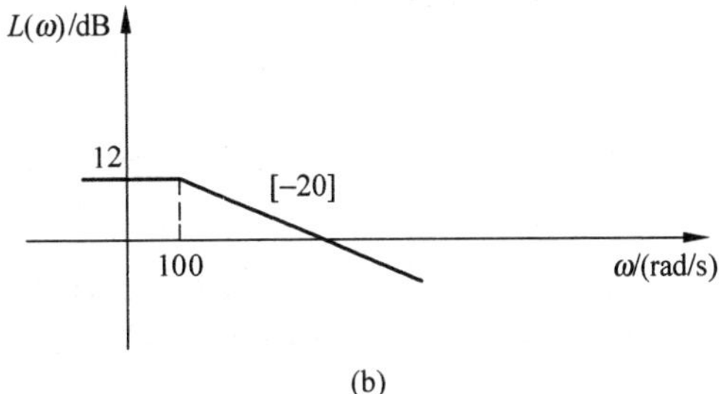

(b)

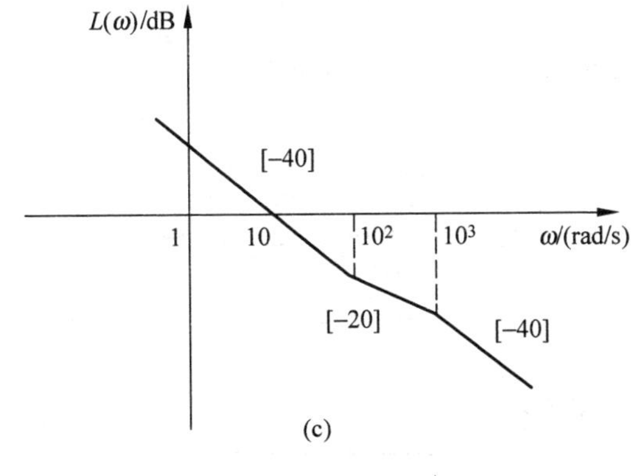

(c)

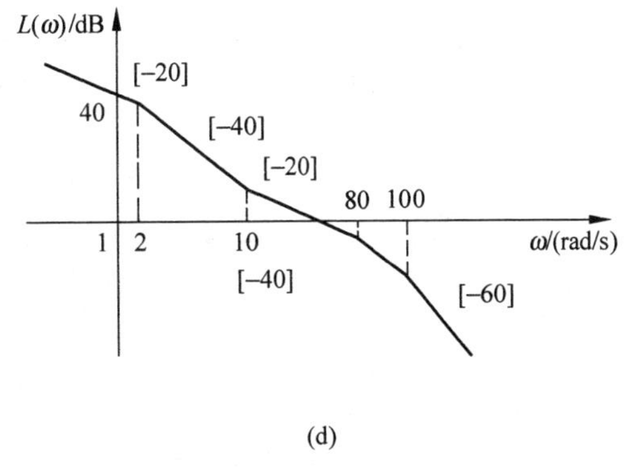

(d)

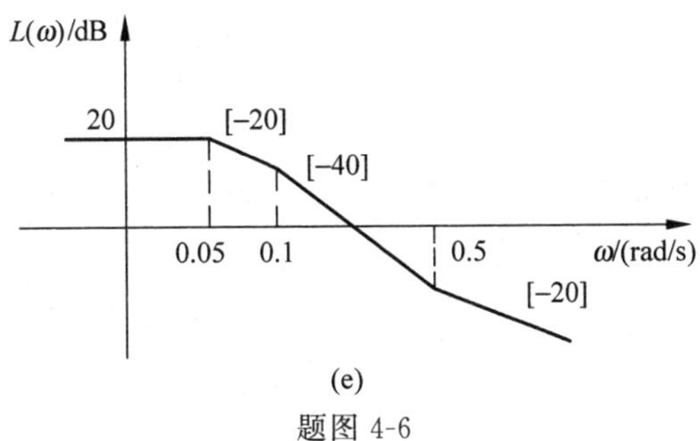

(e)

题图 4-6

4-7 某单位反馈系统的开环传递函数 $G(s)=\dfrac{12.5}{s(0.04s+1)(0.005s+1)}$，试证明其伯德图的 $\omega_c\approx12.5\ \mathrm{rad/s}$，$\omega_{-\pi}\approx10\sqrt{50}\approx70\ \mathrm{rad/s}$。画出闭环幅频特性的大致图形。当 $k=25$ 时，闭环幅频特性有什么变化？

4-8 试画出下列传递函数的伯德图：

(1) $G(s)=\dfrac{20}{s(0.5s+1)(0.1s+1)}$；　(2) $G(s)=\dfrac{2s^2}{(0.4s+1)(0.04s+1)}$；

(3) $G(s)=\dfrac{50(0.6s+1)}{s^2(4s+1)}$；　(4) $G(s)=\dfrac{7.5(0.2s+1)(s+1)}{s(s^2+16s+100)}$。

4-9 系统的开环传递函数为

$$G(s)=\frac{K(T_as+1)(T_bs+1)}{s^2(T_1s+1)},\quad K>0$$

试画出下面两种情况的奈氏图：

(1) $T_a>T_1>0$，$T_b>T_1>0$；

(2) $T_1>T_a>0$，$T_1>T_b>0$。

4-10 某对象的微分方程是

$$T\frac{\mathrm{d}x(t)}{\mathrm{d}t}+x(t)=\tau\frac{\mathrm{d}u(t)}{\mathrm{d}t}+u(t)$$

其中，$T>\tau>0$，$u(t)$为输入量，$x(t)$为输出量。试画出其对数幅频特性，并在图中标出各转角频率。

4-11 题图4-11列出了7个系统的伯德图和5个电网络图，找出每个网络对应的伯德图，并指出是高通、低通、带通，还是带阻；是超前、滞后，还是超前-滞后组合。

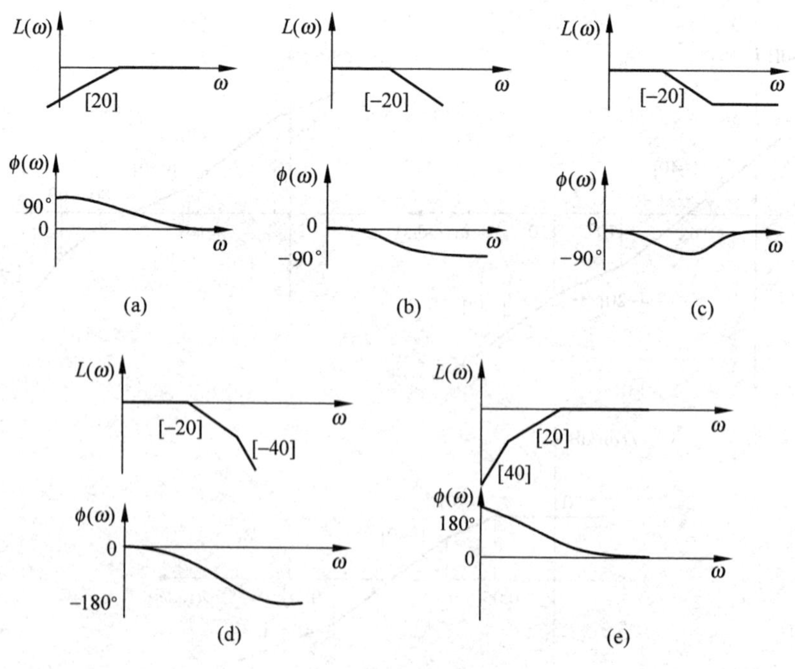

题图 4-11

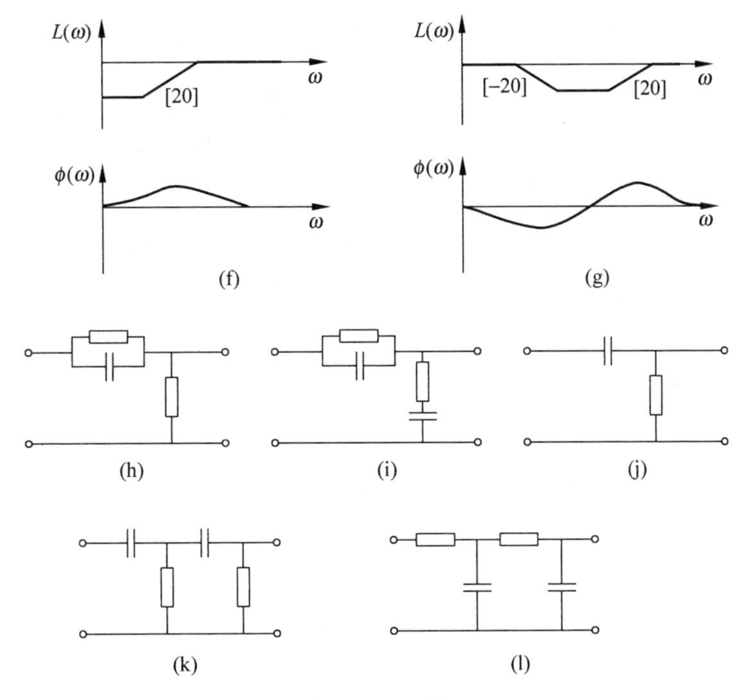

题图 4-11 （续）

4-12 下面的各传递函数能否在题图 4-12 中找到相应的奈氏曲线？

(1) $G_1(s)=\dfrac{0.2(4s+1)}{s^2(0.4s+1)}$；

(2) $G_2(s)=\dfrac{0.14(9s^2+5s+1)}{s^3(0.3s+1)}$；

(3) $G_3(s)=\dfrac{K(0.1s+1)}{s(s+1)}, K>0$；

(4) $G_4(s)=\dfrac{K}{(s+1)(s+2)(s+3)}, K>0$；

(5) $G_5(s)=\dfrac{K}{s(s+1)(0.5s+1)}, K>0$；

(6) $G_6(s)=\dfrac{K}{(s+1)(s+2)}, K>0$。

4-13 写出题图 4-13(a)和(b)所示最小相位系统的开环传递函数。

4-14 试确定下列系统的谐振峰值、谐振频率及频带宽：

$$\frac{X_o(j\omega)}{X_i(j\omega)}=\frac{5}{(j\omega)^2+2(j\omega)+5}$$

4-15 试画出下列系统的奈氏图：

(1) $G(s)=\dfrac{1}{(s+1)(2s+1)}$；

(2) $G(s)=\dfrac{1}{s^2(s+1)(2s+1)}$；

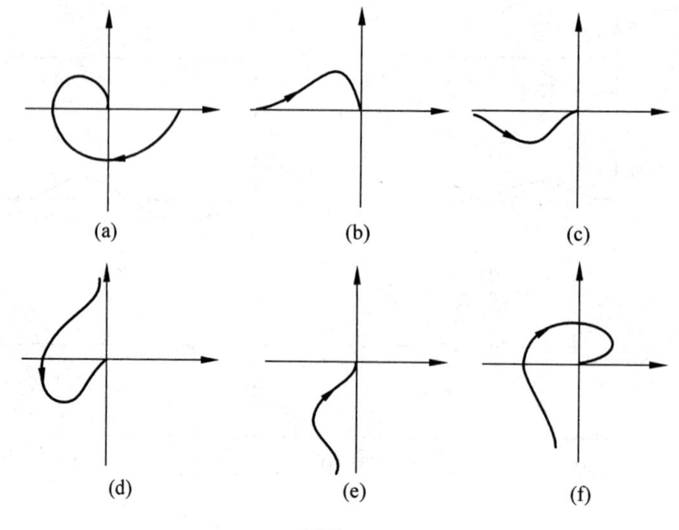

题图 4-12

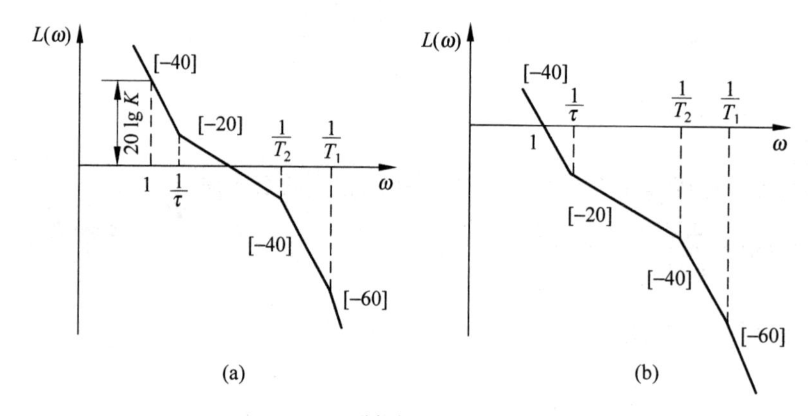

题图 4-13

(3) $G(s)=\dfrac{(0.2s+1)(0.025s+1)}{s^2(0.005s+1)(0.001s+1)}$。

4-16 某单位反馈系统的开环传递函数为 $G(s)=\dfrac{1}{s(s+1)^2}$，试求其剪切频率，并求出该频率对应的相角。

4-17 对于题图 4-17 所示的系统，试求出满足 $M_r=1.04$，$\omega_r=11.55\ \text{rad/s}$ 的 K 和 a 值，并计算系统取此参数时的频带宽。

4-18 已知某二阶反馈控制系统的最大超调量为 25%，试求相应的阻尼比和谐振峰值。

4-19 某单位反馈系统的开环传递函数为 $G(s)=\dfrac{10}{s+1}$，试求下列输入时输出 x_o 的稳态响应表达式：

(1) $x_i(t)=\sin(t+30°)$；　　(2) $x_i(t)=2\cos(2t-45°)$。

4-20 某系统如题图 4-20 所示，当 a 分别为 1,4,8,16,256 时，求其 M_p，t_p，t_s，并画出开环

对数幅频特性图，求出 ω_c 和 ω_c 对应的角度值。

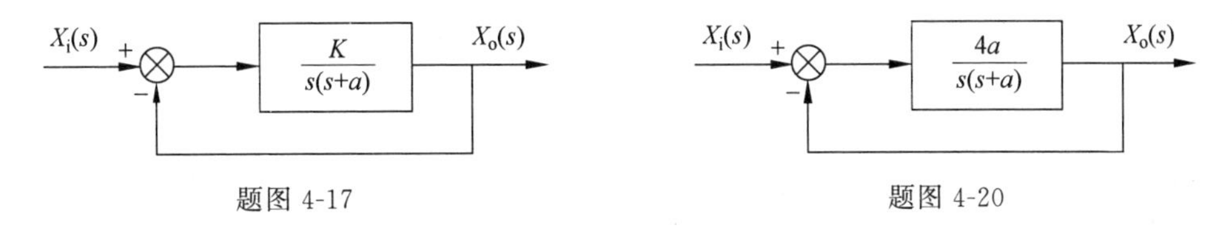

题图 4-17　　　　题图 4-20

4-21　对于题图 4-21 所示的最小相位系统，试写出其传递函数。

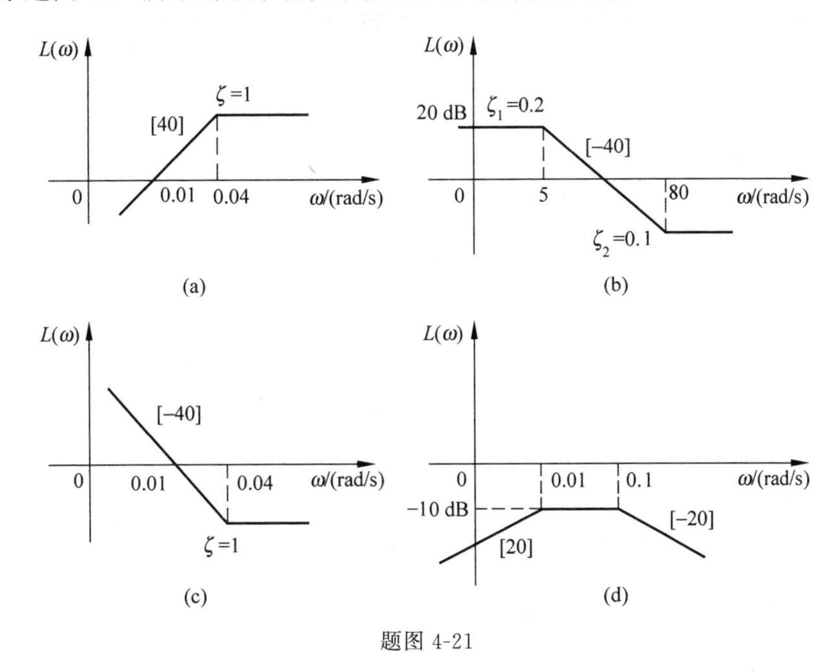

题图 4-21

5 控制系统的稳定性分析

控制系统能在实际中应用的首要前提是系统必须稳定。分析系统的稳定性是控制理论的最重要组成部分之一。控制理论对于判别一个线性定常系统是否稳定提供了多种方法。本章着重介绍几种常用的稳定判据,以及提高系统稳定性的方法。在介绍系统稳定性的基本概念并引出系统稳定的充分必要条件之后,讲述代数判据(Routh 与 Hurwitz 判据);然后,重点阐述 Nyquist 稳定性判据,即如何通过开环系统频率特性来判定相应的闭环系统的稳定性。在此基础上,进而讨论系统的相对稳定性问题。这些内容,对于分析和设计系统都是十分重要的。

5.1 系统稳定性的基本概念

如果一个系统受到扰动,偏离了原来的平衡状态,而当扰动取消后,经过充分长的时间,这个系统又能够以一定的精度恢复到原来的状态,则称系统是稳定的。否则,称这个系统是不稳定的。

例如,图 5-1(a)所示是一个摆的示意图。设在外界干扰作用下,摆由原来平衡点 M 偏到新的位置 b。当外力去掉后,显然摆在重力作用下,将围绕点 M 反复振荡,经过一定时间,当摆因受空气阻尼使其能量耗尽后,摆又停留在平衡点 M 上。像这样的平衡点 M 就称为稳定的平衡点。对于一个倒摆,如图 5-1(b)所示,一旦离开了平衡点 d,即使外力消失,无论经过多少时间,摆也不会回到原平衡点 d 上来。这样的平衡点 d,称为不稳定平衡点。

再如图 5-2 所示的小球。点 a 是稳定平衡点,因为作用于小球上的有限干扰力消失后,小球总能回到点 a;而点 b、点 c 为不稳定平衡点,因为只要有干扰力作用于小球,小球便不再回到点 b 或 c。

上述两个实例说明系统的稳定性反映在干扰消失后的过渡过程的性质上。这样,在干扰消失的时刻,系统与平衡状态的偏差可以看作是系统的初始偏差。因此,控制系统的稳定性也可以这样来定义:若控制系统在任何足够小的初始偏差的作用下,其过渡过程随着时间的推移,逐渐衰减并趋于零,具有恢复原平衡状态的性能,则称该系统为稳定;否则,称该系统为不稳定。

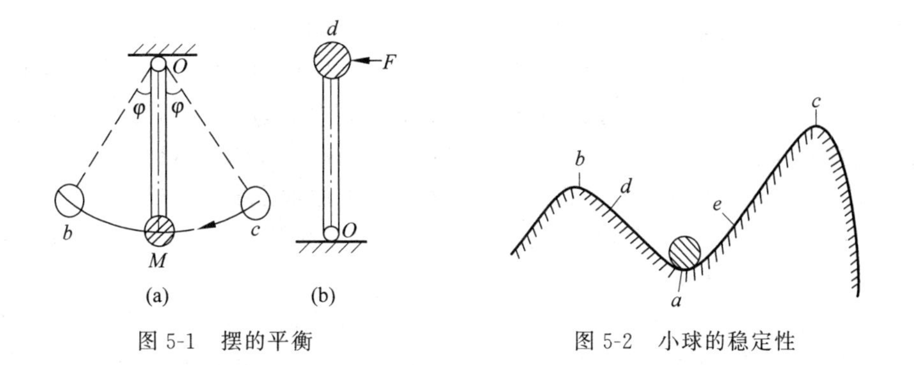

图 5-1 摆的平衡　　图 5-2 小球的稳定性

5.2 系统稳定的充要条件

对于图 5-3 所示典型控制系统，有

$$\frac{X_o(s)}{N(s)}=\frac{G_2(s)}{1+G_1(s)G_2(s)H(s)}=\frac{b_0s^m+b_1s^{m-1}+\cdots+b_{m-1}s+b_m}{a_0s^n+a_1s^{n-1}+\cdots+a_{n-1}s+a_n}$$

设 $n(t)$为单位脉冲函数，$n(t)=\delta(t)$，$N(s)=1$

$$X_o(s)=\frac{X_o(s)}{N(s)}=\frac{b_0s^m+b_1s^{m-1}+\cdots+b_{m-1}s+b_m}{a_0s^n+a_1s^{n-1}+\cdots+a_{n-1}s+a_n}$$

$$=\sum_i\frac{c_i}{s+\sigma_i}+\sum_j\left(\frac{d_j}{s^2+2\zeta_j\omega_js+\omega_j^2}+\frac{e_js}{s^2+2\zeta_j\omega_js+\omega_j^2}\right)$$

由于

$$\frac{1}{s+\sigma}\ \text{对应时域中}\ e^{-\sigma t}$$

$$\frac{1}{s^2+2\zeta\omega s+\omega^2}\ \text{对应时域中}\ \frac{1}{\omega\sqrt{1-\zeta^2}}e^{-\zeta\omega t}\sin\omega\sqrt{1-\zeta^2}\,t$$

$$\frac{s}{s^2+2\zeta\omega s+\omega^2}\ \text{对应时域中}\ \frac{-1}{\sqrt{1-\zeta^2}}e^{-\zeta\omega t}\sin\left(\omega\sqrt{1-\zeta^2}\,t-\arctan\frac{\sqrt{1-\zeta^2}}{\zeta}\right)$$

则

$$x_o(t)=\sum_i f_ie^{-\sigma_it}+\sum_j g_je^{-\zeta_j\omega_jt}\sin(\omega_j\sqrt{1-\zeta_j^2}\,t+\varphi_j)$$

按照稳定性定义，如果系统稳定，当时间趋近于无穷大时，该输出趋近于零，即

$$\underset{t\to+\infty}{x_o(t)}=0 \tag{5-1}$$

图 5-3 控制系统方块图

当$-\sigma_i<0$，$-\zeta_j\omega_j<0$ 时，式(5-1)成立，以上条件形成系统稳定的充分必要条件。这里可以看到，稳定性是控制系统自身的固有特性，它取决于系统本身的结构和参数，而与输入

无关。对于纯线性系统来说,系统的稳定与否并不与初始偏差的大小有关。如果这个系统是稳定的,就叫作大范围稳定的系统。但这种纯线性系统在实际中并不存在。我们所研究的线性系统大多是经过“小偏差”线性化处理后得到的线性系统,因此用线性化方程来研究系统的稳定性时,就只限于讨论初始偏差不超出某一范围时的稳定性,称之为“小偏差”稳定性。这种“小偏差”稳定性在实际中仍有一定的意义。控制理论中所讨论的稳定性其实都是指自由振荡下的稳定性,也就是说,是讨论输入为零,系统仅存在初始偏差不为零时的稳定性,即讨论自由振荡是收敛的还是发散的。

设线性系统具有一个平衡点,对该平衡点来说,当输入信号为零时,系统的输出信号也为零。当干扰信号作用于系统时,其输出信号将偏离工作点,输出信号本身就是控制系统在初始偏差影响下的响应过程。若系统稳定,则输出信号经过一定的时间就能以足够精确的程度恢复到原平衡工作点,即随着时间的推移趋近于零。若系统不稳定,则输出信号就不可能回到原平衡工作点。

式(5-1)中,$-\sigma_i$ 和 $-\zeta_j\omega_j$ 对应闭环系统传递函数特征根的实部,因此对于线性定常系统,若系统所有特征根的实部均为负值,则受脉冲干扰的零输入响应最终将衰减到零,这样的系统就是稳定的。反之,若特征根中有一个或多个根具有正实部时,则零输入响应将随时间的推移而发散,这样的系统就是不稳定的。

由此,可得出控制系统稳定的另一个充分必要条件是:系统特征方程式的根全部具有负实部。系统特征方程式的根就是闭环极点,所以控制系统稳定的充分必要条件也可说成是闭环传递函数的极点全部具有负实部,或说闭环传递函数的极点全部在 s 平面的左半平面。

从系统特征根的分布判别稳定性

5.3 代数稳定性判据

线性定常系统稳定的充要条件是特征方程的根具有负实部。因此,判别其稳定性,要解系统特征方程的根。但当系统阶数高于 4 时,求解特征方程将会遇到较大的困难,计算工作将相当麻烦。为避开对特征方程的直接求解,可讨论特征根的分布,看其是否全部具有负实部,并以此来判别系统的稳定性,这样也就产生了一系列稳定性判据。其中,最主要的一个判据就是 1884 年由 E. J. Routh 提出的判据,根据特征方程的各项系数判断系统稳定性的方法,称为劳斯(Routh)判据。1895 年,A. Hurwitz 又提出了根据特征方程的各项系数来判别系统稳定性的另一方法,称为赫尔维茨(Hurwitz)判据。

5.3.1 劳斯稳定性判据

这一判据是基于方程式的根与系数的关系而建立的。设系统特征方程为

$$
\begin{aligned}
& a_0s^n + a_1s^{n-1} + \cdots + a_{n-1}s + a_n \\
&= a_0\left(s^n + \frac{a_1}{a_0}s^{n-1} + \cdots + \frac{a_{n-1}}{a_0}s + \frac{a_n}{a_0}\right) \\
&= a_0(s-s_1)(s-s_2)\cdots(s-s_n) \\
&= 0 \qquad (5\text{-}2) \\
& (a_0>0)
\end{aligned}
$$

式中,$s_1, s_2, \cdots, s_n$ 为系统的特征根。

将式(5-2)的因式乘开,由对应项系数相等,可求得根与系数的关系为

$$\begin{cases} \dfrac{a_1}{a_0}=-(s_1+s_2+\cdots+s_n) \\ \dfrac{a_2}{a_0}=+(s_1s_2+s_1s_3+\cdots+s_{n-1}s_n) \\ \dfrac{a_3}{a_0}=-(s_1s_2s_3+s_1s_2s_4+\cdots+s_{n-2}s_{n-1}s_n) \\ \qquad\vdots \\ \dfrac{a_n}{a_0}=(-1)^n(s_1s_2s_3\cdots s_{n-2}s_{n-1}s_n) \end{cases} \tag{5-3}$$

从式(5-3)可知,要使全部特征根 $s_1,s_2,\cdots,s_n$ 均具有负实部,就必须满足以下两个条件:

(1) 特征方程的各项系数 $a_i(i=0,1,2,\cdots,n)$都不等于零。因为若有一个系数为零,则必出现实部为零的特征根或实部有正有负的特征根,才能满足式(5-3)。此时系统为临界稳定(根在虚轴上)或不稳定(根的实部为正)。

(2) 特征方程的各项系数 a_i 的符号都相同,才能满足式(5-3)。按照惯例,a_i 一般取正值,上述两个条件可归结为系统稳定的一个必要条件,即 $a_i>0$。但这只是一个必要条件,即使上述条件已满足,系统仍可能不稳定,因为它不是充分条件。

要使全部特征根均具有负实部,首先必须满足以下两个必要条件:

(1) 特征方程的各项系数 $a_i(i=0,1,2,\cdots,n)$都不等于零;

(2) 特征方程的各项系数 a_i 的符号都相同。

同时,如果劳斯阵列中第一列所有项均为正号,则系统一定稳定。

劳斯阵列为

$$\begin{array}{llllll} s^n & a_0 & a_2 & a_4 & a_6 & \cdots \\ s^{n-1} & a_1 & a_3 & a_5 & a_7 & \cdots \\ s^{n-2} & b_1 & b_2 & b_3 & b_4 & \cdots \\ s^{n-3} & c_1 & c_2 & c_3 & c_4 & \cdots \\ \vdots & \vdots & \vdots & \vdots & & \\ s^2 & u_1 & u_2 & & & \\ s^1 & v_1 & & & & \\ s^0 & w_1 & & & & \end{array}$$

其中,系数根据下列公式计算:

$$b_1=\frac{a_1a_2-a_0a_3}{a_1}$$

$$b_2=\frac{a_1a_4-a_0a_5}{a_1}$$

$$b_3=\frac{a_1a_6-a_0a_7}{a_1}$$

$$\vdots$$

系数 b_i 的计算，一直进行到其余的 b_i 值都等于零时为止，用同样的前两行系数交叉相乘再除以前一行第一个元素的方法，可以计算 c、d、e 等各行的系数：

$$c_1=\frac{b_1a_3-a_1b_2}{b_1}$$

$$c_2=\frac{b_1a_5-a_1b_3}{b_1}$$

$$c_3=\frac{b_1a_7-a_1b_4}{b_1}$$

$$\vdots$$

$$d_1=\frac{c_1b_2-b_1c_2}{c_1}$$

$$\vdots$$

这种过程一直进行到最后一行被算完为止。系数的完整阵列呈现为倒三角形。在展开的阵列中，为了简化其后的数值计算，可用一个正整数去除或乘某一整行的所有元素。这时，并不改变稳定性结论。劳斯判据还说明，实部为正的特征根数，等于劳斯阵列中第一列的系数符号改变的次数。

例 5-1 设控制系统的特征方程式为 $s^4+8s^3+17s^2+16s+5=0$，试应用劳斯稳定判据判断系统的稳定性。

解：首先，由方程系数均为正可知已满足稳定的必要条件。其次，排劳斯阵列：

$$\begin{array}{llll} s^4 & 1 & 17 & 5 \\ s^3 & 8 & 16 & \\ s^2 & 15 & 5 & \\ s^1 & 40/3 & & \\ s^0 & 5 & & \end{array}$$

由劳斯阵列的第一列看出，第一列中系数符号全为正值，所以控制系统稳定。

例 5-2 设控制系统的特征方程式为 $s^4+2s^3+3s^2+4s+3=0$，试应用劳斯稳定判据判断系统的稳定性。

解：首先，由方程系数均为正可知已满足稳定的必要条件。其次，排劳斯阵列：

$$\begin{array}{llll} s^4 & 1 & 3 & 3 \\ s^3 & 2 & 4 & \\ s^2 & 1 & 3 & \\ s^1 & -2 & & \\ s^0 & 3 & & \end{array}$$

由劳斯阵列的第一列看出，第一列中系数符号不全为正值，且从 $+1\rightarrow-2\rightarrow+3$，改变符号两次，说明闭环系统有两个正实部的根，即在 s 右半面有两个闭环极点，所以控制系统不稳定。

对于特征方程阶次低($n\leqslant3$)的系统，劳斯判据可以化为不等式组的简单形式，以便于应用。

二阶系统特征式为 $a_0s^2+a_1s+a_2$，劳斯表为

$$\begin{array}{lll} s^2 & a_0 & a_2 \\ s^1 & a_1 & \\ s^0 & a_2 & \end{array}$$

故二阶系统稳定的充要条件是

$$a_0 > 0,\quad a_1 > 0,\quad a_2 > 0 \tag{5-4}$$

三阶系统特征式为 $a_0 s^3 + a_1 s^2 + a_2 s + a_3$，劳斯表为

$$\begin{array}{lll} s^3 & a_0 & a_2 \\ s^2 & a_1 & a_3 \\ s^1 & \dfrac{a_1 a_2 - a_0 a_3}{a_1} & \\ s^0 & a_3 & \end{array}$$

故三阶系统稳定的充要条件是

$$a_0 > 0,\quad a_1 > 0,\quad a_2 > 0,\quad a_3 > 0,\quad a_1 a_2 > a_0 a_3 \tag{5-5}$$

例 5-3 设某反馈控制系统如图 5-4 所示，试计算使系统稳定的 K 值范围。

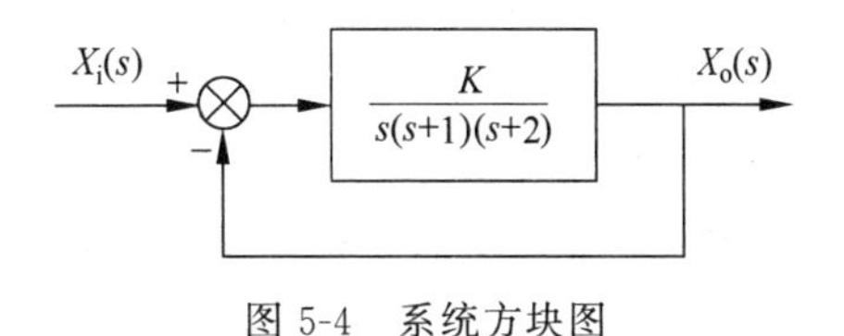

图 5-4 系统方块图

解：系统闭环传递函数为

$$\frac{X_o(s)}{X_i(s)} = \frac{K}{s(s+1)(s+2)+K}$$

特征方程为

$$s(s+1)(s+2)+K = s^3 + 3s^2 + 2s + K = 0$$

根据三阶系统稳定的充要条件，可知使系统稳定需满足

$$\begin{cases} K > 0 \\ 2 \times 3 > K \times 1 \end{cases}$$

解之，得到使系统稳定的 K 值范围为

$$0 < K < 6$$

如果在劳斯阵列表中任意一行的第一个元素为零，而后各元素不为零，则在计算下一行元素时，该元素必将趋于无穷。于是，劳斯阵列表的计算将无法进行。为了克服这一困难，可以用一个很小的正数 ε 来代替第一列等于零的元素，然后再计算其他各元素。

例 5-4 设某系统的特征方程式为 $s^4 + 2s^3 + s^2 + 2s + 1 = 0$，试用劳斯判据判别系统的稳定性。

解：劳斯阵列表为

$$\begin{array}{llll} s^4 & 1 & 1 & 1 \\ s^3 & 2 & 2 & \\ s^2 & 0(\text{记作 } \varepsilon)(\varepsilon \to 0) & 1 & \\ s^1 & 2 - \dfrac{2}{\varepsilon} & & \\ s^0 & 1 & & \end{array}$$

由于第一列各元素符号不完全一致，所以系统不稳定，第一列各元素符号改变次数为

2,因此有两个具有正实部的根。

例 5-5 设某系统特征方程为 $s^3+2s^2+s+2=0$,试用劳斯判据判别系统的稳定性。

解:劳斯阵列表为

s^3	1	1
s^2	2	2
s^1	0(记作 ε)	
s^0	2	

由于第一列中各元素除 ε 外均为正,故没有正实部的根,s^1 行为 0,说明有虚根存在。实际上,

$$s^3+2s^2+s+2=(s^2+1)(s+2)=0$$

其根为 $\pm j,-2$,系统为临界稳定。

如果在劳斯阵列表中,某行的各元素全部为零。在这种特殊情况下,可利用该行的上一行的元素构成一个辅助多项式,并利用这个多项式对 s 求导得到多项式的系数组成劳斯阵列表中的下一行,然后继续往下做。

例 5-6 设某系统特征方程为 $s^6+2s^5+8s^4+12s^3+20s^2+16s+16=0$,试用劳斯判据判别系统的稳定性。

解:计算劳斯表中各元素并列表如下:

s^6	1	8	20	16	
s^5	2	12	16		
s^4	1	6	8		(用 2 除整行得此)
s^3	0	0	0		

由上表可知,s^3 行的各元素全部为零。利用该行的上一行的元素构成一个辅助多项式,并利用这个多项式对 s 求导得到的系数组成劳斯阵列表中的下一行。同时可利用辅助多项式构成辅助方程,解出特征根。本例可以得到下列辅助多项式:

$$A(s)=s^4+6s^2+8$$

将辅助多项式对 s 求导,得一新的多项式:

$$\frac{dA(s)}{ds}=4s^3+12s$$

用上式的各项系数作为 s^3 行的各项元素,并根据此行再计算劳斯表中 $s^2\sim s^0$ 行各项元素,得到劳斯阵列表:

s^6	1	8	20	16	
s^5	2	12	16		
s^4	1	6	8		(用 2 除整行)
s^3	0(记作 4)	0(记作 12)			
s^2	3	8			
s^1	4/3				
s^0	8				

从上表可知,第一列系数没有变号,说明系统没有右根,但是因为 s^3 行的各项系数全为

零,说明虚轴上有共轭虚根,其根可由辅助方程求得,该例的辅助方程是

$$s^4+6s^2+8=0$$

解上述辅助方程,求系统特征方程的共轭虚根:

$$s^4+6s^2+8=(s^2+2)(s^2+4)=0$$

故

$$s_{1,2}=\pm\sqrt{2}\mathrm{j},\quad s_{3,4}=\pm 2\mathrm{j}$$

系统处于临界稳定。

5.3.2 赫尔维茨稳定性判据

设系统特征方程为

$$a_0s^n+a_1s^{n-1}+\cdots+a_{n-1}s+a_n=0,\quad a_0>0 \tag{5-6}$$

各系数排成如下的 $n\times n$ 阶行列式:

$$\Delta=\begin{vmatrix} a_1 & a_3 & a_5 & \cdots & 0 \\ a_0 & a_2 & a_4 & \cdots & 0 \\ 0 & a_1 & a_3 & \cdots & 0 \\ 0 & a_0 & a_2 & \cdots & 0 \\ 0 & 0 & \vdots & 0 & 0 \\ \vdots & \cdots & \cdots & \cdots & \vdots \\ 0 & \cdots & \cdots & a_{n-1} & 0 \\ 0 & \cdots & \cdots & a_{n-2} & a_n \end{vmatrix} \tag{5-7}$$

系统稳定的充分必要条件是:主行列式 Δ_n 及其对角线上各子行列式 $\Delta_1,\Delta_2,\cdots,\Delta_{(n-1)}$ 均具有正值,即

$$\begin{gathered} \Delta_1=a_1>0 \\ \Delta_2=\begin{vmatrix} a_1 & a_3 \\ a_0 & a_2 \end{vmatrix}>0 \\ \Delta_3=\begin{vmatrix} a_1 & a_3 & a_5 \\ a_0 & a_2 & a_4 \\ 0 & a_1 & a_3 \end{vmatrix}>0 \\ \vdots \end{gathered} \tag{5-8}$$

有时称 Δ_n 为赫尔维茨行列式。由于这个行列式直接由系数排列而成,规律简单而明确,使用也比较方便。但对六阶以上的系统,由于行列式计算麻烦,较少应用。

例 5-7 设控制系统的特征方程式为 $s^4+8s^3+17s^2+16s+5=0$,试应用赫尔维茨稳定判据判断系统的稳定性。

解:首先,由方程系数均为正可知已满足稳定的必要条件。各系数排成如下的行列式:

$$\Delta=\begin{vmatrix} 8 & 16 & 0 & 0 \\ 1 & 17 & 5 & 0 \\ 0 & 8 & 16 & 0 \\ 0 & 1 & 17 & 5 \end{vmatrix}$$

由于

$$\Delta_1 = 8 > 0$$

$$\Delta_2 = \begin{vmatrix} 8 & 16 \\ 1 & 17 \end{vmatrix} > 0$$

$$\Delta_3 = \begin{vmatrix} 8 & 16 & 0 \\ 1 & 17 & 5 \\ 0 & 8 & 16 \end{vmatrix} > 0$$

$$\Delta = \begin{vmatrix} 8 & 16 & 0 & 0 \\ 1 & 17 & 5 & 0 \\ 0 & 8 & 16 & 0 \\ 0 & 1 & 17 & 5 \end{vmatrix} > 0$$

故该系统稳定。

劳斯判据和赫尔维茨判据都是用特征根与系数的关系来判别稳定性的,它们之间有一致性,所以有时称为劳斯-赫尔维茨判据。又由于它们的判别式均为代数式,故又称这些判据为代数判据。劳斯判据和赫尔维茨判据对于带延迟环节等系统形成的超越方程无能为力,这是代数判据的局限性;而下面介绍的奈奎斯特稳定性判据能够判别带延迟环节系统的稳定性,应用更加广泛。

5.4 奈奎斯特稳定性判据

由 H. Nyquist 于 1932 年提出的稳定判据,在 1940 年后得到了广泛应用。这一判据是利用开环系统奈奎斯特图(或称极坐标图),来判断系统闭环后的稳定性,可以说是一种几何判据。

应用奈奎斯特判据也不需要求取闭环系统的特征根,而是通过应用分析法或频率特性实验法获得开环频率特性 $G(\mathrm{j}\omega)H(\mathrm{j}\omega)$ 曲线,进而分析闭环系统的稳定性。这种方法在工程上获得了广泛的应用,原因之一是当系统某些环节的传递函数无法用分析法列写时,可以通过实验来获得这些环节的频率特性曲线;整个系统的开环频率特性曲线也可利用实验获得,这样,就可以分析系统闭环后的稳定性。原因之二是奈氏判据可以解决代数稳定性判据不能解决的诸如包含延迟环节的系统稳定性问题。另外,奈氏判据还能定量指出系统的稳定储备,即系统相对稳定性定量指标,以及进一步提高和改善系统动态性能(包括稳定性)的途径。

5.4.1 映射定理

一般单输入-单输出线性系统的传递函数为有理分式,分式的分子和分母都是 s 的实系数多项式。实系数多项式可以因式分解为实系数一次和二次多项式之积,而如果允许系数为复数,则实系数二次多项式也可以分解为两个 s 的一次多项式之积。因此可以把下式作为线性系统传递函数的一般形式:

$$F(s)=K\frac{\prod_{i=1}^{m}(s-z_i)}{\prod_{j=1}^{n}(s-p_j)} \tag{5-9}$$

其中，z_i、p_j 分别为系统的零点和极点，可以是实数，也可以是复数。如果是复数零（极）点，则式中必然还有一个与其共轭的复数零（极）点。一般分母的阶次不低于分子，即 $n\geqslant m$。

映射定理表达的是 s 平面上的一条封闭曲线，经过 $F(s)$ 的映射，在 F 平面上所具有的特征。为了说明映射定理，可以把式(5-9)分解为简单的情形进行分析。

1. $F(s)=s-z$

即只考虑 1 个零点，z 为复数。显然这个映射只是对复变量 s 进行了一个坐标平移。如图 5-5(a)所示，在 s 平面上按照顺时针方向画一条封闭曲线 C，经过这个映射后，在 F 平面上的曲线 C' 如图 5-5(b)所示。

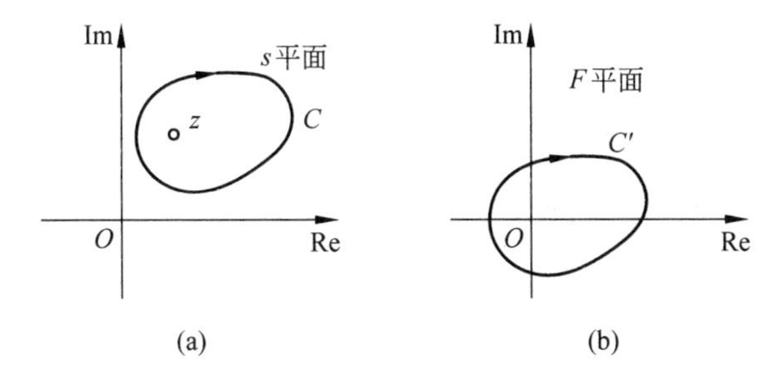

图 5-5　一个零点的映射关系

(a) s 平面上的顺时针封闭曲线；(b) 映射到 F 平面上的曲线

规定：顺时针封闭曲线 C 不得穿过 z。如果 C 包围了零点 z，则曲线 C' 包围原点 1 圈，且仍为顺时针方向；如果 C 不包围 z，则 C' 不包围原点。或者说如果 C 包围 z，则 C' 从起点到终点相对于原点的相位增量为 -2π；如果 C 不包围 z，则相位增量为 0。

2. $F(s)=\prod_{i=1}^{m}(s-z_i)$

$F(s)$ 共有 m 个零点，设曲线 C 包围了其中 k 个。C' 从起点到终点相对于原点的相位增量为单独考虑 C 经过每一个 $(s-z_i)$ 映射后相位增量之和。因此 C' 的相位增量应为 $-2k\pi$，或者说 C' 顺时针包围原点 k 圈。

例如，$F(s)=(s+2.5)(s^2+2s+2)=(s+2.5)(s+1+i)(s+1-i)$，有 3 个零点，在图 5-6(a)中，封闭曲线 U-V-W-X-U 包围了 $-1+i$ 和 $-1-i$ 两个零点，这条曲线经过 $F(s)$ 的映射，成为图 5-6(b)的曲线 U'-V'-W'-X'-U'，顺时针包围原点 2 圈。

3. $F(s)=\dfrac{1}{s-p}$

即只考虑 1 个极点，p 为复数。$\dfrac{1}{s-p}$ 的相位是 $s-p$ 相位的负值，所以根据第 1 种情况的结果，如果 C 不包围 p，则 C' 不包围原点；如果 C 包围 p，则曲线 C' 逆时针包围原点 1

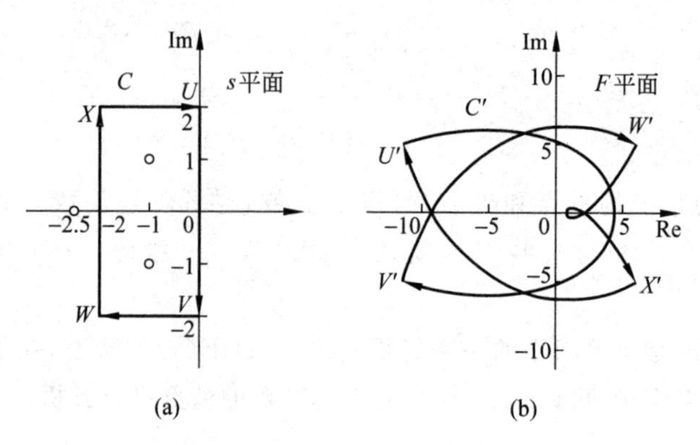

图 5-6　封闭曲线包围多个零点

(a) 零点分布与封闭曲线；(b) 映射到 F 平面上的曲线

圈，或者说 C' 从起点到终点相对于原点的相位增量为 2π。

4. $\boldsymbol{F(s)=\dfrac{1}{\prod\limits_{j=1}^{n}(s-p_j)}}$

$F(s)$共有 n 个极点，设曲线 C 包围了其中 l 个。C'从起点到终点相对于原点的相位增量为单独考虑 C 经过每一个$\dfrac{1}{s-p_j}$映射后相位增量之和。因此 C'的相位增量应为 $2l\pi$，或者说 C'逆时针包围原点 l 圈。

例如，$F(s)=\dfrac{1}{(s+2)(s^2-2s+2)}=\dfrac{1}{(s+2)(s-1+i)(s-1-i)}$有 3 个极点，在图 5-7(a)中，封闭曲线 U-V-W-X-U 包围了 $1+i$ 和 $1-i$ 两个极点，这条曲线经过 $F(s)$的映射，成为图 5-7(b)的曲线 U'-V'-W'-X'-U'，逆时针包围原点 2 圈。

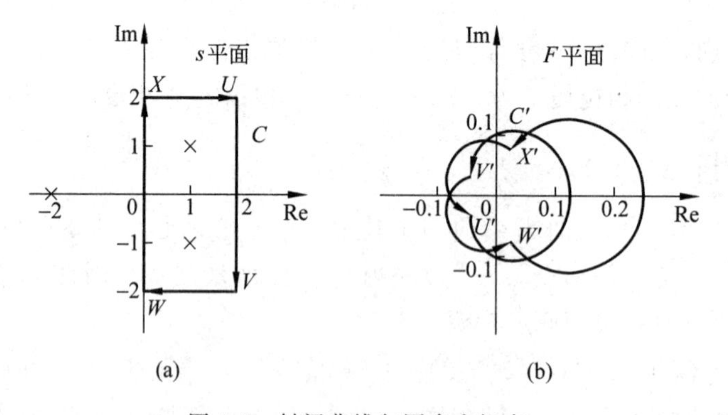

图 5-7　封闭曲线包围多个极点

(a) 极点分布与封闭曲线；(b) 映射到 F 平面上的曲线

综合第 2 种和第 4 种情况，对于式(5-9)所表示的传递函数，s 平面上顺时针方向的封闭曲线如果包围了 $F(s)$的 k 个零点和 l 个极点，则映射在 $F(s)$平面上的曲线逆时针包围原点 $l-k$ 圈。这就是映射定理。

5.4.2 奈奎斯特稳定性判据

以图 5-8 作为单输入-单输出反馈控制系统传递函数方块图的一般形式，设 $G(s)=\dfrac{N_1(s)}{D_1(s)}$，$H(s)=\dfrac{N_2(s)}{D_2(s)}$，其中 $N_1(s)$，$D_1(s)$，$N_2(s)$，$D_2(s)$ 均为 s 的多项式。

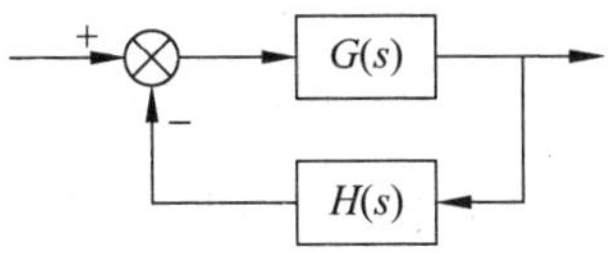

图 5-8 反馈控制系统

系统的开环传递函数为 $G(s)H(s)=\dfrac{N_1(s)N_2(s)}{D_1(s)D_2(s)}$；系统的闭环传递函数为

$$\frac{G(s)}{1+G(s)H(s)}=\frac{\dfrac{N_1(s)}{D_1(s)}}{1+\dfrac{N_1(s)N_2(s)}{D_1(s)D_2(s)}}=\frac{N_1(s)D_2(s)}{D_1(s)D_2(s)+N_1(s)N_2(s)}$$

闭环系统稳定的充要条件是闭环传递函数在 s 的右半平面上没有极点，或者说多项式 $D_1(s)D_2(s)+N_1(s)N_2(s)$ 没有右零点。

定义

$$F(s)=1+G(s)H(s)=\frac{D_1(s)D_2(s)+N_1(s)N_2(s)}{D_1(s)D_2(s)} \tag{5-10}$$

注意到其分子、分母分别为闭环和开环传递函数特征多项式。假设能够在 s 平面上作一条顺时针包围整个右半平面的封闭曲线 C，考虑经过 $F(s)$ 的映射，在 $F(s)$ 平面上的 C' 包围原点的方向和圈数。

假设闭环稳定，则曲线 C 包围 $F(s)$ 零点的个数为 0。如果系统开环没有右极点，则 C 也不包围任何极点，所以 C' 不应该包围原点；如果系统开环有右极点，则 C' 应该逆时针包围原点，而且包围的圈数等于右极点的个数。这就是系统闭环稳定的充要条件。

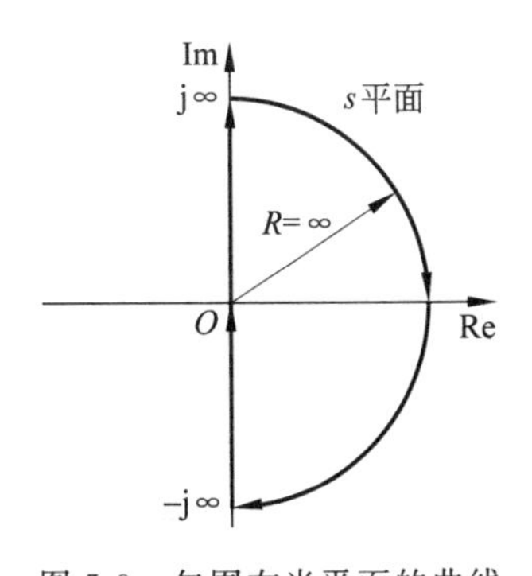

图 5-9 包围右半平面的曲线

如何作一条包围整个 s 右半平面的封闭曲线呢？如图 5-9 所示，先沿着虚轴从 $-\mathrm{j}\infty$ 到 $\mathrm{j}\infty$ 作直线，再以原点为圆心，顺时针方向以无穷大半径从 $(0,\mathrm{j}\infty)$ 开始作半圆至 $(0,-\mathrm{j}\infty)$，则这条曲线能够包围右半平面上的任何零点或极点。由于这条曲线形如字母 D，故称之为 D 曲线。

上面定义的 $F(s)=1+G(s)H(s)$ 显然是系统开环传递函数加 1，因此 C' 包围原点的圈数也就是 D 曲线经过 $G(s)H(s)$ 映射包围 $(-1,\mathrm{j}0)$ 点的圈数。

D 曲线的直线部分经过开环传递函数 $G(s)H(s)$ 映射，得到的曲线即系统的开环奈氏图。D 曲线的半圆部分半径无穷大，因而经过映射所得到的值取决于开环传递函数分子、分母中 s 的最高次项的比。如果开环传递函数分母的阶次高于分子的阶次，则半圆映射到原点；如果分子、分母的阶次相等，则映射到实轴上的某一个点。不管哪种情况，这个点都与在奈氏图上角频率趋于 $+\infty$ 或 $-\infty$ 的点重合。

综合以上推演，奈奎斯特稳定性判据可以描述为：一个闭环反馈控制系统稳定的充要条件是其开环奈氏图逆时针包围(−1,j0)点的圈数等于其开环右极点的个数。

例 5-8 一个闭环控制系统，开环传递函数为$\frac{15}{(s+1)(s+2)(s+3)}$，判断闭环稳定性。

解：作出系统开环传递函数奈氏图，如图5-10所示，没有包围(−1,j0)。显然开环传递函数没有右极点，根据奈奎斯特稳定性判据，系统闭环稳定。

例 5-9 一个闭环控制系统，开环传递函数为$\frac{15}{(s-1)(s+2)(s+3)}$，判断闭环稳定性。

解：开环传递函数有1个右极点。作出开环奈氏图，如图5-11所示，顺时针包围(−1,j0)点1圈。根据奈奎斯特稳定性判据，系统闭环稳定的条件是逆时针包围(−1,j0)1圈。因此系统闭环不稳定。

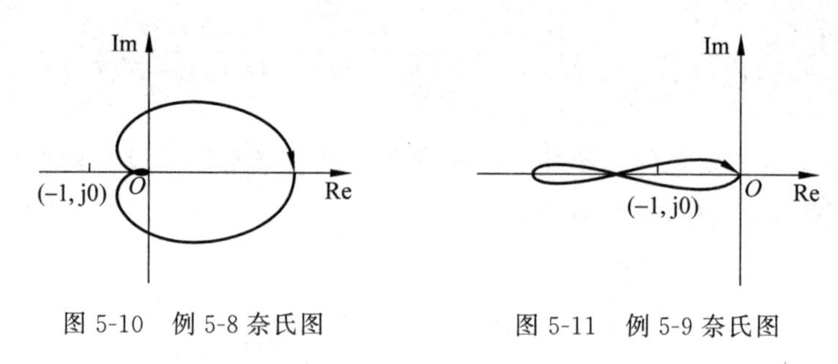

图5-10 例5-8奈氏图　　图5-11 例5-9奈氏图

例 5-10 一个闭环控制系统，如图5-12(a)所示，判断放大倍数K在什么范围内系统闭环稳定。

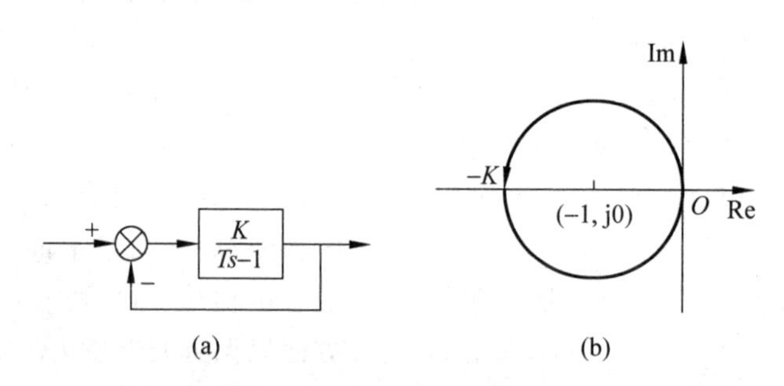

图5-12 例5-10系统和奈氏图

(a) 闭环系统；(b) 开环奈氏图

解：开环传递函数为$\frac{K}{Ts-1}$，有1个右极点。作出开环奈氏图如图5-12(b)所示，它与实轴的交点为($-K$,j0)。只有当($-K$,j0)在(−1,j0)的左边时，奈氏图才逆时针包围(−1,j0)1圈。因此系统闭环稳定的条件是$K>1$。

开环传递函数为一阶或二阶环节的系统，只要其增益为正，它的奈氏图就不可能包围(−1,j0)点，因而闭环一定稳定。

在5.4.1节中提到，映射定理排除了C曲线穿越零点或极点的情况；而在5.4.2节的奈奎斯特稳定性判据中要使D曲线经过开环传递函数的映射。这里就可能会出现一个矛盾：开环传递函数在虚轴上有零点或极点，使奈奎斯特稳定性判据无法使用。这种情况的最常见形式是开环传递函数在原点有极点，即开环为Ⅰ型或Ⅰ型以上系统。

例 5-11 一个单位反馈系统，开环传递函数为 $G(s)=\dfrac{10}{s(0.1s+1)(0.05s+1)}$，判断闭环稳定性。

解：系统开环右极点个数为 0。画出开环奈氏图，如图 5-13 所示。

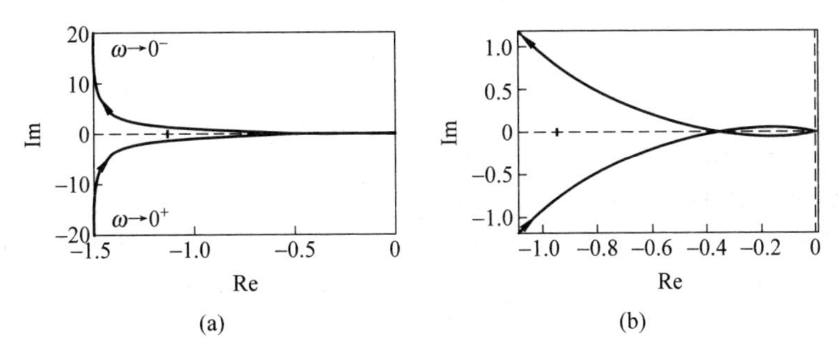

图 5-13 例 5-11 奈氏图

(a) 全图；(b) 局部

由图 5-13 可见，奈奎斯特曲线并不封闭，所以“包围原点几圈”也就无从说起。

要解决这个问题，只有修改 D 曲线，使其不穿过原点。如图 5-14 所示，可以令 D 曲线从原点的左边或右边以半圆绕过去，称之为 D' 曲线。

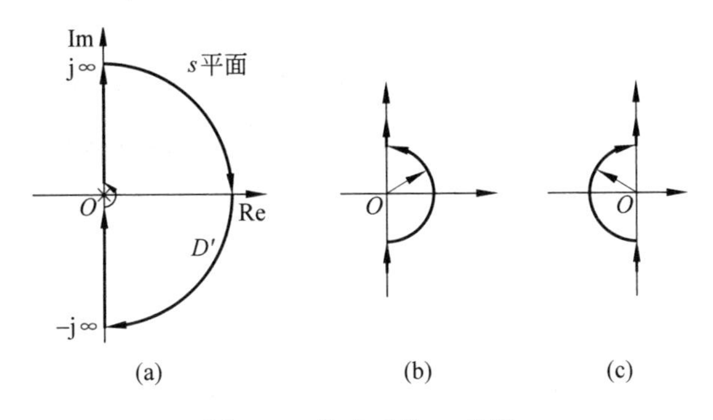

图 5-14 修改后的 D 曲线

(a) 从原点右边绕过原点的全图；(b) 从原点右边绕过；(c) 从原点左边绕过

作 D 曲线的目的是把所有可能的闭环传递函数右极点全部包围。如果使用了 D' 曲线，奈奎斯特稳定性判据所能判断的只是 D' 曲线范围内有无闭环极点。因此，如果 D' 曲线从原点右边绕过去，而这个半圆与虚轴之间有闭环极点（右极点），则无论用奈奎斯特稳定性判据得到什么结果，实际闭环都是不稳定的。与此类似，如果 D' 曲线从原点左边绕过去，而这个半圆与虚轴之间有闭环极点（左极点），则如果用奈奎斯特稳定性判据得到“闭环不稳定”的结果，也可能是误把半圆之内的左极点当作了右极点，而实际系统是闭环稳定的。

因此为了避免奈奎斯特稳定性判据判断错误，D' 曲线在原点处所绕的半圆，必须半径趋于零，即只把原点这一个点绕过去。而当开环为 Ⅰ 型及 Ⅰ 型以上系统时，闭环是不可能在原点出现极点的，说明如下。

参考图5-8,系统的闭环传递函数为$\dfrac{N_1(s)D_2(s)}{D_1(s)D_2(s)+N_1(s)N_2(s)}$,设开环传递函数为$\lambda$型,$G(s)H(s)=\dfrac{N_1(s)N_2(s)}{D_1(s)D_2(s)}=\dfrac{b_0s^m+b_1s^{m-1}+\cdots+b_m}{a_0s^n+a_1s^{n-1}+\cdots+a_{n-\lambda}s^\lambda}$。假如闭环在原点处有极点,即$D_1(s)D_2(s)+N_1(s)N_2(s)$有公因子$s$,则$N_1(s)N_2(s)$中有公因子$s$,从而必须至少$b_m=0$。则开环传递函数的分子、分母中都有$s$因子,可以消去,从而开环的型次降为$\lambda-1$,$G(s)H(s)=\dfrac{b_0s^{m-1}+b_1s^{m-2}+\cdots+b_{m-1}}{a_0s^{n-1}+a_1s^{n-2}+\cdots+a_{n-\lambda}s^{\lambda-1}}$。以此类推,如果闭环在原点处有极点,则$b_0,b_1,\cdots,b_m$都为0,即开环传递函数的分子为0。这没有实际意义,因此开环Ⅰ型以上系统闭环不可能在原点出现极点。从而D'曲线不管从原点哪边绕过去,都不会出现关于闭环稳定性的错误判断。开环Ⅰ型以上系统闭环可能临界稳定,但闭环极点只能位于原点以外的虚轴上。

在图5-14(b)和(c)中,可以用$s=\varepsilon e^{j\theta}$来描述小半圆部分的轨迹。其中,$\varepsilon\to0$,为半圆的半径;如果从右边绕,则$\theta$从$-90°$变化到$90°$;如果从左边绕,则$\theta$从$-90°$变化到$-270°$。需要考虑的是用$s=\varepsilon e^{j\theta}$代替$s=0$后,这一段小半圆经过开环传递函数的映射,在奈氏图上的轨迹。

例5-11中,$G(s)=\dfrac{10}{s(0.1s+1)(0.05s+1)}$,把$s=\varepsilon e^{j\theta}$代入,由于$\varepsilon\to0$,所以$G(s)$极接近于$\dfrac{10}{s}$。而$\dfrac{10}{s}=\dfrac{10}{\varepsilon e^{j\theta}}=\infty e^{-j\theta}$,即小半圆映射在奈氏图上,半径趋于无穷大;如果从原点右边绕,则映射轨迹的相位从$90°$变化到$-90°$;如果从原点左边绕,则相位从$90°$变化到$270°$,如图5-15所示。

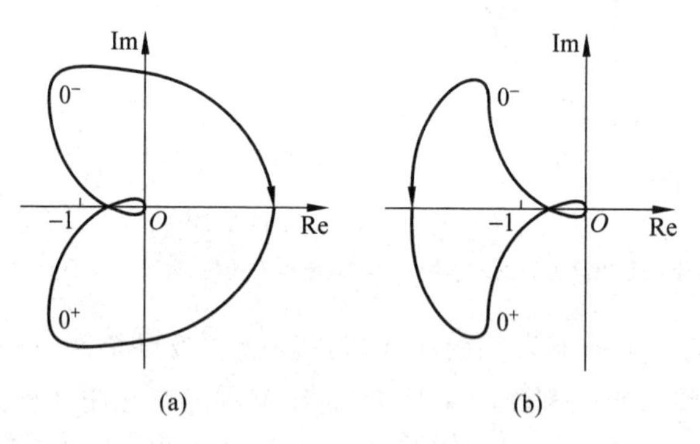

图5-15 D'曲线的映射

(a) 从原点右边绕;(b) 从原点左边绕

从原点右边绕,即认为开环在原点处的极点为左极点,则开环右极点个数为0;在图5-15(a)中,奈氏图不包围$(-1,j0)$点,故系统闭环稳定;从原点左边绕,即认为开环在原点处的极点为右极点,则开环右极点个数为1,在图5-15(b)中,奈氏图逆时针包围$(-1,j0)$点1圈,结论仍然是系统闭环稳定。

在映射图形较为复杂时,判断图形绕$(-1,j0)$点的圈数稍有些困难。这时可以采用这样的方法:想象以$(-1,j0)$点为中心,曲线上任意一点为起点,有一个点顺着曲线的方向移动，计算当它回到起点时围绕$(-1,\mathrm{j}0)$点的角度增量。

由于ω从$-\infty$增长到0得出的奈氏图是与ω从0增长到$+\infty$得出的奈氏图以实轴对称的，故Nyquist判据还可以表述为：设开环特征多项式在右半平面有p个零点，原点处有q个零点，其余$(n-p-q)$个零点，在左半平面，则对于系统开环奈氏图，当ω从0到$+\infty$变化时，其相对$(-1,\mathrm{j}0)$点的角变化量为$\left(p\pi+q\dfrac{\pi}{2}\right)$时，系统闭环后稳定；否则系统闭环后不稳定。

5.4.3 奈奎斯特稳定性判据应用于最小相位系统

最小相位系统，即在式(5-9)中，$z_i\leqslant 0$，$p_j\leqslant 0$。对工程实用的最小相位系统，使用奈奎斯特稳定性判据时有更简单的方法。只需画出ω从0^+到$+\infty$部分的奈氏图，再想象一个点沿着奈氏图的方向前进，如果在最接近$(-1,\mathrm{j}0)$点的一段曲线上，$(-1,\mathrm{j}0)$是在前进方向的左边，则系统闭环稳定，否则闭环不稳定，如图5-16所示。

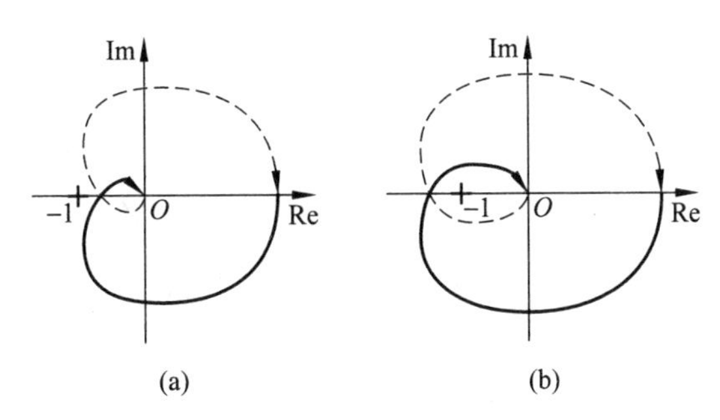

图5-16 对最小相位系统使用奈奎斯特稳定性判据

(a) 闭环稳定；(b) 闭环不稳定

5.5 应用奈奎斯特稳定性判据分析延时系统的稳定性

延时环节是线性环节，在机械工程的许多系统中具有这种环节。现在分析具有延时环节的稳定性。

5.5.1 延时环节串联在闭环系统的前向通道中时的系统稳定性

图5-17所示为一具有延时环节系统的方块图。其中，$G_1(s)$是除延时环节以外的开环传递函数，这时整个系统的开环传递函数为

$$G_K(s)=G_1(s)\mathrm{e}^{-\tau s}$$

其开环频率特性为

幅频特性 $$|G_K(\mathrm{j}\omega)|=|G_1(\mathrm{j}\omega)| \tag{5-11}$$

相频特性 $$\angle G_K(\mathrm{j}\omega)=\angle G_1(\mathrm{j}\omega)-\tau\omega \tag{5-12}$$

由此可见，延时环节不改变系统的幅频特性，而仅仅使相频特性发生改变，使滞后增加，且τ越大，产生的滞后越多。

例 5-12 在图 5-17 所示的系统中,若 $G_1(s)=\dfrac{1}{s(s+1)}$,则开环传递函数和开环频率特性为

$$G_K(s)=\frac{1}{s(s+1)}\mathrm{e}^{-\tau s},\quad G_K(\mathrm{j}\omega)=\frac{1}{\mathrm{j}\omega(\mathrm{j}\omega+1)}\mathrm{e}^{-\tau\mathrm{j}\omega}$$

其开环奈氏图如图 5-18 所示。

由图 5-18 可见,当 $\tau=0$ 时,即无延时环节时,奈氏图的相位不超过 $-180°$,只局限在第三象限,此二阶系统是稳定的。随着 τ 值增加,相位向负的方向变化,奈氏图向左上方偏转,进入其他象限,形成螺线。当 τ 增加到使奈氏图包围$(-1,\mathrm{j}0)$点时,闭环系统就不稳定了,所以,由奈氏图可以明显看出,串联延时环节对稳定性是不利的。虽然一阶和二阶系统总是稳定的,但若存在延时环节,系统可能变为不稳定。或者说,为保证具有延时系统的稳定性,即使是一阶或二阶的系统,其开环放大倍数 K 也只能限制在很低的范围内。当然,如果可能的话,就要尽可能减小延时时间 τ。

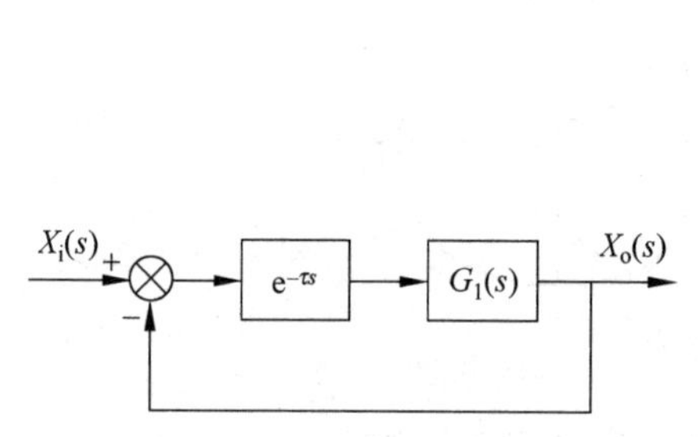

图 5-17 延时环节串联在前向通道

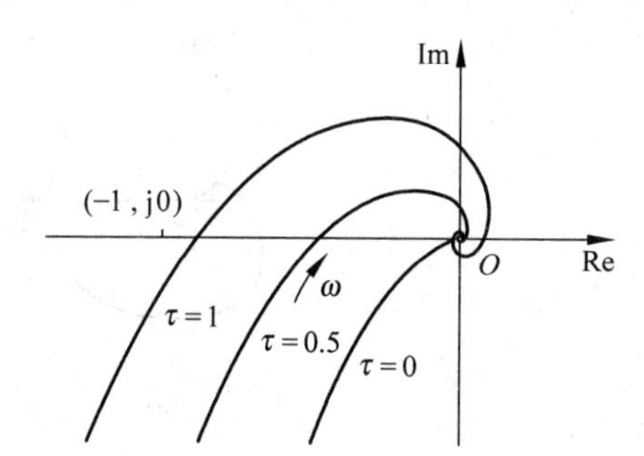

图 5-18 不同延时时间的奈氏图

5.5.2 延时环节并联在闭环系统前向通道中时的系统稳定性

如图 5-19 所示,延时环节并联在前向通道中,这时系统的开环传递函数为

$$G(s)H(s)=(1-\mathrm{e}^{-\tau s})G_1(s)\tag{5-13}$$

显然,$G(s)H(s)$由两项组成,直接作奈氏图比较困难,在这种情况下,可采用一种与将函数$[1+G(s)H(s)]$包围原点处理成$G(s)H(s)$包围$(-1,\mathrm{j}0)$点的类似方法来判断系统的稳定性。具体做法如下:设系统闭环特征方程为

$$1+(1-\mathrm{e}^{-\tau s})G_1(s)=0$$

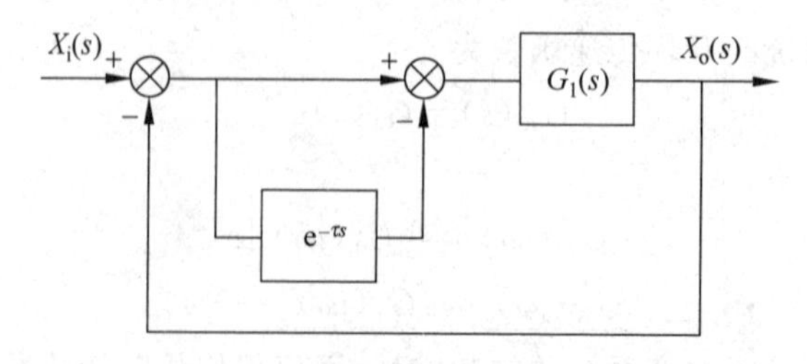

图 5-19 延时环节并联在前向通道

将此方程写为

$$\frac{1}{1-\mathrm{e}^{-\tau s}}+G_1(s)=0 \tag{5-14}$$

于是就可研究 $G_1(\mathrm{j}\omega)$ 是否包围 $[-1/(1-\mathrm{e}^{-\tau\mathrm{j}\omega})]$ 的情况，进而判定闭环系统的稳定性。$[-1/(1-\mathrm{e}^{-\tau\mathrm{j}\omega})]$ 可看成扩大的 $(-1,\mathrm{j}0)$ 点，必要时可将 $[-1/(1-\mathrm{e}^{-\tau s})]$ 简化。

τ 的取值，对系统稳定性十分重要。从下例可知，τ 取得不恰当会使系统不稳定。τ 取值在一定范围内可以保证系统的稳定性。

下面的例子对于切削加工是十分典型的，因为在切削时产生不稳定的现象同延时环节的存在密切相关，因考虑到切削过程的特点，这种不稳定表现为自激振动。

例 5-13 图 5-20 所示为镗铣床的长悬臂梁式主轴的工作情况，下面分析其动态特性。

(1) 机床主轴系统的传递函数

将主轴简化为集中质量 m 作用于主轴端部，如图 5-21 所示。令 $p(t)$ 为切削力；$y(t)$ 为主轴前端刀具处因切削力产生的变形量；D 为主轴系统的当量黏性系数；k_{m} 为主轴系统的当量刚度。

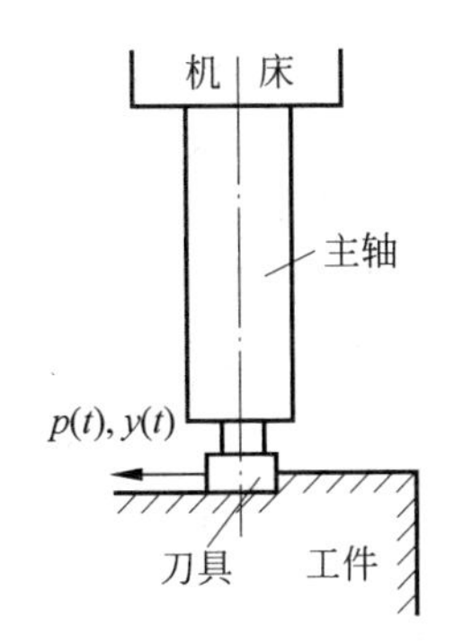

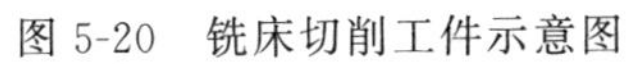
图 5-20 铣床切削工件示意图

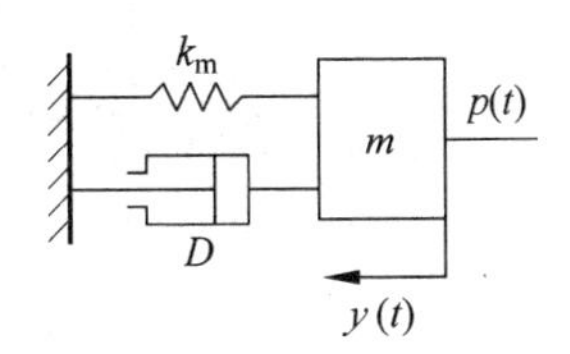

图 5-21 主轴系统力学模型

主轴端部的运动微分方程为

$$p(t)=m\ddot{y}(t)+D\dot{y}(t)+k_{\mathrm{m}}y(t)$$

其传递函数为

$$\frac{Y(s)}{P(s)}=\frac{1}{k_{\mathrm{m}}}\left(\frac{\omega_{\mathrm{n}}^2}{s^2+2\zeta\omega_{\mathrm{n}}s+\omega_{\mathrm{n}}^2}\right)=\frac{1}{k_{\mathrm{m}}}G_{\mathrm{m}}(s) \tag{5-15}$$

式中，$G_{\mathrm{m}}(s)=\dfrac{\omega_{\mathrm{n}}^2}{s^2+2\zeta\omega_{\mathrm{n}}s+\omega_{\mathrm{n}}^2}$。

(2) 切削过程的传递函数

若工件名义进给量为 $u_{\mathrm{o}}(t)$，由于主轴的变形，实际进给量为 $u(t)$，于是

$$u(t)=u_{\mathrm{o}}(t)-y(t)$$

对此式作拉普拉斯变换后得

$$U(s)=U_{\mathrm{o}}(s)-Y(s) \tag{5-16}$$

若主轴转速为 n，刀具为三个齿等间距分布，则刀具旋转时相邻刀齿接触工件时间间隔 $\tau=\dfrac{1}{3n}$。因此，刀具在每转动 1 周中切削的实际厚度为 $[u(t)-u(t-\tau)]$，即本次刀齿实际

切削位置与上次实际切削位置的间距。

令 k_c 为切削阻力系数(它表示切削力与切削厚度之比),则

$$p(t)=k_c[u(t)-u(t-\tau)]$$

对此式作拉普拉斯变换后得

$$P(s)=k_c[U(s)-U(s)e^{-\tau s}]=k_cU(s)(1-e^{-\tau s}) \tag{5-17}$$

由以上各式可作出方块图,如图 5-22 所示,切削过程与机床本身的结构之间组成了一个回路封闭的动力学系统,其闭环系统的特征方程为

$$1+\frac{k_c}{k_m}(1-e^{-\tau s})G_m(s)=0 \tag{5-18}$$

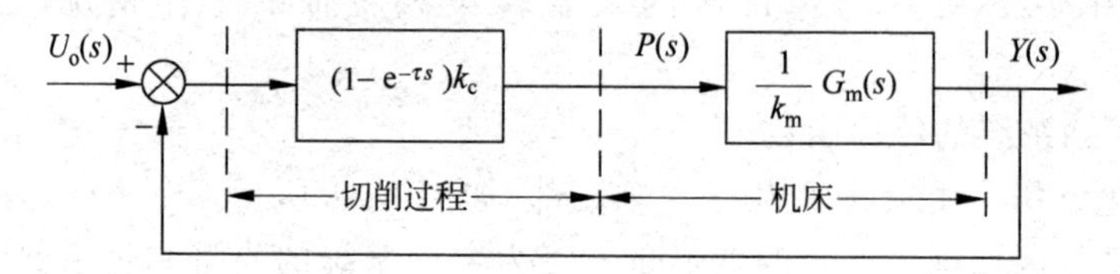

图 5-22　系统方块图

切削过程的方块图可以画成图 5-23,此时延时环节 $e^{-\tau s}$ 与比例环节是并联的。

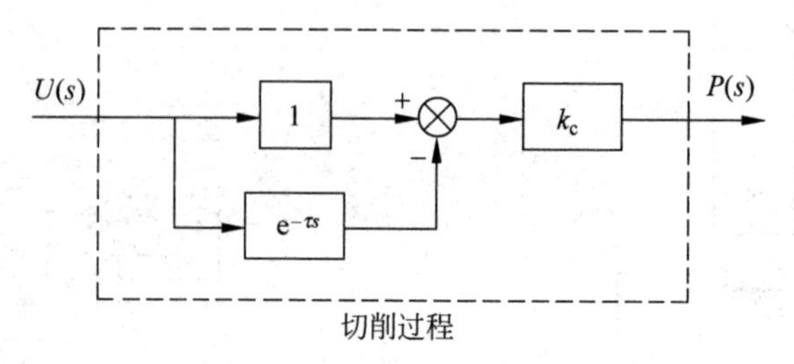

图 5-23　切削过程方块图

闭环系统的开环传递函数为

$$G_k(s)=\frac{k_c}{k_m}(1-e^{-\tau s})G_m(s) \tag{5-19}$$

则 $1+G_k(s)=0$,即

$$\frac{-k_m}{k_c}\frac{1}{1-e^{-\tau s}}=G_m(s) \tag{5-20}$$

令
$$G_c(s)=\frac{-k_m}{k_c}\frac{1}{1-e^{-\tau s}} \tag{5-21}$$

这样一来就将奈氏判据中开环频率特性奈氏图是否包围(−1,j0)点的问题归结为 $G_m(j\omega)$ 的奈氏图是否包围 $G_c(j\omega)$ 的极坐标轨迹的问题。

下面分别作出 $G_m(j\omega)$ 和 $G_c(j\omega)$ 的奈氏图(见图 5-24)及 s 的走向图(见图 5-25)。其中,

$$G_c(j\omega)=\frac{-k_m}{k_c}\frac{1}{1-e^{-\tau j\omega}}=\frac{-k_m}{k_c}\frac{1}{1-\cos\tau\omega+j\sin\tau\omega}$$
$$=\frac{-k_m}{k_c}\frac{1-\cos\tau\omega-j\sin\tau\omega}{(1-\cos\tau\omega+j\sin\tau\omega)(1-\cos\tau\omega-j\sin\tau\omega)}$$

$$
\begin{aligned}
&=\frac{-k_{\mathrm{m}}}{k_{\mathrm{c}}} \frac{1-\cos \tau \omega-\mathrm{j} \sin \tau \omega}{(1-\cos \tau \omega)^{2}+\sin ^{2} \tau \omega} \\
&=\frac{-k_{\mathrm{m}}}{k_{\mathrm{c}}}\left[\frac{1}{2}-\mathrm{j} \frac{\sin \tau \omega}{2(1-\cos \tau \omega)}\right] \\
&=\frac{-k_{\mathrm{m}}}{k_{\mathrm{c}}}\left(\frac{1}{2}-\mathrm{j} \frac{1}{2} \cot \frac{\tau \omega}{2}\right)
\end{aligned}
$$

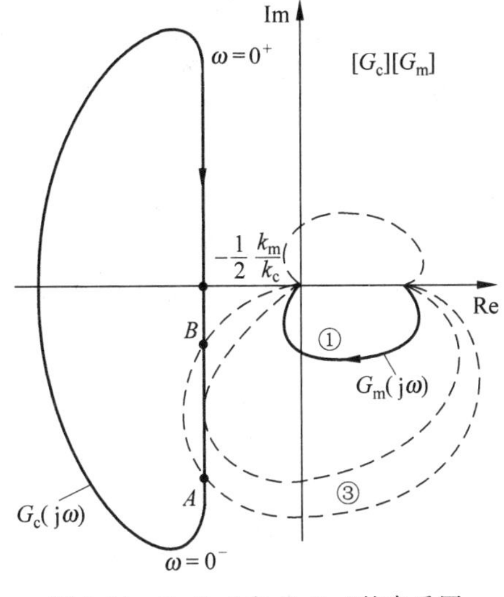

图 5-24　$G_{\mathrm{m}}(\mathrm{j}\omega)$和$G_{\mathrm{c}}(\mathrm{j}\omega)$的奈氏图

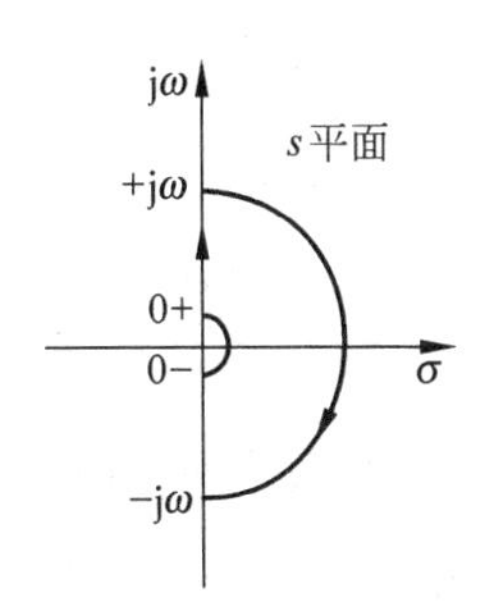

图 5-25　s 的走向

可见，$G_{\mathrm{c}}(\mathrm{j}\omega)$为一条平行于虚轴、与虚轴相距$\frac{-k_{\mathrm{m}}}{2k_{\mathrm{c}}}$的直线。由式(5-21)易知，当 $\omega=0$ 时，$G_{\mathrm{c}}(\mathrm{j}0)=-\infty\angle-\pi$。$G_{\mathrm{c}}(\mathrm{j}\omega)$的奈氏图如图 5-24 所示。

在本例中，由奈奎斯特稳定性判据可知：

(1) 若$G_{\mathrm{m}}(\mathrm{j}\omega)$不包围$G_{\mathrm{c}}(\mathrm{j}\omega)$，即$G_{\mathrm{m}}(\mathrm{j}\omega)$与$G_{\mathrm{c}}(\mathrm{j}\omega)$不相交，如图 5-24 中的曲线①，则系统绝对稳定，因此系统绝对稳定的条件是$G_{\mathrm{m}}(\mathrm{j}\omega)$中的最小负实部的绝对值小于$\frac{k_{\mathrm{m}}}{2k_{\mathrm{c}}}$。无论是提高主轴的刚度$k_{\mathrm{m}}$，还是减少切削阻力系数$k_{\mathrm{c}}$，都可以提高稳定性，但对提高稳定性最有利的是增加阻尼。

(2) 若$G_{\mathrm{m}}(\mathrm{j}\omega)$包围$G_{\mathrm{c}}(\mathrm{j}\omega)$一部分，即$G_{\mathrm{m}}(\mathrm{j}\omega)$与$G_{\mathrm{c}}(\mathrm{j}\omega)$相交，如图 5-24 中曲线③，则在一定频段下工作系统不稳定。

如果在工作频率 ω 下，保证 ω 避开 $\omega_A\sim\omega_B$ 的范围，也就是适当选择 τ 可以使系统稳定。所以，在此条件下系统稳定的条件为：选择适当的主轴转速 n（当三齿铣刀时，$\tau=1/3n$），使图 5-24 中的$G_{\mathrm{m}}(\mathrm{j}\omega)$不包围$G_{\mathrm{c}}(\mathrm{j}\omega)$上的点。

5.6　由伯德图判断系统的稳定性

由伯德图判断系统的稳定性，实际上是奈奎斯特稳定性判据的另一种形式，即利用开环系统的伯德图来判别系统闭环的稳定性，而伯德图又可通过实验获得，因此在工程上获得了广泛的应用。

根据前面介绍的奈奎斯特稳定性判据,若一个自动控制系统,其开环特征方程均为左根,闭环系统稳定的充分必要条件是其奈氏图不包围(−1,j0)点。图5-26表示的$G(j\omega)$曲线1对应的闭环系统是稳定的,曲线2对应的闭环系统是不稳定的。

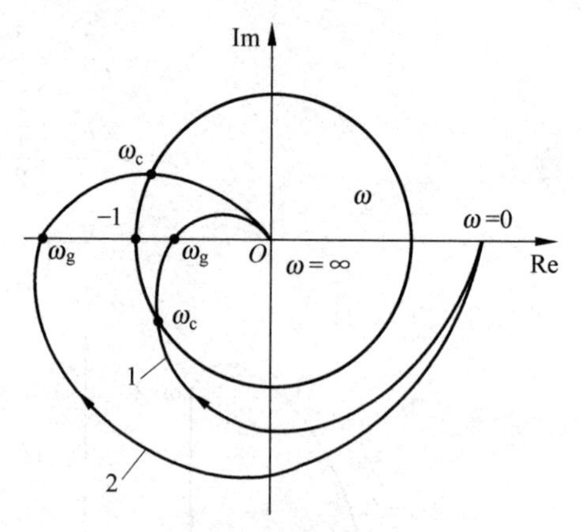

图5-26 奈氏图剪切频率点与负实轴交点和稳定性的关系

系统开环奈氏图与单位圆交点频率即剪切频率ω_c,另设与实轴相交点频率为ω_g。当幅频特性$A(\omega)>1$时,就相当于开环伯德图$L(\omega)>0$ dB;当$A(\omega)<1$时,就相当于开环伯德图$L(\omega)<0$ dB。

这样,把图5-26转换成伯德图时,其单位圆相当于对数幅频特性的0 dB线,而ω_g点处相当于对数相频特性的$-\pi$轴。

如果开环特征多项式没有右半平面的根,且在$L(\omega)\geqslant 0$ dB的所有角频率范围内,相角范围都大于$-\pi$线,那么闭环系统是稳定的。

由开环伯德图判别闭环稳定性

例5-14 已知系统的开环传递函数为$G(s)H(s)=\dfrac{100(1.25s+1)^2}{s(5s+1)^2(0.02s+1)(0.005s+1)}$,试用伯德图确定闭环后的稳定性。

解:画出伯德图如图5-27所示。

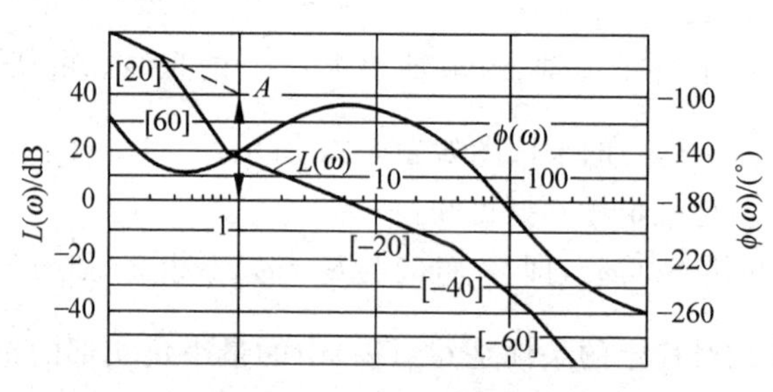

图5-27 例5-14伯德图

由于传递函数的分母中有一个积分环节,所以低频渐近线的斜率为−20 dB/dec,这样,通过A点可以绘出低频渐近线。低频渐近线在第一转角频率ω_1以前部分以实线绘出。在ω_1以后有二重极点,所以在ω_1与第二转角频率ω_2之间,其对数幅频特性的斜率变为−60 dB/dec。在ω_2以后,由于有二重零点,所以幅频特性的斜率又改变了+40 dB/dec,变为−20 dB/dec,并且以这个斜率通过0 dB线,一直到第三转角频率ω_3,在ω_3以后,又由于惯性环节的作用,其斜率变为−40 dB/dec,在第四转角频率ω_4以后,斜率变为−60 dB/dec。

相频特性可根据各环节的相频特性叠加而得,这里不再赘述。

从图5-27可知,在$L(\omega)\geqslant 0$的频率范围内,相频率特性$\phi(\omega)$并不和$-\pi$相交,而开环特征方程式又没有右根,故系统闭环是稳定的。

例5-15 某反馈控制系统开环传递函数为$G(s)H(s)=\dfrac{K}{s(T_1s+1)(T_2s+1)}$,试判断

使系统稳定的 K 值范围。

解：参看图 5-28 先求临界稳定的 K 值，当相频特性上 $\phi=-180°$时的 ω 值记作 $\omega_{-\pi}$。根据开环传递函数可得相频特性为

$$\phi(\omega)=-\frac{\pi}{2}-\arctan\frac{\omega}{\omega_1}-\arctan\frac{\omega}{\omega_2}$$

解方程

$$-\pi=-\frac{\pi}{2}-\arctan\frac{\omega}{\omega_1}-\arctan\frac{\omega}{\omega_2}$$

得

$$\omega_{-\pi}=\sqrt{\omega_1\omega_2}$$

$$\lg\omega_{-\pi}=\frac{1}{2}(\lg\omega_1+\lg\omega_2)$$

即 $\omega_{-\pi}$ 在对数坐标 ω_1,ω_2 的几何中心点上；而 ω_c 点在单位圆上，当 $\omega_{-\pi}=\omega_c$ 时，$G(j\omega)$则通过$(-1,j0)$点，系统临界稳定。而 $L(\omega_{-\pi})=0$ dB。

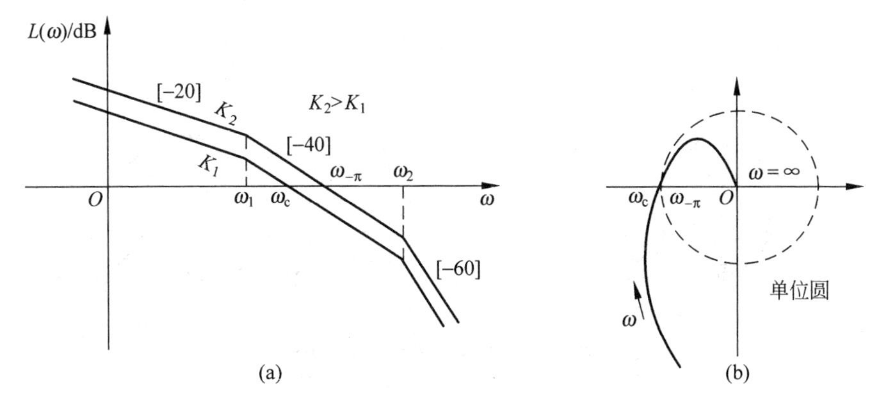

图 5-28　例 5-15 的伯德图和奈氏图

由图 5-28 可见：

$$L(\omega_{-\pi})=20\lg K-20\lg\omega_1-40\lg\frac{\omega_{-\pi}}{\omega_1}=0$$

故

$$K=\omega_2$$

即系统临界放大倍数为 ω_2。显然，$K<\omega_2$ 时系统稳定。但如用劳斯判据，得到系统闭环特征方程为

$$T_1T_2s^3+(T_1+T_2)s^2+s+K=0$$

稳定条件为

$$K<\frac{T_1+T_2}{T_1T_2}$$

即

$$K<\omega_1+\omega_2$$

这两种方法得到的结论是不一致的，原因是计算对数幅频特性是用的渐近线，因此有误差，只要 $\omega_1\ll\omega_2$，两种方法的结论就趋于一致。

如果 0 型或Ⅰ型系统在开环状态下的特征方程有 p 个根在右半平面内，并设开环静态放大倍数大于零，在所有 $L(\omega)\geqslant0$ 的频率范围内，相频特性曲线 $\phi(\omega)$在$(-\pi)$线上的正负穿越之差为 $p/2$ 次，则闭环系统是稳定的。

这里要解释的是什么叫正、负穿越。当奈氏图从大于$-\pi$的第三象限顺时针越过负实轴到第二象限时,叫负穿越;而当奈氏图随ω增加逆时针从第二象限穿过负实轴向第三象限时,称为正穿越。如果$\omega=0$时$\phi(0)=-\pi$,奈氏图向第三象限去的时候,称为半次正穿越;而向第二象限去时,叫半次负穿越。

例 5-16 图 5-29 所示的 4 种开环对数幅相频率特性,试判别其闭环后的稳定性。

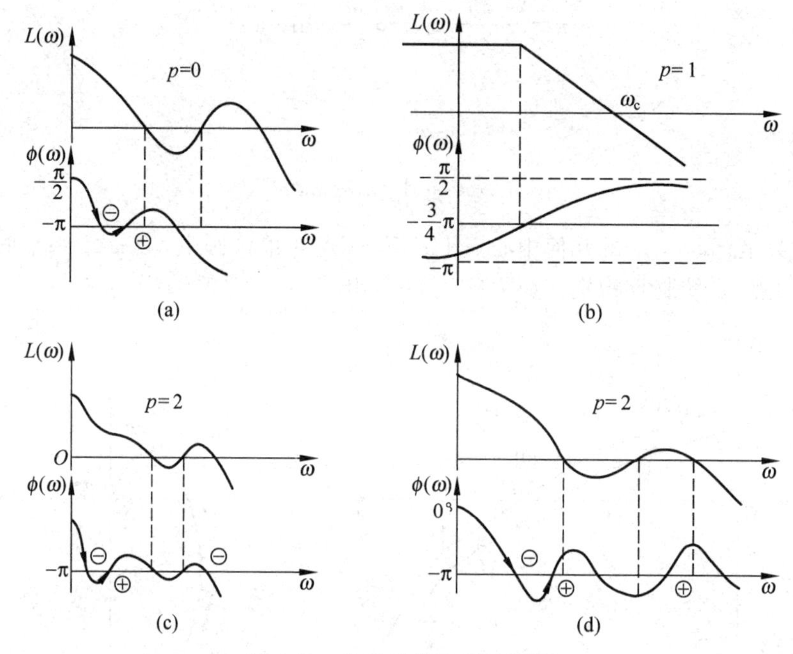

图 5-29 几种系统开环伯德图

解:图 5-29(a)中,已知$p=0$,即开环无右特征根,在$L(\omega)>0$的范围内,正、负穿越之差为 0,可见系统闭环后是稳定的。

图 5-29(b)中,已知开环传递函数中有一个右半平面极点,即$p=1$,在$L(\omega)>0$的频率范围内,只有半次正穿越,可见系统是稳定的。

图 5-29(c)中,已知$p=2$,而在$L(\omega)>0$的范围内,正、负穿越之差为$1-2=-1\neq 2/2$,系统闭环后是不稳定的。

图 5-29(d)中,已知$p=2$,而在$L(\omega)>0$的范围内,正、负穿越之差为$2-1=1=2/2$,故系统闭环后是稳定的。

如果是Ⅱ型系统,在开环状态下的特征方程有p个根在右半平面内,并设开环静态放大倍数大于零,在所有$L(\omega)\geqslant 0$的频率范围内,相频特性曲线$\phi(\omega)$在$-\pi$线上的正、负穿越之差为$(p+1)/2$次,则闭环系统是稳定的。

5.7 控制系统的相对稳定性

5.7.1 采用劳斯判据看系统相对稳定性

如果系统闭环特征根均在s左半平面,且和虚轴有一段距离,则系统有一定的稳定裕量。如图 5-30 所示，向左平移虚轴 σ，令 $z=s-(-\sigma)$，即将 $s=z-\sigma$ 代入系统特征式，得到 z 的方程式，类似采用劳斯判据，即可求出距离虚轴 σ 以右是否有根。

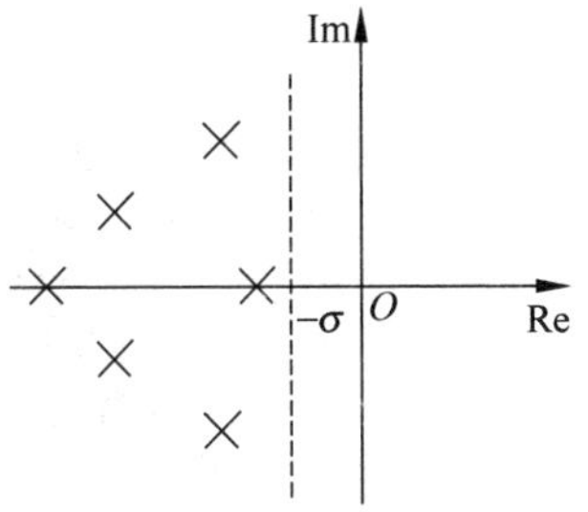

图 5-30 采用劳斯判据看系统相对稳定性

例 5-17 判断系统 $\dfrac{X_o(s)}{X_i(s)}=\dfrac{10000(0.3s+1)}{s^4+10s^3+35s^2+50s+24}$ 的相对稳定性。

解：令 $z=s-(-1)$，即 $s=z-1$，代入系统特征式，得

$$(z-1)^4+10(z-1)^3+35(z-1)^2+50(z-1)+24=0$$

即

$$z^4+6z^3+11z^2+6z=0$$

z^4	1	11	0
z^3	6	6	
z^2	10	0	
z^1	6		
z^0	0		

z 的多项式各项系数无相反符号，且劳斯判据第一列未变号，可见，系统特征式在 $s=-1$ 以右没有根。

5.7.2 采用奈奎斯特稳定性判据看系统相对稳定性及其相对稳定性指标

从奈奎斯特稳定性判据可知，若系统开环传递函数没有右半平面的极点，闭环系统如果稳定，那么 $G(j\omega)$ 的轨迹离 $(-1,j0)$ 点越远，则闭环的稳定性程度越高；开环奈氏轨迹离 $(-1,j0)$ 点越近，其闭环系统稳定性程度越低。这便是通常所说的相对稳定性。它通过 $G(j\omega)$ 相对点 $(-1,j0)$ 的靠近程度来度量，其定量表示为相位裕量 γ 和幅值裕量 K_g，如图 5-31 所示。

1. 相位裕量 γ

当 ω 等于剪切频率 $\omega_c(\omega_c>0)$ 时，相频特性距 $-180°$ 线的相位差 γ 叫作相位裕量。图 5-31(a)表示的具有正相位裕量的系统不仅稳定，而且还有相当的稳定储备，它可以在 ω_c 的频率下，允许相位再增加 γ 才达到临界稳定条件。因此相位裕量也叫作相位稳定性储备。

对于稳定的系统，ϕ 必在伯德图 $-180°$ 线以上，这时称为正相位裕量，或者有正相位裕度，如图 5-31(c)所示；对于不稳定系统，ϕ 必在伯德图 $-180°$ 线以下，这时称为负相位裕量，即有负的稳定性储备，如图 5-31(d)所示。相位裕量定义为

$$\gamma=180°+\phi(\omega_c)$$

相应地，在极坐标图中，如图 5-31(a)和(b)所示，γ 即为奈氏轨迹与单位圆的交点 A 对负实轴的相位差值。对于稳定系统，A 必在极坐标图负实轴以下，如图 5-31(a)所示；反之，对于不稳定的系统，A 点必在极坐标负实轴以上，如图 5-31(b)所示。例如，当 $\phi(\omega_c)=-150°$ 时，$\gamma=180°-150°=30°$，相位裕量为正；而当 $\phi(\omega_c)=-210°$ 时，$\gamma=180°-210°=-30°$，相位裕量为负。

2. 幅值裕量 K_g

当 ω 为相位交界频率 $\omega_{-\pi}$ 时，开环幅频特性 $|G(j\omega)|$ 的倒数称为幅值裕量，记作 K_g，即

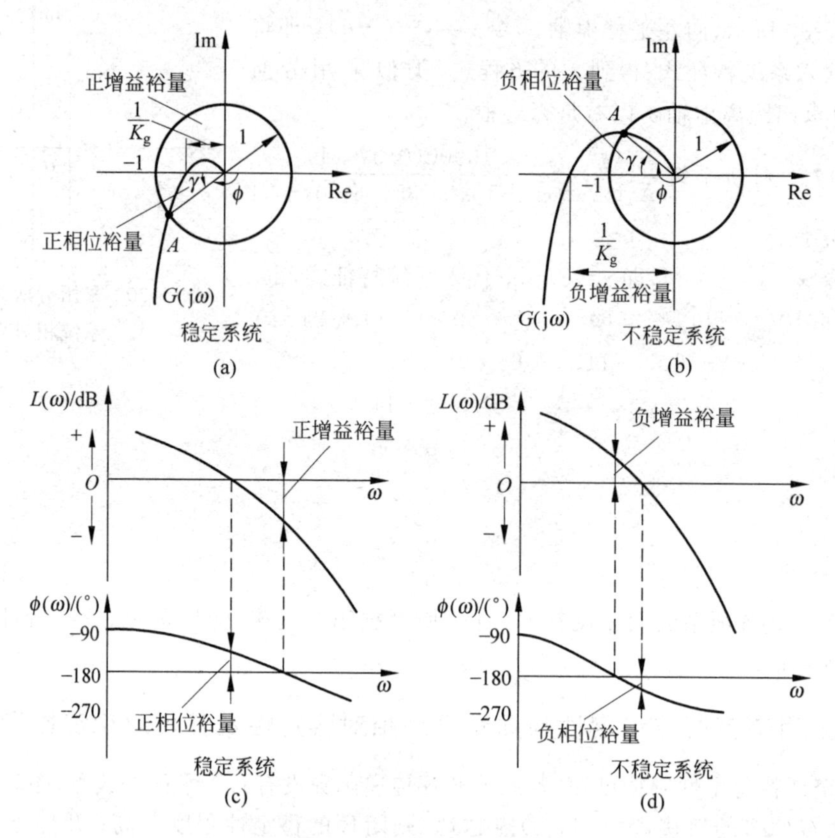

图 5-31 相位裕量与幅值裕量

$$K_g=\left|\frac{1}{G(j\omega_{-\pi})}\right|$$

在伯德图上，幅值裕量改以分贝(dB)表示。

$$20\lg K_g=20\lg\left|\frac{1}{G(j\omega_{-\pi})}\right|=-20\lg|G(j\omega_{-\pi})|$$

当相位裕量 $\gamma>0$，幅值裕量 $K_g>1$ 时，系统稳定。相位裕量 γ 和幅值裕量 K_g 越大，则系统相对稳定性越好。

例 5-18 设某系统开环传递函数为 $G(s)H(s)=\dfrac{\omega_n^2}{s(s^2+2\zeta\omega_n s+\omega_n^2)}$，试分析当阻尼比 ζ 很小时($\zeta\approx0$)，该闭环系统的稳定性。

解：当 ζ 很小时，此系统的 $G(j\omega)H(j\omega)$ 将具有如图 5-32 所示的形状，其相位裕量 γ 虽较大，但幅值裕量却偏小。这是由于在 ζ 很小时，二阶振荡环节的幅频特性峰值很高所致。也就是说，$G(j\omega)H(j\omega)$ 的剪切频率 ω_c 虽然低，相位裕度 γ 较大，但在频率 ω_g 附近，幅值裕度偏小，曲线很靠近 $G(j\omega)H(j\omega)$ 平面上的点$(-1,j0)$。所以，如果仅以相位裕量 γ 来评定该系统的相对稳定性，就会得出系统稳定程度高的结论，而系统的实际稳定程度并不高，而是低。若同时根据相位裕量 γ 及幅值裕量 K_g 全面地评价系统的相对稳定性，就可避免得出不合实际的结论。

由于在最小相位系统的开环幅频特性与开环相频特性之间具有一定的对应关系，相位

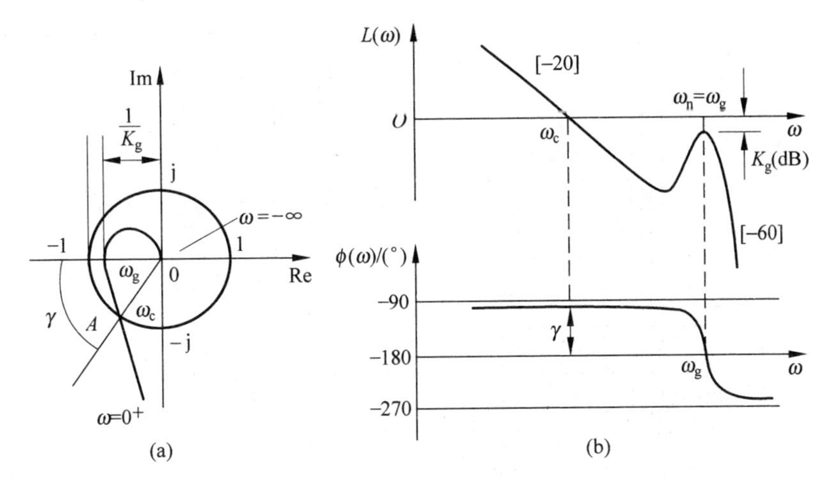

图 5-32 例 5-18 的奈氏图和伯德图

裕度 $\gamma=30^\circ\sim60^\circ$表明开环对数幅频特性在剪切频率 ω_c 上的斜率应大于 -40 dB/dec，因此，为保证有合适的相位裕量，一般希望这一段上的斜率（也叫剪切率）等于 -20 dB/dec。如果剪切率等于 -40 dB/dec，则闭环系统可能稳定，也可能不稳定，即使稳定，其相对稳定性也将是很差的。如果剪切率为 -60 dB/dec 或更陡，则系统一般是不稳定的。由此可知，对于最小相位系统一般只要讨论系统的开环对数幅频特性就可以判别系统闭环稳定性。

例 5-19 设某单位反馈控制系统具有如下的开环传递函数：

$$G(s)H(s)=\frac{K}{s(s+1)(s+5)}$$

试分别求取 $K=10$ 及 $K=100$ 时相位裕量 γ 和幅值裕量 K_g(dB)。

解：这个开环系统是最小相位系统，$p=0$，根据第 4 章所介绍的伯德图的绘制方法，作出开环对数幅频与相频特性，如图 5-33 所示。开环对数幅频特性为

$$20\lg|G(j\omega)H(j\omega)|=20\lg K-20\lg\omega-20\lg\sqrt{\omega^2+1}-20\lg\sqrt{\omega^2+5^2}$$

如果 $K=10$，$\omega=1$，则有

$$20\lg|G(j1)H(j1)|=20\lg10-20\lg\sqrt{2}-20\lg\sqrt{1^2+5^2}\text{ dB}\approx3\text{ dB}$$

如果 $K=100$，$\omega=1$，则有

$$20\lg|G(j1)H(j1)|=20\lg100-20\lg\sqrt{2}-20\lg\sqrt{1^2+5^2}\text{ dB}\approx23\text{ dB}$$

图 5-33(b)所示 $K=100$ 的对数幅频特性比图 5-33(a)所示 $K=10$ 的对数幅频特性图上移了 20 dB。由图 5-33(a)可见，其相位裕度 $\gamma=21^\circ$，K_g(dB)$=8$ dB，因此，该系统稳定，且幅值裕量较大，但相位裕度小于 30°，因而相对稳定性还不够满意。

由图 5-33(b)可见，系统的相位裕量 $\gamma=-30^\circ$，幅值裕量 K_g(dB)$=-12$ dB，所以闭环系统不稳定。

以上学习的各种稳定性判据中，代数判据是利用闭环特征方程的系数判别闭环的稳定性，而奈奎斯特判据是利用系统开环频率特性来判别闭环的稳定性，并可以确定稳定裕量，因而在工程上获得了广泛的应用。还应注意，以上我们学习的是有关线性定常系统的稳定性问题。

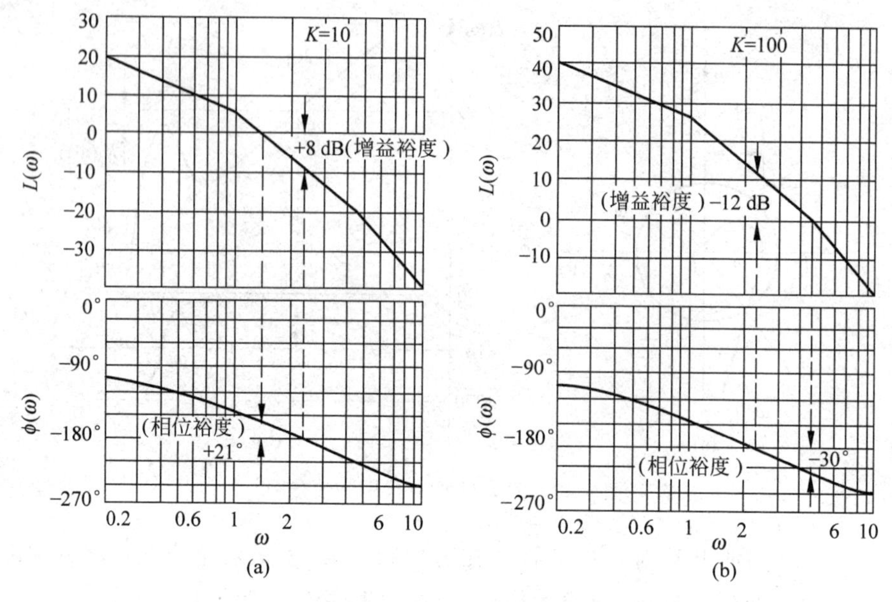

图 5-33 例 5-19 的伯德图

5.8 借助 MATLAB 分析系统稳定性

给定一个控制系统,可利用 MATLAB 在它的时域、频域图形分析中看出系统的稳定性,并可直接求出系统的相角裕量和幅值裕量。此外,还可以通过求出特征根的分布更直接地判断出系统稳定性。如果闭环系统所有的特征根都为负实部,则系统稳定。

例 5-20 控制系统闭环传递函数为$\dfrac{3s^4+2s^3+s^2+4s+2}{3s^5+5s^4+s^3+2s^2+2s+1}$,分析其稳定性。

解: 借助 MATLAB 语句

```
≫num = [3,2,1,4,2]
num =
     3     2     1     4     2
≫ den = [3,5,1,2,2,1]
den =
     3     5     1     2     2     1
≫ [z,p] = tf2zp(num,den)
z =
   0.4500 + 0.9870i
   0.4500 - 0.9870i
  - 1.0000
  - 0.5666
p =
  - 1.6067
   0.4103 + 0.6801i
   0.4103 - 0.6801i
```

```
  - 0.4403 + 0.3673i
  - 0.4403 - 0.3673i
≫pzmap(num,den)
≫ii = find(real(p)>0)
ii =
     2
     3
≫n1 = length(ii)
n1 =
     2
≫if(n1>0), disp(['System is unstable, with' int2str(n1)' unstable poles']);
else disp('System is stable');
end
System is unstable,with 2 unstable poles
≫disp('The unstable poles are: '), disp(p(ii))
The unstable poles are:
   0.4103 + 0.6801i
   0.4103 - 0.6801i
```

以上求出了具体的零极点,画出了零极点分布图(见图 5-34),明确指出了系统不稳定,并指出了引起系统不稳定的具体右根。

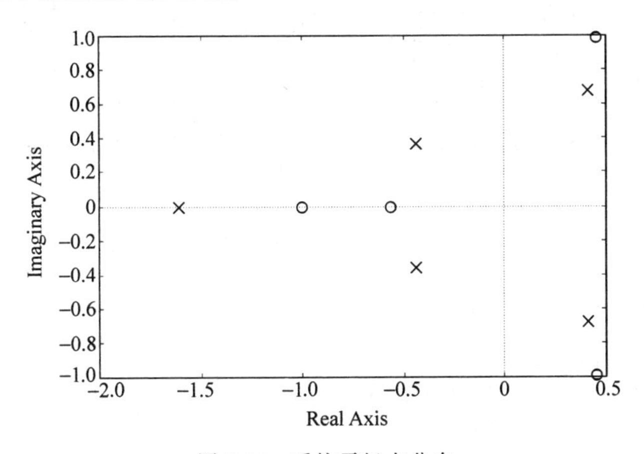

图 5-34 系统零极点分布

例 5-21 系统开环传递函数为 $G(s)=\dfrac{40}{s(0.1s+1)(0.05s+1)}$,绘制其奈氏图及伯德图,并求出系统的相角裕量和幅值裕量。

解:系统传递函数也可以表示为 $G(s)=\dfrac{8000}{s(s+10)(s+20)}$,用以下程序绘制的奈氏图及伯德图分别如图 5-35 和图 5-36 所示。

```
s1 = tf([40],[0.005 0.15 1 0])
s1 = zpk([],[0 -10 -20],8000)
nyquist(s1);
bode(s1);
```

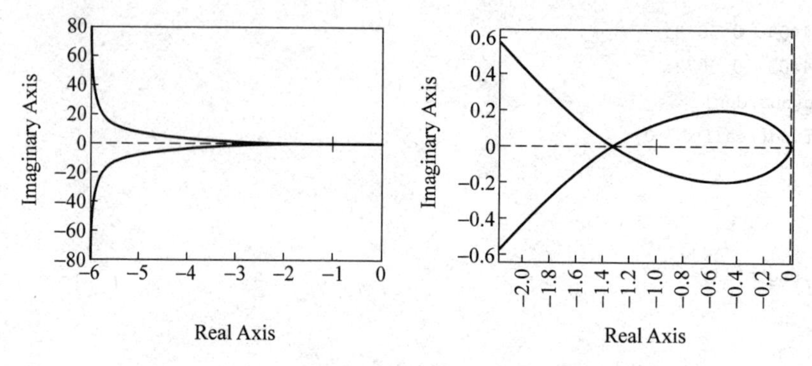

图 5-35 系统奈氏图

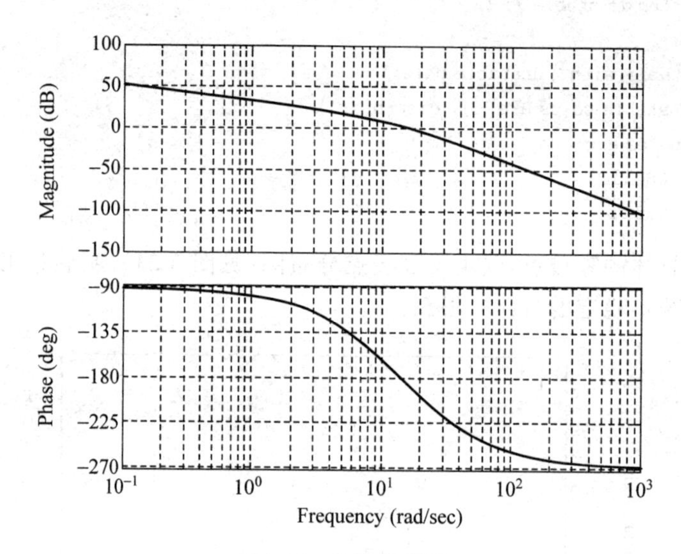

图 5-36 系统伯德图

下面利用 margin()求稳定裕量。

```
[Gm,Pm,Wcg,Wcp] = margin(s1)
Warning: The closed-loop system is unstable.
>In lti.margin at 89
Gm =
  7.5000e - 001
Pm =
  - 7.5156e + 000
Wcg =
  1.4142e + 001
Wcp =
  1.6259e + 001
```

其中,Gm 为增益裕量;Pm 为相位裕量;Wcg 为相位$-\pi$处的频率;Wcp 为剪切频率。

例题及习题

本章要求学生明确控制系统稳定的概念、稳定的充分必要条件,重点要求学生掌握劳斯-赫尔维茨稳定性判据、奈奎斯特稳定性判据以及系统相对稳定性的概念,并掌握相位裕量和幅值裕量的概念及计算方法。

例题

1. 某系统如例图 5-1(a)所示，当开关 K 打开时，系统稳定否？当开关闭合时，系统稳定否？如果稳定，当 $u_i(t)=1(t)$ 时，$u_o(t)$的稳态输出值是多少？

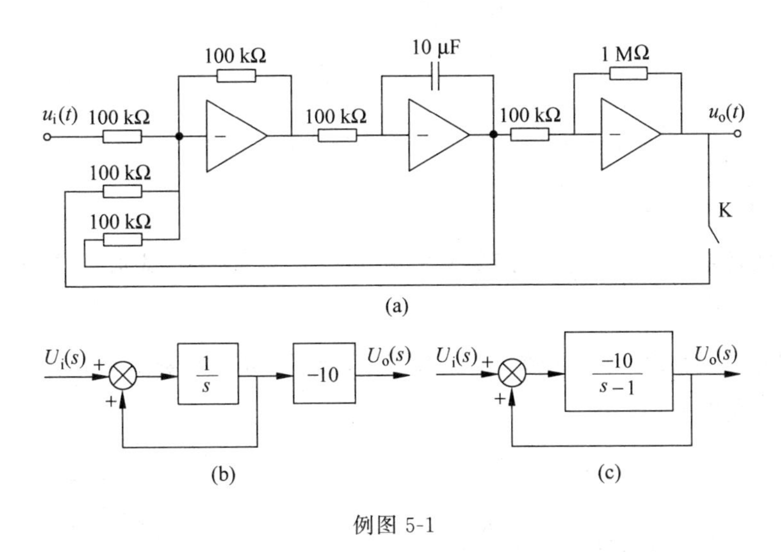

例图 5-1

解：欲判断开关开、闭时系统的稳定性，可先将开关开、闭时系统的传递函数求出，然后根据特征方程根的性质即可判断系统的稳定性。

(1) 当开关 K 打开时，该系统的方块图如例图 5-1(b)所示。由该图可知：

$$\frac{U_o(s)}{U_i(s)}=\frac{\frac{1}{s}}{1-\frac{1}{s}}\times(-10)=\frac{-10}{s-1}$$

其特征方程根为 $s=+1$，在右半 s 平面，故开关 K 打开时系统不稳定。

(2) 当开关 K 闭合时，该系统的方块图如例图 5-1(c)所示。由该图可知：

$$\frac{U_o(s)}{U_i(s)}=\frac{\frac{-10}{s-1}}{1-\frac{-10}{s-1}}=\frac{-10}{s+9}$$

其特征方程根为 $s=-9$，在左半 s 平面，故开关 K 闭合时系统稳定。

当 $u_i(t)=1(t)$时，$U_i(s)=\frac{1}{s}$，所以

$$u_o(\infty)=\lim_{s\to 0}s\frac{-10}{s+9}\frac{1}{s}=-\frac{10}{9}\ \text{V}$$

2. 一个反馈控制系统的特征方程为 $s^3+5Ks^2+(2K+3)s+10=0$，试确定使该闭环系统稳定的 K 值。

解：该题给出了系统闭环特征方程，可利用劳斯判据求出 K 值范围。

$$\begin{array}{lll} s^3 & 1 & 2K+3 \\ s^2 & 5K & 10 \\ s^1 & \dfrac{2K^2+3K-2}{K} & \\ s^0 & 10 & \end{array}$$

由 $\begin{cases} 5K>0 \\ 2K+3>0 \\ \dfrac{2K^2+3K-2}{K}>0 \end{cases}$，得 $K>0.5$。

3. 设某闭环系统的开环传递函数为 $G(s)H(s)=\dfrac{K\mathrm{e}^{-2s}}{s}$，试求系统稳定时的 K 值范围。

解：已知系统的开环传递函数含有指数函数，故不能借助代数判据，可考虑借助奈奎斯特稳定性判据求出 K 值范围。

$$G(\mathrm{j}\omega)H(\mathrm{j}\omega)=\frac{K\mathrm{e}^{-2\mathrm{j}\omega}}{\mathrm{j}\omega}$$

$$|G(\mathrm{j}\omega)H(\mathrm{j}\omega)|=\frac{K}{\omega}$$

$$\angle G(\mathrm{j}\omega)H(\mathrm{j}\omega)=-\frac{\pi}{2}-2\omega$$

$$G(\mathrm{j}0)H(\mathrm{j}0)=+\infty\angle-\frac{\pi}{2}$$

$$G(\mathrm{j}\infty)H(\mathrm{j}\infty)=0\angle-\infty$$

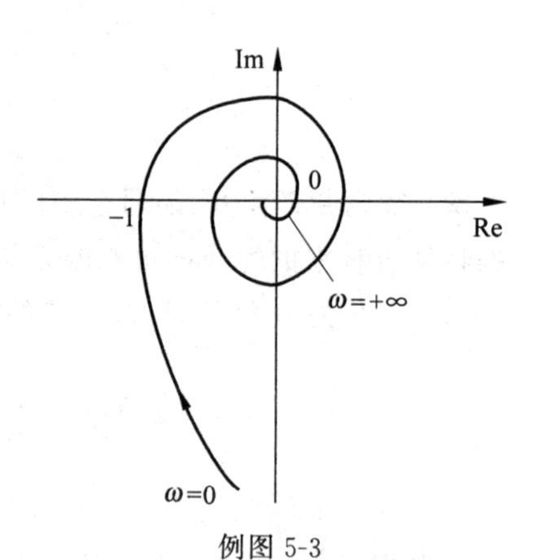

例图 5-3

其奈氏图大致形状如例图 5-3 所示。

为了求出该奈氏图与实轴相交的最左边的点，可解 $-\dfrac{\pi}{2}-2\omega=-\pi$，得 $\omega=\dfrac{\pi}{4}$，则

$$\mathrm{Re}\left[G\left(\mathrm{j}\frac{\pi}{4}\right)H\left(\mathrm{j}\frac{\pi}{4}\right)\right]=-\left|G\left(\mathrm{j}\frac{\pi}{4}\right)H\left(\mathrm{j}\frac{\pi}{4}\right)\right|=-\frac{4}{\pi}K$$

为了保证系统稳定，奈氏曲线不应绕过 $(-1,\mathrm{j}0)$ 点，即

$$\mathrm{Re}\left[G\left(\mathrm{j}\frac{\pi}{4}\right)H\left(\mathrm{j}\frac{\pi}{4}\right)\right]=-\frac{4}{\pi}K>-1$$

求得 $K<\dfrac{\pi}{4}$，此即为所求。

习题

5-1 判别题图 5-1 所示系统的稳定性。

5-2 判别题图 5-2 所示系统是否稳定。若稳定，指出单位阶跃下的 $e(+\infty)$ 值；若不稳定，则指出右半 s 平面根的个数。

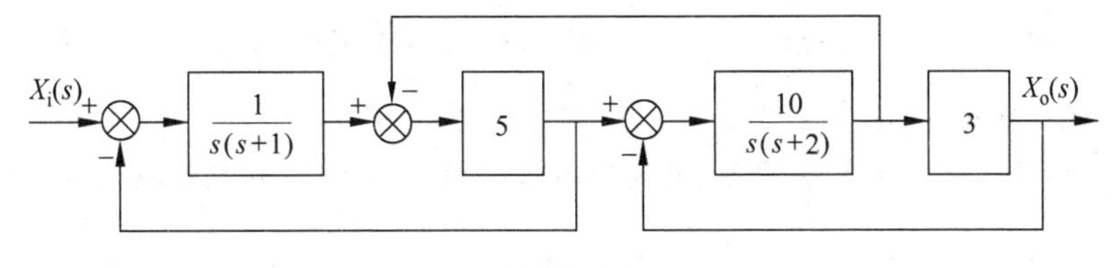

题图 5-1

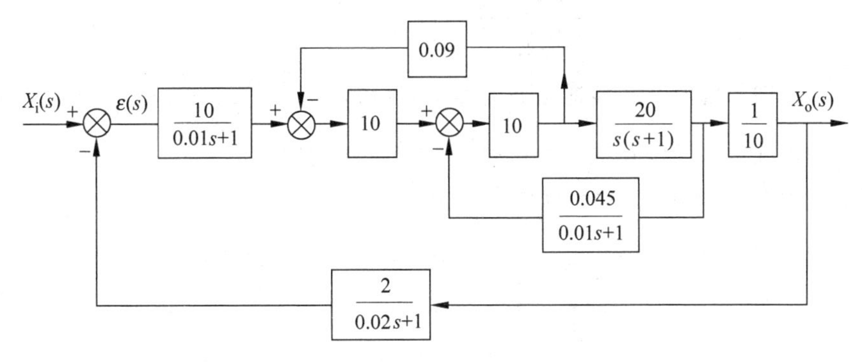

题图 5-2

5-3 如题图 5-3 所示系统，判断：

(1) 当开环增益 K 由 20 下降到何值时，系统临界稳定。

(2) 当 $K=20$，其中一个惯性环节时间常数 T 由 0.1 s 下降到何值时，系统临界稳定。

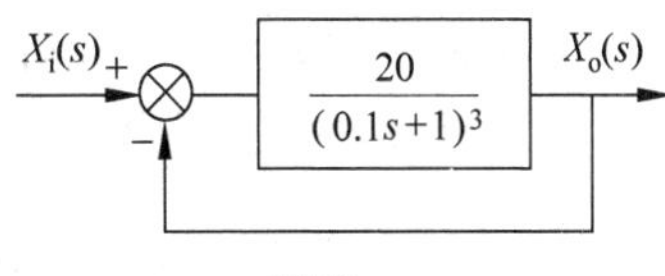

题图 5-3

5-4 对于如下特征方程的反馈控制系统，试用代数判据求系统稳定的 K 值范围。

(1) $s^4+22s^3+10s^2+2s+K=0$；

(2) $s^4+20Ks^3+5s^2+(10+K)s+15=0$；

(3) $s^3+(K+0.5)s^2+4Ks+50=0$；

(4) $s^4+Ks^3+s^2+s+1=0$。

5-5 设闭环系统特征方程如下，试确定有几个根在右半 s 平面。

(1) $s^4+10s^3+35s^2+50s+24=0$；

(2) $s^4+2s^3+10s^2+24s+80=0$；

(3) $s^3-15s+126=0$；

(4) $s^5+3s^4-3s^3-9s^2-4s-12=0$。

5-6 用奈奎斯特稳定性判据判断下列系统的稳定性：

(1) $G(s)H(s)=\dfrac{100}{s(s^2+2s+2)(s+1)}$；

(2) $G(s)H(s)=\dfrac{K(s-1)}{s(s+1)}$；

(3) $G(s)H(s)=\dfrac{s}{1-0.2s}$。

5-7 试说明题图 5-7 所示系统的稳定条件。

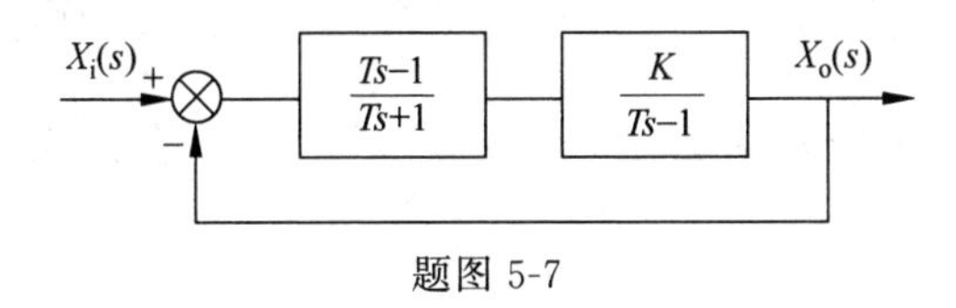

题图 5-7

5-8 设前向通道传递函数为$G(s)=\dfrac{10}{s(s-1)}$,反馈通道传递函数为$H(s)=Ks+1$,试确定闭环系统稳定时的K临界值。

5-9 对于下列系统,试画出其伯德图,求出相角裕量和增益裕量,并判断其闭环后的稳定性。

(1) $G(s)H(s)=\dfrac{250}{s(0.03s+1)(0.0047s+1)}$;

(2) $G(s)H(s)=\dfrac{250(0.5s+1)}{s(10s+1)(0.03s+1)(0.0047s+1)}$。

5-10 设单位反馈系统的开环传递函数为$G(s)H(s)=\dfrac{10K(s+0.5)}{s^2(s+2)(s+10)}$,试用奈奎斯特稳定性判据确定该系统在$K=1$和$K=10$时的稳定性。

5-11 对于题图5-11所示的系统,试确定:

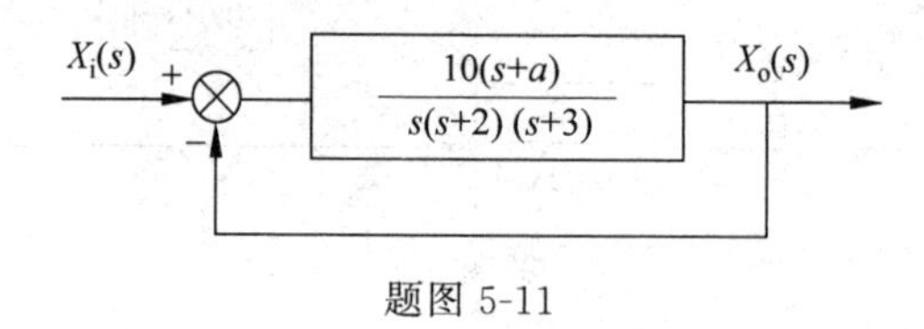

题图 5-11

(1) 使系统稳定的a值;

(2) 使系统特征值均落在s平面中Re$=-1$这条线左边的a值。

5-12 设一单位反馈系统的开环传递函数为$G(s)=\dfrac{K}{s(Ts+1)}$,现希望系统特征方程的所有根都在$s=-a$这条线的左边区域内,试确定所需的K值和T值范围。

5-13 一个单位反馈系统的开环传递函数为$G(s)=\dfrac{K(s+5)(s+40)}{s^3(s+200)(s+1000)}$,讨论当$K$变化时闭环系统的稳定性。使闭环系统持续振荡的$K$值等于多少?振荡频率为多少?

5-14 设单位反馈控制系统的开环传递函数为$G(s)H(s)=\dfrac{as+1}{s^2}$,试确定使相角裕量等于$+45°$的$a$值。

5-15 某单位反馈系统的开环传递函数为$G(s)=\dfrac{K(Ts+1)}{s(0.01s+1)(s+1)}$,为使系统有无穷大的增益裕量,求$T$的最小可能值。

5-16 设单位反馈系统的开环传递函数为$G(s)=\dfrac{K}{s(s+1)(s+2)}$,试确定使系统稳定的$K$值范围。

5-17 试判断下列系统闭环后的稳定性:

(1) $G(s)=\dfrac{10}{s(s-1)(s+5)}$; (2) $G(s)=\dfrac{10(s+1)}{s(s-1)(2s+3)}$。

5-18 某系统的开环传递函数为$G(s)=\dfrac{K}{s^3+12s^2+20s}$,求使系统闭环后稳定的$K$值范围。

5-19 设系统的闭环传递函数为 $\dfrac{X_o(s)}{X_i(s)}=\dfrac{s+K}{s^3+2s^2+4s+K}$，试确定系统稳定的 K 值范围。

5-20 设单位反馈系统的开环传递函数为 $G(s)=\dfrac{K}{s(s+5)(s+1)}$，确定系统稳定的 K 值范围。

5-21 设两个系统，其开环传递函数的奈氏图分别示于题图 5-21(a)和(b)，试确定系统的稳定性。

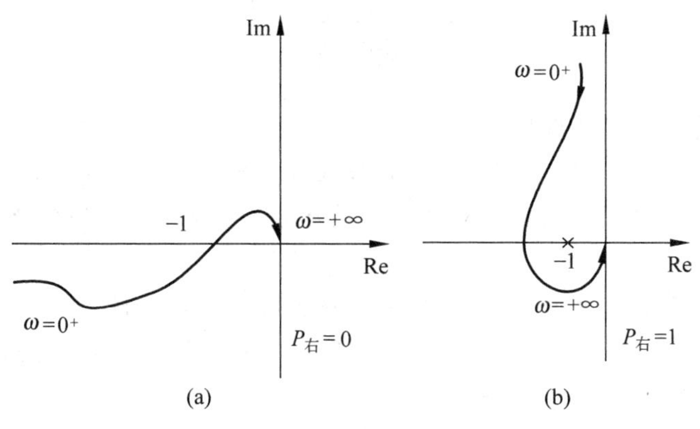

题图 5-21

5-22 设系统的开环传递函数为 $G(s)=\dfrac{10}{s(s+1)(s+10)}$，试画出其伯德图，并判断系统是否稳定。

5-23 试确定题图 5-23 所示系统的稳定条件。

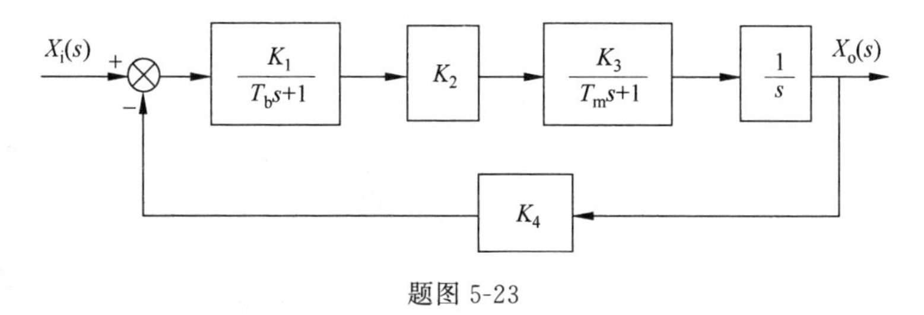

题图 5-23

5-24 试确定题图 5-24 所示系统的稳定条件。

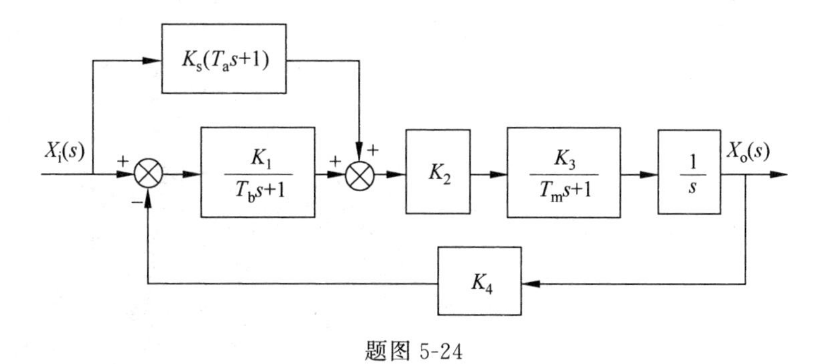

题图 5-24

5-25 试判断题图 5-25 所示系统的稳定性。

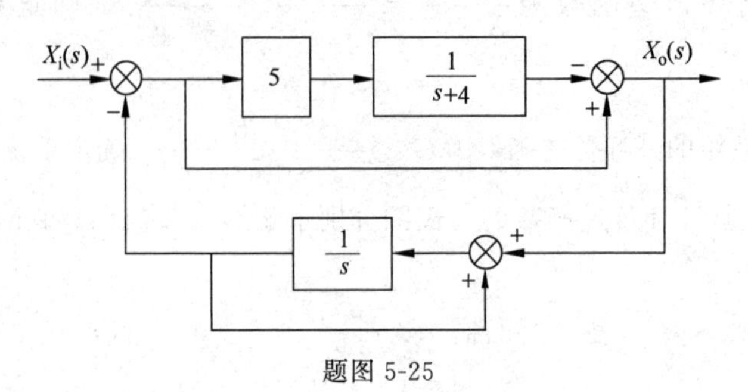

题图 5-25

5-26 随动系统的微分方程如下：

$$T_M T_a \ddot{x}_o(t) + T_m \dot{x}_o(t) + K x_o(t) = K x_i(t)$$

式中，T_M 为电动机机电时间常数；T_a 为电动机电磁时间常数；K 为系统开环放大倍数。

(1) 试讨论 T_a，T_M 与 K 之间的关系对系统稳定性的影响。

(2) $T_a=0.01$，$T_M=0.1$，$K=500$ 时是否可以忽略 T_a 的影响？为什么？在什么情况下可以忽略 T_a 的影响？

控制系统的误差分析和计算

对一个控制系统的要求是稳定、准确、快速。误差问题即是控制系统的准确度问题。过渡过程完成后的误差称为系统稳态误差,稳态误差是系统在过渡过程完成后控制准确度的一种度量。一个控制系统,只有在满足要求的控制精度的前提下,才有实际工程意义。

机电控制系统中元件的不完善,如静摩擦、间隙以及放大器的零点漂移、元件老化或变质都会造成误差。本章侧重说明另一类误差,即由于系统不能很好跟踪输入信号,或者由于扰动作用而引起的稳态误差,即系统原理性误差。

6.1 稳态误差的基本概念

某一控制系统的方块图如图 6-1 所示。其中,实线部分与实际系统有对应关系,而虚线部分则是为了说明概念额外画出的。

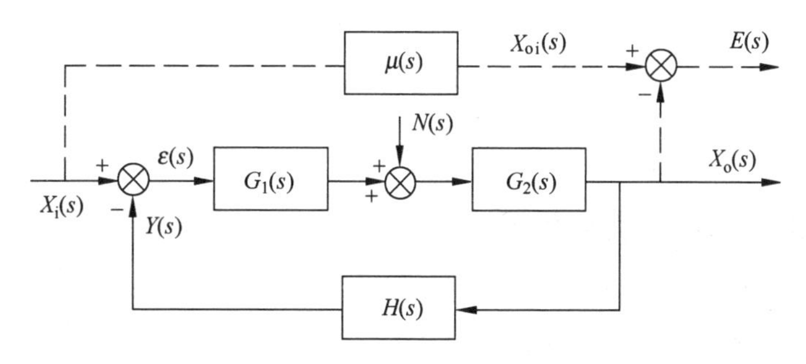

图 6-1　误差和偏差的概念

误差定义为控制系统希望的输出量(理想输出)和实际的输出量之差,记作 $e(t)$,其拉普拉斯变换的像函数记作 $E(s)$。误差信号的稳态分量,被称为稳态误差,或称静态误差,记作 e_{ss}。输入信号和反馈信号比较后的信号 $\varepsilon(t)$ 也能够反映系统误差的大小,称为偏差。应该指出,系统的误差信号 $e(t)$ 与偏差信号 $\varepsilon(t)$,在一般情况下并不相同(见图 6-1)。

理想的输出量通过输入信号给出,控制系统的误差信号的像函数是

$$E(s)=\mu(s)X_i(s)-X_o(s) \tag{6-1}$$

而控制系统的偏差信号的像函数是

$$\varepsilon(s)=X_i(s)-Y(s) \tag{6-2}$$

考虑负反馈系统偏差趋近于零,故 $X_i(s)$ 与 $Y(s)$ 近似相等,$Y(s)=H(s)X_o(s)$,得

$$\mu(s)=\frac{1}{H(s)}$$

$$E(s)=\frac{1}{H(s)}X_i(s)-X_o(s) \tag{6-3}$$

及

$$\frac{1}{H(s)}\varepsilon(s)=\frac{1}{H(s)}X_i(s)-X_o(s) \tag{6-4}$$

比较式(6-3)和式(6-4),求得误差信号与偏差信号之间的关系为

$$E(s)=\frac{1}{H(s)}\varepsilon(s)$$

或

$$\varepsilon(s)=H(s)E(s) \tag{6-5}$$

对于实际使用的控制系统来说,$H(s)$往往是一个常数,因此通常误差信号与偏差信号之间存在简单的比例关系。求出了稳态偏差,也就得到了稳态误差。对于单位反馈系统 $H(s)=1$ 来说,偏差信号与误差信号相同,可直接用偏差信号表示系统的误差信号。这样,为了求稳态误差,求出稳态偏差即可。

6.2 输入引起的稳态误差

设有系统如图 6-2 所示,参见二维码动画展示的当参数 K、K_p、τ 变化时,不同输入引起的稳态误差。

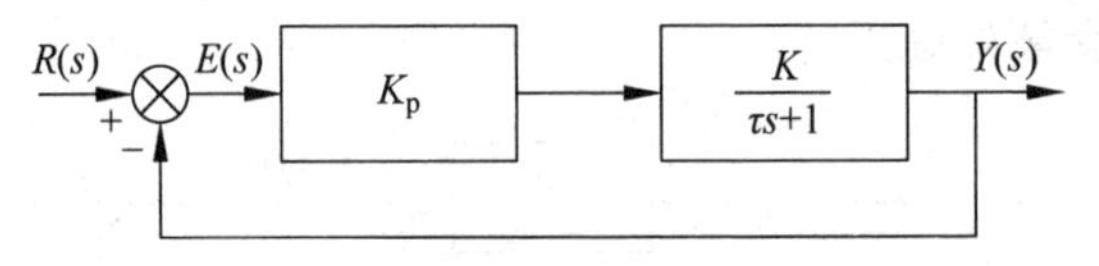

图 6-2 输入引起稳态误差动画中的系统

6.2.1 误差传递函数与稳态误差

先讨论单位反馈的控制系统,如图 6-3 所示。

输入引起的系统的误差传递函数为

$$\frac{E(s)}{X_i(s)}=\frac{1}{1+G(s)} \tag{6-6}$$

则

$$E(s)=\frac{1}{1+G(s)}X_i(s)$$

根据终值定理,有

$$e_{ss}=\lim_{t\to+\infty}e(t)=\lim_{s\to 0}sE(s)=\lim_{s\to 0}s\frac{1}{1+G(s)}X_i(s) \tag{6-7}$$

这就是求取输入引起的单位反馈系统稳态误差的方法。

需要注意的是,终值定理只对有终值的变量有意义。如果系统本身不稳定,则终值趋于无穷大,用终值定理求出的值是虚假的。故在求取系统稳态误差之前,应首先判断系统的稳定性。

对于非单位反馈系统，方块图如图 6-4 所示。

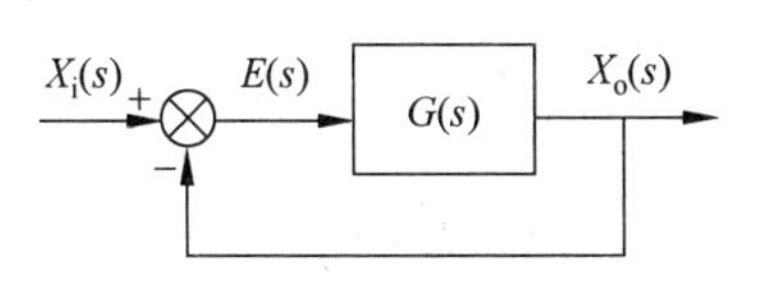

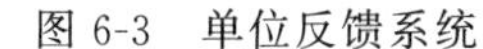
图 6-3 单位反馈系统

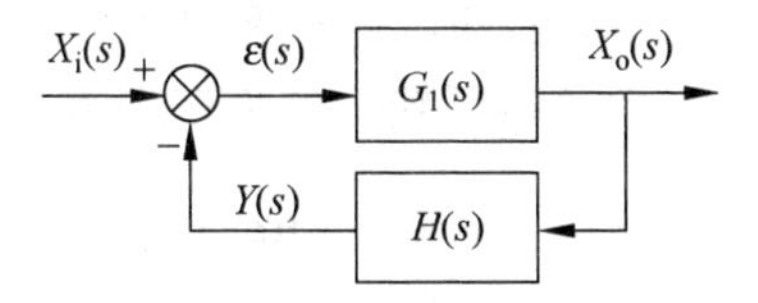

图 6-4 非单位反馈系统

从图 6-4 可以看出：

$$\varepsilon(s)=\frac{1}{1+G_1(s)H(s)}X_i(s) \tag{6-8}$$

由终值定理得稳态偏差为

$$\varepsilon_{ss}=\lim_{t\to+\infty}\varepsilon(t)=\lim_{s\to0}s\varepsilon(s)=\lim_{s\to0}s\,\frac{1}{1+G_1(s)H(s)}X_i(s) \tag{6-9}$$

而

$$e_{ss}=\lim_{s\to0}s\,\frac{1}{H(s)}\,\frac{1}{1+G_1(s)H(s)}X_i(s) \tag{6-10}$$

式中，e_{ss} 为稳态误差。一般情况下，H 为常值，故这时

$$e_{ss}=\frac{\varepsilon_{ss}}{H} \tag{6-11}$$

显然，稳态误差取决于系统结构参数和输入信号的性质。

例 6-1 某反馈控制系统如图 6-5 所示，当 $x_i(t)=1(t)$时，求稳态误差。

解：该系统为一阶惯性系统，系统稳定。误差传递函数为

$$\frac{E(s)}{X_i(s)}=\frac{1}{1+G(s)}=\frac{1}{1+\dfrac{10}{s}}=\frac{s}{s+10}$$

而

$$X_i(s)=\frac{1}{s}$$

则

$$e_{ss}=\lim_{s\to0}s\,\frac{s}{s+10}X_i(s)=\lim_{s\to0}s\,\frac{s}{s+10}\,\frac{1}{s}=0$$

稳态误差为零是很理想的。从物理意义上看，当输入为 1 时，其输出量的稳态值应为 1。因为若不为 1，则偏差就不为零。显然，经过积分环节后输出就要继续变化，直到为 1。只有当偏差为零后，积分后的输出量就不会再变化了。所以，在常值输入时，积分环节之前的信号稳态为零。

6.2.2 静态误差系数

图 6-6 所示为反馈控制系统，设其开环传递函数为

$$G(s)H(s)=\frac{K(\tau_1s+1)(\tau_2s+1)\cdots}{s^{\nu}(T_1s+1)(T_2s+1)\cdots} \tag{6-12}$$

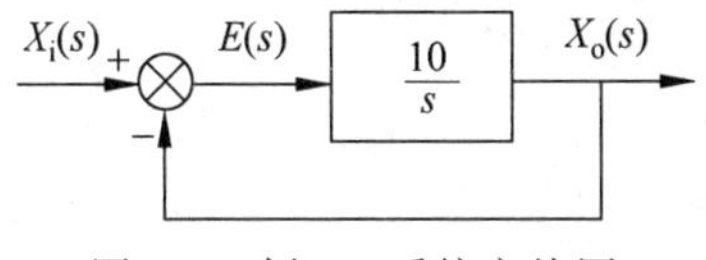

图 6-5 例 6-1 系统方块图

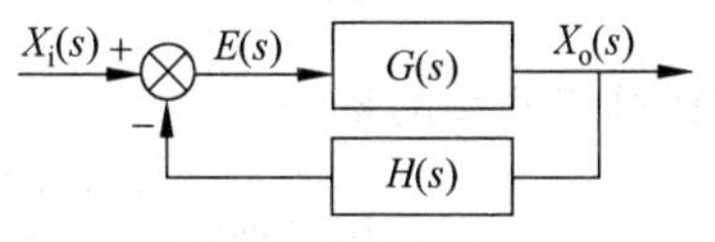

图 6-6 反馈系统

式中,分母的阶次高于分子的阶次。当$\nu=0$时,称系统为0型系统;当$\nu=1$时,称系统为Ⅰ型系统;当$\nu=2$时,称系统为Ⅱ型系统;等等。

系统对单位阶跃输入的稳态偏差是

$$\varepsilon_{ss}=\lim_{s\to 0} s\frac{1}{1+G(s)H(s)}\frac{1}{s}=\frac{1}{1+G(0)H(0)}$$

静态位置误差系数K_p的定义为

$$K_p=\lim_{s\to 0} G(s)H(s)=G(0)H(0) \tag{6-13}$$

于是,如用K_p表示单位阶跃输入时的稳态偏差,则

$$\varepsilon_{ss}=\frac{1}{1+K_p} \tag{6-14}$$

对于0型系统,设$G(s)H(s)$为

$$G(s)H(s)=\frac{K(\tau_1 s+1)(\tau_2 s+1)\cdots}{(T_1 s+1)(T_2 s+1)\cdots}$$

则

$$K_p=\lim_{s\to 0}\frac{K(\tau_1 s+1)(\tau_2 s+1)\cdots}{(T_1 s+1)(T_2 s+1)\cdots}=K$$

所以,对于0型系统,静态位置误差系数K_p就是系统的开环静态放大倍数K。对于Ⅰ型或高于Ⅰ型的系统,

$$K_p=\lim_{s\to 0}\frac{K(\tau_1 s+1)(\tau_2 s+1)\cdots}{s^{\nu}(T_1 s+1)(T_2 s+1)\cdots}=+\infty$$

于是,对于单位阶跃输入,稳定系统稳态偏差可以概括如下:

$$\varepsilon_{ss}=\frac{1}{1+K} \quad (\text{对0型系统})$$

$$\varepsilon_{ss}=0 \quad (\text{对Ⅰ型或高于Ⅰ型的系统})$$

当单位斜坡输入时,其稳态偏差为

$$\varepsilon_{ss}=\lim_{s\to 0} s\frac{1}{1+G(s)H(s)}\frac{1}{s^2}=\lim_{s\to 0}\frac{1}{s[1+G(s)H(s)]}=\lim_{s\to 0}\frac{1}{sG(s)H(s)}$$

静态速度误差系数K_v的定义为

$$K_v=\lim_{s\to 0} sG(s)H(s) \tag{6-15}$$

则

$$\varepsilon_{ss}=\lim_{s\to 0}\frac{1}{sG(s)H(s)}=\frac{1}{K_v} \tag{6-16}$$

对于0型系统,

$$K_v=\lim_{s\to 0} s\frac{K(\tau_1 s+1)(\tau_2 s+1)\cdots}{(T_1 s+1)(T_2 s+1)\cdots}=0$$

对于Ⅰ型系统,

$$K_v=\lim_{s\to 0} s\frac{K(\tau_1 s+1)(\tau_2 s+1)\cdots}{s(T_1 s+1)(T_2 s+1)\cdots}=K$$

对于Ⅱ型或高于Ⅱ型的系统,

$$K_v=\lim_{s\to 0} s\frac{K(\tau_1 s+1)(\tau_2 s+1)\cdots}{s^2(T_1 s+1)(T_2 s+1)\cdots}=+\infty$$

可见,对于0型系统,$\varepsilon_{ss}=\frac{1}{0}=+\infty$;对于Ⅰ型系统,$e_{ss}=\frac{1}{K_v}=\frac{1}{K}$;对于Ⅱ型系统(或高于Ⅱ型的稳定系统),$\varepsilon_{ss}=\frac{1}{K_v}=0$。

当单位加速度输入时,其稳态偏差为

$$\varepsilon_{ss}=\lim_{s\to 0} s\frac{1}{1+G(s)H(s)}\frac{1}{s^3}=\lim_{s\to 0}\frac{1}{s^2[1+G(s)H(s)]}=\lim_{s\to 0}\frac{1}{s^2G(s)H(s)}$$

静态加速度误差系数 K_a 的定义为

$$K_a=\lim_{s\to 0} s^2G(s)H(s) \tag{6-17}$$

则

$$\varepsilon_{ss}=\lim_{s\to 0}\frac{1}{s^2G(s)H(s)}=\frac{1}{K_a} \tag{6-18}$$

对于0型系统:

$$K_a=\lim_{s\to 0} s^2\frac{K(\tau_1 s+1)(\tau_2 s+1)\cdots}{(T_1 s+1)(T_2 s+1)\cdots}=0$$

对于Ⅰ型系统:

$$K_a=\lim_{s\to 0} s^2\frac{K(\tau_1 s+1)(\tau_2 s+1)\cdots}{s(T_1 s+1)(T_2 s+1)\cdots}=0$$

对于Ⅱ型系统:

$$K_a=\lim_{s\to 0} s^2\frac{K(\tau_1 s+1)(\tau_2 s+1)\cdots}{s^2(T_1 s+1)(T_2 s+1)\cdots}=K$$

可见,对于0型系统,$\varepsilon_{ss}=\frac{1}{0}=+\infty$;对于Ⅰ型系统,$\varepsilon_{ss}=\frac{1}{0}=+\infty$;对于Ⅱ型系统,$\varepsilon_{ss}=\frac{1}{K_a}=\frac{1}{K}$。所以,0型和Ⅰ型系统在稳定状态下都不能跟踪加速度输入信号,具有单位反馈的Ⅱ型系统在稳定状态下是能够跟踪加速度输入信号的,但带有一定的位置误差。高于Ⅱ型以上的系统,往往稳定性差,故不实用。

综上所述,在系统稳定的前提下,0型系统能跟踪阶跃输入,但具有一定的误差。这个稳态偏差 ε_{ss} 正比于输入阶跃量的幅值,近似反比于系统开环静态放大倍数;Ⅰ型或高于Ⅰ型的系统其稳态误差为零,因而能准确地跟踪阶跃输入。0型系统稳态时不能跟踪斜坡输入。在系统稳定的前提下,具有单位反馈的Ⅰ型系统能跟踪斜坡输入,但具有一定的误差。这个稳态偏差 ε_{ss},正比于输入量的变化率,反比于系统开环静态放大倍数。在系统稳定的前提下,Ⅱ型或高于Ⅱ型的系统其稳态偏差为零,因而能准确地跟踪斜坡输入。类似地,0型和Ⅰ型系统在稳定状态下都不能跟踪加速度输入信号。具有单位反馈的Ⅱ型系统在稳定的前提下是能够跟踪加速度输入信号的,但有一定的位置误差。

小结:

(1) 位置误差、速度误差、加速度误差分别指输入是阶跃、斜坡、匀加速度输入时所引起的输出位置上的误差。

(2) 表6-1概括了0型、Ⅰ型和Ⅱ型系统在各种输入量作用下的稳态偏差。在对角线以上,稳态偏差为无穷大;在对角线以下,则稳态偏差为零。

表 6-1 各类系统的稳态偏差

系统类别	单位阶跃输入	等速输入	等加速输入
0型系统	$\frac{1}{1+K}$	∞	∞
Ⅰ型系统	0	$\frac{1}{K}$	∞
Ⅱ型系统	0	0	$\frac{1}{K}$

(3) 静态误差系数 K_p、K_v、K_a 分别是0型、Ⅰ型、Ⅱ型系统的开环静态放大倍数,而其中对应的 $\nu=0,1,2$ 则分别表示系统中积分环节的数目。

(4) 对于单位反馈控制系统,稳态误差等于稳态偏差。

(5) 对于非单位反馈控制系统,先求出稳态偏差 ε_{ss} 后,再按下式求出稳态误差

$$e_{ss}=\frac{\varepsilon_{ss}}{H(0)}$$

对于非单位反馈控制系统,我们也可以利用静态位置误差系数、静态速度误差系数和静态加速度误差系数求出系统稳态误差。值得注意的是,我们定义的静态位置误差系数、静态速度误差系数和静态加速度误差系数对于非单位反馈控制系统而言,实际上是静态位置偏差系数、静态速度偏差系数和静态加速度偏差系数。

(6) 上述结论是在阶跃、斜坡、匀加速典型输入信号作用下得到的,但它有普遍的实用意义。这是因为控制系统输入信号的变化往往比较缓慢,可把输入信号在时间 $t=0$ 附近展开成泰勒级数,这样,可把控制信号看成几个典型信号之和,系统的稳态误差可看成是上述典型信号分别作用下的误差的总和。

例 6-2 设有二阶振荡系统,其方块图如图 6-7 所示。试求系统在单位阶跃、单位恒速和单位恒加速输入时的静态误差。

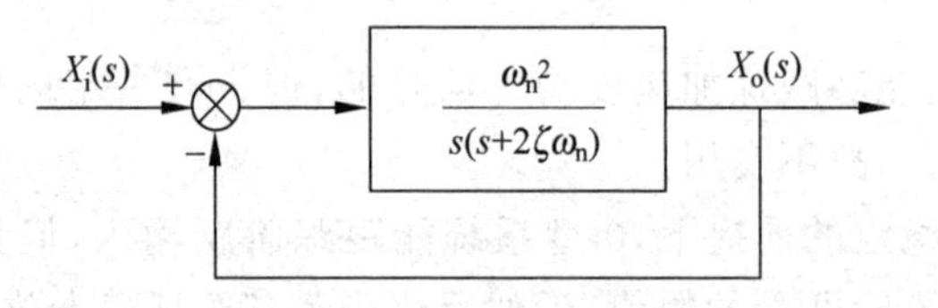

图 6-7 例 6-2 系统方块图

解:该系统为二阶振荡系统,系统稳定。

由于是单位反馈系统,偏差即是误差。另外,该系统为Ⅰ型系统:

$$G(s)=\frac{\omega_n^2}{s(s+2\zeta\omega_n)}=\frac{\frac{\omega_n}{2\zeta}}{s\left(\frac{1}{2\zeta\omega_n}s+1\right)}$$

单位阶跃时,

$$e_{ss}=0$$

在单位恒速输入时,

$$e_{ss}=\frac{1}{K_v}=\frac{1}{K}=\frac{2\zeta}{\omega_n}=\text{常量}$$

在单位恒加速输入时，

$$e_{ss}=+\infty$$

系统不能跟随恒加速输入。

6.3 干扰引起的稳态误差

终值定理同样是计算干扰引起稳态误差的基本方法。对于如图 6-8 所示系统，有

$$\varepsilon(s)=\frac{-G_2(s)H(s)}{1+G_2(s)G_1(s)H(s)}N(s) \tag{6-19}$$

根据终值定理，干扰引起稳态偏差为

$$\varepsilon_{ss}=\lim_{t\to+\infty}\varepsilon(t)=\lim_{s\to 0}s\varepsilon(s)$$

则干扰引起稳态误差为

$$e_{ss}=\frac{\varepsilon_{ss}}{H(0)}$$

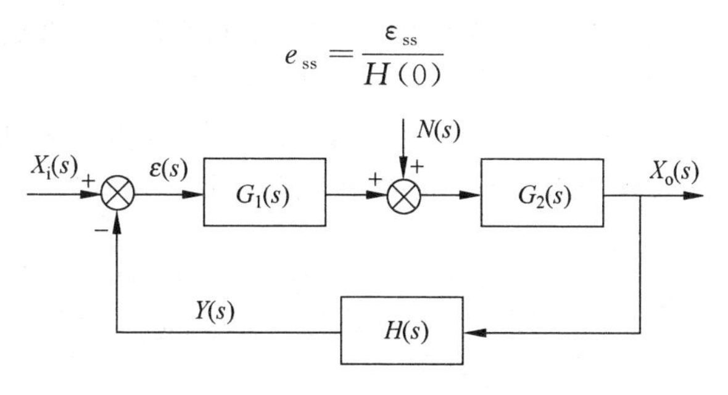

图 6-8 干扰引起误差的系统

例 6-3 系统结构图如图 6-9 所示，当输入信号 $x_i(t)=1(t)$，干扰 $N(t)=1(t)$时，求系统总的稳态误差 e_{ss}。

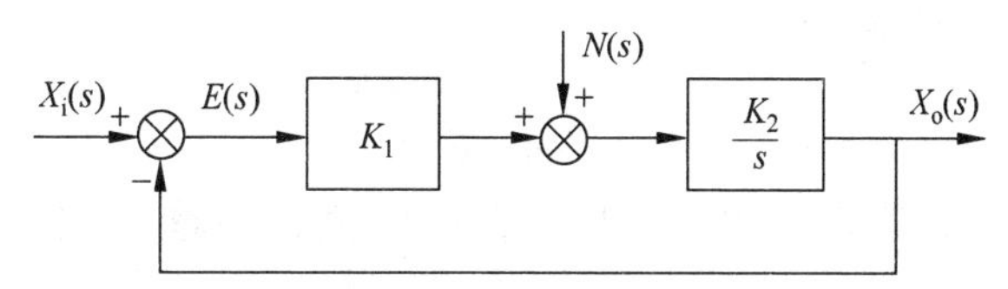

图 6-9 例 6-3 系统方块图

解：第一步要判别稳定性。由于是一阶系统，所以只要参数 K_1、K_2 大于零，系统就稳定。

第二步，求 $E(s)$。因为是单位反馈，稳态误差和稳态偏差相等。先求输入引起的稳态误差

$$e_{ss1}=\lim_{s\to 0}s\frac{1}{1+K_1\dfrac{K_2}{s}}\frac{1}{s}=0$$

再求干扰引起的稳态误差

$$e_{ss2}=\lim_{s\to 0}s\frac{-\dfrac{K_2}{s}}{1+K_1\dfrac{K_2}{s}}\frac{1}{s}=-\frac{1}{K_1}$$

所以,总误差为

$$e_{ss}=e_{ss1}+e_{ss2}=0-\frac{1}{K_1}=-\frac{1}{K_1}$$

例 6-4 某直流伺服电动机调速系统如图 6-10 所示,试求扰动力矩 $N(s)$引起的稳态误差。

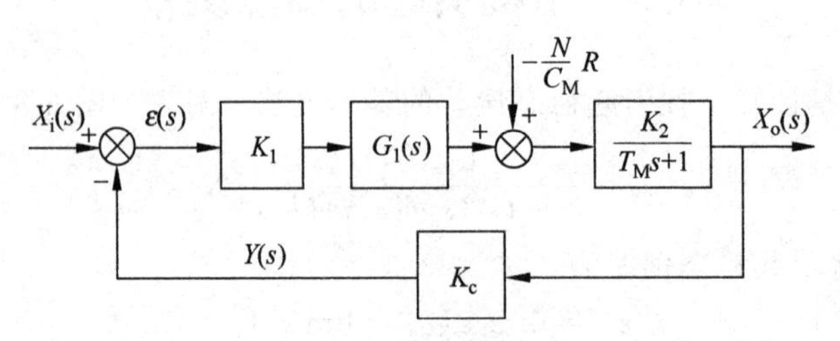

图 6-10 例 6-4 系统方块图

解:首先应选择合适的 $G_1(s)$使系统稳定。K_c 是测速负反馈系数,这是一个非单位反馈的控制系统,先求扰动作用下的稳态偏差,再求稳态误差 e_{ss}。

设 $G_1(s)=1$,系统是一阶的,因此稳定。图 6-10 中,R 是电动机电枢电阻,C_M 为力矩系数,N 是扰动力矩,干扰作用为一个常值阶跃干扰,故稳态偏差为

$$\varepsilon_{ss}=\lim_{s\to 0} s\,\frac{-\dfrac{K_2K_c}{T_M s+1}}{1+\dfrac{K_1K_2K_c}{T_M s+1}}\,\frac{-NR}{C_M s}=\frac{K_2K_c}{1+K_1K_2K_c}\,\frac{NR}{C_M}$$

则稳态误差为

$$e_{ss}=\frac{\varepsilon_{ss}}{K_c}=\frac{K_2}{1+K_1K_2K_c}\,\frac{NR}{C_M}$$

当 $K_1K_2K_c\gg 1$(称环路增益)时,

$$e_{ss}\approx\frac{1}{K_1K_c}\,\frac{NR}{C_M}$$

可见,反馈系数越大,则误差越小;干扰量越小,则误差越小;扰动作用点与偏差信号间的放大倍数越大,则误差越小。

为了进一步减少误差,可让 $G_1(s)=1+\frac{K_3}{s}$,称为比例加积分控制。选择 K_3,使系统具有一定的稳定裕量,同时,其稳态偏差为

$$\varepsilon_{ss}=\lim_{s\to 0} s\,\frac{-\dfrac{K_2K_c}{T_M s+1}}{1+\dfrac{K_1K_2K_c}{T_M s+1}\left(1+\dfrac{K_3}{s}\right)}\,\frac{-NR}{C_M s}=0$$

因而稳态误差 $e_{ss}=0$。

从物理意义上看,在扰动作用点与偏差信号之间加上积分环节就等于加入静态放大倍数为$+\infty$的环节,因此静态误差为 0。

一般而言,如果反馈控制系统对前向通道的扰动是一个阶跃函数,则只要保证系统稳定,并且在扰动作用点前有一个积分器,就可以消除阶跃扰动引起的稳态误差。设图 6-11

所示为稳定系统，$G_1(s)$和 $H(s)$中不包含纯微分环节，根据题意可表达为

$$n(t)=a\cdot 1(t)$$

$$N(s)=\frac{a}{s}$$

$$\frac{X_o(s)}{N(s)}=\frac{G_2(s)}{1+\frac{1}{s}G_1(s)G_2(s)H(s)}=\frac{sG_2(s)}{s+G_1(s)G_2(s)H(s)}$$

$$e_{ss}=\lim_{s\to 0} s\left[\frac{X_o(s)}{N(s)}N(s)\right]=\lim_{s\to 0} s\left[\frac{sG_2(s)}{s+G_1(s)G_2(s)H(s)}\frac{a}{s}\right]=0$$

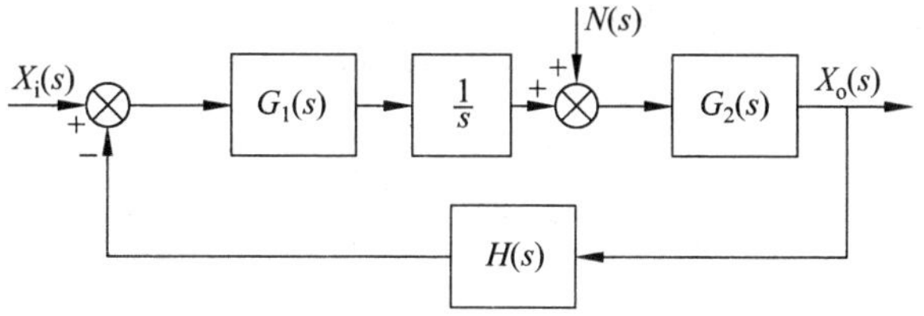

图 6-11　扰动前有一个积分器消除阶跃扰动稳态误差

同理，如果反馈控制系统对前向通道的扰动是一个斜坡函数，那么只要保证系统稳定，并且在扰动作用点前有两个积分器，就可以消除斜坡扰动引起的稳态误差。图 6-12 所示为稳定系统，$G_1(s)$和 $H(s)$中不包含纯微分环节，根据题意可表达为

$$n(t)=at\cdot 1(t)$$

$$N(s)=\frac{a}{s^2}$$

$$\frac{X_o(s)}{N(s)}=\frac{G_2(s)}{1+\frac{1}{s^2}G_1(s)G_2(s)H(s)}=\frac{s^2G_2(s)}{s^2+G_1(s)G_2(s)H(s)}$$

$$e_{ss}=\lim_{s\to 0} s\left[\frac{X_o(s)}{N(s)}N(s)\right]=\lim_{s\to 0} s\left[\frac{s^2G_2(s)}{s^2+G_1(s)G_2(s)H(s)}\frac{a}{s^2}\right]=0$$

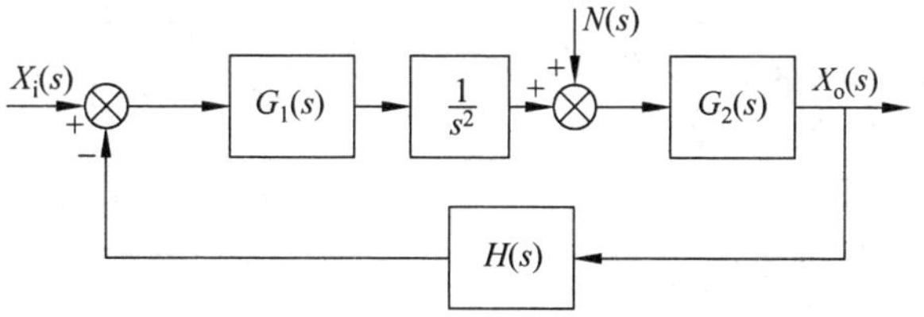

图 6-12　扰动前有两个积分器消除斜坡扰动稳态误差

作为对比，如果将积分器 $1/s$ 置于干扰点之后，如图 6-13 所示。

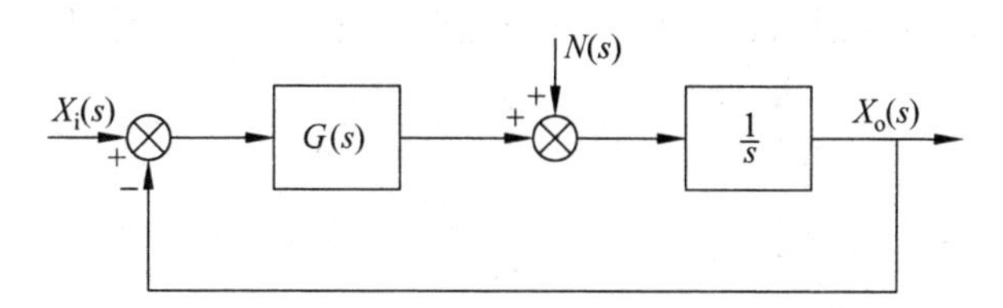

图 6-13　积分器置于扰动点之后无助于稳态误差消除

令 $n(t)=a\cdot 1(t)$，$N(s)=a/s$，当没有积分器 $1/s$ 时，

$$\frac{E_1(s)}{N(s)}=\frac{-1}{1+G(s)}$$

$$E_1(s)=\frac{-1}{1+G(s)}N(s)=\frac{-1}{1+G(s)}\frac{a}{s}=\frac{-a}{s[1+G(s)]}$$

$$e_1(+\infty)=\lim_{s\to 0}sE_1(s)=\frac{-a}{1+G(0)}$$

当设置积分器 $1/s$ 时，

$$\frac{E_2(s)}{N(s)}=\frac{-\frac{1}{s}}{1+\frac{1}{s}G(s)}=\frac{-1}{s+G(s)}$$

$$E_2(s)=\frac{-1}{s+G(s)}N(s)=\frac{-1}{s+G(s)}\frac{a}{s}=\frac{-a}{s[s+G(s)]}$$

$$e_2(+\infty)=\lim_{s\to 0}sE_2(s)=\frac{-a}{G(0)}$$

对比两种情况可以看出，将积分器 $1/s$ 置于干扰点之后对消除阶跃扰动 N 引起的稳态误差没有什么改善。

另外需要注意，当扰动作用点在前向通道时，通过环节的调整可以减小其影响。例如，前面提到的保证系统稳定的前提下，在扰动作用点前设置积分器或在扰动作用点前加大放大器，可使扰动影响减小；但当扰动作用点在反馈通道时，则很难使扰动影响减小。

如图 6-14(a)所示，当扰动作用点在前向通道时，

$$\frac{X_o(s)}{N(s)}=\frac{1}{1+KG(s)H(s)}$$

$$X_o(s)=\frac{1}{1+KG(s)H(s)}N(s)$$

因此，在扰动作用点前加大放大器增益 K，可使扰动影响减小。

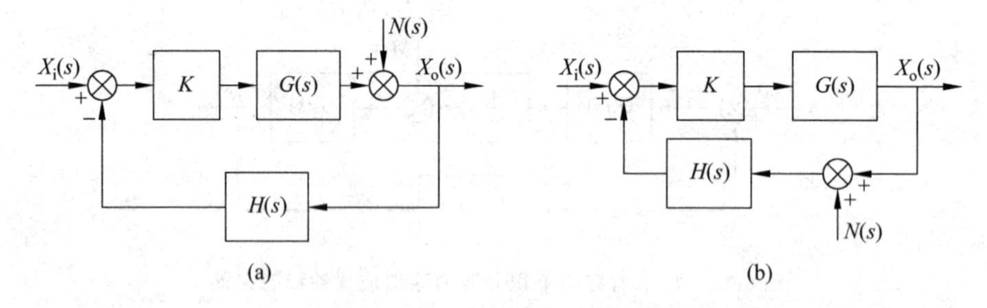

图 6-14 扰动点在前向通道和反馈通道影响比较

如图 6-14(b)所示，系统结构与图 6-14(a)完全一样，只是扰动作用点在反馈通道，有

$$\frac{X_o(s)}{N(s)}=\frac{-KG(s)H(s)}{1+KG(s)H(s)}$$

$$X_o(s)=\frac{-KG(s)H(s)}{1+KG(s)H(s)}N(s)$$

可见，加大放大器增益 K 并不能使扰动影响减小。

6.4 减小系统误差的途径

为了减小系统误差，可考虑以下途径：

(1) 系统的实际输出通过反馈环节与输入比较，因此反馈通道的精度对于减小系统误差是至关重要的。反馈通道元部件的精度要高，尽量避免在反馈通道引入干扰。

(2) 在保证系统稳定的前提下，对于输入引起的误差，可通过增大系统开环放大倍数和提高系统型次将其减小；对于干扰引起的误差，可通过在系统前向通道干扰点前加积分器和增大放大倍数将其减小。

(3) 有的系统要求的性能很高，既要求稳态误差小，又要求良好的动态性能。这时，单靠加大开环放大倍数或串入积分环节往往不能同时满足上述要求，但可以采用加入复合控制(或称加入顺馈)的办法对误差进行补偿。补偿的方式分成两种：按干扰补偿和按输入补偿。

1. 按干扰补偿

当干扰可直接测量时，可以利用这个信息进行补偿。系统的结构如图 6-15 所示。图中，$G_n(s)$为补偿器的传递函数。

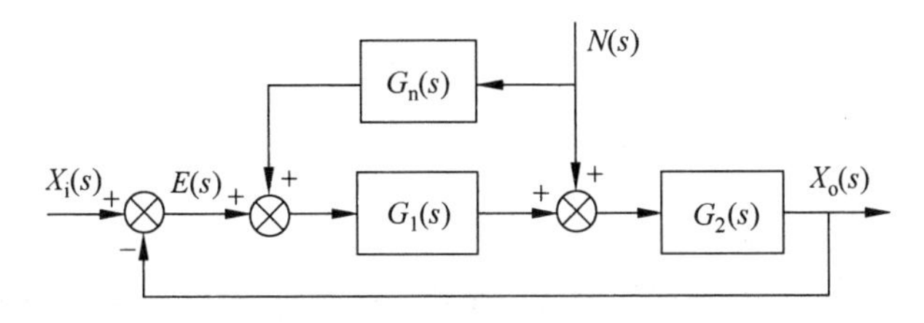

图 6-15 按干扰补偿

由图 6-15 可求出输出对于干扰 $n(t)$的闭环传递函数：

$$\frac{X_o(s)}{N(s)}=\frac{G_2(s)+G_n(s)G_1(s)G_2(s)}{1+G_1(s)G_2(s)}$$

若能使这个传递函数为零，则干扰对输出的影响就可消除，令

$$G_2(s)+G_n(s)G_1(s)G_2(s)=0$$

得出对干扰全补偿的条件为

$$G_n(s)=-\frac{1}{G_1(s)} \tag{6-20}$$

从结构上看，就是利用双通道原理：一条是由干扰信号经过 $G_n(s)$，$G_1(s)$到达结构图上第二个相加点；另一条是干扰信号直接到达此相加点。两条通道的信号，在此点相加，正好大小相等，方向相反。从而实现了对干扰的全补偿。

值得注意的是，由于 $G_1(s)$通常是 s 的有理真分式，所以其倒数 $1/G_1(s)$的分子阶次高于分母阶次，将引入高频噪声。因此经常应用稳态补偿，即系统响应平稳下来以后，保证干扰对输出没有影响。

2. 按输入补偿

按输入补偿的系统结构如图 6-16 所示。按下面推导确定 $G_r(s)$，使系统满足在输入信号作用下，误差得到全补偿。

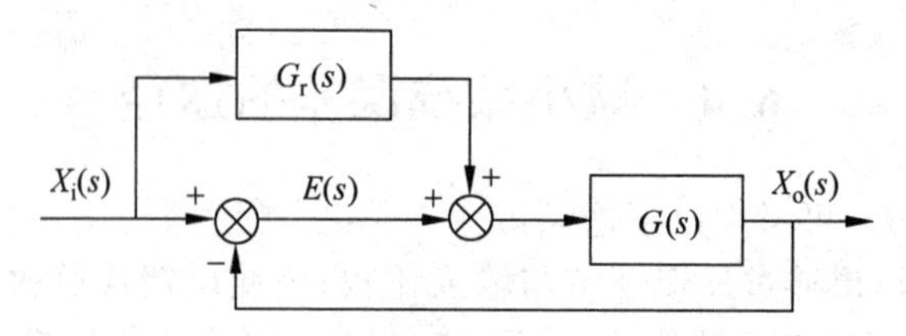

图 6-16 按输入补偿的复合控制

单位反馈系统误差定义为

$$E(s)=X_i(s)-X_o(s)$$

$$X_o(s)=[1+G_r(s)]\frac{G(s)}{1+G(s)}X_i(s)$$

这样

$$E(s)=X_i(s)-\frac{[1+G_r(s)]G(s)}{1+G(s)}X_i(s)=\frac{1-G_r(s)G(s)}{1+G(s)}X_i(s)$$

为使 $E(s)=0$,应保证

$$1-G_r(s)G(s)=0$$

即

$$G_r(s)=\frac{1}{G(s)} \tag{6-21}$$

按输入补偿

按输入补偿的效果参见二维码动画。

以上两种补偿通道均不影响特征方程,即不影响系统的稳定性,因此可以在不加补偿通道的情况下,调整好系统的动态性能,以保证足够的稳定裕量;再加入补偿通道,主要是补偿掉稳态误差,减小动态误差。这两种补偿方法,在伺服系统里用得很广,在调速系统及加工系统中也得到了广泛应用。

3. 内模原理和内模控制

基于内模原理的控制是把外部作用信号的动力学模型植入控制器来构成高精度反馈控制系统的一种设计。内模原理指出,任何一个能良好地抵消外部扰动或跟踪参考输入信号的反馈控制系统,其反馈回路必须包含一个与外部输入信号相同的动力学模型。这个内部模型称为内模。内模原理的建立,为完全消除外部扰动对控制系统运动的影响,并使系统实现对任意形式参考输入信号的无稳态误差的跟踪提供了理论依据。

我们已知,系统在稳定的前提下,在控制器中包含一个纯积分环节可实现对阶跃信号的完全跟踪或抑制;包含两个纯积分环节可实现对斜坡信号的完全跟踪或抑制;这些均可作为内模原理的特例。另有学者在原有对象中串联正弦内模$\frac{\omega}{s^2+\omega^2}$,用于周期信号的重复控制。

内模控制(internal model control,IMC)方法是 Garcia 和 Morari 于 1982 年首先提出的。内模控制除了具有能消除不可测干扰的优点外,还有简单、跟踪调节性能好、鲁棒性强等优点。内模控制进一步推广到了非线性系统。内模控制和诸如预测控制、最优控制、自适应控制、模糊控制相结合,使其不断得到改进并广泛应用于工程实践中。

内模控制系统的基本结构如图 6-17 所示。其中,$G_c(s)$为内模控制器;$G_p(s)$为被控对象模型；$\hat{G}_p(s)$为内模；$G_d(s)$为干扰通道传递函数。

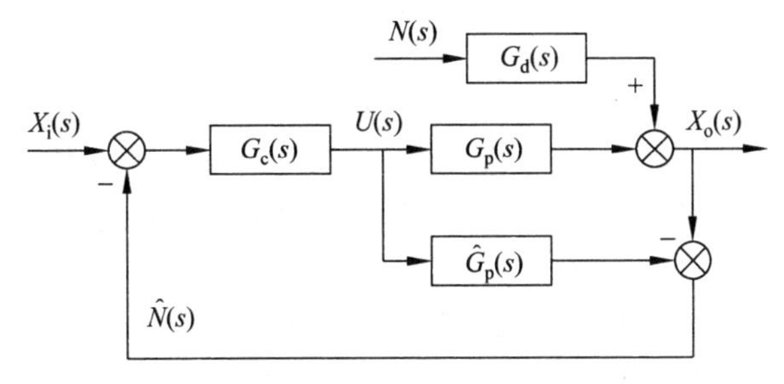

图 6-17 内模控制结构

可将图 6-17 等价变换为图 6-18 所示的简单反馈控制系统形式，即内模控制的等价结构。

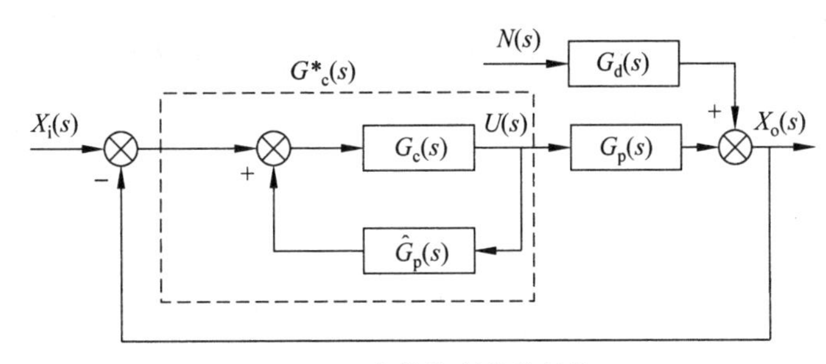

图 6-18 内模控制等价结构

图 6-18 中 $G_c^*(s)$为等价的内环反馈控制器，则

$$G_c^*(s)=\frac{G_c(s)}{1-G_c(s)\hat{G}_p(s)} \tag{6-22}$$

$$X_o(s)=\frac{G_c^*(s)G_p(s)}{1+G_c^*(s)G_p(s)}X_i(s)+\frac{G_d(s)}{1+G_c^*(s)G_p(s)}N(s) \tag{6-23}$$

将式(6-22)代入式(6-23)，得

$$X_o(s)=\frac{G_c(s)G_p(s)}{1+G_c(s)[G_p(s)-\hat{G}_p(s)]}X_i(s)+\frac{[1-G_c(s)\hat{G}_p(s)]G_d(s)}{1+G_c(s)[G_p(s)-\hat{G}_p(s)]}N(s) \tag{6-24}$$

如果内模控制器能满足

$$G_c(s)=\frac{1}{\hat{G}_p(s)} \tag{6-25}$$

则无论干扰是何种形式，理论上均可完全消除外界扰动对输出的影响。

6.5 动态误差系数

静态误差系数可用来求取稳态误差。这个误差或是有限值，或是零，或是无穷大。但稳态误差相同的系统其误差随时间的变化常常并不相同，我们有时希望了解系统随时间变化的误差，于是引出动态误差的概念。例如，对于下面两个给出前向通道传递函数的单位反馈系统：

$$G_1(s)=\frac{100}{s(s+1)}$$

$$G_2(s)=\frac{100}{s(10s+1)}$$

由于其静态位置误差系数、静态速度误差系数、静态加速度误差系数均相同,所以从稳态的角度看不出有任何差异;但这两个系统的时间常数和阻尼比有差别,则过渡过程将不同,其误差随时间的变化也不相同。

研究动态误差系数可以提供一些关于误差随时间变化的信息,即系统在给定输入作用下达到稳态误差以前的变化规律。

对于单位反馈系统,输入引起的误差传递函数在 $s=0$ 的邻域展开成泰勒级数,并近似地取到 n 阶导数项,即得

$$\Phi_{\mathrm{e}}(s)=\frac{E(s)}{X_{\mathrm{i}}(s)}=\frac{1}{1+G(s)}=\varphi_{\mathrm{e}}(0)+\varphi_{\mathrm{e}}'(0)s+\frac{1}{2!}\varphi_{\mathrm{e}}''(0)s^2+\cdots+\frac{1}{n!}\varphi_{\mathrm{e}}^{(n)}(0)s^n \tag{6-26}$$

其具体求法可将分子、分母均按升幂排列,然后采用长除法。

式(6-26)表示的误差像函数为

$$E(s)=\Phi_{\mathrm{e}}(s)X_{\mathrm{i}}(s)=\varphi_{\mathrm{e}}(0)X_{\mathrm{i}}(s)+\varphi_{\mathrm{e}}'(0)sX_{\mathrm{i}}(s)+\frac{1}{2!}\varphi_{\mathrm{e}}''(0)s^2X_{\mathrm{i}}(s)+\cdots+\frac{1}{n!}\varphi_{\mathrm{e}}^{(n)}(0)s^nX_{\mathrm{i}}(s) \tag{6-27}$$

将式(6-27)进行拉普拉斯反变换,得

$$\begin{aligned}e(t)&=\varphi_{\mathrm{e}}(0)x_{\mathrm{i}}(t)+\varphi_{\mathrm{e}}'(0)x_{\mathrm{i}}'(t)+\frac{1}{2!}\varphi_{\mathrm{e}}''(0)x_{\mathrm{i}}''(t)+\cdots+\frac{1}{n!}\varphi_{\mathrm{e}}^{(n)}(0)x_{\mathrm{i}}^{(n)}(t)\\&=\frac{1}{\kappa_0}x_{\mathrm{i}}(t)+\frac{1}{\kappa_1}x_{\mathrm{i}}'(t)+\frac{1}{\kappa_2}x_{\mathrm{i}}''(t)+\cdots+\frac{1}{\kappa_{\mathrm{n}}}x_{\mathrm{i}}^{(n)}(t)\end{aligned} \tag{6-28}$$

将 $x_{\mathrm{i}}(t)$ 看作广义位置量,则 $x_{\mathrm{i}}'(t)$ 为广义速度量,$x_{\mathrm{i}}''(t)$ 为广义加速度量……于是,式(6-28)中定义 κ_0 为动态位置误差系数;κ_1 为动态速度误差系数;κ_2 为动态加速度误差系数。

与静态误差系数越大则静态误差越小类似,其动态误差系数越大则动态误差也越小。

例 6-5 设单位反馈系统的开环传递函数为 $G(s)=\dfrac{10}{s(s+1)}$,试求输入为 $x_{\mathrm{i}}(t)=a_0+a_1t+a_2t^2$ 时的系统动态误差和稳态误差。

解:

$$\Phi_{\mathrm{e}}(s)=\frac{1}{1+G(s)}=\frac{s+s^2}{10+s+s^2}$$

$$\begin{array}{r}0.1s+0.09s^2-0.019s^3+\cdots\\ 10+s+s^2\;\overline{)\;s+s^2\qquad\qquad\qquad\qquad\quad}\\ \underline{-)\;s+0.1s^2+0.1s^3\qquad\qquad\qquad}\\ 0.9s^2-0.1s^3\qquad\qquad\qquad\\ \underline{-)\;0.9s^2+0.09s^3+0.09s^4\qquad\quad}\\ -0.19s^3-0.09s^4\qquad\quad\\ \underline{-)\;-0.19s^3-0.019s^4-0.019s^5}\\ -0.071s^4+0.019s^5\\ \vdots\qquad\quad\end{array}$$

则
$$\Phi_e(s)=\frac{s+s^2}{10+s+s^2}=0.1s+0.09s^2-0.019s^3+\cdots$$

已知
$$x_i(t)=a_0+a_1t+a_2t^2$$

则
$$x_i'(t)=a_1+2a_2t$$
$$x_i''(t)=2a_2$$
$$x_i^{(3)}(t)=0$$

动态误差为
$$\begin{aligned}e(t)&=0.1x_i'(t)+0.09x_i''(t)-0.019x_i^{(3)}(t)+\cdots\\&=0.1(a_1+2a_2t)+0.09\times 2a_2\end{aligned}$$

稳态误差则为
$$e_{ss}=\lim_{t\to+\infty}e(t)=\lim_{t\to+\infty}0.1(a_1+2a_2t)+0.09a_2$$

可见，只要 $a_2\neq 0$，当 $t\to+\infty$ 时，$e_{ss}\to+\infty$。

另外需要指出，手算求出各个时刻的误差是很困难的，但借助于计算机仿真，完全可以求得误差随时间的数值和变化趋势。这样，也就可以准确地求出系统随时间变化的动态误差。

例题及习题

本章讨论的是控制系统误差分析和计算，重点是分析计算控制系统的稳态误差和消除稳态误差的途径和方法。

要求学生了解误差的概念，着重掌握稳态误差的计算方法，学会减小或消除稳态误差的途径，并对动态误差有一般了解。

例题

1. 某系统如例图 6-1 所示，当 $x_i(t)=t\cdot 1(t)$，$n(t)=0.5\cdot 1(t)$ 同时作用时，e_{ss} 值为多少？

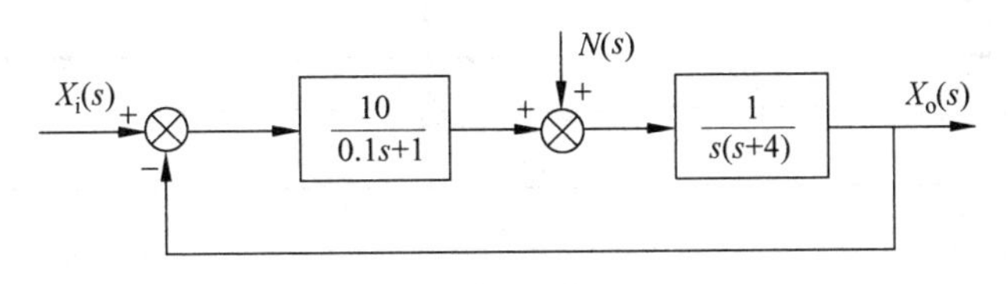

例图 6-1

解：求系统稳态误差应首先判断系统稳定性。根据劳斯判据该系统稳定。

单位反馈系统的偏差即为误差。当两个量同时作用时，求线性系统的偏差，可利用叠加原理，分别求出每个量作用情况下的偏差，然后相加求出。

$$\frac{E_1(s)}{X_i(s)}=\frac{1}{1+\dfrac{10}{0.1s+1}\dfrac{1}{s(s+4)}}=\frac{s(0.1s+1)(s+4)}{s(0.1s+1)(s+4)+10}$$

$$X_i(s)=\frac{1}{s^2}$$

$$\frac{E_2(s)}{N(s)}=\frac{-\frac{1}{s(s+4)}}{1+\frac{10}{0.1s+1}\frac{1}{s(s+4)}}=-\frac{(0.1s+1)}{s(0.1s+1)(s+4)+10}$$

$$N(s)=\frac{0.5}{s}$$

$$E(s)=E_1(s)+E_2(s)$$

$$\begin{aligned}e(+\infty)&=\lim_{s\to 0}sE(s)=\lim_{s\to 0}s[E_1(s)+E_2(s)]\\&=\lim_{s\to 0}s\left[\frac{1}{s^2}\frac{s(0.1s+1)(s+4)}{s(0.1s+1)(s+4)+10}+\frac{0.5}{s}\frac{-(0.1s+1)}{s(0.1s+1)(s+4)+10}\right]\\&=\frac{1}{2.5}-\frac{1}{20}=0.35\end{aligned}$$

2. 某随动系统方块图如例图 6-2(a)所示,其电动机的机电时间常数 $T_m=\frac{JR}{K_M K_E}=0.05\ \text{s}$,电动机电枢电感可忽略,电阻 $R=4\ \Omega$,$K_M=0.1\ \text{N}\cdot\text{m/A}$,$K_E=0.1\ \text{V}\cdot\text{s/rad}$,功率放大器放大倍数 $K_3=10$,角度到电压转换系数 $K_1=1\ \text{V/rad}$,校正环节放大系数 $K_2=1$。试计算当 $\theta_i=0.1t\cdot 1(t)$ 及 $M_c=0.002\cdot 1(t)$ 分别作用时,$\Delta\theta$ 的稳态值各为多少?同时作用时,$\Delta\theta$ 的稳态值又为多少?

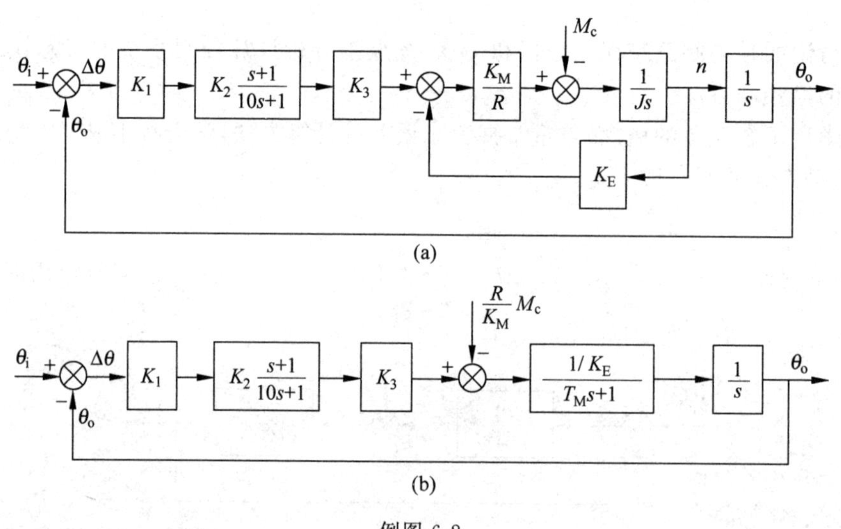

例图 6-2

解:首先判别该系统稳定。两个输入作用下引起的误差可以通过叠加原理求得。

对于给定的系统方块图,首先将 M_c 的作用点等效地移到 K_3 之后,然后等效地消去小闭环,系统方块图可等效为例图 6-2(b)所示。

(1) 当 $\theta_i(t)$ 单独作用时。已知 $\theta_i=0.1t\cdot 1(t)$,则

$$\Theta_i(s)=\frac{0.1}{s^2}$$

$$\frac{\Delta\Theta_1(s)}{\Theta_i(s)}=\frac{1}{1+\frac{K_1K_2K_3(s+1)}{K_E s(10s+1)(T_m s+1)}}$$

$$e_{ss1}=\lim_{s\to 0} s\Delta\Theta_1(s)=\lim_{s\to 0} s\,\frac{\Delta\Theta_1(s)}{\Theta_i(s)}\Theta_i(s)$$

$$=\lim_{s\to 0} s\,\frac{1}{1+\dfrac{K_1K_2K_3(s+1)}{K_E s(10s+1)(T_m s+1)}}\frac{0.1}{s^2}$$

$$=\frac{0.1K_E}{K_1K_2K_3}=\frac{0.1\times 0.1}{1\times 1\times 10}\ \text{rad}$$

$$=0.001\ \text{rad}$$

(2) 当 $M_c(t)$单独作用时。已知$\dfrac{R}{K_M}M_c(t)=\dfrac{4}{0.1}\times 0.002\ \text{V}\approx 0.08\ \text{V}$,则

$$\frac{R}{K_M}M_c(s)=\frac{0.08}{s}$$

$$\frac{\Delta\Theta_2(s)}{\dfrac{R}{K_M}M_c(s)}=\frac{-\dfrac{1}{s(T_m s+1)K_E}}{1+\dfrac{K_1K_2K_3(s+1)}{K_E s(10s+1)(T_m s+1)}}$$

$$e_{ss2}=\lim_{s\to 0} s\Delta\Theta_2(s)=\lim_{s\to 0} s\,\frac{-\dfrac{1}{s(T_m s+1)K_E}}{1+\dfrac{K_1K_2K_3(s+1)}{K_E s(10s+1)(T_m s+1)}}\,\frac{-0.08}{s}$$

$$=\frac{0.08}{K_1K_2K_3}=\frac{0.08}{1\times 1\times 10}\ \text{rad}=0.008\ \text{rad}$$

(3) 当 $\theta_i(t)$和 $M_c(t)$同时作用时。根据叠加原理,有

$$e_{ss}=e_{ss1}+e_{ss2}=(0.001+0.008)\ \text{rad}=0.009\ \text{rad}$$

习题

6-1 试求单位反馈系统的静态位置、速度、加速度误差系数及其稳态误差。设输入信号为单位阶跃、单位斜坡和单位加速度,其系统开环传递函数分别如下:

(1) $G(s)=\dfrac{50}{(0.1s+1)(2s+1)}$;

(2) $G(s)=\dfrac{K}{s(0.1s+1)(0.5s+1)}$;

(3) $G(s)=\dfrac{K}{s(s^2+4s+200)}$;

(4) $G(s)=\dfrac{K(2s+1)(4s+1)}{s^2(s^2+2s+10)}$。

6-2 设单位反馈系统的开环传递函数为 $G(s)=\dfrac{500}{s(0.1s+1)}$,试求系统的误差级数。当分别为下列输入时,求其稳态误差。

(1) $x_i(t)=\dfrac{t^2}{2}\cdot 1(t)$;

(2) $x_i(t)=(1+2t+2t^2)\cdot 1(t)$。

6-3 某单位反馈系统闭环传递函数为$\dfrac{X_o(s)}{X_i(s)}=\dfrac{a_{n-1}s+a_n}{s^n+a_1s^{n-1}+\cdots+a_{n-1}s+a_n}$,试证明该系统对斜坡输入的响应的稳态误差为零。

6-4 对于题图 6-4 所示的系统,试求 $N(t)=2\cdot 1(t)$时系统的稳态误差。当 $x_i(t)=t\cdot 1(t)$,$n(t)=-2\cdot 1(t)$,其稳态误差又是多少?

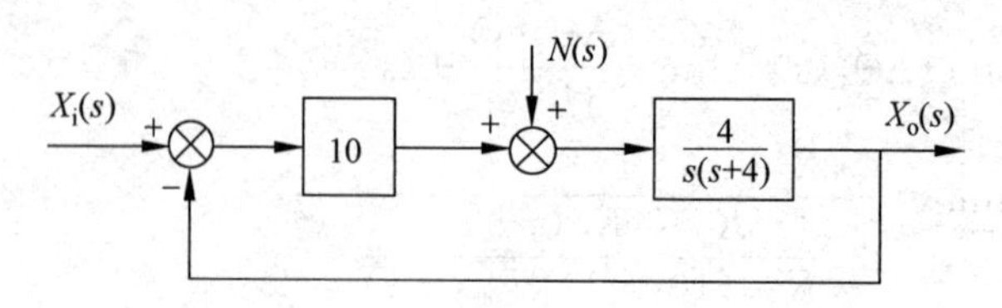

题图 6-4

6-5 试求下列单位反馈系统的动态速度误差系数：

(1) $\dfrac{X_o(s)}{X_i(s)}=\dfrac{10}{(s+1)(5s^2+2s+10)}$；　　(2) $\dfrac{X_o(s)}{X_i(s)}=\dfrac{3s+10}{5s^2+2s+10}$。

6-6 某单位反馈控制系统的开环传递函数为 $G(s)=\dfrac{100}{s(0.1s+1)}$，试求当输入为 $x_i(t)=(1+t+at^2)\cdot 1(t)(a\geqslant 0)$ 时的稳态误差。

6-7 某单位反馈系统，其开环传递函数为 $G(s)=\dfrac{10}{s(0.1s+1)}$。

(1) 试求静态误差系数；

(2) 当输入为 $x_i(t)=\left(a_0+a_1t+\dfrac{a_2}{2}t^2\right)\cdot 1(t)$ 时，试求系统稳态误差。

6-8 对于题图 6-8 所示系统，试求：

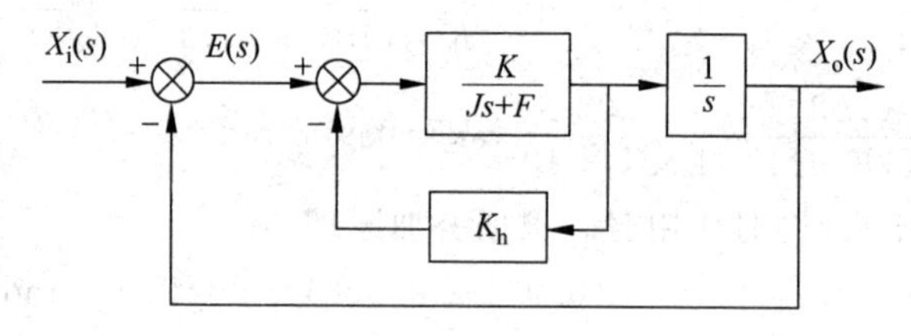

题图 6-8

(1) 系统在单位阶跃信号作用下的稳态误差；

(2) 系统在单位斜坡作用下的稳态误差；

(3) 讨论 K_h 和 K 对 e_{ss} 的影响。

6-9 题图 6-9 所示系统，当 $x_i(t)=(10+2t)\cdot 1(t)$ 时，试求系统的稳态误差。当 $x_i(t)=\sin(6t)$ 时，试求稳态时误差的幅值。

6-10 某系统如题图 6-10 所示，当 $\theta_i(t)=[10°+60°t(1+t)]\cdot 1(t)$ 时，试求系统的稳态误差。

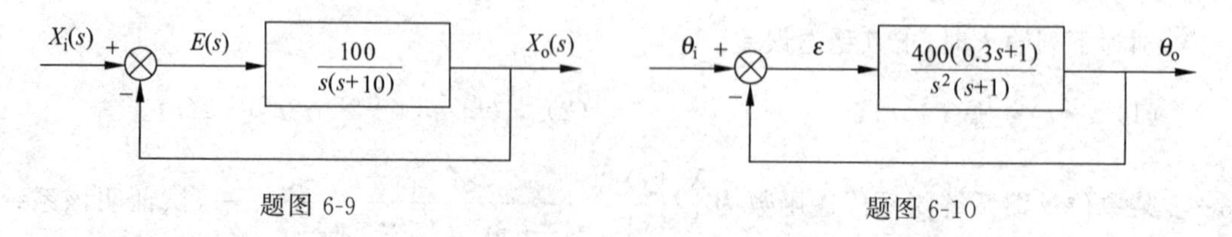

题图 6-9　　　　题图 6-10

6-11 某随动系统如题图 6-11 所示，$x_i(t)=\theta_m\sin(\omega t)$，其最大角速度 $\omega_m=0.5$ rad/s，最大角加速度 $\varepsilon_m=1$ rad/s^2。试求其稳态时误差的幅值。

6-12 设计一个稳定度小于1%的稳压电源，画出其原理线路图和函数方块图，并说明能够达到要求的条件。

6-13 某系统如题图 6-13 所示。

(1) 试求静态误差系数;

(2) 当速度输入为 5 rad/s 时,试求稳态速度误差。

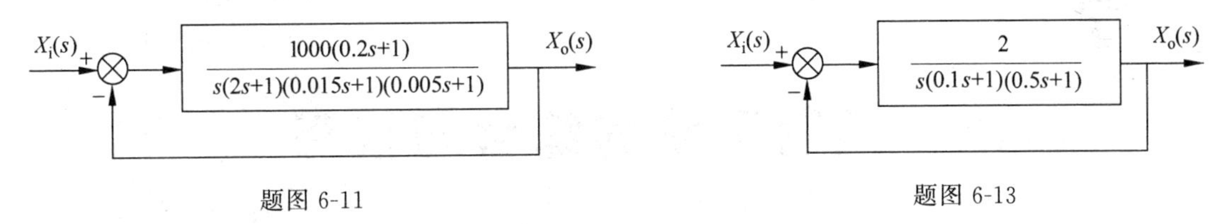

题图 6-11

题图 6-13

6-14 某系统如题图 6-14 所示。其中,$U(s)$为加到设备的外来信号。试求 $U(s)$为阶跃信号 0.1 单位下的稳态误差。

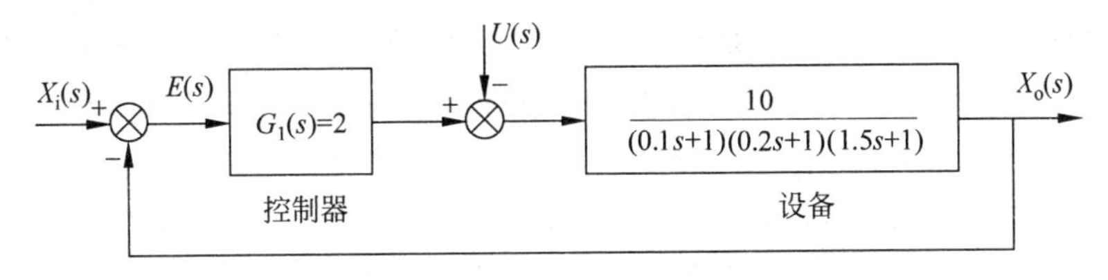

题图 6-14

6-15 某系统如题图 6-15 所示,其中 b 为速度的反馈系数。

(1) 当不存在速度反馈($b=0$)时,试求单位斜坡输入引起的稳态误差;

(2) 当 $b=0.15$ 时,试求单位斜坡输入引起的稳态误差。

6-16 某系统的方块图如题图 6-16 所示。

(1) 当输入 $x_i(t)=(10t)\cdot 1(t)$时,试求其稳态误差;

(2) 当输入 $x_i(t)=(4+6t+3t^2)\cdot 1(t)$时,试求其稳态误差。

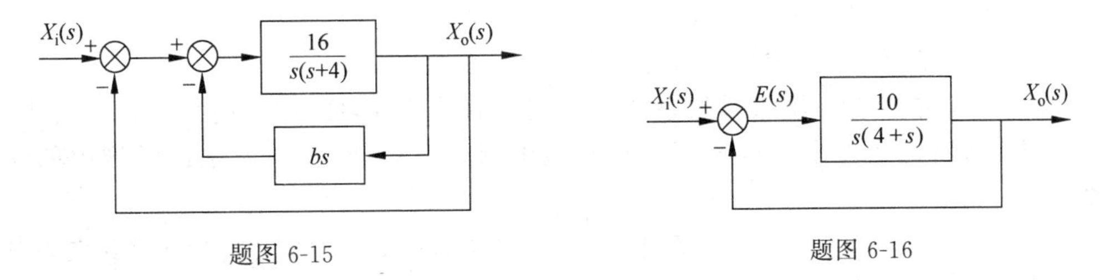

题图 6-15

题图 6-16

7 控制系统的综合与校正

对一个控制系统来说，其基本性能要求是稳定、准确、快速，其他的要求还有经济性、工艺性、环境适应性、寿命等。在分析和设计系统时，需要具备一定的实践经验。本章只从控制系统的角度，讨论控制系统的系统综合和校正问题。如果一个系统的元部件及参数已经给定，就要分析它能达到什么指标，能否满足所要求的各项性能指标，这就是性能分析问题；若系统不能全面地满足所要求的性能指标，则可考虑对原已选定的系统增加必要的元件或环节，使系统能够全面地满足所要求的性能指标，这就是系统的综合与校正。

本章首先简单地介绍系统的时域性能指标和频域性能指标，接着重点介绍利用频域法如何分析和综合一个系统，介绍几种校正的作用，同时讲几个典型实例，以期对实用的控制系统的综合与校正有所了解。

7.1 系统的性能指标

系统的性能指标，按其类型可分为：

(1) 时域性能指标。包括瞬态性能指标和稳态性能指标。

(2) 频域性能指标。不仅反映系统在频域方面的特性，而且，当时域性能不易求得，可首先用频率特性实验来求得该系统在频域中的动态性能，再由此推出时域中的动态性能。

(3) 综合性能指标。是考虑对系统的某些重要参数应如何取值才能保证系统获得某一最优的综合性能的测度，即若对这个性能指标取极值，则可获得有关重要参数值，而这些参数值可保证这一综合性能为最优。

7.1.1 时域性能指标

评价控制系统优劣的性能指标，一般是根据系统在典型输入下输出响应的某些特点统一规定的。

我们归纳前面章节介绍过的常用的主要时域指标如下：

M_p 为最大超调量或最大百分比超调量；t_s 为调整时间；t_p 为峰值时间。

其中，最大超调量 M_p 是相对稳定性性能指标；调整时间 t_s 是快速性性能指标。

7.1.2 开环频域指标

一般要画出开环对数幅频特性，并给出如下开环频域指标：

ω_c——开环剪切频率，rad/s；

γ——相位裕量，(°)；

K_g——幅值裕量；

K_p——静态位置误差系数；

K_v——静态速度误差系数；

K_a——静态加速度误差系数。

其中，相位裕量 γ 和幅值裕量 K_g 是相对稳定性性能指标；开环剪切频率 ω_c 是快速性性能指标；静态位置误差系数 K_p，静态速度误差系数 K_v，静态加速度误差系数 K_a 是准确性性能指标。

7.1.3 闭环频域指标

反馈控制系统工作在闭环状态，一般应对闭环频率特性提出要求。例如，给出闭环频率特性曲线，并给出如下闭环频域指标：

ω_r——谐振角频率。

M_r——相对谐振峰值，$M_r=\dfrac{A_{max}}{A(0)}$。当 $A(0)=1$ 时，A_{max} 与 M_r 在数值上相同，A_{max} 为最大值。

ω_M——复现频率。若事先规定一个 Δ 作为反映低频正弦输入信号作用上的允许误差，那么 ω_M 就是幅频特性值与 $A(0)$ 的差第一次达到 Δ 时的频率值，称为复现频率。若频率超过 ω_M，输出就不能"复现"输入，所以，$0\sim\omega_M$ 表示复现低频正弦输入信号的带宽，称为复现带宽，或称为工作带宽。

ω_b——闭环截止频率。一般规定，此处的 $A(\omega)$ 是由 $A(0)$ 下降 3 dB 时的频率，亦即 $A(\omega)$ 由 $A(0)$ 下降到 $0.707A(0)$ 的频率称为系统的闭环截止频率 ω_b。$0\sim\omega_b$ 的范围称为系统的闭环带宽。

其中，相对谐振峰值 M_r 是相对稳定性性能指标；闭环截止频率 ω_b 是快速性性能指标。

闭环频域指标如图 7-1 所示。

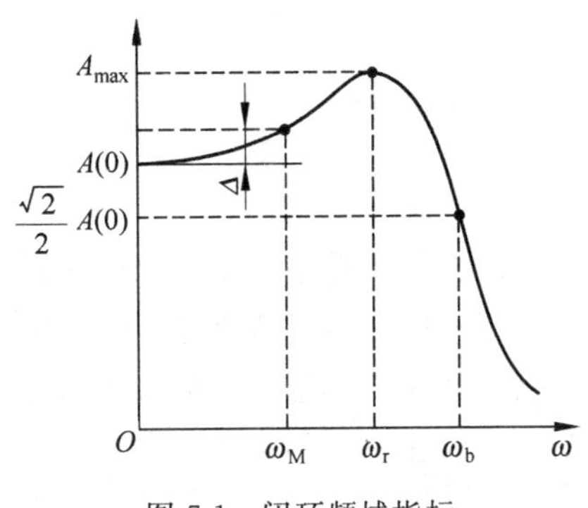

图 7-1 闭环频域指标

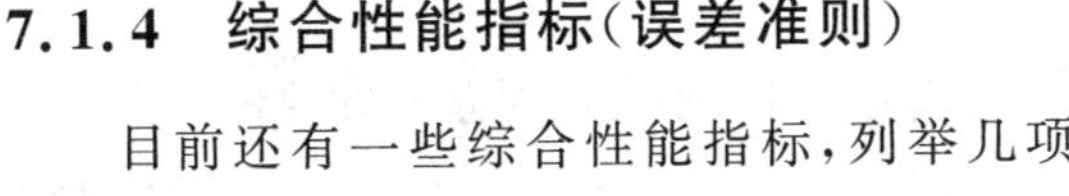

7.1.4 综合性能指标(误差准则)

目前还有一些综合性能指标，列举几项介绍如下：

1. 误差积分性能指标

对于一个理想的系统，若给予其阶跃输入，则其输出也应是阶跃函数。实际上，输入-输出之间总存在误差,我们希望使误差 $e(t)$ 总体尽可能小。图 7-2(a)所示为系统在单位阶跃输入下无超调的过渡过程,其误差示于图 7-2(b)。

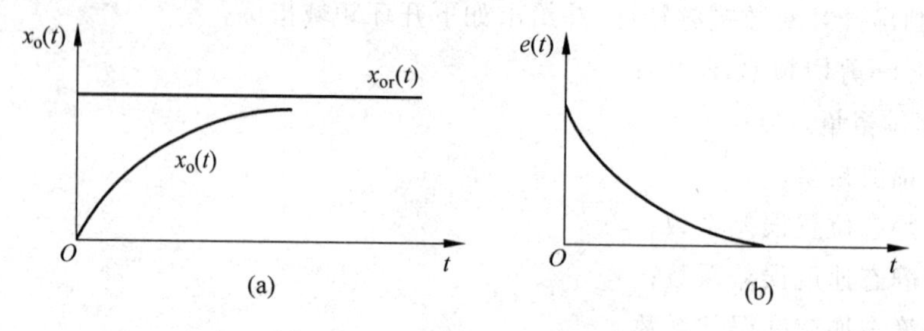

图 7-2 无超调阶跃响应及误差

在无超调的情况下,误差 $e(t)$ 是单调变化的,因此,如果考虑所有时间里误差的总和,那么系统的综合性能指标可取为

$$I=\int_{0}^{+\infty} e(t)\mathrm{d}t \tag{7-1}$$

式中,误差 $e(t)=x_{or}(t)-x_o(t)=x_i(t)-x_o(t)$。

因

$$E(s)=\int_{0}^{+\infty} e(t)\mathrm{e}^{-st}\mathrm{d}t$$

所以

$$I=\lim_{s\to 0}\int_{0}^{+\infty} e(t)\mathrm{e}^{-st}\mathrm{d}t=\lim_{s\to 0}E(s) \tag{7-2}$$

只要系统在阶跃输入下其过渡过程无超调,就可以根据式(7-2)计算出 I 值,并据此式计算出系统的使 I 值最小的参数。

例 7-1 设单位反馈的一阶惯性系统的方框图如图 7-3 所示。其中,开环增益 K 是待定参数。试确定能使误差积分性能指标 I 值最小的 K 值。

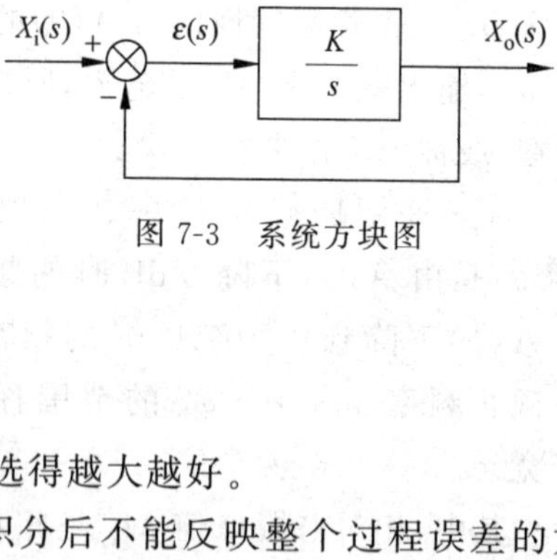

图 7-3 系统方块图

解:当 $x_i(t)=1(t)$ 时,误差的拉普拉斯变换为

$$\varepsilon(s)=E(s)=\frac{1}{1+G(s)}X_i(s)=\frac{1}{s+K}$$

根据式(7-2),有

$$I=\lim_{s\to 0}\frac{1}{s+K}=\frac{1}{K}$$

可见,K 越大,I 越小。所以从使 I 减小的角度看,K 值选得越大越好。

当系统的过渡过程有超调时,由于误差有正有负,积分后不能反映整个过程误差的大小。若不能预先知道系统的过渡过程是否无超调,就不能应用式(7-2)计算 I 值,以评价所有时间里误差总和的大小。

2. 误差平方积分性能指标

若给系统以单位阶跃输入后,其输出过渡过程有振荡时,则常取误差平方的积分为系统的综合性能指标,即

$$I=\int_{0}^{+\infty} e^2(t)\mathrm{d}t \tag{7-3}$$

由于积分号中为平方项,因此在式(7-3)中,$e(t)$ 的正负不会互相抵消,而在式(7-2)中,

$e(t)$的正负会互相抵消。式(7-3)的积分上限,也可以由足够大的时间 T 来代替,因此性能最优系统就是式(7-3)积分取极小的系统。因为用分析和实验的方法来计算式(7-3)右边的积分比较容易,所以在实际应用时,往往采用这种性能指标来评价系统性能的优劣。这也是现代控制理论中二次型性能指标的一种。

在图 7-4 中,图(a)中实线表示实际的输出,虚线表示希望的输出;图(b)、图(c)分别为误差 $e(t)$及误差平方 $e^2(t)$的曲线;图(d)为积分式 $\int e^2(t)\mathrm{d}t$ 的曲线,$e^2(t)$从 0 到 T 的积分就是曲线 $e^2(t)$下的总面积。

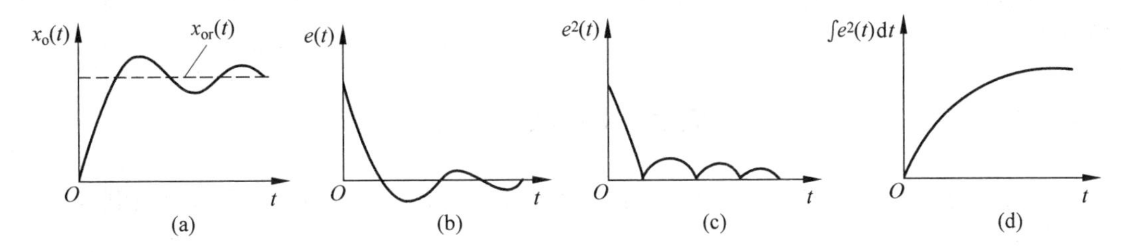

图 7-4 阶跃响应及误差、误差平方、误差平方积分曲线

误差平方积分性能指标的特点是重视大的误差,忽略小的误差。因为误差大时,其平方更大,对性能指标 I 的影响大,所以根据这种指标设计的系统,能使大的误差迅速减小。

7.2 系统的校正概述

一个系统的性能指标总是要根据它所要完成的具体任务而提出。以数控机床进给系统为例,主要的性能指标包括死区、最大超调量、稳态误差、带宽和死区等。性能指标的数值根据具体要求而定。这些指标通常由使用单位或受控对象的设计制造单位提出。一个具体系统对指标的要求应有所侧重,如调速系统对于稳定性和稳态精度要求严格,而随动系统还要求有一定的快速性。另外,时域和频域性指标也是可以互相转换的。

性能指标的提出要有根据,不能脱离实际的可能。要求响应快,必然使运动部件具有较高的速度和加速度,这样将承受较大的惯性载荷和离心载荷,如果超过强度极限就会遭到破坏,有时选择的功率器件也受到限制,超出最大可能也将无法实现。另一方面,几个性能指标的要求也经常互相矛盾。例如,减小系统的稳态误差措施往往会降低系统的相对稳定性,甚至导致系统不稳定。在这种情况下,就要考虑哪个性能是主要的,首先加以满足;有时就要采取折中的方案,并加上必要的校正,使两方面的性能都能得到部分满足。

所谓校正(或称补偿、调节)就是给系统附加一些具有某种典型环节特性的电网络、运算部件或测量装置等,靠这些环节的配置来有效地改善整个系统的控制性能,这一附加的部分称为校正元件或校正装置,通常是一些无源或有源微积分电路,以及速度、加速度传感器等。

校正装置按在系统中的连接方式可以分为串联校正、反馈校正、顺馈校正和干扰补偿等。

串联校正和反馈校正,是在系统主反馈回路之内采用的校正方式,如图 7-5 所示,也是最常见的校正形式。

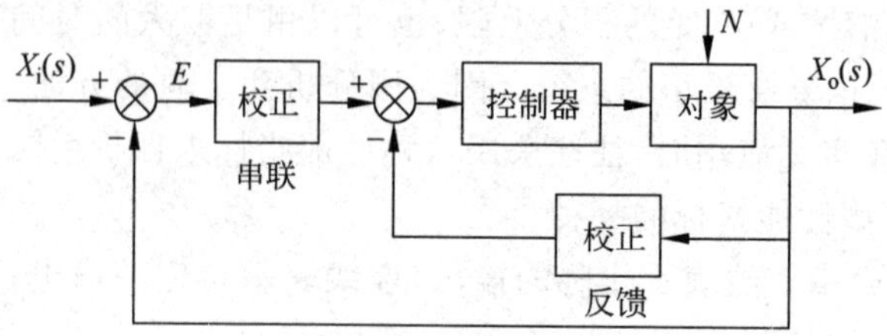

图 7-5 串联校正与反馈校正的连接方式

串联校正和反馈校正概述

顺馈校正和干扰补偿在第6章中提到,它作为反馈控制系统的附加校正而组成复合控制系统。

7.3 串联校正

下面分别介绍超前、滞后和滞后-超前3种校正装置的数学模型、实现电路及其在系统中的作用。

7.3.1 超前校正

图 7-6 所示为 RC 超前网络,其传递函数为

$$G_j(s)=\frac{X_o(s)}{X_i(s)}=\frac{R_2}{R_1+R_2}\frac{R_1Cs+1}{\frac{R_2}{R_1+R_2}R_1Cs+1}$$

令

$$R_1C=T;\quad \frac{R_2}{R_1+R_2}=\alpha,\quad \alpha<1$$

则

$$G_j(s)=\alpha\frac{Ts+1}{\alpha Ts+1} \tag{7-4}$$

超前校正

超前校正也可表达为

$$G_j(s)=K_G\frac{Ts+1}{\alpha Ts+1},\quad \alpha>1$$

网络的频率特性曲线如图 7-7 所示。其幅频特性具有正斜率段,相频曲线具有正相移。正相移表明,网络在正弦信号作用下的稳态输出电压,在相位上超前于输入,所以称为超前网络。

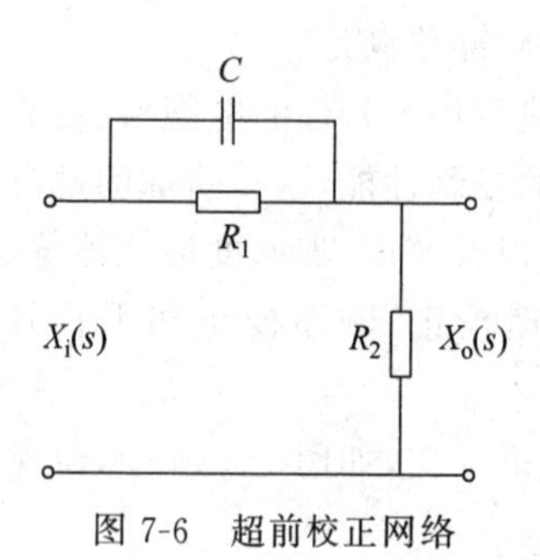

图 7-6 超前校正网络

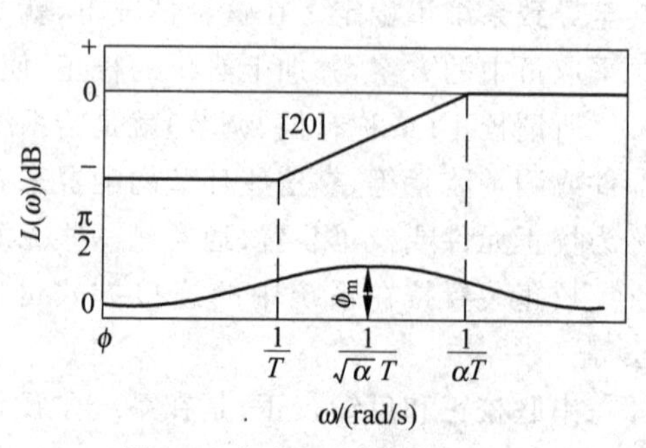

图 7-7 超前网络的频率特性

图 7-7 中，超前网络所提供的最大超前角为

$$\phi_{\mathrm{m}}=\arcsin\frac{1-\alpha}{1+\alpha}$$

此点位于几何中点上，对应的角频率为

$$\omega_{\mathrm{m}}=\frac{1}{\sqrt{\alpha}T}$$

这种简单的超前网络可设置在两级放大器之间，但是负载效应和增益损失（$0<K<1$）常常限制了它的实际应用，常用的是由运算放大器组成的有源超前校正，参见表 7-1 第一个电路。

表 7-1　有源校正部件的线路及特性

电　路　图	传 递 函 数	对数幅频渐近特性
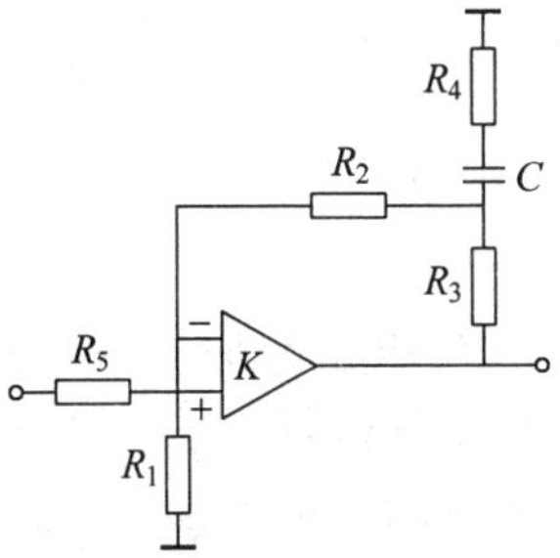	$G_0\dfrac{T_1s+1}{T_2s+1}$ $G_0=(R_1+R_2+R_3)/R_1$ $T_1=(R_3+R_4)C$ $T_2=R_4C$ $R_2\gg R_3\gg R_4$； $K\dfrac{R_1}{R_1+R_2+R_3}\cdot\dfrac{R_4}{R_3+R_4}\gg 1$ $R_1\ll R_r$；$R_5\ll R_r$ （R_r 是运算放大器输入阻抗）	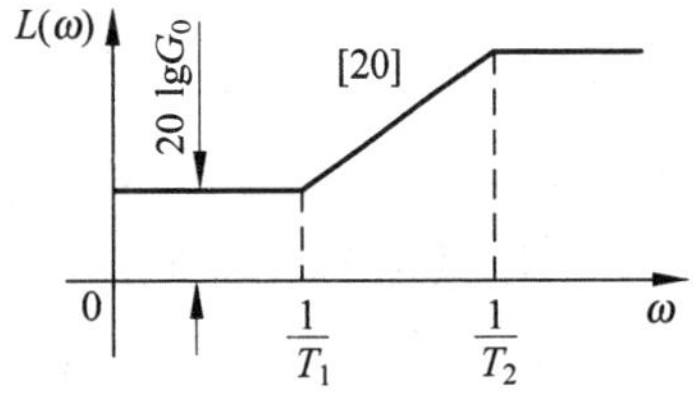
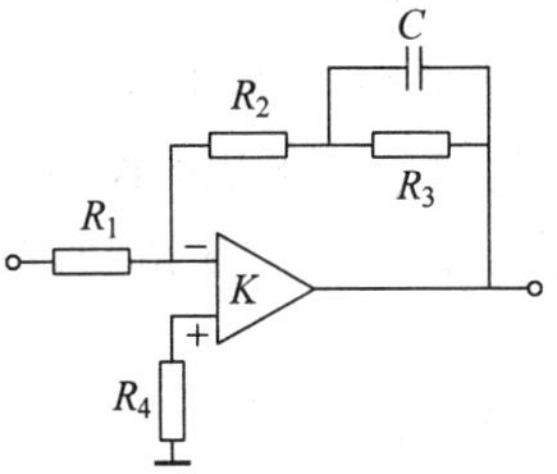	$G_0\dfrac{T_2s+1}{T_1s+1}$ $G_0=\dfrac{R_2+R_3}{R_1}$ $T_1=R_3C$ $T_2=\dfrac{R_2R_3}{R_2+R_3}C$ $K\dfrac{R_1}{R_2+R_3}\gg 1$	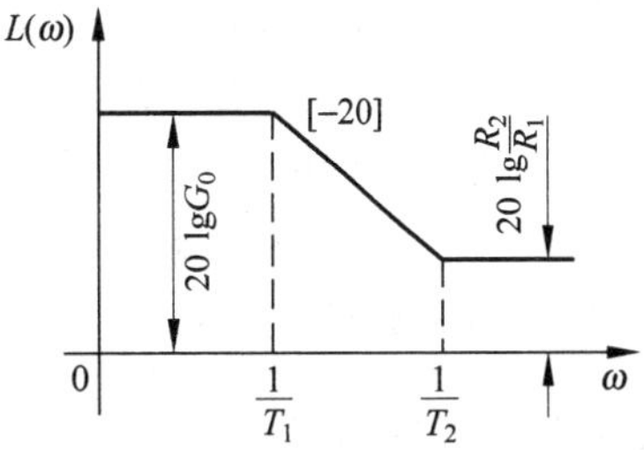
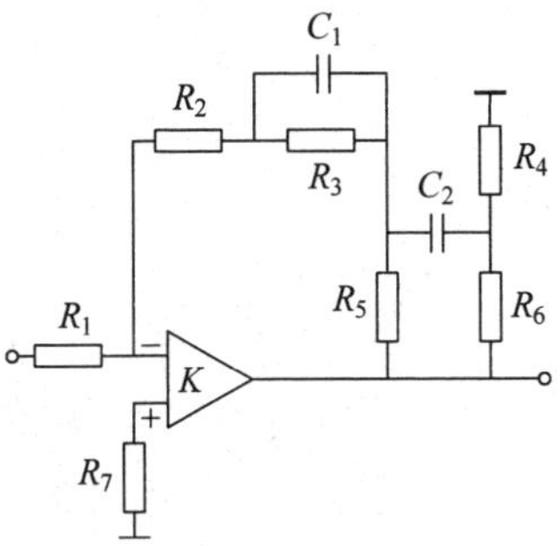	$G_0\dfrac{(T_2s+1)(T_3s+1)}{(T_1s+1)(T_4s+1)}$ $G_0=(R_2+R_3+R_5)/R_1$ $T_1=R_3C_1$ $T_2=[(R_2+R_5)/R_3]C_1$ $T_3=R_5C_2$ $T_4=R_4T_3/(R_4+R_6)$ $(R_2\gg R_5\gg R_6>R_4)$	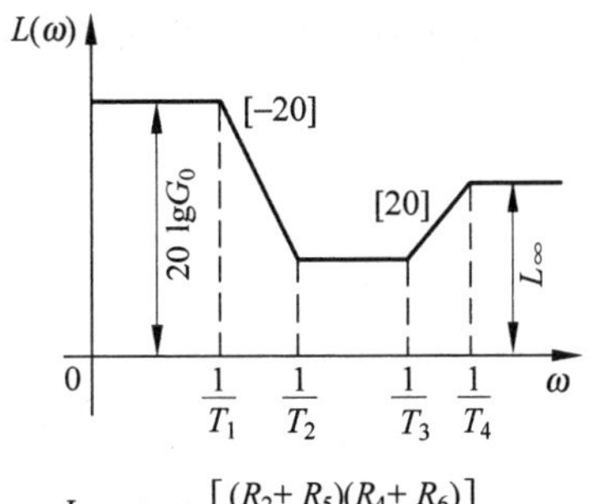 $L_\infty=20\lg\left[\dfrac{(R_2+R_5)(R_4+R_6)}{R_1R_4}\right]$

至于超前校正的作用可用图 7-8 来说明。

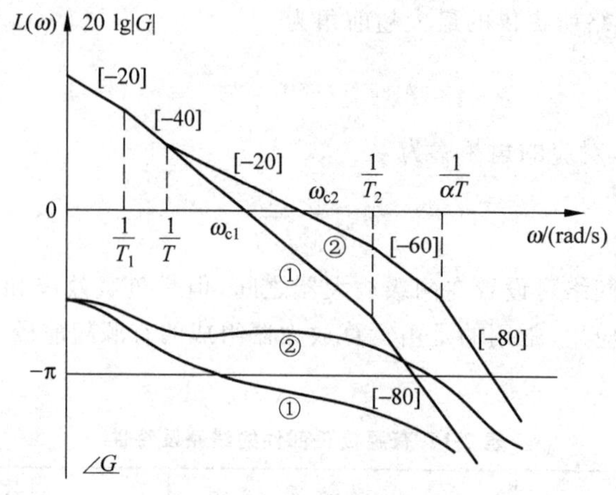

图 7-8 超前校正的作用

设单位负反馈系统原有的开环对数渐近幅频曲线和相频曲线如图 7-8 中①所示。可以看出,对数幅频特性在中频段剪切频率 ω_{c1} 附近为 -40 dB/dec 斜率线,并且所占频率范围较宽,而且在$\frac{1}{T_2}$处,其斜率转为 -80 dB/dec。再对照相频特性,在 $20\lg|G|>0$ 的范围内,相角特性对 $-\pi$ 线负穿越一次,故原系统不稳定。

现给原系统串入超前校正网络,校正环节的转折频率 $1/T$ 及 $1/(\alpha T)$ 分别设在原剪切频率 ω_{c1} 的两侧,并提高系统的开环增益 $1/\alpha$ 倍,使加入串联校正后系统低频段总的开环增益与原系统一致,则校正后系统的开环对数频率特性如图 7-8 中②所示。由于正斜率的作用,渐近幅频特性的中频段斜率变为 -20 dB/dec,而且剪切频率增大到 ω_{c2};对照相频特性①和②,由于正相移的作用,使截止频率附近的相位明显上升,具有较大的稳定裕度。这样,既改善了原系统的稳定性,又提高了系统的截止频率,获得了足够的快速性。

但是超前校正一般不改善原系统的低频特性。如果进一步提高开环增益,使低频段上移,则系统的平稳性将有所下降。幅频特性过分上移,还会削弱系统抗高频干扰的能力。所以超前校正对提高系统稳态精度的作用是很小的。如果主要是为了使系统的响应快,超调小,可采用超前串联校正。

7.3.2 滞后校正

图 7-9 所示为 RC 滞后网络,其传递函数为

$$G_j(s)=\frac{X_o(s)}{X_i(s)}=\frac{R_2Cs+1}{\frac{R_1+R_2}{R_2}R_2Cs+1}$$

令

$$R_2C=T;\quad \frac{R_1+R_2}{R_2}=\beta,\quad \beta>1$$

则

$$G_j(s)=\frac{Ts+1}{\beta Ts+1} \tag{7-5}$$

滞后校正也可表达为

$$G_j(s)=K_C\frac{\alpha Ts+1}{Ts+1},\quad \alpha<1$$

网络的频率特性曲线如图 7-10 所示。由于传递函数分母的时间常数大于分子的时间常数，所以对数渐近幅频曲线具有负斜率段，相频曲线出现负相移。

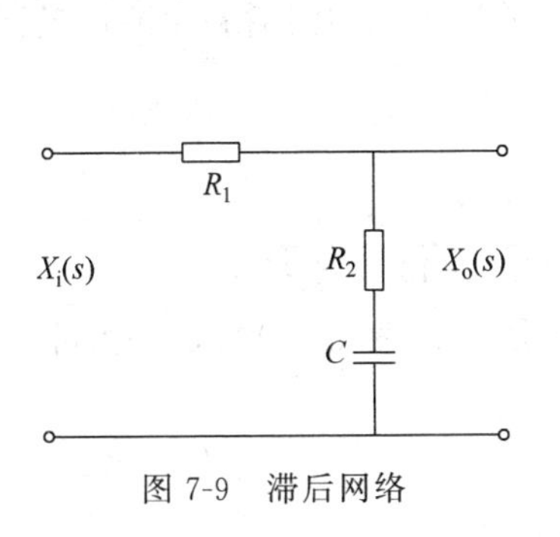

图 7-9 滞后网络

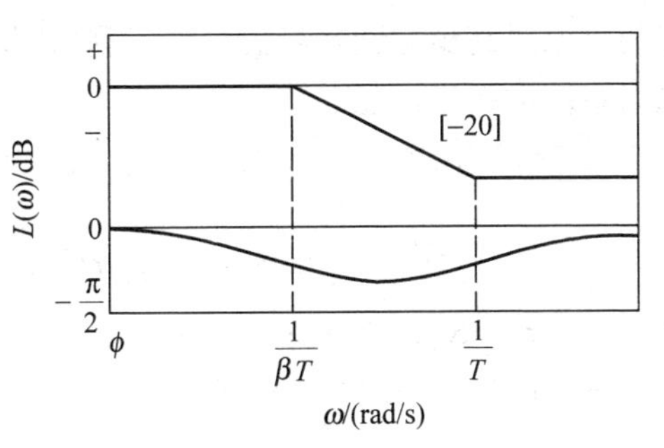

图 7-10 滞后网络的频率特性

负相移表明，网络在正弦信号作用下的稳态输出电压，在相位上滞后于输入，故称滞后网络。滞后校正所起的作用，可用图 7-11 说明。

设单位负反馈系统原有的开环对数渐近幅频、相频曲线如图 7-11 中①所示。可以看出，中频段剪切频率 ω_{c1} 附近为 -60 dB/dec 斜率线，故系统动态响应的稳定性很差。对照相频曲线可知，系统接近于临界稳定。

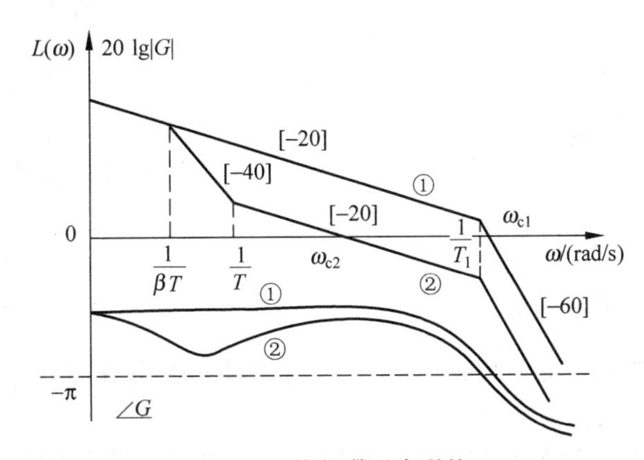

图 7-11 系统的滞后串联校正

将原系统串以滞后校正，校正环节的转折频率 $1/(\beta T)$ 及 $1/T$ 均设置在先于 ω_{c1} 一段距离处，则校正后系统的开环对数频率特性如图 7-11 中②所示。由于校正装置幅频负斜率的作用，显著减小了频宽，但由此而造成的新的截止频率 ω_{c2} 附近具有 -20 dB/dec 斜率段，以保证足够的稳定性。也就是说，这种校正以牺牲系统的快速性(减小频宽)来换取稳定性。从相频曲线看，校正虽然带来了负相移，但是处于频率较低的部位，对系统的稳定裕量不会有很大影响。也就是说，滞后校正并不是利用相角滞后作用来使原系统稳定的，而是利用滞后校正的幅值衰减作用使系统稳定的。由运算放大器组成的有源滞后校正参见表 7-1 第二个电路。

另外，串联滞后校正并没有改变原系统最低频段的特性，故对系统的稳态精度不起破坏作用。相反，往往还允许适当提高开环增益，甚至将分母改为纯积分环节进一步改善系统的稳态精度。

对于快速性要求不高的系统常采用滞后校正,如恒温控制等。

7.3.3 滞后-超前校正

超前网络串入系统,可以提高稳定性、增加频宽、提高快速性,但无助于稳态精度;而滞后校正则可以提高稳定性及稳态精度,而降低快速性。若同时采用滞后和超前校正,将可更好地提高系统的控制性能。

图 7-12 所示为 RC 滞后-超前网络。其传递函数为

$$G_j(s)=\frac{X_o(s)}{X_i(s)}=\frac{(R_1C_1s+1)(R_2C_2s+1)}{(R_1C_1s+1)(R_2C_2s+1)+R_1C_2s}$$

式中,$R_1C_1=\tau_1$;$R_2C_2=\tau_2$;T_1、T_2 为分母多项式分解为两个一次式的时间常数,且 $T_1T_2=\tau_1\tau_2$,$T_1>\tau_1>\tau_2>T_2$。那么,

$$G_j(s)=\frac{\tau_1s+1}{T_1s+1}\,\frac{\tau_2s+1}{T_2s+1} \tag{7-6}$$

式中,$\frac{\tau_1s+1}{T_1s+1}$是前面讲的滞后网络的传递函数;$\frac{\tau_2s+1}{T_2s+1}$就是超前网络的传递函数。因此,图 7-12 所示网络叫作滞后-超前网络。网络的对数频率特性如图 7-13 所示。

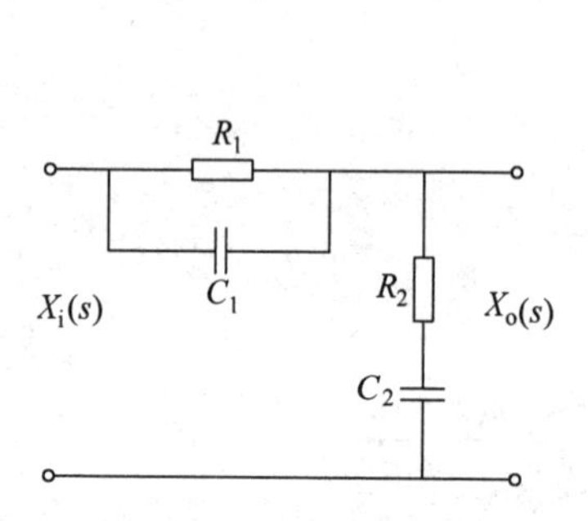

图 7-12 滞后-超前网络

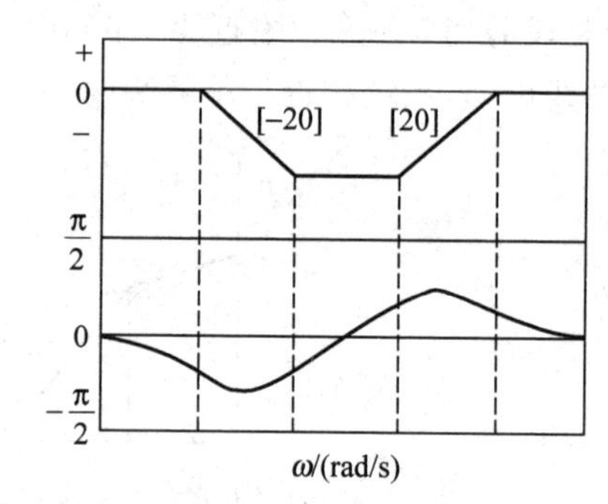

图 7-13 滞后-超前网络的频率特性

可以看出,曲线的低频部分具有负斜率、负相移,起滞后校正作用;后一段具有正斜率、正相移,起超前校正作用。

实际上,简单 RC 网络放大倍数不可能大于 1,并常因负载效应的影响而削弱了校正的作用,或使网络参数难以选择,故目前在实际控制系统中,多采用以运算放大器组成的有源校正部件,可参阅表 7-1 所示第三个电路。

7.3.4 PID 调节器

在机电控制系统中,为了改进反馈控制系统的性能,人们经常选择各种各样的校正装置,其中最简单、最通用的是比例-积分-微分校正装置,简称为 PID 校正装置或 PID 控制器。这里,P 代表比例,I 代表积分,D 代表微分。

1. 比例控制器(P 调节)

在比例控制器中,调节规律是控制器的输出信号 u 与偏差 e 成比例。其方程如下:

$$u=K_Pe \tag{7-7}$$

式中,K_P 称为比例增益。其传递函数表示为

$$G_j(s)=K_P \tag{7-8}$$

增益调整是系统校正与综合时最基本、最简单的方法。从减小偏差的角度出发,我们应该增加 K_P,但是另一方面,K_P 还影响系统的稳定性,K_P 增加通常导致系统的稳定性下降,过大的 K_P 往往使系统产生剧烈的振荡和不稳定。因此在设计时必须合理优化 K_P,在满足精度的要求下选择适当的 K_P 值。

设采用比例控制器的直流电动机驱动的角度随动系统的函数方块图如图 7-14 所示。调节不同比例参数 K 的效果参见二维码动画。

比例控制器

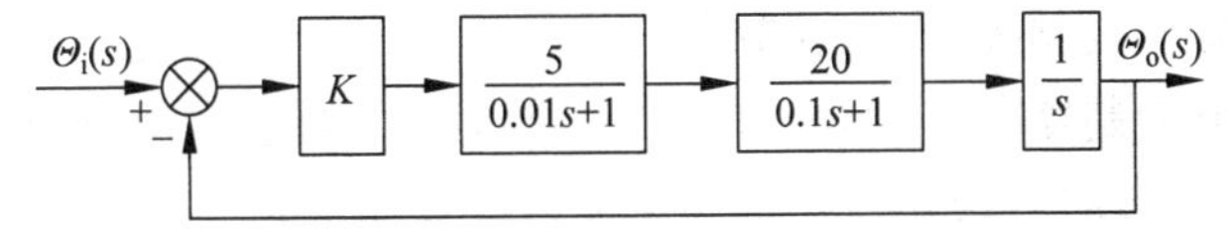

图 7-14 采用比例控制器的直流电动机驱动的角度随动系统

图 7-15 所示是采用比例控制器的水箱水位控制系统的函数方块图,$X_i(s)$为预设的水箱水位,$X_o(s)$为实际的水箱水位。设置不同参数的控制效果参见二维码动画。

水箱的比例控制

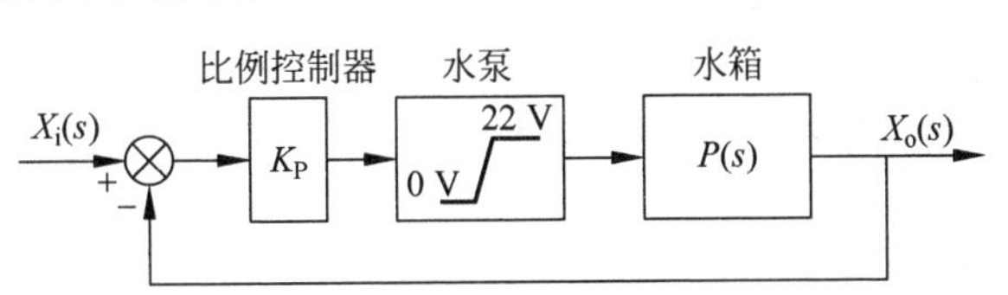

图 7-15 采用比例控制器的水箱水位控制系统

2. 积分控制器(I 调节)

在积分控制器中,调节规律是偏差 e 经过积分控制器的积分作用得到控制器的输出信号 u。其方程如下:

$$u=K_I\int_0^t e\,dt \tag{7-9}$$

式中,K_I 称为积分增益。其传递函数表示为

$$G_j(s)=\frac{K_I}{s} \tag{7-10}$$

积分控制器的显著特点是对于阶跃输入的无差调节,也就是说当系统达到平衡后,阶跃信号稳态设定值和被调量无差,偏差 e 等于 0。直观理解为:积分的作用实际上是将偏差 e 累积起来得到 u,如果偏差 e 不为 0,积分作用将使积分控制器的输出 u 不断增加或减小,系统将无法平衡,故而只有 e 为 0,积分控制器的输出 u 才不发生变化。

3. 微分控制器(D 调节)

在微分控制器中,调节规律是偏差 e 经过微分控制器的微分作用得到控制器的输出信号 u,即控制器的输出 u 与偏差的变化速率$\frac{de}{dt}$成正比。其方程如下:

$$u=K_D\frac{de}{dt} \tag{7-11}$$

式中,K_D 称为微分增益。其传递函数表示为

$$G_c(s)=K_D s \tag{7-12}$$

比例控制器和积分控制器都是出现了偏差才进行调节,而微分控制器则针对被调量的变化速率来进行调节,而不需要等到被调量已经出现较大的偏差后才开始动作,即微分调节器可以对被调量的变化趋势进行调节,及时避免出现大的偏差。

一般情况下,实现微分作用不是直接对检测信号进行微分操作,因为这样会引入很大的冲击,造成某些器件工作不正常。另外,对于噪声干扰信号,由于其突变性,直接微分将引起很大的输出,从而忽略实际信号的变化趋势,也即直接微分会造成对于线路的噪声过于敏感。故而对于性能要求较高的系统,往往使用检测信号的速率传感器来避免对信号的直接微分。

4. 比例-积分-微分控制器(PID 调节)

比例、积分、微分控制器各有优缺点,对于性能要求高的系统,单独使用其中一种控制器有时达不到预想效果,可组合使用。PID 调节器的方程如下:

$$u=K_P e+K_I\int_0^t e\,\mathrm{d}t+K_D\frac{\mathrm{d}e}{\mathrm{d}t} \tag{7-13}$$

其传递函数表示为

$$G_j(s)=K_P+\frac{K_I}{s}+K_D s=\frac{K(\tau_1 s+1)(\tau_2 s+1)}{s} \tag{7-14}$$

其方块图可由图 7-16 虚线内表示,其伯德图如图 7-17 所示。

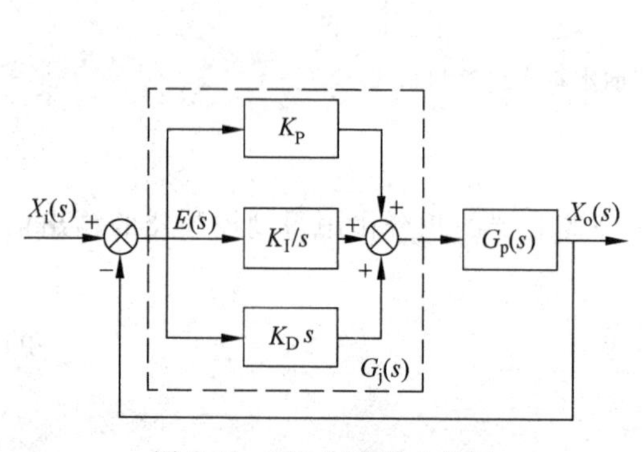

图 7-16 PID 调节器方块图

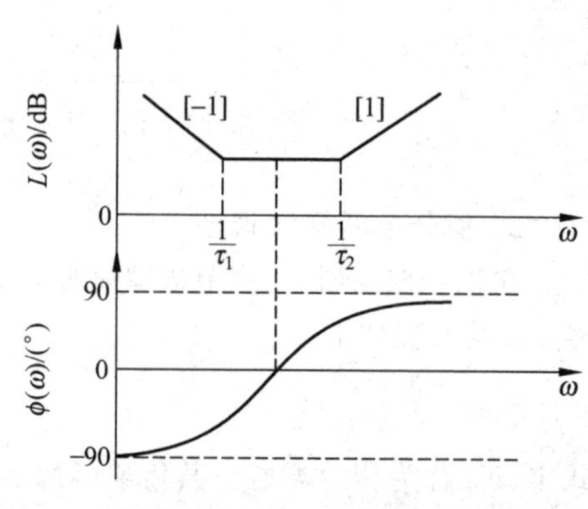

图 7-17 PID 调节器伯德图

图 7-18 所示是采用 PID 控制器的机械手系统的函数方块图,$\Theta_i(s)$为预设的旋转角度,$\Theta_o(s)$为实际的旋转角度。设置不同 PID 参数的控制效果参见二维码动画。

PID 控制

图 7-18 采用 PID 控制器的机械手系统

由于在 PID 控制器中，可供选择的参数有 K_P、K_I 和 K_D 3 个，因此在不同的取值情况下可以得到不同的组合控制器。比例控制器是使 K_I 和 K_D 为零得到的；积分控制器是使 K_P 和 K_D 为零得到的；微分控制器是使 K_P 和 K_I 为零得到的。通常还可组合成比例-积分(PI)控制器和比例-微分(PD)控制器。

比例-积分(PI)控制器是令 K_D 为 0 得到的，其方程为

$$u = K_P e + K_I \int_0^t e\,dt \tag{7-15}$$

其传递函数表示为

$$G_j(s) = K_P + \frac{K_I}{s} \tag{7-16}$$

比例-积分(PI)控制器的相位始终是滞后的，因此滞后校正通常也认为是近似的比例积分校正。对于 PI 控制器，它综合了 P、I 两种控制器的优点，利用 I 调节来消除残差，同时结合利用 P 调节使系统稳定。

图 7-19 所示是采用 PI 控制器的水箱水位控制系统的函数方块图，$X_i(s)$为预设的水箱水位，$X_o(s)$为实际的水箱水位。设置不同 PI 参数的控制效果参见二维码动画。

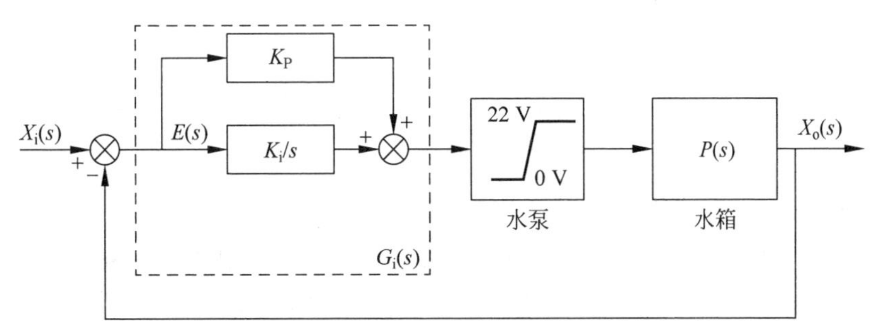

图 7-19 采用 PI 控制器的水箱水位控制系统

对于采用 PI 控制器的系统，积分器后如果存在饱和环节，经常会因为积分后的值超出饱和值引起非线性振荡。为了避免这种情况发生，可对图 7-19 所示的采用 PI 控制器的水箱水位控制系统加以改进如图 7-20 所示。设置不同参数的控制效果参见二维码动画。

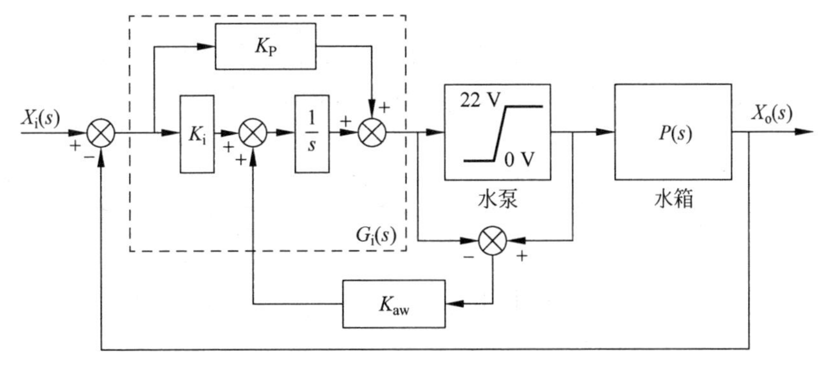

图 7-20 采用防止饱和的 PI 控制器的水箱水位控制系统

比例-微分(PD)控制器则是令 K_I 为 0 得到的，其方程为

$$u = K_P e + K_D \frac{\mathrm{d}e}{\mathrm{d}t} \tag{7-17}$$

其传递函数表示为

$$G_j(s) = K_P + K_D s \tag{7-18}$$

由于比例-微分(PD)控制器的相位始终是超前的,同时为了避免微分引起高频噪声增加而通常在分母增加一阶环节,因此超前校正通常也认为是近似的比例微分校正。对于PD控制器,由于引入了适当的微分动作后可以采用较大的比例系数 K_P,既提高了稳定性,也提高了快速性。

PD控制器

图7-21所示是采用PD控制器的机械手系统的函数方块图,$\Theta_i(s)$为预设的旋转角度,$\Theta_o(s)$为实际的旋转角度。设置不同PD参数的控制效果参见二维码动画。

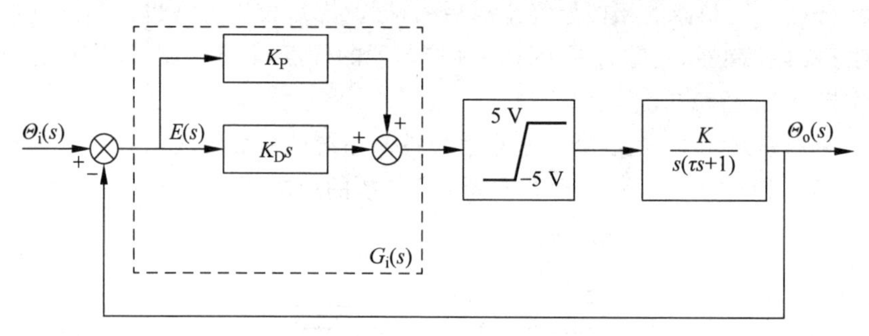

图7-21 采用PD控制器的机械手系统

PID控制原理简单,使用方便,适应性强,可以广泛应用于机电控制系统,同时也可用于化工、热工、冶金、炼油、造纸、建材等各种生产部门,同时PID调节器鲁棒性强,即其控制品质对环境条件和被控制对象参数的变化不太敏感。对于系统性能要求较高的情况,往往使用PID控制器。在合理地优化 K_P、K_I 和 K_D 的参数后,可以使系统具有提高稳定性、快速响应、无残差等理想的性能。在使用PI或者PD控制器就能满足性能要求的情况下,往往选PI或者PD控制器以简化设计。

7.4 反馈校正

反馈校正可理解为现代控制理论中的状态反馈,在控制系统中得到了广泛的应用,常见的有被控量的速度反馈、加速度反馈以及复杂系统的中间变量反馈等,如图7-22所示。

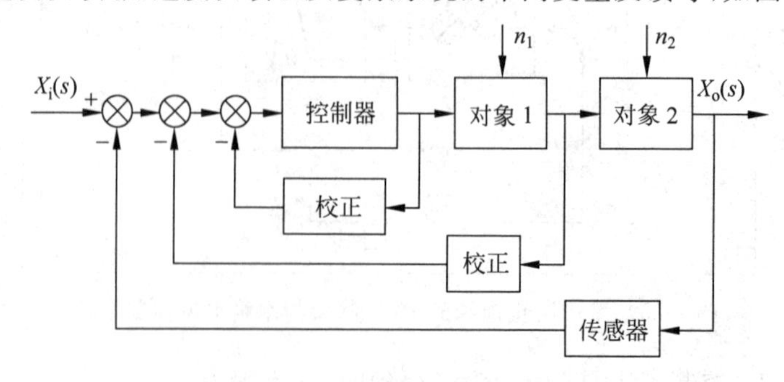

图7-22 反馈校正的连接形式

在机电随动系统和调速系统中，转速、加速度、电枢电流等，都可用作反馈信号源，而具体的反馈元件实际上就是一些测量传感器，如测速电动机、加速度计、电流互感器等。

从控制的观点来看，反馈校正比串联校正有其突出的特点，它能有效地改变被包围环节的动态结构和参数。在一定条件下，反馈校正甚至能完全取代被包围环节，从而可以大大减弱这部分环节由于特性参数变化及各种干扰给系统带来的不利影响。

7.4.1 利用反馈校正改变局部结构和参数

图 7-23(a)所示为积分环节被比例(放大)环节所包围。其回路传递函数为

$$G(s)=\frac{\frac{K}{s}}{\frac{KK_{\mathrm{H}}}{s}+1}=\frac{\frac{1}{K_{\mathrm{H}}}}{\frac{s}{KK_{\mathrm{H}}}+1} \tag{7-19}$$

结果由原来的积分环节转变成一阶惯性环节。

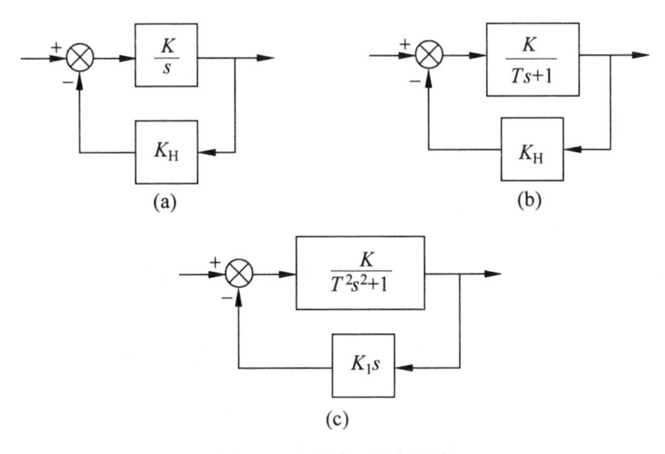

图 7-23 局部反馈回路

图 7-23(b)所示为惯性环节被比例环节所包围。其回路传递函数为

$$G(s)=\frac{\frac{K}{Ts+1}}{1+\frac{KK_{\mathrm{H}}}{Ts+1}}=\frac{\frac{K}{1+KK_{\mathrm{H}}}}{\frac{Ts}{1+KK_{\mathrm{H}}}+1} \tag{7-20}$$

结果仍为惯性环节，但是时间常数减小了，反馈系数 K_{H} 越大，时间常数越小。作为代价，静态放大倍数减小了同样的倍数。

图 7-23(c)中二阶等幅振荡环节被微分反馈包围后，回路传递函数经变换整理为

$$G(s)=\frac{\frac{K}{T^2s^2+1}}{1+\frac{KK_1s}{T^2s^2+1}}=\frac{K}{T^2s^2+KK_1s+1} \tag{7-21}$$

结果等幅振荡环节变成了衰减振荡环节，从而使系统相对稳定性提高，也便于闭环系统实验调整。微分反馈有时还可用于改善阻尼过小的二阶系统阻尼特性。

利用反馈校正有时可取代局部结构，其前提是开环放大倍数足够大。设前向通道传递

函数为 $G_1(s)$，反馈为 $H_1(s)$，则局部闭环传递函数为

$$G(s)=\frac{G_1(s)}{1+G_1(s)H_1(s)}$$

频率特性为

$$G(\mathrm{j}\omega)=\frac{G_1(\mathrm{j}\omega)}{1+G_1(\mathrm{j}\omega)H_1(\mathrm{j}\omega)}$$

在工作频率范围内，如能选择结构参数，使

$$|G_1(\mathrm{j}\omega)H_1(\mathrm{j}\omega)|\gg 1$$

则

$$G(\mathrm{j}\omega)\approx\frac{1}{H_1(\mathrm{j}\omega)} \tag{7-22}$$

这表明局部闭环传递函数等效为

$$G(s)\approx\frac{1}{H_1(s)} \tag{7-23}$$

如此，传递函数与被包围环节基本无关，达到了以 $\frac{1}{H_1(s)}$ 取代 $G(s)$ 的目的。

反馈校正的这种作用，在系统设计和调试中，常被用来改造不希望有的某些环节，以及消除非线性、时变参数的影响和抑制干扰。

7.4.2 速度反馈和加速度反馈

机电系统的微分反馈通常是将位置控制系统中相当于位移量微分的速度信号用于反馈，故常称为速度反馈。类似地，如果反馈环节的传递函数为二阶微分，即 K_1s^2，则称为加速度反馈。

速度反馈在机电随动系统中使用得极为广泛。除提高稳定性外，还提高快速性。当然，实际上理想的微分环节是难以得到的。例如，常用作速度反馈元件的测速电动机还具有电磁时间常数；另外，为了滤除测速电动机的输出噪声，常在测速电动机输出端接入 RC 低通滤波网络。故速度反馈的传递函数通常为

$$H(s)=\frac{K_1s}{T_1s+1} \tag{7-24}$$

对于位置控制系统测速电动机反馈校正(见图7-24)，有

$$\frac{\theta_o(s)}{U(s)}=\frac{\dfrac{K_2}{s(T_ms+1)}}{1+\dfrac{K_2}{s(T_ms+1)}K_cs}=\frac{\dfrac{K_2}{1+K_2K_c}}{s\left(\dfrac{1}{1+K_2K_c}T_ms+1\right)}$$

$$=\frac{K_2}{s(T_ms+1)}\frac{\dfrac{1}{1+K_2K_c}(T_ms+1)}{\dfrac{1}{1+K_2K_c}T_ms+1} \tag{7-25}$$

对照未加测速电动机反馈的系统，相当于系统加入了串联校正

$$G_j(s)=\frac{\dfrac{1}{1+K_2K_c}(T_ms+1)}{\dfrac{1}{1+K_2K_c}T_ms+1} \tag{7-26}$$

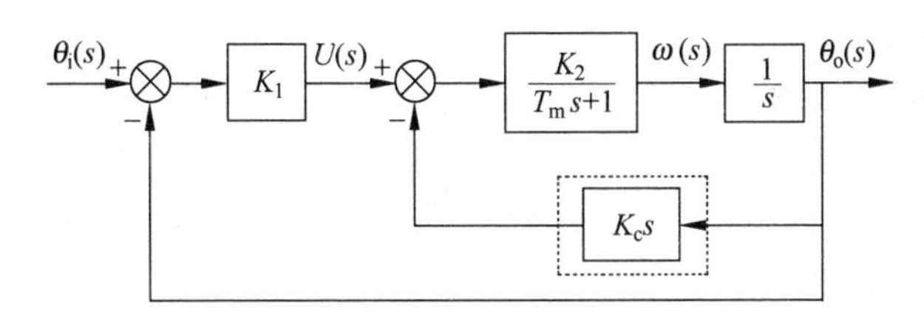

图 7-24 位置控制系统测速电动机反馈校正

可见，测速电动机反馈校正相当于串联校正中的超前校正(即近似 PD 校正)。

另外，可用加速度计作为位置伺服控制系统的加速度反馈元件，对于位置控制系统进行加速度计反馈校正，如图 7-25 所示，其中$\frac{K_f}{T_f s+1}$用于滤除加速度计的输出噪声，有

$$\frac{\theta_o(s)}{U(s)}=\frac{\frac{K_2}{s(T_m s+1)}}{1+\frac{K_2}{s(T_m s+1)}K_j s^2\frac{K_f}{T_f s+1}}$$

$$=\frac{K_2(T_f s+1)}{s\left[T_m T_f s^2+(T_m+K_2 K_j K_f+T_f)s+1\right]}$$

$$=\frac{K_2}{s(T_m s+1)}\frac{(T_m s+1)(T_f s+1)}{T_m T_f s^2+(T_m+K_2 K_j K_f+T_f)s+1} \tag{7-27}$$

对照未加入加速度计反馈的系统，相当于系统加入了串联校正

$$G_j(s)=\frac{(T_m s+1)(T_f s+1)}{T_m T_f s^2+(T_m+K_2 K_j K_f+T_f)s+1}$$

可见，加速度计反馈校正相当于串联校正中的超前-滞后校正(即近似 PID 校正)。

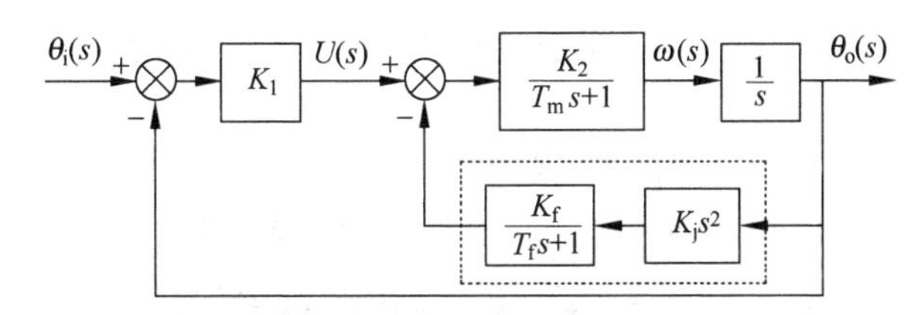

图 7-25 位置控制系统加速度计反馈校正

7.5 用频率法对控制系统进行综合与校正

噪声随增益变化

7.5.1 典型系统的希望对数频率特性

根据系统稳定性的要求，开环希望对数幅频特性的中频段应以 -20 dB/dec 的斜率过 0 dB 线；根据系统准确性的要求，在系统稳定的前提下开环希望对数幅频特性的低频段应越高越好。噪声一般随增益的增大而增大(参见二维码动画)。由于噪声多数在高频段，降低系统截止频率有利于有效滤除噪声(参见二维码动画)。因此开环希望对数幅频特性的高频段应尽量锐截止。根据以上定性要求，得到以下开环最优模型。

对噪声滤波

1. 二阶最优模型

图 7-26 所示伯德图为典型二阶Ⅰ型系统,其开环传递函数为

$$G(s)=\frac{K_v}{s(Ts+1)} \tag{7-28}$$

闭环传递函数为

$$\phi(s)=\frac{K_v/T}{s^2+\frac{1}{T}s+\frac{K_v}{T}}=\frac{\omega_n^2}{s^2+2\zeta\omega_n s+\omega_n^2}$$

式中,

$$\omega_n=\sqrt{\frac{K_v}{T}},\quad \zeta=\frac{1}{2}\sqrt{\frac{1}{K_vT}}$$

于是,就可以根据阻尼比和 T 或 K_v 等已知参数计算出系统指标。

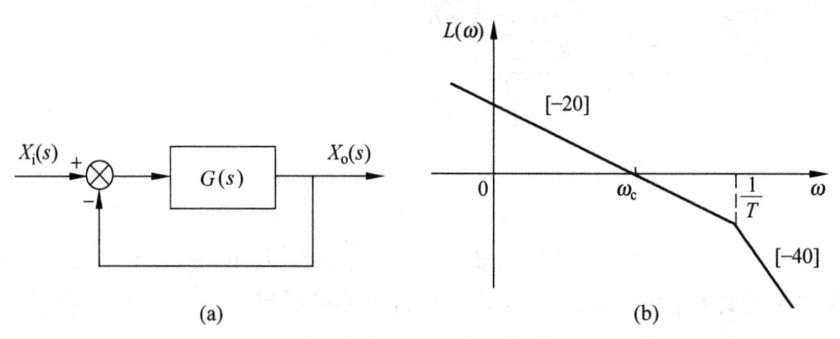

图 7-26 典型二阶系统及其伯德图

令最佳阻尼比是$\frac{\sqrt{2}}{2}$,即 0.707,此时$\frac{1}{T}=2\omega_c$,称之为二阶开环最佳模型。其特点是稳定储备大,是Ⅰ型系统,静态位置误差系数是无穷大。快速性则取决于剪切频率值,剪切频率值越大,则系统反应越快。

当然,阻尼比在 0.707 左右时就能满足实际要求,工程上可以适当选择参数使阻尼比在 0.5 和 1 之间。现把这一范围的各特征量计算结果列于表 7-2 中。

表 7-2 二阶最优模型各特征参量的关系

参数关系 K_vT	0.25	0.39	0.5	0.69	1.0
阻尼比 ζ	1.0	0.8	0.707	0.6	0.5
最大超调量 M_p/%	0	1.5	4.3	9.5	16.3
调整时间 t_s	$9.4T$	$6T$	$6T$	$6T$	$6T$
上升时间 t_r	$+\infty$	$6.67T$	$4.72T$	$3.34T$	$2.41T$
相角裕量 γ/(°)	76.3	69.9	65.3	59.2	51.8
谐振峰值 M_r	1	1	1	1.04	1.15
谐振频率 ω_r	0	0	0	$0.44/T$	$0.707/T$
闭环带宽 ω_b	$0.32/T$	$0.54/T$	$0.707/T$	$0.95/T$	$1.27/T$
剪切频率 ω_c^*	$0.24/T$	$0.37/T$	$0.46/T$	$0.59/T$	$0.79/T$
无阻尼自振频率 ω_n	$0.5/T$	$0.62/T$	$0.707/T$	$0.83/T$	$1/T$

表中,ω_c^* 为实际的剪切频率,ω_c 为对数幅频渐近线对应的剪切频率。(参见图 7-27)

如果选择二阶最优模型的伯德图作为校正后的希望对数频率特性，那么就会达到表 7-2 中阻尼比为 0.707 时的各项指标。而校正装置的作用就是改变系统原有伯德图形状，达到图 7-26 所示的形状。

2. 高阶最优模型

图 7-28 所示典型三阶系统，也叫典型Ⅱ型系统，其开环传递函数为

$$G(s)H(s)=\frac{K(T_2s+1)}{s^2(T_3s+1)},\quad T_2>T_3 \tag{7-29}$$

$$G(\mathrm{j}\omega)H(\mathrm{j}\omega)=\frac{K(\mathrm{j}\omega T_2+1)}{(\mathrm{j}\omega)^2(\mathrm{j}\omega T_3+1)}$$

$$\gamma=180^\circ+[-180^\circ+\arctan(\omega_c T_2)-\arctan(\omega_c T_3)]$$
$$=\arctan(\omega_c T_2)-\arctan(\omega_c T_3)$$

相角裕量为正，系统闭环后稳定。

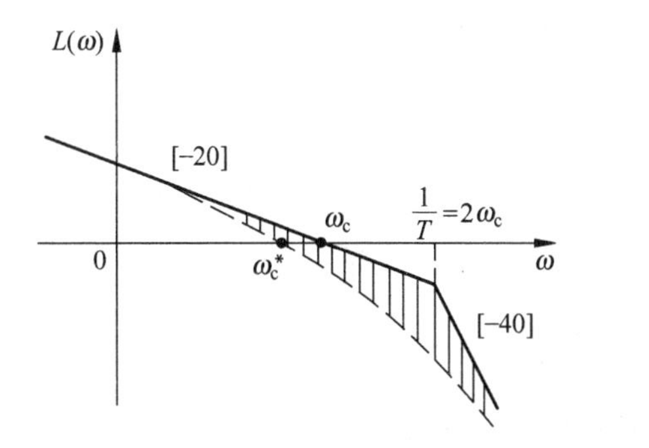

图 7-27 典型二阶最优模型的伯德图

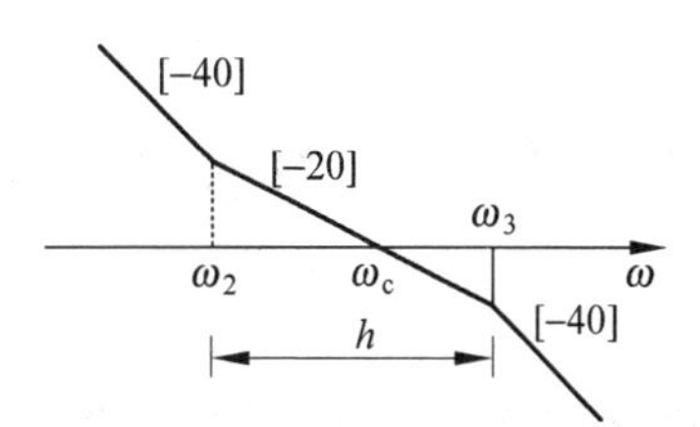

图 7-28 高阶最优模型中频段

这个模型既保证了 ω_c 附近的斜率为 -20 dB/dec，又保证了低频段有高增益；既保证了稳定性，又保证了准确性。

为便于分析，再引入一个参量 h，令

$$h=\frac{\omega_3}{\omega_2}=\frac{T_2}{T_3} \tag{7-30}$$

式中，h 称为中频宽。在一般情况下，T_3 是调节对象的固有参数，不便改动，一般变动 T_2 和 K。改变 T_2，就相当于改变了 h。当 h 不变，只改动 K 时，即相当于改变了 ω_c 值。因此对典型Ⅱ型系统的动态设计，便归结为 h 和 ω_c 这两个参量的选择问题。h 越大，系统相对稳定性越好；ω_c 越大，系统快速性越好。

由图 7-28 可知，如果知道了 K 值及 h 值，可得到

$$20\lg K=20\lg\omega_2^2+20\lg\frac{\omega_c}{\omega_2}=20\lg\omega_2\omega_c$$

故

$$K=\omega_2\omega_c\quad 或\quad \omega_c=\frac{K}{\omega_2} \tag{7-31}$$

显然，知道了 h 和 ω_c、ω_2 的值，伯德图就可以完全确定了。那么，根据什么原则来选 ω_c 与 ω_3 的比例关系呢？

当 T_3 是系统固有时间常数时,如果给定了中频宽 h,则 ω_c 随 K 的增大而增大。从附录B可知,当选择

$$\omega_c=\frac{h+1}{2h}\omega_3 \quad \text{或} \quad \omega_c=\frac{h+1}{2}\omega_2 \tag{7-32}$$

时,闭环的谐振峰最小,阶跃作用时的超调量也最小,相对稳定性最好。

表7-3给出了一些特征参量的关系。

表7-3 不同中频宽 h 的最小 M_r 值和最佳频比

h	5	6	7	8	10	12	15	18
M_r	1.50	1.40	1.33	1.29	1.22	1.18	1.14	1.12
ω_3/ω_c	1.67	1.71	1.75	1.78	1.82	1.85	1.875	1.90
ω_c/ω_2	3.0	3.5	4.0	4.5	5.5	6.5	8.0	9.5
$\gamma(\omega_c)/(°)$	40.6	43.8	46.1	48	50.9	52.9	54.9	56.2

从表7-3中可以看出,初步设计时,可认为

$$M_r \approx \frac{1}{\sin\gamma} \tag{7-33}$$

同时,ω_c 与 ω_3 的关系与二阶最优模型相似。因此初步设计时,可认为

$$\omega_3=2\omega_c \quad \text{或} \quad \omega_c=\frac{1}{2}\omega_3 \tag{7-34}$$

另外,一般可选 h 在7~12之间。如果希望进一步增大稳定储备,把 h 增大至15~18也就足够了。

7.5.2 希望对数频率特性与系统性能指标的关系

在系统综合的过程中,通常需要时域、频域性能指标互相转换。中频段为高阶最优模型时,时域和频域性能指标转换经验公式如下(可根据具体情况,选用其中一部分)。

1. 相对稳定性经验公式

$$M_r=\frac{1}{\sin\gamma}$$

$$M_p(\%)=\begin{cases}100(M_r-1), & M_r\leqslant 1.25\\ 50\sqrt{M_r-1}, & M_r>1.25\end{cases}$$

$$M_p(\%)=\frac{2000}{\gamma}-20 \quad (\gamma\text{ 为以度为单位的值})$$

$$M_p(\%)=\frac{64+16h}{h-1} \quad \text{或} \quad h=\frac{M_p+64}{M_p-16}$$

$$M_r=0.6+2.5M_p,\quad 1.1\leqslant M_r\leqslant 1.8 \quad \text{或} \quad M_p=0.16+0.4(M_r-1)$$

$$M_r=\frac{h+1}{h-1} \quad \text{或} \quad h=\frac{M_r+1}{M_r-1}$$

2. 快速性经验公式

$$t_s=\frac{\pi[2+1.5(M_r-1)+2.5(M_r-1)^2]}{\omega_c},\quad 1.1\leqslant M_r\leqslant 1.8$$

$$t_s=\left(8-\frac{3.5}{\omega_c/\omega_2}\right)\frac{1}{\omega_c}$$

$$t_s=\frac{1}{\omega_c}(4\sim 9)$$

3. 其他经验公式

$$\frac{\omega_3}{\omega_c}=\frac{M_r+1}{M_r}=\frac{2h}{h+1}$$

$$\frac{\omega_c}{\omega_2}=\frac{M_r}{M_r-1}=\frac{h+1}{2}$$

$$\omega_r=\sqrt{\omega_2\omega_3}$$

$$\omega_b=\omega_3$$

例 7-2 已知某闭环系统给定性能指标为 $t_s=0.19$ s，相角裕量为 45°，试设计系统开环对数幅频特性中频段的参数。

解：

$$M_r=\frac{1}{\sin\gamma}=\frac{1}{\sin 45^\circ}\approx 1.4$$

$$h=\frac{M_r+1}{M_r-1}=\frac{1.4+1}{1.4-1}=6$$

$$\omega_c=\frac{\pi[2+1.5(M_r-1)+2.5(M_r-1)^2]}{t_s}\approx 50\ \text{rad/s}$$

$$\omega_3=\frac{M_r+1}{M_r}\omega_c=\frac{1.4+1}{1.4}\times 50\ \text{rad/s}\approx 86\ \text{rad/s}$$

$$\omega_2=\frac{\omega_3}{h}\approx\frac{86}{6}\ \text{rad/s}\approx 14.3\ \text{rad/s}$$

其对数幅频特性图如图 7-29 所示。

如果将Ⅱ型系统改为Ⅰ型系统，则在中频段高阶最优模型的基础上增加转角频率 ω_1，其对系统动态特性的影响分析如下。

由图 7-30，有

$$G(\mathrm{j}\omega)H(\mathrm{j}\omega)=\frac{K(\mathrm{j}\omega T_2+1)}{(\mathrm{j}\omega)(\mathrm{j}\omega T_1+1)(\mathrm{j}\omega T_3+1)},\quad T_2>T_3$$

$$\begin{aligned}\gamma&=180^\circ+[-90^\circ-\arctan(\omega_c T_1)+\arctan(\omega_c T_2)-\arctan(\omega_c T_3)]\\&=\arctan\frac{1}{\omega_c T_1}+[\arctan(\omega_c T_2)-\arctan(\omega_c T_3)]\end{aligned}$$

该系统比典型形式相角裕量增加 $\arctan\frac{1}{\omega_c T_1}$，故系统闭环后相对稳定性比Ⅱ型最优模型的更好。

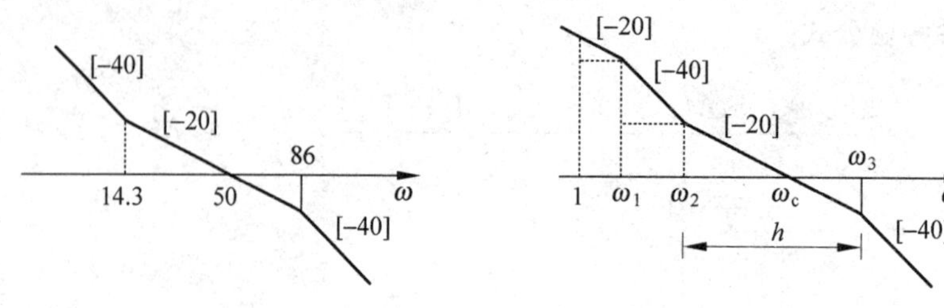

图 7-29 例 7-2 对数幅频特性图　　　图 7-30 Ⅰ型系统对系统动态特性的影响

一般 $\omega_c \gg \omega_1$,所以

$$\Delta\gamma = \arctan\frac{1}{\omega_c T_1} \approx \frac{1}{\omega_c T_1} = \frac{\omega_1}{\omega_c} \tag{7-35}$$

ω_1 的选取主要需要保证系统的稳态准确度。由图 7-30 可知:

$$L(\omega_1) = 20\ \lg\frac{\omega_c}{\omega_2} + 40\ \lg\frac{\omega_2}{\omega_1} = 20\ \lg\frac{\omega_c}{\omega_2} + 20\ \lg\left(\frac{\omega_2}{\omega_1}\right)^2 = 20\ \lg\frac{\omega_2\omega_c}{\omega_1^2}$$

又有

$$L(\omega_1) = 20\ \lg K - 20\ \lg\omega_1 = 20\ \lg\frac{K}{\omega_1}$$

所以

$$\frac{\omega_2\omega_c}{\omega_1^2} = \frac{K}{\omega_1}$$

即

$$\omega_1 = \frac{\omega_2\omega_c}{K} \tag{7-36}$$

按照式(7-36)选取 ω_1,可保证所要求的静态放大倍数,进而保证系统的稳态误差在允许范围内。

伯德图低频段与复现带宽的关系可近似按照下面的关系估计。设单位反馈系统在复现频率处的相对误差幅值为 Δ,则根据误差传递函数频率特性定义,在该频率下系统的开环增益应满足下式:

$$\Delta = \left|\frac{1}{1+G(\mathrm{j}\omega_M)}\right|$$

或

$$\Delta \approx \left|\frac{1}{G(\mathrm{j}\omega_M)}\right|, \quad |G(\mathrm{j}\omega_M)| \approx \frac{1}{\Delta}$$

例如,要求在 ω_M 处 $\Delta<0.01$,则这个频率下的开环增益应大于 100。如图 7-31 所示,如果在 $\omega<\omega_M$ 的频段内,逐个频率区域给出了误差 Δ 的要求,即可按上述原则求出各个频率下最低的开环增益:

$$|G(\mathrm{j}\omega_M)| > \frac{1}{\Delta} \tag{7-37}$$

这样,就可以画出工作频段的增益禁区。也就是说,幅频特性应高于这个区域,才能保证复现频带(即工作频段)内的误差。

由于控制系统各个部件通常存在一些小时间常数的环节，致使高频段呈现出-60 dB/dec以至更负的斜率，如图7-32所示。其开环传递函数为

$$G(s)=\frac{K(T_2s+1)}{s^2(T_3s+1)(T_4s+1)\cdots} \tag{7-38}$$

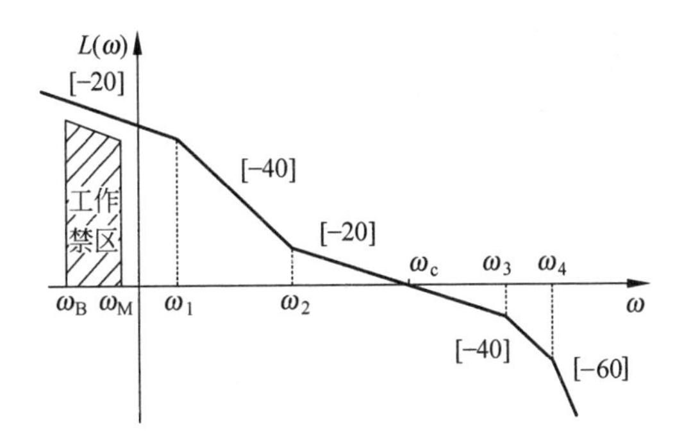

图7-31　对数幅频特性低频段

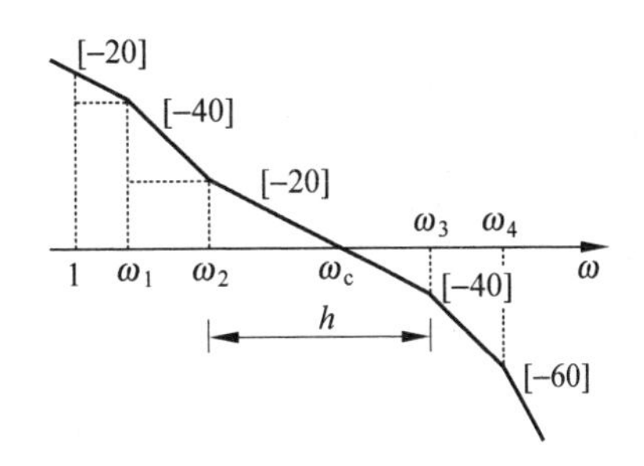

图7-32　系统的高频段

图7-32中，$\omega_2=\frac{1}{T_2}$，$\omega_3=\frac{1}{T_3}$，$\omega_4=\frac{1}{T_4}$，…。

所谓高频区，是指角频率大于ω_3的区域。高频区伯德图呈很陡的斜率下降有利于降低噪声，也就是控制系统应是一个低通滤波器。

对于图7-32所示存在高频小时间常数的系统，有

$$\begin{cases} G(j\omega)H(j\omega)=\dfrac{K(j\omega T_2+1)}{(j\omega)(j\omega T_1+1)(j\omega T_3+1)(j\omega T_4+1)}, \quad T_1>T_2>T_3>T_4 \\ \gamma=180^\circ+[-90^\circ-\arctan(\omega_c T_1)+\arctan(\omega_c T_2)- \\ \quad \arctan(\omega_c T_3)-\arctan(\omega_c T_4)] \\ \quad =\arctan\dfrac{1}{\omega_c T_1}+[\arctan(\omega_c T_2)-\arctan(\omega_c T_3)]-\arctan(\omega_c T_4) \end{cases} \tag{7-39}$$

可见，该系统比Ⅰ型典型形式的相角裕量减少了$\arctan(\omega_c T_4)$，系统闭环后相对稳定性变差。高频段有多个小惯性环节，将对典型高阶模型系统的相位裕度产生不利影响，使原来的相角裕度降低。

当高频段有好几个小时间常数，且满足$\frac{\omega_c}{\omega_3}<1$，$\frac{\omega_c}{\omega_4}\ll 1$时，如图7-33所示，可认为

$$T_\Sigma=T_3+T_4+T_5+\cdots$$

这时，$\gamma\approx\arctan(\omega_c T_2)-\arctan(\omega_c T_\Sigma)$。

综合系统时，为了仍然采用高阶最优模型的各项公式，需修正设计，加长ω_3到ω_3'，保证具有足够的稳定裕量，以抵消$\omega_4,\omega_5,\omega_6,\cdots$小时间常数环节给系统稳定性带来的不利影响。

一般$\omega_4\gg\omega_c$，所以

$$\Delta\gamma=-\arctan(\omega_c T_4)\approx-\omega_c T_4=-\frac{\omega_c}{\omega_4} \tag{7-40}$$

则

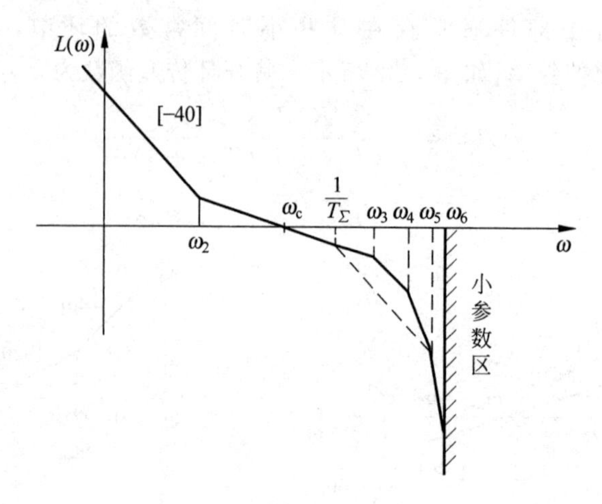

图 7-33　系统的高频段

$$\omega_c T'_3=\frac{\omega_c}{\omega'_3}=\frac{\omega_c}{\omega_3}-\frac{\omega_c}{\omega_4}=\omega_c\left(\frac{1}{\omega_3}-\frac{1}{\omega_4}\right)=\omega_c(T_3-T_4)$$

所以

$$T'_3=T_3-T_4,\quad \omega'_3=\frac{1}{T_3-T_4}$$

当高频段有好几个小时间常数时,则有

$$T'_3=T_3-(T_4+T_5+T_6+\cdots+T_n)=T_3-\sum_{i=4}^{n}T_i \tag{7-41}$$

例 7-3　某角度随动系统性能指标要求为：在输入信号为 60(°)/s 时速度误差小于 7.2′,超调量小于 25%,过渡过程时间小于 0.2 s。已知该系统在高频处有一个小时间常数 0.005 s,试设计满足上述性能指标的系统开环对数幅频特性。

解：位置系统要求能跟踪速度信号,故采用Ⅰ型系统。为了保证在输入信号为 60(°)/s 时速度误差小于 7.2′,应有

$$K_v>\frac{60\times 60}{7.2}=500$$

$$20\lg K_v>20\lg 500=54\ \text{dB},\quad 取\ 55\ \text{dB},\quad 对应\ K_v=562$$

为了满足超调量小于 25%,应有

$$M_r<0.6+2.5M_p=0.6+2.5\times 25\%=1.225,\quad 取\ M_r=1.2$$

为了满足过渡过程时间小于 0.2 s,应有

$$\omega_c>\frac{\pi[2+1.5(M_r-1)+2.5(M_r-1)^2]}{t_s}$$

$$=\frac{\pi[2+1.5(1.2-1)+2.5(1.2-1)^2]}{0.2}\text{rad/s}$$

$$=37.7\ \text{rad/s},\quad 取\ \omega_c=40\ \text{rad/s},则$$

$$h=\frac{M_r+1}{M_r-1}=\frac{1.2+1}{1.2-1}=11$$

$$\omega_3=\omega_c\frac{M_r+1}{M_r}=40\times\frac{1.2+1}{1.2}\ \text{rad/s}=73.3\ \text{rad/s}$$

$$\omega_2=\frac{\omega_3}{h}=\frac{73.3}{11}\ \text{rad/s}=6.67\ \text{rad/s}$$

$$\omega_1=\frac{\omega_2\omega_c}{K_v}=\frac{6.67\times40}{562}=0.45$$

$$\Delta\gamma_1=\arctan\frac{\omega_1}{\omega_c}=\arctan\frac{0.447}{40}=0.6^\circ$$

可见,该系统 ω_1 对稳定性改善的影响很小,可以忽略不计。另外,系统在高频处的一个小时间常数 0.005 s 环节形成 ω_4 的环节,则

$$\begin{aligned}\Delta\gamma_4&=-\arctan\frac{\omega_c}{\omega_4}=-\arctan\frac{40}{1/0.005}\\&=-11.3^\circ\end{aligned}$$

可见,该系统 ω_4 对稳定性的不利影响较大,必须予以考虑,需要将 ω_3 加长到 ω_3',则

$$T_3'=T_3-T_4=\left(\frac{1}{73.3}-0.005\right)\text{s}=0.00864\ \text{s}$$

$$\omega_3'=\frac{1}{T_3'}=\frac{1}{0.00864}\ \text{rad/s}=115.7\ \text{rad/s}$$

设计的满足性能指标的系统开环对数幅频特性如图 7-34 所示。

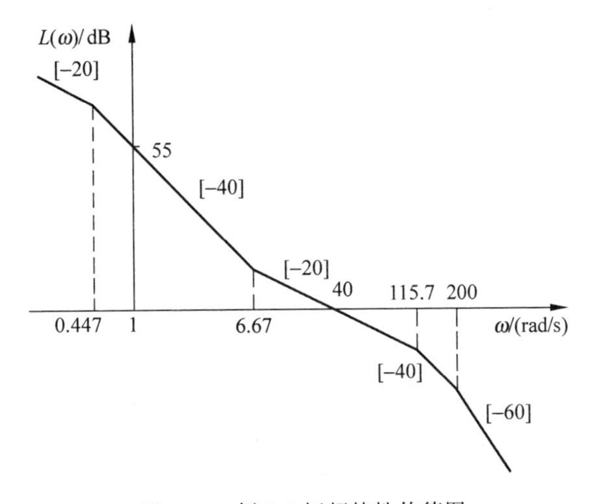

图 7-34 例 7-3 幅频特性伯德图

前面已经分别讨论了希望对数幅频特性的低频段、中频段和高频段的要求。低频段增益应尽量高,以保证复现频带内的静态准确度;中频段的设计要保证稳定性和足够的快速性;高频段的设计要考虑抑制噪声,又不能过多地影响系统稳定性。

典型二阶最优模型和高阶最优模型指的都是中频段,如按低频段或静态分,则系统为 0 型、Ⅰ型及Ⅱ型 3 种常见的系统。

0 型系统希望对数幅频特性如图 7-35 所示,中频段仍可分成二阶最优及高阶最优两种。一般可简单地选择 $\omega_1\leqslant0.1\omega_2$,这样,$\omega_1$、$\omega_0$ 离 ω_c 很远,动态性能仍可用最优模型公式计算。

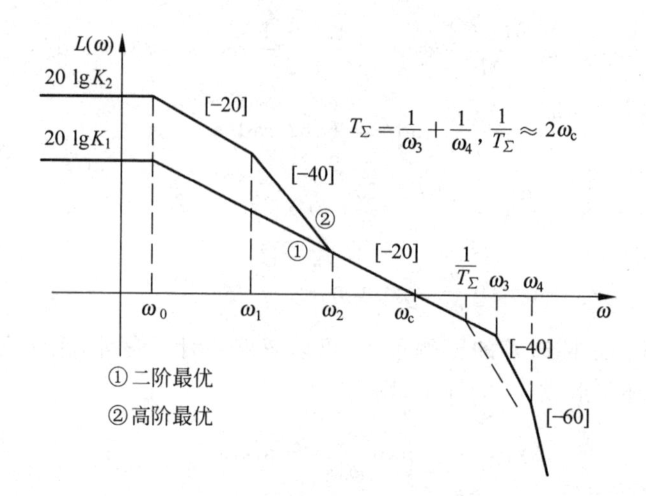

图 7-35　0 型系统希望对数幅频特性的形式

Ⅰ型系统希望对数幅频特性如图 7-36 所示,中频段仍可分成二阶最优模型及高阶最优两种。后者只要 $\omega_2 \geqslant 20\omega_1$,仍可用最优模型公式计算性能指标。这个系统 K_p 为无穷大。高阶最优模型的速度误差系数大于二阶最优,因而在斜坡输入时误差大大减小。因此,工程上广泛采用这类系统。

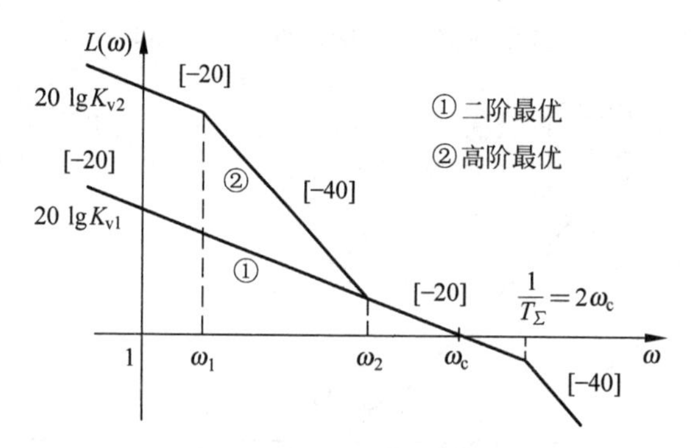

图 7-36　Ⅰ型系统希望对数幅频特性形式

表 7-4 为不同中频宽度 h 的高阶最优模型的闭环时域指标。

表 7-4　高阶最优模型的闭环时域指标

性能指标		参数 h							
		3	4	5	6	7	8	9	10
计算机所得数据	$M_p/\%$	52.6	43.6	37.6	33.2	29.8	27.2	25.0	23.3
	t_s/T_3	12	11	9	10	11	12	13	14
	N	3	2	2	1	1	1	1	1
经验公式	$M_p/\%$	50	40.9	35.4	31.6	29.8	26.9	25	22
	t_s/T_3	9.4	10.6	11.4	12.0	12.5	12.9	13.1	13.4

表中 N 是振荡次数。

7.5.3 用希望对数频率特性进行校正装置的设计

受控对象的对数频率特性一般叫作固有频率特性，是尚未加校正时系统的开环频率特性。根据指标，确定出希望对数频率特性，那么所谓校正，就是附加上校正装置，使校正后的频率特性成为希望频率特性，即

$$G^{*}(s)=G_0(s)G_j(s) \tag{7-42}$$

式中，$G_j(s)$为校正装置传递函数；$G_0(s)$为系统固有传递函数；$G^{*}(s)$为希望开环传递函数。则

$$20\lg|G_j(j\omega)|=20\lg|G^{*}(j\omega)|-20\lg|G_0(j\omega)|$$

如图 7-37 所示，只要求得希望对数幅频特性②与原系统固有开环对数幅频特性①之差（见图 7-37 中曲线③），即为校正装置的对数幅频特性曲线，从而可以得到 $G_j(s)$，进而确定校正参数和电路。

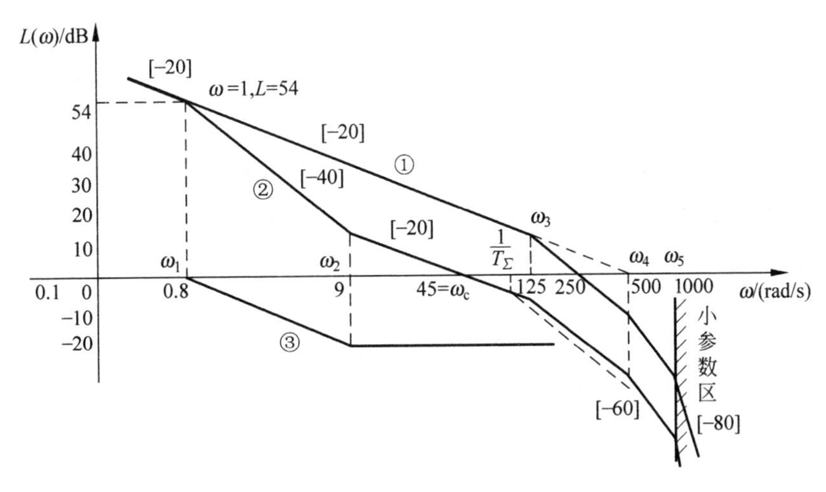

图 7-37 幅频特性图

例 7-4 某单位反馈的随动系统，其固有部分的传递函数为

$$G_0(s)=\frac{500}{s(0.008s+1)(0.002s+1)(0.001s+1)}$$

试设计系统的校正参数，使系统达到下列指标：$K_v \geqslant 500$ rad/s，超调量 $M_p < 30\%$，$t_s < 0.2$ s。

解：首先确定希望对数频率特性。

(1) 用经验公式初步确定 ω_c 值：

$$\omega_c=\left(8-\frac{3.5}{\omega_c/\omega_2}\right)\frac{1}{t_s}=(8-1)\times\frac{1}{0.2}\ \text{rad/s}=35\ \text{rad/s}$$

另外，固有时间常数分别为

$$\omega_3=\frac{1}{T_3}=\frac{1}{0.008}\ \text{rad/s}=125\ \text{rad/s}$$

$$\omega_4=\frac{1}{T_4}=\frac{1}{0.002}\ \text{rad/s}=500\ \text{rad/s}$$

$$\omega_5=\frac{1}{T_5}=\frac{1}{0.001}\ \text{rad/s}=1000\ \text{rad/s}$$

因 ω_3、ω_4、ω_5 均大于 ω_c，令 $T_\Sigma=T_3+T_4+T_5=0.011\ \text{s}$，$\frac{1}{T_\Sigma}\approx 91\ \text{rad/s}$。

(2) 确定中频宽 h 值：h 影响相对稳定性，ω_c 影响快速性。因为要求 $M_p<30\%$，故可选 $h=10$。

(3) 确定 ω_c 及 ω_2 值：ω_2 可选择在 $\frac{1}{10}\frac{1}{T_\Sigma}=9\ \text{rad/s}$，故

$$\omega_c=5\omega_2=45\ \text{rad/s},\quad \frac{1}{T_\Sigma}=2\omega_c$$

(4) 为了保证 $K_v=500\ \text{rad/s}$，选 $\omega_1=\frac{\omega_2\omega_c}{K_v}=0.8\ \text{rad/s}$。也就是说，加入滞后校正

$$G_j(s)=\frac{\frac{1}{9}s+1}{\frac{1}{0.8}s+1}=\frac{0.11s+1}{1.25s+1}$$

既保证了稳定性、快速性，又保证了静态增益达到 $K_v=500\ \text{rad/s}$。

(5) 校核校正装置选定后的性能指标，并与不加校正的指标进行对比。

系统的固有对数幅频特性如图 7-37①所示，希望对数幅频特性如图 7-37②所示，两者之差即为校正装置对数幅频特性，如图 7-37③所示。

校正后系统的开环传递函数为

$$G_0(s)G_j(s)=\frac{500(0.11s+1)}{s(1.25s+1)(0.008s+1)(0.002s+1)(0.001s+1)}$$

则相角裕量为

$$\gamma=180^\circ-90^\circ-\arctan\frac{45}{0.8}+\arctan\frac{45}{9}-\arctan\frac{45}{125}-\arctan\frac{45}{500}-\arctan\frac{45}{1000}=52.2^\circ$$

由上述计算可以看到

$$180^\circ-90^\circ-\arctan\frac{45}{0.8}\approx 1^\circ,\quad \text{近似为 } 0^\circ$$

这样，相角裕量仍可用典型高阶最优模型来计算：

$$\gamma=180^\circ-180^\circ+\arctan\frac{45}{9}-\arctan 45T_\Sigma=78.69^\circ-\arctan 45\times 0.011=52.4^\circ$$

与前面的准确计算相差无几。这说明几个小时间常数的环节可用一个具有时间常数 T_Σ 的惯性环节来代替。

系统闭环的谐振峰值近似为

$$M_r\approx\frac{1}{\sin\gamma}=1.26$$

故系统在单位阶跃的最大超调量近似为

$$M_p \approx 50\sqrt{M_r - 1} \approx 25\%$$

满足指标要求。

综上所述,可选择滞后校正

$$G_j(s) = \frac{0.11s + 1}{1.25s + 1}$$

这个校正很容易用滞后网络实现。

7.6 典型控制系统举例

7.6.1 直流电动机调速系统

直流伺服电动机广泛应用于机械设备的驱动系统中。图 7-38 所示为小功率直流电动机双环调速系统的原理图,采用的是直流电动机-测速电动机的机组。所谓双环,指的是电流环和速度环,这是电力拖动和机电控制领域内普遍采用的技术。下面首先介绍其组成。

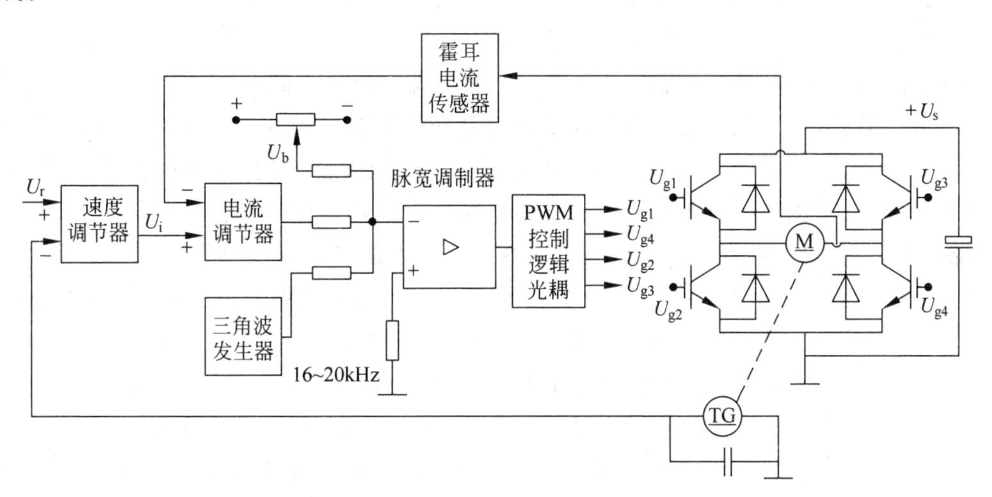

图 7-38 直流电动机双环调速系统原理图

1. 直流伺服电动机-测速电动机机组

该机组型号选为 70SZD01CF24MB,直流伺服电动机外径为 ϕ70 mm,额定功率为 100 W,额定转速为 1000 r/min,额定电压为 30 V,额定电流为 4.5 A,额定转矩为 1 N·m,峰值转矩为 8 N·m,电枢电阻为 1.7 Ω,电枢电感为 3.7 mH,转动惯量为 292×10^{-6} N·m·s^2,机电时间常数为 9.2 ms。同轴安装了测速电动机,外径也是 ϕ70 mm,其传递系数为 24 V/(1000 r/min),允许带10 kΩ 负载,其转动惯量为 100×10^{-6} N·m·s^2。由于转动惯量的增加,实际的机电时间常数为 12.4 ms。为了也用于 7.6.2 节中的电压-位置随动系统,同轴还连接了一个增量式光电编码器,每转 500 脉冲,电源 5 V,输出 TTL 电平信号,分 A、B、Z 3 种信号。其中,A、B 两组信号相差 90°相位,A 超前 B 表示正转,B 超前 A 表示反转,Z 每转发出一个零位信号。

电动机机组外形如图 7-39 所示。

图 7-39 伺服电动机-测速电动机-光电编码器组合件

2. PWM 功率放大器

系统采用H桥型PWM功率放大器。所谓PWM是脉冲宽度调制,其功率转换电路如图7-40所示。它由4个大功率IGBT管组成。4个IGBT分成2组,VT_1 和 VT_4 一组,VT_2 和 VT_3 为另一组,VD_1 ~ VD_4 为4个快恢复续流二极管。同一组的2个IGBT同时导通(当作开关管使用),同时关断,两组管子之间是交替轮流导通和截止的。并且,在两个状态之间有一小段延迟时间,以确保一组截止后另外一组才能导通,否则就会上、下管子穿通,电源短路,管子损坏。电源电压为 U_s,而栅源之间的控制电压 U_{g1} ~ U_{g4} 各由自己的驱动电路产生,产生开关周期为 T 的正、负交替的调宽方波信号,高电平为+15 V,低电平为−5 V。当 U_{g1}、U_{g4} 的正半波宽度 $t_1>T/2$,即 U_{g2}、U_{g3} 的正半波宽度 $t_2<T/2$ 时,电动机上的平均电压 $U_d>0$,电动机正转;当 U_{g1}、U_{g4} 的正半波宽度 $t_1<T/2$,即 U_{g2}、U_{g3} 的正半波宽度 $t_2>T/2$ 时,电动机上的平均电压 $U_d<0$,电动机反转;当 U_{g1}、U_{g4} 的正半波宽度 $t_1=T/2$ 时,U_{g2}、U_{g3} 的正半波宽度也是 $t_2=T/2$,则电动机上的平均电压 $U_d=0$,电动机不转,但电动机上仍然会有交变的电流出现。设 $T=50\ \mu s$(即频率为20 kHz),下面计算电动机电枢的电流。

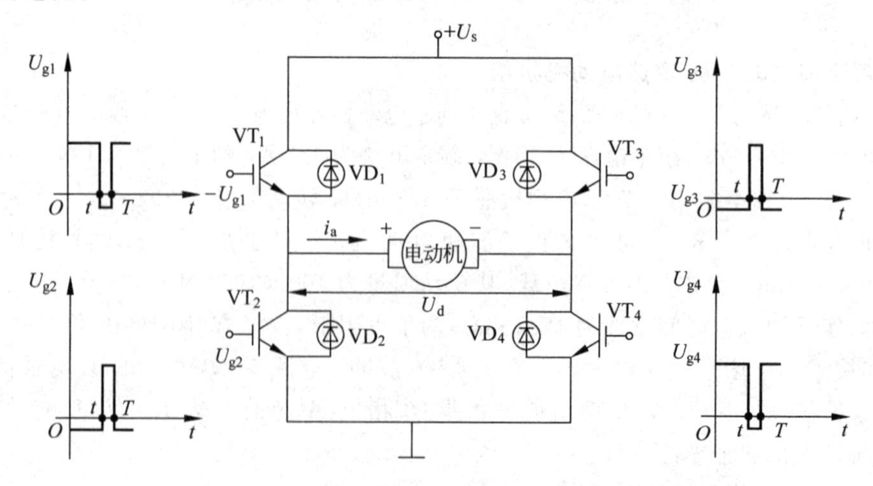

图 7-40 H桥型PWM功率放大器控制原理图

由以上分析可知，无论电动机处于哪种状态，在 $0\leqslant t_1\leqslant T/2$ 期间，电动机两端瞬态电压总为 $+U_s$；而在 $T/2\leqslant t_1\leqslant T$ 期间，电动机两端瞬态电压总为 $-U_s$。故可列出方程式：

$$U_s=L_a\frac{di_a}{dt}+R_ai_a+E,\quad 0\leqslant t_1\leqslant T/2 \tag{7-43}$$

$$-U_s=L_a\frac{di_a}{dt}+R_ai_a+E,\quad T/2\leqslant t_1\leqslant T \tag{7-44}$$

由这两个公式即可求解不同时刻 t 的电流 $i_a(t)$。在电动机达到稳态转速时，$i_a(0)=i_a(T)$，这是最小值；而最大值出现在 t_1 时刻。

设 I_s 为最大堵转电流，$I_s=U_s/R_a$；k 为脉冲调宽周期 T 与电磁时间常数 T_a 之比，即 $k=T/T_a$；T_a 为电动机电磁时间常数，即 $T_a=L_a/R_a$。则电枢电流的脉动最大值为

$$\Delta i_{amax}\approx\frac{I_s}{2}k \tag{7-45}$$

对于所选用的电动机，$I_s=U_s/R_a=30\ \text{V}/1.7\ \Omega=17.6\ \text{A}$，$T=50\ \mu\text{s}$，$T_a=3.7\ \text{mH}/1.7\ \Omega=2.17\ \text{ms}$。故 $k=T/T_a=50\times10^{-3}/2.17=0.023$，得 $\Delta i_{amax}\approx(17.6/2)\times0.023\ \text{A}=0.2\ \text{A}$，远远小于额定电流，不会使电动机过分发热。

设 $\alpha=t_1/T$，称为占空比，故电动机电枢的平均电压为

$$U_a=\alpha U_s-U_s(1-\alpha)=U_s(2\alpha-1)$$

可见，当 α 由 0 变化到 1 时，U_a 由 $-U_s$ 变到 $+U_s$ 并且与 α 呈线性关系，如图 7-41 所示。这就是 PWM 的工作原理，其优点是既能够控制电动机电枢的平均电压，又能够降低功率放大器的功耗。这时，电枢的平均电流为

$$I_a=I_s(2\alpha-1)-E/R_a \tag{7-46}$$

式中，E 是电动机的反电势。

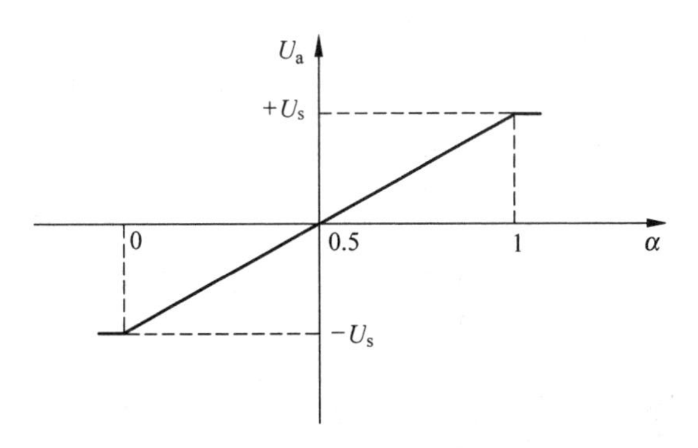

图 7-41　PWM 功率转换电路的线性化特性

PWM 的控制回路是一个电压-脉冲变换装置，简称脉宽调制器，如图 7-42 所示。其输入是电流调节器的输出，脉宽调制器是由电压比较器和 3 个输入电压组成的。一个是 16～20 kHz 的调制信号 U_m，通常是三角波或者锯齿波，由调制波形发生器提供；另一个输入信号是控制电压信号 U_c，其极性和大小在工作期间均可变，它与 U_m 相减，在比较器输出端得到周期 T 不变、脉冲宽度可变的调制输出电压 U_{PWM}；有时还需要一个偏置电压 U_b，使调制信号移位。对于 H 型 PWM 线路来说，要求当 $U_c=0$ 时，电枢的平均电压 $U_a=0$。所以，这时 U_{PWM} 正、负脉冲宽度应该相等。

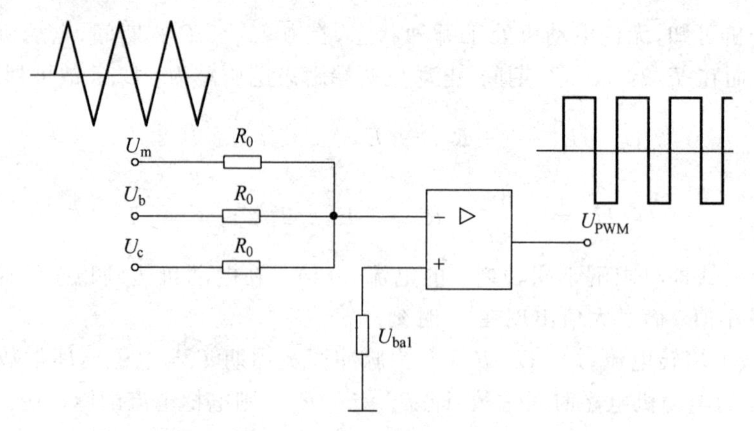

图 7-42 脉宽调制器原理图

故这时应该设 $U_b=-(U_{mmax}+U_{mmin})/2$。图 7-43 画出了 $U_c=0$,$U_c>0$,$U_c<0$ 情况下脉宽调制器输入-输出波形图。由图可知,改变 U_c 的极性就改变了 PWM 变换器输出平均电压 U_a 的极性,从而改变了电动机的转向；改变 U_c 的大小,就改变了 U_{g1}、U_{g4} 脉冲宽度,从而改变了平均电压 U_a 的大小。

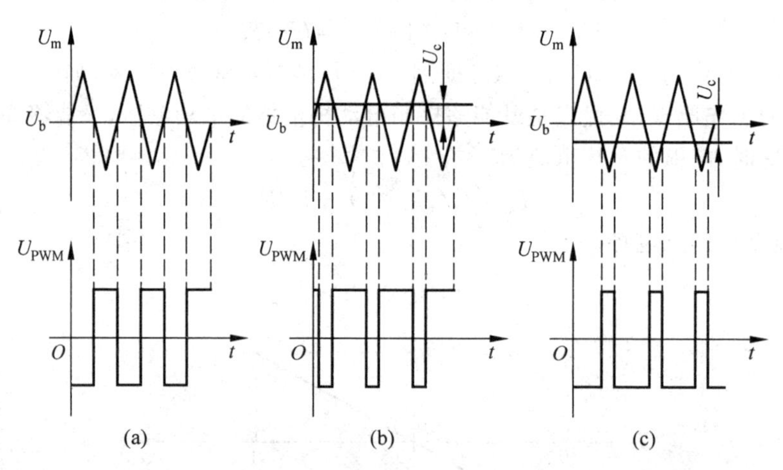

图 7-43 脉宽调制器输入-输出波形图
(a) $U_c=0$；(b) $U_c>0$；(c) $U_c<0$

在小功率 PWM 伺服放大器中,主回路还可使用 VDMOS 功率场效应管代替 IGBT。

3. 霍耳电流传感器

霍耳电流传感器是一个把电流转换成电压的传感器。电流环路对于电流的检测要求很高,一是要求转换后的电压与主回路是隔离的,以便把强电回路与弱电回路分开；二是要求把电枢的电流线性地转换成电压信号。其原理图如图 7-44 所示。

霍耳电流传感器是利用霍耳器件采用“磁补偿原理”而制作的,由一次电路(原边电流)、聚磁环、位于气隙中的霍耳元件、二次电路等组成。电流传感器也是一个闭环系统,是利用磁场平衡原理。主回路(原边)产生的磁场被副边电路产生的磁场所平衡。原边线圈只有1匝(或5匝),而二次电路(副边线圈)有1000匝。根据 $\sum WI=Hl$ 的原理,当 $H\neq 0$ 时,

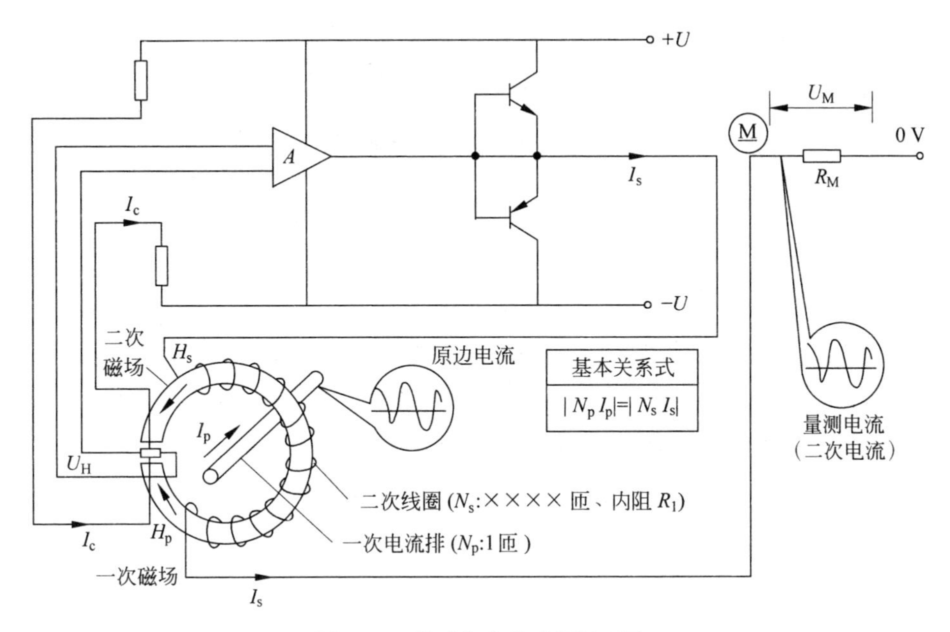

图 7-44　霍耳电流传感器原理图

气隙中的霍耳器件就会产生一个电压 U_H，再经过放大器放大驱动副边线圈，所产生的副边电流是负反馈，所以在稳态时，$W_1I_1=W_2I_2$。由于 $W_1=1$ 匝，$W_2=1000$ 匝，故 $I_2=0.001I_1$。如果 I_1 是 1 A，则 I_2 就为 1 mA，由于副边线圈还串联一个采样电阻 R_M，故 R_M 上的采样电压 U_M 就代表原边主回路的电流 I_1。即

$$U_M=0.001I_1\times R_M \tag{7-47}$$

实质上，霍耳电流传感器本身就是一个典型反馈控制系统，其原理方框图如图 7-45 所示。

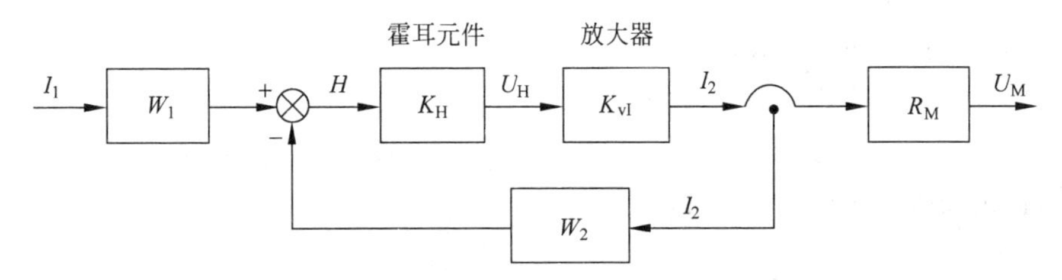

图 7-45　霍耳电流传感器原理方框图

4. 电流环(跨导功率放大器)的分析与设计

采用高精度运算放大器组成 PI 电流调节器，其输出送给脉宽调制器的输入，其电路原理图如图 7-46 所示。运算放大器的反馈回路中的电阻 R_2 和 C_2 组成比例-积分校正，其传递函数为

$$G_i(s)=\frac{R_2C_2s+1}{2R_1C_2s} \tag{7-48}$$

图 7-46 中，U_i 为电流环的输入；U_M 为霍耳电流传感器采样电阻 R_M 上的电压，由于 R_M 为 1 kΩ，远小于 R_1。另外，在两个 R_1 电阻之间加一个滤波电容 C_1，滤波时间常数 $\tau=(R_1/2)C_1$。故电流环的传递函数图如图 7-47 所示。

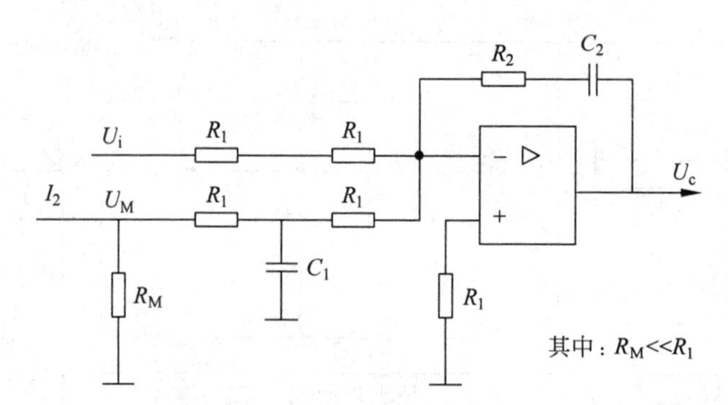

图 7-46 电流调节器电路原理图

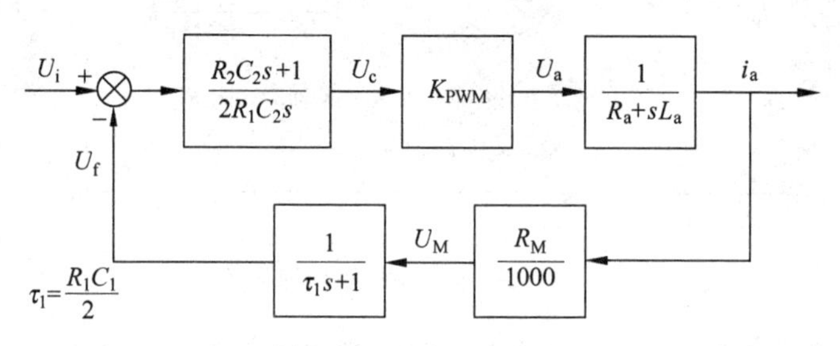

图 7-47 电流环方块图

为保证电流环的稳定性和快速性，系统按二阶最佳模型设计，并令 $R_2C_2=L_a/R_a$，此时系统成为Ⅰ型系统，电流环的速度品质系数 K_v 为

$$K_v=\frac{1}{2R_1C_2}K_{PWM}\frac{1}{R_a}\frac{R_M}{1000} \tag{7-49}$$

式中，K_{PWM} 是校正输出电压 U_c 到电枢电压的平均电压的平均增益。

期望的频率特性如图 7-48 所示。

适当选择电流环的各个参数，让 $K_v=\omega_c=6280\ \text{rad/s}$，$\tau=(R_1/2)C_1=1/(2\omega_c)$，这时电流环的通频带为 $\omega_b=\sqrt{2}\omega_c=1.4\ \text{kHz}$。对于所使用的 PWM 放大器，从电流调节器输入到电枢电流输出的传递系数(跨导系数)K_{VA} 为

$$K_{VA}=\frac{I_a}{V_i}=\frac{1000}{R_M} \tag{7-50}$$

如果采样电阻 R_M 选为 2000 Ω，则 $K_{VA}=0.5\ \text{A/V}$。输入电压范围为±10 V，此时电动机电流可达到±5 A。

采用电流环是因为电动机的力矩与其电枢电流成正比，控制电动机的电流就等于控制了电动机的力矩，即控制了运动对象的加速度。有些系统可能工作在力矩状态，例如力矩平衡系统、电动扳手等。在调速系统中，启动和制动往往要求恒加速度，其速度波形则为梯形波。

速度调节器是一个有源 PI 校正装置，如图 7-49 所示。

$$G_n(s)=\frac{R_4C_4s+1}{R_3C_4s}=\frac{\tau_ns+1}{T_ns} \tag{7-51}$$

式中，$\tau_n=R_4C_4$，$T_n=R_3C_4$。

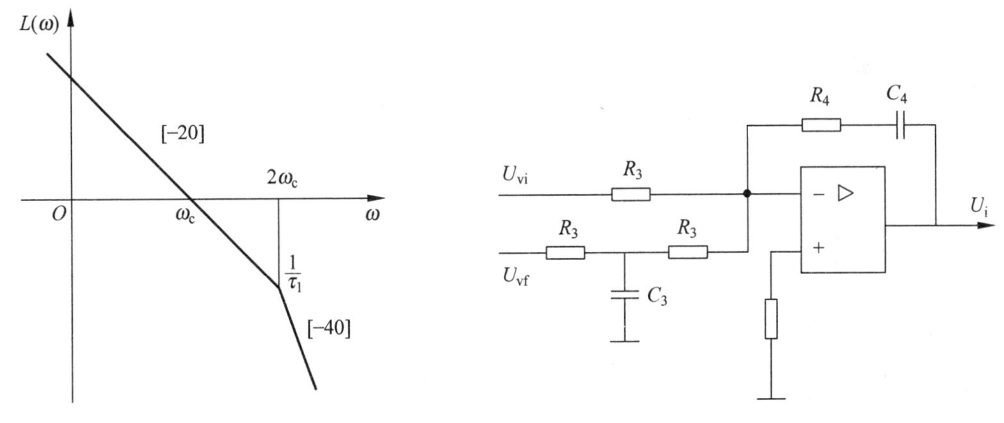

图 7-48　电流环的期望频率特性　　　　图 7-49　速度调节器电路图

双环调速系统的传递函数方框图如图 7-50 所示，但由于电流环的频带接近 1 kHz，而速度环的通频带要小很多倍，故可近似认为电流环是一个比例环节。另外，由于电流环本身是一阶无差系统，故电动机的反电势可以忽略不计，这样图 7-50 可简化为图 7-51。

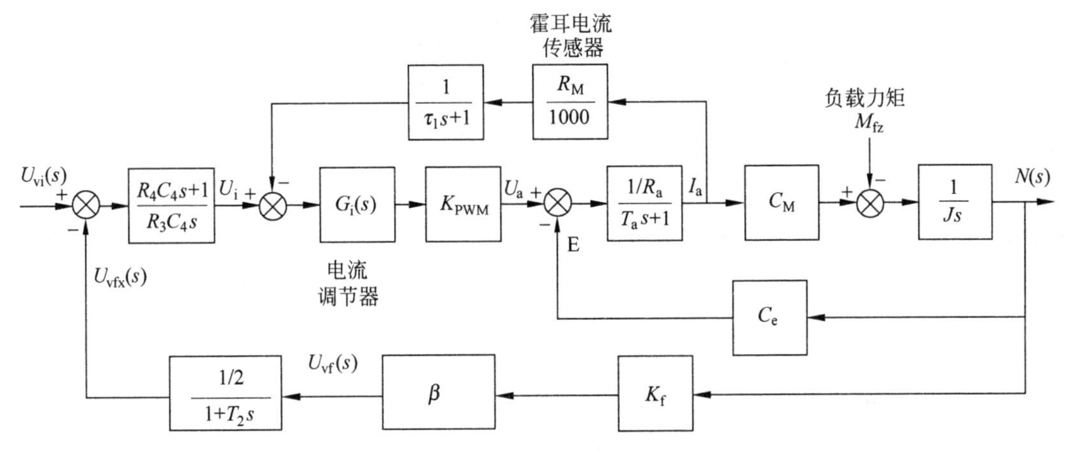

图 7-50　双环调速系统方框图

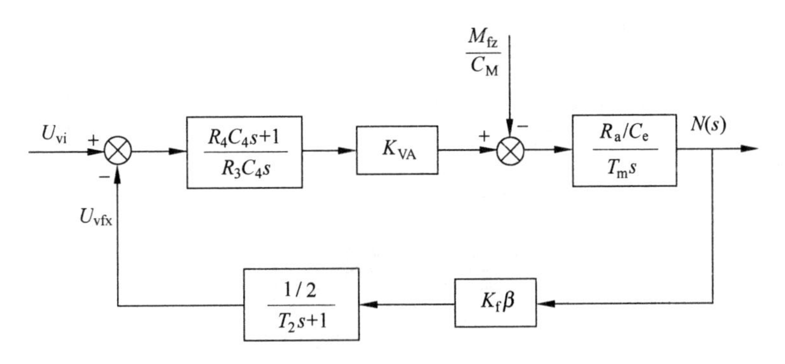

图 7-51　双环调速系统简化方框图

下面求校正前固有的开环传递函数。已知：

测速电动机系数 $K_f=\dfrac{24}{1000}=0.024\ \text{V}/(\text{r}/\text{min})=0.229\ \text{V}/(\text{rad}/\text{s})$

电动机反电势系数 $C_e=\dfrac{E}{n}=\dfrac{30-1.7\times4.5}{1000}\ \text{V}/(\text{rad}/\text{s})=0.213\ \text{V}/(\text{rad}/\text{s})$

所以

$$\frac{C_M}{J}=\frac{R_a}{T_M}\frac{1}{C_e}=\frac{1.7}{12.4\times10^{-3}}\times\frac{1}{0.213}\ \text{rad}/(\text{A}\cdot\text{s}^2)=643.6\ \text{rad}/(\text{A}\cdot\text{s}^2)$$

$$K_{VA}=0.5\ \text{A}/\text{V}$$

测速电动机滤波时间常数 $T_2=\dfrac{R_3}{2}C_3=19.5\times0.1\ \text{ms}=1.95\ \text{ms}$，于是，系统固有部分开环传递函数为(假定测速反馈衰减系数 $\beta=1$)

$$G_g(s)=\left(K_{VA}\frac{C_M}{J}K_f\right)\frac{1}{s(T_2s+1)}\approx\frac{73.7}{s(1.95\times10^{-3}s+1)} \tag{7-52}$$

式中，$K_{VA}\dfrac{C_M}{J}K_f=0.5\times643.6\times0.229\ 1/\text{s}\approx73.7\ 1/\text{s}$。

系统期望频率特性为典型高阶最优模型，其传递函数为

$$G_q(s)=\frac{K_a(\tau_n s+1)}{s^2(T_2s+1)} \tag{7-53}$$

式中，$K_a=73.7/(2R_3C_4)$；$T_2=1.95\ \text{ms}$；$\tau_n=R_4C_4$。

本调速系统固有的和期望的幅频图如图7-52所示。其中，①为固有的幅频图；②为期望的幅频图。为保证系统 $M_p<30\%$，同时保证 $\omega_c=250\ \text{rad/s}$，故选择中频宽 $h=15$，则 $\omega_{v2}=500/15\ \text{rad/s}\approx33\ \text{rad/s}$。选择 $C_4=0.1\ \mu\text{F}$，$R_4=300\ \text{k}\Omega$。速度环静态放大倍数为

$$\frac{n}{u_i}=\frac{2}{K_f\beta}=\frac{2}{0.229\beta}(\text{rad}/\text{s})/\text{V}$$

为了能够使电动机转速达到或超过 1000 r/min，则

$$\frac{n}{U_{vi}}=\frac{1000}{10}=\frac{1000\times2\pi/60}{10}\ (\text{rad}/\text{s})/\text{V}=10.5(\text{rad}/\text{s})/\text{V}$$

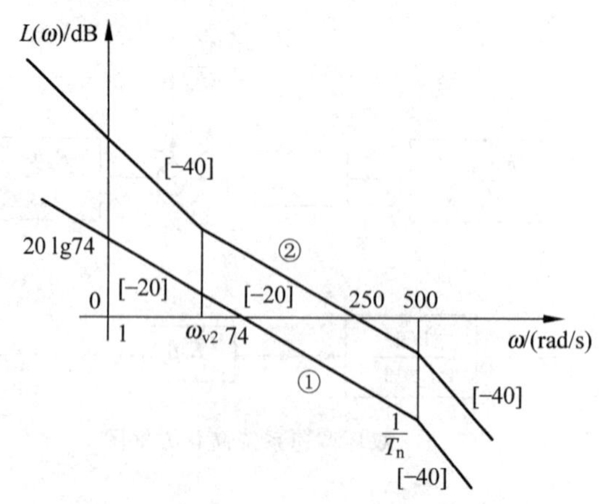

图7-52 调速系统固有的和期望的伯德图

则$\frac{2}{0.229\beta}=10.5$，即$\beta=0.83$。

7.6.2 电压-位置随动系统

设单轴运动工作台为滚珠丝杠传动，螺距为 2 mm，整个行程为 200 mm 或±100 mm。电动机通过挠性联轴节与工作台的丝杠连接。为了使系统稳定性好，静态误差小，加测速负反馈和串联校正网络进行校正。其结构如图 7-53 所示。

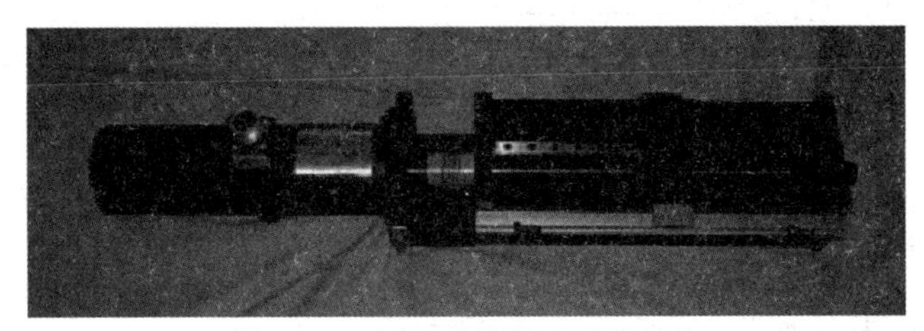

图 7-53 电压-位置随动系统结构

上面例子的调速系统作为速度环形成反馈校正。为了降低电动机时间常数，加入较深的测速负反馈，加入深度可以从测试测速电动机电压波形来确定，以阶跃响应的超调量不大于 20%为宜，反馈系数 β 太低不利于降低电动机时间常数。加入测速反馈可以改善正、反转动时传递特性的对称性，减少死区，改善传递特性的线性度，增加系统阻尼。因此，伺服系统中只要允许加入测速反馈，一般都加入这种负反馈。该例系统为典型的电流环、速度环、位置环三环控制系统。

在随动系统的前向通道中加入比例-积分校正，使系统成为Ⅱ型系统，可以消除常值干扰力矩带来的静态误差。也就是说，静态刚度大为提高，可以满足随动系统准确复现输入量的要求。初步采用比例校正的位置环原理图如图 7-54 所示。系统方块图如图 7-55 所示。

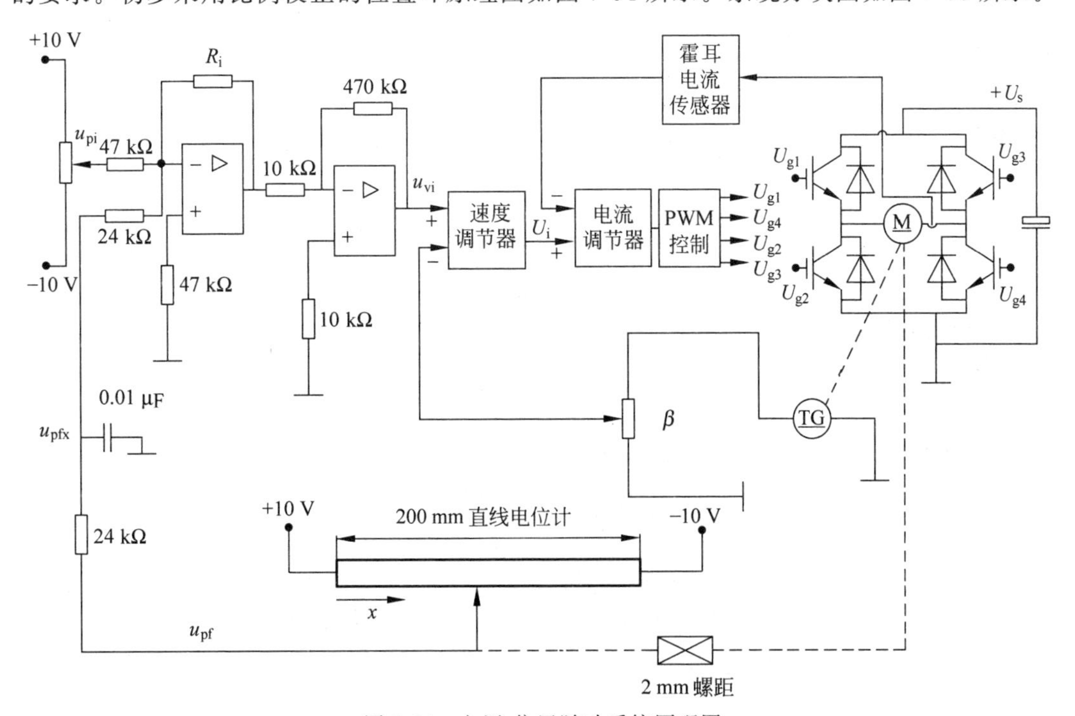

图 7-54 电压-位置随动系统原理图

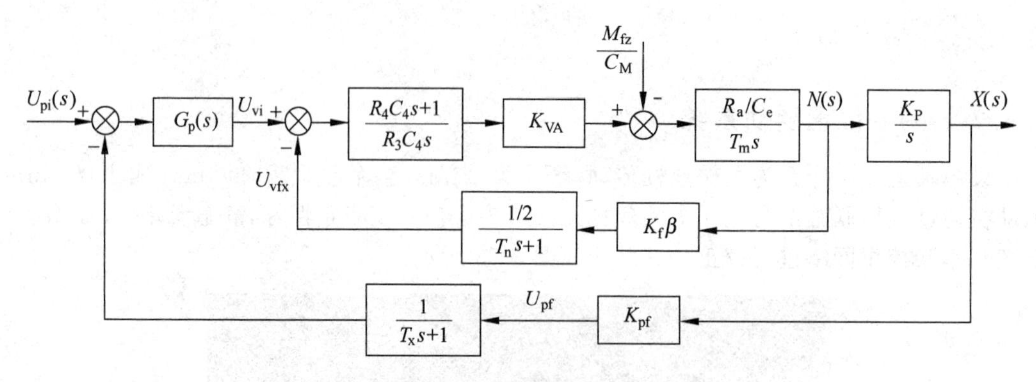

图 7-55 电压-位置随动系统方块图

由前面对调速系统的分析可知，在电动机达到额定转速 1000 r/min 时，取 $\beta=0.83$，此时，速度环的静态放大倍数$\frac{n}{U_{vi}}=10.5(\text{rad/s})/\text{V}$。

由滚珠丝杠的螺距为 2 mm 可知

$$K_P=\frac{2\ \text{mm}}{2\pi(\text{rad})}=0.32\ \text{mm/rad}$$

令速度调节器

$$G_n(s)=\frac{R_4}{R_3}$$

于是，速度环开环传递函数为

$$G_{vk}(s)=\frac{30.6}{s(T_ns+1)}\frac{R_4}{R_3} \tag{7-54}$$

则速度环闭环传递函数为

$$G_{vb}(s)=\frac{10.5(T_ns+1)}{\frac{1}{30.6R_4/R_3}s(T_ns+1)+1} \tag{7-55}$$

考虑到位置环的频带比速度环低得多，因此 T_n 是小参数，将其忽略，并定义

$$T_{vm}=\frac{1}{30.6R_4/R_3}$$

则

$$G_{vb}(s)=\frac{10.5}{T_{vm}s+1}$$

故位置环固有传递函数为

$$G_{pg}(s)=G_{vb}(s)\frac{K_P}{s}K_{pf}\frac{1}{T_xs+1}$$

其中，T_x 为滤波小时间常数，可忽略。则

$$G_{pg}(s)=G_{vb}(s)\frac{K_P}{s}K_{pf}=\frac{10.5}{T_{vm}s+1}\frac{K_P}{s}K_{pf}$$

$$=\frac{10.5}{T_{vm}s+1}\times\frac{0.32}{s}\times 0.076=\frac{0.26}{s(T_{vm}s+1)} \tag{7-56}$$

取 $R_3=32.1\ \text{k}\Omega$，$R_4=300\ \text{k}\Omega$，则

$$T_{vm}=\frac{1}{30.6R_4/R_3}=\frac{1}{30.6\times 300/32.1}\ \text{ms}=3.5\ \text{ms}$$

位置环调节器采用近似比例-积分调节器，如图 7-56 所示，其传递函数为

$$G_{\mathrm{p}}(s)=\frac{R_1}{47000}\frac{R_2C_2s+1}{(R_1+R_2)C_2s+1}\frac{R_0}{10000}\beta$$

取 $R_0=470\ \mathrm{k}\Omega$，$R_1=5\ \mathrm{M}\Omega$，则

$$G_{\mathrm{p}}(s)=5000\frac{R_2C_2s+1}{(R_1+R_2)C_2s+1}\beta$$

由于 $R_1\gg R_2$，于是，近似有

$$G_{\mathrm{p}}(s)=5000\frac{R_2C_2s+1}{R_1C_2s+1}\beta$$

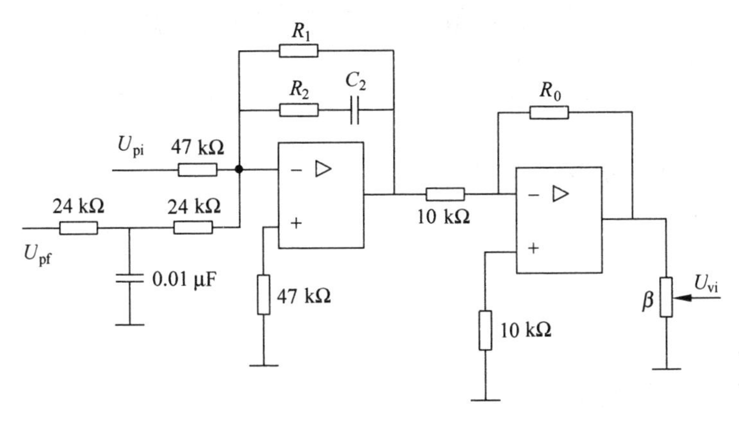

图 7-56　位置环调节器

位置环的固有和期望频率特性如图 7-57 所示。其中，①为固有的频率特性；②为期望的频率特性。如果不接入 R_1，期望的频率特性传递函数成为高阶最优形式：

$$G_{\mathrm{pq}}(s)=\frac{K_{\mathrm{pa}}(R_2C_2s+1)}{s^2(T_{\mathrm{vm}}s+1)}\tag{7-57}$$

其中，$K_{\mathrm{pa}}=0.26\times5000\beta\dfrac{1}{C_2}$。

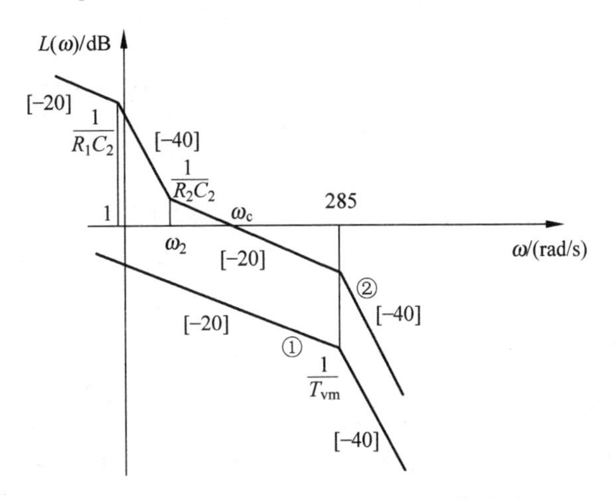

图 7-57　位置环的固有的和期望的伯德图

考虑接入 R_1,设计时取 $\omega_c=63$ rad/s,同时为保证位置随动系统 $M_p<30\%$,故选择中频宽 $h=10$,则 $\omega_2=28.5$ rad/s,于是 $R_2C_2=35$ ms。

选择 $C_2=0.1\ \mu\text{F}$,则 $R_2=350\ \text{k}\Omega$,而 $\dfrac{1}{R_1C_2}=\dfrac{1}{(5\ \text{M}\Omega)\times(0.1\ \mu\text{F})}=2\ \text{rad/s}>1\ \text{rad/s}$。

位置环开环传递函数为

$$G_{pk}(s)=\frac{K_{pv}(R_2C_2s+1)}{s(T_{vm}s+1)(R_1C_2s+1)} \tag{7-58}$$

式中,$K_{pv}=0.26\times5000\beta$。

7.7 确定控制方式及参数的其他方法

以上是借助伯德图的系统频域综合设计方法。下面介绍一些其他方法,包括着眼于使系统闭环极点落在希望的位置,依靠解析的方法确定 PID 参数,以及针对复杂的受控对象数学模型,借助于实验的方法确定 PID 参数。

PID 校正传递函数应为

$$G_j(s)=K_P+\frac{K_I}{s}+K_Ds=\frac{K_Ds^2+K_Ps+K_I}{s} \tag{7-59}$$

这里有 3 个待定系数。

7.7.1 任意极点配置法

设系统固有开环传递函数为

$$G_0(s)=\frac{n_0(s)}{d_0(s)} \tag{7-60}$$

系统的特征方程为

$$1+G_j(s)G_0(s)=0$$

或

$$sd_0(s)+(K_Ds^2+K_Ps+K_I)n_0(s)=0 \tag{7-61}$$

通过对 3 个系数的不同赋值,可以改变闭环系统的全部或部分极点的位置,从而改变系统的动态性能。

由于 PID 调节器只有 3 个任意赋值的系数,因此一般情况下只能对固有传递函数是一阶和二阶的系统进行极点位置的任意配置。对于一阶系统,只需采用局部的 PI 或 PD 校正即可实现任意极点配置。

设一阶系统开环固有传递函数和校正环节传递函数分别为

$$G_0(s)=\frac{1}{s+a} \quad 和 \quad G_j(s)=\frac{K_Ps+K_I}{s}$$

则系统闭环传递函数为

$$\frac{X_o(s)}{X_i(s)}=\frac{G_j(s)G_0(s)}{1+G_j(s)G_0(s)}=\frac{K_Ps+K_I}{s^2+(K_P+a)s+K_I} \tag{7-62}$$

为了使该系统校正后的阻尼比为 ζ,无阻尼自振角频率为 ω_n,选择 $K_I=\omega_n^2$,$K_P=2\zeta\omega_n-a$。

对于二阶系统,通常必须采用完整的 PID 校正才能实现任意极点配置。设二阶系统开

环固有传递函数和校正环节传递函数分别为

$$G_0(s)=\frac{1}{s^2+a_1s+a_0} \quad 和 \quad G_j(s)=\frac{K_Ds^2+K_Ps+K_I}{s}$$

则系统闭环传递函数为

$$\frac{X_o(s)}{X_i(s)}=\frac{G_j(s)G_0(s)}{1+G_j(s)G_0(s)}=\frac{K_Ds^2+K_Ps+K_I}{s^3+(K_D+a_1)s^2+(K_P+a_0)s+K_I}$$

假设得到的闭环传递函数三阶特征多项式可分解为

$$(s+\beta)(s^2+2\zeta\omega_ns+\omega_n^2)=s^3+(2\zeta\omega_n+\beta)s^2+(2\zeta\omega_n\beta+\omega_n^2)s+\beta\omega_n^2$$

令对应项系数相等，有

$$\begin{cases}K_D+a_1=2\zeta\omega_n+\beta\\ K_P+a_0=2\zeta\omega_n\beta+\omega_n^2\\ K_I=\beta\omega_n^2\end{cases} \tag{7-63}$$

7.7.2 高阶系统累试法

对于固有传递函数高于二阶的高阶系统，PID 校正一般不可能做到全部闭环极点的任意配置。但可以控制部分极点，以达到系统预期的性能指标。

根据相位裕量的定义，有

$$G_j(j\omega_c)G_0(j\omega_c)=1\angle(-180°+\gamma) \tag{7-64}$$

由式(7-64)，有

$$|G_j(j\omega_c)|=\frac{1}{|G_0(j\omega_c)|}$$

$$\theta=\angle G_j(j\omega_c)=-180°+\gamma-\angle G_0(j\omega_c) \tag{7-65}$$

则 PID 控制器在剪切频率处的频率特性可表示为

$$K_P+j\left(K_D\omega_c-\frac{K_I}{\omega_c}\right)=|G_j(j\omega_c)|(\cos\theta+j\sin\theta) \tag{7-66}$$

由式(7-65)和式(7-66)，得

$$K_P=\frac{\cos\theta}{|G_0(j\omega_c)|} \tag{7-67}$$

$$K_D\omega_c-\frac{K_I}{\omega_c}=\frac{\sin\theta}{|G_0(j\omega_c)|} \tag{7-68}$$

由式(7-67)可独立地解出比例增益 K_P，而式(7-68)包含两个未知参数 K_I 和 K_D，不是唯一解。当采用局部 PI 控制器或 PD 控制器时，由于减少了一个未知数，可唯一解出 K_I 或 K_D。当采用完整的 PID 控制器时，通常由稳态误差要求，通过开环放大倍数，先确定积分增益 K_I，然后由式(7-68)计算出微分增益 K_D。同时通过数字仿真，反复试探，最后确定 K_P，K_I 和 K_D 3 个参数。

例 7-5 设单位反馈的受控对象的传递函数为 $G_0(s)=\dfrac{4}{s(s+1)(s+2)}$，试设计 PID 控制器，实现系统剪切频率 $\omega_c=1.7$ rad/s，相角裕量 $\gamma=50°$，单位加速度输入的稳态误差 $e_{ss}=0.025$。

解：$G_0(j\omega)=\dfrac{4}{j\omega(j\omega+1)(j\omega+2)}$

$$|G_0(j\omega)|=\frac{4}{\omega\sqrt{\omega^2+1}\cdot\sqrt{\omega^2+2^2}}$$

$$|G_0(j1.7)|=\frac{4}{1.7\sqrt{1.7^2+1}\cdot\sqrt{1.7^2+2^2}}=0.454$$

$$\underline{/G_0(j\omega)}=-90^\circ-\arctan\omega-\arctan\left(\frac{\omega}{2}\right)$$

$$\underline{/G_0(j1.7)}=-90^\circ-\arctan 1.7-\arctan\frac{1.7}{2}=189.90^\circ$$

则 $G_0(j1.7)=0.454\underline{/-189.9^\circ}$。由式(7-65),得

$$\theta=\underline{/G_j(j\omega_c)}=-180^\circ+50^\circ+189.9^\circ$$

由式(7-67),得

$$K_P=\frac{\cos 59.9^\circ}{0.454}=1.10$$

输入引起的系统误差像函数表达式为

$$E(s)=\frac{s^2(s+1)(s+2)}{s^4+3s^3+2(2K_D+1)s^2+4K_Ps+4K_I}X_i(s)$$

要求单位加速度输入的稳态误差 $e_{ss}=0.025$,利用上式可得

$$K_I=20$$

再利用式(7-68),得

$$K_D=\frac{\sin 59.9^\circ}{1.7\times 0.454}+\frac{20}{1.7^2}=8.04$$

7.7.3 试探法

对于受控对象比较复杂,数学模型难以建立的情况,在系统的设计和调试过程中,可以考虑借助实验,采用试探法,首先仅选择比例校正,使系统闭环后满足稳定性指标。然后,在此基础上根据稳态误差要求加入适当参数的积分校正。积分校正的加入往往使系统稳定裕量和快速性下降,此时再加入适当参数的微分校正,以保证系统的稳定性和快速性。以上过程通常需要循环试探几轮,方能使系统闭环后达到理想的性能指标。

7.7.4 齐格勒-尼科尔斯法

在系统的设计和调试过程中,可以考虑借助实验方法,采用齐格勒-尼科尔斯(Ziegler and Nichols)法对 PID 调节器进行设计。用该方法使系统实现所谓"1/4 衰减"响应(quarter-decay),即设计的调节器使系统闭环阶跃响应相邻后一个周期的超调衰减为前一个周期的 25%左右。

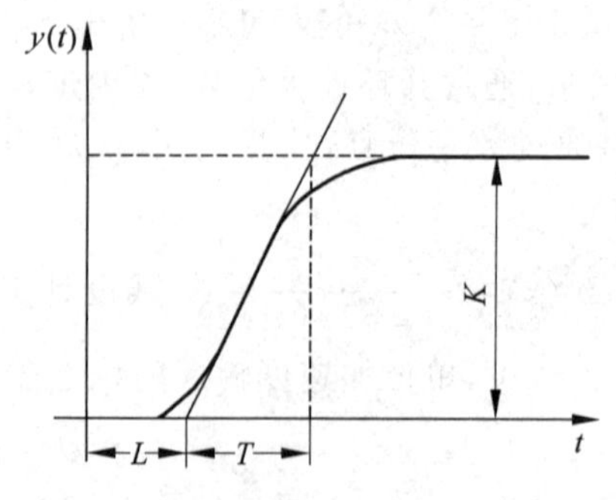

图 7-58 齐格勒-尼科尔斯第一法参数定义

当开环受控对象阶跃响应没有超调,其响应曲线有如图 7-58 所示的 S 形状时,采用齐格勒-尼科尔斯第一法设定 PID 调节器参数。如图 7-58 所示,在单位阶跃响应曲线上斜率最大的拐点作切线,得参数 L 和 T,则齐格勒-尼科尔斯法参数设定

如下：

(1) 比例控制器

$$K_P = \frac{T}{L} \tag{7-69}$$

(2) 比例-积分控制器

$$K_P = 0.9\frac{T}{L}, \quad K_I = \frac{K_P}{\frac{L}{0.3}} = \frac{0.9\frac{T}{L}}{\frac{L}{0.3}} = \frac{0.27T}{L^2} \tag{7-70}$$

(3) 比例-积分-微分控制器

$$K_P = 1.2\frac{T}{L}, \quad K_I = \frac{K_P}{2L} = \frac{1.2\frac{T}{L}}{2L} = \frac{0.6T}{L^2}$$

$$K_D = K_P \times 0.5L = \frac{1.2T}{L} \times 0.5L = 0.6T \tag{7-71}$$

对于低增益时稳定而高增益时不稳定会产生振荡发散的系统，采用齐格勒-尼科尔斯第二法(即连续振荡法)设定参数。开始只加比例校正，系统以低增益值工作，然后慢慢增加增益，直到闭环系统输出以等幅度振荡为止。这表明受控对象加该增益的比例控制已达稳定性极限，为临界稳定状态，此时测量并记录振荡周期 T_u 和比例增益值 K_u。然后，齐格勒-尼科尔斯法做参数设定如下：

(4) 比例控制器

$$K_P = 0.5K_u \tag{7-72}$$

(5) 比例-积分控制器

$$K_P = 0.45K_u, \quad K_I = \frac{1.2K_P}{T_u} = \frac{0.54K_u}{T_u} \tag{7-73}$$

(6) 比例-积分-微分控制器

$$K_P = 0.6K_u, \quad K_I = \frac{K_P}{0.5T_u} = \frac{1.2K_u}{T_u}, \quad K_D = 0.125K_P T_u = 0.075T_u K_u \tag{7-74}$$

对于那些在调试过程中不允许出现持续振荡的系统，则可以从低增益值开始慢慢增加，直到闭环衰减率达到希望值(通常采用“1/4 衰减”响应)，此时记录下系统的增益 K'_u 和振荡周期 T'_u，那么 PID 控制器参数设定值为

$$K_P = K'_u, \quad K_I = \frac{1.5K'_u}{T'_u}, \quad K_D = \frac{T'_u K'_u}{6} \tag{7-75}$$

即

$$G_j(s) = K'_u + \frac{1.5K'_u}{T'_u s} + \frac{T'_u K'_u s}{6} = 0.5K'_u \frac{\left(\frac{T'_u}{3}s + 1\right)^2}{\frac{T'_u}{3}s} \tag{7-76}$$

由于采用齐格勒-尼科尔斯第二法以连续振荡法作为前提，显然，应用该方法的系统开环起码是高于二阶的系统。

值得注意的是,由于齐格勒-尼科尔斯法采用所谓“1/4 衰减”响应,动态波动较大,故可在此基础上进行一定的修正。还有其他的一些设定法都可以提供简单的调整参数的手段,以达到较好的控制效果。读者可参考其他文献,根据实际情况进行选择。

PID 是对已经存在的偏差进行校正的一种控制器,它不可能在偏差发生前进行跟踪校正。能够实现这种刚性跟踪的控制器就是复合控制器,其系统框图和方块图分别如图 7-59、图 7-60 所示。

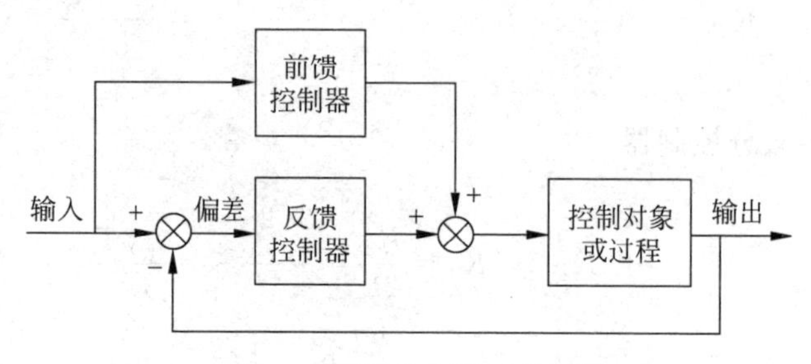

图 7-59 复合控制器系统框图

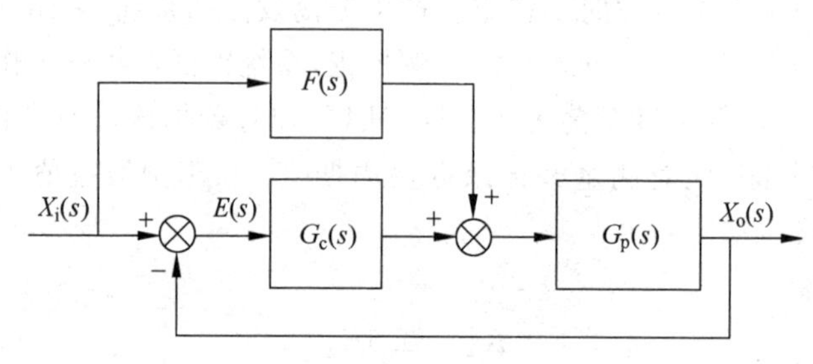

图 7-60 复合控制器系统

从图 7-59 可以看出,这正是第 6 章所讲的按输入补偿。复合控制器由两部分组成:前馈控制器和反馈控制器。反馈控制器可以使用普通的 PID 控制器来实现;而前馈控制器则必须根据控制对象本身的特性来设计。由于前馈控制器是开环控制,不影响系统的稳定性,所以可以独立地设计反馈控制器来满足系统稳定性要求。

我们知道,前馈控制器和控制对象的关系为

$$F(s)=\frac{1}{G_p(s)} \tag{7-77}$$

也就是说,前馈控制对象的特性 $F(s)$ 等于控制对象的逆动力学特性 $G_p^{-1}(s)$。只要满足式(7-77),就可以保证系统的刚性跟踪,即零稳态误差。

复合控制器在实现上,如果采用模拟控制器,往往会有对输入信号的高阶导数,对系统的性能有很大的影响。但是,如果以数字控制器的方式实现则比较容易,而且可以得到很“干净”的输入信号的高阶导数。这是因为一般情况下,输入信号的规律我们是完全已知的,采用数字控制的方式,就可以直接给出输入信号的各种处理结果,包括求导和积分,而不引入误差,避免外界干扰信号的影响,这也是复合控制多用在数控设备和计算机控制情况下的原因之一。

需要指出,复合控制器中的前馈特性 $F(s)$ 的获得是以精确知道控制对象 $G_p(s)$ 为前提的,而实际系统的特性会随外界条件(如温度、地理位置等)而变化,而且即使是同一批产品在相同的条件下由于加工误差也会有不同，前馈控制器的设计和控制对象有极其密切的关联性，对不同的控制对象，一般来说都要重新设计前馈控制器。而反馈控制器则对控制对象的要求相对要低得多，可以在很大的范围内使用一批控制对象而无须更改参数，即具有很好的鲁棒性，这也是为什么PID控制器使用很普遍的原因。

对于一些精度要求不高，同时要求反应快速的系统，可考虑采用开关控制，例如图7-61所示的水箱水位控制系统。

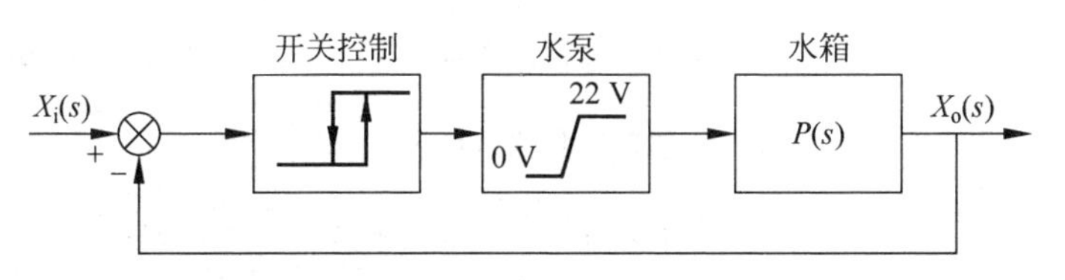

开关控制

图7-61 采用开关控制的水箱水位控制系统

对室温自动控制的空调可进行如下设置：设定室温的范围（例如24～26℃），当室温处于设定值范围内时加热和制冷均不启动，室温低于设定值较少时采用慢速加热，低于设定值较多时采用快速加热，室温高于设定值则启动制冷。其系统方块图如图7-62所示，属于一种混合控制方式。

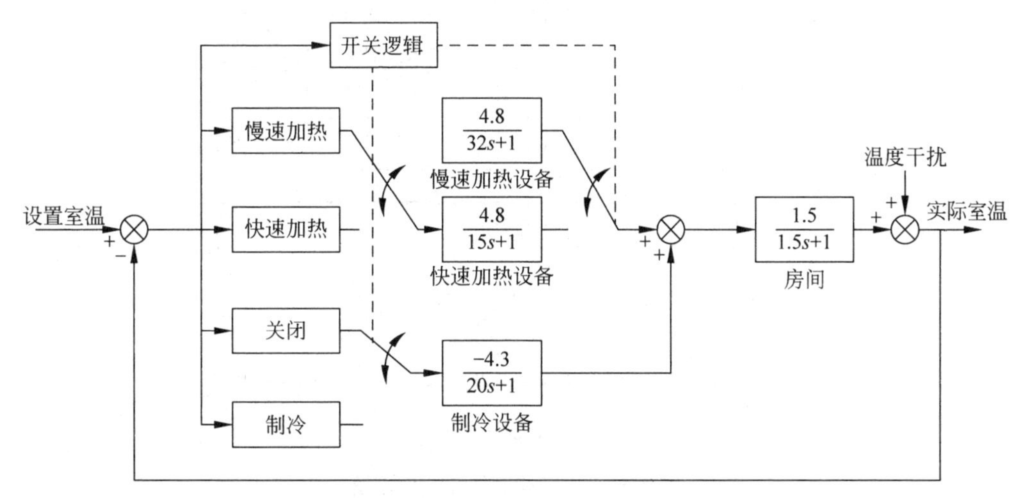

混合控制

图7-62 室温自动控制的空调系统

7.8 MATLAB在系统综合校正中的应用

7.8.1 MATLAB函数在系统校正中的应用

例7-6 某单位反馈系统校正前开环传递函数为$G_1(s)=\dfrac{100}{s(0.04s+1)(0.01s+1)}$，校正后开环传递函数为$G_2(s)=\dfrac{100(0.5s+1)}{s(5s+1)(0.04s+1)(0.01s+1)}$，利用MATLAB求校正前、后相位裕度，校正前、后系统是否稳定？

解：编写以下程序：

```
num = [100];
den = conv([0.04 1 0],[0.01 1]);
sys = tf(num,den);
[gm,pm,wcg,wcp] = margin(sys)
margin(sys)
grid
gm =
  1.2500                    % 校正前系统幅值裕量为 1.25,对应分贝值 1.94 dB
pm =
  5.2057                    % 校正前系统相位裕量为 5.21°
wcg =
  50.0000                   % 校正前系统幅值裕量处频率值为 50 rad/s
wcp =
  44.6290 rad/s             % 校正前系统相位裕量处频率值为 44.629 rad/s
```

计算机中显示的图形如图 7-63 所示。由此可见，校正前系统接近临界稳定，稳定储备很差。

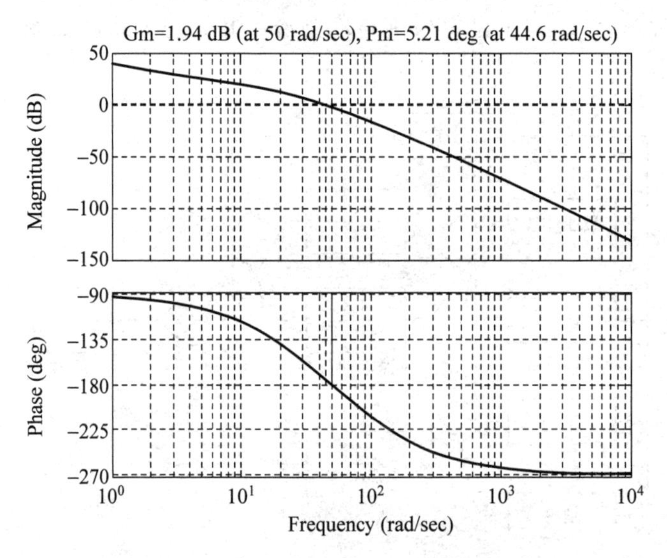

图 7-63　校正前系统开环伯德图

校正后系统编写如下程序：

```
num = [50 100];
den1 = conv([5 1 0],[0.04 1]);
den = conv(den1,[0.01 1]);
sys = tf(num,den);
[gm,pm,wcg,wcp] = margin(sys)
margin(sys)
grid
gm =
  11.3734                   % 校正后系统幅值裕量为 11.4,对应分贝值 21.1 dB
pm =
  53.0740                   % 校正后系统相位裕量为 53.1°
wcg =
```

```
  47.6973                     % 校正后系统幅值裕量处频率值为 47.7 rad/s
wcp =
  9.5066                      % 校正后系统相位裕量处频率值为 9.5 rad/s
```

计算机中显示的图形如图 7-64 所示。故校正后系统稳定，且稳定裕度有较大提高。

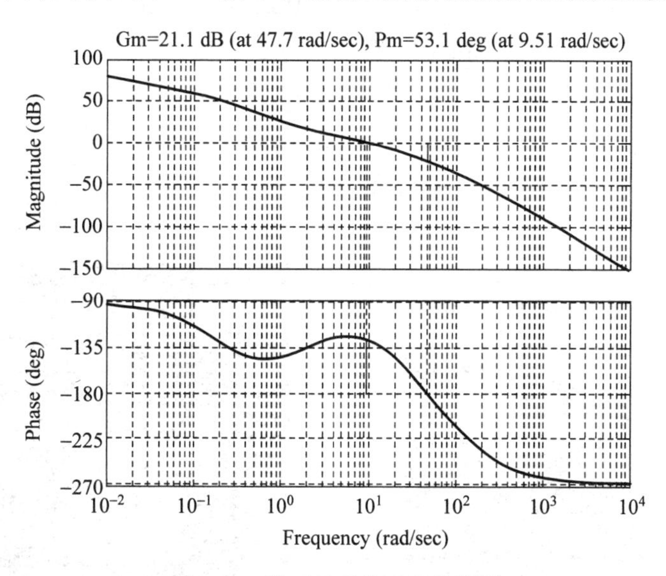

图 7-64 校正后系统开环伯德图

7.8.2 Simulink 在系统综合校正中的应用

例 7-7 利用 MATLAB 中的 Simulink 比较 7.6 节调速系统校正前、后的时域指标，系统模型如图 7-65 所示，其中 K_P 为校正网络。

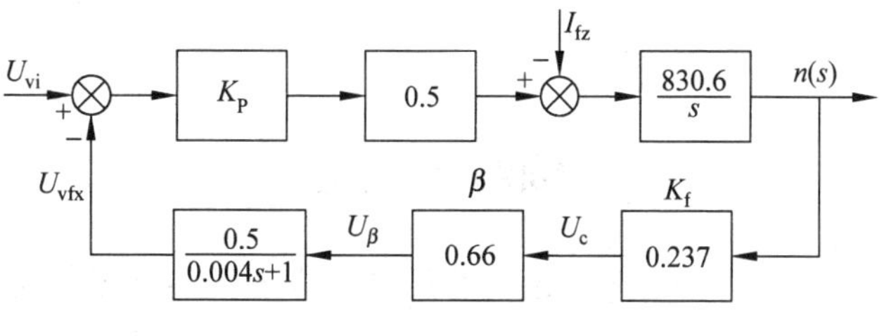

图 7-65 系统方框图

在 Simulink 中建立系统的方块图。这里要注意的是，由于运算放大器和电动机都存在饱和环节，在仿真时也应该加入两个饱和环节，如图 7-66 所示。将运放后的饱和模块设为 ±11 V，电动机的饱和模块设为 ±120 rad/s。

校正前，设比例调节器增益 $K_P=1$，这时观察电动机转速的时域响应曲线如图 7-67 所示。

校正后，设比例调节器增益 $K_P=4$，同样观察电动机转速的时域响应曲线如图 7-68 所示。

从图 7-64 和图 7-65 可以看出，加入比例调节器后，系统响应速度提高，但相对稳定性有所下降。

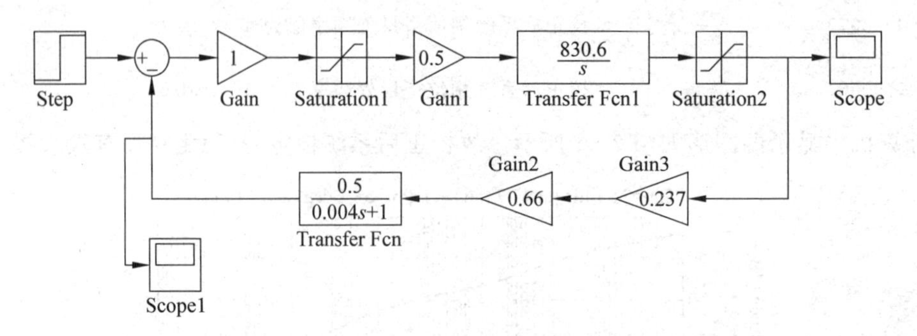

图 7-66 系统仿真图

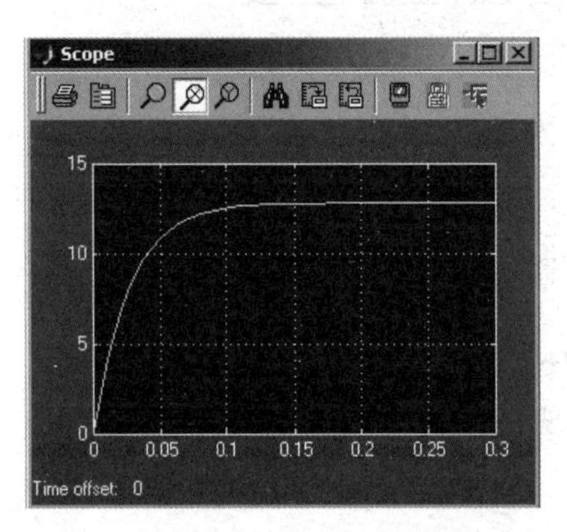

图 7-67 电动机转速的时域响应曲线($K_P=1$)

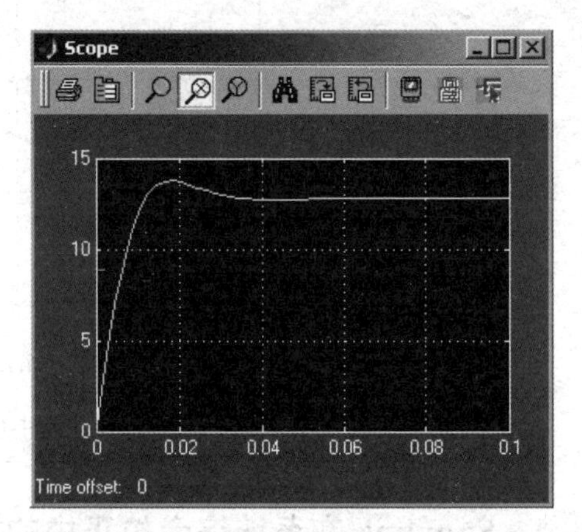

图 7-68 电动机转速的时域响应曲线($K_P=4$)

本章在系统时域性能指标和频域性能指标的基础上,重点讨论了利用频域法伯德图如何综合反馈控制系统,包括串联校正、反馈校正等几种校正的作用,同时介绍了几个机电系统典型实例,以加深对实用控制系统的了解。

例题及习题

通过本章的学习,明确在预先规定系统性能指标情况下,如何选择适当的校正环节和参数使系统满足这些要求,因此应掌握系统的时域性能指标、频域性能指标以及它们之间的相互关系和各种校正方法的实现。本章侧重利用伯德图去分析和综合控制系统。要求学生了解开环伯德图与反馈系统性能的关系,学会希望伯德图的确定方法、PID 调节器的作用,学会根据希望对数频率特性和系统固有环节对数频率特性确定串联校正装置。

例题

1. 某单位反馈系统校正前开环传递函数为

$$G_1(s)=\frac{100}{s(0.04s+1)(0.01s+1)}$$

校正后开环传递函数为

$$G_2(s)=\frac{100(0.5s+1)}{s(5s+1)(0.04s+1)(0.01s+1)}$$

(1) 试求校正前、后相位裕度,校正前、后系统是否稳定?

(2) 说明校正后闭环时域指标(单位阶跃输入时)的 t_s 和 M_p 及闭环频域指标 ω_r 和 M_r 大致为多少。

(3) 校正装置传递函数是什么?试设计相应的有源校正网络。

解:该题有助于了解开环伯德图与反馈系统性能的关系。首先画出系统校正前、后的开环幅频特性伯德图(见例图 7-1(a)),从图中可直接得出剪切频率 ω_c,然后根据有关公式即可求出各项性能指标。

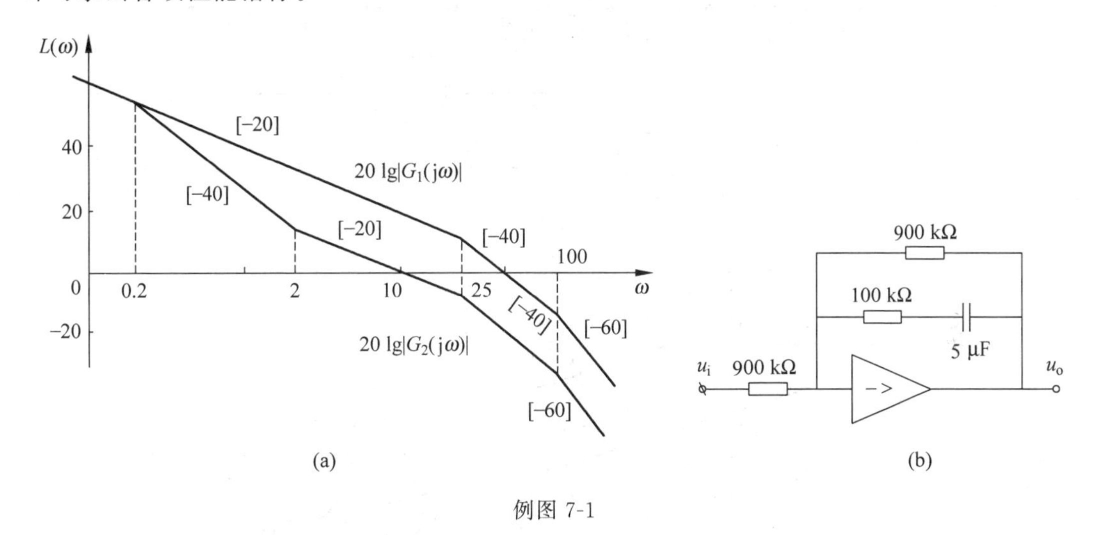

例图 7-1

(1) 由校正前的伯德图可见 $\omega_{c1}\approx 45$ rad/s,则

$$\gamma_1 \approx 180° + [-90° - \arctan(45\times 0.04) - \arctan(45\times 0.01)] \approx 4.8°$$

故校正前系统接近临界稳定,稳定储备很差。

由校正后的伯德图可见 $\omega_{c2}\approx 10$ rad/s,则

$$\gamma_1 \approx 180° + [-90° - \arctan(10\times 5) + \arctan(10\times 0.5) - \arctan(10\times 0.04) - \arctan(10\times 0.01)] \approx 52.3°$$

故校正后系统稳定,且稳定裕度有较大提高。

(2) 由于 $\omega_3'=\dfrac{\omega_3\omega_4}{\omega_3+\omega_4}=\dfrac{25\times 100}{25+100}$ rad/s$=20$ rad/s,则

$$h=\frac{\omega_3'}{\omega_2}=\frac{20}{2}=10$$

$$M_r=\frac{h+1}{h-1}=\frac{10+1}{10-1}\approx 1.222$$

$$\omega_r=\sqrt{\omega_2\omega_3'}=\sqrt{2\times 20}\ \text{rad/s}\approx 6.3\ \text{rad/s}$$

$$M_p=100(M_r-1)\%=100\times(1.222-1)\%=22.2\%$$

$$t_s\approx\frac{1}{\omega_c}\left(8-\frac{3.5}{\omega_c/\omega_2}\right)=\frac{1}{10}\times\left(8-\frac{3.5}{10/2}\right)\ \text{s}=0.73\ \text{s}$$

(3) 因为 $G_j(s)=\dfrac{G_2(s)}{G_1(s)}=\dfrac{0.5s+1}{5s+1}$,相应的有源校正网络可取例图 7-1(b)所示的电路。

2. 已知一直流电动机调速系统如例图 7-2(a)所示,其电动机机电时间常数 $T_m=\dfrac{JR}{K_M K_E}=0.5\ \text{s}$,反电势系数 $K_E=0.1\ \text{V}\cdot\text{s/rad}$,$K_M=0.1\ \text{N}\cdot\text{m/A}$,$R=4\ \Omega$,功率放大器 $G_1(s)=\dfrac{10}{0.05s+1}$,测速反馈系数 $K_n=0.1\ \text{V}\cdot\text{s/rad}$,$T_2=12.5\ \text{ms}$,$G_j(s)$为校正放大器传递函数。

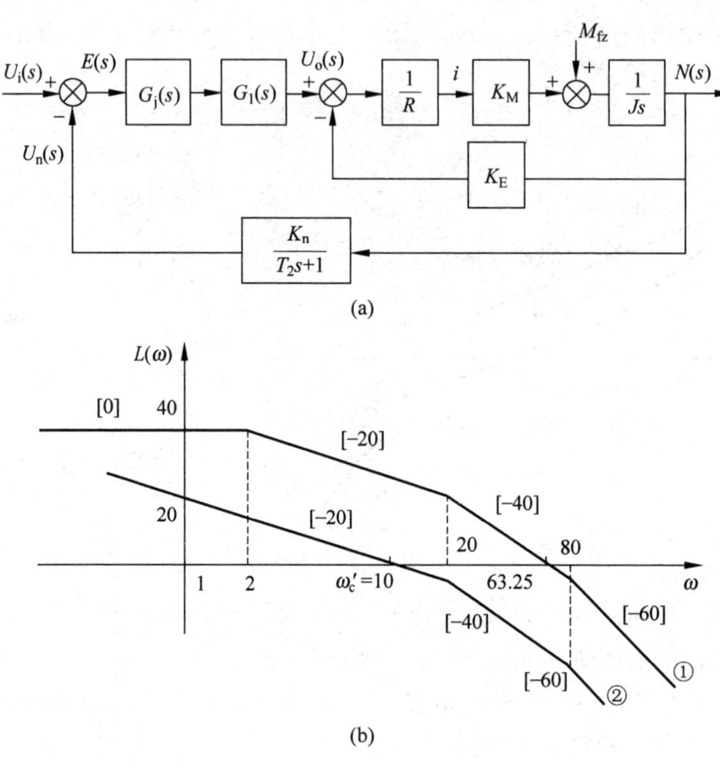

例图 7-2

(1) 例图 7-2(b)曲线①为 $G_j(s)=10$ 时的开环传递函数的对数幅频特性,试求出转折频率。系统闭环是否稳定?

(2) 若 $G_j(s)=\dfrac{0.5s+1}{s}$,试画出开环对数幅频特性伯德图,注出转折频率和剪切频率,并求出相角裕量。系统闭环是否稳定?

解:本题是实际应用题,代入实际参数时应注意量纲一致。

(1) 设小闭环传递函数为 $G_2(s)$,则

$$G_2(s)=\frac{\dfrac{1}{R}K_M\dfrac{1}{Js}}{1+\dfrac{1}{R}K_M\dfrac{1}{Js}K_E}=\frac{\dfrac{1}{K_E}}{\dfrac{RJ}{K_M K_E}s+1}=\frac{10}{0.5s+1}$$

设开环传递函数为 $G_0(s)$,则

$$\begin{aligned}G_0(s)&=G_j(s)G_1(s)G_2(s)\frac{K_n}{T_2s+1}\\&=10\times\frac{10}{0.05s+1}\times\frac{10}{0.5s+1}\times\frac{0.1}{0.0125s+1}\end{aligned}$$

$$=\frac{100}{(0.5s+1)(0.05s+1)(0.0125s+1)}$$

转折频率分别为

$$\omega_1=\frac{1}{0.5}\ \text{rad/s}=2\ \text{rad/s},\quad \omega_2=\frac{1}{0.05}\ \text{rad/s}=20\ \text{rad/s},\quad \omega_3=\frac{1}{0.0125}\ \text{rad/s}=80\ \text{rad/s}$$

由例图 7-2(b)可得剪切频率为

$$\omega_{c1}\approx 63\ \text{rad/s}$$

$$\gamma=180^\circ+\underline{/G(\text{j}\omega_{c1})}=180^\circ-\arctan(0.5\times 63)-\arctan(0.05\times 63)-\arctan(0.0125\times 63)\approx -18.8^\circ$$

故系统不稳定。

(2) 当 $G_j(s)=\frac{0.5s+1}{s}$，设开环传递函数为 $G_0^*(s)$，则

$$G_0^*(s)=\frac{0.5s+1}{s}\frac{10}{0.05s+1}\frac{10}{0.5s+1}\frac{0.1}{0.0125s+1}$$

$$=\frac{10}{s(0.05s+1)(0.0125s+1)}$$

其开环对数幅频特性伯德图如例图 7-2(b)中曲线②所示。其转折频率分别为

$$\omega_1=\frac{1}{0.05}\ \text{rad/s}=20\ \text{rad/s},\quad \omega_2=\frac{1}{0.0125}\ \text{rad/s}=80\ \text{rad/s}$$

由例图 7-2(b)可得剪切频率为

$$\omega_{c2}\approx 10\ \text{rad/s}$$

$$\gamma=180^\circ+\underline{/G(\text{j}\omega_{c2})}=180^\circ-90^\circ-\arctan(0.05\times 10)-\arctan(0.0125\times 10)\approx 56.3^\circ$$

故当校正环节 $G_j(s)=\frac{0.5s+1}{s}$ 时，系统稳定。

习题

7-1 试画出

$$G(s)=\frac{250}{s(0.1s+1)}\quad 和\quad G(s)G_c(s)=\frac{250}{s(0.1s+1)}\frac{0.05s+1}{0.0047s+1}$$

的伯德图，分析两种情况下的 ω_c 及相角裕量，从而说明近似比例微分校正的作用。

7-2 试画出

$$G(s)=\frac{300}{s(0.03s+1)(0.047s+1)}\quad 和\quad G(s)G_c(s)=\frac{300(0.5s+1)}{s(10s+1)(0.03s+1)(0.047s+1)}$$

的伯德图，分析两种情况下的 ω_c 及相角裕量值，从而说明近似比例积分校正的作用。

7-3 某单位反馈系统校正前 $G_0(s)=\frac{100}{s(0.05s+1)(0.0125s+1)}$，校正后 $G_0(s)G_j(s)=\frac{100(0.5s+1)}{s(10s+1)(0.05s+1)(0.0125s+1)}$，试分别画出其对数幅频特性图，标明 ω_c、斜率及转折点坐标值，计算校正前后的相角裕度，并说明其是否稳定。

7-4 某单位反馈系统的开环传递函数 $G(s)=\frac{K}{s(0.1s+1)(0.01s+1)}$，欲使闭环 $M_r\leqslant 1.5$，

K 应为多少？此时剪切频率和稳定裕度各为多少？M_p,t_s 为多少？

7-5 某角速度控制系统如题图 7-5 所示。其中,$\Omega_{sr}(s)$为输入角速度；$\Omega_{sc}(s)$为输出角速度；$M_{cd}(s)$为传动力矩；$M_{gr}(s)$为作用在轴上的阶跃干扰力矩；$\varepsilon(s)$为角速度误差。试设计系统调节器 $G(s)$的传递函数,要求系统在稳态时角速度误差为零。

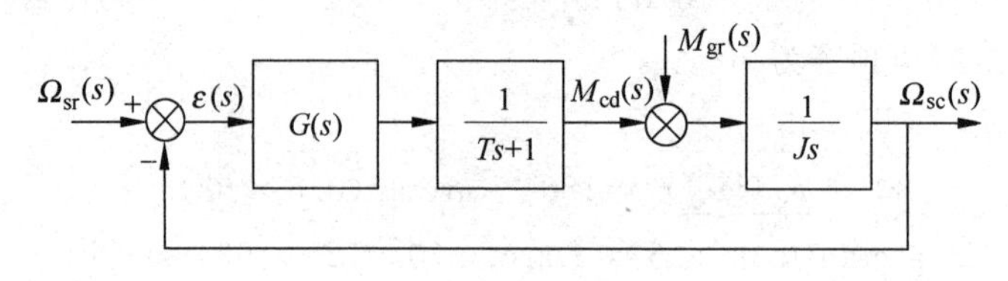

题图 7-5

7-6 某系统开环传递函数 $G_0(s)=\frac{360(0.1s+1)}{s(0.9s+1)(0.007s+1)(0.005s+1)}$,要求近似保持上述系统的过渡过程时间和稳定裕度不变,使它的速度误差等于$\frac{1}{1000}$。试设计校正装置。

7-7 某系统如题图 7-7 所示,要求达到下列指标：

(1) 速度误差系数 $K_v>10\ s^{-1}$；

(2) 剪切频率 $\omega_c>1$ rad/s；

(3) 相位裕量 $\gamma>35°$。

试用对数频率法综合系统校正网络的传递函数。

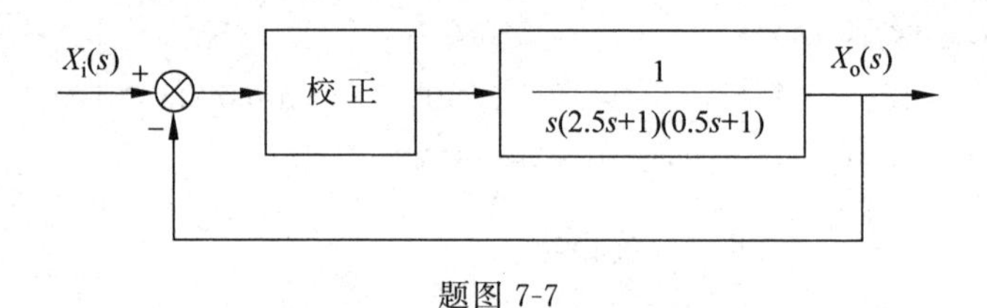

题图 7-7

7-8 某单位反馈系统的开环传递函数为 $G(s)=\frac{K}{s(s+1)(0.1s+1)}$。

(1) 设该系统谐振峰值 $M_r=1.4$,其相角裕量等于多少？

(2) 确定 K 值,使其增益裕量为 0 dB,此时 M_r 为多少？

7-9 某角度随动系统(Ⅰ型)要求：在输入信号为 60(°)/s 时速度误差为 2 密位(360°=6000 密位),超调量≤25%,过渡过程时间≤0.2 s。问满足这些指标的希望开环对数频率特性应具有什么样的参数,并讨论 ω_1 对动态的影响。如果系统在高频处有一个小时间常数 $T_4=0.005$ s,这时希望模型应做什么修改？

7-10 某最小相位系统校正前、后开环幅频特性分别如题图 7-10 中①,②所示,试确定校正前、后的相位裕量以及校正网络的传递函数。

7-11 某角度随动系统如题图 7-11 所示,要求 $K_v=360\ s^{-1}$,$t_s\leqslant0.25$ s,$M_p\leqslant30\%$。试设计系统的校正网络。

7-12 设题 7-11 角度随动系统的动态指标保持不变,而速度误差系数 K_v 提高到 1000 s^{-1}。试设计系统的校正网络。

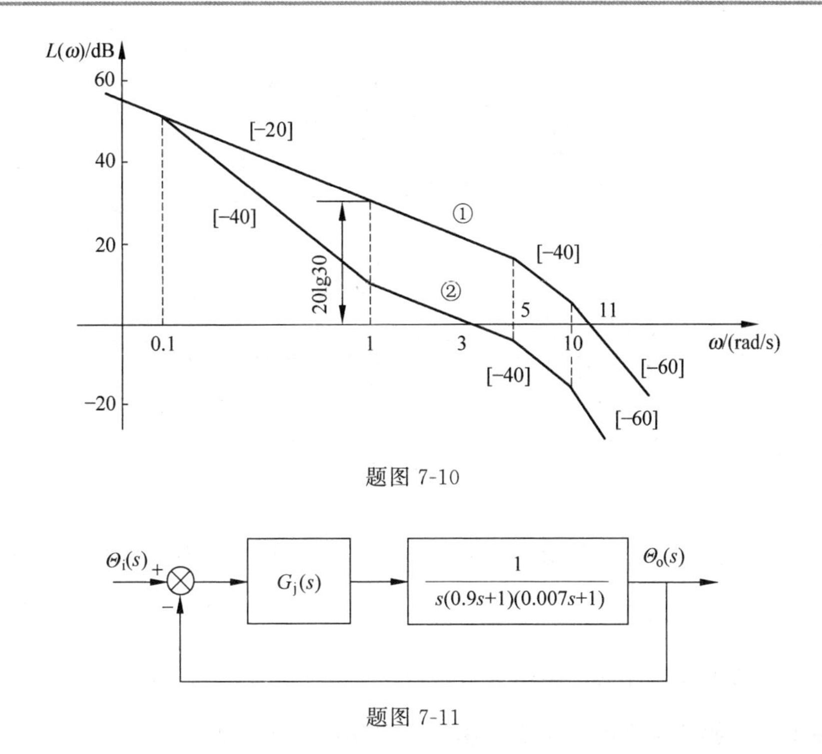

题图 7-10

题图 7-11

7-13 某直流放大器如题图 7-13 所示，要求放大器闭环通频带大于 20 kHz，相角储备 40°左右。试设计其校正网络 $G_j(s)$。

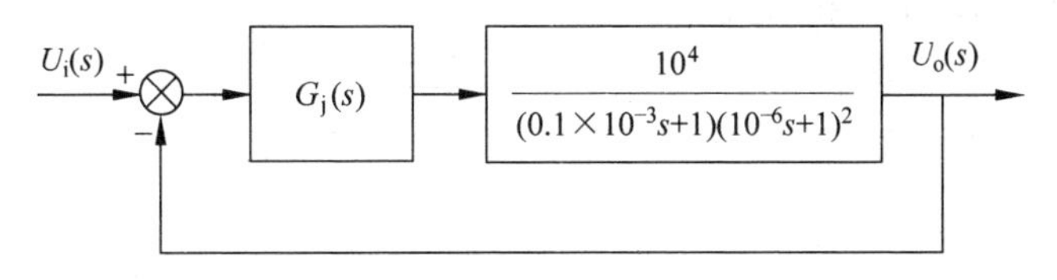

题图 7-13

7-14 某电子自动稳幅锯齿波电路，原来是个有差系统，如题图 7-14 所示，为了提高系统静态精度，希望将系统改成Ⅰ型无差系统，并使系统具有 40°的相角储备。系统应接入怎样的校正网络？

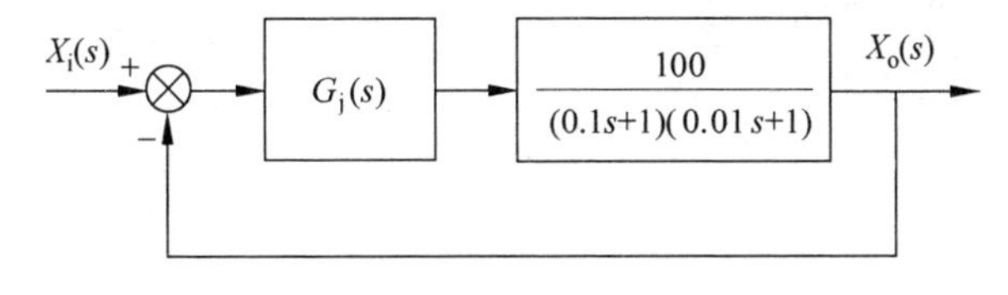

题图 7-14

7-15 某系统如题图 7-15 所示，试加入串联校正，使其相位裕量为 65°。

(1) 用超前网络实现；

(2) 用滞后网络实现。

7-16 某系统如题图 7-16 所示，要求在控制器中引入一个或几个超前网络，使系统具有相位裕量 45°。试求其校正参数及校正后的剪切频率。

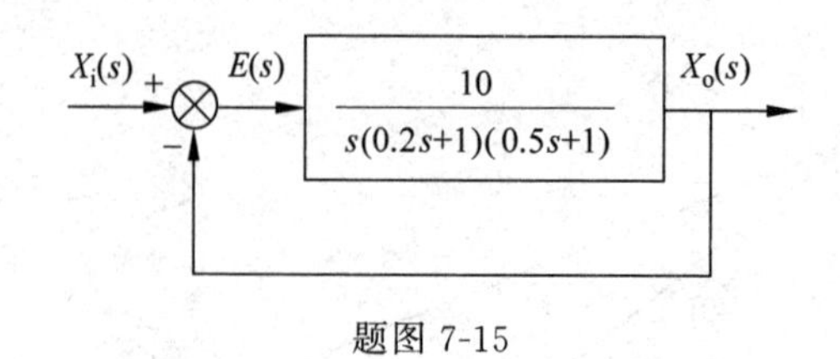

题图 7-15

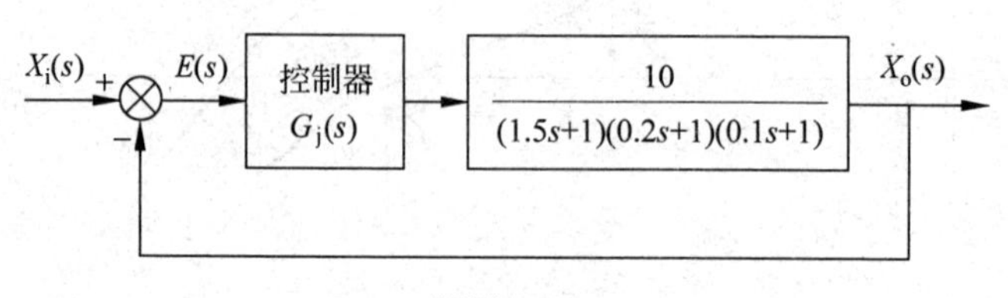

题图 7-16

7-17 某单位反馈系统的开环传递函数 $G_0(s)=\frac{K}{s(0.5s+1)}$,欲使系统开环放大倍数 $K=20\ s^{-1}$,相位裕度不小于 50°,幅值裕度不小于 10 dB,试求系统的校正装置。

7-18 某单位反馈系统的开环传递函数 $G_0(s)=\frac{K}{s(s+1)(0.5s+1)}$,欲使 $K_v=5$,相位裕度不小于 40°,幅值裕度不小于 10 dB,试求系统的校正装置。

7-19 设题图 7-19 系统 $G(s)=\frac{10}{0.2s+1}$,欲加负反馈使系统带宽提高为原来的 10 倍,并保持总增益不变,求 K_n 和 K_0。

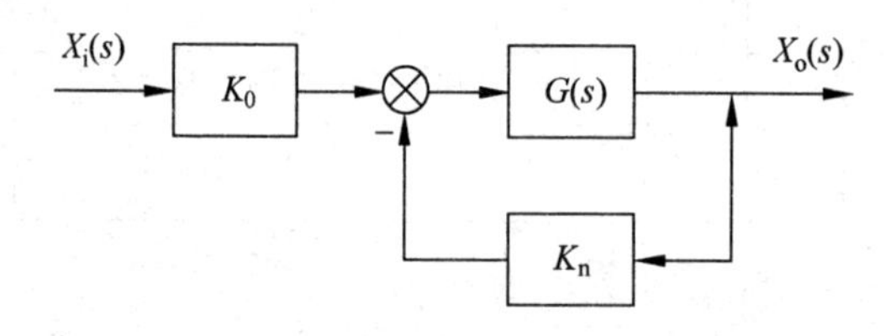

题图 7-19

7-20 某单位反馈系统控制对象传递函数为 $G_0(s)=\frac{100}{s(10s+1)}$,试设计 PID 控制器,使系统闭环极点为 $-2\pm j1$ 和 -5。

根轨迹法

反馈控制系统的动态性能，主要由闭环系统的极点分布所决定，但求解高阶系统特征方程很困难，这就限制了完全解析方法在二阶以上的控制系统中的应用。

1948 年，伊凡思(W. R. Evans)根据反馈系统开、闭环传递函数之间的内在联系，提出了直接由开环传递函数求闭环特征根的新方法，并且建立了一套法则，这就是在工程上获得较广泛应用的根轨迹法。

8.1 根轨迹与根轨迹方程

根轨迹图(1)

8.1.1 根轨迹

所谓根轨迹，是指当系统某个参数由零到无穷大变化时，闭环特征根在 s 平面上形成的轨迹。有系统如图 8-1 所示，当系统中参数 K 由零到无穷大变化时，其闭环特征根在 s 平面上形成的轨迹如动画所示。从动画可见，无论参数 K 如何变化，闭环特征根始终在 s 左半平面，系统总是稳定的。

根轨迹图(2)

另有系统如图 8-2 所示，当系统中参数 K 由零到无穷大变化时，其闭环特征根在 s 平面上形成的轨迹如动画所示。从动画可见，当参数 $K>20$，闭环的一对共轭复根就会进入 s 右半平面，系统变得不稳定。

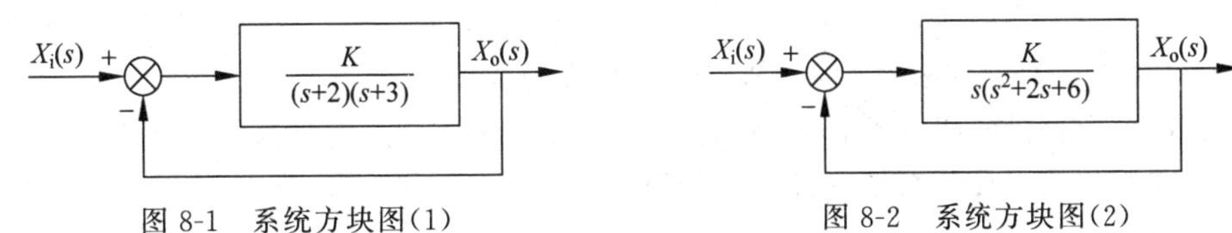

图 8-1　系统方块图(1)　　　　图 8-2　系统方块图(2)

根轨迹的讨论和绘图法则主要是以开环增益 K 作为变化参数展开。

例如，图 8-3 所示系统的开环传递函数为

$$G(s)=\frac{K}{s(0.5s+1)}=\frac{2K}{s(s+2)}$$

开环有两个极点，即 $s_1=0$，$s_2=-2$；没有零点。式中，K 为开环增益。其闭环传递函数为

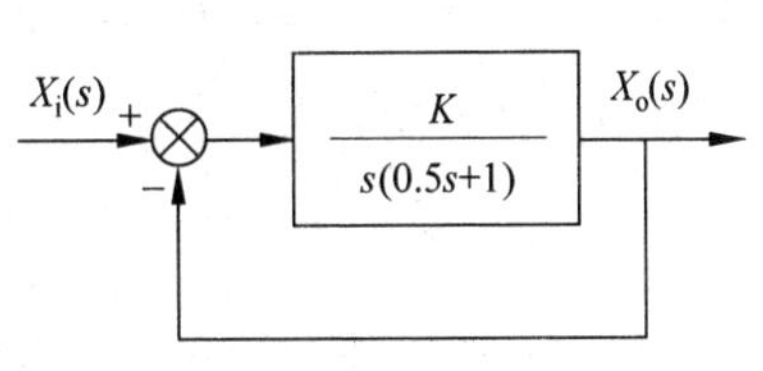

图 8-3　系统方块图

$$\frac{X_o(s)}{X_i(s)}=\frac{2K}{s^2+2s+2K}$$

则闭环特征方程为

$$s^2+2s+2K=0$$

闭环特征根为

$$s_{1,2}=-1\pm\sqrt{1-2K}$$

下面从个别点出发,寻找系统开环增益 K 和系统闭环特征根的关系。

当 $K=0$ 时, $s_1=0$, $s_2=-2$;

$K=0.5$ 时, $s_1=-1$, $s_2=-1$;

$K=1$ 时, $s_1=-1+\mathrm{j}$, $s_2=-1-\mathrm{j}$;

$K=+\infty$ 时, $s_1=-1+\mathrm{j}\infty$, $s_2=-1-\mathrm{j}\infty$。

则 K 由 $0\to+\infty$ 变化时,闭环特征根在 s 平面上移动的轨迹如图 8-4 所示,这就是该系统的根轨迹。

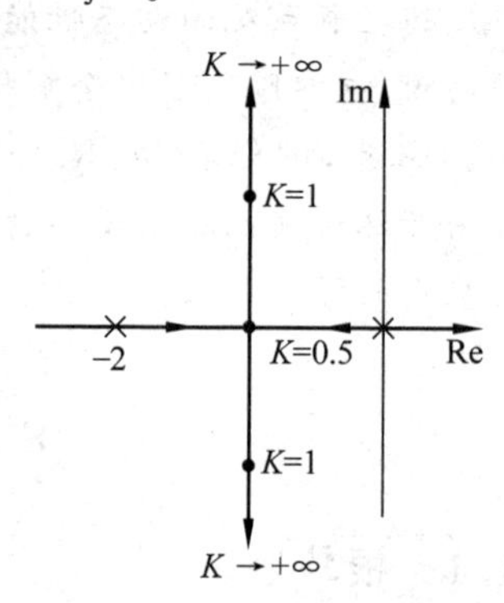

图 8-4 二阶系统根轨迹

由图 8-4 看出,根轨迹直观地表示了参数 K 变化时闭环特征根所发生的变化。因此,根轨迹图全面地描述了参数 K 对闭环特征根分布的影响。

有了根轨迹,就可以对系统的动态性能进行如下分析:

(1) 当开环增益 K 由零变化到无穷大时,根轨迹均在 s 平面的左半部,因此,系统对所有大于 0 的 K 值都是稳定的。

(2) 当 $0<K<0.5$ 时,闭环极点为负实根,系统呈过阻尼状态,阶跃响应没有超调。

(3) 当 $K=0.5$ 时,系统阻尼比为 1,出现重根。

(4) 当 $K>0.5$ 时,闭环特征根为共轭复根,系统呈欠阻尼状态。由坐标原点作与负实轴夹角为$+45°$的直线,得出根为

$$-1+\mathrm{j},\quad -1-\mathrm{j}$$

显然,这时为最佳阻尼比 0.707,此时 $K=1$。

(5) 因为开环传递函数有一个位于坐标原点的极点,所以系统为Ⅰ型系统,阶跃作用下的稳态误差为 0,而静态误差系数,可从根轨迹对应的 K 值求得。

需要指出,用直接解闭环特征根的方法,逐点绘制根轨迹,这对高阶系统是不现实的。因此,根轨迹法是依据反馈系统中开环、闭环传递函数的确定关系,通过开环传递函数直接寻找闭环根轨迹。

8.1.2 根轨迹方程及相角、幅值条件

典型反馈控制系统的闭环传递函数为

$$\frac{X_o(s)}{X_i(s)}=\frac{G(s)}{1+G(s)H(s)}\tag{8-1}$$

其中,$G(s)$是系统前向通道传递函数;$G(s)H(s)$是系统开环传递函数。该系统闭环特征方程为

$$1+G(s)H(s)=0 \quad 或 \quad G(s)H(s)=-1 \tag{8-2}$$

满足式(8-2)的点，都必定是根轨迹上的点，故把式(8-2)叫作根轨迹方程。由于$G(s)H(s)$是复数向量，两个向量相等的条件是相角、幅值分别相等。向量(−1)的相角、幅值分别为

$$\angle(-1)=\pm 180°(2k+1), \quad k=0,1,2,\cdots$$

$$|-1|=1$$

因此，式(8-2)可写成两个方程，即

相角条件 $$\angle[G(s)H(s)]=\pm 180°(2k+1), \quad k=0,1,2,\cdots \tag{8-3}$$

幅值条件 $$|G(s)H(s)|=1 \tag{8-4}$$

系统开环传递函数$G(s)H(s)$通常是两个多项式之比。它等于系统各部分传递函数之积，因此很容易写成如下形式：

$$G(s)H(s)=\frac{K^*(s-z_1)(s-z_2)\cdots(s-z_m)}{(s-p_1)(s-p_2)\cdots(s-p_n)} \tag{8-5}$$

其中，K^*为系统的开环根轨迹增益，由于各因式常数项不均为1，故K^*不等于静态开环增益K；$z_1,z_2,\cdots,z_m$为系统的m个开环零点；$p_1,p_2,\cdots,p_n$为系统的n个开环极点。

上述传递函数的向量表达式为

$$G(s)H(s)=\frac{K^* A_{z1}e^{j\theta_{z1}}\cdots A_{zm}e^{j\theta_{zm}}}{A_{p1}e^{j\theta_{p1}}\cdots A_{pn}e^{j\theta_{pn}}} \tag{8-6}$$

其中，
$$A_{zi}=|s-z_i|, \quad \theta_{zi}=\angle(s-z_i), \quad i=1,2,\cdots,m$$
$$A_{pj}=|s-p_j|, \quad \theta_{pj}=\angle(s-p_j), \quad j=1,2,\cdots,n$$

因此相角条件、幅值条件又可表示为

$$\sum_{i=1}^{m}\theta_{zi}-\sum_{j=1}^{n}\theta_{pj}=\pm 180°(2k+1), \quad k=1,2,\cdots \tag{8-7}$$

$$K^*\frac{\prod_{i=1}^{m}A_{zi}}{\prod_{j=1}^{n}A_{pj}}=1 \tag{8-8}$$

由式(8-7)和式(8-8)可知，相角条件与增益K^*值无关。而幅值条件中含有因子K^*，而K^*由$0\to+\infty$。因此，复平面s上所有满足幅值和相角条件的点都是特征方程的根，这些点所连成的线即根轨迹曲线。各个点所对应的增益K^*值则可由幅值条件确定。

下面就利用这个原则求图8-3所示系统的根轨迹图。已知开环极点为0、−2，如图8-5所示。

首先用相角条件求根轨迹曲线，即

$$-[\angle s+\angle(s+2)]=\pm 180°(2k+1) \tag{8-9}$$

用试探的方法找出满足上述条件的s点。

在原点右边实轴上，任选一点s_1，可得$\angle s_1=0°$，$\angle(s_1+2)=0°$，故不满足相角条件，因此右半实轴不是根轨迹。

在(−2,0)之间任选一点s_2，可得$\angle s_2=180°$，$\angle(s_2+2)=0°$，因此满足相角条件。故实轴原点到−2之间为根轨迹。

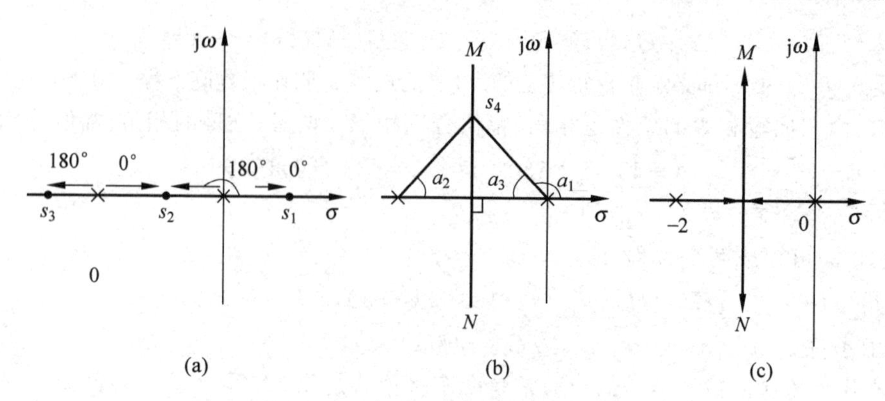

图 8-5 图 8-3 系统根轨迹的绘制

在实轴上-2点左边任选一点s_3,可得$\angle s_3=180°$,$\angle(s_3+2)=180°$,故不满足相角条件。因此实轴上-2点左边的数轴不是根轨迹。

在实轴之外的s平面上任选一点s_4,如图 8-5(b)所示,则$\angle s_4=a_1$,$\angle(s_4+2)=a_2$,若s_4位于根轨迹上,则必满足相角条件,即$a_1+a_2=180°$或$a_3=a_2$,因此s_4一定在0、-2两点的中垂线MN上。而MN线外的任何s平面上的点不满足相角条件,不是根轨迹。

用幅值条件可算出各根轨迹点上的K^*值,如$(-1+\mathrm{j})$点,其$K=|s|\cdot|s+2|/2=(\sqrt{2}\times\sqrt{2})/2=1$,$K^*=2$。

8.2 绘制根轨迹的基本法则

下面讨论系统开环增益K变化时绘制闭环根轨迹的法则。对于系统其他参数的变化,经适当变换后,这些基本法则仍然可用。

1. 根轨迹的起点与终点

根轨迹起始于开环极点,终止于开环零点,如果开环零点数m小于开环极点数n,则有$n-m$条根轨迹终止于无穷远处。

当$K=0$时,根轨迹方程变为

$$(s-p_1)(s-p_2)\cdots(s-p_n)=0$$

由此求得根轨迹的起点为$p_1,p_2,\cdots,p_n$。

根轨迹的终点,即开环增益$K\to+\infty$时的闭环极点。由根轨迹方程知,

$$\frac{\prod_{i=1}^{m}(s-z_i)}{\prod_{j=1}^{n}(s-p_j)}=-\frac{1}{K^*}$$

$K^*\to+\infty$时,只有$s-z_i=0$,才满足上式。所以,$K\to+\infty$时,根轨迹终止于开环零点。

但是,当$n>m$时,只有m条根轨迹趋向于开环零点,还有$n-m$条根轨迹趋向于何处呢?

由于$n>m$,当$s\to+\infty$时,上式可写成

$$\frac{1}{s^{n-m}}\to 0$$

所以，当 $K \to +\infty$ 时，有 $n-m$ 条根轨迹趋向于无穷远处。

2. 根轨迹的分支数

根轨迹 s 平面上的分支数等于闭环特征方程的阶数 n，也就是分支数与闭环极点的数目相同。

这是因为 n 阶特征方程对应 n 个特征根，当开环增益 K 由零变到无穷大时，这 n 个特征根随 K 变化必然会出现 n 条根轨迹。

3. 根轨迹的对称性

因为开环极点、零点或闭环极点都是实数或者为成对的共轭复数，它们在 s 平面上的分布对称于实轴，所以根轨迹也对称于实轴。

4. 实轴上的根轨迹

实轴上根轨迹区段的右侧，开环零极点数目之和应为奇数。

由于成对的共轭复根在实轴上产生的相角之和总是等于 360°，故上述结论由相角条件很容易得出。

5. 根轨迹的渐近线

如果开环零点数 m 小于开环极点数 n，则当 $K^* \to +\infty$ 时，趋向无穷远处的根轨迹共有 $n-m$ 条，这 $n-m$ 条根轨迹趋向于无穷远处的方位可由渐近线决定。

设系统开环传递函数为

$$G(s)H(s)=\frac{K^*(s-z_1)(s-z_2)\cdots(s-z_m)}{(s-p_1)(s-p_2)\cdots(s-p_n)},\quad n>m \tag{8-10}$$

有 $n-m$ 条渐近线。

当 s 很大时，式(8-10)可近似为

$$G(s)H(s)=\frac{K^*}{(s-\sigma_a)^{n-m}} \tag{8-11}$$

式(8-11)中，

$$(s-\sigma_a)^{n-m}=s^{n-m}-(n-m)\sigma_a s^{n-m-1}+\cdots \tag{8-12}$$

式(8-10)中，

$$\frac{(s-p_1)(s-p_2)\cdots(s-p_n)}{(s-z_1)(s-z_2)\cdots(s-z_m)}=s^{n-m}-\left(\sum_{i=1}^{n}p_i-\sum_{j=1}^{m}z_j\right)s^{n-m-1}+\cdots \tag{8-13}$$

由式(8-12)和式(8-13)中 s^{n-m-1} 项系数相等，得渐近线与实轴交点的坐标为

$$\sigma_a=\frac{\sum_{i=1}^{n}p_i-\sum_{j=1}^{m}z_j}{n-m} \tag{8-14}$$

即其分子是极点之和减去零点之和。而渐近线与实轴正方向的夹角为

$$\phi_a=\frac{(2k+1)\pi}{n-m} \tag{8-15}$$

式中，k 依次取 0，±1，±2，…。随着 k 值的增大，夹角位置会重复出现，其独立的渐近线只有 $n-m$ 条，故计算时一直到获得 $n-m$ 个倾角为止。

例 8-1 某单位反馈系统的开环传递函数为$G(s)=\dfrac{K^*}{s(s+1)(s+2)}$,绘制出其渐近线。

解:开环传递函数有3个极点:$p_1=0,p_2=-1,p_3=-2$;没有零点,即$n=3,m=0$。故3条根轨迹均趋向无穷远处,其渐近线与实轴交点的横坐标为

$$\sigma_a=\frac{\sum_{i=1}^{n}p_i-\sum_{j=1}^{m}z_j}{n-m}$$
$$=\frac{0+(-1)+(-2)-0}{3-0}$$
$$=-1$$

渐近线与实轴正方向的夹角为

$$\phi_a=\frac{(2k+1)\pi}{n-m}=\frac{(2k+1)\pi}{3}$$

$k=0$时,$\phi_a=\dfrac{\pi}{3}$;$k=1$时,$\phi_a=\pi$;$k=-1$时,$\phi_a=-\dfrac{\pi}{3}$。3条渐近线如图8-6所示。

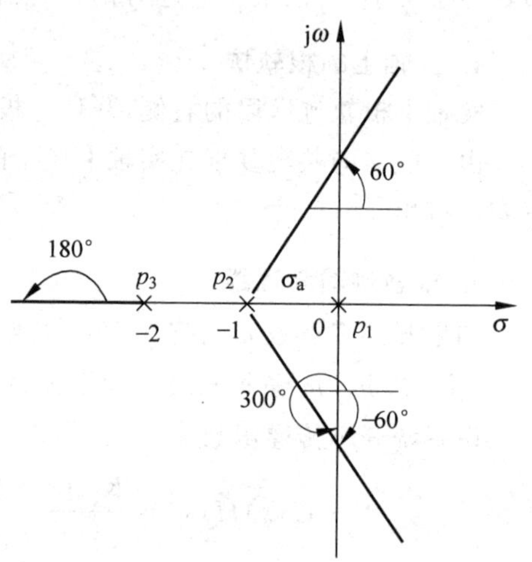

图 8-6 渐近线的夹角

6. 根轨迹的起始角与终止角

所谓根轨迹的起始角(或称出射角),是指根轨迹起点处的切线与水平线正方向的夹角;所谓根轨迹的终止角(或称入射角),是指根轨迹终点处的切线与水平线正方向的夹角。例如,图8-7(a)中的θ_{p1}是起始角;图8-7(b)中的θ_{z1}是终止角。

在根轨迹曲线上选择点s_1,设距离复极点p_a为δ,当$\delta\to 0$时,则$\angle(s_1-p_a)=\theta_1$即为起始角,或出射角。该系统其他极点、零点至s_1点向量的相角,趋近于它们在p_a点向量的相角。

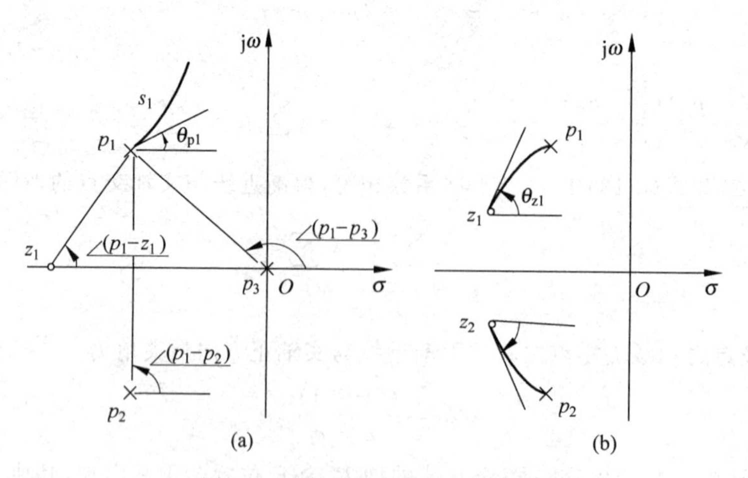

图 8-7 根轨迹的起始角与终止角

(a) 起始角;(b) 终止角

根据相角条件可得

$$\theta + \sum_{\substack{j=1 \\ j\neq a}}^{n}\theta_j - \sum_{i=1}^{m}\phi_i = \pm 180^\circ(2k+1)$$

其中，$\theta_j = \angle(p_j - p_a)$，$\phi_i = \angle(z_i - p_a)$。由此得出起始角为

$$\theta = \pm 180^\circ(2k+1) - \sum_{\substack{j=1 \\ j\neq a}}^{n}\theta_j + \sum_{i=1}^{m}\phi_i \tag{8-16}$$

同理可得复数零点处的终止角(或入射角)为

$$\phi = \pm 180^\circ(2k+1) + \sum_{j=1}^{n}\theta_j - \sum_{\substack{i=1 \\ i\neq b}}^{m}\phi_i \tag{8-17}$$

7. 分离点及会合点的坐标

几条根轨迹在 s 平面上相遇后又分开(或分开后又相遇)的点，称为根轨迹的分离点(或会合点)。求取分离点及会合点坐标的方法如下。

方法 1：

因分离点(或会合点)是特征方程的重根，因此可用求重根的方法确定它们的位置。

设系统开环传递函数为

$$G(s)H(s) = \frac{K^* N(s)}{D(s)}$$

系统闭环特征方程为

$$K^* N(s) + D(s) = 0 \tag{8-18}$$

分离点(或会合点)为重根，必然同时满足方程

$$K^* N'(s) + D'(s) = 0 \tag{8-19}$$

由式(8-18)和式(8-19)，可得

$$D(s)N'(s) - D'(s)N(s) = 0 \tag{8-20}$$

即

$$\frac{\mathrm{d}[G(s)H(s)]}{\mathrm{d}s} = 0 \tag{8-21}$$

根据式(8-21)，即可确定分离点(或会合点)的参数。

例 8-2 某系统开环传递函数为 $G(s)H(s) = \frac{K^*(s+6)}{s(s+4)}$。由 $\frac{\mathrm{d}[G(s)H(s)]}{\mathrm{d}s} = 0$，即 $s^2 + 12s + 24 = 0$，解之，得 $s_1 = -2.54$，$s_2 = -9.46$。相应的增益为 $K_1^* = 1.07$，$K_2^* = 14.9$。

方法 2：

设系统开环传递函数为

$$G(s)H(s) = \frac{K^*(s-z_1)(s-z_2)\cdots(s-z_m)}{(s-p_1)(s-p_2)\cdots(s-p_n)}$$

由系统闭环特征方程，得

$$K^* = -\frac{(s-p_1)(s-p_2)\cdots(s-p_n)}{(s-z_1)(s-z_2)\cdots(s-z_m)} \tag{8-22}$$

求极值，$\frac{\mathrm{d}K^*}{\mathrm{d}s} = 0$，即可确定分离点(或会合点)的参数。

仍以例8-2系统为例。

$$K^* = -\frac{s(s+4)}{(s+6)} = -\frac{s^2+4s}{s+6}$$

$$\frac{\mathrm{d}K^*}{\mathrm{d}s} = 0,\quad 即\quad s^2+12s+24=0$$

解之,得 $s_1=-2.54$,$s_2=-9.46$。相应的增益为 $K_1^*=1.07$,$K_2^*=14.9$。

方法3:

分离点(或会合点)的坐标可由方程

$$\sum_{j=1}^{n}\frac{1}{d-p_j} = \sum_{i=1}^{m}\frac{1}{d-z_i} \tag{8-23}$$

解出,其中 p_j 为开环极点,z_i 为开环零点。

例8-3 已知系统开环传递函数为 $G(s)H(s)=\dfrac{K^*(s+1)}{s^2+3s+3.25}$,试求系统闭环根轨迹的分离点坐标。

解:由已知条件,得

$$G(s)H(s) = \frac{K^*(s+1)}{(s+1.5+\mathrm{j})(s+1.5-\mathrm{j})}$$

根据式(8-23),得

$$\frac{1}{d+1.5+\mathrm{j}} + \frac{1}{d+1.5-\mathrm{j}} = \frac{1}{d+1}$$

解此方程得

$$d_1=-2.12,\quad d_2=0.12$$

d_1 在根轨迹上,是所求的分离点。d_2 不在根轨迹上,则舍弃。

根轨迹如图8-8所示。

8. 实轴上分离点的分离角恒为±90°

根轨迹离开分离点时,轨迹切线的倾角称分离角。由相角条件可推出,当根轨迹从实轴二重极点上分离时,其右边为偶数个零极点,因此该二重极点相角之和为 $\pm(2n+1)\times180°$,即实轴上分离点的分离角恒为±90°。

同理,实轴上会合点的会合角也恒为±90°,如图8-8所示的会合角即为±90°。

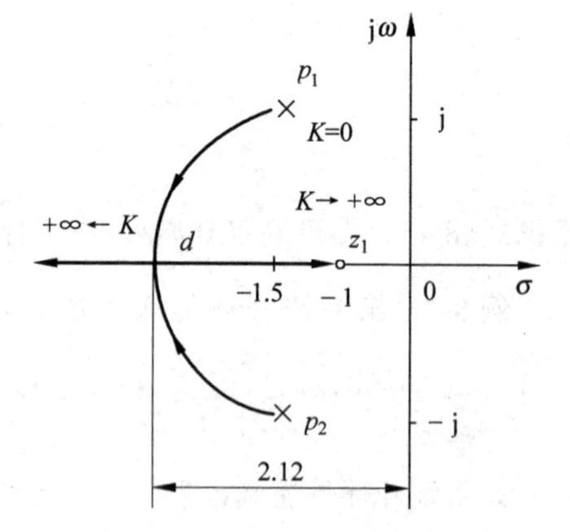

图8-8 例8-3根轨迹图

9. 根轨迹与虚轴的交点

根轨迹与虚轴相交,意味着闭环极点中有极点位于虚轴上,即闭环特征方程有纯虚根,系统处于临界稳定状态。

方法1:

将 $s=\mathrm{j}\omega$ 代入特征方程中得

$$1+G(\mathrm{j}\omega)H(\mathrm{j}\omega)=0$$

或 $$\mathrm{Re}[1+G(\mathrm{j}\omega)H(\mathrm{j}\omega)]+\mathrm{Im}[1+G(\mathrm{j}\omega)H(\mathrm{j}\omega)]=0$$

令 $$\begin{cases}\mathrm{Re}[1+G(\mathrm{j}\omega)H(\mathrm{j}\omega)]=0\\ \mathrm{Im}[1+G(\mathrm{j}\omega)H(\mathrm{j}\omega)]=0\end{cases} \tag{8-24}$$

则可解出 ω 值及对应的临界开环增益 K^* 及 K。

例 8-4 已知系统开环传递函数为 $G(s)=\dfrac{K^*}{s(s+1)(s+2)}$，求根轨迹与虚轴的交点。

解：系统闭环特征方程为

$$D(s)=s(s+1)(s+2)+K^*=s^3+3s^2+2s+K^*=0$$

令 $s=\mathrm{j}\omega$，代入上式得

$$D(\mathrm{j}\omega)=(\mathrm{j}\omega)^3+3(\mathrm{j}\omega)^2+2(\mathrm{j}\omega)+K^*=0$$

即 $$\begin{cases}-3\omega^2+K^*=0\\ -\omega^3+2\omega=0\end{cases}$$

联立求解得

$$\omega_1=0,\quad \omega_{2,3}=\pm 1.414$$

$$K^*=6,\quad K=3$$

其中，K 为系统开环增益，K^* 为根轨迹增益。

方法 2：

根轨迹与虚轴交点坐标也可通过劳斯判据求出。仍以例 8-4 为例，其劳斯表为

$$\begin{array}{lll} s^3 & 1 & 2 \\ s^2 & 3 & K^* \\ s^1 & \dfrac{6-K^*}{3} & \\ s^0 & K^* & \end{array}$$

考虑系统稳定条件是 $$\begin{cases}\dfrac{6-K^*}{3}>0\\ K^*>0\end{cases}$$

得 $K^*=6$(为临界状态)即为所求。

10. 系统闭环极点之和为常数

将系统开环传递函数的分子、分母展开，得

$$G(s)H(s)=K^*\frac{s^m-\left(\sum_{i=1}^{m}z_is^{m-1}+\cdots\right)}{s^n-\left(\sum_{j=1}^{n}p_js^{n-1}+\cdots\right)} \tag{8-25}$$

若系统满足 $n-m>2$，则特征方程为

$$s^n+\sum_{j=1}^{n}(-p_j)s^{n-1}+\cdots+\left[\prod_{j=1}^{n}(-p_j)+K^*\prod_{i=1}^{m}(-z_i)\right]=0 \tag{8-26}$$

由代数方程根与系数的关系可知，n 阶代数方程 n 个根的和等于第$(n-1)$次项的系数乘(-1)，即

$$系统闭环极点之和=\sum_{j=1}^{n}p_j \tag{8-27}$$

结论：当 $n-m>2$ 时，系统闭环极点之和等于开环极点之和。

通常把 $\dfrac{\sum_{j=1}^{n}p_j}{n}$ 称作极点的重心，可知当 K^* 值变化时，极点重心保持不变。这个性质可用来估计根轨迹曲线的变化趋势，有助于确定极点位置及相应的 K^* 值。

11. 系统闭环极点之积

由代数方程根和系数关系，根据式(8-26)，得

$$闭环极点之积=\prod_{j=1}^{n}(-p_j)+K^*\prod_{i=1}^{m}(-z_i) \tag{8-28}$$

若系统开环具有等于零的极点，则

$$闭环极点之积=K^*\prod_{i=1}^{m}(-z_i) \tag{8-29}$$

式中，z_i 为系统开环零点。

值得注意的是，对于正反馈系统，由于相角条件发生改变，故相应的绘图规则也要相应改变。

对于存在延时环节的系统，有无穷多条根轨迹，位于 $-\mathrm{j}\pi$ 与 $\mathrm{j}\pi$ 之间的根轨迹主分支是最重要的。

另外，对于系统讨论有两个或两个以上参数变化时的影响，可通过绘制根轨迹族曲线进行。

8.3 其他参数根轨迹图的绘制

在系统分析和设计调试过程中，不仅仅只是调整系统开环增益来改善系统性能，还可通过很多其他参数的调整使系统性能达到更好。如果利用根轨迹法进行分析，首先需要画出其根轨迹图，这种根轨迹图称为参量根轨迹图。

参量根轨迹图的绘制并不是采用完全有别于开环增益根轨迹规制的方法，而是通过对系统特征方程的重新整理，将该参数等效为根轨迹增益的开环传递函数，具体处理方法以例8-5说明。

例 8-5 设随动系统如图8-9所示。加入速度负反馈 K_s 后，试分析 K_s 对系统性能的影响。

解：为分析 K_s 对系统性能的影响，可绘制以 K_s 为参量的根轨迹图。绘制方法如下：

(1) 系统的开环传递函数为 $G(s)H(s)=\dfrac{10(1+K_s s)}{s(s+2)}$，其特征方程为

$$s^2+2s+10K_s s+10=0$$

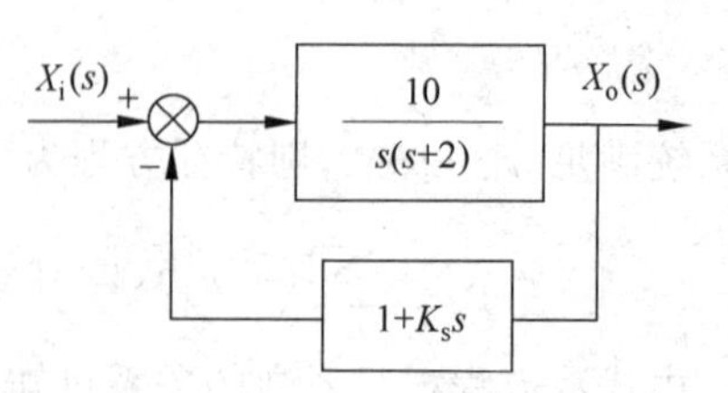

图 8-9 例 8-5 系统方块图

为绘制 K_s 的参量根轨迹图，作如下整理：以特征方程中不含 K_s 的各项$(s^2+2s+10)$除特征方程，得

$$\frac{10K_s s}{s^2+2s+10}+1=0$$

令其中$\frac{10K_s s}{s^2+2s+10}=G'(s)H'(s)$，可以看作以 K_s 为根轨迹增益的等效开环传递函数，这样，再用上述方法绘制 $G'(s)H'(s)$的根轨迹图，即 K_s 的参量根轨迹图。

(2) 由 $G'(s)H'(s)$可知 $m=1,n=2$，因此根轨迹有两条分支，起于极点 $-1\pm j3$，终于原点及无穷远。

(3) 求根轨迹在实轴上的分布：原点的左侧实轴是根轨迹。

(4) 求会合点。因为 $K_s=-\frac{s^2+2s+10}{10s}$，由$\frac{dK_s}{ds}=0$ 得

$$\frac{(2s+2)10s-10(s^2+2s+10)}{100s^2}=0$$

整理，得

$$10s^2=100,\quad 即\quad s=\pm\sqrt{10}=\pm 3.16$$

其中，$s=-3.16$ 是会合点($s=3.16$ 不在根轨迹区，舍去)，会合角为$\pm 90°$，将 $s=-3.16$ 代入传递函数中，求得会合点的 $K_s=+0.432$。

(5) 复极点 $-1+j3$ 的起始角为

$$\theta=180°-90°+\phi=90°+\arctan\left(\frac{3}{-1}\right)=198.4°$$

这样，就可绘出参量根轨迹图如图 8-10 所示。

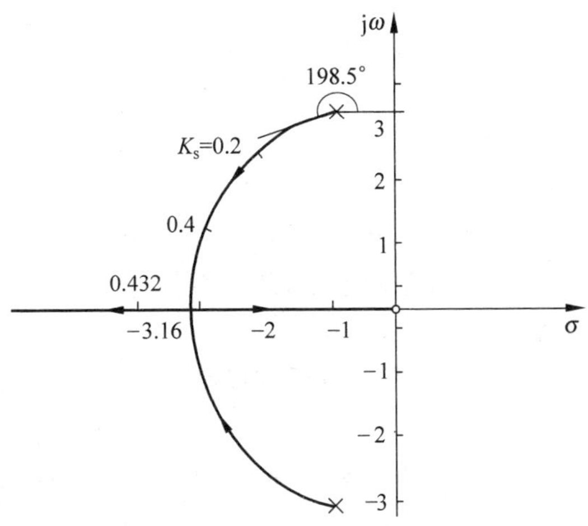

图 8-10 参量 K_s 的根轨迹图

8.4 根轨迹图绘制举例

例 8-6 单位反馈控制系统的开环传递函数为 $G(s)=\frac{K^*}{s(s+1)(s+2)}$，试绘制该系统的根轨迹图。

解:

(1) 根轨迹曲线对称于实轴。

(2) 实轴上根轨迹分布在0,−1之间及−2以左实轴上,如图8-11所示。

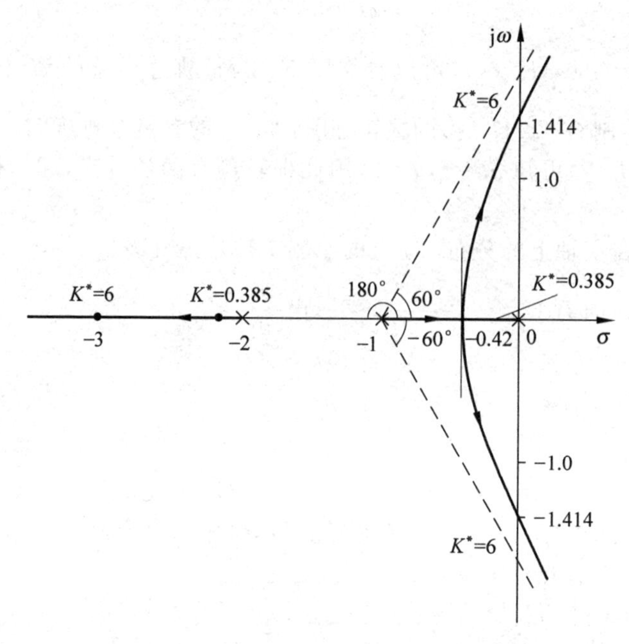

图8-11 例8-6根轨迹图

(3) 本例$n=3,m=0$,3条渐近线,$\sigma_a=-1,\phi_a=\pm60°,180°$,如图8-11所示。

(4) 根据分离点公式

$$\frac{1}{d+1}+\frac{1}{d}+\frac{1}{d+2}=0$$

得

$$d^2+2d+d^2+3d+2+d^2+d=0$$

即

$$3d^2+6d+2=0$$

解之,得

$$d_1=-0.42,\quad d_2=-1.58$$

其中,d_2不在根轨迹上,舍弃;d_1在根轨迹上,是分离点。

(5) 分离点的分离角为±90°。

(6) 求根与虚轴交点。令$s=\mathrm{j}\omega$,代入特征方程得

$$\begin{cases}-\omega^3+2\omega=0\\-3\omega^2+K^*=0\end{cases}$$

解此方程得

$$\omega=0,\quad +1.41,\quad -1.41$$

$$K^*=0,6,6$$

其中,$\omega=0$对应$K^*=0$,是根轨迹的起点;$\omega=\pm1.41$对应$K^*=6$,是根轨迹与虚轴的交点。此时,系统处于临界稳定,自振角频率为1.41。

(7) 本例满足$n-m>2$的条件,因此闭环极点之和为−3,极点重心为−1,由此可估计根轨迹曲线的变化趋势。例如,$K^*=6$,有两个极点在$\pm\mathrm{j}1.41$处,第三个极点应为−3。

(8) 应用幅值条件可确定相应根轨迹点的 K^* 值。例如,求分离点的 K^* 值,因分离点在 -0.42 处,可测得各极点到分离点向量的幅值分别为 0.42,0.58,1.58。因此,

$$K^* = 0.42 \times 0.58 \times 1.58 = 0.385$$

完整的根轨迹图如图 8-11 所示。

例 8-7 单位反馈控制系统开环传递函数为 $G(s)=\dfrac{K^*(s+2)}{s(s+3)(s^2+2s+2)}$,试绘制该系统的根轨迹图。

解:

(1) 根轨迹曲线对称于实轴。

(2) 实轴上的根轨迹分布在 0,-2 之间及-3 左边的实轴上。

(3) 渐近线条数为 $n-m=3$ 条。渐近线倾角为 $\phi_a=\pm 60°,180°$。渐近线与实轴交点 $\sigma_a=-[3+(1+j1)+(1-j1)-2]/3=-1$,如图 8-12 中虚线交点所示。

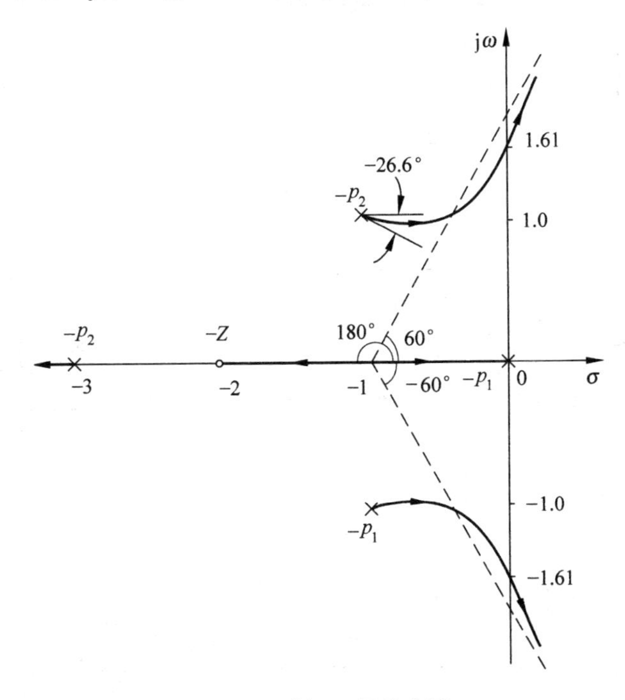

图 8-12 例 8-7 根轨迹图

(4) 实轴上根轨迹起点沿实轴指向终点,因此没有分离点与会合点。

(5) 复极点 p_2 的初始角为

$$\theta_2 = 180° - (\theta_1+\theta_3+\theta_4) + \phi_1 = 180° - (135° + 90° + 26.6°) + 45° = -26.6°$$

如图 8-12 所示。

(6) 求根轨迹与虚轴的交点。令 $s=j\omega$,代入特征方程得

$$s^4 + 5s^3 + 8s^2 + 6s + K^*(s+2) = 0$$

整理后得

$$\begin{cases} -5\omega^3 + (6+K^*)\omega = 0 \\ \omega^4 - 8\omega^2 + 2K^* = 0 \end{cases}$$

解此方程组,并舍去无意义解后得

$$\omega=0, +1.61, -1.61$$

$$K^*=0,7,7$$

完整的根轨迹图如图 8-12 所示。图 8-13 给出了典型开环的零点、极点分布及其闭环根轨迹图。

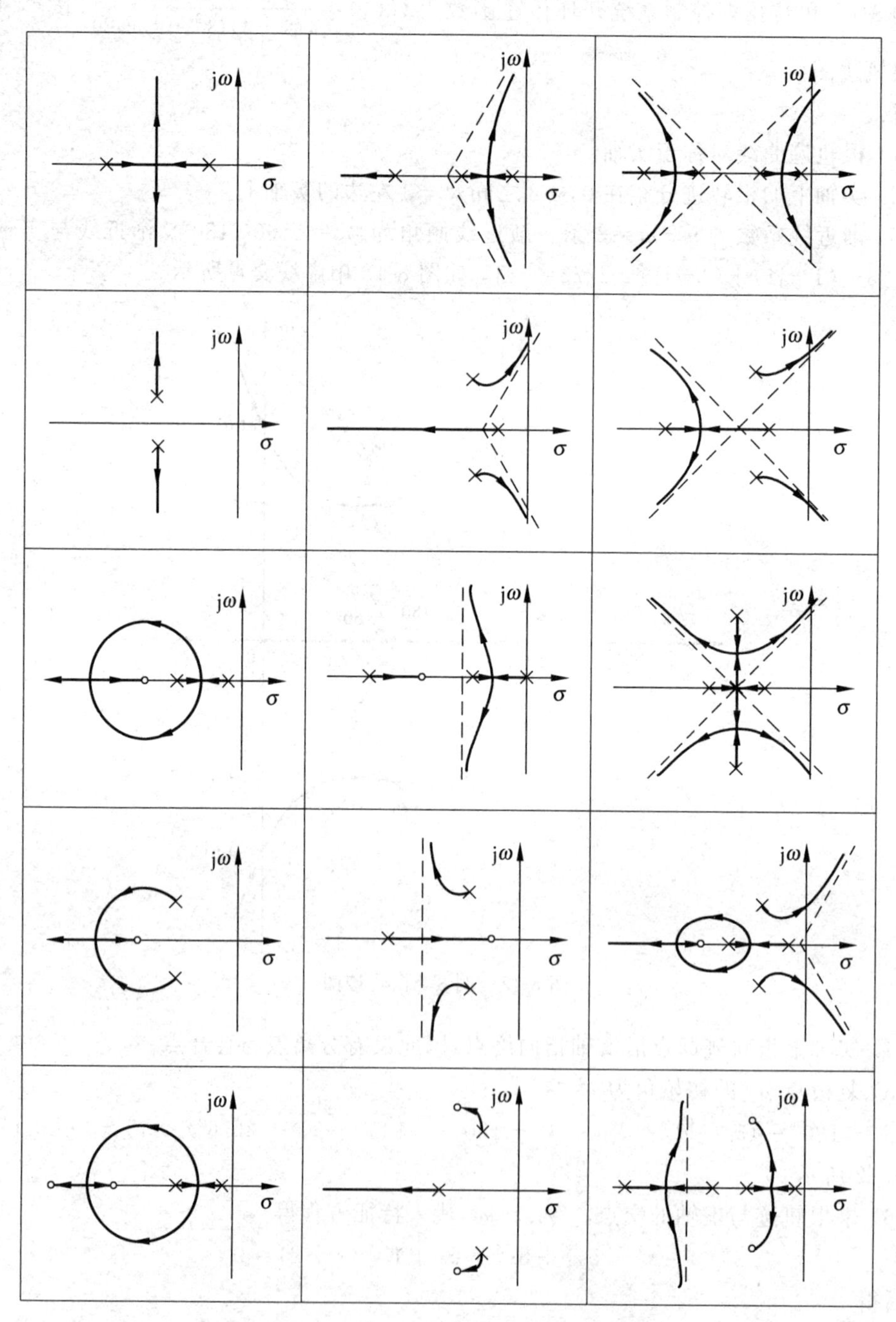

图 8-13 典型开环零点、极点及其闭环根轨迹图

8.5 系统闭环零点、极点的分布与性能指标

本节主要讨论怎样根据闭环零点、极点的分布来估算系统的性能指标，同时怎样根据性能指标确定闭环零点、极点的分布。

8.5.1 闭环零极点分布与阶跃响应的定性关系

用根轨迹图可求得闭环极点，系统反馈通道传递函数 $H(s)$的极点和前向通道传递函数 $G(s)$的零点即闭环系统的零点。

一个控制系统总是希望它的输出量尽可能地复现给定理想输出量，要求动态过程的快速性、平稳性要好一些。要保证这些要求，闭环的零极点应如何分布呢？

(1) 为保证系统稳定，则闭环极点都必须在 s 左半平面上。

(2) 如果要求系统快速性好，应使阶跃响应中的每个分量衰减得快，则闭环极点应远离虚轴。要求系统平稳性好，则复数极点最好设置在 s 平面中与负实轴成$\pm 45°$夹角线以内。例如，我们已知二阶系统当共轭复数极点位于$\pm 45°$线上时，对应的阻尼比为 0.707，是一种性能指标下的最优，此时系统的平稳性与快速性都较理想。

(3) 远离虚轴的闭环极点对瞬态响应影响很小。一般情况下，若某一极点比其他极点离虚轴远 4～6 倍时，则它对瞬态响应的影响可忽略不计。

(4) 要求动态过程尽快消失，则应使闭环极点间的间距要大，使零点靠近极点。零点应靠近离虚轴近的极点，这样可提高快速性。工程上认为某极点与对应的零点之间的间距小于它们本身到原点距离的 1/10 时，即可认为是一对偶极子。

8.5.2 利用主导极点估算系统性能指标

那些离虚轴近，又不构成偶极子的极点和零点起主导作用，决定瞬态响应性能。我们称其中这些极点为主导极点。

例 8-8 某系统闭环传递函数为$\dfrac{X_o(s)}{X_i(s)}=\dfrac{1}{(0.67s+1)(0.01s^2+0.16s+1)}$，试利用根轨迹计算系统的动态性能指标。

解：闭环有 3 个极点，分别为

$$s_1=-1.5,\quad s_{2,3}=-8\pm j6$$

根的分布如图 8-14 所示。

实数极点离虚轴最近，所以此系统的主导极点为实数极点 s_1，而极点 s_2 和 s_3 可忽略不计。这时系统可近似看成一阶系统，即

$$\frac{X_o(s)}{X_i(s)}\approx\frac{1}{0.67s+1}$$

故系统无超调。

调节时间 $t_s\approx 3\times 0.67\ \text{s}=2\ \text{s}$。

例 8-9 系统闭环传递函数为$\dfrac{X_o(s)}{X_i(s)}=\dfrac{0.62s+1}{(0.67s+1)(0.01s^2+0.08s+1)}$，试估算系统的性能指标。

解：闭环有3个极点：$p_1=-1.5$，$p_{2,3}=-4\pm j9.2$；有一个零点：$z_1=-1.6$。其零、极点分布如图8-15所示。

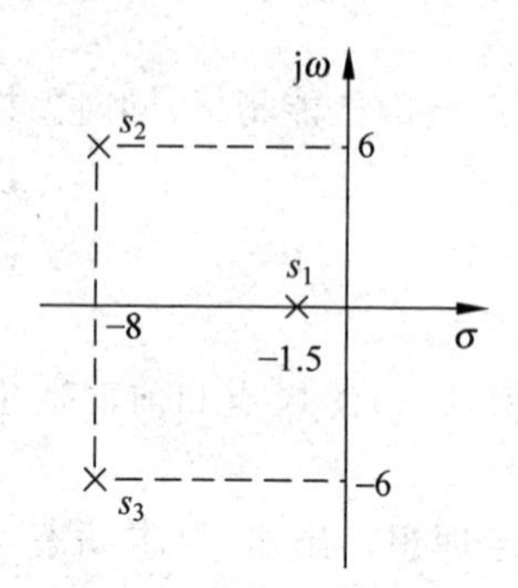

图 8-14 例 8-8 根的分布

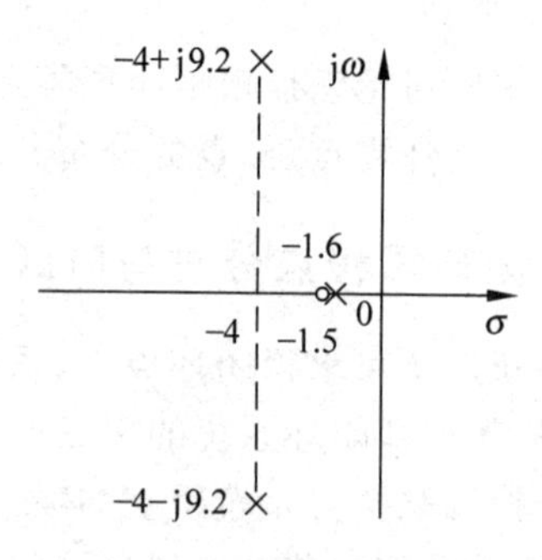

图 8-15 例 8-9 零极点分布

极点 p_1 与零点 z_1 构成一对偶极子，故主导极点不应是 p_1，而是 p_2 和 p_3，则系统可近似为二阶系统，即

$$\frac{X_o(s)}{X_i(s)}\approx\frac{1}{0.01s^2+0.08s+1}$$

系统的阻尼比 $\zeta=0.4$，$\omega_n=10\ \text{rad/s}$，对应的性能指标为

$$M_p=25\%$$

$$t_s=\frac{3}{\zeta\omega_n}=\frac{3}{0.4\times10}\ \text{s}=0.75\ \text{s}$$

例 8-10 已知系统结构图如图8-16所示。试画出当 K^* 由 $0\to+\infty$ 时的闭环根轨迹，并分析 K^* 对系统动态过程的影响。

解：系统开环传递函数有两个极点：$p_1=0$，$p_2=-2$；一个零点：$z_1=-4$。可以证明，此类带零点的二阶系统的根轨迹，其复数部分为一个圆(参见本章后例题1)。其圆心在开环零点处，半径为零点到分离点的距离。

系统根轨迹的分离点为 $d_1=-1.17$，$d_2=-6.83$，其根轨迹如图8-17所示。

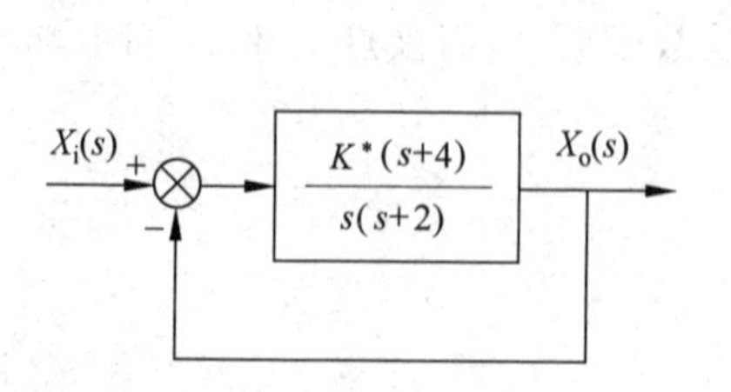

图 8-16 例 8-10 系统方块图

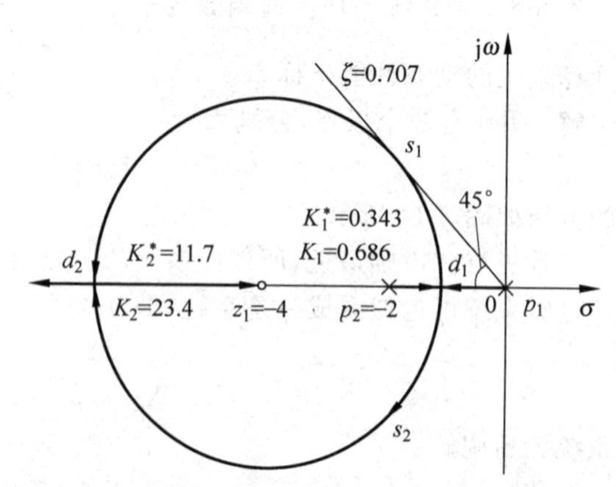

图 8-17 例 8-10 根轨迹图

利用幅值方程式求得 d_1 处对应的开环增益为

$$K_1^* = \frac{|d_1| \cdot |d_1+2|}{|d_1+4|} = \frac{1.17 \times 0.83}{2.83} = 0.343$$

$$K_1 = 2K_1^* = 0.686$$

同样求得 d_2 处对应的开环增益为

$$K_2^* = 11.7, \quad K_2 = 2K_2^* = 23.4$$

当开环增益 K 在 0～0.686 范围内时，闭环为两个负实数极点，其阶跃响应没有振荡趋势。

当开环增益 K 在 0.686～23.4 范围内时，闭环为一对共轭复数极点，其阶跃响应为振荡衰减过程。

当开环增益 K 在 23.4～$+\infty$范围内时，闭环又成为负实数极点，其阶跃响应又成为没有振荡趋势的单调上升过程。

下面求系统调整开环增益出现最小阻尼比时对应的闭环极点。

过原点作与根轨迹相切的直线，此切线与负实轴夹角的余弦，即为系统可能出现的最优阻尼比，得

$$\zeta = \cos\beta = \cos 45^\circ = 0.707$$

由图 8-17 可知，阻尼比 0.707 所对应的闭环极点为 $s_{1,2} = -2 \pm j2$，对应的开环增益为

$$K^* = \frac{2\sqrt{2} \times 2}{2\sqrt{2}} = 2$$

故

$$K = 2K^* = 4$$

所以，$K=4$ 时，由于阻尼比为 0.707，系统有较好的平稳性和快速性。

例 8-11 设某单位反馈系统的开环传递函数为 $G(s) = \dfrac{K^*}{s(s+1)(s+2)}$，串入滞后串联校正 $G_j(s) = K_1 \dfrac{s+0.1}{s+0.01}$后，根轨迹与不加串联校正时的根轨迹有什么不同？

解：

(1) 不加串联校正时，其根轨迹如图 8-18 所示。

(2) 串入滞后串联校正后，其开环传递函数为

$$G(s)G_j(s) = \frac{K^* K_1(s+0.1)}{s(s+1)(s+2)(s+0.01)} = \frac{K_2(s+0.1)}{s(s+1)(s+2)(s+0.01)}$$

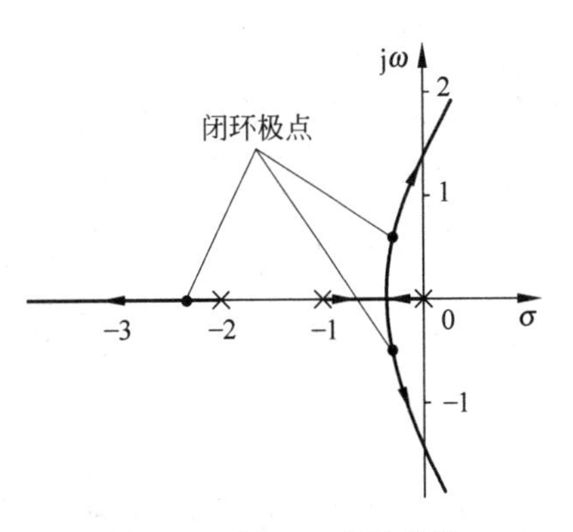

图 8-18 例 8-11 根轨迹图

在画这种根轨迹图时可以假定：由于-1，-2 与-0.01，-0.1 相差甚远，故在画-0.01 附近的根轨迹时，可以忽略-1，-2 的影响(参见图 8-19)；在画远处根轨迹时，可认为这时开环极点为-1，-2，-0.1。这样很容易画出根轨迹图。

首先画原点处的根轨迹。等效开环传递函数为

$$G(s)G_j(s) = \frac{K_2(s+0.1)}{s(s+0.01)}$$

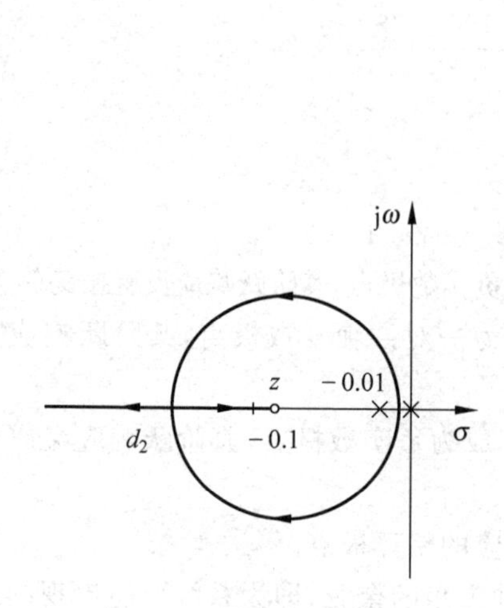

图 8-19 原点处根轨迹图

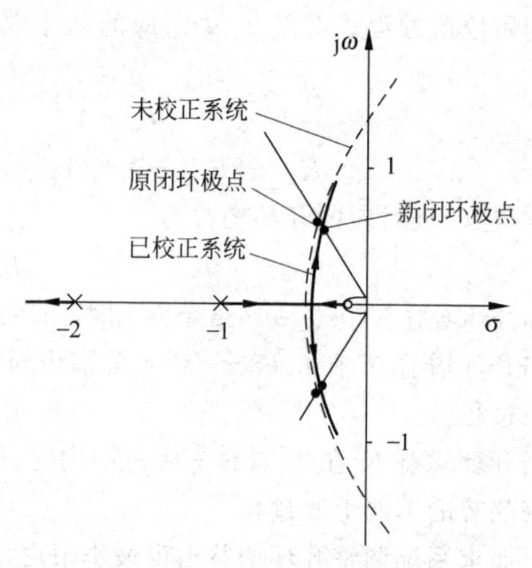

图 8-20 加串联滞后校正后(例 8-11)根轨迹图

其会合点与分离点可如下求得

$$\frac{1}{d}+\frac{1}{d+0.01}=\frac{1}{d+0.1}$$

解得 $d_1=-0.005$(分离点),$d_2=-0.195$(会合点),且根轨迹是以 d_1 到 d_2 点之线段 d_1d_2 为直径的圆。圆心点坐标为

$$d_1-\left|\frac{d_2-d_1}{2}\right|=-0.1$$

即零点处半径为

$$\left|\frac{d_2-d_1}{2}\right|=0.095$$

根轨迹如图 8-19 所示。

再画 $G(s)G_j(s)=\dfrac{K_2}{(s+1)(s+2)(s+0.1)}$的根轨迹,如图 8-20 所示。与图 8-18 所画根轨迹相差无几,即极点在 -0.1 与点在 0 处的根轨迹没有太大差别。

假如校正前 $K^*=1.06$,即

$$G(s)=\frac{1.06}{s(s+1)(s+2)}$$

则其闭环主导极点为

$$s_{1,2}=-0.33\pm j0.58$$

这时 $\zeta=0.5,\omega_n=0.67\ \text{rad/s},K_v=0.53$。

校正后,如果主控点不变,那么校正后系统开环增益为何值呢?

由校正后的根轨迹图可知,当 K 增大时,一个闭环极点靠近 -0.1,即与零点 -0.1 形成偶极子,另外两个极点为共轭根,即在 $s_{1,2}$ 附近,第四个极点在 -2 的左边,其影响可以忽略不计。为求这对主控极点,可从原点作一条与负实轴夹角 60°的直线,得到新闭环极点。

$$s_{1,2}=-0.28\pm j0.51$$

根据幅值条件，可求得开环增益：

$$K_2=\left|\frac{s(s+0.01)(s+1)(s+2)}{s+0.1}\right|_{s=-0.28+j0.51}=0.98$$

所以，已校正的系统其开环传递函数为

$$G(s)G_j(s)=\frac{0.98(s+0.1)}{s(s+1)(s+2)(s+0.01)}=\frac{4.9(10s+1)}{s(s+1)(0.5s+1)(100s+1)}$$

系统静态速度误差系数 $K_v=4.9$。这样，校正后的增益比原来增加近 10 倍。这是相位滞后校正的优点。

加入校正通常改变根轨迹的分布。如果系统的分母加入一阶环节，将使根轨迹在 s 平面向右推，使系统稳定的 K 值范围减小。图 8-21 所示为二阶系统的分母加入一阶环节，变成三阶系统的情况。

如果系统的分子加入一阶环节，将使根轨迹在 s 平面向左推，使系统更趋于稳定。图 8-22 所示为三阶系统的分子加入一阶环节，系统变成稳定的情况。

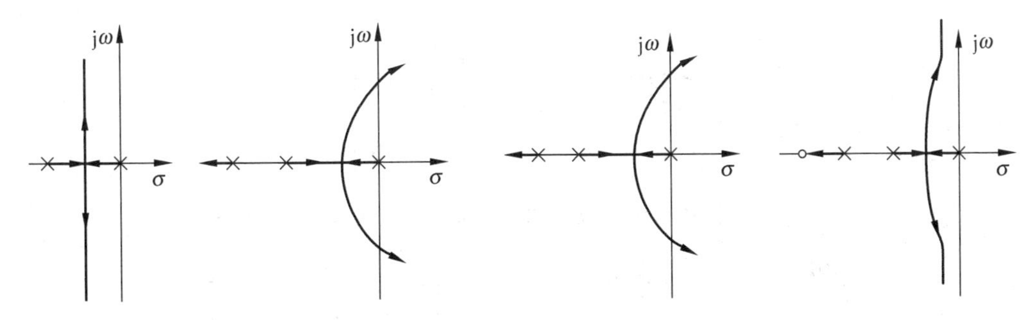

图 8-21 分母加入一阶环节对根轨迹的影响　　图 8-22 分子加入一阶环节对根轨迹的影响

加入局部硬反馈（即比例反馈），如图 8-23 所示系统，通常使系统稳定裕量增加，提高系统相对稳定性，而放大倍数有所降低。反馈 α 后根轨迹的变化如图 8-24 所示。

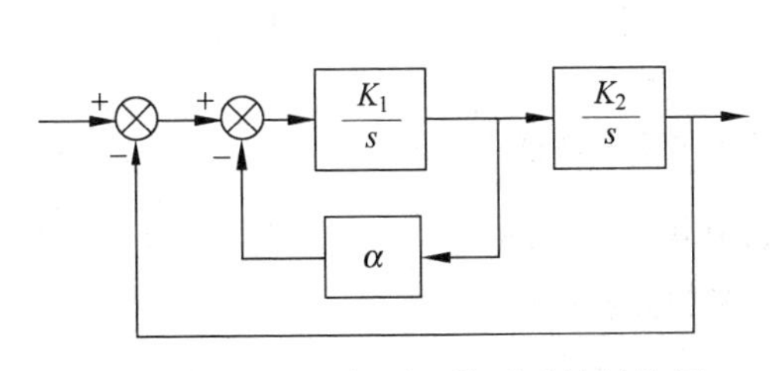

图 8-23 加入局部硬反馈后系统结构图

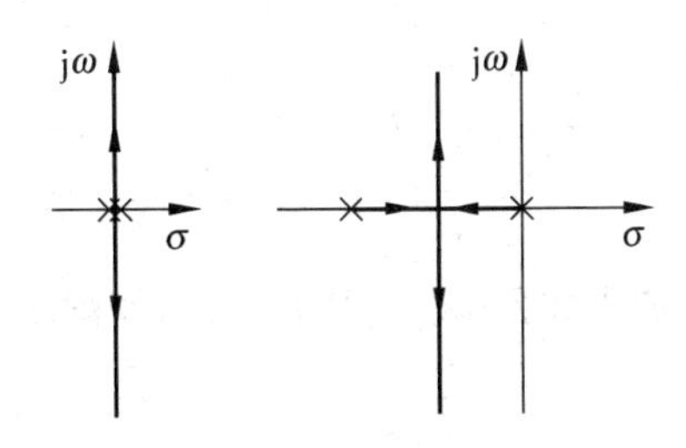

图 8-24 加入局部硬反馈后根轨迹变化图

加入局部软反馈（即近似微分反馈），如图 8-25 所示系统，通常也使系统稳定裕量增加，提高系统相对稳定性，过渡过程完成后，反馈不起作用，不影响放大倍数及静态精度。反馈后根轨迹的变化如图 8-26 所示。

加入比例-积分(PI)校正，如图 8-27 所示，其中，$a>0$，$K>0$，$K_1>0$。此时，

$$G(s)H(s)=\frac{5K(s+K_1)}{s^2(s+a)}$$

其系统性能与积分参数有关，如图 8-28 所示。当不加 PI 校正时，其根轨迹如图 8-28(a)所

示。当加入 PI 校正时,其根轨迹与积分参数关系很大。当 $K_{\mathrm{I}}<a$ 时,其根轨迹如图 8-28(b)所示,其特征根均在 s 左半平面,过渡过程前段,积分基本不起作用,超调小,相对稳定性改善;过渡过程后段,积分起作用,消除斜坡函数输入下的稳态误差。当 $K_{\mathrm{I}}=a$ 时,其根轨迹如图 8-28(c)所示,其特征根均在虚轴上,系统为临界稳定,输出为等幅振荡。当 $K_{\mathrm{I}}>a$ 时,其根轨迹如图 8-28(d)所示,其特征根进入 s 右半平面,系统不稳定,输出为振荡发散。

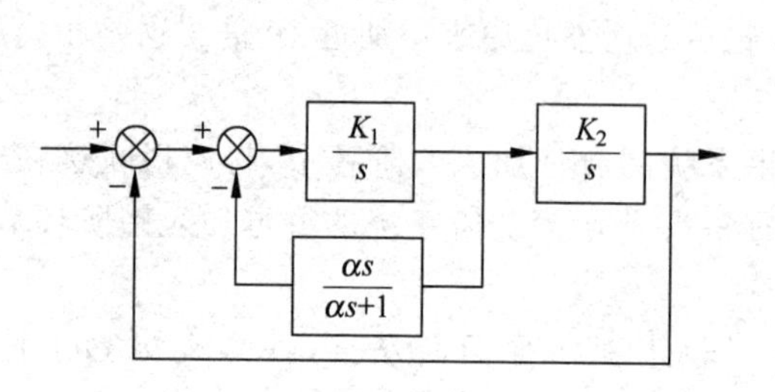

图 8-25 加入局部软反馈后系统结构图

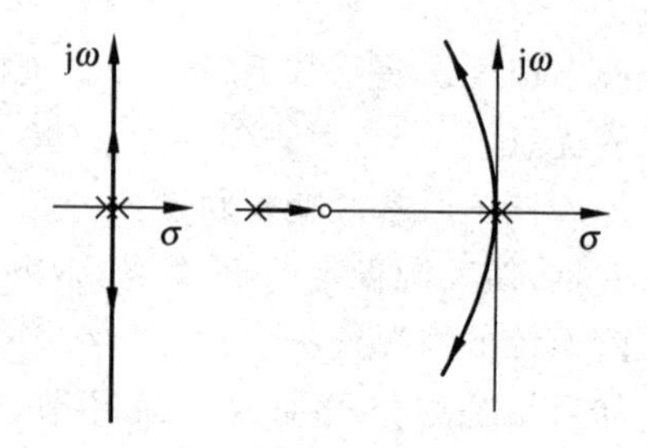

图 8-26 加入局部软反馈后根轨迹变化图

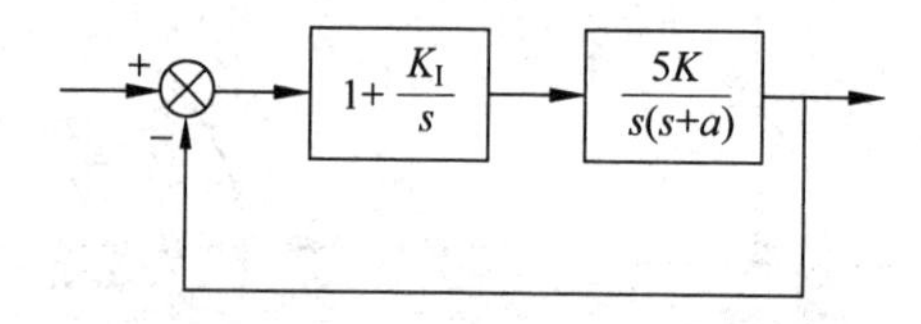

图 8-27 加入比例-积分校正后系统结构图

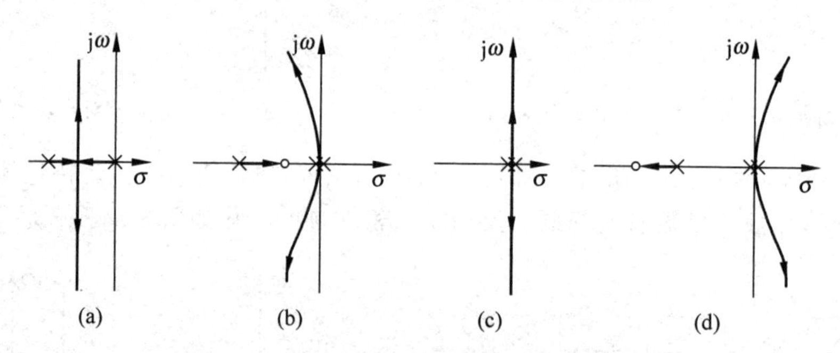

图 8-28 加入比例-积分校正后根轨迹变化图

加入比例-微分(PD)校正,如图 8-29 所示,其中,$a>0$,$K>0$,$K_{\mathrm{D}}>0$。此时,

$$G(s)H(s)=\frac{5K(K_{\mathrm{D}}s+1)}{s(s+a)}$$

其系统性能与微分参数有关,但都是稳定的。当 $K_{\mathrm{D}}<\dfrac{1}{a}$ 时,其根轨迹如图 8-30(a)所示,系统相对稳定性改善;当 $K_{\mathrm{D}}>\dfrac{1}{a}$ 时,其根轨迹如图 8-30(b)所示,系统相对稳定性不仅改善,而且系统输出将没有超调。

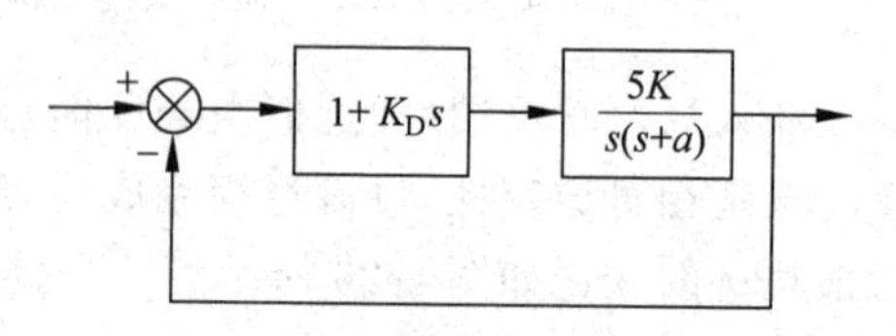

图 8-29 加入比例-微分校正后系统结构图

根轨迹法的基本思路是在已知开环零极点分布的基础上,依据根轨迹法则,确定闭环零

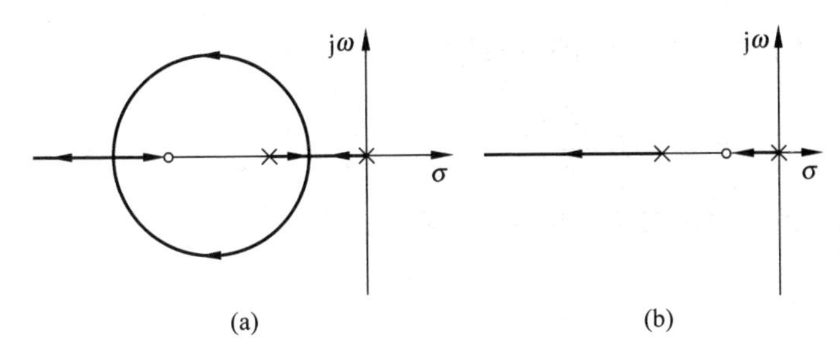

图 8-30 加入比例-微分校正后根轨迹变化图

极点的分布。再利用主导极点与偶极子的概念，对系统的阶跃响应进行定性分析和定量估算。

利用根轨迹法，能较方便地确定高阶系统中某个参数变化时闭环极点分布的规律，形象地看出参数对系统动态过程的影响，特别是可以看到增益变化的影响，同时也能看出加入超前校正、滞后校正对根轨迹的影响，以便可以借此大致确定校正参数。应该指出，我们只介绍了一些简单系统的根轨迹画法，对于高阶复杂系统，根轨迹图的制作仍是很麻烦的，因此它的应用受到了限制。工程技术人员主要用频率法进行设计，而用根轨迹的概念来定性分析系统，指导设计和调试。但近年来，由于计算机辅助分析技术的飞速发展，复杂系统的根轨迹也很容易画出，并且可用打印机打印出来，这就给根轨迹的应用提供了先进的技术手段，使根轨迹法也获得了较广泛的应用。

8.6 借助 MATLAB 进行系统根轨迹分析

8.6.1 根轨迹的相关函数

通常采用下列 MATLAB 命令画根轨迹

```
rlocus(num,den)
```

利用该命令，可以在屏幕上得到根轨迹图。增益向量 K 自动被确定。命令 rlocus 既适用于连续系统，也适用于离散时间系统。

对于定义在状态空间内的系统，其命令为

```
rlocus(A,B,C,D)
```

在画根轨迹时，可通过命令标上符号“o”或“x”以表示零点或极点，此时需要采用下列命令：

```
r = rlocus(num,den)
plot(r,'o')or plot(r,'x')
```

此外，MATLAB 在绘图命令中还包含自动轴定标功能。

利用 rlocfind()函数可以显示根轨迹上任意一点的相关数值，以此判断对应根轨迹增益下闭环系统的稳定性。

8.6.2 利用MATLAB进行系统根轨迹分析

例 8-12 对于系统传递函数 $\dfrac{X_o(s)}{X_i(s)}=\dfrac{K}{s(s+2)(s+5)}$，绘制其根轨迹图，并求出根轨迹上任意一点对应的根轨迹增益与其他闭环极点。

写如下程序：

```
num = [1];
den1 = [1,2,0];
den2 = [1,5];
den = conv(den1,den2)
rlocus(num,den)
v = [ - 10 10  - 10 10]; axis(v)
[k,p] = rlocfind(num,den)
```

执行程序时，会先在画图窗口绘制根轨迹，并有一十字光标，在根轨迹上单击时，会在命令窗口显示此点的根轨迹增益和所有闭环极点，并在根轨迹图上标识。

例如，把十字光标移动到根轨迹与虚轴交点 A 处并单击(见图 8-31)，在命令窗口会显示：

```
selected_point =

  0.0237 + 3.1988i
k =
  72.1116
p =
 - 7.0355
  0.0177 + 3.2015i
  0.0177 - 3.2015i
```

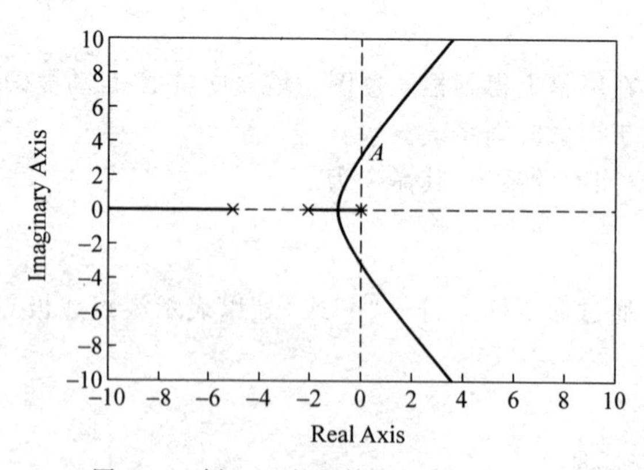

图 8-31 例 8-12 的根轨迹图(A 点处理)

说明临界根轨迹增益为 72；位于虚轴上的极点为±3.2j，另一个极点为−7，所以系统临界稳定。

再输入一次[k,p]=rlocfind(num,den)，并把光标移动到 B 点并单击，画图窗口显示

图 8-32，命令窗口显示：

```
selected_point =
   - 6.3270 - 0.0311i
k =
  36.3411
p =
   - 6.3273
 - 0.3364 + 2.3728i
 - 0.3364 - 2.3728i
```

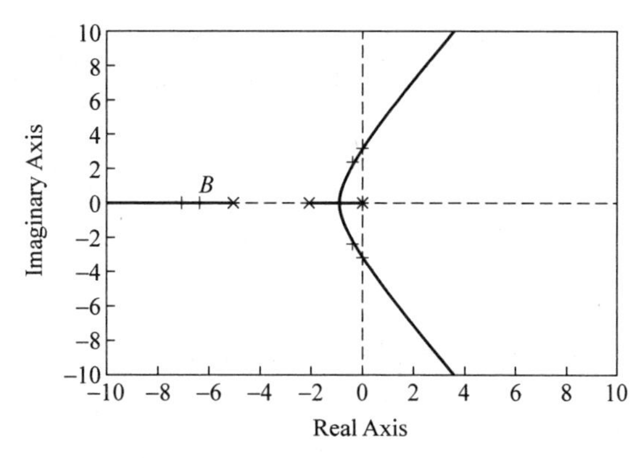

图 8-32 例 8-12 的根轨迹图（B 点处理）

说明 B 点处的根轨迹增益为 36，另两个闭环极点为 $-0.3364\pm2.3728\mathrm{j}$，系统稳定。

例题及习题

本章要求学生掌握根轨迹法的基本概念和绘制根轨迹图的基本法则，学会绘制简单系统的根轨迹图，并能根据根轨迹图对系统稳定性进行分析。

例题

1. 试证明例图 8-1(a)所示系统的根轨迹图的一部分为圆，并确定圆心及半径。

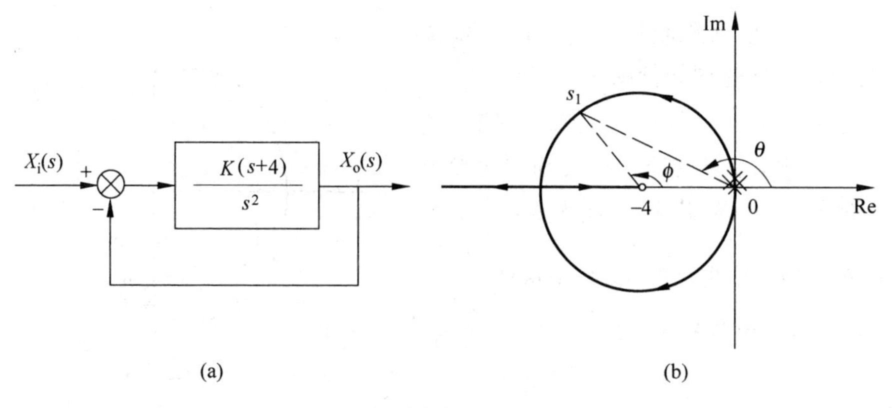

例图 8-1

证：该系统开环传递函数的零点为-4，极点为0。

根据绘制根轨迹图的基本法则，可定性确定该系统根轨迹图有大致例图8-1(b)的形状。

在根轨迹的曲线部分任设一点$s_1=-\sigma+\mathrm{j}\omega$，由根轨迹的相角条件，应有

$$\phi-2\theta=\pm\pi$$

这里，

$$\tan\phi=-\frac{\omega}{\sigma-4},\quad \tan\theta=-\frac{\omega}{\sigma}$$

即

$$\phi=\arctan\left(-\frac{\omega}{\sigma-4}\right),\quad \theta=\arctan\left(-\frac{\omega}{\sigma}\right)$$

则有

$$\arctan\left(-\frac{\omega}{\sigma-4}\right)-2\arctan\left(-\frac{\omega}{\sigma}\right)=\pm\pi$$

即

$$\arctan\left(-\frac{\omega}{\sigma-4}\right)=\pm\pi+2\arctan\left(-\frac{\omega}{\sigma}\right)$$

两边取正切，得

$$-\frac{\omega}{\sigma-4}=\frac{2\left(-\frac{\omega}{\sigma}\right)}{1-\left(-\frac{\omega}{\sigma}\right)^2}$$

整理，得

$$(\sigma-4)^2+\omega^2=4^2$$

可见，该系统根轨迹的一部分为圆心在$(-4,\mathrm{j}0)$点、半径为4的圆。

2. 某单位反馈系统的开环传递函数为$G(s)=\dfrac{K(s+2)}{s^2+2s+3}$，试求闭环根轨迹图的起始角大小。

解：该系统开环传递函数的极点为$-1\pm\mathrm{j}\sqrt{2}$，零点为-2。根据绘制根轨迹图的基本法则，可定性画出根轨迹图如例图8-2所示。

在无限靠近极点$-1+\mathrm{j}\sqrt{2}$的根轨迹图上选一点s_1，则s_1与零极点的连线和实轴方向形成的角度分别为θ_1、θ_2、ϕ，其中θ_1即为起始角。

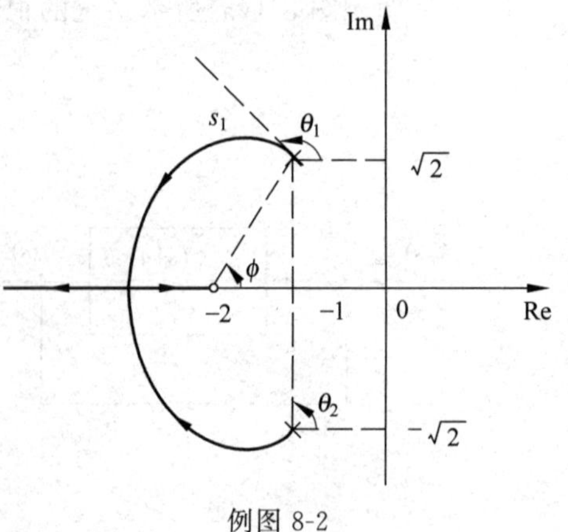

例图8-2

由例图8-2可见，$\theta_2=90°$，$\phi=\arctan\dfrac{\sqrt{2}}{2-1}\approx 55°$，根据根轨迹的相角条件，有

$$\phi-\theta_1-\theta_2=-180°$$

则起始角

$$\theta_1=180°+\phi-\theta_2=180°+55°-90°=145°$$

习题

8-1 已知开环零点 z，极点 p，试概略画出相应的闭环根轨迹图。

(1) $z=-2,-6,p=0,-3$；

(2) $z=-2,-4,p=0,-6$；

(3) $p_1=-1,p_{2,3}=-2\pm j1$；

(4) $z=-6,-8,p=0,-3$；

(5) $p=0,-2,z=-4\pm j4$；

(6) $p=0,-1,-5,z=-4,-6$。

8-2 设单位反馈系统开环传递函数为

$$G(s)=\frac{K^*(s+z)}{s(s+p)},\quad z>p>0$$

试作 K^* 由 $0\sim+\infty$ 时的闭环根轨迹，证明其轨迹是圆(除实轴的根轨迹之外)，并求圆心和半径。

8-3 设单位反馈开环传递函数为 $G(s)=\dfrac{K^*(s+5)}{s(s+2)(s+3)}$，要求确定分离点坐标，大致画出闭环根轨迹。

8-4 已知系统开环传递函数为 $G(s)=\dfrac{K}{s(0.05s^2+0.4s+1)}$，试作 K 从 $0\to+\infty$ 时闭环根轨迹图。

8-5 设系统的闭环特征方程为 $s^2(s+a)+K(s+1)=0$，当 a 取不同值时，系统的根轨迹($0<K<+\infty$)是不相同的。试分别作出 $a>1,a=1,a<1,a=0$ 时的根轨迹图。

8-6 设单位负反馈控制系统的开环传递函数为 $G(s)=\dfrac{K^*(s+2)}{s(s+1)(s+3)}$。

(1) 作 K^* 从 $0\to+\infty$ 时的闭环根轨迹图；

(2) 求当 $\zeta=0.707$ 时闭环的一对主导极点，并求其 K 值。

8-7 已知单位负反馈控制系统的开环传递函数为 $G(s)=\dfrac{1}{4}\dfrac{(s+a)}{s^2(s+1)}$，试作以 a 为参量的根轨迹图(a 从 $0\to+\infty$)。

8-8 设系统方块图如题图 8-8 所示。

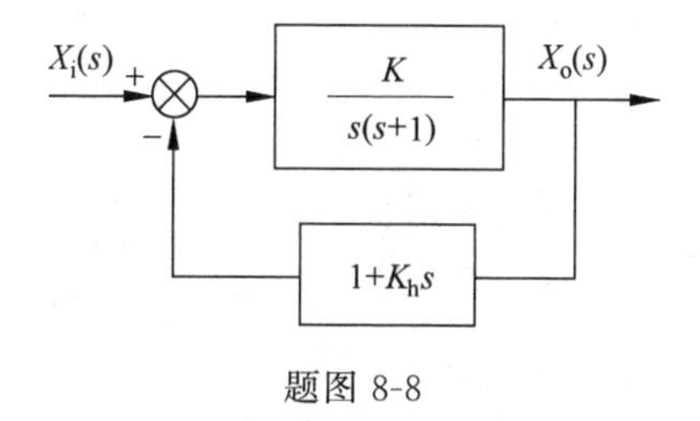

题图 8-8

(1) 绘制 $K_h=0.5$ 时，K 从 $0\to+\infty$ 时的闭环根轨迹图；

(2) 求 $K_h=0.5,K=10$ 时的系统闭环极点与对应的 ζ 值；

(3) 绘制 $K=1$ 时,K_h 从 $0\to+\infty$ 时的参量根轨迹图;

(4) 当 $K=1$ 时,分别求 $K_h=0,0.5,4$ 的阶跃响应指标 M_p 和 t_s,并讨论 K_h 的大小对系统动态性能的影响。

8-9 设单位反馈控制系统的前向传递函数为 $G(s)=\dfrac{10}{s(s+2)(s+8)}$,试设计一校正装置,使静态速度误差系数 $K_v=80\ \mathrm{s}^{-1}$,并使闭环主导极点位于 $s=-2\pm \mathrm{j}2\sqrt{3}$。

8-10 已知单位反馈控制系统的前向传递函数为 $G(s)=\dfrac{K^*}{s(s+1)(s+2)(s+8)}$,为了使系统闭环主导极点具有阻尼比 $\zeta=0.5$,试确定 K 值(K 为系统开环增益,即 K_v 值)。

计算机控制系统

利用计算机代替常规的模拟控制器，使它成为控制系统的一个组成部分，这种有计算机参加控制的系统简称为计算机控制系统。计算机闭环控制是以自动控制理论与计算机技术为基础的，目前控制系统都在向基于计算机控制的方向发展。计算机闭环控制系统与通常的闭环连续控制系统的主要差别在于，控制规律是由计算机来实现的。使用计算机作控制器具有很多优点，可以避免模拟电路实现的许多困难。由于计算机发展很快，具有很强的计算、比较及存储信息的能力，因此它可以实现过去的连续控制难以实现的更为复杂的控制规律，如非线性控制、逻辑控制、自适应控制和自学习控制等。在计算机控制器中，精度和器件漂移的问题得到有效解决，还可获得友好的用户界面。

本章主要介绍计算机控制系统的组成、基本的离散系统理论和常用的计算机控制设计方法。

9.1 计算机控制系统概述

9.1.1 计算机控制系统的组成

计算机控制系统由硬件与软件两大部分组成。

硬件部分主要由工作于离散状态下的数字计算机，工作于连续状态下的被控对象，以及连接这两部分的模-数(A/D)转换器、数-模(D/A)转换器及实时时钟所组成。图9-1为单输入-单输出计算机控制系统的硬件框图。

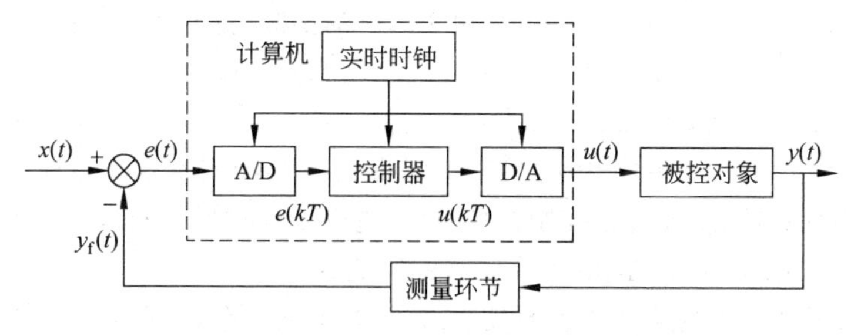

图9-1 计算机控制系统硬件框图

A/D转换器的功能是把模拟信号转换为计算机能接收的数字信号；D/A转换器的功

能是把数字信号转换为被控对象能接收的模拟信号;实时时钟产生脉冲序列,可作采样信号。

计算机通过软件实现所设计的控制规律,软件流程如图9-2所示。

数字控制系统的功能为:在数字计算机控制下,每经过一定的时间间隔T(即采样周期),对模拟偏差信号进行采样,由A/D转换器转换成数字量送入计算机中,计算机根据这些数字信息按预定的控制规律(数学模型)进行运算后求得控制量输出,由D/A转换器转换成模拟量送到被控对象,使系统的特性达到预定的指标。

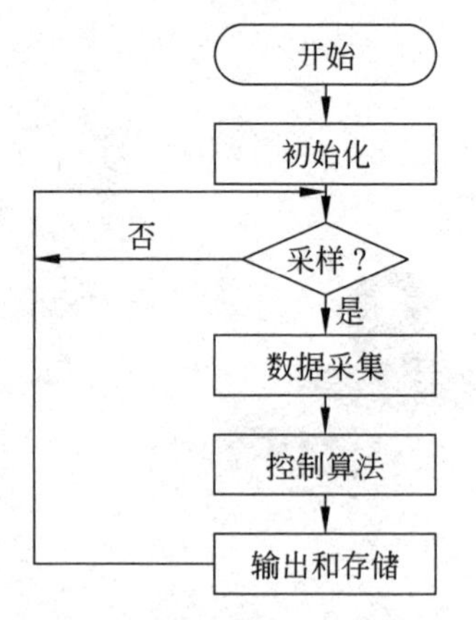

图9-2 计算机控制系统软件流程

9.1.2 计算机内信号的处理和传递过程

图9-1中计算机内信号的处理和传递过程如图9-3所示。其中,

$$e(t)=x(t)-y_f(t) \tag{9-1}$$

$e(t)$是模拟偏差信号。

$$e^*(t)=\begin{cases}e(t), & t=kT,k=0,1,2,\cdots\\0, & \text{其他}\end{cases} \tag{9-2}$$

$e^*(t)$是$e(t)$经过采样后得到的离散模拟偏差信号(离散模拟信号又称为采样信号,指在时间上离散、幅值上连续的信号),它只取采样时刻$t=kT$时的$e(t)$值。保持器用来对离散模拟信号外推,并保持一段时间τ,采样时间τ是足够短的时间。

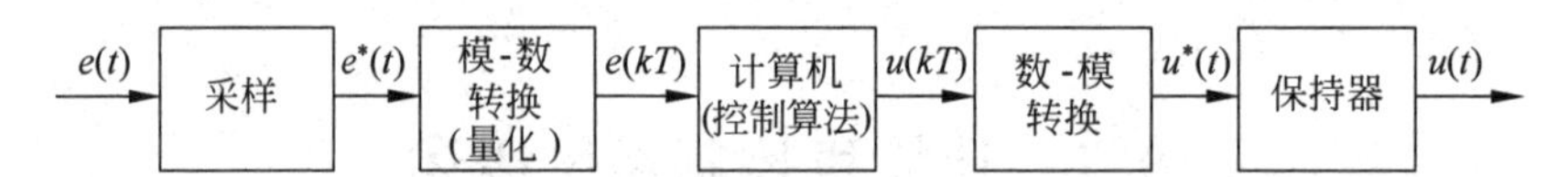

图9-3 计算机内信号的处理和传递过程

$e(kT)$是经过量化的偏差信号,是时间和幅值均离散的数字信号。转换的精度取决于A/D转换器的位数,当位数足够多时,转换可以达到足够高的精度。从模拟偏差信号$e(t)$变成量化后的数字偏差信号$e(kT)$是由A/D转换器来完成的,A/D转换器送给计算机处理的是一个时间序列,记为$\{e(kT)\}$。

$u(kT)$是计算机按一定控制算法计算出的数字控制信号。一般情况下,$u(kT)$是$e(kT),e(kT-T),\cdots,u(kT-T),u(kT-2T),\cdots$的函数(见9.4节),记为

$$u(kT)=f[e(kT),e(kT-T),\cdots,u(kT-T),u(kT-2T),\cdots] \tag{9-3}$$

函数关系$f(\cdot)$是由控制算法决定的。

$u(t)$是模拟控制信号。它是由$u(kT)$先经过D/A转换器变成离散模拟量$u^*(t)$。离散模拟量是一系列脉冲,不能直接控制被控对象,进一步经过保持器作时间外推变换成模拟量$u(t)$。从$u(kT)$变成$u(t)$是由D/A转换器完成的。

图9-3显示了计算机内信号的主要处理过程,即采样、量化、运算和保持。采样和量化由A/D转换器完成,运算在计算机的中央处理器内进行,而计算机输出信号经D/A转换器通常在采样间隔内保持恒定不变。

1. 采样

设采样开关每隔一定时间 T(即采样周期)闭合一次,闭合时间为 τ,则模拟信号 $e(t)$经采样开关后的输出为离散模拟信号 $e^*(t)$,它是一个采样脉冲序列。连续信号通过采样开关后变成离散脉冲序列的过程称为采样过程。下面从时域、频域两方面对采样过程进行分析并予以数学描述。

1）时域描述

为了说明采样的基本原理,引入理想采样器的概念。理想采样器是一种数学抽象,为数学分析提供了方便。在理想情形下,采样时间 $\tau\to0$。图 9-4(a)给出了理想采样器的符号,图 9-4(b)把采样过程看成是信号 $e(t)$被单位脉冲链 $\delta_T(t)$调制的过程,并表示出采样器各处的信号形状。对应连续系统的 δ 函数(狄拉克 δ 函数),定义离散系统的单位脉冲函数(克罗内克 δ 函数)为

$$\delta(i)=\begin{cases}1, & i=0\\0, & i\neq0\end{cases}\tag{9-4}$$

且

$$\sum_{i=-\infty}^{+\infty}\delta(i)=1\tag{9-5}$$

及单位脉冲序列

$$\delta_T(t)=\sum_{k=0}^{+\infty}\delta(t-kT)\tag{9-6}$$

符号 $\sum$ 在这里表示集合的意思,代表一串冲激。从数学上讲,采样信号 $e^*(t)$ 可以看成是 $e(t)$ 和 $\delta_T(t)$ 的乘积, 即

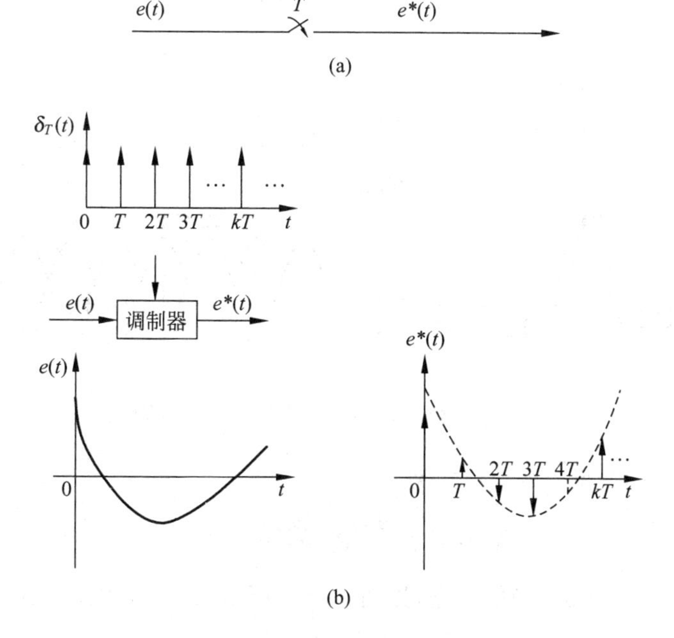

图 9-4　理想采样器

$$e^*(t)=e(t)\sum_{k=0}^{+\infty}\delta(t-kT)=\sum_{k=0}^{+\infty}e(kT)\delta(t-kT) \tag{9-7}$$

它成为一个新的冲激序列,在 $t=kT$ 时刻的冲激冲量为 $e(kT)$,而 $\delta(t-kT)$ 就表示冲激发生的时刻。以上分析说明,理想采样器的工作过程是把输入的连续信号 $e(t)$ 变成一串冲激 $e^*(t)$,每个冲激在 $t=kT$ 时刻的面积或强度等于 $e(kT)$。

2) 频域描述

设连续信号 $e(t)$ 的傅里叶变换存在,即

$$E(\mathrm{j}\omega)=\int_{-\infty}^{+\infty}e(t)\mathrm{e}^{-\mathrm{j}\omega t}\mathrm{d}t \tag{9-8}$$

称 $E(\mathrm{j}\omega)$ 为模拟信号 $e(t)$ 的频谱。设其具有图 9-5(a)所示的形式。

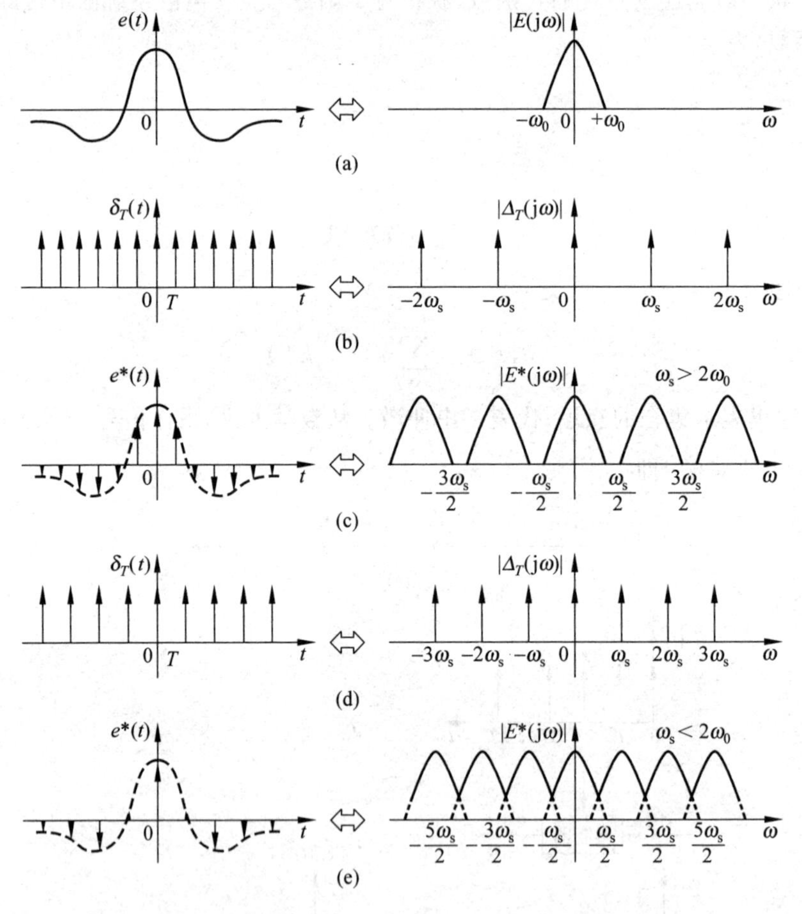

图 9-5 连续信号 $e(t)$ 与采样信号 $e^*(t)$ 的频谱

单位冲激序列的傅里叶变换形式为

$$\Delta_T(\mathrm{j}\omega)=\frac{1}{T}\sum_{k=-\infty}^{+\infty}\delta(\mathrm{j}\omega-\mathrm{j}k\omega_s) \tag{9-9}$$

称 $\Delta_T(\mathrm{j}\omega)$ 为单位冲激串 $\delta_T(t)$ 的频谱,见图 9-5(b)所示,式(9-9)中,ω_s 为采样角频率:

$$\omega_s=2\pi/T \tag{9-10}$$

由式(9-7)可知,经理想采样开关后的输出 $e^*(t)$ 为 $e(t)$ 与 $\delta_T(t)$ 之积,即

$$e^*(t)=e(t)\delta_T(t) \tag{9-11}$$

根据卷积定理,采样信号 $e^*(t)$的傅里叶变换 $E^*(\mathrm{j}\omega)$为

$$E^*(\mathrm{j}\omega)=E(\mathrm{j}\omega)*\Delta_T(\mathrm{j}\omega)=\frac{1}{T}\sum_{k=-\infty}^{+\infty}E(\mathrm{j}\omega-\mathrm{j}k\omega_s) \tag{9-12}$$

称 $E^*(\mathrm{j}\omega)$为 $e^*(t)$的频谱,如图 9-5(c)和(e)所示。

图 9-5 中,ω_0 为模拟输入信号 $e(t)$具有的上限频率,图 9-5(c)和(e)分别为 $\omega_s>2\omega_0$ 和 $\omega_s<2\omega_0$ 两种情况下采样信号 $e^*(t)$的频谱曲线。可见:

(1) 理想采样后信号 $e^*(t)$的频谱 $E^*(\mathrm{j}\omega)$是由与 $E(\mathrm{j}\omega)$相似的主分量及每经 ω_s 重复一次的辅分量组成;

(2) $E^*(\mathrm{j}\omega)$与采样周期 T 有关。

香农(Shannon)和奈奎斯特(Nyquist)曾指出,一个采样后的离散信号能恢复为原连续信号的条件是采样频率要高于信号中最高频率的 2 倍。

信号采样

采样定理:如果连续信号 $e(t)$的上限频率是 ω_0,则当采样角频率 $\omega_s>2\omega_0$ 时,此信号完全可由其等周期采样点上的值所唯一确定。这时应用插值公式

$$e(t)=\sum_{k=-\infty}^{+\infty}e(kT)\frac{\dfrac{\sin\omega_s(t-kT)}{2}}{\dfrac{\omega_s(t-kT)}{2}} \tag{9-13}$$

就能由采样信号计算出原来的连续信号 $e(t)$。一般把 $\omega_N=\dfrac{\omega_s}{2}$称为奈奎斯特频率。

从图 9-5(c)和(e)可以看出:当奈奎斯特频率 $\omega_N<\omega_0$ 时,频谱$|E^*(\mathrm{j}\omega)|$的曲线要发生频率混叠,它就不能完全保存原$|E(\mathrm{j}\omega)|$的曲线形状;如果奈奎斯特频率 $\omega_N>\omega_0$,则$|E(\mathrm{j}\omega)|$曲线形状完全被$|E^*(\mathrm{j}\omega)|$所保存,换句话说,这时由 $e^*(t)$能完全恢复出 $e(t)$。

采样周期 T 应满足采样定理的要求,否则会出现混叠现象。在控制系统中,夹杂噪声的信号通常包含很高的频率,由于设备限制有时难以采用较高的采样速率,而对系统有用的信号主要是低频信号,则在信号采样之前可先通过一个前置低通滤波器来滤掉高频噪声分量。

2. 量化

信号量化

量化是指把离散的模拟信号 $e^*(t)$转变成数字信号 $e(kT)$的过程,其函数关系如图 9-6 所示。量化的精度取决于 A/D 转换器的位数,当位数足够多时,转换可以达到足够高的精度。

转换器最低位代表的数值称为量化单位 δ:

$$\delta=\frac{y^*_{\max}-y^*_{\min}}{2^n-1} \tag{9-14}$$

式中,$y^*_{\max}$,$y^*_{\min}$ 分别表示转换器输入的最大值和最小值;n 表示转换器的位数。

由量化引起的误差称为量化误差 ε:

$$\varepsilon=\delta/2 \tag{9-15}$$

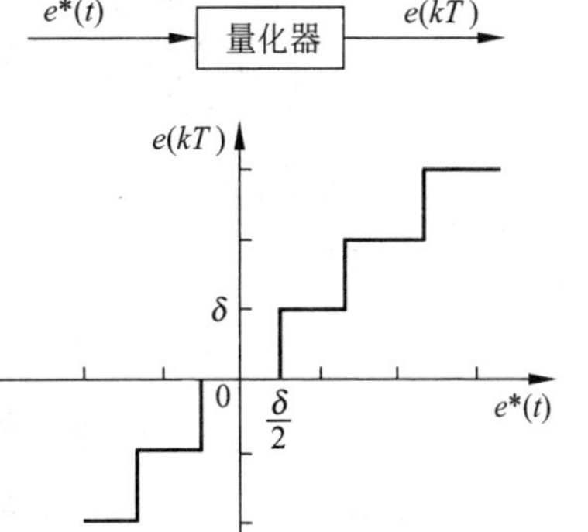

图 9-6 量化

3. 保持

保持是把离散模拟信号 $u^*(t)$转换成模拟信号

$u(t)$的过程,它是采样的逆过程。我们把实现保持作用的电路称为保持器,保持器起外推器的作用,根据过去时刻的离散值,外推出采样点之间的数值。常用的保持器是零阶保持器(zero order holder,ZOH)。

零阶保持器把kT时刻的信号一直保持(外推)到$kT+T$时刻前的瞬间,其外推公式为

$$u(t)=u(kT),\quad kT \leqslant t<(k+1)T \tag{9-16}$$

式中,$u(kT)$可以看成是零阶保持器的输入,而$u(t)$可以看成是零阶保持器的输出,其输入和输出波形关系如图9-7所示。零阶保持器的单位脉冲响应为

$$g_0(t)=1(t)-1(t-T) \tag{9-17}$$

由此可以求得零阶保持器的传递函数为

$$G_0(s)=L[g_0(t)]=\frac{1-\mathrm{e}^{-sT}}{s} \tag{9-18}$$

频率特性函数为

$$G_0(\mathrm{j}\omega)=\frac{1-\mathrm{e}^{-\mathrm{j}\omega T}}{\mathrm{j}\omega}=T\frac{\sin\frac{\omega T}{2}}{\frac{\omega T}{2}}\mathrm{e}^{-\mathrm{j}\frac{\omega T}{2}} \tag{9-19}$$

其幅频特性为

$$|G_0(\mathrm{j}\omega)|=\left|T\frac{\sin\frac{\omega T}{2}}{\frac{\omega T}{2}}\right| \tag{9-20}$$

相频特性为

$$\angle G_0(\mathrm{j}\omega)=-\frac{\omega T}{2} \tag{9-21}$$

因此,零阶保持器是具有低通特性和相角滞后特性的一个环节。

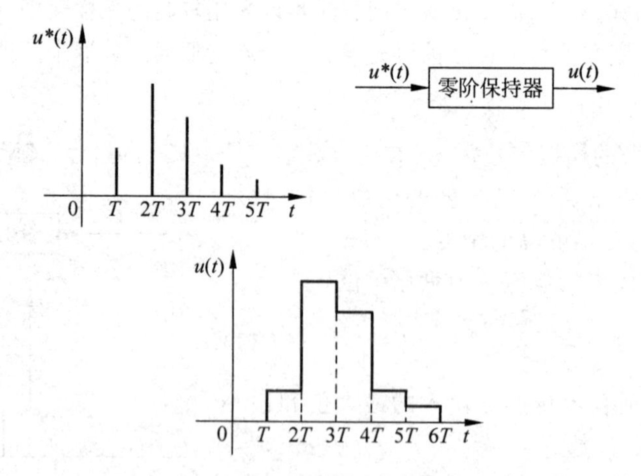

图9-7 零阶保持器的输入和输出波形

9.1.3 计算机控制系统理论

数字信号所固有的时间上离散、幅值上量化的效应,使得计算机控制系统与连续控制系

统在本质上有许多不相同的性质。当采样周期比较小(时间上的离散效应可忽略)以及计算机转换和运算字长比较长(幅值上的量化效应可忽略)时,可以采用连续系统的分析和设计方法来研究计算机控制系统的问题;然而,当采样周期较大(选取较大的采样周期可降低对计算机的要求)以及量化效应不可忽略时,必须有专门的理论来分析和设计计算机控制系统。

计算机控制系统中包含数字环节,即是典型的数字控制系统,对时变非线性的数字环节进行严格分析十分困难。若忽略数字信号的量化效应,则计算机控制系统可看成是采样控制系统。现在我们建立一种表达法来研究采样控制系统。首先把执行器、控制对象用传递函数 $G(s)$来表示,A/D 转换器表示为一个理想的采样器,D/A 转换器表示为一个采样器后接零阶保持器的理想采样保持电路,计算机则表示成一个能把一种冲激调制信号变换成另一种冲激调制信号的系统,计算机中实现的算法用 $D(z)$表示。于是计算机控制系统变成如图 9-8 所示的采样控制系统。采样控制系统中既包含连续信号,也包含采样信号,连续环节由零阶保持器 $G_0(s)$和 $G(s)$组成。

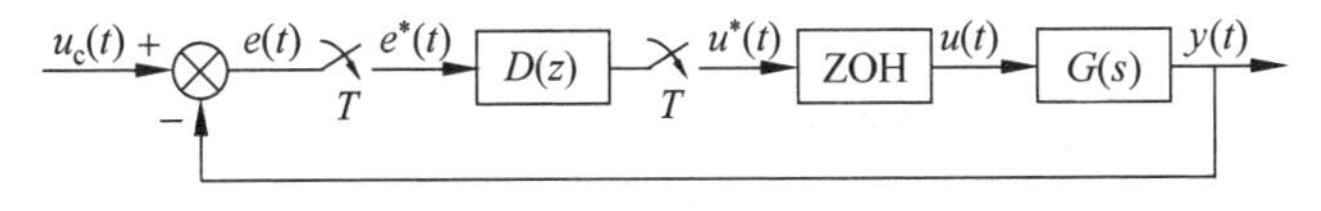

图 9-8 采样控制系统示意图

在采样控制系统中,如果将其中的连续环节离散化,那么整个系统便成为纯粹的离散系统。因此计算机控制系统理论主要包括离散系统理论、采样系统理论及数字系统理论。离散系统理论是计算机控制系统的理论基础,指对离散系统进行分析和设计的各种方法的研究,主要包括差分方程及 Z 变换理论、离散系统的性能分析、离散状态空间理论、以 z 传递函数作为数学模型的离散化设计方法、基于 z 传递函数及离散状态空间模型的极点配置设计方法、最优化设计方法等。

下面主要研究基本的离散系统建模、分析和设计方法。这里要说明一点,我们研究的离散系统的输入-输出信号均为采样信号,为了表示时间的离散性,后面内容我们分别用 $e(kT)$和 $u(kT)$代替 $e^*(t)$和 $u^*(t)$表示采样信号。

9.2 线性离散系统的数学模型

大多数计算机控制系统可以用线性离散系统的数学模型来描述。对于单输入-单输出线性时不变离散系统,人们习惯用线性常系数差分方程或脉冲传递函数来表示。离散系统的线性常系数差分方程和脉冲传递函数分别与连续系统的线性常系数微分方程和传递函数在结构、性质和运算规则上相类似。对于多变量、时变和非线性系统,用状态空间方法处理比较方便。

9.2.1 线性常系数差分方程

线性常系数差分方程是描述线性时不变离散系统的时域表达式。

1. 线性常系数差分方程的表达式

对于单输入-单输出线性时不变离散系统,输入 $u(kT)$和输出 $y(kT)$之间的关系可以用下列线性常系数差分方程来表示：

$$\begin{aligned}&y(kT)+a_1y(kT-T)+\cdots+a_ny(kT-nT)\\&=b_0u(kT)+b_1u(kT-T)+\cdots+b_mu(kT-mT)\end{aligned}\tag{9-22}$$

为书写简便，有时可省略常值 T，将 kT 记为 k。式(9-22)也可以写成如下紧缩的形式：

$$y(kT)+\sum_{i=1}^{n}a_iy(kT-iT)=\sum_{i=0}^{m}b_iu(kT-iT)\tag{9-23}$$

如果引入后移算子 q^{-1}，即

$$q^{-1}y(kT)=y(kT-T)\tag{9-24}$$

则式(9-23)可以写成下列多项式的形式：

$$A(q^{-1})y(kT)=B(q^{-1})u(kT)\tag{9-25}$$

式中，

$$A(q^{-1})=1+a_1q^{-1}+\cdots+a_nq^{-n}$$
$$B(q^{-1})=b_0+b_1q^{-1}+\cdots+b_mq^{-m}$$

式(9-22)、式(9-23)和式(9-25)称为 n 阶线性常系数差分方程。如果式(9-22)右端各阶差分项的系数 $b_i(i=0,1,\cdots,m)$ 全为零，则式(9-22)称为齐次差分方程。齐次差分方程与连续系统中的齐次微分方程类似，表征了线性离散系统在没有外界作用的情况下系统的自由运动，反映了系统本身的物理特性。如果式(9-22)右端各阶差分项的系数不全为零，即差分方程中包含输入作用，则式(9-22)称为非齐次差分方程。

2. 线性常系数差分方程的解法

线性常系数差分方程的解法主要有迭代法、古典法和变换法。

1) 迭代法

迭代法是指如果已知差分方程和输入序列，并且给出输出序列的初始值，就可以利用差分方程的迭代关系逐步计算出所需要的输出序列。迭代法的优点是便于计算机运算，缺点是不能得到完整的数学解析式。

例 9-1 已知差分方程 $y(kT)+y(kT-2T)=u(kT)+2u(kT-T)$ 的输入序列为 $u(kT)=\begin{cases}k,k\geqslant 0\\0,k<0\end{cases}$，初始条件为 $y(0)=y(T)=0$，试用迭代法求解差分方程。

解：逐步以 $k=2,3,4,\cdots$ 代入差分方程，则有

$$y(2T)+y(2T-2T)=u(2T)+2u(2T-T)$$
$$y(2T)=-0+2+2\times1=4$$
$$y(3T)+y(3T-2T)=u(3T)+2u(3T-T)$$
$$y(3T)=-0+3+2\times2=7$$
$$y(4T)+y(4T-2T)=u(4T)+2u(4T-T)$$
$$y(4T)=-4+4+2\times3=6$$
$$\vdots$$

即 $y(0)=0,\quad y(T)=0,\quad y(2T)=4,\quad y(3T)=7,\quad y(4T)=6,\quad \cdots$

利用迭代法可以得到任意 kT 时刻的输出序列 $y(kT)$。

2）古典法

线性常系数差分方程的全解 $y(kT)$ 由齐次方程的通解 $y_1(kT)$ 和非齐次方程的特解 $y_2(kT)$ 两部分组成，即

$$y(kT)=y_1(kT)+y_2(kT) \tag{9-26}$$

其中，特解 $y_2(kT)$ 可用试探法求出。

与式(9-22)对应的齐次方程为

$$y(kT)+a_1y(kT-T)+\cdots+a_ny(kT-nT)=0 \tag{9-27}$$

通解具有 Aq^k 的形式，代入式(9-27)，有

$$Aq^k+a_1Aq^{k-1}+\cdots+a_nAq^{k-n}=0 \tag{9-28}$$

由于 $Aq^k\neq0$，对上式两边乘以 q^n，除以 Aq^k，可得

$$q^n+a_1q^{n-1}+\cdots+a_n=0 \tag{9-29}$$

式(9-29)称为式(9-22)的特征方程。设 $q_i(i=1,2,\cdots,n)$ 为特征方程的根，根据特征根 q_i 的不同情况，齐次方程的通解形式也不同。如果特征根各不相同(无重根)，即当 $i\neq j$ 时，$q_i\neq q_j$，$i,j=1,2,\cdots,n$，则差分方程的通解为

$$y_1(kT)=A_1q_1^k+A_2q_2^k+\cdots+A_nq_n^k=\sum_{i=1}^{n}A_iq_i^k \tag{9-30}$$

式中，$A_i(i=1,2,\cdots,n)$ 为待定系数，由 $y(kT)$ 的 n 个初始条件确定。

在有重根的情况下，通解的形式将有所不同。假设 q_i 是特征方程的 l 重根，那么在通解中相应于 q_i 的部分将有 l 项，即

$$A_1k^{l-1}q_i^k+A_2k^{l-2}q_i^k+\cdots+A_lq_i^k=\sum_{j=1}^{l}A_jk^{l-j}q_i^k \tag{9-31}$$

综上所述，如果假设 n 阶差分方程的特征方程具有 r 个不同的根 $q_i(i=1,2,\cdots,r)$，q_i 的阶数为 l_i（$l_i=1$ 时为单根），$\sum_{i=1}^{r}l_i=n$，则差分方程的通解为

$$y_1(kT)=\sum_{i=1}^{r}\sum_{j=1}^{l_i}A_{ij}k^{l_i-j}q_i^k \tag{9-32}$$

式中，$A_{ij}(i=1,2,\cdots,r;\ j=1,2,\cdots,l_i)$ 为待定系数，由 $y(kT)$ 的 n 个初始条件确定。

特解用试探法求出，与几种典型输入信号对应的特解形式见表 9-1。

表 9-1 几种典型输入信号对应的特解形式

<table>
<tr><th colspan="3">输入信号 $u(kT)$</th><th>输出响应的特解 $y_2(kT)$</th></tr>
<tr><td colspan="3">k^m</td><td>$B_1k^m+B_2k^{m-1}+\cdots+B_{m+1}$</td></tr>
<tr><td rowspan="3">α^k</td><td colspan="2">α 不是差分方程的特征根</td><td>$B\alpha^k$</td></tr>
<tr><td rowspan="2">α 是差分方程的特征根之一</td><td>相异根</td><td>$B_1k\alpha^k+B_2\alpha^k$</td></tr>
<tr><td>$m-1$ 次重根</td><td>$B_1k^{m-1}\alpha^k+B_2k^{m-2}\alpha^k+\cdots+B_m\alpha^k$</td></tr>
</table>

差分方程的古典解法步骤可归纳如下：

(1) 求齐次差分方程的通解 $y_1(kT)$；

(2) 求非齐次差分方程的一个特解 $y_2(kT)$；

(3) 差分方程的全解为 $y(kT)=y_1(kT)+y_2(kT)$;

(4) 利用 n 个已知的初始条件或用迭代法求出的初始条件确定通解中的 n 个待定系数。

例 9-2 考虑二阶差分方程

$$y(kT+2T)-3y(kT+T)+2y(kT)=3^k, \quad y(0)=y(T)=0$$

试用古典法求解差分方程。

解:特征方程为

$$q^2-3q+2=(q-1)(q-2)=0$$

其特征根为 $q_1=1$ 和 $q_2=2$。这时 $n=r=2, l_1=l_2=1$。

齐次方程的通解为

$$y_1(kT)=A_1+A_2\times 2^k$$

设差分方程特解为 $y_2(kT)=B\times 3^k$,代入差分方程试探得

$$B(3^{k+2}-3\times 3^{k+1}+2\times 3^k)=3^k$$

求出 $B=\frac{1}{2}$。

差分方程的全解为

$$y(kT)=A_1+A_2\times 2^k+\frac{1}{2}\times 3^k$$

代入初始条件,得

$$\begin{cases} A_1+A_2+\frac{1}{2}=0 \\ A_1+2A_2+\frac{3}{2}=0 \end{cases}$$

求出 $A_1=\frac{1}{2}$ 和 $A_2=-1$。因而非齐次差分方程的全解为

$$y(kT)=\frac{1}{2}-2^k+\frac{1}{2}\times 3^k, \quad k\geqslant 0$$

例 9-3 考虑三阶差分方程

$$y(kT+3T)-5y(kT+2T)+8y(kT+T)-4y(kT)=0$$

初始条件为 $y(0)=-1, y(T)=0, y(2T)=1$,试用古典法求解差分方程。

解:特征方程为

$$q^3-5q^2+8q-4=(q-2)^2(q-1)=0$$

其特征根为 $q_1=2$(二重根)和 $q_2=1$。这时 $n=3, r=2, l_1=2, l_2=1$。

齐次方程的通解为

$$y_1(kT)=A_1k\times 2^k+A_2\times 2^k+A_3$$

该差分方程是一个齐次方程,因此齐次方程的通解也是差分方程的全解,即

$$y(kT)=A_1k\times 2^k+A_2\times 2^k+A_3$$

代入初始条件,得

$$\begin{cases} A_2+A_3=-1 \\ 2A_1+2A_2+A_3=0 \\ 8A_1+4A_2+A_3=1 \end{cases}$$

求出 $A_1=-0.5$，$A_2=2$ 和 $A_3=-3$。因而差分方程的全解为

$$y(kT)=2^{k+1}-k\times 2^{k-1}-3,\quad k\geqslant 0$$

3）变换法

与微分方程的古典解法类似，差分方程的古典解法也比较麻烦。在连续系统中引入拉普拉斯变换以后使得求解复杂的微积分问题变成了简单的代数运算。在求解差分方程时，同样可以采用变换法，引入 Z 变换后，使得求解差分方程变得相对简便。

9.2.2 Z 变换

类似于连续时间函数 $y(t)$ 的拉普拉斯变换 $Y(s)$，对离散时间（采样）序列 $\{y(kT)\}$ 也有相应的 Z 变换 $Y(z)$，这里 z 是一个复变量。Z 变换是离散系统分析与综合的重要工具，通过 Z 变换在复数域内分析问题有时比直接在时域内分析更为简便，其主要局限性是它只能提取采样时刻的幅值信息，不能提供采样间的波动信息。

1. Z 变换的定义

在线性连续系统中，连续时间函数 $y(t)$ 的拉普拉斯变换为 $Y(s)$，同样在线性离散系统中，也可以对采样信号 $y^*(t)$ 作拉普拉斯变换。采样信号 $y^*(t)$ 可描述为

$$y^*(t)=\sum_{k=0}^{+\infty}y(kT)\delta(t-kT) \tag{9-33}$$

对采样信号 $y^*(t)$ 作拉普拉斯变换，得

$$\begin{aligned}Y^*(s)=L[y^*(t)]&=\int_0^{+\infty}\sum_{k=0}^{+\infty}y(kT)\delta(t-kT)\mathrm{e}^{-st}\mathrm{d}t\\&=\sum_{k=0}^{+\infty}y(kT)L[\delta(t-kT)]\\&=\sum_{k=0}^{+\infty}y(kT)\mathrm{e}^{-kTs}\end{aligned} \tag{9-34}$$

令 $z=\mathrm{e}^{Ts}$，则有

$$Y(z)\overset{\text{def}}{=}Y^*(s)=\sum_{k=0}^{+\infty}y(kT)z^{-k} \tag{9-35}$$

$Y(z)$ 可看作是 $y^*(t)$ 的离散拉普拉斯变换或采样拉普拉斯变换。一般称 $Y(z)$ 为离散时间序列 $\{y(kT)\}$ 的 Z 变换，有时也称为 $\{y(kT)\}$ 的像，记作

$$Y(z)=Z[y(kT)] \tag{9-36}$$

$Y(z)$ 是复变量 z 的函数，它被表示成一个无穷级数。如果此级数收敛，则序列的 Z 变换存在。序列 $\{y(kT)\}$ 的 Z 变换存在的条件是式(9-35)所定义的级数是收敛的，即 $\lim\limits_{N\to+\infty}\sum\limits_{k=0}^{N}y(kT)z^{-k}$ 存在。

下面计算几种简单函数的 Z 变换，并列出一个常用的 Z 变换表（表 9-2）。

（1）单位脉冲时间序列

$$\delta(kT)=\begin{cases}1, & k=0\\0, & k\neq 0\end{cases}$$

则

$$Z[\delta(kT)]=1 \tag{9-37}$$

延迟的单位脉冲时间序列

$$\delta(kT-nT)=\begin{cases}1, & k=n>0\\ 0, & 其他\end{cases}$$

则

$$Z[\delta(kT-nT)]=z^{-n} \tag{9-38}$$

表 9-2 拉普拉斯变换与 Z 变换表

$Y(s)$	$y(t)$	$Y(z)$
1	$\delta(t)$	1
e^{-kTs}	$\delta(t-kT)$	z^{-k}
$\frac{1}{s}$	$1(t)$	$\frac{z}{z-1}$
$\frac{1}{s^2}$	t	$\frac{Tz}{(z-1)^2}$
$\frac{1}{s^3}$	$\frac{t^2}{2}$	$\frac{T^2z(z+1)}{2(z-1)^3}$
$\frac{1}{s+a}$	e^{-at}	$\frac{z}{z-e^{-aT}}$
$\frac{1}{(s+a)^2}$	te^{-at}	$\frac{Te^{-aT}z}{(z-e^{-aT})^2}$
$\frac{a}{s(s+a)}$	$1-e^{-at}$	$\frac{z(1-e^{-aT})}{(z-1)(z-e^{-aT})}$
$\frac{\omega}{s^2+\omega^2}$	$\sin\omega t$	$\frac{z\sin\omega T}{z^2-2z\cos\omega T+1}$
$\frac{s}{s^2+\omega^2}$	$\cos\omega t$	$\frac{z^2-z\cos\omega T}{z^2-2z\cos\omega T+1}$
$\frac{\omega}{(s+a)^2+\omega^2}$	$e^{-at}\sin\omega t$	$\frac{ze^{-aT}\sin\omega T}{z^2-2ze^{-aT}\cos\omega T+e^{-2aT}}$
$\frac{s+a}{(s+a)^2+\omega^2}$	$e^{-at}\cos\omega t$	$\frac{z^2-ze^{-aT}\cos\omega T}{z^2-2ze^{-aT}\cos\omega T+e^{-2aT}}$

(2) 单位阶跃时间序列

$$1(kT)=\begin{cases}1, & k\geqslant 0\\ 0, & k<0\end{cases}$$

则

$$Z[1(kT)]=\sum_{k=0}^{+\infty}z^{-k}=\frac{1}{1-z^{-1}} \tag{9-39}$$

(3) 单位斜坡时间序列

$$y(kT)=kT$$

则

$$Z[y(kT)]=T\sum_{k=0}^{+\infty}kz^{-k}=\frac{Tz^{-1}}{(1-z^{-1})^2} \tag{9-40}$$

(4) 衰减指数序列

$$y(kT)=\mathrm{e}^{-akT}$$

则

$$Z[y(kT)]=\sum_{k=0}^{+\infty}\mathrm{e}^{-akT}z^{-k}=\frac{1}{1-\mathrm{e}^{-aT}z^{-1}} \tag{9-41}$$

(5) 指数序列

$$y(kT)=a^k$$

则

$$Z[y(kT)]=\sum_{k=0}^{+\infty}a^kz^{-k}=\frac{1}{1-az^{-1}} \tag{9-42}$$

2. *Z* 变换的性质和定理

Z 变换的性质和定理与拉普拉斯变换的性质和定理很相似，下面介绍几种常用的 Z 变换的性质和定理。设 $X(z)=Z[x(kT)]$，$Y(z)=Z[y(kT)]$。

1) 线性性质

Z 变换是一种线性变换，即

$$Z[\alpha x(kT)+\beta y(kT)]=\alpha Z[x(kT)]+\beta Z[y(kT)]=\alpha X(z)+\beta Y(z) \tag{9-43}$$

其中，α 和 β 为两个任意常数。线性性质的证明可以由定义直接得到。

2) 滞后性质

设 $k<0$ 时，$y(kT)=0$，即 $y(kT)$ 为单边序列。

序列 $y(kT-T)$ 的 Z 变换为

$$\begin{aligned}Z[y(kT-T)]&=\sum_{k=0}^{+\infty}y(kT-T)z^{-k}=\sum_{k=1}^{+\infty}y(kT-T)z^{-k}\\&=\sum_{j=0}^{+\infty}y(jT)z^{-j-1}=z^{-1}\sum_{j=0}^{+\infty}y(jT)z^{-j}\\&=z^{-1}Y(z)\end{aligned} \tag{9-44}$$

推广到滞后 n 步序列 $y(kT-nT)$，可得

$$Z[y(kT-nT)]=z^{-n}Y(z) \tag{9-45}$$

从这个性质可以看出 z^{-n} 代表滞后(延迟)环节，表示把信号延迟 n 个采样周期。

3) 超前性质

序列 $y(kT+T)$ 的 Z 变换为

$$\begin{aligned}Z[y(kT+T)]&=\sum_{k=0}^{+\infty}y(kT+T)z^{-k}=z\sum_{k=0}^{+\infty}y(kT+T)z^{-k-1}\\&=z\sum_{j=1}^{+\infty}y(jT)z^{-j}=z\sum_{j=1}^{+\infty}y(jT)z^{-j}+zy(0)-zy(0)\\&=z\sum_{j=0}^{+\infty}y(jT)z^{-j}-zy(0)=zY(z)-zy(0)\end{aligned} \tag{9-46}$$

推广到超前 n 步序列 $y(kT+nT)$,可得

$$Z[y(kT+nT)]=z^nY(z)-z^ny(0)-z^{n-1}y(T)-\cdots-zy(nT-T) \tag{9-47}$$

从这个性质可以看出 z^n 代表超前环节,表示输出信号超前输入信号 n 个采样周期。z^n 在数学运算中是有用的,但在实际中是不存在超前环节的。

4) 初值定理

由

$$Y(z)=y(0)+y(T)z^{-1}+y(2T)z^{-2}+\cdots$$

可得

$$y(0)=\lim_{z\to+\infty}Y(z) \tag{9-48}$$

5) 终值定理

由

$$(1-z^{-1})Y(z)=y(0)+y(T)z^{-1}+y(2T)z^{-2}+\cdots-y(0)z^{-1}-y(T)z^{-2}-y(2T)z^{-3}-\cdots$$

可得

$$y(+\infty)=\lim_{k\to+\infty}y(kT)=\lim_{z\to1}(z-1)Y(z) \tag{9-49}$$

6) 卷积定理

设 $k<0$ 时,$x(kT)=0$,$y(kT)=0$。$x(kT)$ 和 $y(kT)$ 的卷积定义为

$$x(kT)*y(kT)=\sum_{i=0}^{+\infty}x(iT)y(kT-iT)$$

则

$$\begin{aligned}
Z[x(kT)*y(kT)]&=\sum_{k=0}^{+\infty}\left[\sum_{i=0}^{+\infty}x(iT)y(kT-iT)\right]z^{-k}\\
&=\sum_{i=0}^{+\infty}\left[\sum_{k=0}^{+\infty}x(iT)y(kT-iT)z^{-k}\right]\\
&=\sum_{i=0}^{+\infty}x(iT)\left[\sum_{k=0}^{+\infty}y(kT-iT)z^{-k}\right]\\
&=\sum_{i=0}^{+\infty}x(iT)z^{-i}Y(z)=X(z)Y(z)
\end{aligned} \tag{9-50}$$

由 Z 变换的定义、性质和定理可以方便地求出复杂离散时间序列的 Z 变换。

3. 由连续信号的拉普拉斯变换求相应采样序列的 Z 变换

对于计算机控制系统中的连续信号部分,分析综合时通常需要将其离散化求出相应的 Z 变换表达式。已知连续信号 $y(t)$ 的拉普拉斯变换为 $Y(s)$,对 $Y(s)$ 取拉普拉斯反变换得到 $y(t)$,按采样周期 T 对 $y(t)$ 采样,得到相应采样(离散时间)序列 $\{y(kT)\}$,对采样序列取 Z 变换,得到 $Y(z)$。为讨论方便,可把上述由连续信号拉普拉斯变换 $Y(s)$ 求相应采样序列 Z 变换 $Y(z)$ 的过程简记作

$$Y(z)=Z[Y(s)] \tag{9-51}$$

其图示表述如图 9-9 所示。

下面介绍两种常用的由 $Y(s)$ 求相应 $Y(z)$ 的方法——部分分式法和留数计算法。

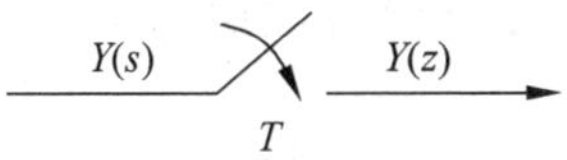

Y(s) Y(z) T

图 9-9 $Y(s)$与$Y(z)$关系示意图

1) 部分分式法

设$Y(s)$是 s 的有理分式,其实根互不相同。利用部分分式法由 $Y(s)$求 $Y(z)$的步骤如下:

(1) 把 $Y(s)$分解为一些基本部分分式和的形式,即

$$Y(s)=\sum_{i=1}^{n}\frac{A_i}{s-s_i} \tag{9-52}$$

其中,$A_i=\lim\limits_{s\to s_i}[(s-s_i)Y(s)]$,$i=1,2,\cdots,n$。

(2) 对 $Y(s)$取拉普拉斯反变换,得

$$y(t)=L^{-1}[Y(s)]=\sum_{i=1}^{n}A_i\mathrm{e}^{s_i t} \tag{9-53}$$

(3) 按采样周期 T 对 $y(t)$采样,得

$$y(kT)=\sum_{i=1}^{n}A_i\mathrm{e}^{s_i kT} \tag{9-54}$$

(4) 对 $y(kT)$取 Z 变换,得

$$Y(z)=Z[y(kT)]=\sum_{i=1}^{n}\frac{A_i z}{z-\mathrm{e}^{s_i T}} \tag{9-55}$$

例 9-4 已知某连续信号的拉普拉斯变换为 $Y(s)=\dfrac{K}{s(s+a)}$,求相应采样序列的 Z 变换 $Y(z)$。

解:$n=2$,$s_1=0$,$s_2=-a$,

$$Y(s)=\frac{K}{s(s+a)}=\frac{K}{a}\left(\frac{1}{s}-\frac{1}{s+a}\right)$$

$$y(t)=L^{-1}[Y(s)]=\frac{K}{a}(1-\mathrm{e}^{-at})$$

对 $y(t)$采样,得

$$y(kT)=\frac{K}{a}(1-\mathrm{e}^{-akT})$$

对 $y(kT)$取 Z 变换,得

$$Y(z)=Z[y(kT)]=\frac{K}{a}Z[1(kT)-\mathrm{e}^{-akT}]$$

$$=\frac{K}{a}\left(\frac{z}{z-1}-\frac{z}{z-\mathrm{e}^{-aT}}\right)=\frac{K}{a}\,\frac{(1-\mathrm{e}^{-aT})z}{(z-1)(z-\mathrm{e}^{-aT})}$$

2) 留数计算法

根据复变函数中的留数定理,可得

$$Y(z)=\frac{1}{2\pi\mathrm{j}}\oint_C Y(s)\,\frac{1}{1-\mathrm{e}^{Ts}z^{-1}}\mathrm{d}s=\sum_i\operatorname*{Res}_{s=s_i}\left[Y(s)\,\frac{1}{1-\mathrm{e}^{Ts}z^{-1}}\right] \tag{9-56}$$

其中,积分回路 C 应包含 $Y(s)$ 的所有极点;s_i 为 $Y(s)$ 的极点;$\underset{s=s_i}{\text{Res}}[\cdot]$ 表示函数 $[\cdot]$ 在极点 $s=s_i$ 处的留数。式(9-56)表示 $Y(z)$ 等于 $Y(s)\dfrac{1}{1-e^{Ts}z^{-1}}$ 在 $Y(s)$ 各极点处的留数之和。极点的留数计算方法因极点是否为重极点而异。如果 $Y(s)$ 在 $s=s_i$ 处有 r 阶极点,则它的留数由下式确定:

$$\underset{s=s_i}{\text{Res}}\left[Y(s)\frac{1}{1-e^{Ts}z^{-1}}\right]=\lim_{s\to s_i}\frac{1}{(r-1)!}\frac{d^{r-1}}{ds^{r-1}}\left[(s-s_i)^r Y(s)\frac{1}{1-e^{Ts}z^{-1}}\right] \tag{9-57}$$

如果 $Y(s)$ 在 $s=s_i$ 处只有一阶极点,则式(9-57)简化为

$$\underset{s=s_i}{\text{Res}}\left[Y(s)\frac{1}{1-e^{Ts}z^{-1}}\right]=\lim_{s\to s_i}\left[(s-s_i)Y(s)\frac{1}{1-e^{Ts}z^{-1}}\right] \tag{9-58}$$

因此,如果 $Y(s)$ 具有 n 个不同的极点 $s_i(i=1,2,\cdots,n)$,每个 s_i 的阶数为 r_i($r_i=1$ 时为单极点),则由式(9-57)和式(9-58)可求出每个极点的留数。根据式(9-56)得

$$Y(z)=\sum_{i=1}^{n}\lim_{s\to s_i}\frac{1}{(r_i-1)!}\frac{d^{r_i-1}}{ds^{r_i-1}}\left[(s-s_i)^{r_i}Y(s)\frac{1}{1-e^{Ts}z^{-1}}\right] \tag{9-59}$$

例 9-5 已知某连续信号的拉普拉斯变换为 $Y(s)=\dfrac{K}{s(s+a)}$,用留数法求相应采样序列的 Z 变换 $Y(z)$。

解:$Y(s)$ 包含两个一阶极点 $s_1=0$ 和 $s_2=-a$,这时 $n=2$,$r_1=r_2=1$。由式(9-59)得

$$\begin{aligned}Y(z)&=\lim_{s\to 0}s\frac{K}{s(s+a)}\frac{1}{1-e^{Ts}z^{-1}}+\lim_{s\to -a}(s+a)\frac{K}{s(s+a)}\frac{1}{1-e^{Ts}z^{-1}}\\&=\frac{K}{a}\left(\frac{1}{1-z^{-1}}-\frac{1}{1-e^{-aT}z^{-1}}\right)\\&=\frac{K(1-e^{-aT})z}{a(z-1)(z-e^{-aT})}\end{aligned}$$

例 9-6 已知某连续时间信号的拉普拉斯变换为 $Y(s)=\dfrac{1}{s^2(s+a)}$,用留数法求相应采样序列的 Z 变换 $Y(z)$。

解:$Y(s)$ 包含一个二阶极点 $s_1=0$ 和一个一阶极点 $s_2=-a$,这时 $n=r_1=2$,$r_2=1$。由式(9-59)得

$$\begin{aligned}Y(z)&=\lim_{s\to 0}\frac{1}{(2-1)!}\frac{d}{ds}\left[s^2\frac{1}{s^2(s+a)}\frac{1}{1-e^{Ts}z^{-1}}\right]+\lim_{s\to -a}(s+a)\frac{1}{s^2(s+a)}\frac{1}{1-e^{Ts}z^{-1}}\\&=\frac{(1+aT)z-z^2}{a^2(z-1)^2}+\frac{z}{a^2(z-e^{-aT})}\end{aligned}$$

4. *Z* 反变换

由 $Y(z)$ 求出相应的离散时间序列 $\{y(kT)\}$ 称为 Z 反变换。记作

$$y(kT)=Z^{-1}[Y(z)] \tag{9-60}$$

下面给出几种常用的求 Z 反变换的方法。

1) 幂级数展开法

把 $Y(z)$ 展开为 z 的负幂级数,即将其展开为 z^{-1} 的幂级数,z^{-k} 的系数相应于采样时

刻 kT 时的函数值 $y(kT)$。当 $Y(z)$是有理函数时,Z 反变换可以用长除法得到。例如,

$$\begin{aligned}Y(z) &= \frac{b_0 z^m + b_1 z^{m-1} + \cdots + b_m}{a_0 z^n + a_1 z^{n-1} + \cdots + a_n} \\ &= y_0 + y_1 z^{-1} + y_2 z^{-2} + \cdots + y_k z^{-k} + \cdots \end{aligned} \tag{9-61}$$

由 Z 变换的定义,得

$$y(0) = y_0, \quad y(T) = y_1, \quad y(2T) = y_2, \quad \cdots, \quad y(kT) = y_k, \quad \cdots$$

例 9-7 求 $Y(z) = \frac{z}{z-1}$的 Z 反变换。

解:用长除法得

$$Y(z) = \frac{z}{z-1} = 1 + z^{-1} + z^{-2} + \cdots$$

由 Z 变换的定义,得

$$y(kT) = 1, \quad k \geqslant 0$$

幂级数展开法只能求得离散时间序列的前若干项,得不到序列的完整数学解析式。

2) 部分分式法

设 $Y(z)$是 z 的有理分式,当其实根互不相同时,利用部分分式法求 Z 反变换的步骤如下:

(1) 将$\frac{Y(z)}{z}$展开成

$$\frac{Y(z)}{z} = \sum_{i=1}^{n} \frac{A_i}{z - z_i} \tag{9-62}$$

其中,$A_i = \lim_{z \to z_i} \left[(z - z_i) \frac{Y(z)}{z} \right]$。

(2) 将展开式乘以 z,得

$$Y(z) = \sum_{i=1}^{n} \frac{A_i z}{z - z_i} \tag{9-63}$$

(3) 求 Z 反变换,得

$$y(kT) = Z^{-1} \left[\sum_{i=1}^{n} \frac{A_i z}{z - z_i} \right] \tag{9-64}$$

例 9-8 求 $Y(z) = \frac{z^2 + 2z}{3z^2 - 4z - 7}$的 Z 反变换。

解:

$$Y(z) = \frac{z^2 + 2z}{3z^2 - 4z - 7}$$

$$\frac{Y(z)}{z} = \frac{13}{30} \frac{1}{z - \frac{7}{3}} - \frac{1}{10} \frac{1}{z+1}$$

$$Y(z) = \frac{13}{30} \frac{z}{z - \frac{7}{3}} - \frac{1}{10} \frac{z}{z+1}$$

$$y(kT) = \frac{13}{30} \left(\frac{7}{3} \right)^k - \frac{1}{10} (-1)^k, \quad k \geqslant 0$$

现在讨论 $Y(z)$ 中至少包含一对共轭复根 $z_{1,2}=\mathrm{e}^{-aT}(\cos\omega T\pm \mathrm{j}\sin\omega T)$ 时的情形，即

$$Y(z)=\frac{B(z)}{(z^2-2z\mathrm{e}^{-aT}\cos\omega T+\mathrm{e}^{-2aT})A_1(z)}$$
$$=\frac{b_0(z^2-z\mathrm{e}^{-aT}\cos\omega T)+b_1 z\mathrm{e}^{-aT}\sin\omega T}{z^2-2z\mathrm{e}^{-aT}\cos\omega T+\mathrm{e}^{-2aT}}+Y_1(z) \tag{9-65}$$

其中，$B(z)$ 是分子多项式；$A_1(z)$ 是分母多项式把具有共轭复根的项分离出来后的剩余多项式；$Y_1(z)$ 是有理分式。由 Z 变换表可知：

$$\begin{cases} Z(\mathrm{e}^{-akT}\cos\omega kT)=\dfrac{z^2-z\mathrm{e}^{-aT}\cos\omega T}{z^2-2z\mathrm{e}^{-aT}\cos\omega T+\mathrm{e}^{-2aT}} \\ Z(\mathrm{e}^{-akT}\sin\omega kT)=\dfrac{z\mathrm{e}^{-aT}\sin\omega T}{z^2-2z\mathrm{e}^{-aT}\cos\omega T+\mathrm{e}^{-2aT}} \end{cases}$$

对 $Y(z)$ 取 Z 反变换，得

$$y(kT)=b_0\mathrm{e}^{-akT}\cos\omega kT+b_1\mathrm{e}^{-akT}\sin\omega kT+Z^{-1}[Y_1(z)] \tag{9-66}$$

例 9-9 求 $Y(z)=\dfrac{z^2+z}{(z^2-1.13z+0.64)(z-0.8)}$ 的 Z 反变换。

解：$Y(z)=\dfrac{z^2+z}{(z^2-1.13z+0.64)(z-0.8)}=\dfrac{-4.78z^2+2.576z}{z^2-1.13z+0.64}+\dfrac{4.78z}{z-0.8}$

把具有共轭复根项化为标准形式，有

$$\begin{aligned} &\mathrm{e}^{-2aT}=0.64, && \mathrm{e}^{-aT}=0.8 \\ &2\mathrm{e}^{-aT}\cos\omega T=1.13, && \mathrm{e}^{-aT}\cos\omega T=0.565 \\ &\cos\omega T=0.706, && \sin\omega T=0.709 \\ &\mathrm{e}^{-aT}\sin\omega T=0.567 \end{aligned}$$

于是

$$Y(z)=\frac{-4.78(z^2-0.565z)}{z^2-1.13z+0.64}-0.22\frac{0.567z}{z^2-1.13z+0.64}+\frac{4.78z}{z-0.8}$$
$$y(kT)=-4.78\times 0.8^k\cos 0.786k-0.22\times 0.8^k\sin 0.786k+4.78\times 0.8^k,\quad k\geqslant 0$$

3) 留数计算法

由留数定理，得

$$y(kT)=\frac{1}{2\pi \mathrm{j}}\oint_C Y(z)z^{k-1}\mathrm{d}z=\sum_i \operatorname*{Res}_{z=z_i}[Y(z)z^{k-1}] \tag{9-67}$$

其中，积分路径 C 应包含被积式中的所有极点；z_i 是 $Y(z)z^{k-1}$ 的极点。

式(9-67)表示 $y(kT)$ 等于 $Y(z)z^{k-1}$ 的各极点留数之和。如果 $Y(z)z^{k-1}$ 在 $z=z_i$ 处有 r 阶极点，则它的留数由下式确定：

$$\operatorname*{Res}_{z=z_i}[Y(z)z^{k-1}]=\lim_{z\to z_i}\frac{1}{(r-1)!}\frac{\mathrm{d}^{r-1}}{\mathrm{d}z^{r-1}}[(z-z_i)^r Y(z)z^{k-1}] \tag{9-68}$$

如果 $Y(z)z^{k-1}$ 在 $z=z_i$ 处只有一阶极点，则式(9-68)简化为

$$\operatorname*{Res}_{z=z_i}[Y(z)z^{k-1}]=\lim_{z\to z_i}[(z-z_i)Y(z)z^{k-1}] \tag{9-69}$$

因此，如果 $Y(z)z^{k-1}$ 具有 n 个不同的极点 $z_i(i=1,2,\cdots,n)$，每个 z_i 的阶数为 r_i（$r_i=1$ 时为单极点），则由式(9-68)和式(9-69)可求出每个极点的留数。根据式(9-67)，得

$$y(kT)=\sum_{i=1}^{n}\lim_{z\to z_i}\frac{1}{(r_i-1)!}\frac{\mathrm{d}^{r_i-1}}{\mathrm{d}z^{r_i-1}}[(z-z_i)^{r}Y(z)z^{k-1}] \tag{9-70}$$

例 9-10 用留数法求解 $Y(z)=\dfrac{z^2+z}{(z-0.6)(z-0.8)(z-1)}$的 Z 反变换。

解：当 $k\geqslant 0$ 时，$Y(z)z^{k-1}$ 包含 3 个一阶极点 $z_1=0.6$，$z_2=0.8$，$z_3=1$，这时 $n=3$，$r_1=r_2=r_3=1$。由式(9-70)得

$$\begin{aligned}y(kT)=&\lim_{z\to 0.6}(z-0.6)\frac{z^2+z}{(z-0.6)(z-0.8)(z-1)}z^{k-1}+\\&\lim_{z\to 0.8}(z-0.8)\frac{z^2+z}{(z-0.6)(z-0.8)(z-1)}z^{k-1}+\\&\lim_{z\to 1}(z-1)\frac{z^2+z}{(z-0.6)(z-0.8)(z-1)}z^{k-1}\\=&20\times 0.6^k-45\times 0.8^k+25,\quad k\geqslant 0\end{aligned}$$

例 9-11 用留数法求解 $Y(z)=\dfrac{1}{(z-1)^2(z-2)}$的 Z 反变换。

解：当 $k\geqslant 1$ 时，$Y(z)z^{k-1}$ 包含一个二阶极点 $z_1=1$ 和一个一阶极点 $z_2=2$，这时 $n=r_1=2$，$r_2=1$。由式(9-70)得

$$\begin{aligned}y(kT)=&\lim_{z\to 1}\frac{1}{(2-1)!}\frac{\mathrm{d}}{\mathrm{d}z}\left[(z-1)^2\frac{1}{(z-1)^2(z-2)}z^{k-1}\right]+\\&\lim_{z\to 2}\left[(z-2)\frac{1}{(z-1)^2(z-2)}z^{k-1}\right]\\=&2^{k-1}-k,\quad k\geqslant 1\end{aligned}$$

当 $k=0$ 时，$Y(z)z^{k-1}$ 除包含上述极点外，还包含一个一阶极点 $z_3=0$，这时 $n=3$，$r_1=2$，$r_2=r_3=1$。由式(9-70)得

$$\begin{aligned}y(kT)=&\lim_{z\to 1}\frac{1}{(2-1)!}\frac{\mathrm{d}}{\mathrm{d}z}\left[(z-1)^2\frac{1}{(z-1)^2(z-2)}z^{-1}\right]+\\&\lim_{z\to 2}\left[(z-2)\frac{1}{(z-1)^2(z-2)}z^{-1}\right]+\lim_{z\to 0}\left[z\frac{1}{(z-1)^2(z-2)}z^{-1}\right]\\=&0,\quad k=0\end{aligned}$$

综合上述结果，可以得到 $Y(z)$的 Z 反变换为

$$y(kT)=\begin{cases}0, & k=0\\2^{k-1}-k, & k\geqslant 1\end{cases}$$

5. 用 Z 变换法求解差分方程

用 Z 变换法解差分方程，与用拉普拉斯变换法解微分方程相似，是将差分方程变换成以 z 为变量的代数方程，方程的变换是应用 Z 变换中的超前和滞后性质。考虑差分方程

$$\begin{aligned}&y(kT+nT)+a_1y(kT+nT-T)+\cdots+a_ny(kT)\\&=b_0u(kT+mT)+b_1u(kT+mT-T)+\cdots+b_mu(kT)\end{aligned} \tag{9-71}$$

利用 Z 变换的线性性质，对差分方程两边作 Z 变换，得

$$Z[y(kT+nT)]+a_1Z[y(kT+nT-T)]+\cdots+a_nZ[y(kT)]$$

$$=b_0Z[u(kT+mT)]+b_1Z[u(kT+mT-T)]+\cdots+b_mZ[u(kT)] \tag{9-72}$$

利用 Z 变换的超前性质,有

$$\begin{aligned}Z[y(kT+iT)]&=z^iY(z)-y(0)z^i-y(T)z^{i-1}-\cdots-y(iT-T)z\\&=z^iY(z)-P_i(z)\end{aligned} \tag{9-73}$$

式中,$P_i(z)$代表式(9-73)第一个等式右端第二项起所具有的多项式。如果把式(9-72)右端的 Z 变换记为$B(z)$,并把式(9-73)代入式(9-72),可得

$$(z^n+a_1z^{n-1}+\cdots+a_n)Y(z)-\sum_{i=1}^{n}a_{n-i}P_i(z)=B(z),\quad a_0=1 \tag{9-74}$$

它是一个 z 的代数方程,可以写成

$$\begin{aligned}Y(z)&=\frac{\sum\limits_{i=1}^{n}a_{n-i}P_i(z)}{z^n+a_1z^{n-1}+\cdots+a_n}+\frac{B(z)}{z^n+a_1z^{n-1}+\cdots+a_n}\\&\overset{\text{def}}{=}\frac{N(z)}{A(z)}+\frac{B(z)}{A(z)}\end{aligned} \tag{9-75}$$

式中,$A(z)$为式(9-75)第一个等号右端的分母所代表的特征多项式;$N(z)$是第一个分式的分子,它由 $y(kT)$的 n 个初始条件所决定。对式(9-75)作 Z 反变换,得

$$y(kT)=Z^{-1}\left[\frac{N(z)}{A(z)}\right]+Z^{-1}\left[\frac{B(z)}{A(z)}\right] \tag{9-76}$$

式(9-76)表示差分方程(9-71)的全解由与初始条件有关的通解和与输入有关的特解两部分组成。

用 Z 变换求解差分方程的步骤可归纳如下:

(1) 对 n 阶差分方程作 Z 变换;

(2) 将已知初始条件或由迭代法求出的 $y(0),y(T),\cdots$代入 Z 变换式;

(3) 由 Z 变换式求出 $Y(z)$;

(4) 对 $Y(z)$取 Z 反变换,得到差分方程的解 $y(kT)$。

例 9-12 求解差分方程 $y(kT+2T)+4y(kT+T)+3y(kT)=u(kT)$。设 $y(0)=y(T)=0,u(kT)=1(kT)$。

解:对差分方程两端取 Z 变换,得

$$z^2Y(z)-z^2y(0)-zy(T)+4zY(z)-4zy(0)+3Y(z)=\frac{z}{z-1}$$

代入初始条件,得

$$(z^2+4z+3)Y(z)=\frac{z}{z-1}$$

$$Y(z)=\frac{z}{(z+1)(z+3)(z-1)}$$

对 $Y(z)$取 Z 反变换,得

$$\begin{aligned}y(kT)=Z^{-1}[Y(z)]=&\lim_{z\to-1}(z+1)\frac{z}{(z+1)(z+3)(z-1)}z^{k-1}+\\&\lim_{z\to-3}(z+3)\frac{z}{(z+1)(z+3)(z-1)}z^{k-1}+\end{aligned}$$

$$\lim_{z\to 1}(z-1)\frac{z}{(z+1)(z+3)(z-1)}z^{k-1}$$
$$=-\frac{1}{4}(-1)^k+\frac{1}{8}(-3)^k+\frac{1}{8},\quad k\geqslant 0$$

例 9-13 求解差分方程 $y(kT+2T)-4y(kT+T)+3y(kT)=\delta(kT)$。设 $k\leqslant 0$ 时，$y(kT)=0$。

解：对差分方程两端取 Z 变换，得

$$z^2Y(z)-z^2y(0)-zy(T)-4zY(z)+4zy(0)+3Y(z)=1$$

已知 $y(0)=0$，以 $k=-1$ 代入差分方程，利用迭代法得

$$y(T)=0$$

以 $y(0)=y(T)=0$ 代入 Z 变换式，得

$$Y(z)=\frac{1}{(z-3)(z-1)}=\frac{0.5}{z-3}-\frac{0.5}{z-1}$$

对 $Y(z)$ 取 Z 反变换，得

$$y(kT)=Z^{-1}[Y(z)]=0.5\times 3^{k-1}-0.5,\quad k\geqslant 1$$

9.2.3 脉冲传递函数

1. 脉冲传递函数的定义

在分析线性连续系统时引入了传递函数的概念，它是线性连续系统的重要分析工具。同样，在线性离散系统中，引入脉冲传递函数的概念，它是线性离散系统的重要分析工具。脉冲传递函数定义为：在初始静止（$k=0,1,\cdots,n-1$ 时，输入序列 $u(kT)$ 与输出序列 $y(kT)$ 均为零）的条件下，脉冲传递函数是系统输出脉冲序列的 Z 变换 $Y(z)$ 和输入脉冲序列的 Z 变换 $U(z)$ 之比。一般用 $G(z)$ 表示离散系统的脉冲传递函数。根据定义，有

$$G(z)=\frac{Z[y(kT)]}{Z[u(kT)]}=\frac{Y(z)}{U(z)}\tag{9-77}$$

脉冲传递函数有时又称为 z 传递函数。在连续系统中，传递函数 $G(s)$ 反映了系统的物理特性，$G(s)$ 仅取决于描述线性连续系统的微分方程。同样在离散系统中，脉冲传递函数 $G(z)$ 也反映了系统的物理特性，$G(z)$ 仅取决于描述线性离散系统的差分方程。

利用脉冲传递函数描述的线性离散系统框图一般如图 9-10 所示。其中，图 9-10(a)中系统输出端的采样器是一个附加的虚拟采样器，该虚拟采样器应该与输入采样器具有相同的采样周期，并能保持同步。

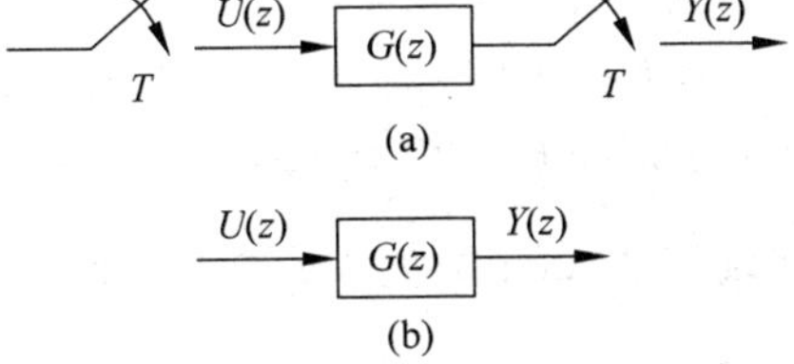

U(z) G(z) Y(z)
T T
(a)

U(z) G(z) Y(z)
(b)

图 9-10 线性离散系统框图

(a) 带有两个采样器的系统；(b) 与图(a)等效的离散系统

2. 求脉冲传递函数

1) 已知离散系统的差分方程,求脉冲传递函数

对用线性常系数差分方程(9-71)所表示的离散系统,当考虑初始条件为零时,两边取 Z 变换得

$$(z^n + a_1 z^{n-1} + \cdots + a_n)Y(z) = (b_0 z^m + b_1 z^{m-1} + \cdots + b_m)U(z)$$

由此可得脉冲传递函数为

$$G(z) = \frac{b_0 z^m + b_1 z^{m-1} + \cdots + b_m}{z^n + a_1 z^{n-1} + \cdots + a_n} = \frac{Y(z)}{U(z)} \tag{9-78}$$

系统的特征方程是

$$U(z) = 0 \tag{9-79}$$

由特征方程可求出系统的极点,极点数目表示系统的阶数。由 $Y(z)=0$ 可求出系统的零点。

同样,在初始静止条件下,利用 Z 反变换可由脉冲传递函数求出线性差分方程,即脉冲传递函数与线性差分方程之间可以相互转换。

例 9-14 设线性离散系统的差分方程为

$$y(kT+3T) + 2y(kT+2T) + y(kT+T) = u(kT+T) + 1.5u(kT)$$

求系统的脉冲传递函数。

解:在初始静止条件下,对差分方程作 Z 变换,得

$$Y(z)(z^3 + 2z^2 + z) = U(z)(z + 1.5)$$

系统的脉冲传递函数为

$$G(z) = \frac{z + 1.5}{z^3 + 2z^2 + z}$$

例 9-15 设线性离散系统的脉冲传递函数为

$$G(z) = \frac{z^2 + 3z + 1}{z^3 + 2z^2 + 5z + 2}$$

求系统的差分方程。

解:由

$$G(z) = \frac{Y(z)}{U(z)} = \frac{z^{-1} + 3z^{-2} + z^{-3}}{1 + 2z^{-1} + 5z^{-2} + 2z^{-3}}$$

可得

$$Y(z)(1 + 2z^{-1} + 5z^{-2} + 2z^{-3}) = U(z)(z^{-1} + 3z^{-2} + z^{-3})$$

对上式作 Z 反变换,利用滞后性质,可得差分方程为

$$\begin{aligned} &y(kT) + 2y(kT-T) + 5y(kT-2T) + 2y(kT-3T) \\ &= u(kT-T) + 3u(kT-2T) + u(kT-3T) \end{aligned}$$

例 9-16 已知 $u(t)$ 为连续信号,试由数值积分方法近似求其积分 $y(t) = \int_0^t u(t)\mathrm{d}t$,并写出数值积分环节的脉冲传递函数。

解:可以用3种数值积分方法由 $u(t)$ 的采样值求其积分:前向矩形、后向矩形及梯形积分,其差分方程式分别为

$$y(kT)-y(kT-T)=Tu(kT-T) \tag{9-80}$$

$$y(kT)-y(kT-T)=Tu(kT) \tag{9-81}$$

$$y(kT)-y(kT-T)=\frac{T}{2}[u(kT)+u(kT-T)] \tag{9-82}$$

分别对式(9-80)～式(9-82)两端取 Z 变换，整理后可得 3 种数值积分的脉冲传递函数：

前向矩形积分：
$$G_1(z)=\frac{Y(z)}{U(z)}=\frac{Tz^{-1}}{1-z^{-1}}=\frac{T}{z-1} \tag{9-83}$$

后向矩形积分：
$$G_2(z)=\frac{Y(z)}{U(z)}=\frac{T}{1-z^{-1}}=\frac{Tz}{z-1} \tag{9-84}$$

梯形积分：
$$G_3(z)=\frac{Y(z)}{U(z)}=\frac{T}{2}\frac{1+z^{-1}}{1-z^{-1}}=\frac{T}{2}\frac{z+1}{z-1} \tag{9-85}$$

将式(9-83)～式(9-85)与连续积分环节的传递函数

$$G(s)=\frac{Y(s)}{U(s)}=\frac{1}{s} \tag{9-86}$$

做比较可知，用不同的表达式代换 $G(s)$ 中的 s，即可将连续环节用不同的离散环节近似实现，即

前向矩形积分：
$$G_1(z)=\left.\frac{1}{s}\right|_{s=\frac{z-1}{T}}=\frac{T}{z-1} \tag{9-87}$$

后向矩形积分：
$$G_2(z)=\left.\frac{1}{s}\right|_{s=\frac{z-1}{Tz}}=\frac{Tz}{z-1} \tag{9-88}$$

梯形积分：
$$G_3(z)=\left.\frac{1}{s}\right|_{s=\frac{2}{T}\frac{z-1}{z+1}}=\frac{T}{2}\frac{z+1}{z-1} \tag{9-89}$$

2) 已知离散系统的单位脉冲响应，求脉冲传递函数

首先分析脉冲传递函数 $G(z)$ 和系统的单位脉冲响应 $h(kT)$ 之间的关系。所谓系统的单位脉冲响应是指输入为单位脉冲序列 $\{\delta(kT)\}$ 时系统的输出响应，即 $u(kT)=\delta(kT)$，$y(kT)=h(kT)$。对 $u(kT)$ 作 Z 变换，得 $U(z)=1$。代入式(9-77)，得

$$Y(z)=G(z)=\sum_{k=0}^{+\infty}h(kT)z^{-k} \tag{9-90}$$

因而，系统的脉冲传递函数和单位脉冲响应是一对 Z 变换对(见图 9-11)，即

$$G(z)=Z[h(kT)] \tag{9-91}$$

$$h(kT)=Z^{-1}[G(z)] \tag{9-92}$$

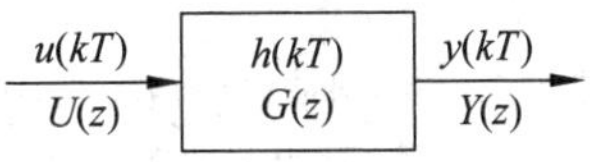

图 9-11 离散系统的脉冲传递函数和单位脉冲响应

如果已知系统的单位脉冲响应 $h(kT)$，则根据式(9-91)即可求得系统的脉冲传递函数 $G(z)$。反过来，如果已知系统的脉冲传递函数 $G(z)$，则根据式(9-92)即可求得系统的单位脉冲响应 $h(kT)$。

根据以上结论，可以进一步得到离散系统的输入、输出序列和单位脉冲响应序列之间的关系。如果离散系统的输入、输出序列分别为 $u(kT)$ 和 $y(kT)$，对应的 Z 变换分别为 $U(z)$ 和 $Y(z)$，系统的脉冲传递函数为 $G(z)$，则

$$Y(z)=G(z)U(z) \tag{9-93}$$

由 Z 变换的卷积定理，得

$$y(kT)=h(kT)*u(kT)=\sum_{i=0}^{+\infty}h(iT)u(kT-iT) \tag{9-94}$$

3) 已知连续系统的传递函数,求其离散化后系统的脉冲传递函数

步骤如下:

(1) 对连续系统的传递函数$G(s)$取拉普拉斯反变换,求出连续系统的单位冲激响应$h(t)=L^{-1}[G(s)]$;

(2) 按采样周期T对$h(t)$采样,得到$h(kT)$,作为相应离散化后系统的单位脉冲响应;

(3) 对$h(kT)$取Z变换,得到离散化后系统的脉冲传递函数$G(z)=Z[h(kT)]$。

这里用到了$h(t)$与$G(s)$是一对拉普拉斯变换对,$h(kT)$与$G(z)$是一对Z变换对的关系。将以上过程记作

$$G(z)=Z\{L^{-1}[G(s)]\}\overset{\text{def}}{=}Z[G(s)] \tag{9-95}$$

图9-12是对连续系统$G(s)$离散化的示意图。可见,由$G(s)$求$G(z)$,就是由连续系统的传递函数$G(s)$求其Z变换$G(z)$的过程。该方法求得的离散系统$G(z)$的单位脉冲响应与连续系统$G(s)$的单位冲激响应在采样点的值相等,所以把这种直接由$G(s)$求其Z变换$G(z)$的离散化方法称为冲激响应不变法。

例9-17 已知连续系统的传递函数为$G(s)=\dfrac{K}{s+a}$,试求其离散化后的脉冲传递函数。

解:连续系统的单位冲激响应函数为$h(t)=L^{-1}[G(s)]=K\mathrm{e}^{-at}$,对$h(t)$采样得$h(kT)=K\mathrm{e}^{-akT}$,作为离散化后系统的单位脉冲响应,则离散化后系统的脉冲传递函数为

$$G(z)=Z[h(kT)]=\frac{Kz}{z-\mathrm{e}^{-aT}}$$

4) 带零阶保持器的连续对象的脉冲传递函数

假设在$G(s)$前带有一个零阶保持器(ZOH),如图9-13所示。这就是控制信号经D/A变换器转换成模拟量控制被控对象的情形。

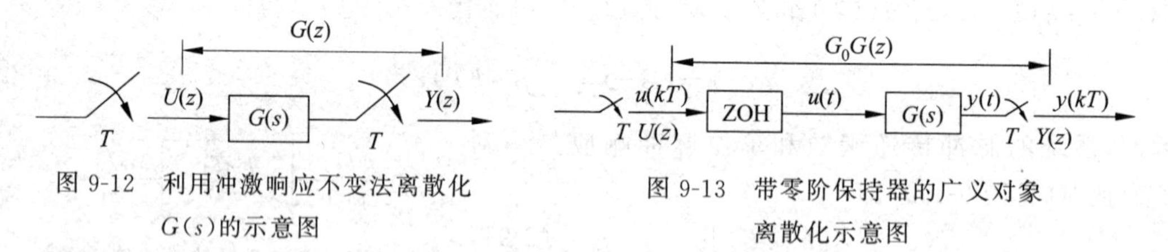

图9-12 利用冲激响应不变法离散化$G(s)$的示意图

图9-13 带零阶保持器的广义对象离散化示意图

现在求带有零阶保持器的连续对象离散化后的脉冲传递函数。由式(9-18),零阶保持器的传递函数为

$$G_0(s)=\frac{1-\mathrm{e}^{-Ts}}{s}$$

连续对象的传递函数为$G(s)$,由于二者之间无采样开关,所以先求两个串联环节的传递函数,然后离散化。

$$G_\mathrm{d}(z)=Z[G_0G(s)]=Z\left[\frac{1-\mathrm{e}^{-Ts}}{s}G(s)\right]=(1-z^{-1})Z\left[\frac{G(s)}{s}\right] \tag{9-96}$$

由式(9-96)可见,对带零阶保持器的连续对象进行离散化可以看作是用冲激响应不变法离

散化传递函数为 $G_0G(s)=\dfrac{1-e^{-Ts}}{s}G(s)$ 的广义对象(带有零阶保持器的对象称为广义对象),即 $G_d(z)$ 称为广义对象的脉冲传递函数,一般记作 $G_0G(z)$。

由式(9-92)可以归纳出求带零阶保持器的广义对象的脉冲传递函数的步骤:

(1) 确定 $\dfrac{G(s)}{s}$ 所对应的时间函数 $L^{-1}\left[\dfrac{G(s)}{s}\right]$,并将其离散化;

(2) 对离散时间序列作 Z 变换;

(3) 乘以 $(1-z^{-1})$ 即得到 $G_0G(z)$。

以上计算步骤说明,带零阶保持器的广义对象离散化后的脉冲传递函数等于广义对象在单位阶跃信号作用下输出的 Z 变换与在滞后一步的单位阶跃信号作用下输出的 Z 变换之差。

例 9-18 求带零阶保持器的广义对象在单位阶跃序列 $u(kT)=1(kT)$ 作用下的输出。

解:输入单位阶跃序列的 Z 变换为 $U(z)=\dfrac{1}{1-z^{-1}}$。由于 $G_0G(z)=\dfrac{Y(z)}{U(z)}$,于是可得输出序列的 Z 变换为

$$Y(z)=U(z)G_0G(z)=\frac{1}{1-z^{-1}}(1-z^{-1})Z\left[\frac{G(s)}{s}\right]=Z\left[\frac{G(s)}{s}\right] \tag{9-97}$$

式(9-97)说明,带有零阶保持器的广义对象 $G_0G(z)$ 在单位阶跃序列 $1(kT)$ 作用下的输出,与连续对象 $G(s)$ 在单位阶跃信号 $1(t)$ 作用下的输出在采样点的值相等。

例 9-19 已知控制对象的传递函数为 $G(s)=\dfrac{a}{s+a}$,求带零阶保持器的广义对象的脉冲传递函数 $G_0G(z)$。

解:

$$\frac{G(s)}{s}=\frac{1}{s}-\frac{1}{s+a}$$

$$L^{-1}\left[\frac{G(s)}{s}\right]=1-e^{-at}$$

$$Z\left\{L^{-1}\left[\frac{G(s)}{s}\right]\right\}=Z[1-e^{-akT}]=\frac{z}{z-1}-\frac{z}{z-e^{-aT}}=\frac{z(1-e^{-aT})}{(z-1)(z-e^{-aT})}$$

$$G_0G(z)=(1-z^{-1})Z\left\{L^{-1}\left[\frac{G(s)}{s}\right]\right\}=\frac{1-e^{-aT}}{z-e^{-aT}}$$

3. 系统的脉冲传递函数

实际系统常常是由一些子系统组成的,子系统之间又以一定的方式相互联系着。最基本的联系方式有 3 种:串联、并联和反馈。

首先介绍一些写法,记

$G(z)=Z[G(s)]$ 表示利用冲激不变法得到的与 $G(s)$ 相对应的脉冲传递函数 $G(z)$。

$G(z)=Z[G_1(s)G_2(s)]\overset{\text{def}}{=}G_1G_2(z)$ 表示传递函数 $G_1(s)$,$G_2(s)$ 乘积的单位冲激响应,经采样后的 Z 变换。

1) 串联系统的脉冲传递函数

两个子系统串联的情况如图 9-14 所示。图 9-14(a)表示两个离散系统串联,此时串联

系统的(开环)脉冲传递函数为

$$G(z)=G_1(z)G_2(z) \tag{9-98}$$

图9-14(b)表示串联的两个连续系统之间带有采样开关,等价于两个连续系统分别离散化后再串联,此时串联系统的开环脉冲传递函数为

$$G(z)=Z[G_1(s)]Z[G_2(s)]=G_1(z)G_2(z) \tag{9-99}$$

图9-14(c)表示两个连续系统串联后再离散化,此时串联系统的开环脉冲传递函数为

$$G(z)=Z[G_1(s)G_2(s)]=G_1G_2(z) \tag{9-100}$$

注意,一般$G_1G_2(z)\neq G_1(z)G_2(z)$。

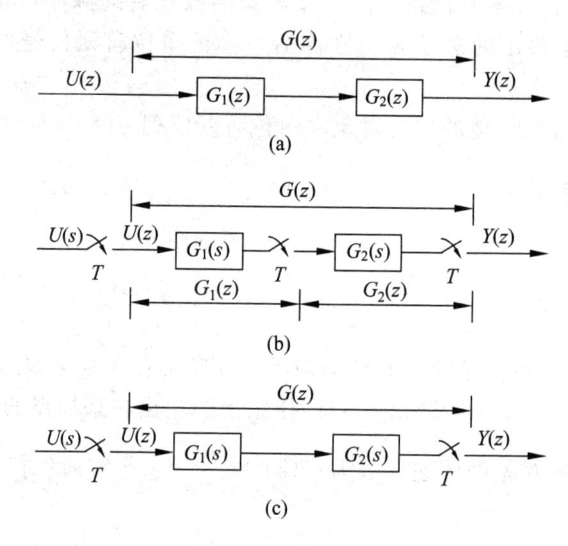

图9-14 串联系统

(a) 离散系统串联;(b) 连续系统之间带采样开关;(c) 连续系统串联后离散化

例9-20 设图9-14(b)和(c)中$G_1(s)=\dfrac{1}{s}$,$G_2(s)=\dfrac{1}{s+a}$,试求其脉冲传递函数$G(z)$。

解:对图9-14(b)中的情况,有

$$\begin{aligned}G(z)&=G_1(z)G_2(z)=Z[G_1(s)]Z[G_2(s)]\\&=\frac{z}{z-1}\frac{z}{z-\mathrm{e}^{-aT}}=\frac{z^2}{(z-1)(z-\mathrm{e}^{-aT})}\end{aligned}$$

而对于图9-14(c)中的情况,有

$$G_1(s)G_2(s)=\frac{1}{s(s+a)}$$

$$\begin{aligned}G(z)&=G_1G_2(z)=Z[G_1(s)G_2(s)]\\&=\frac{1}{a}Z\left(\frac{1}{s}-\frac{1}{s+a}\right)=\frac{1}{a}\left(\frac{z}{z-1}-\frac{z}{z-\mathrm{e}^{-aT}}\right)\\&=\frac{z(1-\mathrm{e}^{-aT})}{a(z-1)(z-\mathrm{e}^{-aT})}\end{aligned}$$

2) 并联系统的脉冲传递函数

图9-15(a)是两个离散系统并联,则并联系统的开环脉冲传递函数为

$$G(z)=G_1(z)+G_2(z) \tag{9-101}$$

图 9-15(b)和(c)是两个连续系统并联,并联系统的开环脉冲传递函数都是

$$G(z)=Z[G_1(s)]+Z[G_2(s)]=G_1(z)+G_2(z) \tag{9-102}$$

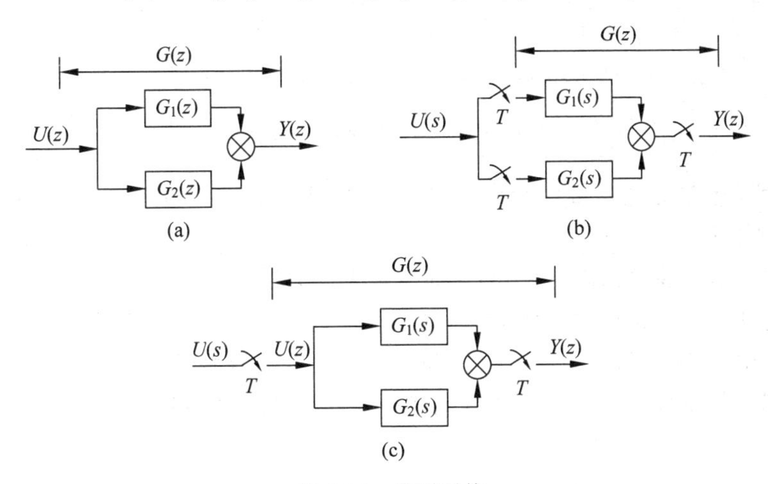

图 9-15　并联系统

(a) 离散系统并联;(b) 带采样开关的连续系统并联;(c) 连续系统并联后离散化

3) 反馈(闭环)系统的脉冲传递函数

设线性离散反馈系统如图 9-16 所示。由图 9-16 可以得到

$$Y(z)=E(z)Z[G_1(s)]=E(z)G_1(z)$$

$$E(z)=Z[U(s)]-E(z)Z[G_1(s)G_2(s)]=U(z)-E(z)G_1G_2(z)$$

$$E(z)=\frac{1}{1+G_1G_2(z)}U(z)$$

$$Y(z)=\frac{G_1(z)}{1+G_1G_2(z)}U(z)$$

因此,线性离散闭环系统的脉冲传递函数为

$$G_c(z)=\frac{G_1(z)}{1+G_1G_2(z)}$$

图 9-16　线性离散闭环系统

考虑如图 9-17 所示的线性离散闭环系统,

$$Y(z)=E_2(z)Z[G_2(s)]=E_2(z)G_2(z)$$

$$E_2(z)=Z[U(s)G_1(s)]-E_2(z)Z[G_2(s)G_3(s)G_1(s)]$$
$$=UG_1(z)-E_2(z)G_1G_2G_3(z)$$

$$E_2(z)=\frac{UG_1(z)}{1+G_1G_2G_3(z)}$$

$$Y(z)=\frac{G_2(z)}{1+G_1G_2G_3(z)}UG_1(z)$$

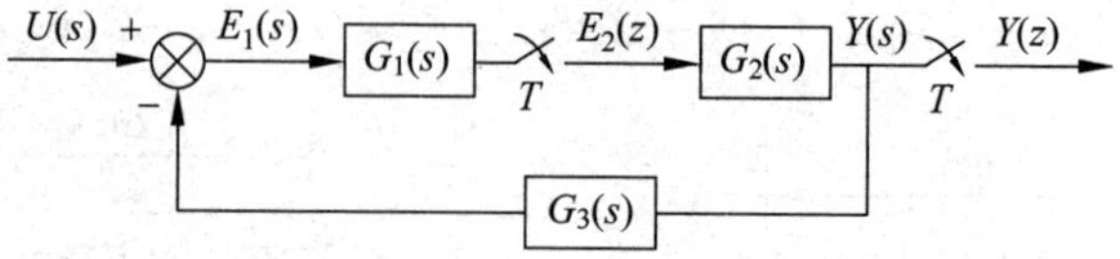

图 9-17 线性离散闭环系统

从上述例子的推导过程可以看出,闭环脉冲传递函数 $G_c(z)$ 或输出量的 Z 变换 $Y(z)$ 的推导步骤大致可分为 3 步:

(1) 在主通道上建立输出 $Y(z)$ 与中间变量 $E(z)$ 的关系;

(2) 在闭环回路中建立中间变量 $E(z)$ 与输入 $U(z)$ 或 $U(s)$ 的关系;

(3) 消去中间变量 $E(z)$,建立 $Y(z)$ 与 $U(z)$ 或 $U(s)$ 的关系。

线性离散系统的闭环脉冲传递函数 $G_c(z)$ 或输出量的 Z 变换 $Y(z)$ 的分子部分与前向通道上的各个环节有关,分母部分与闭环回路中的各个环节有关。采样开关的位置对分子、分母部分都有影响,不仅闭环脉冲传递函数的形式不同,而且会有不能写出闭环脉冲传递函数的情况,只能写出输出量的 Z 变换表达式。图 9-18 给出的 4 个闭环系统例子可以说明这一点。这也是离散系统与连续系统的区别。

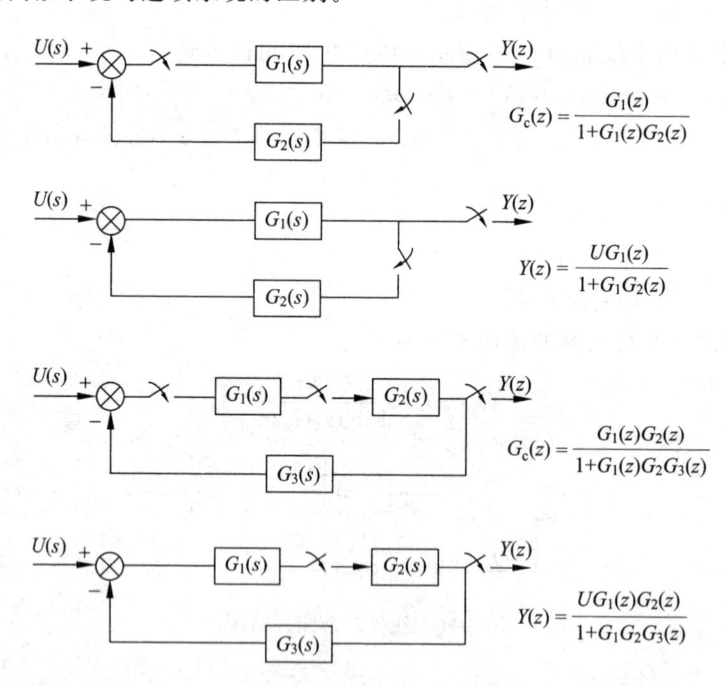

图 9-18 线性离散闭环系统及其脉冲传递函数或输出量的 Z 变换 $Y(z)$

利用脉冲传递函数可以分析离散系统的瞬态响应,其作法按照以下步骤:

(1) 求出 $G(z)=\dfrac{Y(z)}{U(z)}$ 或 $Y(z)=G(z)U(z)$;

(2) 做 z 反变换得出 $y(kT)=z^{-1}[Y(z)]$。

*9.2.4 离散状态空间模型

一个物理系统的数学模型可以用不同的方法来描述。对于线性离散系统可以直接用差分方程表示，也可以用脉冲传递函数或离散状态空间模型表示。传递函数模型在经典控制理论中是常用的，它适用于线性时不变系统，但不适用于非线性和时变系统的分析。状态空间模型是现代控制理论数学模型的主要形式，是一种时域分析方法，比较适合于多输入-多输出、时变和准线性系统的分析和设计。在引入状态变量和状态空间概念后，系统的数学模型就变成很规则的形式，为系统的理论分析和设计综合带来方便。系统状态变量的选择不是唯一的，但是当系统阶数确定时，状态变量的个数就确定了，它等于系统的阶数。表达同一线性系统的不同状态空间模型之间存在着线性变换关系。

1. 离散状态空间模型的一般表达式

线性时不变离散系统的状态空间表达式为

状态方程：
$$\boldsymbol{X}(kT+T)=\boldsymbol{\Phi}\boldsymbol{X}(kT)+\boldsymbol{\Gamma}\boldsymbol{U}(kT) \tag{9-103}$$

输出方程或测量方程：
$$\boldsymbol{Y}(kT)=\boldsymbol{C}\boldsymbol{X}(kT)+\boldsymbol{D}\boldsymbol{U}(kT) \tag{9-104}$$

式中，$\boldsymbol{X}(kT)$、$\boldsymbol{U}(kT)$、$\boldsymbol{Y}(kT)$分别表示 n 维状态矢量、r 维输入矢量和 m 维输出矢量；$\boldsymbol{\Phi}$ 是 $n\times n$ 维矩阵，称为状态矩阵或系统矩阵；$\boldsymbol{\Gamma}$ 是 $n\times r$ 维矩阵，称为控制矩阵或输入矩阵；$\boldsymbol{C}$ 是 $m\times n$ 维矩阵，称为输出矩阵；$\boldsymbol{D}$ 是 $m\times r$ 维矩阵，称为传输矩阵。式(9-103)和式(9-104)所代表的离散系统可用图 9-19 表示，图中 Z^{-1} 表示滞后一步延迟。

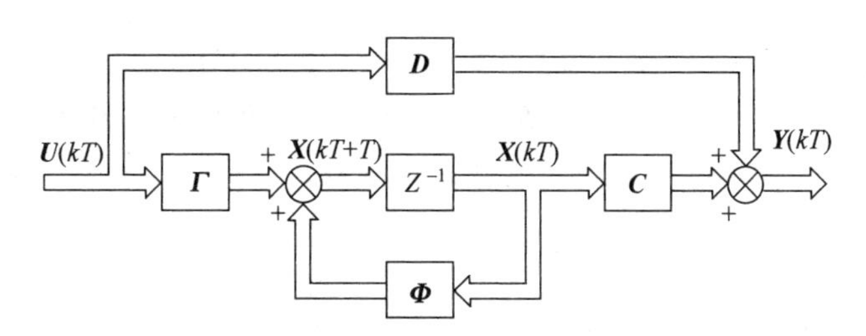

图 9-19 线性时不变离散系统的状态空间模型图

由图 9-19 可以看出，状态空间法把系统的特征用$\boldsymbol{\Phi}$，$\boldsymbol{\Gamma}$，$\boldsymbol{C}$，$\boldsymbol{D}$ 4 个矩阵表示，从而把系统的描述规格化了，为分析研究带来方便。

2. 离散状态方程的时域解

用迭代法就可以求出状态方程(9-103)的解：

$$\begin{cases}\boldsymbol{X}(T)=\boldsymbol{\Phi}\boldsymbol{B}\boldsymbol{X}(0)+\boldsymbol{\Gamma}\boldsymbol{U}(0)\\ \boldsymbol{X}(2T)=\boldsymbol{\Phi}\boldsymbol{B}\boldsymbol{X}(T)+\boldsymbol{\Gamma}\boldsymbol{U}(T)=\boldsymbol{\Phi}^2\boldsymbol{X}(0)+\boldsymbol{\Phi}\boldsymbol{\Gamma}\boldsymbol{U}(0)+\boldsymbol{\Gamma}\boldsymbol{U}(T)\\ \vdots\\ \boldsymbol{X}(kT)=\boldsymbol{\Phi}^k\boldsymbol{X}(0)+\boldsymbol{\Phi}^{k-1}\boldsymbol{\Gamma}\boldsymbol{U}(0)+\boldsymbol{\Phi}^{k-2}\boldsymbol{\Gamma}\boldsymbol{U}(T)+\cdots+\boldsymbol{\Gamma}\boldsymbol{U}(kT-T)\\ \qquad\quad=\boldsymbol{\Phi}^k\boldsymbol{X}(0)+\sum_{i=0}^{k-1}\boldsymbol{\Phi}^{k-i-1}\boldsymbol{\Gamma}\boldsymbol{U}(iT)\end{cases} \tag{9-105}$$

此解由两部分组成：第一部分取决于初始状态；第二部分是控制作用的结果，它是控制信号的加权和。式(9-105)中，$\boldsymbol{\Phi}^k$称为离散系统的状态转移矩阵。

也可以从某 $k_0(0<k_0<k)$ 时刻开始计算状态方程的解。由式(9-105)得

$$\begin{aligned}\boldsymbol{X}(kT) &= \boldsymbol{\Phi}^{k-k_0}\boldsymbol{\Phi}^{k_0}\boldsymbol{X}(0) + \sum_{i=0}^{k_0-1}\boldsymbol{\Phi}^{k-i-1}\boldsymbol{\Gamma}\boldsymbol{U}(iT) + \sum_{i=k_0}^{k-1}\boldsymbol{\Phi}^{k-i-1}\boldsymbol{\Gamma}\boldsymbol{U}(iT)\\ &= \boldsymbol{\Phi}^{k-k_0}\left[\boldsymbol{\Phi}^{k_0}\boldsymbol{X}(0) + \sum_{i=0}^{k_0-1}\boldsymbol{\Phi}^{k_0-i-1}\boldsymbol{\Gamma}\boldsymbol{U}(iT)\right] + \sum_{i=k_0}^{k-1}\boldsymbol{\Phi}^{k-i-1}\boldsymbol{\Gamma}\boldsymbol{U}(iT)\\ &= \boldsymbol{\Phi}^{k-k_0}\boldsymbol{X}(k_0) + \sum_{i=k_0}^{k-1}\boldsymbol{\Phi}^{k-i-1}\boldsymbol{\Gamma}\boldsymbol{U}(iT)\end{aligned} \tag{9-106}$$

离散系统的输出方程为

$$\begin{aligned}\boldsymbol{Y}(k) &= \boldsymbol{C}\boldsymbol{X}(k) + \boldsymbol{D}\boldsymbol{U}(k)\\ &= \boldsymbol{C}\boldsymbol{\Phi}^{k}\boldsymbol{X}(0) + \boldsymbol{C}\sum_{i=0}^{k-1}\boldsymbol{\Phi}^{k-i-1}\boldsymbol{\Gamma}\boldsymbol{U}(i) + \boldsymbol{D}\boldsymbol{U}(k)\\ &= \boldsymbol{C}\boldsymbol{\Phi}^{k-k_0}\boldsymbol{X}(k_0) + \boldsymbol{C}\sum_{i=k_0}^{k-1}\boldsymbol{\Phi}^{k-i-1}\boldsymbol{\Gamma}\boldsymbol{U}(i) + \boldsymbol{D}\boldsymbol{U}(k)\end{aligned} \tag{9-107}$$

3. 脉冲传递函数矩阵

对式(9-103)和式(9-104)取 Z 变换，得

$$z\boldsymbol{X}(z) - z\boldsymbol{X}(0) = \boldsymbol{\Phi}\boldsymbol{X}(z) + \boldsymbol{\Gamma}\boldsymbol{U}(z) \tag{9-108}$$

$$\boldsymbol{Y}(z) = \boldsymbol{C}\boldsymbol{X}(z) + \boldsymbol{D}\boldsymbol{U}(z) \tag{9-109}$$

于是，

$$\boldsymbol{X}(z) = (z\boldsymbol{I} - \boldsymbol{\Phi})^{-1}z\boldsymbol{X}(0) + (z\boldsymbol{I} - \boldsymbol{\Phi})^{-1}\boldsymbol{\Gamma}\boldsymbol{U}(z) \tag{9-110}$$

$$\boldsymbol{Y}(z) = \boldsymbol{C}(z\boldsymbol{I} - \boldsymbol{\Phi})^{-1}z\boldsymbol{X}(0) + [\boldsymbol{C}(z\boldsymbol{I} - \boldsymbol{\Phi})^{-1}\boldsymbol{\Gamma} + \boldsymbol{D}]\boldsymbol{U}(z) \tag{9-111}$$

式(9-110)和式(9-111)是离散状态空间模型的 z 域解。将式(9-106)和式(9-110)相比较，得

$$\boldsymbol{\Phi}^{k} = Z^{-1}[(z\boldsymbol{I} - \boldsymbol{\Phi})^{-1}z] \tag{9-112}$$

可以用它来求 $\boldsymbol{\Phi}^{k}$。

当 $\boldsymbol{X}(0)=0$ 时，将式(9-111)等号两边同时右乘 $U^{-1}(z)$，得到系统的脉冲传递函数矩阵为

$$\boldsymbol{G}(z) = \boldsymbol{C}(z\boldsymbol{I} - \boldsymbol{\Phi})^{-1}\boldsymbol{\Gamma} + \boldsymbol{D} \tag{9-113}$$

式中，$\boldsymbol{G}(z)$ 为 $m\times r$ 维矩阵，它的元素 $G_{ij}(z)(i=1,2,\cdots,m;\ j=1,2,\cdots,r)$ 表示相应 u_j 和 y_i 之间的脉冲传递函数。对于单输入-单输出离散系统，$\boldsymbol{G}(z)$ 是 1×1 维矩阵(标量)，即为脉冲传递函数。由式(9-113)可以看出，$|z\boldsymbol{I}-\boldsymbol{\Phi}|$ 是离散系统的特征多项式，

$$|z\boldsymbol{I} - \boldsymbol{\Phi}| = 0 \tag{9-114}$$

称为离散系统的 z 特征方程。

例 9-21 设线性离散系统的状态空间表达式为

$$\begin{cases}\boldsymbol{X}(kT+T) = \begin{bmatrix}0 & -1\\ -0.4 & 0.3\end{bmatrix}\boldsymbol{X}(kT) + \begin{bmatrix}0\\1\end{bmatrix}u(kT)\\ \boldsymbol{Y}(kT) = \begin{bmatrix}1 & 1\\ 0 & 1\end{bmatrix}\boldsymbol{X}(k)\end{cases}$$

设初始条件为零，试求线性离散系统的脉冲传递函数矩阵及单位阶跃输入时的输出响应。

解：$n=2, r=1, m=2$，

$$\boldsymbol{\Phi}=\begin{bmatrix}0 & -1\\ -0.4 & 0.3\end{bmatrix},\quad \boldsymbol{\Gamma}=\begin{bmatrix}0\\1\end{bmatrix},\quad \boldsymbol{C}=\begin{bmatrix}1 & 1\\0 & 1\end{bmatrix},\quad \boldsymbol{D}=\begin{bmatrix}0\\0\end{bmatrix}$$

$$(z\boldsymbol{I}-\boldsymbol{\Phi})^{-1}=\frac{1}{(z-0.8)(z+0.5)}\begin{bmatrix}z-0.3 & -1\\ -0.4 & z\end{bmatrix}$$

$$\begin{aligned}\boldsymbol{G}(z)&=\boldsymbol{C}(z\boldsymbol{I}-\boldsymbol{\Phi})^{-1}\boldsymbol{\Gamma}+\boldsymbol{D}\\&=\frac{1}{(z-0.8)(z+0.5)}\begin{bmatrix}1 & 1\\0 & 1\end{bmatrix}\begin{bmatrix}z-0.3 & -1\\ -0.4 & z\end{bmatrix}\begin{bmatrix}0\\1\end{bmatrix}\\&=\begin{bmatrix}\dfrac{z-1}{(z-0.8)(z+0.5)}\\ \dfrac{z}{(z-0.8)(z+0.5)}\end{bmatrix}\end{aligned}$$

单位阶跃输入时，$\boldsymbol{U}(z)=\dfrac{z}{z-1}$，因此，

$$\begin{aligned}\boldsymbol{Y}(z)=\boldsymbol{G}(z)\boldsymbol{U}(z)&=\begin{bmatrix}\dfrac{z-1}{(z-0.8)(z+0.5)}\\ \dfrac{z}{(z-0.8)(z+0.5)}\end{bmatrix}\frac{z}{z-1}\\&=\begin{bmatrix}\dfrac{10z}{13(z-0.8)}-\dfrac{10z}{13(z+0.5)}\\ \dfrac{10z}{3(z-1)}-\dfrac{40z}{13(z-0.8)}-\dfrac{10z}{39(z+0.5)}\end{bmatrix}\end{aligned}$$

对上式作 Z 反变换，得

$$y(kT)=\begin{bmatrix}(10/13)(0.8)^k-(10/13)(-0.5)^k\\ 10/3-(40/13)(0.8)^k-(10/39)(-0.5)^k\end{bmatrix},\quad k\geqslant 0$$

4. 连续时间状态方程的离散化

线性时不变连续系统的状态空间表达式为

状态方程：$$\dot{\boldsymbol{X}}(t)=\boldsymbol{A}\boldsymbol{X}(t)+\boldsymbol{B}\boldsymbol{U}(t) \tag{9-115}$$

输出方程或测量方程：$$\boldsymbol{Y}(t)=\boldsymbol{C}\boldsymbol{X}(t)+\boldsymbol{D}\boldsymbol{U}(t) \tag{9-116}$$

如果将离散状态空间模型看成是连续状态空间模型经过零阶保持器离散化得到的，如图 9-20 所示，则离散状态空间表达式为

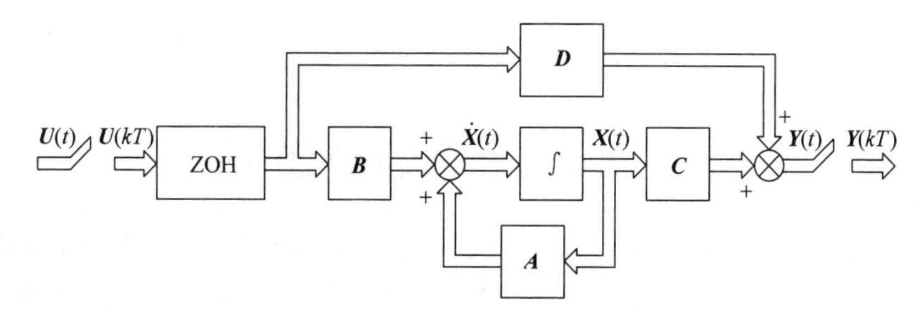

图 9-20 连续时间状态空间模型离散化框图

状态方程：$$\boldsymbol{X}(kT+T)=\boldsymbol{\Phi}\boldsymbol{X}(kT)+\boldsymbol{\Gamma}\boldsymbol{U}(kT) \tag{9-117}$$

输出方程或测量方程：$$\boldsymbol{Y}(kT)=\boldsymbol{C}\boldsymbol{X}(kT)+\boldsymbol{D}\boldsymbol{U}(kT) \tag{9-118}$$

其中，离散系统与连续系统的状态矩阵和控制矩阵有如下关系式：

$$\boldsymbol{\Phi}=\mathrm{e}^{\boldsymbol{A}T} \tag{9-119}$$

$$\boldsymbol{\Gamma}=\left(\int_0^T \mathrm{e}^{\boldsymbol{A}t}\,\mathrm{d}t\right)\boldsymbol{B} \tag{9-120}$$

例 9-22 求连续系统的离散状态方程。已知$\dot{\boldsymbol{X}}(t)=\begin{bmatrix}0 & 1\\0 & -2\end{bmatrix}\boldsymbol{X}(t)+\begin{bmatrix}0\\1\end{bmatrix}\boldsymbol{u}(t)$，$T=1$ s。

解：由连续系统理论可知：

$$\mathrm{e}^{\boldsymbol{A}t}=L^{-1}\{(s\boldsymbol{I}-\boldsymbol{A})^{-1}\}=L^{-1}\left\{\begin{bmatrix}s & -1\\0 & s+2\end{bmatrix}^{-1}\right\}$$

$$=L^{-1}\left\{\begin{bmatrix}\frac{1}{s} & \frac{1}{s(s+2)}\\0 & \frac{1}{s+2}\end{bmatrix}\right\}=\begin{bmatrix}1 & \frac{1}{2}(1-\mathrm{e}^{-2t})\\0 & \mathrm{e}^{-2t}\end{bmatrix}$$

将 $t=T$ 代入上式，得

$$\boldsymbol{\Phi}=\mathrm{e}^{\boldsymbol{A}T}=\begin{bmatrix}1 & \frac{1}{2}(1-\mathrm{e}^{-2T})\\0 & \mathrm{e}^{-2T}\end{bmatrix}$$

$$\boldsymbol{\Gamma}=\left(\int_0^T \mathrm{e}^{\boldsymbol{A}t}\,\mathrm{d}t\right)\boldsymbol{B}=\left(\int_0^T\begin{bmatrix}1 & \frac{1}{2}(1-\mathrm{e}^{-2t})\\0 & \mathrm{e}^{-2t}\end{bmatrix}\mathrm{d}t\right)\begin{bmatrix}0\\1\end{bmatrix}$$

$$=\begin{bmatrix}\frac{1}{2}\left(T+\frac{\mathrm{e}^{-2T}-1}{2}\right)\\ \frac{1}{2}(1-\mathrm{e}^{-2T})\end{bmatrix}$$

则所求的离散状态方程为

$$\boldsymbol{X}(kT+T)=\begin{bmatrix}1 & \frac{1}{2}(1-\mathrm{e}^{-2T})\\0 & \mathrm{e}^{-2T}\end{bmatrix}\boldsymbol{X}(kT)+\begin{bmatrix}\frac{1}{2}\left(T+\frac{\mathrm{e}^{-2T}-1}{2}\right)\\ \frac{1}{2}(1-\mathrm{e}^{-2T})\end{bmatrix}\boldsymbol{u}(kT)$$

将 $T=1$ s 代入上式求得

$$\boldsymbol{X}(kT+T)=\begin{bmatrix}1 & 0.432\\0 & 0.135\end{bmatrix}\boldsymbol{X}(kT)+\begin{bmatrix}0.284\\0.432\end{bmatrix}\boldsymbol{u}(kT)$$

9.3 线性离散系统的性能分析

离散控制系统性能指标的提法随设计方法的不同而不同，在经典控制理论范围内，仍可沿用类似于连续系统中的稳定性、稳态误差及快速性等性能指标。比较常用的提法是稳定裕量(幅值裕量、相角裕量)、误差系数(如位置、速度、加速度误差系数)和动态性能指标(常用的时域指标包括超调量、调整时间、峰值时间、上升时间等；频域指标包括谐振频率、谐振峰值、通频带等)。下面主要介绍系统的稳定性和稳态误差的分析方法。

9.3.1 线性离散系统的稳定性分析

稳定性是动力学系统的一个十分重要的性质，本节只讨论线性时不变离散系统的稳定性问题。为了用 Z 变换分析线性离散系统的稳定性，本节首先介绍 s 平面和 z 平面之间的映射关系，然后给出线性离散系统稳定性的充分必要条件，最后介绍线性离散系统的稳定性判据。

1. s 平面和 z 平面之间的映射关系

Z 变换可以看成是一种离散拉普拉斯变换，定义为

$$z=e^{sT} \tag{9-121}$$

式(9-121)反映了 z 平面和 s 平面之间的映射关系：

s 平面	z 平面
极点：$s=\sigma\pm j\omega$	极点：$z=re^{\pm j\theta}$

$$z=e^{sT}=e^{(\sigma\pm j\omega)T}=e^{\sigma}\cdot e^{\pm j\omega T}=re^{\pm j\theta}$$

其中 $r=e^{\sigma T}$，$\theta=\omega T$

虚轴：$\sigma=0$	以原点为圆心的单位圆周：$\lvert z\rvert=1$
右半平面：$\sigma>0$	以原点为圆心的单位圆外：$\lvert z\rvert>1$
左半平面：$\sigma<0$	以原点为圆心的单位圆内：$\lvert z\rvert<1$

注意：在 z 平面上极点的位置与采样周期 T 有关，这一点是与 s 平面的极点有差别的。图 9-21 表示出 s 平面和 z 平面上一些特殊线段之间的关系。

s 平面与 z 平面之间的映射关系是"多对一"的关系，如在 s 左半平面上每个宽 $\omega_s=\dfrac{2\pi}{T}$ 的带内的点都映射到 z 平面上同一单位圆内，如图 9-22 所示。另外必须指出，z 是采样角频率 ω_s 的周期函数，当 s 平面上 σ 不变，角频率 ω 由 0 变到无穷时，z 的模不变，只是相角作周期性变化。设

$$s_2=s_1\pm j\frac{2\pi}{T}N,\quad N=0,1,2,\cdots$$

则 e^{s_1T} 与 e^{s_2T} 在极坐标上是同一点。

2. 线性离散系统的稳定性条件

设线性离散系统的脉冲传递函数为

$$G(z)=\frac{Y(z)}{U(z)}\Leftrightarrow\frac{Y^*(s)}{U^*(s)} \tag{9-122}$$

则系统的特征方程为 $U^*(s)=0$。

设特征方程的根为 $s_1,s_2,\cdots,s_n$，欲使系统稳定，其充分必要条件是全部特征根都位于 s 平面的左半平面。

根据 s-z 平面的映射关系，s 左半平面上的 $s_1,s_2,\cdots,s_n$ 映射到 z 平面上为 $p_1,p_2,\cdots,p_n$，必然分布在 z 平面上以原点为圆心的单位圆内。$p_1,p_2,\cdots,p_n$ 是 z 特征方程 $U(z)=0$ 的特征根。

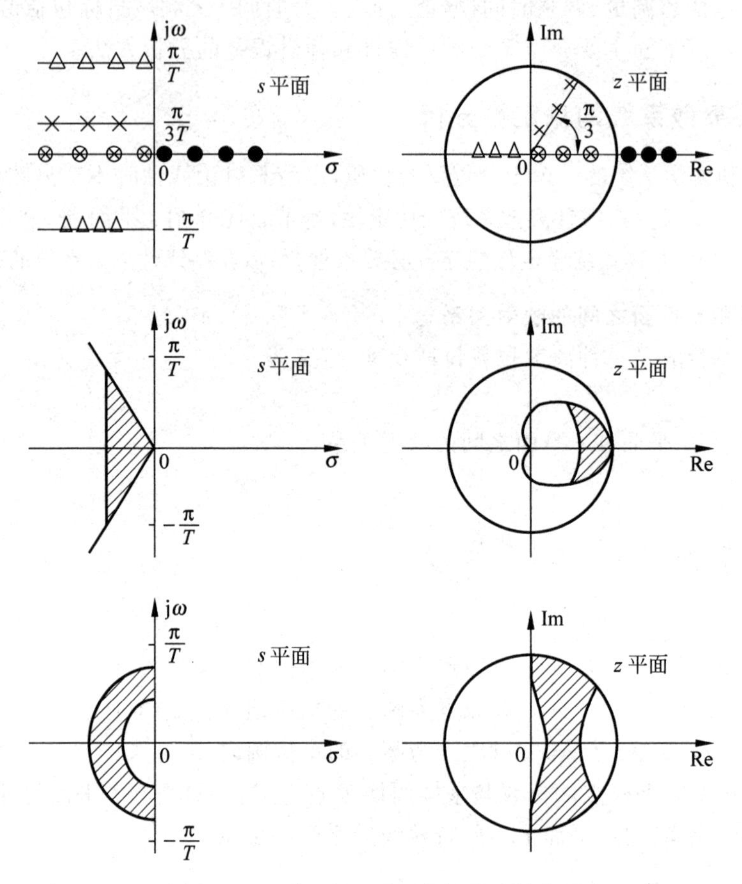

图 9-21 s 平面和 z 平面之间的映射关系

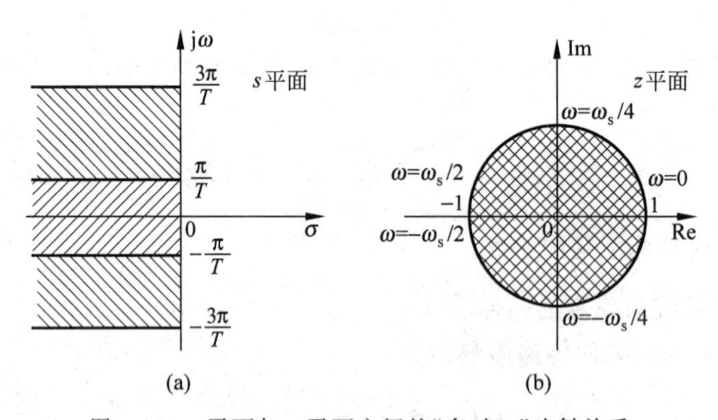

图 9-22 s 平面与 z 平面之间的“多对一”映射关系

由此可得线性离散系统稳定的充分必要条件是：z 特征方程的全部根或脉冲传递函数的全部极点 $p_i(i=1,2,\cdots,n)$都分布在 z 平面上以原点为圆心的单位圆内，即所有极点的模$|p_i|<1,i=1,2,\cdots,n$。

例 9-23 设线性离散系统的 z 特征方程为

$$(z^2-z+0.63)(z^2-0.1z-0.56)(z-0.3)=0$$

试判断系统的稳定性。

解：由 z 特征方程可求得特征根：

$$p_1=0.5+\mathrm{j}0.618,\quad p_2=0.5-\mathrm{j}0.681,\quad p_3=-0.7,\quad p_4=0.8,\quad p_5=0.3$$

由于特征根全部位于 z 平面上以原点为圆心的单位圆内，所以系统稳定。

例 9-24 设一阶系统的脉冲传递函数为

$$G(z)=\frac{z}{z-r},\quad r\text{ 为实数},r\neq 0 \tag{9-123}$$

试求该系统在零初始条件下的单位脉冲响应 $h(kT)$。

解：根据式(9-92)，对脉冲传递函数 $G(z)$ 取 Z 反变换可求得系统的脉冲响应

$$h(kT)=Z^{-1}\left[\frac{z}{z-r}\right]=r^k \tag{9-124}$$

比较式(9-123)与式(9-124)可知，系统的极点 $p_1=r$ 在 z 平面实轴上的位置不同，则系统具有的脉冲响应也不同，如图 9-23 所示，分析如下：

(1) $r>1$，$h(kT)$是发散序列；

(2) $r=1$，$h(kT)$是等幅序列；

(3) $0<r<1$，$h(kT)$是单调衰减正序列；

(4) $-1<r<0$，$h(kT)$是交替变号的衰减序列；

(5) $r=-1$，$h(kT)$是交替变号的等幅序列；

(6) $r<-1$，$h(kT)$是交替变号的发散序列。

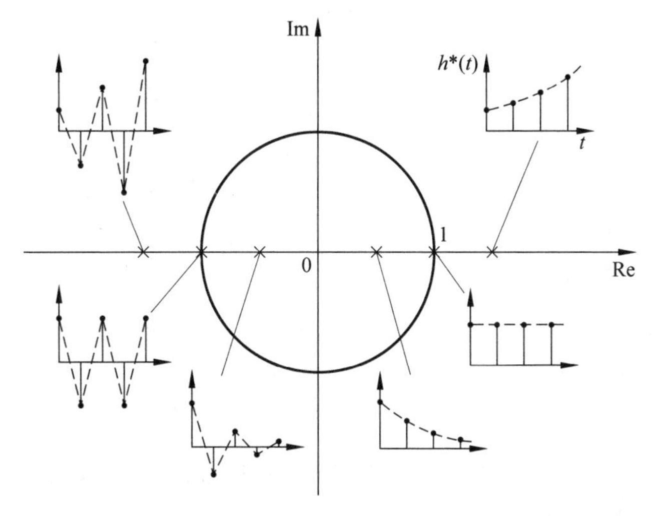

图 9-23 一阶系统单位脉冲响应

可见，$|r|<1$，即极点 z 平面在单位圆内时，单位脉冲响应序列是收敛的，极点 $p_1=r$ 越接近 z 平面的原点，收敛越快。

例 9-25 设二阶系统的脉冲传递函数为

$$G(z)=\frac{z(z-r\cos\theta)}{(z-r\mathrm{e}^{\mathrm{j}\theta})(z-r\mathrm{e}^{-\mathrm{j}\theta})},\quad r,\theta\text{ 为实数},r>0,\theta\neq 0 \tag{9-125}$$

试求该系统在零初始条件下的单位脉冲响应 $h(kT)$。

解：该系统具有一对共轭复数极点：

$$p_1 = r\mathrm{e}^{\mathrm{j}\theta}, \quad p_2 = r\mathrm{e}^{-\mathrm{j}\theta}$$

具有两个实零点：

$$z_1 = 0, \quad z_2 = r\cos\theta$$

根据式(9-92)，对脉冲传递函数 $G(z)$ 取 Z 反变换可求得系统的脉冲响应

$$h(kT) = Z^{-1}\left[\frac{z(z - r\cos\theta)}{(z - r\mathrm{e}^{\mathrm{j}\theta})(z - r\mathrm{e}^{-\mathrm{j}\theta})}\right] = r^k \cos k\theta \tag{9-126}$$

比较式(9-125)与式(9-126)可知，系统动态特性与极点半径 r 及其幅角 θ 有关，而 r 起主要作用：

(1) $r>1$，$h(kT)$ 为发散振荡序列；

(2) $r=1$，$h(kT)$ 为等幅振荡序列；

(3) $r<1$，$h(kT)$ 为衰减振荡序列。

可见，系统动态特性主要取决于极点半径 r，$r<1$，即极点在 z 平面的单位圆内时，系统动态响应收敛，r 越小，收敛越快。θ 决定 $h(kT)$ 在一个周期内采样的点数。例如，若 $\theta=\pi/4$，则 $N=2\pi/\theta=8$，即一个振荡周期采样 8 次。系统动态特性如图 9-24 所示。

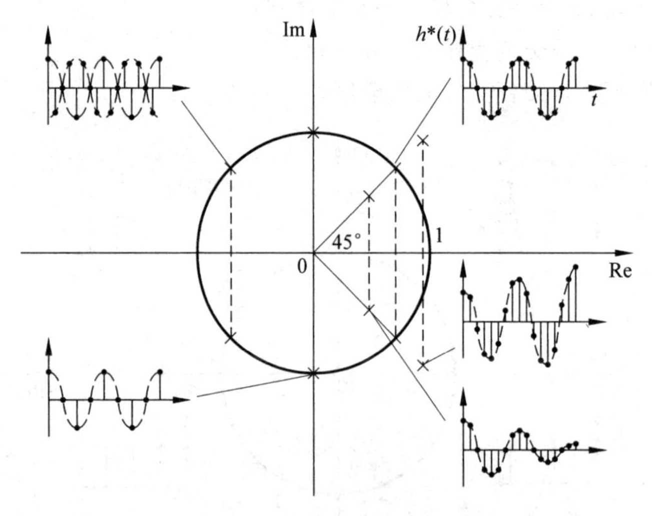

图 9-24　二阶系统单位脉冲响应

进一步的分析可知，系统动态响应的类型取决于闭环极点，而动态响应的形状则由闭环零点和闭环极点共同决定。

3. 线性离散系统稳定性的代数判据

离散系统稳定的充分必要条件是特征方程的根全部位于 z 平面内以原点为圆心的单位圆内。当离散系统阶数比较低时，可以直接求出特征根。但是，当系统的阶数较高时就很难直接求出特征根。在工程上经常希望不经过解特征方程而能找到一些间接的方法，例如代数判据法和基于频率特性分析的奈奎斯特法，或通过双线性变换把 z 平面问题变成 s 平面的问题，再用连续系统的稳定性判据等。本节介绍离散系统稳定的代数判据。

(1) 利用劳斯稳定性判据判别系统稳定性

设双线性变换

$$z=\frac{r+1}{r-1}$$

$$r=\frac{z+1}{z-1}$$

式中，$z=x+\mathrm{j}y$，$r=u+\mathrm{j}v$。

则

$$r=\frac{z+1}{z-1}=\frac{x+\mathrm{j}y+1}{x+\mathrm{j}y-1}=\frac{x^2+y^2-1-\mathrm{j}2y}{(x-1)^2+y^2}$$

其实部为

$$u=\frac{x^2+y^2-1}{(x-1)^2+y^2}$$

可见，当$|z|<1$，即$x^2+y^2<1$时，$u<0$；

当$|z|>1$，即$x^2+y^2>1$时，$u>0$；当$|z|=1$，即$x^2+y^2=1$时，$u=0$。

例 9-26 某离散系统的闭环特征方程为

$$z^3-1.5z^2-0.25z+0.4=0$$

试判其稳定性。

解：将$z=\dfrac{r+1}{r-1}$代入特征方程，得

$$\left(\frac{r+1}{r-1}\right)^3-1.5\left(\frac{r+1}{r-1}\right)^2-0.25\left(\frac{r+1}{r-1}\right)+0.4=0$$

即

$$-0.35r^3+0.55r^2+5.95r+1.85=0$$

特征式系数不同号，根据劳斯判据，容易判出该系统不稳定。

(2) 朱利(Jury)稳定性判据

如果已知一个系统的特征多项式

$$A(z)=a_0z^n+a_1z^{n-1}+\cdots+a_n \tag{9-127}$$

Jury 把它的系数排列成如下的算表：

$$\begin{array}{cccccc}
a_0 & a_1 & \cdots & a_{n-1} & a_n & \\
a_n & a_{n-1} & \cdots & a_1 & a_0 & \alpha_n=\dfrac{a_n}{a_0} \\
\hline
a_0^{n-1} & a_1^{n-1} & \cdots & a_{n-1}^{n-1} & & \\
a_{n-1}^{n-1} & a_{n-2}^{n-1} & \cdots & a_0^{n-1} & & \alpha_{n-1}=\dfrac{a_{n-1}^{n-1}}{a_0^{n-1}} \\
\hline
 & & \vdots & & & \\
\hline
a_0^1 & a_1^1 & & & & \\
a_1^1 & a_0^1 & & & & \alpha_1=\dfrac{a_1^1}{a_0^1} \\
\hline
a_0^0 & & & & &
\end{array}$$

其中，$a_i^{k-1}=a_i^k-\alpha_k a_{k-i}^k$，$\alpha_k=\dfrac{a_k^k}{a_0^k}$，$a_i^n=a_i$，$a_n^m=a_n$，$k=1,2,\cdots,n$；$i=0,1,\cdots,k-1$。

上页表中第1行和第2行分别是式(9-127)系数的正序排列和倒序排列。这两行的最后两个元素相除得到α_n。第1行的各元素分别减去第2行的相应元素乘以α_n得到的值，就得到第3行的各元素。显然，第3行的最后一个元素为零，即第3行比前两行少一个元素。第4行是第3行的倒序排列。如此规律一直做下去，直到第$2n+1$行，此行只剩下一个元素。于是有以下Jury稳定性判据：

如果$a_0>0$，那么方程(9-127)的根全部位于单位圆内的充分必要条件是：算表中所有奇数行的第1个元素都是正数，即$a_0^k>0$，$k=0,1,\cdots,n-1$。如果这些元素中有的为负数，则负元素的个数代表式(9-127)中含有在单位圆以外根的个数。

例9-27　已知特征方程为$A(z)=z^2+a_1z+a_2=0$，求使二阶系统稳定的系数a_1和a_2的范围。

解：写出Jury算表：

$$
\begin{array}{cccc}
1 & a_1 & a_2 & \\
a_2 & a_1 & 1 & \alpha_2=a_2 \\
1-a_2^2 & a_1(1-a_2) & & \\
a_1(1-a_2) & 1-a_2^2 & & \alpha_1=\dfrac{a_1}{1+a_2} \\
1-a_2^2-\dfrac{a_1^2(1-a_2)}{1+a_2} & & &
\end{array}
$$

根据Jury稳定性判据，如果要求特征方程的根全都位于单位圆内，则必须满足

$$
1-a_2^2>0
$$

$$
1-a_2^2-\frac{a_1^2(1-a_2)}{1+a_2}>0
$$

即

$$
|a_2|<1
$$

$$
a_2>-1+a_1
$$

$$
a_2>-1-a_1
$$

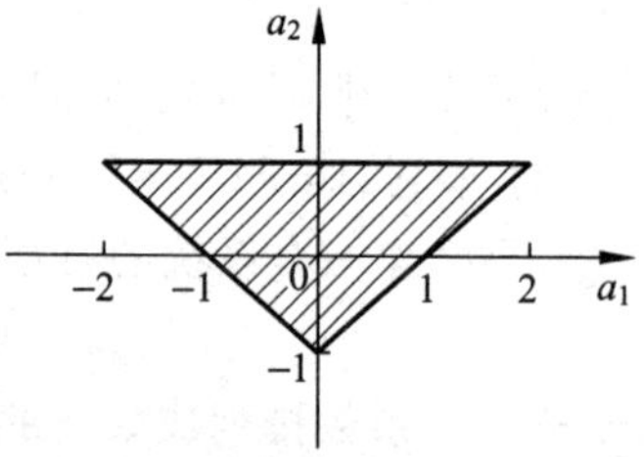

系数a_1和a_2使此二阶系统稳定的区域如图9-25所示。

图9-25　系数a_1和a_2使二阶系统稳定的区域

9.3.2　线性离散系统的稳态误差分析

控制系统的一个重要性能是它应以最小的稳态误差来跟踪输入信号。在连续控制系统中，采用典型信号(阶跃、斜坡、抛物线等)作用下，系统响应的稳态误差作为其控制精度的评价。在数字控制系统中，用同样的方法来计算其稳态误差。

1. 稳态误差表达式

考虑图9-26所示的单位反馈控制系统，其闭环脉冲传递函数为

$$
G_c(z)=\frac{Y(z)}{X(z)}=\frac{D(z)G_0G(z)}{1+D(z)G_0G(z)} \tag{9-128}
$$

则输入引起的误差脉冲传递函数为

$$G_e(z)=\frac{E(z)}{X(z)}=1-G_c(z)=\frac{1}{1+D(z)G_0G(z)} \tag{9-129}$$

所以

$$E(z)=\frac{1}{1+D(z)G_0G(z)}X(z) \tag{9-130}$$

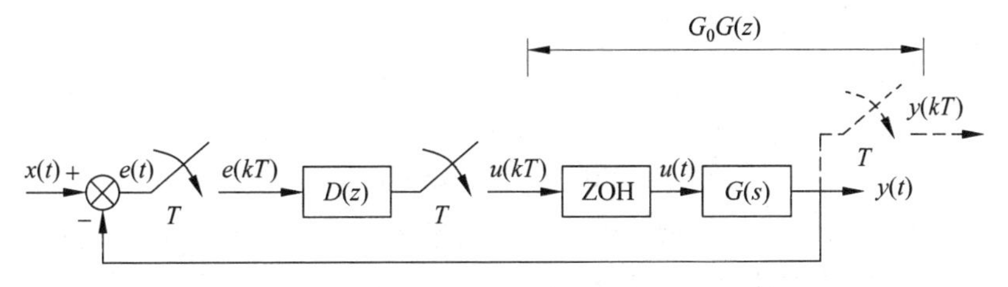

图 9-26 离散控制系统框图

如果 z 特征方程

$$1+D(z)G_0G(z)=0 \tag{9-131}$$

的根全部位于 z 平面内以原点为圆心的单位圆内，则此闭环系统是稳定的。这时，利用 Z 变换的终值定理可得系统的稳态误差：

$$\begin{aligned} e_{ss} &= \lim_{k\to+\infty} e(kT)=\lim_{z\to1}(z-1)E(z) \\ &=\lim_{z\to1}(z-1)\frac{1}{1+D(z)G_0G(z)}X(z) \end{aligned} \tag{9-132}$$

将开环脉冲传递函数用下式表示：

$$D(z)G_0G(z)=\frac{K\prod_{i=1}^{m}(z-z_i)}{(z-1)^{\lambda}\prod_{i=1}^{n}(z-p_i)},\quad z_i\neq1,p_i\neq1 \tag{9-133}$$

当 $\lambda=0$ 时，称系统为 0 型系统；当 $\lambda=1$ 时，称系统为 Ⅰ 型系统；当 $\lambda=2$ 时，称系统为 Ⅱ 型系统，等等。

2. 单位阶跃输入下系统的稳态误差

单位阶跃输入时，$X(z)=\frac{z}{z-1}$，则稳态误差为

$$\begin{aligned} e_{ss} &=\lim_{z\to1}(z-1)E(z)=\lim_{z\to1}(z-1)\frac{1}{1+D(z)G_0G(z)}\frac{z}{z-1} \\ &\overset{\text{def}}{=}\frac{1}{1+K_p} \end{aligned} \tag{9-134}$$

式中，

$$K_p=\lim_{z\to1}D(z)G_0G(z) \tag{9-135}$$

称为静态位置误差系数，它可以由开环脉冲传递函数直接求得。对于 0 型系统，静态位置误差系数 K_p 就是系统的开环静态放大倍数，系统在单位阶跃输入下的稳态误差为常值 $e_{ss}=1/(1+K_p)$；对于 Ⅰ 型或高于 Ⅰ 型的系统，$K_p=+\infty$，系统在单位阶跃输入下的稳态误差 $e_{ss}=0$。

3. 单位速度(斜坡)输入下系统的稳态误差

单位速度输入时，$X(z)=\dfrac{Tz}{(z-1)^2}$，则稳态误差为

$$e_{ss}=\lim_{z\to 1}(z-1)E(z)=\lim_{z\to 1}(z-1)\frac{1}{1+D(z)G_0G(z)}\frac{Tz}{(z-1)^2}$$

$$\overset{\text{def}}{=}\frac{T}{K_v} \tag{9-136}$$

式中，

$$K_v=\lim_{z\to 1}(z-1)D(z)G_0G(z) \tag{9-137}$$

称为静态速度误差系数。对于0型系统，$K_v=0$，系统在单位速度输入下的稳态误差 $e_{ss}=+\infty$；对于Ⅰ型系统，静态速度误差系数 K_v 就是系统的开环静态放大倍数，系统在单位速度输入下的稳态误差为常值 $e_{ss}=T/K_v$；对于Ⅱ型或高于Ⅱ型的系统，$K_v=+\infty$，系统在单位速度输入下的稳态误差 $e_{ss}=0$。

4. 单位加速度输入下系统的稳态误差

单位加速度输入时，$X(z)=\dfrac{T^2z(z+1)}{2(z-1)^3}$，则稳态误差为

$$e_{ss}=\lim_{z\to 1}(z-1)E(z)=\lim_{z\to 1}(z-1)\frac{1}{1+D(z)G_0G(z)}\frac{T^2z(z+1)}{2(z-1)^3}$$

$$\overset{\text{def}}{=}\frac{T^2}{K_a} \tag{9-138}$$

式中，

$$K_a=\lim_{z\to 1}(z-1)^2D(z)G_0G(z) \tag{9-139}$$

称为静态加速度误差系数。对于0型和Ⅰ型系统，$K_a=0$，系统在单位加速度输入下的稳态误差 $e_{ss}=\infty$；对于Ⅱ型系统，静态加速度误差系数 K_a 就是系统的开环静态放大倍数，系统在单位加速度输入下的稳态误差为常值 $e_{ss}=T^2/K_a$；在稳定的前提下，对于Ⅲ型或高于Ⅲ型的系统，$K_a=+\infty$，系统在单位加速度输入下的稳态误差 $e_{ss}=0$。但是型次越高，系统越不容易稳定，因此Ⅲ型或高于Ⅲ型的系统在工程中很少见。

由以上分析可以看出，系统的稳态误差除了与输入的形式有关外，还与系统的型次有关。表9-3给出了0型、Ⅰ型和Ⅱ型系统在各种输入量作用下的闭环系统的稳态误差。

表 9-3 不同输入时各类系统的稳态误差

系统类别	单位阶跃输入	单位速度输入	单位加速度输入
0型系统	$\dfrac{1}{1+K_p}$	∞	∞
Ⅰ型系统	0	$\dfrac{T}{K_v}$	∞
Ⅱ型系统	0	0	$\dfrac{T^2}{K_a}$

9.4 计算机控制系统的模拟化设计方法

计算机控制系统的设计是指在给定系统性能指标的条件下，设计数字控制器，使系统达到要求的性能指标。本节介绍计算机控制系统的模拟化设计方法。所谓模拟化的设计方法，就是首先设计出符合技术要求的连续控制系统，再用离散时间控制器近似连续时间控制器。例如，对图 9-27 所示的连续控制系统可用经典的控制方法（如频率特性法、根轨迹法等）求出校正环节的传递函数 $D(s)$，然后对 $D(s)$ 离散化，得到能由计算机实现的控制算法 $D(z)$。图 9-28 给出了代替图 9-27 所示连续控制系统的离散控制系统框图。只要选择足够高的采样频率即足够短的采样周期，计算机控制系统就可以近似地看作连续系统，可以采用模拟化设计方法设计数字控制器。

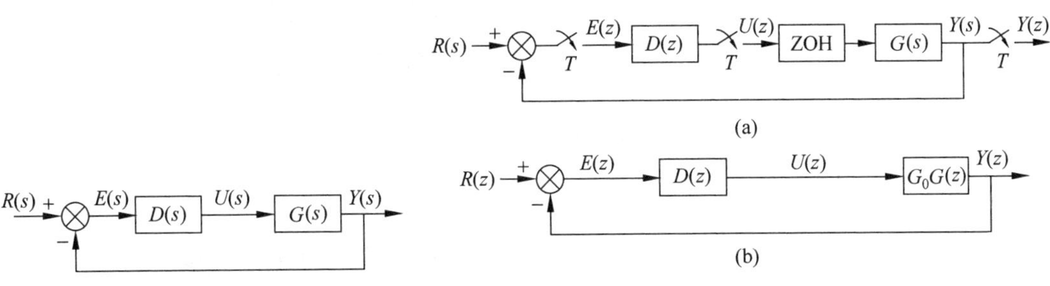

图 9-27 连续控制系统框图

图 9-28 代替连续控制系统的离散控制系统框图

(a) 采样控制系统框图；(b) 与图(a)等效的离散控制系统框图

$D(z)$ 逼近 $D(s)$ 的程度取决于采样速率和离散化方法。对于单输入-单输出系统已有许多种离散化方法，例如冲激不变法、通过零阶保持器的离散化方法、前向差分法、后向差分法、双线性变换法等。相应于连续控制系统中广泛应用的 PID 控制器，计算机控制系统中也有数字 PID 控制器。本节也将介绍数字 PID 控制器的算法和一些参数整定方法。

9.4.1 数字校正环节的近似设计方法

当采样周期足够短时，计算机控制系统可以近似为连续系统，计算机控制系统的设计就可以按照连续系统的设计方法。首先根据性能指标利用连续控制系统的设计方法求出校正环节 $D(s)$，然后对 $D(s)$ 离散化，得到近似等效的数字校正环节 $D(z)$，据此可以写出能由计算机实现的控制规律。本节介绍几个常用的离散化方法。

1. 连续校正环节的离散化方法

1）冲激响应不变法

冲激响应不变法的基本思路是让数字校正环节的单位脉冲响应 $D(z)$ 与连续校正环节 $D(s)$ 的单位冲激响应在采样点的值相等。这种方法记为

$$D(z)=Z[D(s)] \tag{9-140}$$

冲激响应不变法的优点是 $D(z)$ 和 $D(s)$ 在采样点的冲激响应是一样的，而且如果 $D(s)$ 是稳定的，则 $D(z)$ 也是稳定的。但 $D(z)$ 的频率响应可能与 $D(s)$ 的不同。

例 9-28 已知连续校正环节 $D(s)=\dfrac{K}{s+a}$，试用冲激响应不变法求数字校正环节 $D(z)$。

解：

$$D(z)=Z[D(s)]=\frac{K}{1-\mathrm{e}^{-aT}z^{-1}}=\frac{U(z)}{E(z)}$$

$$(1-\mathrm{e}^{-aT}z^{-1})U(z)=KE(z)$$

将上式取 Z 反变换，可得差分方程

$$u(kT)=\mathrm{e}^{-aT}u(kT-T)+Ke(kT)$$

此即为计算机实现的控制算法。

2）零阶保持器法

图 9-29 给出了零阶保持器法示意图。由式(9-96)的结果可知：

$$D(z)=(1-z^{-1})Z\left[\frac{D(s)}{s}\right] \tag{9-141}$$

当 $D(s)$ 稳定时，$D(z)$ 也是稳定的，但是它们的单位冲激响应是不同的。

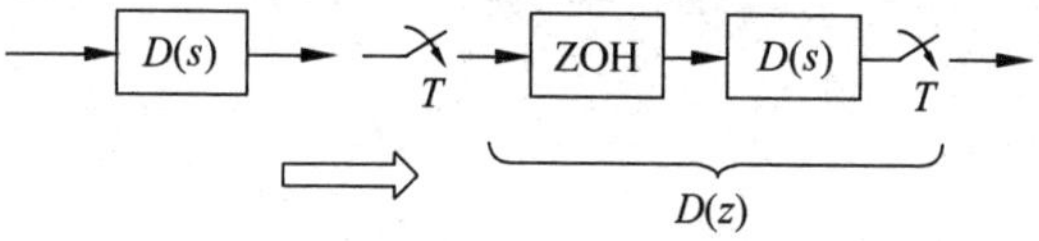

图 9-29　$D(s)$ 和零阶保持器法得到的 $D(z)$

例 9-29　已知 $D(s)=\dfrac{K}{s+a}$，试用零阶保持器法求数字校正环节 $D(z)$。

解：

$$\begin{aligned}D(z)&=(1-z^{-1})Z\left[\frac{K}{s(s+a)}\right]\\&=(1-z^{-1})\frac{K}{a}\left(\frac{1}{1-z^{-1}}-\frac{1}{1-\mathrm{e}^{-aT}z^{-1}}\right)\\&=\frac{K}{a}\,\frac{(1-\mathrm{e}^{-aT})z^{-1}}{1-\mathrm{e}^{-aT}z^{-1}}\end{aligned}$$

对上式取 Z 反变换，得到控制算法：

$$u(kT)=\mathrm{e}^{-aT}u(kT-T)+\frac{K}{a}(1-\mathrm{e}^{-aT})e(kT-T)$$

3）前向差分法

这种方法是一种近似的微分方法，它取

$$D(z)=D(s)\Big|_{s=\frac{z-1}{T}} \tag{9-142}$$

其理由如下：如果把任一函数 $x(t)$ 的导数用算子 p 来表示，则

$$\frac{\mathrm{d}x(t)}{\mathrm{d}t}=\mathrm{p}x(t)\approx\frac{x(t+T)-x(t)}{T}=\frac{\mathrm{q}-1}{T}x(t) \tag{9-143}$$

上面第二个等号用前向差分代替微分，再把它用差分算子 q 表示，就有 $\mathrm{p}=(\mathrm{q}-1)/T$。在上述变量转换中，相当于用 $\dfrac{z-1}{T}$ 代替 s。如果直接用 Z 变换和拉普拉斯变换之间的关系，也可以近似得到式(9-142)的结论。因为

$$z=\mathrm{e}^{sT}=1+sT+\frac{s^2T^2}{2}+\cdots\approx1+sT$$

则
$$s=\frac{z-1}{T} \tag{9-144}$$

这种近似方法十分简便，但不能保证 $D(z)$ 总是稳定的，而且不能保证具有与 $D(s)$ 相同的单位冲激响应。

例 9-30 已知 $D(s)=\frac{K}{s+a}$，试用前向差分法离散化 $D(s)$。

解：

$$D(z)=\frac{KTz^{-1}}{1-(1-aT)z^{-1}}$$

对上式取 z 反变换，得到控制算法

$$u(kT)=(1-aT)u(kT-T)+kTe(kT-T)$$

4）后向差分法

这也是一种近似的微分方法，它取

$$D(z)=D(s)\Big|_{s=\frac{z-1}{zT}} \tag{9-145}$$

其理由如下：

$$\frac{\mathrm{d}x(t)}{\mathrm{d}t}=\mathrm{p}x(t)\approx\frac{x(t)-x(t-T)}{T}=\frac{1-\mathrm{q}^{-1}}{T}x(t) \tag{9-146}$$

于是就得到 $\mathrm{p}=\frac{\mathrm{q}-1}{\mathrm{q}T}$，相应于用 $\frac{z-1}{zT}$ 代替 s。当 $D(s)$ 是稳定的时候，后向差分法能保证 $D(z)$ 也是稳定的，但是不能保证 $D(s)$ 和 $D(z)$ 具有相同的单位冲激响应。

5）双线性变换法

取

$$D(z)=D(s)\Big|_{s=\frac{2}{T}\frac{z-1}{z+1}} \tag{9-147}$$

其理由如下：把函数 $x(t)$ 的积分 $y(t)$ 记为

$$y(t)=\int_0^t x(t)\mathrm{d}t=\frac{x(t)}{\mathrm{p}}$$

并用 $x(kT-T)$ 到 $x(kT)$ 曲线下面积代替 $y(kT)-y(kT-T)$，如图 9-30 所示。

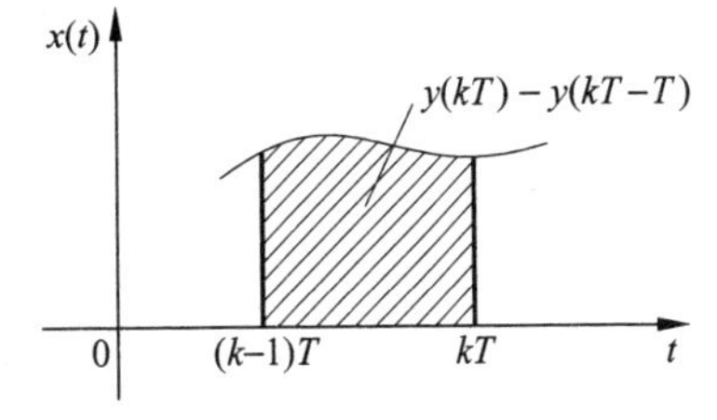

图 9-30 推导双线性变换的积分关系图

采用梯形积分

$$y(kT)-y(kT-T)\approx\frac{T}{2}[x(kT)+x(kT-T)]$$

写成算子形式，得

$$(1-\mathrm{q}^{-1})y(kT)=\frac{T}{2}(1+\mathrm{q}^{-1})x(kT)$$

$$\frac{y(kT)}{x(kT)}=\frac{T(1+\mathrm{q}^{-1})}{2(1-\mathrm{q}^{-1})}$$

即

$$\frac{1}{\mathrm{p}}=\frac{T}{2}\frac{\mathrm{q}+1}{\mathrm{q}-1}$$

于是就得到式(9-147)的结论。用双线性变换后，$D(z)$ 和 $D(s)$ 的单位冲激响应可能不一样,但是它们的稳定性是一致的。

2. 采样周期的选择

在计算机控制系统中,如何合理地选择采样周期是一个重要问题。香农采样定理给出了理想情况下的一个非常简单的规则。实际上,采样周期的选择还与许多因素有关。当用零阶保持电路后接连续时间系统来近似采样系统时,保持电路会引起相移。当采样周期较短时,零阶保持器可展开为

$$\begin{aligned}\frac{1-\mathrm{e}^{-sT}}{s}&=\frac{1}{s}\left[1-1+sT-\frac{(sT)^2}{2}+\cdots\right]\\&=T\left(1-\frac{sT}{2}+\cdots\right)=T\mathrm{e}^{-\frac{sT}{2}}\end{aligned} \tag{9-148}$$

式中,第一个等式把 e^{-sT} 用级数展开;第二个等式可以近似看成是 $\mathrm{e}^{-\frac{sT}{2}}$ 的级数展开。因而对短采样周期,保持器可以被近似为具有半个采样周期时延的环节。如果相位裕量允许减少 5°～15°,就可以给出下面的经验法则:

$$\omega_c T \approx 0.15 \sim 0.5 \tag{9-149}$$

式中,ω_c 是连续系统的开环剪切频率。由这个法则给定的采样周期非常短,一般奈奎斯特频率取为剪切频率的 5～20 倍,典型数据为 $\omega_s=10\omega_c$。

9.4.2 数字 PID 控制器

在连续控制系统中,比例-积分-微分(PID)控制器得到了广泛应用。连续 PID 控制器的时域表达式为

$$u(t)=K_P\left[e(t)+\frac{1}{T_I}\int_0^t e(t)\mathrm{d}t+T_D\frac{\mathrm{d}e(t)}{\mathrm{d}t}\right] \tag{9-150}$$

其传递函数为

$$D(s)=\frac{U(s)}{E(s)}=K_P+K_I\frac{1}{s}+K_D s \tag{9-151}$$

式中,T_I 为积分时间常数;T_D 为微分时间常数;K_P 为比例系数;$K_I=\frac{K_P}{T_I}$ 为积分系数;$K_D=K_P T_D$ 为微分系数。

连续的 PID 控制器原理框图如图 9-31(a)所示。将求得的连续 PID 控制器进行离散化,即可得到近似等效的可用计算机实现的数字 PID 控制器,如图 9-31(b)所示。

用不同的近似方法,可以得到不同的数字 PID 的算法。最简单的是用求和代替积分,用后向差分代替微分,则有

$$u(kT)=K_P\left\{e(kT)+\frac{T}{T_I}\sum_{i=0}^{k}e(iT)+\frac{T_D}{T}[e(kT)-e(kT-T)]\right\} \tag{9-152}$$

数字 PID 控制器的脉冲传递函数为

$$D(z)=\frac{U(z)}{E(z)}=K_P+K_I\frac{1}{1-z^{-1}}+K_D(1-z^{-1}) \tag{9-153}$$

式中,T 为采样周期;K_P 为比例系数;$K_I=K_P\frac{T}{T_I}$ 为积分系数;$K_D=K_P\frac{T_D}{T}$ 为微分系数。

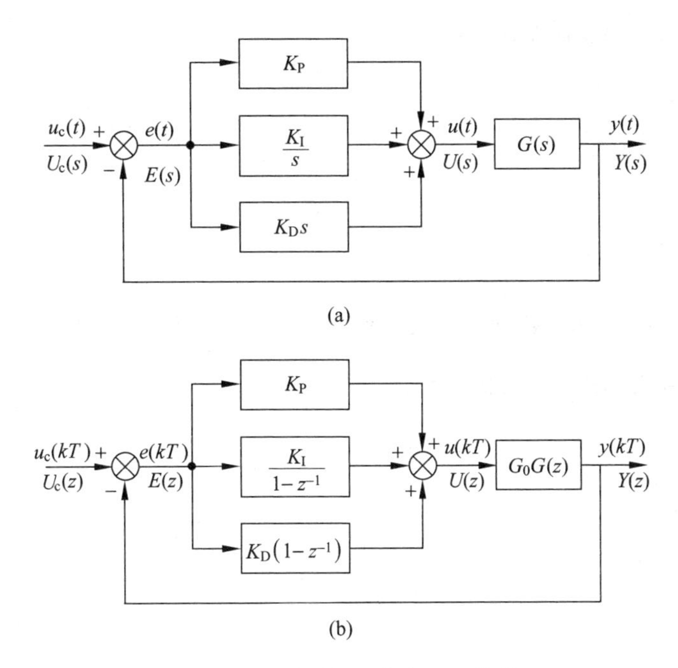

图 9-31 连续时间和数字 PID 控制

由式(9-153)可以得到数字 PID 控制器的差分方程：

$$\begin{aligned}u(kT)=&u(kT-T)+(K_P+K_I+K_D)e(kT)-\\&(K_P+2K_D)e(kT-T)+K_De(kT-2T)\end{aligned}\tag{9-154}$$

这是递推控制算法，据此就可以用数字计算机来实现 PID 控制器。显然，将增益 K_I 及 K_D，或 K_D，或 K_I 设置为 0，就得到了 P、PI 或 PD 控制器。

类似于连续 PID 控制，比例控制 K_P 加大会减小稳态误差，提高控制精度和系统的动态响应速度，但是加大 K_P 只是减小稳态误差，却不能完全消除稳态误差，而且 K_P 太大时，系统会趋于不稳定。积分控制 K_I 用来消除系统的稳态误差，只要存在偏差，它的积分所产生的信号总是用来消除稳态误差的，直到偏差为零，积分作用才停止，但是积分控制通常会使系统的稳定性下降，T_I 太小系统将不稳定，而 T_I 太大对系统性能的影响又会减少，积分控制通常与比例控制或微分控制联合作用，构成 PI 控制或 PID 控制。微分作用 K_D 实质上是跟偏差的变化速度有关，微分控制能够预测偏差，产生超前的校正作用，因此微分控制可以较好地改善系统的动态性能，如超调量减少，调节时间缩短，允许加大比例控制使稳态误差减小，提高控制精度。微分控制经常与比例控制或积分控制联合作用，构成 PD 控制或 PID 控制。

9.5 MATLAB 在计算机控制系统中的应用

9.5.1 Z 变换和 Z 反变换

MATLAB 函数 X＝ztrans(x) 用于对函数 x 进行 Z 变换；MATLAB 函数 x＝iztrans(X) 用于对函数 X 进行 Z 反变换。

例 9-31 用 MATLAB 软件工具求函数 $x(kT)=kT$ 的 Z 变换 $X(z)$。

解：编写 MATLAB 程序代码如下：

```
syms k T;
x = k * T;
X = ztrans(x)
```

得到

```
X = T * z/(z - 1)^2
```

例 9-32 用 MATLAB 软件工具求函数 $Y(z)=\dfrac{z}{z-1}$ 的 Z 反变换 $y(kT)$。

解：编写 MATLAB 程序代码如下：

```
syms z;
Y = z/(z - 1);
y = iztrans(Y)
```

得到

```
y = 1
```

9.5.2 连续系统的离散化方法

已知连续系统的数学模型，调用 MATLAB 函数 c2d 可得到将其离散化后的离散系统的数学模型，该函数的具体调用格式为

$$\text{sysD}=\text{c2d}(\text{sysC},\text{Ts},\text{method}) \tag{9-155}$$

式中，sysC 为线性时不变连续系统的数学模型，可以用以下几种形式表示：

(1) 分子-分母多项式的形式，相应的 MATLAB 函数调用格式为

sysC = tf(num, den);

(2) 零-极-增益的形式，相应的 MATLAB 函数调用格式为

sysC = zpk(z, p, k);

(3) 状态空间模型的形式，相应的 MATLAB 函数调用格式为

sysC = ss(A, B, C, D);

式(9-155)中，Ts 为线性时不变离散系统的采样周期。method 为采用的离散化方法，有以下几种方法可供选择：

(1) 'zoh'——零阶保持器法；

(2) 'foh'——一阶保持器法；

(3) 'imp'——冲激响应不变法；

(4) 'tustin'——双线性变换法；

(5) 'prewarp'——带有预校正频率的双线性变换法；

(6) 'matched'——零极点匹配法。

默认为零阶保持器法。

式(9-155)中，sysD 为得到的线性时不变离散系统的数学模型，可以用以下几种形式得到其具体参数：

(1) 分子-分母多项式的形式，相应的 MATLAB 函数调用格式为

[num, den, Ts] = tfdata(sysD, 'v');

(2) 零-极-增益的形式，相应的 MATLAB 函数调用格式为

[z,p,k,Ts]=zpkdata(sysD,'v')；

(3) 状态空间模型的形式，相应的 MATLAB 函数调用格式为

[A,B,C,D,Ts]=ssdata(sysD,'v')。

例 9-33 用 MATLAB 软件工具将连续系统传递函数模型 $D(s)=1+\frac{1}{s}$ 转换成离散系统，采样周期 $T=0.01$ s。

解：编写 MATLAB 程序代码如下：

```
sysC = tf([1 1],[1 0]);
Ts = 0.01;
sysD1 = c2d(sysC,Ts,'zoh')
sysD2 = c2d(sysC,Ts,'foh')
sysD3 = c2d(sysC,Ts,'imp')
sysD4 = c2d(sysC,Ts,'tustin')
sysD5 = c2d(sysC,Ts,'prewarp',1.0)
sysD6 = c2d(sysC,Ts,'matched')
```

得到

```
                             z - 0.99
sysD1   Transfer function:   ---------          Sampling time: 0.01
                              z - 1
                           1.005z - 0.995
sysD2   Transfer function:   --------------     Sampling time: 0.01
                                z - 1
                              z
sysD3   Transfer function:   -----              Sampling time: 0.01
                             z - 1
                           1.005z - 0.995
sysD4   Transfer function:   --------------     Sampling time: 0.01
                                z - 1
                           1.0050z - 0.9950
sysD5   Transfer function:   ----------------   Sampling time: 0.01
                                 z - 1
                           1.0049z - 0.9949
sysD6   Transfer function:   ----------------   Sampling time: 0.01
                                 z - 1
```

9.5.3 利用 Toolbox 工具箱分析离散系统

利用 Toolbox 工具箱分析离散系统的方法与分析连续系统非常相似，有专门的命令可以分析离散系统的时域响应、开环奈氏图和伯德图，从而判断闭环系统的稳定性。

例如，MATLAB 提供了离散时间系统的时域响应仿真函数，包括阶跃响应函数 dstep()，脉冲响应函数 dimpulse()和任意输入响应函数 dlsim()等，它们的调用方式和连续系统的不完全一致，读者可以参阅 MATLAB 帮助，如在 MATLAB 的提示符≫下输入 help dstep 来了解它们的调用方式。

例 9-34 某单位反馈控制系统的开环脉冲传递函数为 $G(z)=\frac{e^{-1}z+(1-2e^{-1})}{(z-1)(z-e^{-1})}$，绘制其开环奈氏图和开环伯德图，并判断系统的闭环稳定性和系统单位阶跃响应。

解：编写 MATLAB 程序代码如下：

```
figure(1)
num = [exp(-1)  1-2*exp(-1)]
den = conv([1  -1],[1  -exp(-1)])
```

```
dnyquist(num,den,0.1)
figure(2)
dbode(num,den,0.1)
figure(3)
[numb,denb] = feedback(num,den,1,1)
dstep(numb,denb)
[z,p,k] = tf2zp(numb,denb)
figure(4)
zplane(z,p)
z =

  - 0.7183

p =

   0.5000 + 0.6182i
   0.5000 -  0.6182i

k =

    0.3679
```

所绘制出的图形分别如图 9-32～图 9-35 所示。

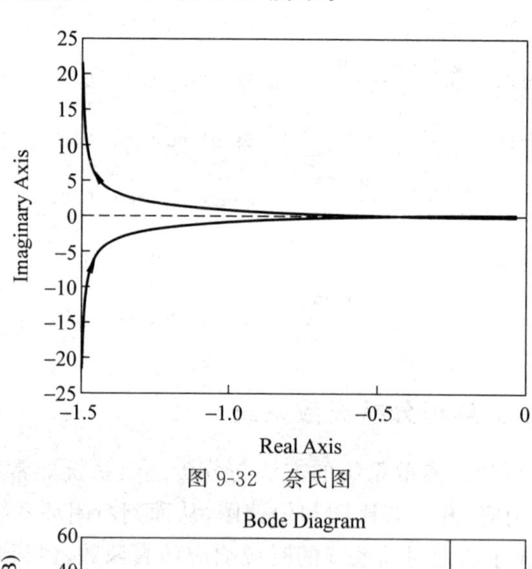

图 9-32　奈氏图

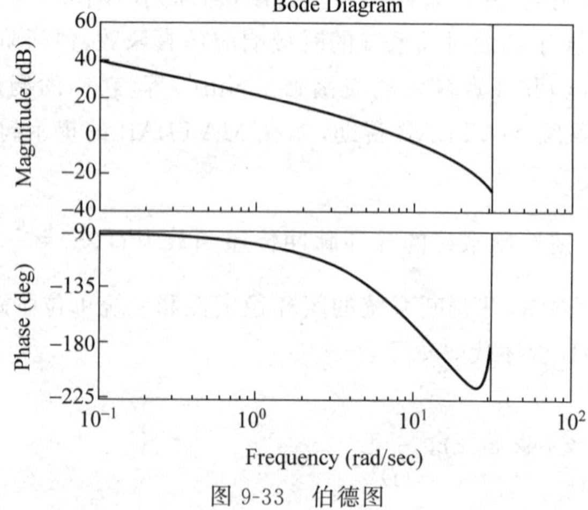

图 9-33　伯德图

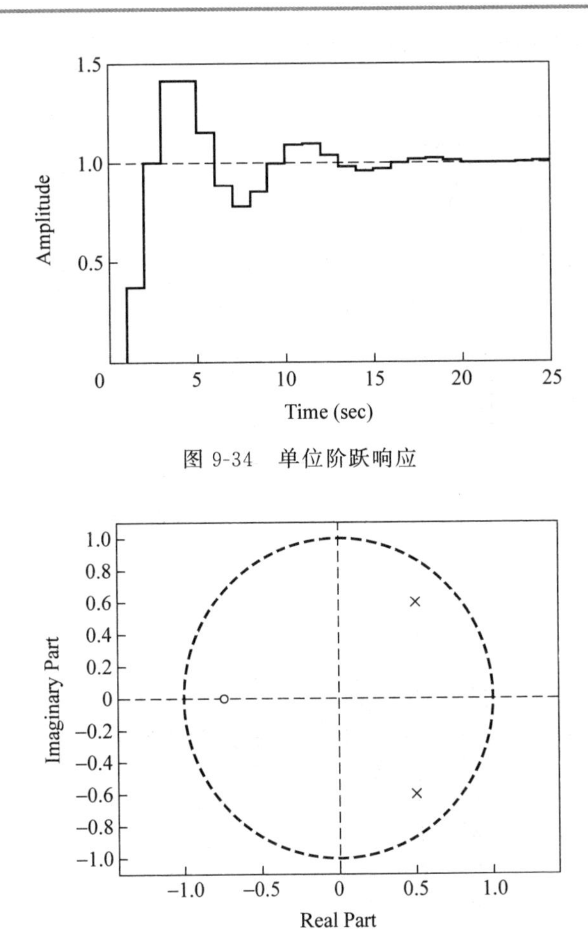

图 9-34 单位阶跃响应

图 9-35 零点和极点

因为该系统的闭环极点的模均小于 1，因此闭环稳定。同时也可以由零极点图得以验证，如图 9-35 所示。

9.5.4 利用 Simulink 分析离散系统

例 9-35 系统模型如图 9-36 所示。

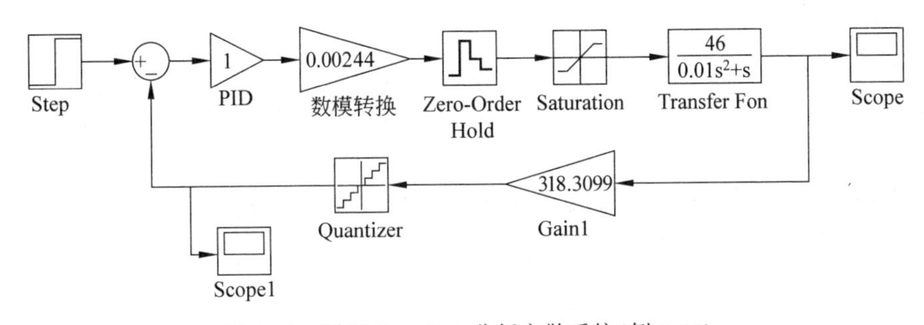

图 9-36 利用 Simulink 分析离散系统(例 9-35)

在 Simulink 中建立系统的动态结构图，设置相关参数，饱和±5 V，设采样时间为 2 ms，输入阶跃 10 个数，观察数字控制器的增益 K_P 对系统性能的影响。

图 9-37 是 $K_P=16$ 的情况下反馈量时域响应曲线；但 $K_P=18$ 时就出现了极限环振荡，如图 9-38 所示。

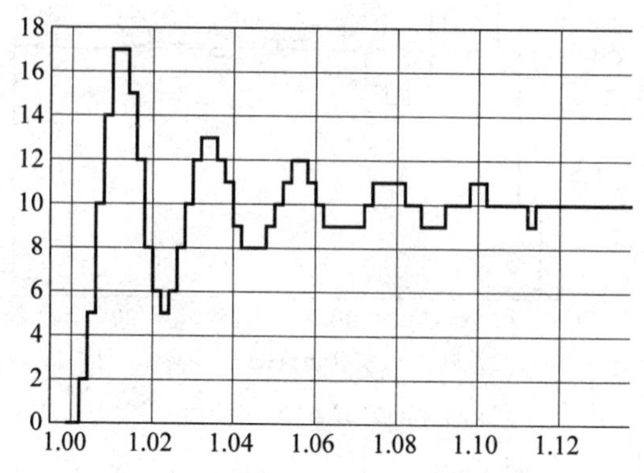

图 9-37　增益为 16，采样时间 2 ms 反馈量的时域响应

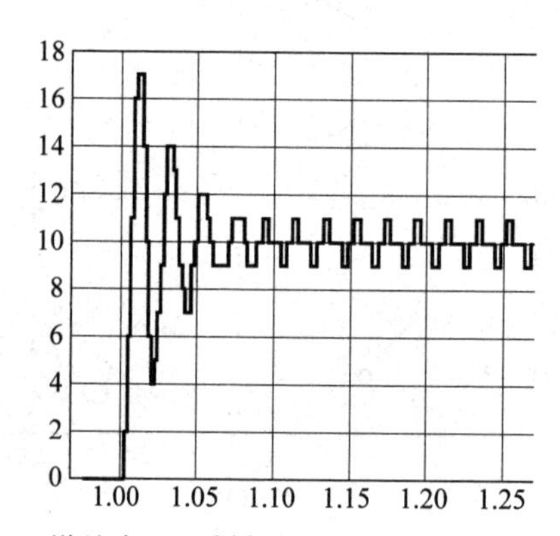

图 9-38　增益为 18，采样时间 2 ms 反馈量的时域响应

例题及习题

本章要求了解计算机控制系统的基本概念，掌握 Z 变换的数学工具，学会写出计算机控制系统的传递函数，判断其稳定性，分析系统稳态误差，并学会设计数字控制器的方法。

例题

1. 设某连续时间函数 $x(t)$ 的拉普拉斯变换为 $\dfrac{5}{s(s+5)}$，试求其相应离散时间序列的 Z 变换。

解：先通过 $X(s)$ 的拉普拉斯反变换求出 $x(t)$，对 $x(t)$ 采样得到 $x(kT)$，然后对 $x(kT)$ 进行 Z 变换求出 $X(z)$。

$$X(s)=\frac{5}{s(s+5)}=\frac{1}{s}-\frac{1}{s+5}$$

拉普拉斯反变换，得

$$x(t)=(1-\mathrm{e}^{-5t})\cdot 1(t)$$

经采样，得

$$x(kT)=(1-e^{-5kT})\cdot 1(kT)$$

因此

$$X(z)=Z[x(kT)]=\frac{z}{z-1}-\frac{z}{z-e^{-5T}}=\frac{z(1-e^{-5T})}{(z-1)(z-e^{-5T})}$$

2. 求例图 9-2 所示系统的闭环传递函数，并判断系统稳定性。

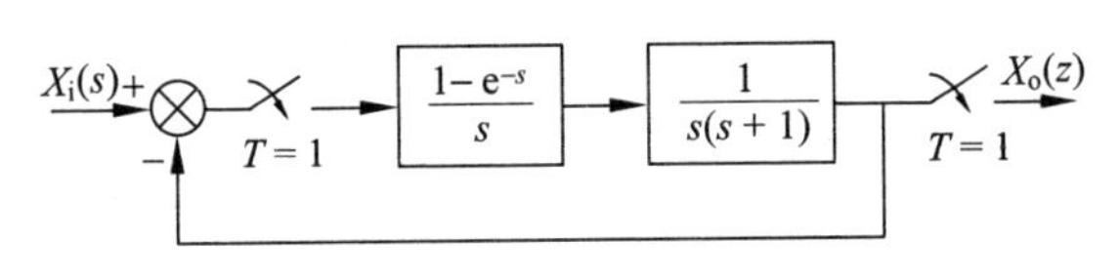

例图 9-2

解：先求出广义对象的脉冲传递函数，然后求闭环脉冲传递函数，可根据 z 特征方程的根判断系统稳定性。

广义对象的脉冲传递函数为

$$\begin{aligned}G_0G(z)&=Z\left[\frac{1-e^{-s}}{s}\frac{1}{s(s+1)}\right]\\&=(1-z^{-1})Z\left[\left(\frac{1}{s^2}-\frac{1}{s}+\frac{1}{s+1}\right)\right]\\&=(1-z^{-1})\left[\frac{z}{(z-1)^2}-\frac{z}{z-1}+\frac{z}{z-e^{-1}}\right]\\&=\frac{e^{-1}z+1-2e^{-1}}{(z-1)(z-e^{-1})}\end{aligned}$$

闭环脉冲传递函数为

$$G_c(z)=\frac{X_o(z)}{X_i(z)}=\frac{G_0G(z)}{1+G_0G(z)}=\frac{e^{-1}z+1-2e^{-1}}{z^2-z+1-e^{-1}}$$

闭环 z 特征方程为

$$z^2-z+1-e^{-1}=0$$

解得

$$z_{1,2}\approx 0.5\pm j0.62$$

因为

$$|z_1|=|z_2|<1$$

所以该系统稳定。

3. 计算机控制系统如例图 9-3 所示，带有数字比例控制器。

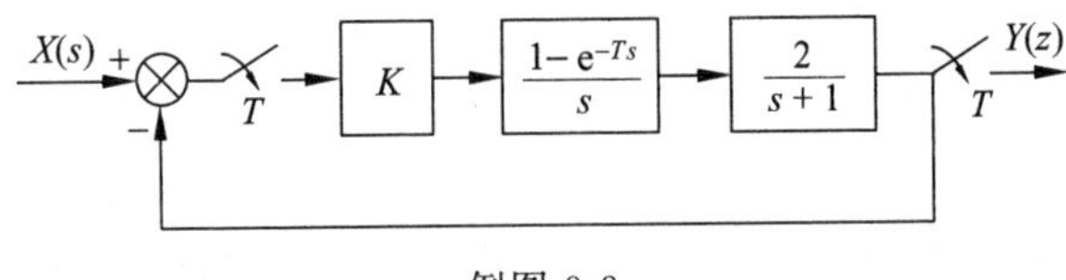

例图 9-3

(1) 试求系统的闭环脉冲传递函数 $G_c(z)=\frac{Y(z)}{X(z)}$；

(2) 试求使系统稳定的 K 值范围,设采样周期 $T=0.1\ \text{s}$;

(3) 若输入为单位阶跃函数,试求系统的稳态误差 $e(+\infty)$。

解:(1) 系统广义对象的脉冲传递函数为

$$G_0G(z)=Z\left[\frac{1-e^{-Ts}}{s}\frac{2}{s+1}\right]=(1-z^{-1})Z\left[\frac{2}{s(s+1)}\right]$$

$$=\frac{2(1-e^{-T})}{z-e^{-T}}$$

则系统的闭环脉冲传递函数为

$$G_c(z)=\frac{KG_0G(z)}{1+KG_0G(z)}=\frac{\dfrac{2K(1-e^{-T})}{z-e^{-T}}}{1+\dfrac{2K(1-e^{-T})}{z-e^{-T}}}$$

$$=\frac{2K(1-e^{-T})}{z-e^{-T}+2K(1-e^{-T})}$$

(2) 由闭环脉冲传递函数可知系统的 z 特征方程为

$$z-e^{-T}+2K(1-e^{-T})=0$$

特征根为

$$z=e^{-T}-2K(1-e^{-T})=e^{-0.1}-2K(1-e^{-0.1})$$

欲使系统稳定,需满足下列条件:

$$|z|=|e^{-0.1}-2K(1-e^{-0.1})|<1$$

解得使系统稳定的 K 值范围为

$$0<K<10$$

(3) 若 $x(t)=1(t)$,则 $X(z)=\dfrac{z}{z-1}$,误差脉冲传递函数为

$$G_e(z)=1-G_c(z)=\frac{1}{1+KG_0G(z)}$$

$$=\frac{z-e^{-T}}{z-e^{-T}+2K(1-e^{-T})}$$

误差为

$$E(z)=G_e(z)X(z)$$

$$=\frac{z(z-e^{-T})}{(z-1)[z-e^{-T}+2K(1-e^{-T})]}$$

利用终值定理可以求出系统的稳态误差:

$$e(+\infty)=\lim_{z\to 1}[(z-1)E(z)]=\frac{1}{1+2K}$$

习题

9-1 计算机反馈控制系统由哪些部分组成?试说明计算机在计算机控制系统中的作用。

9-2 根据零阶保持器的相频特性,当信号的频率为采样频率的 1/5 时,试求保持器所引起的相位误差。

9-3 试用图说明模拟信号、离散信号和数字信号。

9-4 设有模拟信号 0.5～1 V，若字长取 8 位，试求量化单位 δ 及量化误差 ε。

9-5 求解下列差分方程：

(1) $y(kT)-3y(kT-2T)+2y(kT-3T)=0, y(0)=0, y(T)=5, y(2T)=1$；

(2) $y(kT)-2y(kT-T)=3^k, y(0)=0$；

(3) $y(kT+2T)-6y(kT+T)+8y(kT)=u(kT)$，当 $k<0$ 时，$y(kT)=0$。$u(kT)$ 为单位阶跃序列。

9-6 求下列离散时间序列的 Z 变换：

(1) $x(kT)=k\cdot 1(kT)$，$1(kT)$ 为单位阶跃序列；

(2) $x(kT)=(-1)^k-(-2)^k$；

(3) $x(kT)=\mathrm{e}^{-akT}\cos(bkT)$；

(4) 设某单位脉冲序列定义为

$$\delta(kT)=\begin{cases}1, & k=0,1,2,\cdots,n-1\\ 0, & k=n,n+1,\cdots\end{cases}$$

试求它的 Z 变换；

(5) $x(kT)$ 为周期序列，试求它的 Z 变换。

9-7 试求下列函数的初值和终值：

(1) $X(z)=\dfrac{2}{1-z^{-1}}$；　　(2) $X(z)=\dfrac{10z^{-1}}{(1-z^{-1})^2}$；

(3) $X(z)=\dfrac{5z^2}{(z-1)(z-2)}$。

9-8 已知连续时间信号的拉普拉斯变换式，求其相应离散时间序列的 Z 变换：

(1) $\dfrac{1}{s+a}$；　　(2) $\dfrac{a}{s(s+a)}$；　　(3) $\dfrac{a(1-\mathrm{e}^{-Ts})}{s(s+a)}$；　　(4) $\dfrac{1}{(s+a)^2}$。

9-9 求下列函数的 Z 反变换：

(1) $X(z)=\dfrac{5}{z^{-2}+z^{-1}-6}$；　　(2) $X(z)=\dfrac{z(1-\mathrm{e}^{-T})}{(z-1)(z-\mathrm{e}^{-T})}$；

(3) $X(z)=\dfrac{z^2}{(z-1)^2(z-2)}$；　　(4) $X(z)=\dfrac{z^2+1}{z(z-1)(z-2)}$。

9-10 已知系统的差分方程，用 Z 变换求单位阶跃输入时的 $y(kT)$。

(1) $y(kT)=0.75y(kT-T)-0.125y(kT-2T)+u(kT), y(-T)=y(-2T)=0$；

(2) $y(kT+2T)+3y(kT+T)+2y(kT)=u(kT)+2u(kT-T), y(0)=y(T)=0$。

9-11 试用 Z 变换法求解差分方程。

(1) $y(kT+2T)+3y(kT+T)+2y(kT)=0, y(0)=0, y(T)=1$；

(2) $y(kT)+2y(kT-T)-2y(kT-2T)=x(kT)+2x(kT-T), y(-T)=y(-2T)=0$，

$$x(kT)=\begin{cases}\mathrm{e}^{-akT}, & k\geqslant 0\\ 0, & k<0\end{cases}；$$

(3) $y(kT)+4y(kT-T)+3y(kT-2T)=u(kT), y(0)=y(T)=0$，$u(kT)$ 为单位阶跃序列；

(4) $y(kT+2T)+2y(kT+T)+y(kT)=k, y(0)=1, y(T)=2$。

9-12　系统的结构如题图 9-12 所示,求输出量 $y(kT)$的 Z 变换。

9-13　设系统的结构如题图 9-13 所示,若 $W_{\mathrm{d}}(s)=\dfrac{K}{s+a}$,试求系统的闭环 z 传递函数。

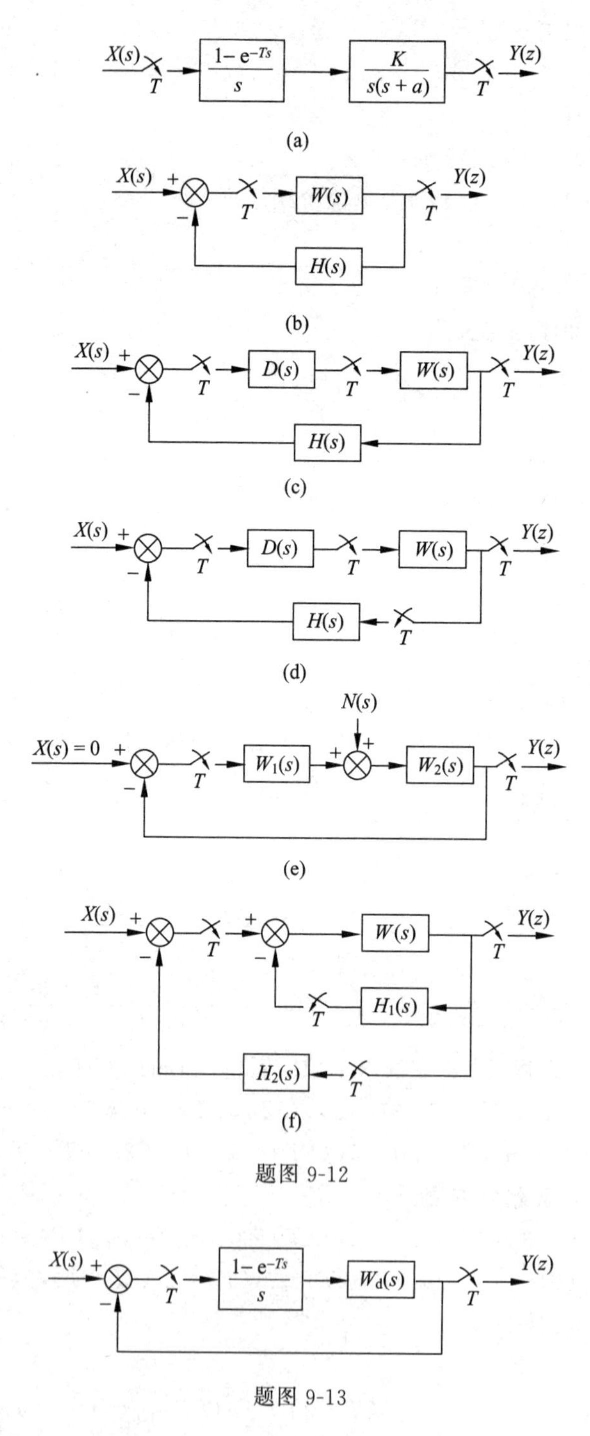

题图 9-12

题图 9-13

9-14　分析下面两个状态空间模型是否代表同一系统。

系统Ⅰ：$\begin{cases} x(kT+T)=\begin{bmatrix} 0 & 1 \\ -0.1 & -0.7 \end{bmatrix}x(kT)+\begin{bmatrix} 0 \\ 1 \end{bmatrix}u(kT) \\ y(kT)=[-1 \quad 2.2]x(kT)+2u(kT) \end{cases}$；

系统Ⅱ：$\begin{cases} x(kT+T)=\begin{bmatrix} -0.7 & 1 \\ -0.1 & 0 \end{bmatrix}x(kT)+\begin{bmatrix} 2.2 \\ -1 \end{bmatrix}u(kT) \\ y(kT)=[1 \quad 0]x(kT)+2u(kT) \end{cases}$。

9-15 s 平面与 z 平面的映射关系为 $z=\mathrm{e}^{sT}$。

(1) s 平面的虚轴，映射到 z 平面为________________。

(2) s 平面的虚轴，当 ω 由 $0\to+\infty$ 变化时，z 平面上轨迹的变化如何？

(3) s 平面的左半平面映射到 z 平面为________________。

(4) s 平面的右半平面映射到 z 平面为________________。

9-16 用代数判据法判断下列系统的稳定性：

(1) 系统的特征方程为 $z^3-2z^2-z+2=0$；

(2) $x(kT+T)=\begin{bmatrix} 1 & 0.5 \\ 0.5 & 0 \end{bmatrix}x(kT)$。

9-17 系统如题图 9-17 所示，其中 $T=1\text{ s}$，$K=2$。

(1) 试判断系统的稳定性。

(2) 当采样频率不变，但 $K=20$ 时，系统的稳定性又如何？

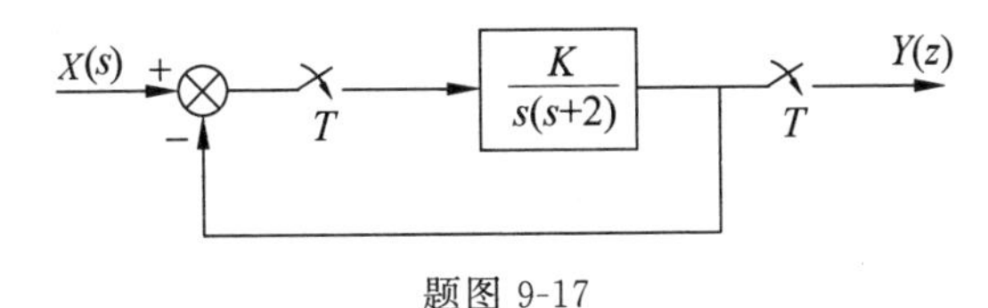

题图 9-17

9-18 已知系统的特征方程为 $z^2-0.632z+0.368=0$，试判断系统的稳定性。

9-19 试判断题图 9-19 所示系统的稳定性。

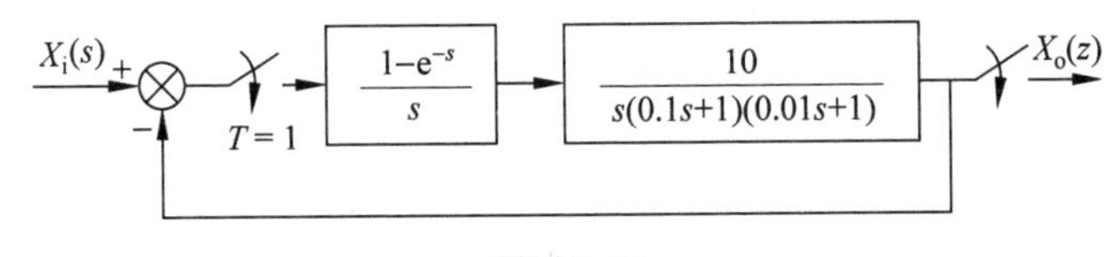

题图 9-19

9-20 已知连续校正环节的传递函数如下，试用冲激响应不变法求数字校正环节的脉冲传递函数。

(1) $\dfrac{a}{s+a}$；　　(2) $\dfrac{s+c}{(s+a)(s+b)}$。

9-21 已知连续校正环节的传递函数如下，试用零阶保持器法求数字校正环节的脉冲传递函数。

(1) $\dfrac{a}{s+a}$；　　(2) $\dfrac{s+c}{(s+a)(s+b)}$。

9-22　某数字控制系统，在连续域内设计的控制器传递函数为 $D(s)=2+\frac{0.2}{s}$，数字系统采样周期 $T=0.01\ \text{s}$。

(1) 用双线性变化法求数字控制器的传递函数；

(2) 写出数字控制器输出量 u 与输入量(偏差) e 之间的差分方程。

9-23　设某机器的弹性机构系统简化为如题图 9-23 所示，设 $M=0.5$，$K=200$，$\mu=10$(均为合适的对应单位)，

(1) 试求传递函数 $G(s)=\frac{Y(s)}{U(s)}$；

(2) 根据系统的无阻尼自然频率，试确定出合适的采样频率，并用零阶保持器法求系统的脉冲传递函数。

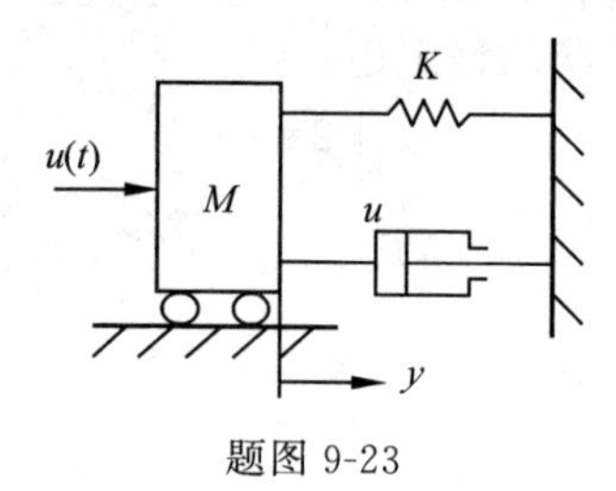

题图 9-23

*10 控制系统的非线性问题

严格地讲，所有实际物理系统都是非线性的，总是或多或少存在诸如死区、饱和、间隙等非线性环节。实际工程中所谓的线性系统，只是在一定的工作范围内，非线性的影响很小，以致可以忽略。对于相当多数的闭环系统，由于偏差出现即纠正使非线性环节始终工作在额定工作点附近，可采用第2章所述的线性化方程解决非线性问题；但也有一定数量的非线性问题不能这样处理。况且有时根据实际需要人为加入非线性，例如为了提高快速性，需要采用开关控制(Bang-Bang 控制)，人为地引入继电特性的非线性，这时只能采用非线性控制的理论和方法。

10.1 概　　述

10.1.1 典型的非线性类型

以下所列典型非线性类型被称作硬非线性(hard nonlinearity)，或不平滑非线性(nonsmooth nonlinearity)。

1. 饱和

饱和环节的输入-输出特性如图10-1所示。

例如图10-2所示的机电控制用的运算放大器，其放大倍数为－10，由于组件本身电源为±15 V，所以当输入大于±1.5 V时，输出量最多也只能是±15 V，呈现饱和状态。由于能量输出不可能是无限大，所以当输入大于一定值时，对于很多实际环节，都呈现出饱和的特性。

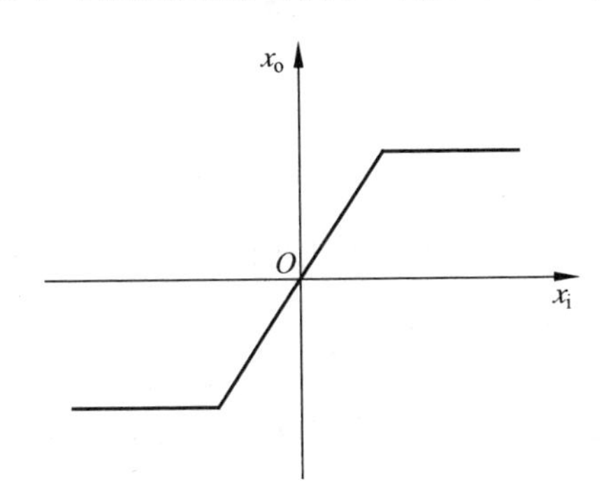

图10-1　饱和环节输入-输出特性

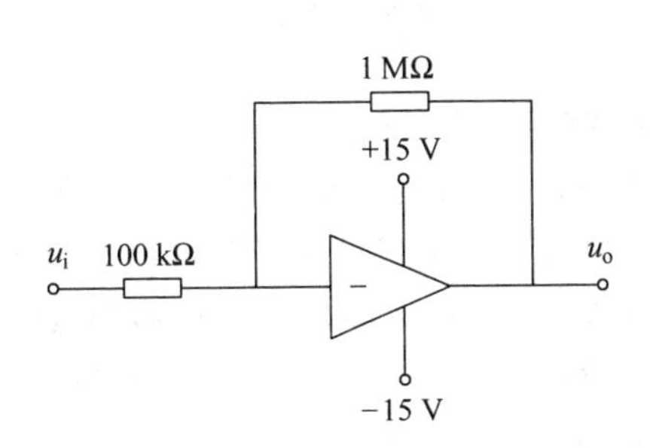

图10-2　运算放大器

2. 间隙

间隙环节的输入-输出特性如图10-3所示。

例如图10-4所示的一般齿轮传动副的齿轮间隙，是机械受控对象中最常见的间隙环节。另外，丝杠螺母传动副、链轮链条传动副等也往往存在间隙。即使在精密数控机床中采取双片齿轮等措施消除了静态间隙，但加上负载后仍然会出现动态间隙，而且其宽度与负载大小成正比，这主要是弹性变形造成的。

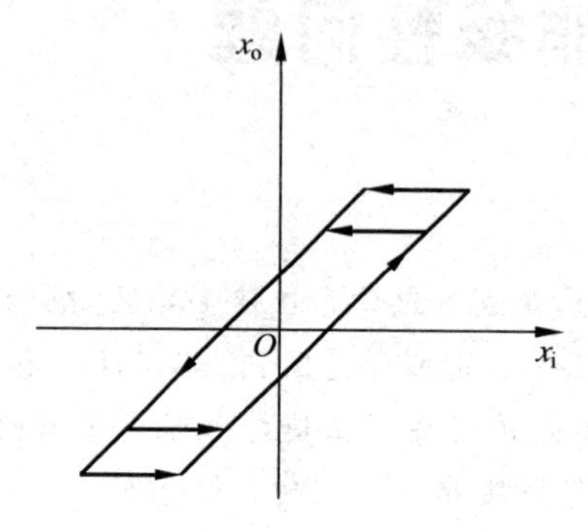

图10-3 间隙环节输入-输出特性

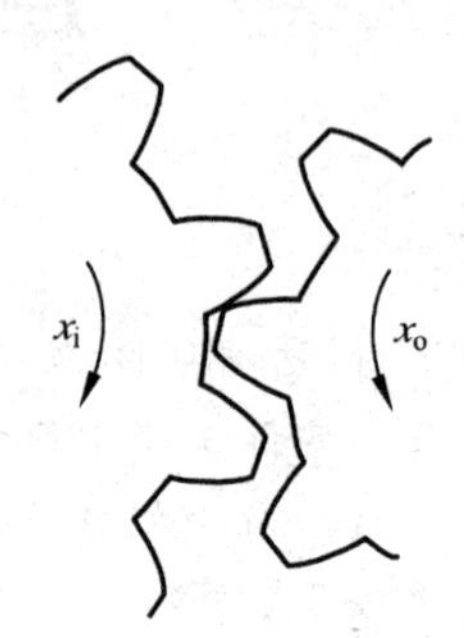

图10-4 齿轮传动副

3. 死区

死区也称为不敏感区，通常以阈值、分辨率等指标衡量。其输入-输出特性如图10-5所示。

例如图10-6所示阀控液压缸系统，在阀流口上常有预闭量，是形成系统死区的原因。一般的机械系统、电动机等，都不同程度地存在死区。

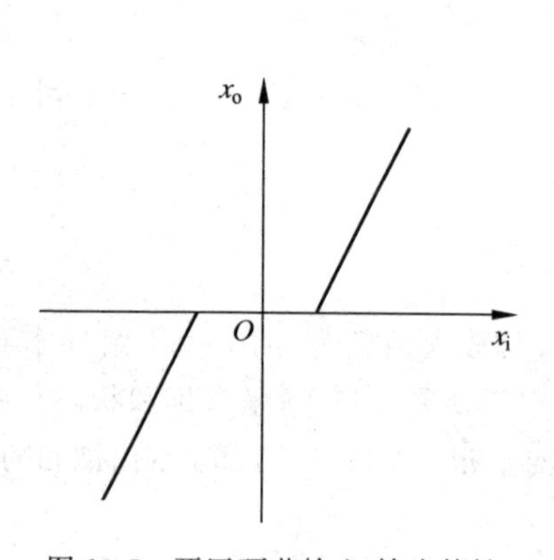

图10-5 死区环节输入-输出特性

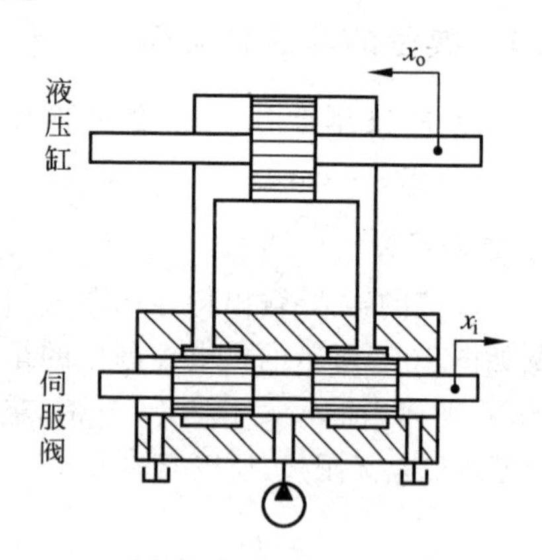

图10-6 阀控液压缸

4. 继电特性

继电特性分两位置式和三位置式两种，其输入-输出特性分别如图10-7(a)和(b)所示。形成这种非线性的典型元件是两位置式继电器和三位置式继电器。

此外，对于机械滑动运动副，诸如机床滑动导轨、主轴套筒等存在的摩擦力可近似看作库仑摩擦力，如图10-8(a)所示，实际的滑动运动副摩擦力为库仑摩擦力等多种类型摩擦力的组合，如图10-8(b)所示。

如果系统中起码存在一个非线性环节，就称之为非线性系统。非线性系统最主要的特

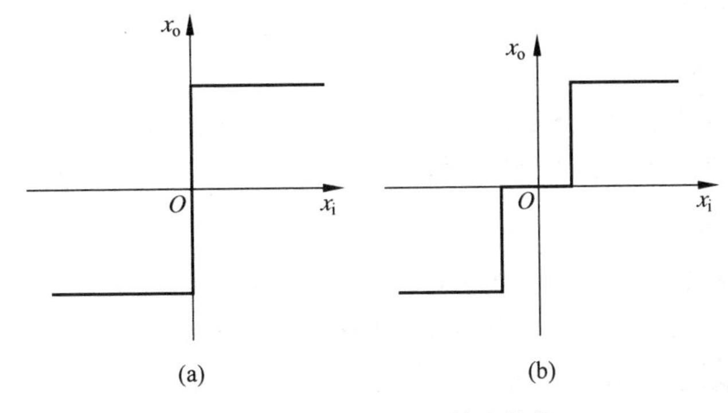

图 10-7 继电器输入-输出特性

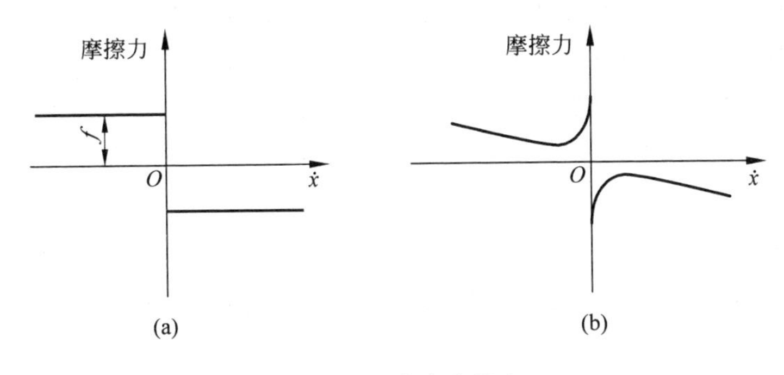

图 10-8 库仑摩擦力

点是不满足叠加原理。此外,非线性系统的解不一定唯一存在;非线性系统存在平衡状态的稳定性问题;非线性系统还存在诸如自持振荡或极限环、频率对振幅的依赖、跳跃谐振、多值响应、次谐波振荡、频率捕捉现象、异步抑制等一些线性系统理论不能解释的异常现象,线性系统的理论不能盲目照搬到非线性系统。

10.1.2 分析非线性系统的方法

我们知道,叠加原理只适用于线性系统,而不适用于非线性系统。非线性系统的数学表达采用非线性微分方程等方式。非线性微分方程种类繁杂,至今尚没有统一的求解方法,其理论也还不完善。同样,在工程上目前也没有一种通用的方法可以解决所有非线性问题。分析非线性系统要根据不同的特点相应地选用不同的方法。

1. 线性化近似方法

这种方法在第 2 章已经讨论过,在以下两种情况下可以考虑使用:①非线性因素对系统影响很小,可以忽略;②系统的变量只发生微小变化,此时采用变量的增量方程式。

2. 逐段线性近似法

将非线性系统近似为几个线性区域,每个区域用相应的线性微分方程描述,将各段的解合在一起即可得到系统的全解。

3. 描述函数法

描述函数法是频率法的推广,可认为是非线性系统的频率法,适用于具有低通滤波特性的各种阶次的非线性系统。

4. 相平面法

相平面法是非线性系统的图解法,由于平面在几何上是二维的,因此只适用于最高为二阶的系统。根据类似思路,如果画出三维图形,可推广为相空间法用于三阶非线性系统。

5. 李雅普诺夫法

李雅普诺夫法是根据广义能量概念确定非线性系统稳定性的方法,原则上适用于所有非线性系统,但对于很多系统,寻找李雅普诺夫函数相当困难。

6. 微分几何和微分代数方法

微分几何和微分代数方法是自20世纪80年代后发展起来研究非线性控制系统的方法。微分几何方法从几何的角度来分析非线性系统的许多性质,包括可控性、可观性、可逆性等。对于满足某些条件的非线性系统,可以通过非线性状态变换等方法,将其转化为线性系统实现线性化。由于能够实现反馈线性化的仍然只有少量特定的一类非线性系统,因此该方法能解决的问题有限。该方法涉及较多现代控制理论知识,本教材不做进一步展开。

7. 计算机仿真

利用计算机模拟,例如利用MATLAB软件工具,可以解决相当多的实际工程中的非线性系统问题,得到越来越多的应用。

10.2 描述函数法

10.2.1 定义

由第4章可知,对于线性系统,当输入是正弦信号时,输出稳定后是相同频率的正弦信号,其幅值和相位随着频率的变化而变化。对于非线性系统,当输入是正弦信号时,输出稳定后经常不是正弦的,而是与输入相同频率的周期非正弦信号。例如图10-9所示的饱和环节,当输入的正弦信号幅值大于一定值时,其输出出现切顶,变成与输入相同频率的周期非正弦信号。根据三角级数理论,它可以分解成一系列正弦波的叠加,其基波频率与输入正弦的频率相同。

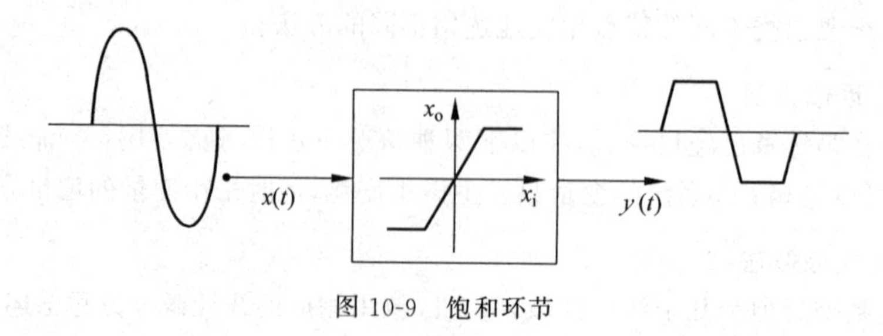

图10-9 饱和环节

我们将其输出用基波近似,定义描述函数为

$$N \overset{\text{def}}{=} \frac{Y_1}{X} \angle \phi_1$$

式中，N 为描述函数；X 为正弦输入的振幅；Y_1 为输出的傅里叶级数基波分量的振幅；ϕ_1 为输出的傅里叶级数基波分量相对正弦输入的相位移。

由于系统通常具有低通滤波特性，其他高次谐波各项也往往比基波项小，所以可以用基波分量近似系统的输出来处理一部分非线性系统。

设非线性环节的正弦输入为

$$x(t)=X\sin\omega t$$

则输出为

$$y(t)=A_0+\sum_{n=1}^{+\infty}(A_n\cos n\omega t+B_n\sin n\omega t)$$

式中，

$$A_n=\frac{1}{\pi}\int_0^{2\pi}y(t)\cos n\omega t\,\mathrm{d}(\omega t)$$

$$B_n=\frac{1}{\pi}\int_0^{2\pi}y(t)\sin n\omega t\,\mathrm{d}(\omega t)$$

$$Y_n=\sqrt{A_n^2+B_n^2}$$

$$\phi_n=\arctan\frac{A_n}{B_n}$$

如果非线性环节输出的直流分量等于零，即 $A_0=0$，则

$$y(t)=A_1\cos\omega t+B_1\sin\omega t=Y_1\sin(\omega t+\phi_1)$$

其描述函数为

$$N=\frac{Y_1}{X}\angle\phi_1=\frac{\sqrt{A_1^2+B_1^2}}{X}\angle\arctan\frac{A_1}{B_1}$$

10.2.2 饱和放大器

对于饱和放大器，正弦输入时的输入-输出关系如图 10-10 所示。

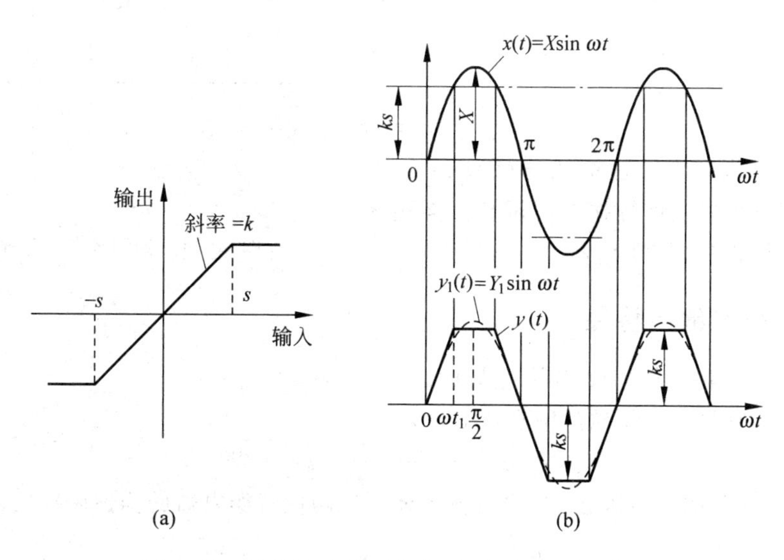

图 10-10 饱和放大器正弦输入下的输入-输出关系

设 $x(t)=X\sin\omega t$,当 $|x|\leqslant s$ 时,$y(t)=kX\sin\omega t$;当 $|x|>s$ 时,$y(t)=\pm ks$。因为输出为奇函数,所以将 $y(t)$ 展开成傅里叶级数时有

$$A_n=0$$

取傅里叶级数的基波,得

$$y_1(t)=B_1\sin\omega t$$

式中,

$$B_1=\frac{1}{\pi}\int_0^{2\pi}y(t)\sin\omega t\,\mathrm{d}(\omega t)=\frac{4}{\pi}\int_0^{\pi/4}y(t)\sin\omega t\,\mathrm{d}(\omega t)$$

注意到图 10-10(b)中,$\omega t_1=\arcsin\dfrac{s}{X}$,则

$$\begin{aligned}
B_1&=\frac{4}{\pi}\left[\int_0^{\arcsin\frac{s}{X}}kX\sin\omega t\sin\omega t\,\mathrm{d}(\omega t)+\int_{\arcsin\frac{s}{X}}^{\pi/2}ks\sin\omega t\,\mathrm{d}(\omega t)\right]\\
&=\frac{4k}{\pi}\left[\int_0^{\arcsin\frac{s}{X}}X\frac{1-\cos(2\omega t)}{2}\mathrm{d}(\omega t)+s\int_{\arcsin\frac{s}{X}}^{\pi/2}\sin\omega t\,\mathrm{d}(\omega t)\right]\\
&=\frac{4k}{\pi}\left[\frac{X}{2}\arcsin\frac{s}{X}-\frac{s}{2}\sqrt{1-\left(\frac{s}{X}\right)^2}+s\sqrt{1-\left(\frac{s}{X}\right)^2}\right]\\
&=\frac{2kX}{\pi}\left[\arcsin\frac{s}{X}+\frac{s}{X}\sqrt{1-\left(\frac{s}{X}\right)^2}\right]
\end{aligned}$$

$$N=\frac{Y_1}{X}\angle\phi_1=\frac{B_1}{X}\angle 0^\circ=\frac{2k}{\pi}\left[\arcsin\frac{s}{X}+\frac{s}{X}\sqrt{1-\left(\frac{s}{X}\right)^2}\right]$$

当输入幅值较小,不超出线性区时,该环节是个比例系数为 k 的比例环节,故饱和放大器的描述函数为

$$N=\begin{cases}\dfrac{2k}{\pi}\left[\arcsin\dfrac{s}{X}+\dfrac{s}{X}\sqrt{1-\left(\dfrac{s}{X}\right)^2}\right], & X>s\\ k, & X\leqslant s\end{cases}$$

由此可见,饱和非线性的描述函数 N 与频率无关,它仅仅是输入信号振幅的函数。描述函数 N 的负倒数如图 10-11 所示。

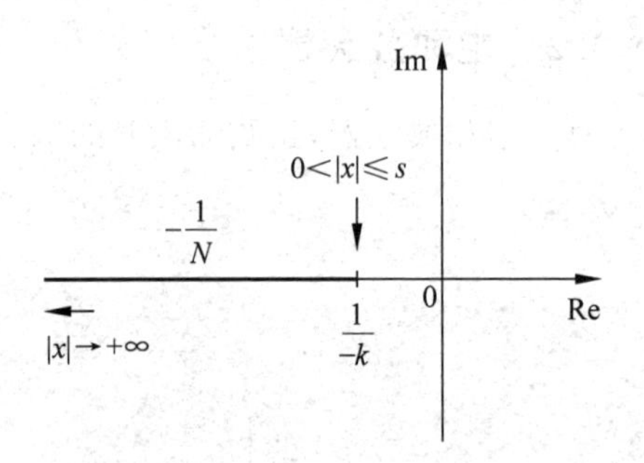

图 10-11 饱和环节 $-\dfrac{1}{N}$ 轨迹

10.2.3 两位置继电特性

两位置继电器的输入-输出特性如图 10-12 所示,可以认为它是一种特殊的饱和环节,即

$$s\to 0,\quad k\to+\infty,\quad ks\to M$$

借助饱和环节的描述函数 N,可走捷径地写出两位置继电器的描述函数为

$$N=\frac{2k}{\pi}\left[\arcsin\frac{s}{X}+\frac{s}{X}\sqrt{1-\left(\frac{s}{X}\right)^2}\right]$$

$$=\frac{2k}{\pi}\left(\frac{s}{X}+\frac{s}{X}\right)$$

$$=\frac{4M}{\pi X}$$

由此可见,其描述函数 N 同样与频率无关,也仅仅是输入信号振幅的函数。其描述函数的负倒数如图 10-13 所示。

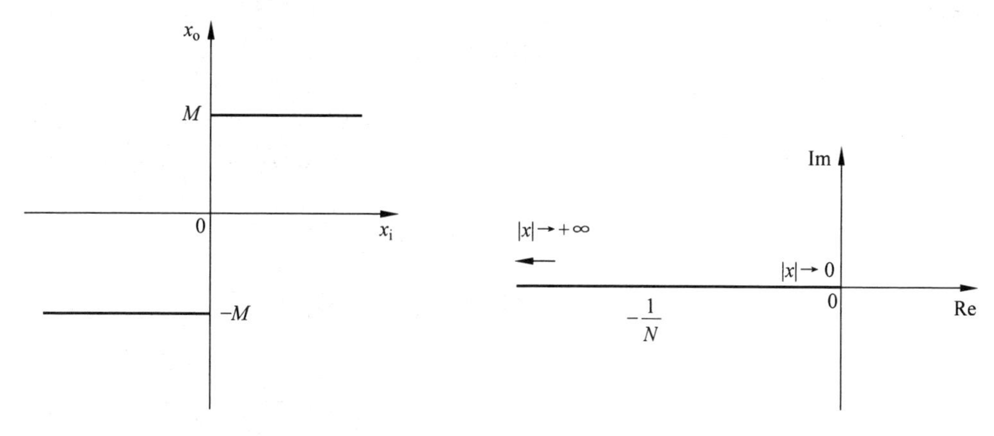

图 10-12 两位置继电特性

图 10-13 两位置继电环节 $-1/N$ 轨迹

10.2.4 死区

对于死区环节,正弦输入时的输入-输出关系如图 10-14 所示。

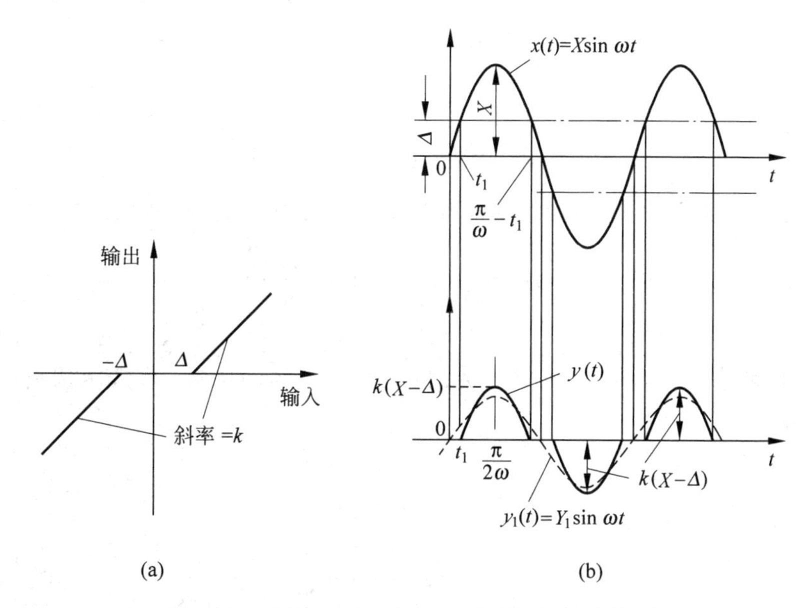

图 10-14 死区环节正弦输入下的输入-输出关系

设 $x(t)=X\sin(\omega t)$,则当 $0\leqslant\omega t\leqslant\pi$ 时,

$$y(t)=\begin{cases}0, & 0<t<t_1 \text{ 或 } \dfrac{\pi}{\omega}-t_1<t<\dfrac{\pi}{\omega}\\ k(X\sin\omega t-\Delta), & t_1<t<\dfrac{\pi}{\omega}-t_1\end{cases}$$

因输出为奇函数,所以将 $y(t)$ 展开成傅里叶级数时,有

$$A_n=0$$

取傅里叶级数的基波,得

$$y_1(t)=B_1\sin\omega t$$

式中,

$$\begin{aligned}B_1&=\frac{1}{\pi}\int_0^{2\pi}y(t)\sin\omega t\,\mathrm{d}(\omega t)=\frac{4}{\pi}\int_0^{\pi/2}y(t)\sin\omega t\,\mathrm{d}(\omega t)\\&=\frac{4}{\pi}\int_{\omega t_1}^{\pi/2}k(X\sin\omega t-\Delta)\sin\omega t\,\mathrm{d}(\omega t)\\&=\frac{4k}{\pi}\int_{\omega t_1}^{\pi/2}k\left[X\,\frac{1-\cos 2\omega t}{2}-\Delta\sin\omega t\right]\mathrm{d}(\omega t)\end{aligned}$$

考虑到 $\Delta=X\sin\omega t_1$,即 $\omega t_1=\arcsin\dfrac{\Delta}{X}$,则

$$\begin{aligned}B_1&=\frac{4k}{\pi}\left\{\frac{X}{2}\left[\frac{\pi}{2}-\arcsin\frac{\Delta}{X}+\left(\frac{\Delta}{X}\right)\sqrt{1-\left(\frac{\Delta}{X}\right)^2}\right]-\Delta\sqrt{1-\left(\frac{\Delta}{X}\right)^2}\right\}\\&=\frac{2kX}{\pi}\left[\frac{\pi}{2}-\arcsin\frac{\Delta}{X}-\left(\frac{\Delta}{X}\right)\sqrt{1-\left(\frac{\Delta}{X}\right)^2}\right]\end{aligned}$$

进而有

$$\begin{aligned}N&=\frac{Y_1}{X}\angle\phi_1=\frac{B_1}{X}\angle 0^\circ\\&=k-\frac{2k}{\pi}\left[\arcsin\frac{\Delta}{X}+\frac{\Delta}{X}\sqrt{1-\left(\frac{\Delta}{X}\right)^2}\right]\end{aligned}$$

当输入 X 幅值小于死区 Δ 时,输出为零,因而描述函数 N 也为零,所以

$$N=\begin{cases}k-\dfrac{2k}{\pi}\left[\arcsin\dfrac{\Delta}{X}+\dfrac{\Delta}{X}\sqrt{1-\left(\dfrac{\Delta}{X}\right)^2}\right], & X\geqslant\Delta\\ 0, & X<\Delta\end{cases}$$

可见,死区的描述函数也与频率无关,只是输入振幅的函数,其描述函数的负倒数如图10-15所示。

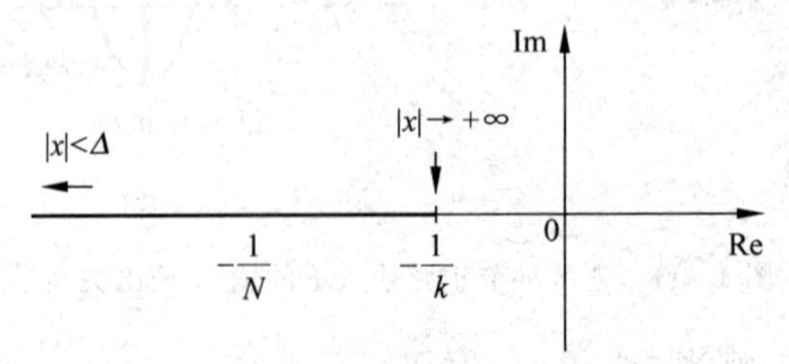

图10-15 死区环节$-1/N$轨迹

10.2.5 三位置继电特性

三位置继电器的输入-输出特性如图 10-16 所示。

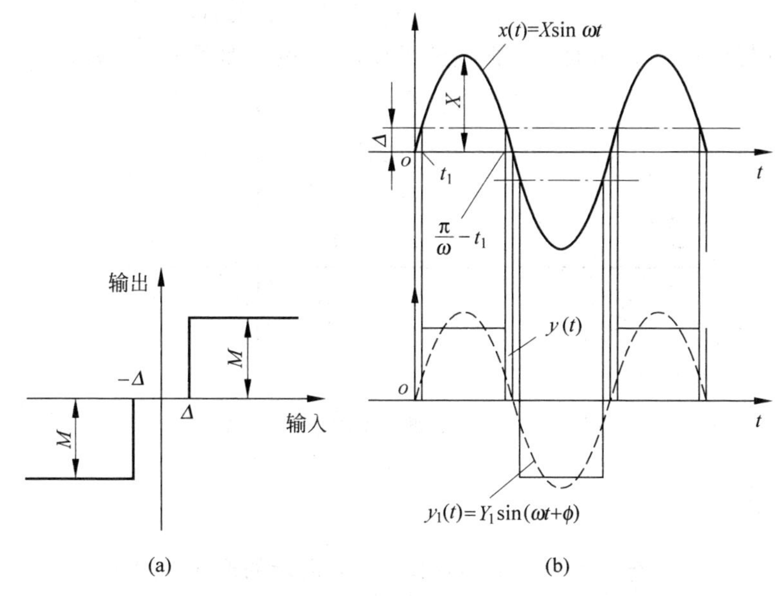

图 10-16 三位置继电器环节正弦输入下的输入-输出关系

设 $x(t)=X\sin\omega t$，则当 $0\leqslant\omega t\leqslant\pi$ 时，

$$y(t)=\begin{cases}M, & t_1<t<\dfrac{\pi}{\omega}-t_1\\[2mm] 0, & 0<t<t_1 \text{ 或 } \dfrac{\pi}{\omega}-t_1<t<\pi\end{cases}$$

因输出为奇函数，所以在将 $y(t)$ 展开成傅里叶级数时有

$$A_n=0$$

取傅里叶级数的基波，得

$$y_1(t)=B_1\sin\omega t$$

式中，

$$B_1=\frac{1}{\pi}\int_0^{2\pi}y(t)\sin\omega t\,\mathrm{d}(\omega t)=\frac{4}{\pi}\int_0^{\pi/2}y(t)\sin\omega t\,\mathrm{d}(\omega t)$$

$$=\frac{4}{\pi}\int_{\omega t_1}^{\pi/2}M\sin\omega t\,\mathrm{d}(\omega t)=\frac{4M}{\pi}\cos\omega t_1$$

又因 $\sin\omega t_1=\dfrac{\Delta}{X}$，即 $\omega t_1=\arcsin\dfrac{\Delta}{X}$，则

$$B_1=\frac{4M}{\pi}\sqrt{1-\left(\frac{\Delta}{X}\right)^2}$$

进而有

$$N=\frac{Y_1}{X}\angle\phi_1=\frac{B_1}{X}\angle 0^\circ=\frac{4M}{\pi X}\sqrt{1-\left(\frac{\Delta}{X}\right)^2}$$

当输入的幅值小于 Δ 时,输出为零,因而其描述函数也为零,所以

$$N=\begin{cases}\dfrac{4M}{\pi X}\sqrt{1-\left(\dfrac{\Delta}{X}\right)^2}, & X\geqslant\Delta\\ 0, & X<\Delta\end{cases}$$

其描述函数也与频率无关,只是输入振幅的函数,其负倒数如图 10-17 所示。

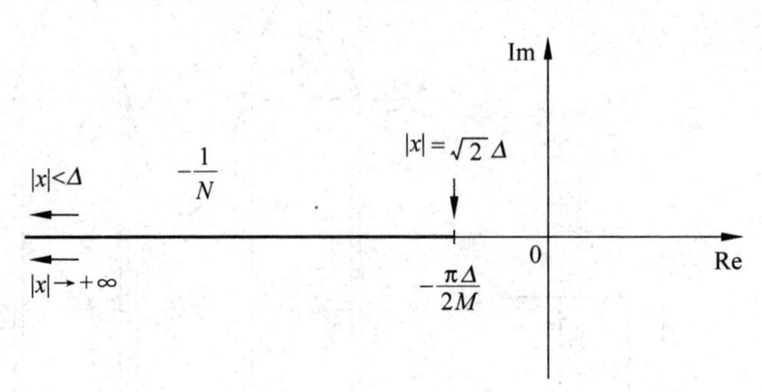

图 10-17　三位置继电器环节 $-1/N$ 轨迹

10.2.6　间隙

间隙非线性的输入-输出特性可表示成图 10-18 所示的形式。图中,

$$x(t)=X\sin\omega t$$

当输入峰-峰值大于间隙 H 时,输出滞后于输入,波形是与输入同频率的非正弦周期函数。

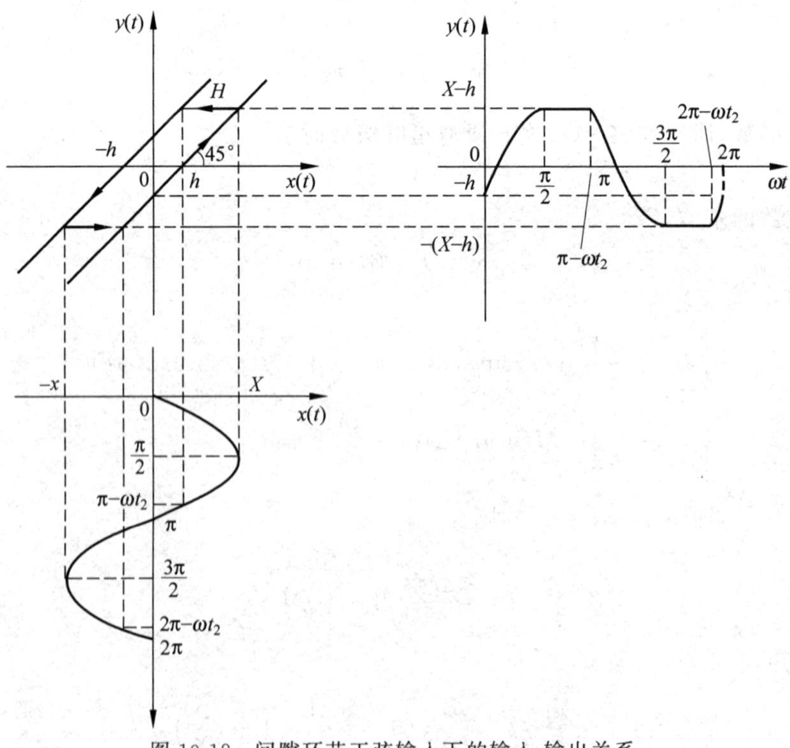

图 10-18　间隙环节正弦输入下的输入-输出关系

当 $0\leqslant\omega t\leqslant 2\pi$ 时，

$$y(t)=\begin{cases} X\sin\omega t-h, & 0<\omega t<\dfrac{\pi}{2} \text{ 或 } 2\pi-\omega t_2<\omega t<2\pi \\ X-h, & \dfrac{\pi}{2}<\omega t<\pi-\omega t_2 \\ X\sin\omega t+h, & \pi-\omega t_2<\omega t<\dfrac{3\pi}{2} \\ -(X-h), & \dfrac{3\pi}{2}<\omega t<2\pi-\omega t_2 \end{cases}$$

其中，

$$\sin\omega t_2=\frac{X-h}{X},\quad \omega t_2=\arcsin\frac{X-h}{X}$$

输出波形既不是奇函数，也不是偶函数，但其直流分量为零。将 $y(t)$ 展开成傅里叶级数，取其基波，有

$$y_1(t)=A_1\cos\omega t+B_1\sin\omega t$$

式中，

$$\begin{aligned} A_1&=\frac{1}{\pi}\int_0^{2\pi}y(t)\cos\omega t\,\mathrm{d}(\omega t)\\ &=\frac{1}{\pi}\left[\int_0^{\pi/2}(X\sin\omega t-h)\cos\omega t\,\mathrm{d}(\omega t)+\int_{\pi/2}^{\pi-\omega t_2}(X-h)\cos\omega t\,\mathrm{d}(\omega t)+\right.\\ &\quad\int_{\pi-\omega t_2}^{3\pi/2}(X\sin\omega t+h)\cos\omega t\,\mathrm{d}(\omega t)+\int_{3\pi/2}^{2\pi-\omega t_2}[-(X-h)\cos\omega t]\mathrm{d}(\omega t)+\\ &\quad\left.\int_{2\pi-\omega t_2}^{2\pi}(X\sin\omega t-h)\cos\omega t\,\mathrm{d}(\omega t)\right]\\ &=\frac{H}{\pi}\left(\frac{H}{X}-2\right) \end{aligned}$$

$$\begin{aligned} B_1&=\frac{1}{\pi}\int_0^{2\pi}y(t)\sin\omega t\,\mathrm{d}(\omega t)\\ &=\frac{1}{\pi}\left[\int_0^{\pi/2}(X\sin\omega t-h)\sin\omega t\,\mathrm{d}(\omega t)+\int_{\pi/2}^{\pi-\omega t_2}(X-h)\sin\omega t\,\mathrm{d}(\omega t)+\right.\\ &\quad\int_{\pi-\omega t_2}^{3\pi/2}(X\sin\omega t+h)\sin\omega t\,\mathrm{d}(\omega t)+\int_{3\pi/2}^{2\pi-\omega t_2}-(X-h)\sin\omega t\,\mathrm{d}(\omega t)+\\ &\quad\left.\int_{2\pi-\omega t_2}^{2\pi}(X\sin\omega t-h)\sin\omega t\,\mathrm{d}(\omega t)\right]\\ &=\frac{X}{\pi}\left(\frac{\pi}{2}+\arcsin\frac{X-h}{X}+\frac{X-h}{X}\sqrt{\frac{2h}{X}-\left(\frac{h}{X}\right)^2}\right) \end{aligned}$$

则

$$N=\frac{Y_1}{X}\angle\phi_1=\frac{\sqrt{A_1^2+B_1^2}}{X}\angle\arctan\frac{A_1}{B_1}$$

$$|N|=\sqrt{\left[\frac{h}{\pi X}\left(\frac{h}{X}-2\right)\right]^2+\left[\frac{1}{\pi}\left(\frac{\pi}{2}+\arcsin\frac{X-h}{X}+\frac{X-h}{X}\sqrt{\frac{2h}{X}-\frac{h^2}{X^2}}\right)\right]^2}$$

$$\angle N=\arctan\frac{h\left(\frac{h}{X}-2\right)}{X\left(\frac{\pi}{2}+\arcsin\frac{X-h}{X}+\frac{X-h}{X}\sqrt{\frac{2h}{X}-\frac{h^2}{X^2}}\right)}$$

该描述函数比较复杂,其幅值和相角都是随输入振幅变化而变化的,但与频率无关,其描述函数的负倒数的轨迹如图 10-19 所示。

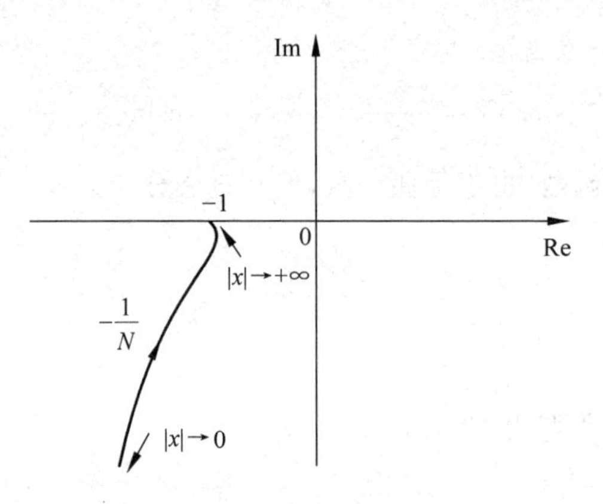

图 10-19 间隙环节 $-1/N$ 轨迹

由以上对一些典型非线性环节的讨论,我们可以了解一般非线性环节求描述函数的方法。例如图 10-20 所示的系统,它包含死区和滞环。

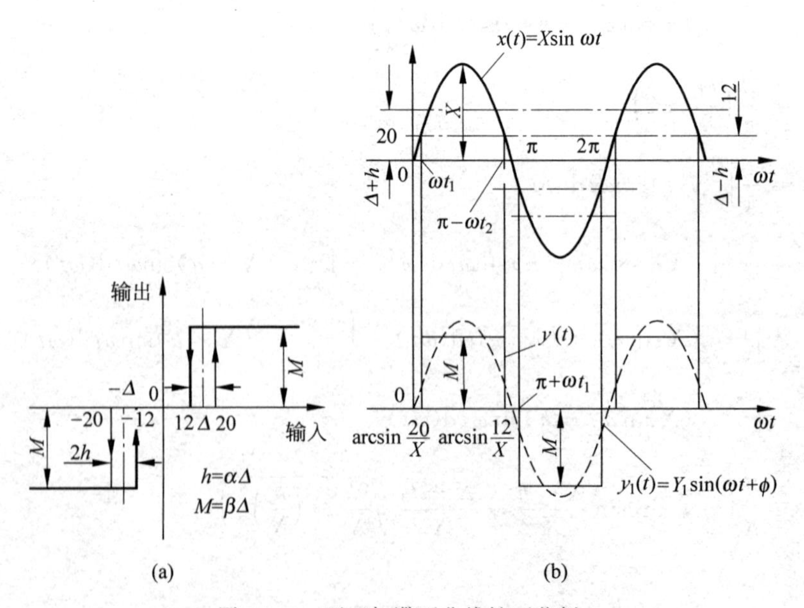

图 10-20 死区加滞环非线性环节例

设输入 $x(t)=X\sin(\omega t)$，则

$$y(t)=\begin{cases}M, & 2k\pi+\arcsin\dfrac{20}{X}<\omega t<(2k+1)\pi-\arcsin\dfrac{12}{X}\\ -M, & (2k-1)\pi+\arcsin\dfrac{20}{X}<\omega t<2k\pi-\arcsin\dfrac{12}{X}\\ 0, & k\pi-\arcsin\dfrac{20}{X}<\omega t<k\pi+\arcsin\dfrac{12}{X}\end{cases}$$

将 $y(t)$展开成傅里叶级数，取其基波，有

$$y_1(t)=A_1\cos\omega t+B_1\sin\omega t=Y_1\sin(\omega t+\phi_1)$$

式中，

$$\begin{aligned}A_1&=\frac{1}{\pi}\int_0^{2\pi}y(t)\cos\omega t\,\mathrm{d}(\omega t)\\&=\frac{1}{\pi}\left[\int_{\arcsin(20/X)}^{\pi-\arcsin(12/X)}M\cos\omega t\,\mathrm{d}(\omega t)+\int_{\pi+\arcsin(20/X)}^{2\pi-\arcsin(12/X)}-M\cos\omega t\,\mathrm{d}(\omega t)\right]\\&=\frac{2}{\pi}\int_{\arcsin(20/X)}^{\pi-\arcsin(12/X)}M\cos\omega t\,\mathrm{d}(\omega t)=\frac{-16M}{\pi X}\end{aligned}$$

$$\begin{aligned}B_1&=\frac{1}{\pi}\int_0^{2\pi}y(t)\sin\omega t\,\mathrm{d}(\omega t)\\&=\frac{1}{\pi}\left[\int_{\arcsin(20/X)}^{\pi-\arcsin(12/X)}M\sin\omega t\,\mathrm{d}(\omega t)+\int_{\pi+\arcsin(20/X)}^{2\pi-\arcsin(12/X)}-M\sin\omega t\,\mathrm{d}(\omega t)\right]\\&=\frac{2}{\pi}\int_{\arcsin(20/X)}^{\pi-\arcsin(12/X)}M\sin\omega t\,\mathrm{d}(\omega t)\\&=\frac{2M}{\pi}\left(\sqrt{1-\frac{144}{X^2}}+\sqrt{1-\frac{400}{X^2}}\right)\end{aligned}$$

则

$$\begin{aligned}Y_1&=\frac{-16M}{\pi X}\cos\omega t+\frac{2M}{\pi}\left(\sqrt{1-\frac{144}{X^2}}+\sqrt{1-\frac{400}{X^2}}\right)\sin\omega t\\&=\frac{2M}{\pi X}\sqrt{64+\left(\sqrt{X^2-144}+\sqrt{X^2-400}\right)^2}\times\\&\quad\sin\left(\omega t+\arctan\frac{-8}{\sqrt{X^2-144}+\sqrt{X^2-400}}\right)\end{aligned}$$

$$|N|=\begin{cases}\dfrac{2M}{\pi X}\sqrt{64+\left(\sqrt{X^2-144}+\sqrt{X^2-400}\right)^2}, & X\geqslant 20\\ 0, & X<20\end{cases}$$

$$\angle N=\arctan\frac{-8}{\sqrt{X^2-144}+\sqrt{X^2-400}}$$

10.2.7 利用描述函数法分析非线性系统稳定性

对于图 10-21 所示的非线性系统，$G(s)$表示的是系统线性部分的传递函数，N 表示系统非线性部分的描述函数。设线性部分 $G(\mathrm{j}\omega)$具有低通滤波特性，非线性部分输出产生的高次谐波能够被充分衰减，则其描述函数可作为一个变量的增益来处理。对于图 10-21 所

示的系统,有

$$\frac{X_o(j\omega)}{X_i(j\omega)}=\frac{NG(j\omega)}{1+NG(j\omega)}$$

其特征方程为 $1+NG(j\omega)=0$。

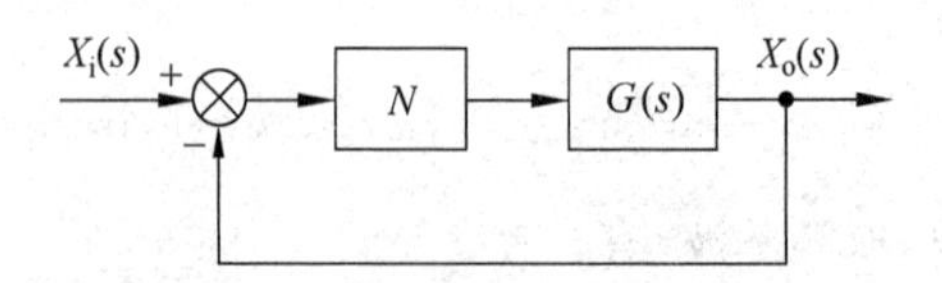

图 10-21 含非线性环节的闭环系统

当 $NG(j\omega)=-1$,即 $G(j\omega)=-1/N$ 时,系统输出将出现自持振荡。这相当于在线性系统中,当开环频率特性 $G(j\omega)H(j\omega)=-1$ 时,系统将出现等幅振荡,此时为临界稳定的情况。

对于线性系统,我们已经知道可以用奈奎斯特稳定性判据来判断系统的稳定性。例如,图 10-22(a)所示系统的开环频率特性 $G(j\omega)H(j\omega)$ 轨迹没有包围(−1,j0)点,其系统是稳定的;图 10-22(b)所示系统的开环频率特性 $G(j\omega)H(j\omega)$ 轨迹包围了(−1,j0)点,其系统不稳定;图 10-22(c)所示系统的开环频率特性 $G(j\omega)H(j\omega)$ 轨迹正好穿过(−1,j0)点,其系统临界稳定,系统产生等幅振荡。

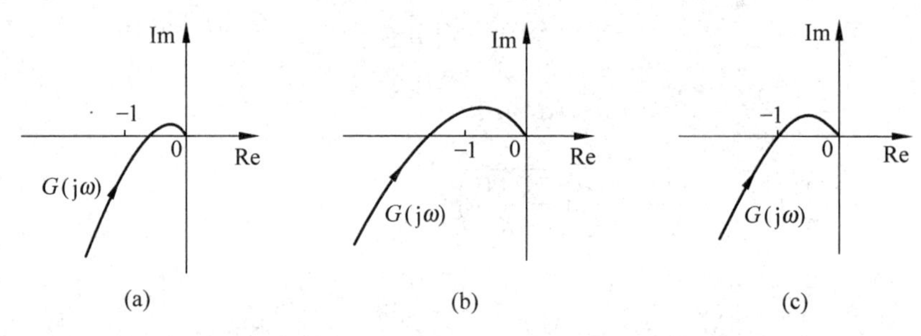

图 10-22 奈奎斯特稳定性判据在线性系统中的应用

对于非线性系统,也可以用类似的方法来判断系统的稳定性。例如,图 10-23(a)所示系统的线性部分频率特性 $G(j\omega)$ 轨迹没有包围非线性部分描述函数的负倒数 $-1/N$ 的轨迹,系统是稳定的;图 10-23(b)所示系统的 $G(j\omega)$ 轨迹包围了 $-1/N$ 的轨迹,系统不稳定;图 10-23(c)所示系统的 $G(j\omega)$ 轨迹与 $-1/N$ 轨迹相交,系统的输出存在极限环。

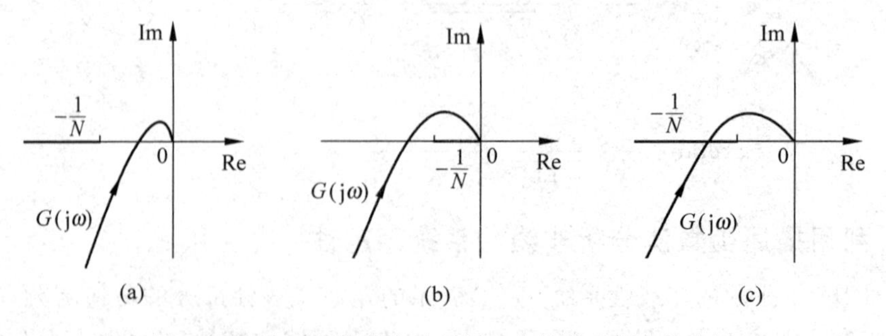

图 10-23 奈奎斯特稳定性判据在非线性系统中的应用

上述判断稳定性的方法可以看作是将线性系统分析中的$(-1,\mathrm{j}0)$点扩展为$-1/N$轨迹曲线,再运用奈奎斯特稳定性判据。

当系统的线性部分频率特性$G(\mathrm{j}\omega)$轨迹与非线性部分描述函数的负倒数$-1/N$轨迹相交时,系统的输出存在极限环。极限环有稳定极限环和不稳定极限环之分。

对于图10-24所示的系统,由前面我们知道饱和非线性的描述函数为

$$N=\begin{cases}\dfrac{2k}{\pi}\left[\arcsin\dfrac{s}{X}+\dfrac{s}{X}\sqrt{1-\left(\dfrac{s}{X}\right)^2}\right], & X>s\\ k, & X\leqslant s\end{cases}$$

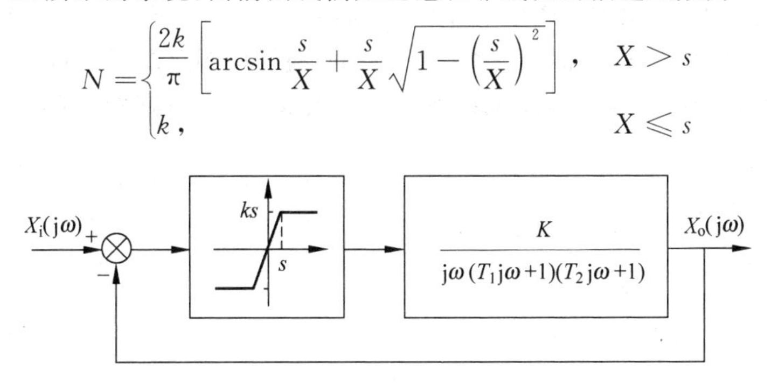

图10-24 包含非线性系统例题方块图

当$X\leqslant s$时,$-\dfrac{1}{N}=-\dfrac{1}{k}$;当$X\to+\infty$时,$-\dfrac{1}{N}\to-\infty$。对于该题的线性部分,当$\omega\to0$时,$G(\mathrm{j}\omega)=\infty\angle-90^\circ$;当$\omega\to+\infty$时,$G(\mathrm{j}\omega)=0\angle-270^\circ$。其奈氏曲线与负实轴有一交点,交点坐标为$\left(-\dfrac{KT_1T_2}{T_1+T_2},\mathrm{j}0\right)$,交点频率为$\dfrac{1}{\sqrt{T_1T_2}}$。

该题饱和非线性描述函数的负倒数特性曲线和线性部分频率特性的奈氏曲线如图10-25所示。

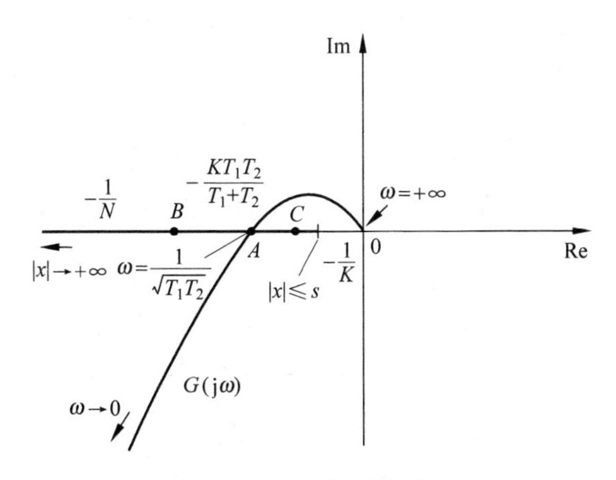

图10-25 稳定极限环例

当线性部分放大倍数K充分大,使得$\dfrac{KT_1T_2}{T_1+T_2}>\dfrac{1}{k}$时,$G(\mathrm{j}\omega)$与$-1/N$曲线相交,产生极限环。当扰动使得幅值$X$变大时,该点$A$移到交点左侧点$B$,使得$G(\mathrm{j}\omega)$曲线不包围点$B$,系统稳定,于是其幅值逐渐变小,又回到交点$A$。当扰动使得幅值$X$变小时,点$A$移到交点右侧点$C$,使得$G(\mathrm{j}\omega)$曲线包围点$C$,系统不稳定,于是其幅值逐渐变大,同样回到交点

A。因此,该极限环为稳定极限环,其极限环的频率等于$G(\mathrm{j}\omega)$的点A的频率$\omega_A=\frac{1}{\sqrt{T_1T_2}}$,其极限环的幅值对应$-1/N$的点$A$的幅值。

对于上述系统,只要使线性部分放大倍数K小到使$\frac{KT_1T_2}{T_1+T_2}<\frac{1}{k}$,则系统的$G(\mathrm{j}\omega)$与$-1/N$曲线没有交点,因此不产生极限环,系统稳定。

例 10-1 图10-26所示的非线性系统中,$G(\mathrm{j}\omega)$为线性部分的频率特性,N为非线性部分的描述函数,$G(\mathrm{j}\omega)$曲线与$-1/N$曲线有两个交点A和B,形成两个极限环。

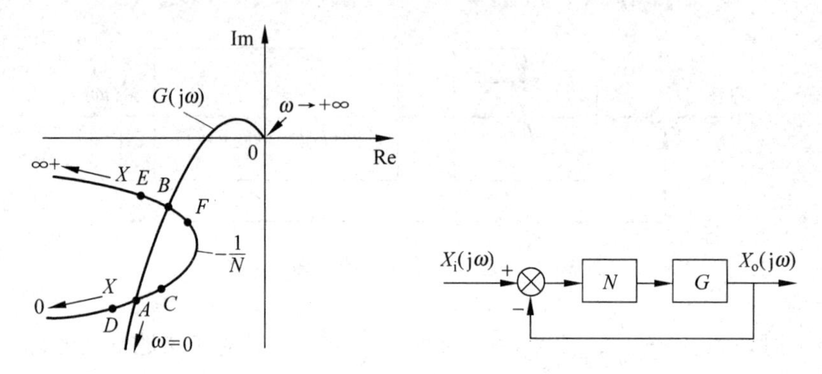

图10-26 稳定和不稳定极限环例

如果系统工作在点A,当遇到扰动使工作点运动到点D附近时,由于$G(\mathrm{j}\omega)$没有包围该点,系统稳定,其幅值逐渐变小,越来越远离点A;当扰动使工作点离开点A到点C附近时,由于$G(\mathrm{j}\omega)$包围了该点,系统不稳定,其幅值逐渐变大,同样远离点A,向点B的方向运动,因此点A是不稳定的极限环。如果系统工作在点B,当遇到扰动使工作点运动到点E附近时,由于$G(\mathrm{j}\omega)$没有包围该点,系统稳定,其幅值变小,工作点又回到点B。当扰动使工作点运动到点F附近时,由于$G(\mathrm{j}\omega)$包围了该点,系统不稳定,其幅值变大,同样回到点B,因此点B是稳定的极限环。无论是稳定的极限环,还是不稳定的极限环,都是系统所不希望的。

从以上例子可以归纳出用描述函数法分析系统稳定性的步骤:

(1) 将非线性系统化成如图10-27所示的线性部分和非线性部分分开的典型结构图;

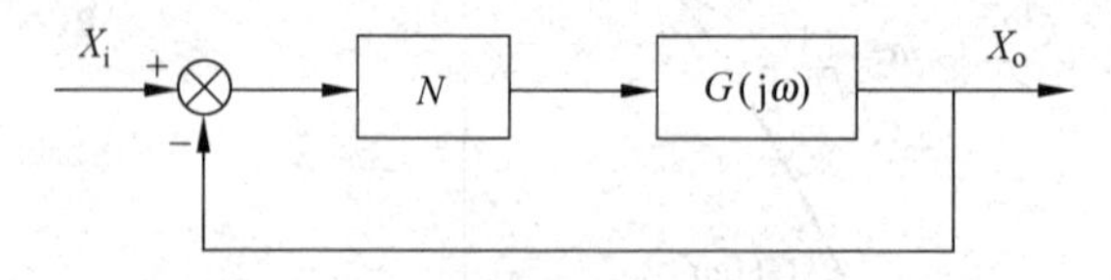

图10-27 非线性闭环系统典型结构图

(2) 由定义求出非线性部分的描述函数N;

(3) 在复平面作出$-1/N$和$G(\mathrm{j}\omega)$的轨迹;

(4) 判断系统是否稳定,是否存在极限环;

(5) 如果系统存在极限环,进一步分析极限环的稳定性,确定它的频率和幅值。

用描述函数法设计非线性系统时,很重要的一条是避免线性部分的$G(\mathrm{j}\omega)$轨迹与非线性部分$-1/N$的轨迹相交,这可以通过加校正实现。

例如,闭环的工作台位置随动系统通常存在齿轮间隙,直流伺服电动机从输入电压到输出转速的传递函数是二阶的，从转速到转角是纯积分环节，如果不加校正，其他部分可以认为是比例环节，其系统结构图如图 10-28 所示。

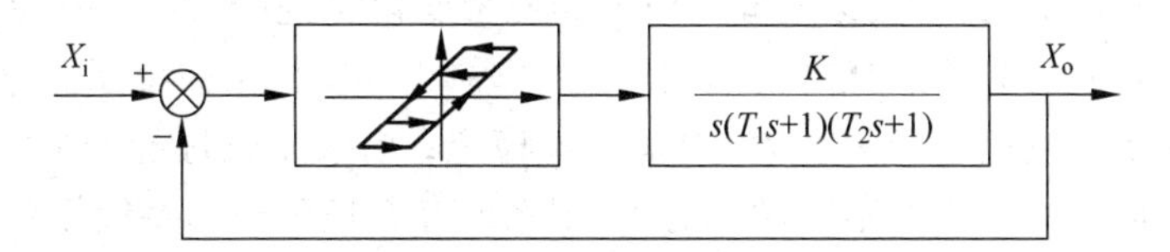

图 10-28 考虑齿轮间隙的位置随动系统结构图

如果系统比例系数 K 充分大，则 $-1/N$ 轨迹与 $G(j\omega)$ 轨迹相交，如图 10-29(a)所示。如果减小系统比例系数 K，系统可以稳定且不存在极限环，如图 10-29(b)所示。如果系统加近似微分校正，系统也可以稳定并消除极限环，如图 10-29(c)所示。当然加测速反馈的反馈校正相当于近似微分校正，也可以达到满意的效果。

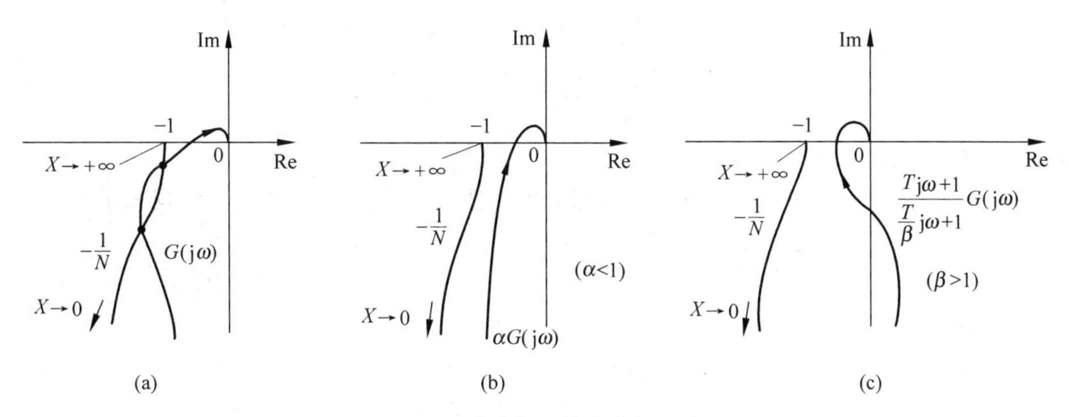

图 10-29 非线性系统稳定性的改进

10.3 相轨迹法

相轨迹法是适用于二阶非线性系统的几何解法。我们知道，对于二阶动力学系统，如果已知两个状态变量，则该系统的动力学性能就完全能被描述。因此，从状态分析的角度，相轨迹法又是现代控制理论状态空间分析法的经典基础。一般的二阶系统均可以表示为

$$\ddot{x}+f(x,\dot{x})=0 \tag{10-1}$$

设 $x_1=x, x_2=\dot{x}$，二阶系统也可以写成状态空间方程的形式，即

$$\begin{cases}\dfrac{dx_1}{dt}=f_1(x_1,x_2)\\ \dfrac{dx_2}{dt}=f_2(x_1,x_2)\end{cases} \tag{10-2}$$

将式(10-2)的两式相除，得

$$\frac{dx_2}{dx_1}=\frac{f_2(x_1,x_2)}{f_1(x_1,x_2)} \tag{10-3}$$

解式(10-3)可得

$$x_2=g(x_1)$$

以 x_1 为横坐标,以 x_2 为纵坐标,便构成分析系统的相平面。系统在每一时刻的状态即"相"均相应于平面上的一点,以时间 t 作为参变量变化时,该点在 x_1-x_2 平面上对应的曲线就是相轨迹。轨迹的起始点就是初始值$[x_1(0),x_2(0)]$,其轨迹表示在某一输入激励下系统的反应。如果相轨迹趋于无穷大,则系统不稳定;如果相轨迹趋于原点,则系统稳定;如果相轨迹最后形成围绕原点不断循环的环,则系统存在极限环的持续振荡。

状态变量的数目是确定的,对于二阶系统状态变量是两个,但如何选择则不是唯一的。通常,选取 x(广义位移)和 $\dot{x}$(广义速度)作为状态变量,即令

$$\begin{cases}x_1=x\\x_2=\dot{x}\end{cases}\tag{10-4}$$

则式(10-1)成为

$$\begin{cases}\dfrac{\mathrm{d}x_1}{\mathrm{d}t}=x_2\\[2ex]\dfrac{\mathrm{d}x_2}{\mathrm{d}t}=-f(x_1,x_2)\end{cases}\tag{10-5}$$

式(10-5)即成为式(10-2)的形式。

相平面法的主要工作是作相轨迹图,有了相轨迹图,系统的性能也就表示出来了。

10.3.1 相轨迹的作图法

1. 解析法

例 10-2 单位质量的自由落体运动。

当忽略大气影响时,单位质量的自由落体运动方程为

$$\ddot{x}=g$$

定义自地面向上的方向为正方向。因此,式中 $g=-9.8\ \mathrm{m/s^2}$。

$$\ddot{x}=\frac{\mathrm{d}}{\mathrm{d}t}(\dot{x})=\frac{\mathrm{d}(\dot{x})}{\mathrm{d}x}\frac{\mathrm{d}x}{\mathrm{d}t}=\dot{x}\frac{\mathrm{d}(\dot{x})}{\mathrm{d}x}$$

所以

$$\dot{x}\frac{\mathrm{d}(\dot{x})}{\mathrm{d}x}=g$$

即

$$\dot{x}\,\mathrm{d}\dot{x}=g\,\mathrm{d}x$$

两边积分,得 $\dot{x}^2=2gx+C$(C 为常数)。

以 x(即 x_1)为横坐标,以 $\dot{x}$(即 x_2)为纵坐标作相平面图,如图 10-30 所示。

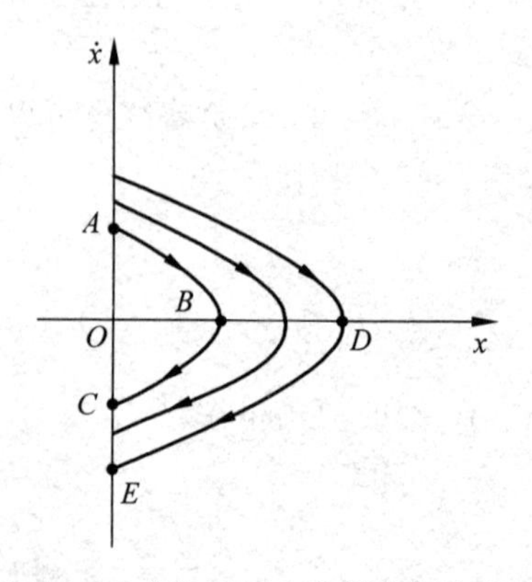

图 10-30 单位质量自由落体相轨迹图

由分析结果可知,其相平面图为一族抛物线。在上半平面,由于速度为正,所以位移增大时,箭头向右;在下半平面,由于速度为负,所以位移减小,箭头向左。设将质量体从地面往上抛,此时位移量 x 为零,而速度量为正,设该初始点为点 A,该质量体将沿由点 A 开始的相轨迹运动,随着质量体的高度增大,速度越来越小,到达点 B 时质量体达最高点,而速度

为零，然后又沿曲线 BC 自由落体下降，直至到达地面点 C，此时位移量为零，而速度为负的最大值。如果初始点不同，该单位质量将沿不同的曲线运动。例如，设图 10-30 的点 D 为初始点，表示质量体从高度为 D 的地方放开，质量体将沿曲线 DE 自由落体下降到地面点 E。

例 10-3 质量-弹簧系统的运动。

图 10-31 所示为某工作台的力学模型。由于工作台在真空环境中，其阻尼为零，因此运动方程为

$$m\ddot{x}+kx=0$$

由上例知

$$\ddot{x}=\dot{x}\frac{\mathrm{d}\dot{x}}{\mathrm{d}x}$$

所以

$$m\dot{x}\frac{\mathrm{d}\dot{x}}{\mathrm{d}x}+kx=0,\quad m\dot{x}\mathrm{d}\dot{x}=-kx\mathrm{d}x$$

两边积分，整理得

$$\dot{x}^2+\left(\sqrt{\frac{k}{m}}x\right)^2=C^2 \tag{10-6}$$

该分析结果表明，其相平面图为一族椭圆。由此可见，该环节为等幅自持振荡，初始条件不同，椭圆的大小也随之变化，如图 10-32 所示。

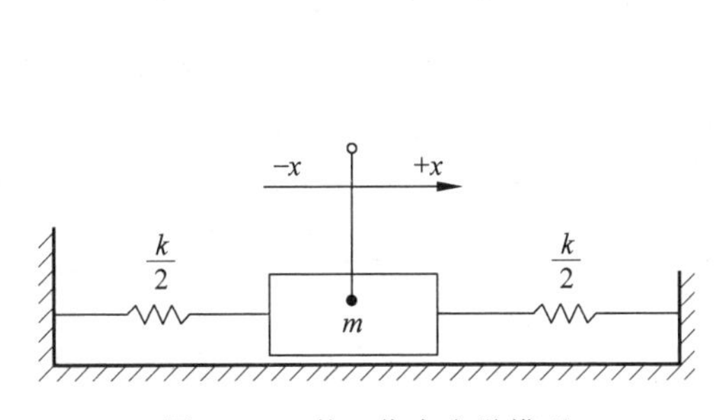

图 10-31 某工作台力学模型

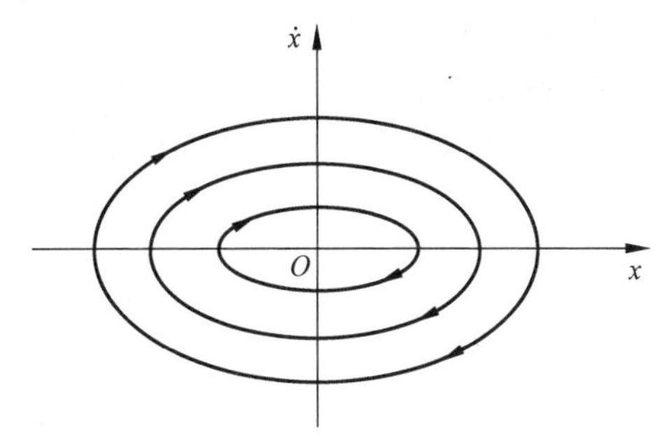

图 10-32 某工作台系统相轨迹图

由以上两例，可得到相平面图的一些性质：

(1) 当选择 x 作为横坐标，$\dot{x}$ 作为纵坐标时，在上半平面，由于 x 的变化率 $\dot{x}>0$，x 增加，相轨迹向右移动，箭头向右；在下半平面，由于 x 的变化率 $\dot{x}<0$，x 减小，相轨迹向左移动，箭头向左。

(2) 相轨迹的各条曲线均不相交，过平面的每一点只有一条轨迹。

(3) 自持振荡的相轨迹是封闭曲线。

(4) 相轨迹若穿过 x 轴，必然垂直穿过。

在作相轨迹时，考虑对称性往往能使作图简化。设方程为

$$\ddot{x}+f(x,\dot{x})=0$$

当 $f(x,\dot{x})=f(x,-\dot{x})$ 时，相平面图对称于 x 轴；当 $f(x,\dot{x})=-f(-x,\dot{x})$ 时，相平面图对称于 $\dot{x}$ 轴。

能用解析法作相平面图的系统只局限于比较简单的系统，对于大多数非线性系统很难

用解析法求出解。从另一角度考虑,如果能够求出系统的解析解,系统的运动特性也已经清楚了,也就不必用相平面法分析系统了。因此,对于绘制非线性系统相轨迹更实用的是图解法,例如等倾线法等。

2. 等倾线法

对于一般的二阶系统,令 $x_1=x, x_2=\dot{x}$,则系统可表示为

$$\begin{cases}\dfrac{\mathrm{d}x_1}{\mathrm{d}t}=f_1(x_1,x_2)\\[2mm]\dfrac{\mathrm{d}x_2}{\mathrm{d}t}=f_2(x_1,x_2)\end{cases}$$

上两式相除,得

$$\frac{\mathrm{d}x_2}{\mathrm{d}x_1}=\frac{f_2(x_1,x_2)}{f_1(x_1,x_2)}$$

所谓等倾线是指相平面内对应相轨迹上具有等斜率点的线。设斜率为 k,则

$$k=\frac{\mathrm{d}x_2}{\mathrm{d}x_1}$$

相应于不同的 k 值画不同的等倾线,则可得到相轨迹切线的方向场。我们从过初始点的短倾线开始画,连接邻近的短倾线,依次往后连接,即组成相轨迹图。显然,等倾线的间隔越密集,相轨迹的精度越高。

例 10-4 画非线性方程 $\ddot{x}+0.2(x^2-1)\dot{x}+x=0$ 的等倾线。

解:设斜率为 k,令 $x_1=x, x_2=\dot{x}$,则

$$\begin{cases}\dot{x}_1=x_2\\ \dot{x}_2=-0.2(x_1^2-1)x_2-x_1\end{cases}$$

因此

$$\frac{\mathrm{d}x_2}{\mathrm{d}x_1}=\frac{-0.2(x_1^2-1)x_2-x_1}{x_2}=-0.2(x_1^2-1)-\frac{x_1}{x_2}$$

即

$$k=-0.2(x_1^2-1)-\frac{x_1}{x_2}$$

所以

$$x_2=\frac{x_1}{0.2(1-x_1^2)-k} \tag{10-7}$$

当短倾线倾角为0°时,其斜率 k 为0,式(10-7)成为

$$x_2=\frac{x_1}{0.2(1-x_1^2)}$$

该式表示的曲线上的每一点斜率均为0,如图10-33所示。

当短倾线倾角为45°时,其斜率 k 为1,式(10-7)成为

$$x_2=\frac{x_1}{0.2(1-x_1^2)-1}$$

该式表示的曲线上的每一点斜率均为1,如图10-33所示。

如上可以作出其他斜率的倾线,这样就可以作出如图10-33所示的斜率的分布场。画每根相轨迹时,先找到初始点,再顺序把相邻不同斜率的折线连接起来,即可作出近似的相轨迹图。

该题利用MATLAB的Simulink仿真工具可建立如图10-34所示框图模型,进而可运行得到从任一初始条件下的相轨迹图,如图10-35所示。

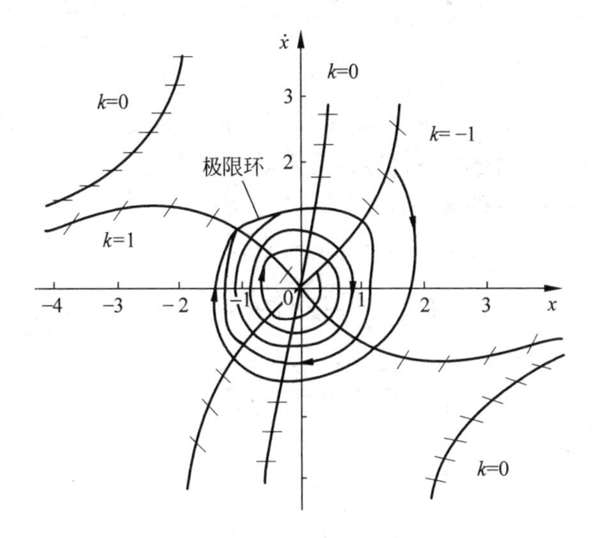

图 10-33 等倾线法例

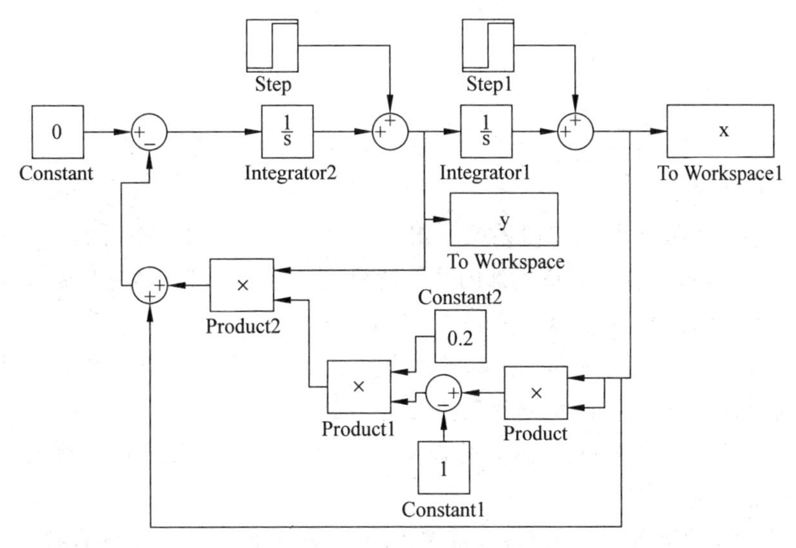

图 10-34 等倾线法例 Simulink 框图

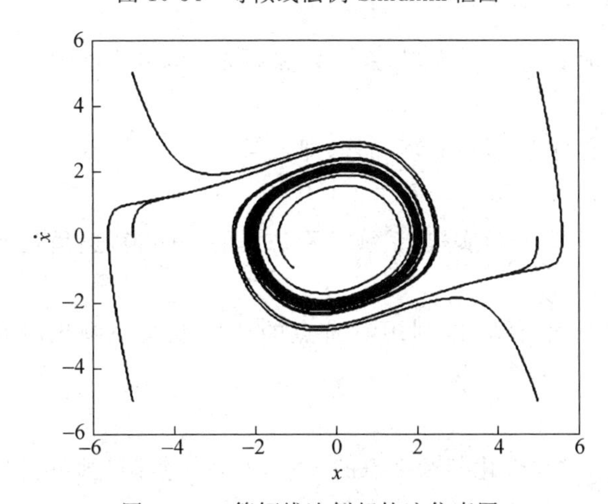

图 10-35 等倾线法例相轨迹仿真图

10.3.2 奇点

奇点即平衡点,是系统处于平衡状态相平面上的点。此时,系统的速度和加速度均为零。以 x 为横坐标,$\dot{x}$ 为纵坐标,相轨迹在奇点处的斜率为 0/0 型。与普通点不同,奇点可以有无穷多条相轨迹通过,解的唯一性不适合于奇点。

例 10-5 求系统 $T^2\ddot{x}+2\zeta T\dot{x}+x=0$ 的奇点。

解:因为

$$T^2\dot{x}\frac{\mathrm{d}\dot{x}}{\mathrm{d}x}+2\zeta T\dot{x}+x=0$$

则

$$\frac{\mathrm{d}\dot{x}}{\mathrm{d}x}=\frac{-2\zeta T\dot{x}-x}{T^2\dot{x}}$$

系统奇点需满足$\frac{\mathrm{d}\dot{x}}{\mathrm{d}x}=\frac{0}{0}$,即

$$\begin{cases}-2\zeta T\dot{x}-x=0\\ T^2\dot{x}=0\end{cases}$$

解之,得

$$\begin{cases}x=0\\ \dot{x}=0\end{cases}$$

此点即为该系统的奇点。

对应不同类型的阻尼比 ζ,二阶系统的相平面图不同,如图 10-36 所示。

当 $0<\zeta<1$ 时,系统有一对负实部的共轭复根,系统稳定,其相轨迹呈螺线形,轨迹族收敛于奇点,这种奇点称为稳定焦点。

当 $-1<\zeta<0$ 时,系统有一对正实部的共轭复根,系统不稳定,其相轨迹也呈螺线形,但轨迹族是从奇点螺旋发散出来的,这种奇点称为不稳定焦点。

当 $\zeta>1$ 时,系统有两个负实根,系统稳定,相平面内的轨迹族无振荡地收敛于奇点,这种奇点称为稳定节点。

当 $\zeta<-1$ 时,系统有两个正实根,系统不稳定,相平面内的轨迹族直接从奇点发散出来,这种奇点称为不稳定节点。

当 $\zeta=0$ 时,系统有一对共轭虚根,系统等幅振荡,其相轨迹为一族围绕奇点的封闭曲线,这种奇点称为中心点。

如果线性二阶系统的 $\ddot{x}$ 项和 x 项异号,即

$$-T^2\ddot{x}+2\zeta T\dot{x}+x=0$$

则系统有一个正实根,有一个负实根,系统是不稳定的,其相轨迹呈马鞍形,中心是奇点,这种奇点称为鞍点。

有了奇点的一些概念,便可以利用对奇点的认识较快地画出相轨迹的草图,其步骤如下:

(1) 求出奇点;

(2) 在奇点附近通过线性化判断奇点的类型,并在奇点附近画出相应的相轨迹线;

(3) 在远离奇点处用等倾线等方法完成相轨迹图。

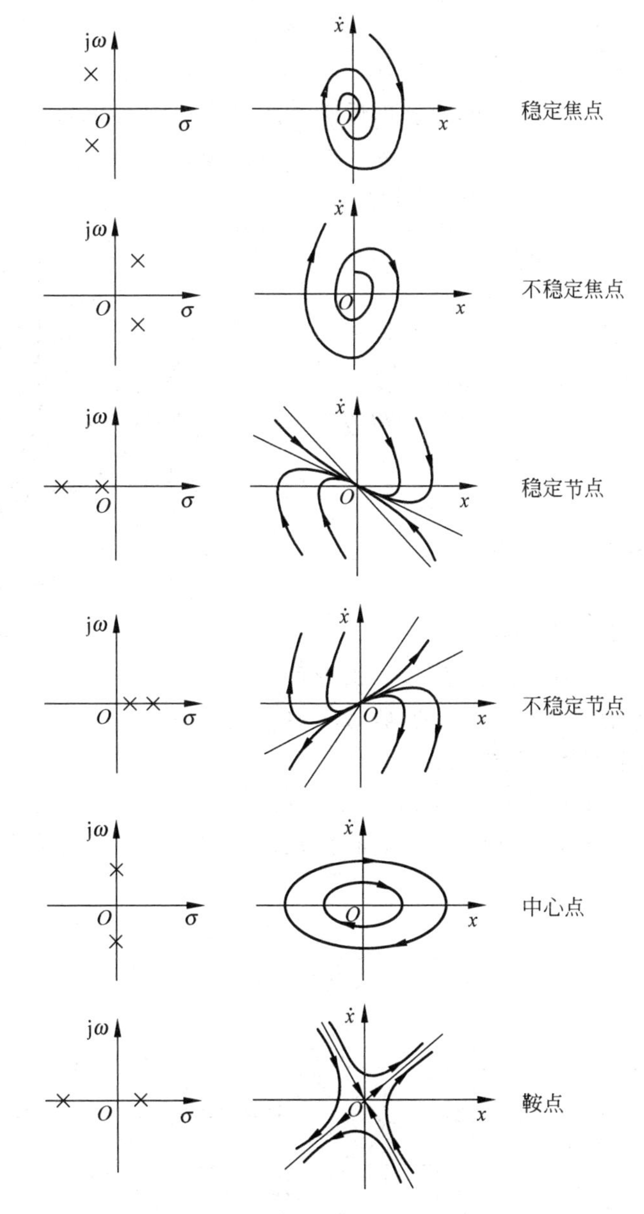

图 10-36 二阶系统的不同奇点

例 10-6 求非线性系统方程 $\ddot{x}+0.5\dot{x}+2x+x^2=0$ 的奇点。

解：因为
$$\dot{x}\frac{\mathrm{d}\dot{x}}{\mathrm{d}x}+0.5\dot{x}+2x+x^2=0$$

则
$$\frac{\mathrm{d}\dot{x}}{\mathrm{d}x}=\frac{-0.5\dot{x}-2x-x^2}{\dot{x}}$$

解
$$\begin{cases}-0.5\dot{x}-2x-x^2=0\\ \dot{x}=0\end{cases}$$

得奇点为

$$\begin{cases} x=0 \\ \dot{x}=0 \end{cases}, \quad \begin{cases} x=-2 \\ \dot{x}=0 \end{cases}$$

在(0,0)点附近,因为$|x|$很小,系统可近似为$\ddot{x}+0.5\dot{x}+2x=0$,解

$$\begin{cases} \omega_n^2=2 \\ 2\zeta\omega_n=0.5 \end{cases}$$

得

$$\begin{cases} \omega_n=\sqrt{2} \\ \zeta=\dfrac{\sqrt{2}}{8} \end{cases}$$

可见,$0<\zeta<1$,故该奇点为稳定焦点。

在(−2,0)点附近,令$x^*=x+2$,系统方程为$\ddot{x}^*+0.5\dot{x}^*+2(x^*-2)+(x^*-2)^2=0$,即

$$\ddot{x}^*+0.5\dot{x}^*-2x^*+x^{*2}=0$$

因为$|x^*|$很小,故系统可近似为

$$\ddot{x}^*+0.5\dot{x}^*-2x^*=0$$

$\ddot{x}^*$和x^*异号,所以其奇点为鞍点。

该系统的相平面图如图10-37所示。由图可知,该系统在有些初始状态下是稳定的,收敛于原点,而在有些初始状态下是不稳定的。

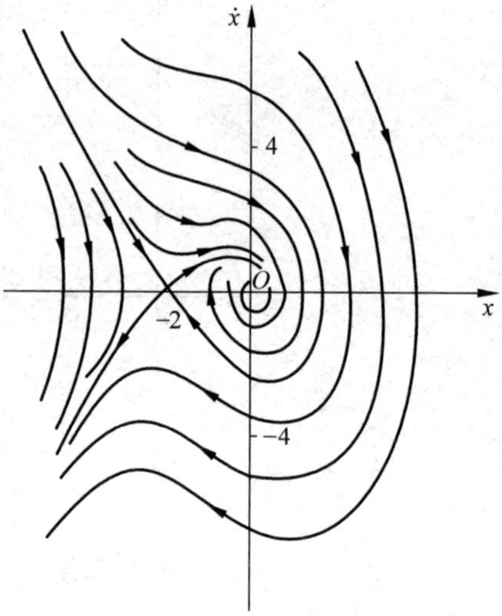

图10-37 奇点应用例

该题利用MATLAB的Simulink仿真工具可建立如图10-38所示框图模型,进而可运行得到从任一初始条件下的相轨迹图,如图10-39所示。

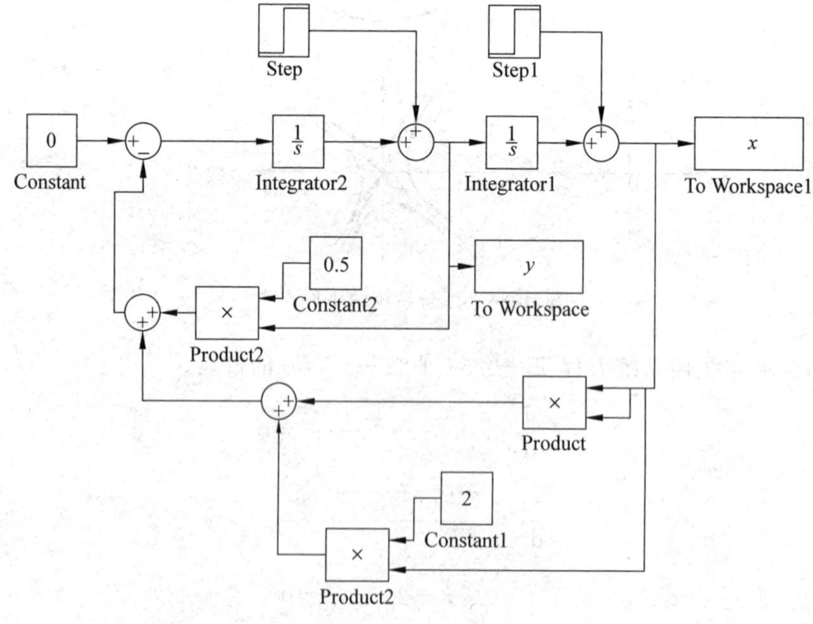

图10-38 例10-6 Simulink图

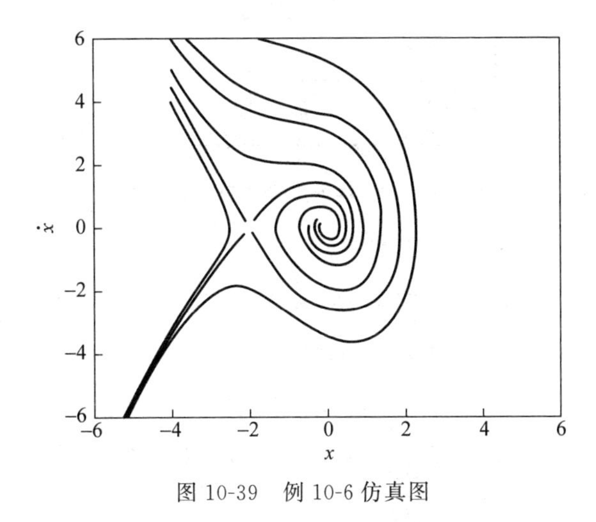

图 10-39 例 10-6 仿真图

10.3.3 从相轨迹求时间信息

相轨迹是消去时间参量后画出的，尽管它直观地给出了系统状态点的运动轨迹，但却将时间信息隐含其中，使时间信息变得不直观了。有时我们希望给出时间响应以便得到与时间有关的性能表达，这就需要通过相轨迹求出时间信息。可以通过以下方法求出时间信息。

(1) 因为 $\dot{x}=\dfrac{\mathrm{d}x}{\mathrm{d}t}$，则

$$\mathrm{d}t=\frac{\mathrm{d}x}{\dot{x}} \tag{10-8}$$

通过积分，可得 $t_2-t_1=\int_{x_1}^{x_2}\dfrac{1}{\dot{x}}\mathrm{d}x$。

当然，式(10-8)也可以通过取合理的增量，变成下式求出时间：

$$\Delta t=\frac{\Delta x}{\bar{\dot{x}}}$$

式中，$\bar{\dot{x}}$ 为对应 Δx 范围内的 $\dot{x}$ 平均值。

(2) 因为 $\ddot{x}=f(x,\dot{x})$，$\ddot{x}=\dfrac{\mathrm{d}\dot{x}}{\mathrm{d}t}$，则

$$\frac{\mathrm{d}\dot{x}}{\mathrm{d}t}=f(x,\dot{x}),\quad \mathrm{d}t=\frac{\mathrm{d}\dot{x}}{f(x,\dot{x})}$$

通过积分可得

$$t_2-t_1=\int_{t_1}^{t_2}\frac{1}{f(x,\dot{x})}\mathrm{d}\dot{x}$$

10.3.4 非线性系统的相平面分析

例 10-7 机械系统中的库仑摩擦力。

对于图 10-40 所示力学模型的机械系统，质量 m 受到弹簧力和库仑摩擦力作用。系统

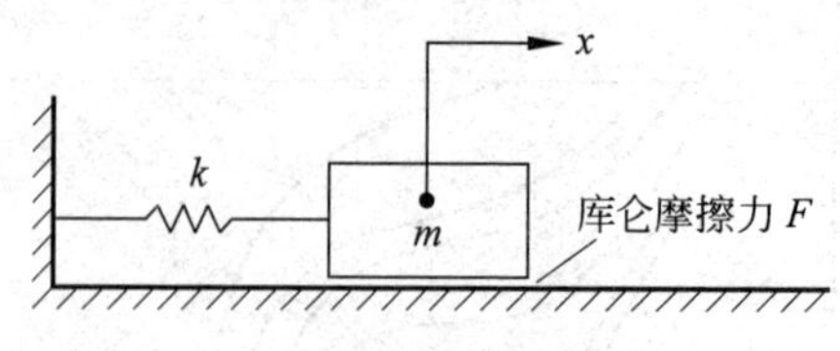

图 10-40 含库仑摩擦系统(例 10-7)

可表示为

$$\begin{cases} m\ddot{x} = -kx - F, & \dot{x} > 0 \\ m\ddot{x} = -kx + F, & \dot{x} < 0 \end{cases}$$

即

$$\begin{cases} m\dot{x}\dfrac{\mathrm{d}\dot{x}}{\mathrm{d}x} = -kx - F, & \dot{x} > 0 \\ m\dot{x}\dfrac{\mathrm{d}\dot{x}}{\mathrm{d}x} = -kx + F, & \dot{x} < 0 \end{cases}$$

或

$$\begin{cases} \dot{x}\,\mathrm{d}\dot{x} = -\dfrac{k}{m}\left(x + \dfrac{F}{k}\right)\mathrm{d}x, & \dot{x} > 0 \\ \dot{x}\,\mathrm{d}\dot{x} = -\dfrac{k}{m}\left(x - \dfrac{F}{k}\right)\mathrm{d}x, & \dot{x} < 0 \end{cases}$$

两边积分,并整理,得

$$\begin{cases} \dfrac{\dot{x}^2}{C^2} + \dfrac{\left(x + \dfrac{F}{k}\right)^2}{\left(C\sqrt{\dfrac{m}{k}}\right)^2} = 1, & \dot{x} > 0 \\ \dfrac{\dot{x}^2}{C^2} + \dfrac{\left(x - \dfrac{F}{k}\right)^2}{\left(C\sqrt{\dfrac{m}{k}}\right)^2} = 1, & \dot{x} < 0 \end{cases}$$

其中,C 为积分常数。

由上述可见,当 $\dot{x}>0$ 时,其相轨迹是中心在 $\left(-\dfrac{F}{k},0\right)$ 的一族椭圆;而当 $\dot{x}<0$ 时,其相轨迹是中心在 $\left(\dfrac{F}{k},0\right)$ 的一族椭圆。

依题意,利用 MATLAB 软件工具编制如下程序,可画出图 10-41 所示的相轨迹图。

```
close all;
clear all;
clc;
for dir = -1 : 2 : 1
for c = 0.1 : 0.2 : 1.5;
core = 1 * dir; % core = F/k;
p = 2; % p = sqrt(k/m);
x1 = c * p + core;
```

```
x2 = c * p - core;
x = - x1 : 0.01 : x2;
u = core + x;
v = u. * u;
w = v/p/p;
s = c * c;
t = s - w;
y = sqrt(t) * dir;
plot(x,y);
hold on;
end
end
grid
```

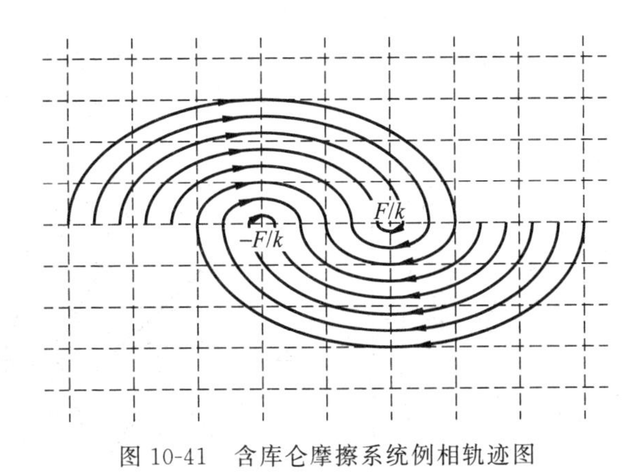

图 10-41 含库仑摩擦系统例相轨迹图

由图 10-41 可见，当质量沿相轨迹运动至 x 轴的 $\left(-\dfrac{F}{k},0\right)$ 和 $\left(\dfrac{F}{k},0\right)$ 之间时将停止运动，这是库仑摩擦力造成的运动死区。x 轴从 $\left(-\dfrac{F}{k},0\right)$ 到 $\left(\dfrac{F}{k},0\right)$ 的部分为奇点。

例 10-8 分段线性的角度随动系统。

图 10-42 是某角度随动系统的方块图。其中，执行电动机近似为一阶惯性环节，$K_1(e)$ 是随信号大小变化的。大信号时增益为 K_1，小信号时增益为 $\alpha K_1(\alpha<1)$，其特性如图 10-43 所示。

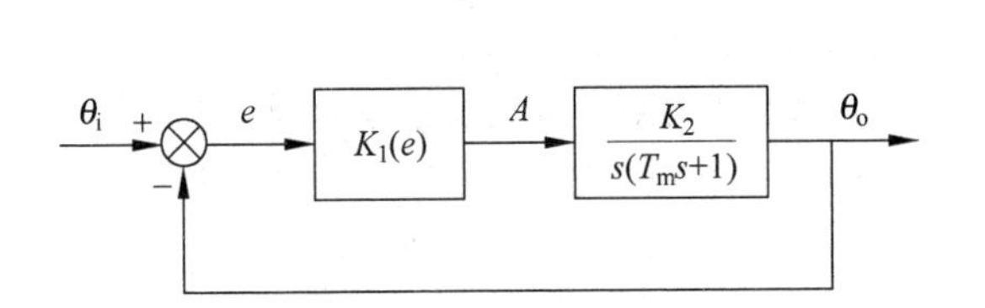

图 10-42 分段线性的角度随动系统

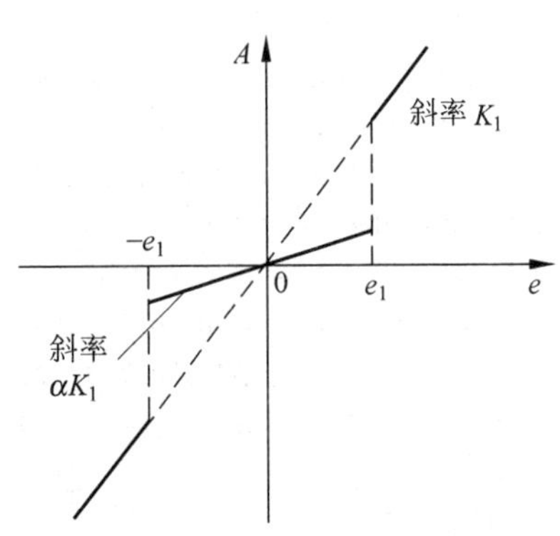

图 10-43 增益 $K_1(e)$ 特性

由图 10-42 可知：

$$T_m\ddot{\theta}_o+\dot{\theta}_o=AK_2 \tag{10-9}$$

由 $e=\theta_i-\theta_o$，得 $\theta_o=\theta_i-e$，将之代入式(10-9)，得

$$T_m(\ddot{\theta}_i-\ddot{e})+(\dot{\theta}_i-\dot{e})=AK_2 \tag{10-10}$$

对于阶跃输入信号，当 $t>0$ 时，$\dot{\theta}_i=\ddot{\theta}_i=0$，则式(10-10)变为

$$T_m\ddot{e}+\dot{e}+AK_2=0$$

考虑 $A=eK_1(e)$，可得

$$\begin{cases}T_m\ddot{e}+\dot{e}+K_1K_2e=0, & |e|>e_1 \quad (10\text{-}11)\\ T_m\ddot{e}+\dot{e}+\alpha K_1K_2e=0, & |e|<e_1 \quad (10\text{-}12)\end{cases}$$

我们可以通过选 α 和 K_1 值，使式(10-11)为欠阻尼、式(10-12)为过阻尼。依题意，利用 MATLAB 软件工具编制如下程序，可画出如图 10-44(a)和(b)所示的相轨迹图。

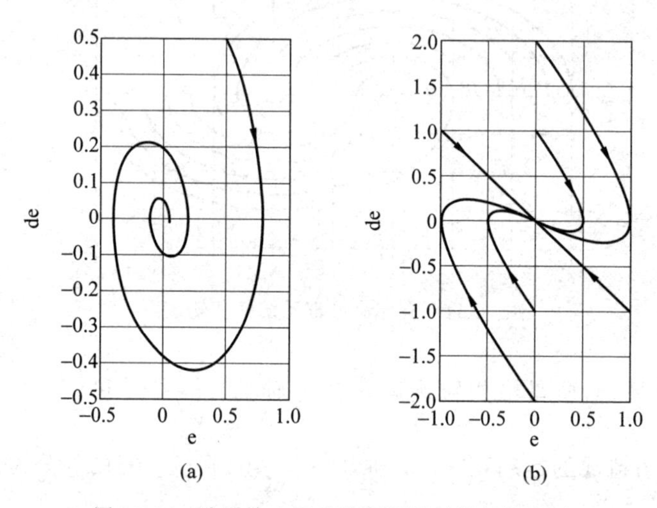

图 10-44 阶跃输入下系统不同增益的相轨迹图

```
%Phase.m
close all;
clear all;
clc;
%M 文件 phase.m
[t,x] = ode45(@pn940,[0,10],[0,1]); %t0 = 0,tf = 20; x10 = y0 = 10,x20 = y1 = 0
[t,y] = ode45(@pn940,[0,10],[0,2]); %t0 = 0,tf = 20; x10 = y0 = 10,x20 = y1 = 0
[t,v] = ode45(@pn940,[0,10],[1, - 1]); %t0 = 0,tf = 20; x10 = y0 = 10,x20 = y1 = 0
[t,w] = ode45(@pn940,[0,10],[ - 1,1]); %t0 = 0,tf = 20; x10 = y0 = 10,x20 = y1 = 0
[t,z] = ode45(@pn940,[0,10],[0, - 1]); %t0 = 0,tf = 20; x10 = y0 = 10,x20 = y1 = 0
[t,u] = ode45(@pn940,[0,10],[0, - 2]); %t0 = 0,tf = 20; x10 = y0 = 10,x20 = y1 = 0
[t,s] = ode45(@pn940b,[0,20],[0.5,0.5]); %t0 = 0,tf = 20; x10 = y0 = 10,x20 = y1 = 0
%绘制相平面图 e(e)
subplot(121);
plot(s(:,1),s(:,2)); %phase plane(x1 vs x2)
grid;
```

```
xlabel('e');
ylabel('de');
subplot(122);
plot(x(:,1),x(:,2)); % phase plane(x1 vs x2)
grid;
% title('相平面图 e(e)');
xlabel('e');
ylabel('de');
hold on
plot(y(:,1),y(:,2)); % phase plane(x1 vs x2)
plot(z(:,1),z(:,2)); % phase plane(x1 vs x2)
plot(u(:,1),u(:,2)); % phase plane(x1 vs x2)
plot(v(:,1),v(:,2)); % phase plane(x1 vs x2)
plot(w(:,1),w(:,2)); % phase plane(x1 vs x2)

% M 函数 pn940.m
function xdot = pn940(t,x)
% x" + px' + mx = 0;
xdot = zeros(2,1);
p = 1.5; % p = 1/Tm
% 非线性关系 m = N(e)的描述
e1 = 5;
M = 1; % M = k1k2
N = 2; % N = a;
if (x(2)>e1)
   m = M;
elseif (x(2)<-e1)
   m = M;
else
   m = M/N;
end
% second order system
xdot(2) = - p * x(2) - m * x(1);
xdot(1) = x(2);

% M 函数 pn940b.m
function xdot = pn940b(t,x)
% x" + px' + mx = 0;
xdot = zeros(2,1);
p = 0.3; % p = 1/Tm
% 非线性关系 m = N(e)的描述
e1 = 5;
M = 1; % M = k1k2
N = 2; % N = a;
if (x(2)>e1)
   m = M;
elseif (x(2)<-e1)
```

```
   m = M;
else
   m = M/N;
end
 % second order system
xdot(2) = - p * x(2) - m * x(1);
xdot(1) = x(2);
```

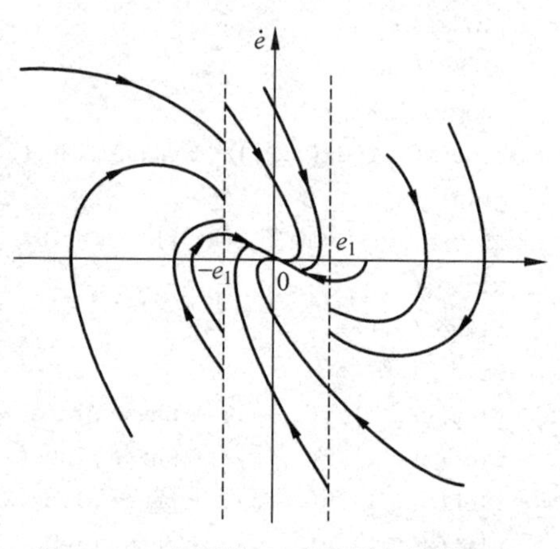

图 10-45 阶跃输入下系统的相轨迹图

实际系统是联立组成的。依题意，利用MATLAB软件工具编制如下程序，可画出如图 10-45 所示的相轨迹图。

```
close all;
clear all;
clc;
 % M 文件 phase.m

[t,x] = ode45(@pn940,[0,10],[0,1]); % t0 = 0,tf = 20; x10 = y0 = 10,x20 = y1 = 0
[t,y] = ode45(@pn940,[0,10],[0,2]); % t0 = 0,tf = 20; x10 = y0 = 10,x20 = y1 = 0
[t,v] = ode45(@pn940,[0,10],[1,0]); % t0 = 0,tf = 20; x10 = y0 = 10,x20 = y1 = 0
[t,w] = ode45(@pn940,[0,10],[ - 1,0]); % t0 = 0,tf = 20; x10 = y0 = 10,x20 = y1 = 0
[t,z] = ode45(@pn940,[0,10],[0, - 1]); % t0 = 0,tf = 20; x10 = y0 = 10,x20 = y1 = 0
[t,u] = ode45(@pn940,[0,10],[0, - 2]); % t0 = 0,tf = 20; x10 = y0 = 10,x20 = y1 = 0
[t,a] = ode45(@pn940b,[0,3.45],[0,2.8]); % t0 = 0,tf = 20; x10 = y0 = 10,x20 = y1 = 0
[t,b] = ode45(@pn940b,[0,3.25],[0,2.3]); % t0 = 0,tf = 20; x10 = y0 = 10,x20 = y1 = 0
[t,c] = ode45(@pn940b,[0,3.45],[0, - 2.8]); % t0 = 0,tf = 20; x10 = y0 = 10,x20 = y1 = 0
[t,d] = ode45(@pn940b,[0,3.25],[0, - 2.3]); % t0 = 0,tf = 20; x10 = y0 = 10,x20 = y1 = 0
plot(x(:,1),x(:,2)); % phase plane(x1 vs x2)
grid;
 % title('相平面图 e(e)');
xlabel('e');
ylabel('de');
hold on
plot(y(:,1),y(:,2)); % phase plane(x1 vs x2)
plot(z(:,1),z(:,2)); % phase plane(x1 vs x2)
plot(u(:,1),u(:,2)); % phase plane(x1 vs x2)
plot(v(:,1),v(:,2)); % phase plane(x1 vs x2)
plot(w(:,1),w(:,2)); % phase plane(x1 vs x2)
plot(a(:,1),a(:,2)); % phase plane(x1 vs x2)
plot(b(:,1),b(:,2)); % phase plane(x1 vs x2)
plot(c(:,1),c(:,2)); % phase plane(x1 vs x2)
plot(d(:,1),d(:,2)); % phase plane(x1 vs x2)

 % M 函数 pn940.m
function xdot = pn940(t,x)
 % x'' + px' + mx = 0;
xdot = zeros(2,1);
p = 2; % p = 1/Tm
 % 非线性关系 m = N(e)的描述
e1 = 1;
```

```
M = 1; % M = k1k2
N = 2; % N = a;
if (x(2)>e1)
   m = M;
elseif (x(2)<-e1)
   m = M;
else
   m = M/N;
end
% second order system
xdot(2) = - p * x(2) - m * x(1);
xdot(1) = x(2);
% M 函数 pn940b.m
function xdot = pn940b(t,x)
% x″ + px′ + mx = 0;
xdot = zeros(2,1);
p = 0.6; % p = 1/Tm
% 非线性关系 m = N(e)的描述
e1 = 1;
M = 1; % M = k1k2
N = 2; % N = a;
if (x(2)>e1)
   m = M;
elseif (x(2)<-e1)
   m = M;
else
   m = M/N;
end
% second order system
xdot(2) = - p * x(2) - m * x(1);
xdot(1) = x(2);
```

在$|e|<e_1$区域，系统沿着图 10-44(b)的轨线运动；在$|e|>e_1$区域，系统则沿着图 10-44(a)的轨线运动。一般情况下，这种系统比起单独采用式(10-11)或式(10-12)的系统可提高快速性，降低噪声的影响。

对于斜坡输入信号，当$t>0$时，$\theta_i=\omega t$，$\dot{\theta}_i=\omega$，$\ddot{\theta}_i=0$，则式(10-10)变为

$$T_m\ddot{e}+\dot{e}+AK_2=\omega$$

即

$$\begin{cases} T_m\ddot{e}+\dot{e}+\alpha K_1K_2\left(e-\dfrac{\omega}{\alpha K_1K_2}\right)=0, & |e|<e_1 \quad (10\text{-}13) \\ T_m\ddot{e}+\dot{e}+K_1K_2\left(e-\dfrac{\omega}{K_1K_2}\right)=0, & |e|>e_1 \quad (10\text{-}14) \end{cases}$$

式(10-13)和式(10-14)的相平面图分别如图 10-46(a)和(b)所示。

实际系统的相轨迹分 3 种情况。当奇点均在$|e_1|$范围内时，其相轨迹如图 10-47(a)所示，运动终止于稳定节点；当两奇点均在$|e_1|$范围外时，其相轨迹如图 10-47(b)所示，运动终止于稳定焦点；当一奇点在$|e_1|$范围内，另一奇点在$|e_1|$范围外时，如图 10-47(c)所示，

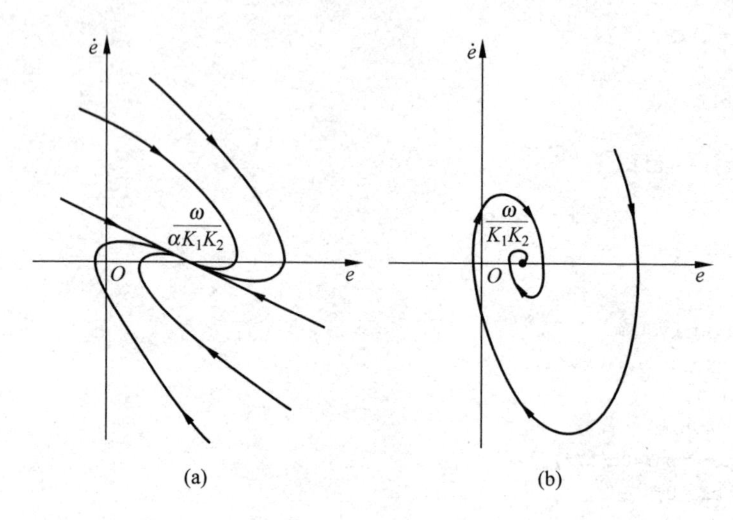

图 10-46 斜坡输入下系统不同增益的相轨迹图

当轨线在$|e_1|$范围内时,系统向$|e_1|$外的稳定节点运动,而一旦轨线运动到$|e_1|$范围外,系统又向$|e_1|$内的稳定焦点运动,如此在$e=e_1$线两边穿越,直至收敛到$(e_1, \mathrm{j}0)$点。

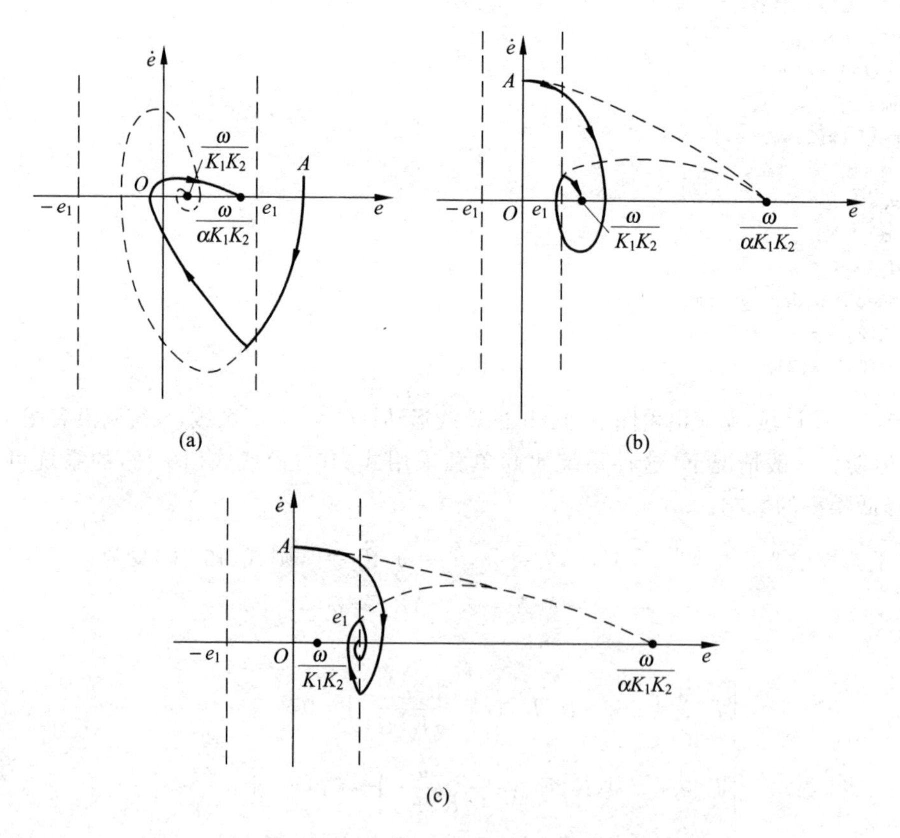

图 10-47 斜坡输入下系统的相轨迹图

由上可知,该系统对阶跃输入的响应稳态误差为零,而对斜坡输入的响应稳态误差是不等于0的一个常值。

例 10-9 机床进给系统的低速爬行。

将机床进给系统受控对象抽象成图 10-48 所示的力学模型。其中,非线性阻尼力 $c(\dot{x}_o)\dot{x}_o$ 的特性曲线如图 10-49 所示,系统的动力学方程为

$$m\ddot{x}_o - c(\dot{x}_o)\dot{x}_o = K(x_i - x_o) \tag{10-15}$$

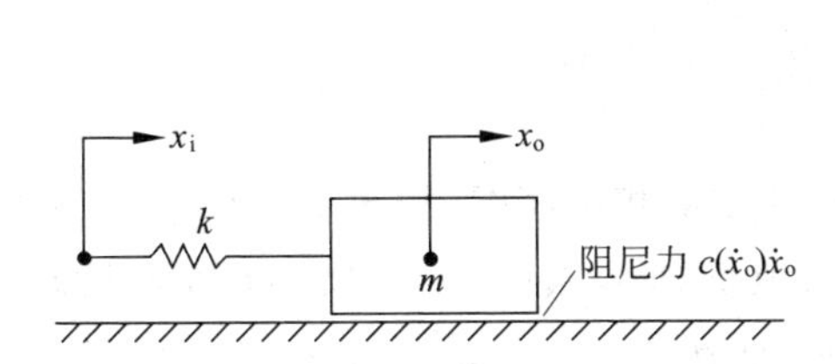

图 10-48 机床进给系统力学模型

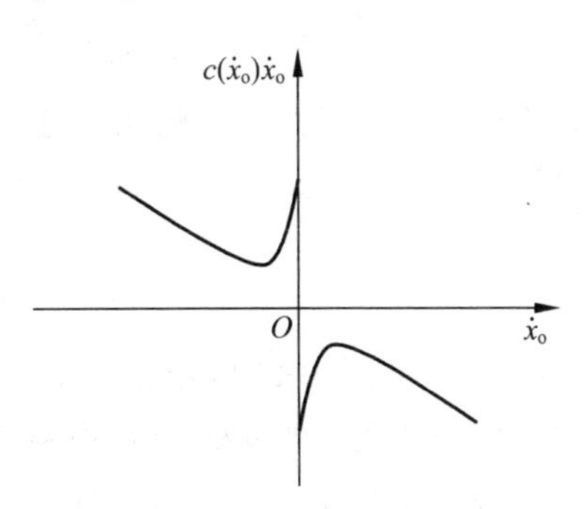

图 10-49 非线性速度阻尼力特性曲线

将速度阻尼力 $c(\dot{x}_o)\dot{x}_o$ 近似分解为图 10-50 所示的线性和非线性项,即

$$c(\dot{x}_o)\dot{x}_o = [c + F(\dot{x}_o)]\dot{x}_o$$

则式(10-15)写成

$$m\ddot{x}_o - [c + F(\dot{x}_o)]\dot{x}_o = K(x_i - x_o) \tag{10-16}$$

由 $e = x_i - x_o$,得 $x_o = x_i - e$,代入式(10-16),得

$$m\ddot{x}_i - m\ddot{e} - [c + F(\dot{x}_o)]\dot{x}_i + [c + F(\dot{x}_o)]\dot{e} = Ke \tag{10-17}$$

设 x_i 为恒速输入,即 $x_i = Vt$(V 为常数),则

$$\dot{x}_i = V, \quad \ddot{x}_i = 0$$

代入式(10-17),并整理得

$$m\ddot{e} - c\dot{e} + Ke = -cV - F(\dot{x}_o)\dot{x}_o \tag{10-18}$$

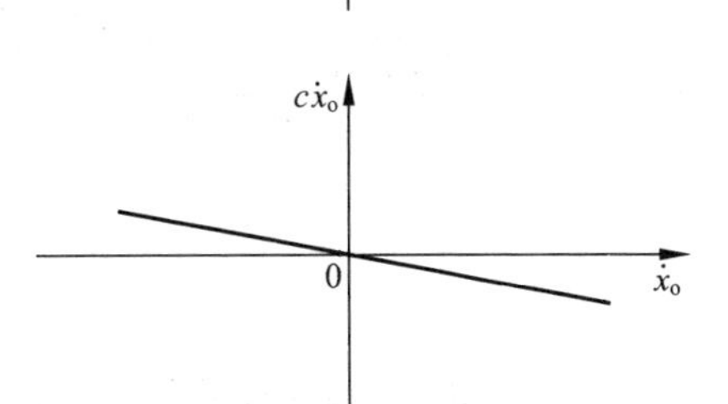

图 10-50 非线性速度阻尼力的近似分解

(1) 当 $\dot{x}_o = 0$ 时,

$$\dot{e} = V \tag{10-19}$$

式(10-18)成为

$$m\ddot{e} + Ke = -F(\dot{x}_o)\dot{x}_o \tag{10-20}$$

此时 $\ddot{e} = 0$,式(10-20)成为

$$e = \frac{-F(\dot{x}_o)\dot{x}_o}{K}$$

由图 10-50 可知 $|F(\dot{x}_o)\dot{x}_o| \leqslant F_1$,此时

$$|e| \leqslant \frac{F_1}{K} \tag{10-21}$$

(2) 当 $\dot{x}_o > 0$ 时,$\dot{e} < V$,则式(10-18)成为

$$m\ddot{e} - c\dot{e} + Ke = -cV + F_0 \tag{10-22}$$

其相轨迹是二阶线性系统的相轨迹,令 $\dot{e} = \ddot{e} = 0$,可求出式(10-22)轨迹的奇点为

$$
\begin{cases}
e=\dfrac{-cV+F_0}{K}\\
\dot{e}=0
\end{cases}
$$

(3) 当 $\dot{x}_o<0$ 时,$\dot{e}>V$,则式(10-18)成为

$$
m\ddot{e}-c\dot{e}+Ke=-cV-F_0 \tag{10-23}
$$

其相轨迹也是二阶线性系统的相轨迹,令 $\dot{e}=\ddot{e}=0$,可求出轨迹的奇点为

$$
\begin{cases}
e=\dfrac{-cV-F_0}{K}\\
\dot{e}=0
\end{cases}
$$

式(10-19)、式(10-22)和式(10-23)组成整个系统的相平面图,如图10-51所示。设起始时刻质量是静止的,弹簧处于自由状态。当以恒低速输入时,$x_i=Vt$,则初始状态点为$(0,V)$,此时质量依第一种情况的规律运动。状态点沿 $\dot{e}=V$ 向右运动,随着误差 e 的增大,弹簧力也不断增大。当 $e=\dfrac{F_1}{K}$ 时,弹簧力大到足以克服静摩擦力,此时 $\dot{e}<V$,相轨迹又依第二种情况向着奇点 $\left(\dfrac{-cV+F_0}{K},0\right)$ 运动。如果阻尼比较小,则可能又与 $\dot{e}=V$ 线相交,误差 e 又开始加大,形成误差 e 振荡的趋势,这成为爬行的原因。

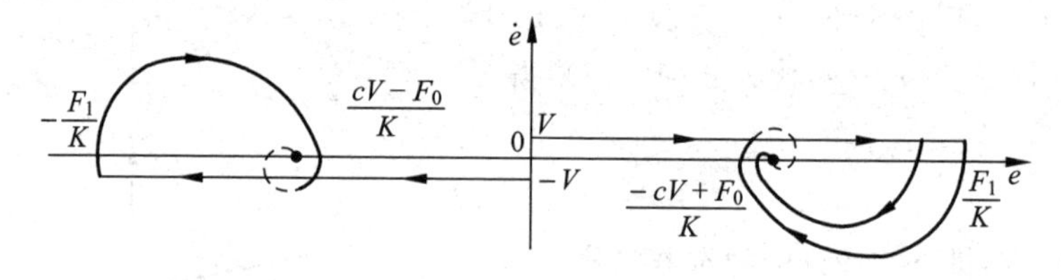

图10-51 系统相平面图

由上述分析可见,消除爬行现象的措施是避免相轨线离开 $\dot{e}=V$ 后又与 $\dot{e}=V$ 线相交,具体措施如下:

(1) 提高速度 V 值,它可以提高 $\dot{e}=V$ 线;

(2) 提高 $|c|$ 值、减小质量 m 和提高弹性刚度 K 值,它可以加大方程的阻尼比,提高谐振频率,使相轨迹无振荡地趋近稳定点;

(3) 减小 F_1-F_0 值,即减小静摩擦,它可使 $\left(\dfrac{F_1}{K},0\right)$ 点和 $\left(\dfrac{-cV+F_0}{K},0\right)$ 点距离靠近。

10.4 李雅普诺夫稳定性方法

对于更广泛的非线性问题,可采用现代控制理论的李雅普诺夫稳定性方法判断非线性系统的稳定性。李雅普诺夫第一方法又称为间接法,它通过系统状态方程的解来判断系统的稳定性。李雅普诺夫第二方法又称为直接法,它不通过系统状态方程的解来判断系统的稳定性,而是借助李雅普诺夫函数对稳定性作出判断,是从广义能量的观点进行稳定性分析

的。例如，有阻尼振动系统随着能量连续减小（总能量对时间的导数是负定的），会逐渐停止在平衡状态，系统是稳定的。由于李雅普诺夫第一方法求解非常繁琐，因此李雅普诺夫第二方法获得了更广泛的应用。李雅普诺夫第二方法的难点在于寻找李雅普诺夫函数。现在已有一些用于典型系统的寻找李雅普诺夫函数的方法，但还没有通用于一切系统的方法。

对于系统 $\dot{\boldsymbol{x}}=f[\boldsymbol{x},t]$，平衡状态为 $\boldsymbol{x}_e=0$，满足 $f(\boldsymbol{x}_e)=0$。如果存在一个标量函数 $V(\boldsymbol{x})$，它满足 $V(\boldsymbol{x})$ 对所有 $\boldsymbol{x}$ 都具有连续的一阶偏导数，同时满足 $V(\boldsymbol{x})$ 是正定的，则

(1) 若 $V(\boldsymbol{x})$ 沿状态轨迹方向计算的时间导数 $\dot{V}(\boldsymbol{x})=\mathrm{d}V(\boldsymbol{x})/\mathrm{d}t$ 为半负定，则平衡状态稳定。

(2) 若 $\dot{V}(\boldsymbol{x})$ 为负定，或虽然 $\dot{V}(\boldsymbol{x})$ 为半负定，但对任意初始状态不恒为零，则平衡状态渐近稳定。进而当 $\|\boldsymbol{x}\|\to+\infty$ 时，$V(\boldsymbol{x})\to+\infty$，则系统大范围渐近稳定。

(3) 若 $\dot{V}(\boldsymbol{x})$ 为正定，则平衡状态不稳定。

$V(\boldsymbol{x})$ 通常选为二次型，判断二次型 $V(\boldsymbol{x})=\boldsymbol{x}^{\mathrm{T}}\boldsymbol{P}\boldsymbol{x}$ 的正定性可由西尔维斯特（Sylvester）准则来确定，即正定（记作 $V(\boldsymbol{x})>0$）的充要条件是 $\boldsymbol{P}$ 的所有主子行列式为正。如果 $\boldsymbol{P}$ 的所有主子行列式为非负，则 $V(\boldsymbol{x})$ 为正半定（记作 $V(\boldsymbol{x})\geqslant 0$）；如果 $-V(\boldsymbol{x})$ 为正定，则 $V(\boldsymbol{x})$ 为负定（记作 $V(\boldsymbol{x})<0$）；如果 $-V(\boldsymbol{x})$ 为正半定，则 $V(\boldsymbol{x})$ 为负半定（记作 $V(\boldsymbol{x})\leqslant 0$）。

例 10-10 判断 $V(\boldsymbol{x})=[x_1 \quad x_2 \quad x_3]\begin{bmatrix}10 & 1 & -2\\ 1 & 4 & -1\\ -2 & -1 & 1\end{bmatrix}\begin{bmatrix}x_1\\ x_2\\ x_3\end{bmatrix}$ 的正定性。

解：因为 $10>0$，$\begin{vmatrix}10 & 1\\ 1 & 4\end{vmatrix}>0$，$\begin{vmatrix}10 & 1 & -2\\ 1 & 4 & -1\\ -2 & -1 & 1\end{vmatrix}>0$，所以 $V(\boldsymbol{x})$ 正定。

例 10-11 判断 $\begin{cases}\dot{x}_1=x_2-x_1(x_1^2+x_2^2)\\ \dot{x}_2=-x_1-x_2(x_1^2+x_2^2)\end{cases}$ 的稳定性。

解：由给定方程可知，(0,0) 是唯一的平衡状态。设正定的标量函数为

$$V(\boldsymbol{x})=x_1^2+x_2^2$$

$$\begin{aligned}\dot{V}(\boldsymbol{x})&=\frac{\partial V}{\partial x_1}\frac{\mathrm{d}x_1}{\mathrm{d}t}+\frac{\partial V}{\partial x_2}\frac{\mathrm{d}x_2}{\mathrm{d}t}=2x_1\dot{x}_1+2x_2\dot{x}_2\\ &=2x_1[x_2-x_1(x_1^2+x_2^2)]+2x_2[-x_1-x_2(x_1^2+x_2^2)]\\ &=-2(x_1^2+x_2^2)^2<0\end{aligned}$$

且当

$$\|\boldsymbol{x}\|\to+\infty,\quad V(\boldsymbol{x})\to+\infty$$

故系统在坐标原点处为大范围渐近稳定。

10.5 借助 MATLAB 分析系统非线性

非线性系统的理论分析一般都很复杂，利用 MATLAB 对其进行计算机仿真是一种相对简单又行之有效的方法。在第 7 章及本章的有关章节已有 MATLAB 在非线性系统中的一些应用，本节做进一步补充。

10.5.1 非线性系统的时域及频域特性的 MATLAB 实现

在实际系统中非线性环节是普遍存在的,例如饱和、死区、间隙等。对于非线性系统,其输出特性还取决于输入信号的幅值,比较复杂。利用 MATLAB 可以方便地分析非线性系统的特性。

例 10-12 某元件具有死区特性,死区的起始值和截止值分别为−0.5 和 0.5,当输入信号为 $x_i=\sin 2t$ 时,求输出响应。

解:建立如图 10-52 所示模型。

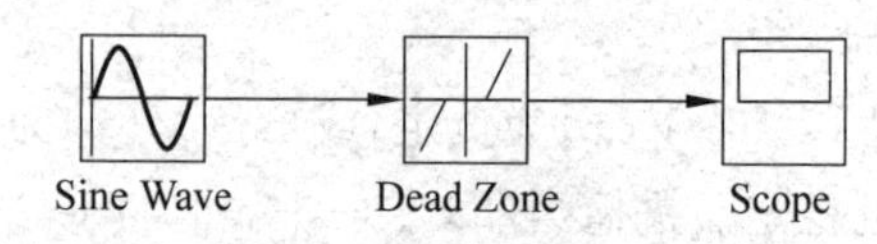

图 10-52 系统模型

仿真得到的输出波形如图 10-53 所示。

如果输入信号的角频率不变,输入幅值为 2,则此时的输出响应波形如图 10-54 所示。

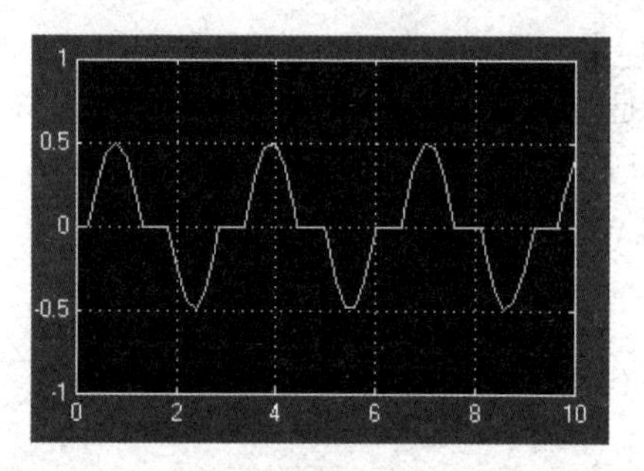

图 10-53 具有死区非线性环节的输出波形(幅值为 1)

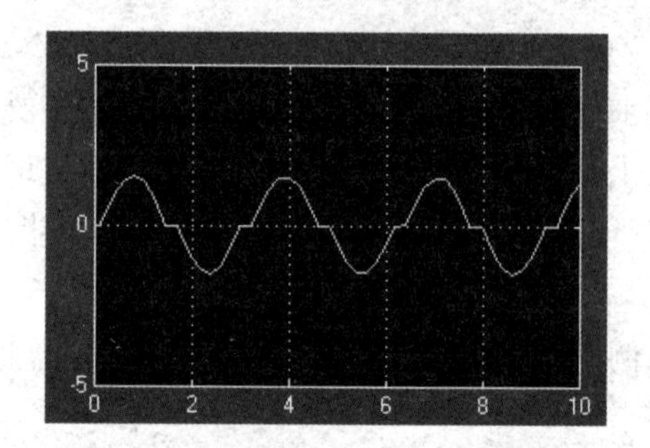

图 10-54 具有死区非线性环节的输出波形(幅值为 2)

由此可见,对于非线性系统,其输出响应不仅取决于输入信号的频率,还取决于输入信号的幅值。

10.5.2 非线性系统的相平面图

对于图 10-55 所示的具有间隙环节的二阶非线性系统,利用 Simulink 建立其模型。

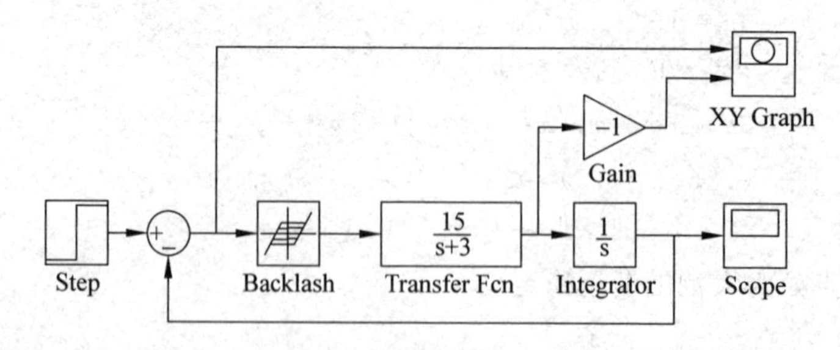

图 10-55 二阶非线性系统 Simulink 仿真框图

输入为单位阶跃信号,间隙环节的间隙宽度为 1,输出初始值为 0,仿真时间为 100 s,输出响应曲线如图 10-56 所示。

e-$\dot{e}$ 相平面图如图 10-57 所示,最后的误差与间隙环节的间隙宽度为 1 相匹配。

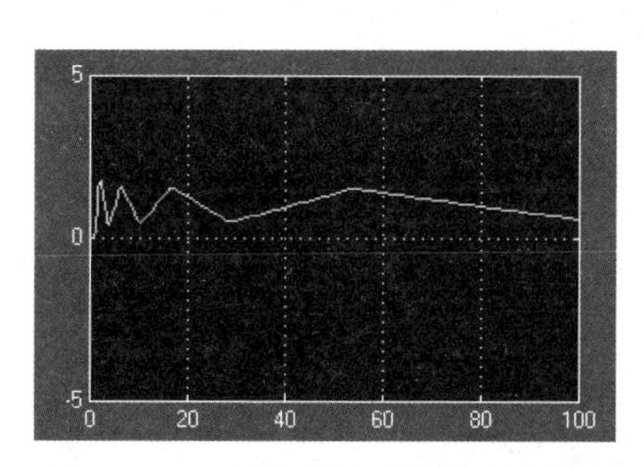

图 10-56 二阶非线性系统的时域响应

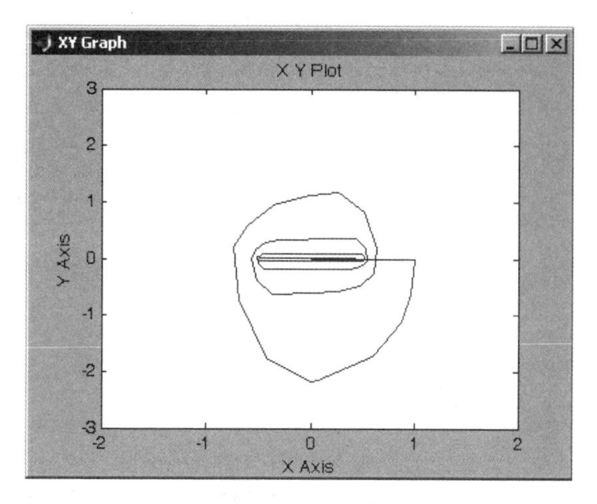

图 10-57 二阶非线性系统的 e-$\dot{e}$ 相平面图

例题及习题

本章要求了解非线性系统不能运用叠加原理，有异常特性，尚没有统一的分析方法。着重了解描述函数、相平面法和计算机仿真法。

掌握描述函数 N 的定义及求法；会用 $-1/N$ 曲线和 $G(\mathrm{j}\omega)$ 曲线分析系统的稳定性；会确定系统是否存在极限环并学会求其频率、幅值。

明了相平面法的基本概念；掌握解析法和等倾线图解法；了解奇点的分类及极限环；会用相平面法分析简单的二阶非线性系统。

学会借助 MATLAB 工具分析非线性系统。

例题

1. 例图 10-1(a)所示的系统，$G(\mathrm{j}\omega)$ 曲线和 $-1/N$ 曲线如例图 10-1(b)所示，曲线数据如下。系统是否存在极限环？如果存在，是否稳定？请指出极限环对应的振幅和频率。

ω/(rad/s)	0.5	1.1	2.1	3.2	5.2	∞
$\lvert G(\mathrm{j}\omega)\rvert$	1.90	1.30	1.10	1.00	0.85	0
$\underline{/G(\mathrm{j}\omega)}$/(°)	−100	−120	−135	−160	−180	−270

X	0.10	0.24	0.51	0.8	∞
$\left\lvert -\frac{1}{N}\right\rvert$	0.95	0.70	0.75	1.00	∞
$\underline{/-\frac{1}{N}}$/(°)	−100	−120	−135	−160	−180

解：设系统初始在例图 10-1(b)的点 A，如果遇扰动使幅值减小到点 B，则由于 $G(\mathrm{j}\omega)$ 曲线包围了点 B，系统不稳定，振幅由于系统发散而增大。如果振幅大到越过点 A 到达点 C，则因为 $G(\mathrm{j}\omega)$ 曲线没有包围点 C，系统稳定，振幅因为系统收敛而减小，最后稳定在点 A。因此，系统在点 A 存在一个稳定的极限环。

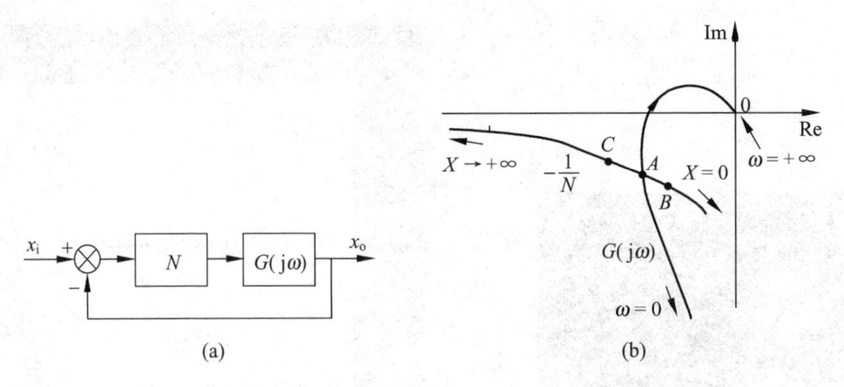

例图 10-1

由题中提供的数据，找到同时满足$|G(\mathrm{j}\omega)|=\left|-\frac{1}{N}\right|$和$\angle G(\mathrm{j}\omega)=\angle\left(-\frac{1}{N}\right)$的点，其幅值为1.00，角度为$-160°$，查表得极限环对应的振幅$X=0.80$，极限环的频率$\omega=3.2\ \mathrm{rad/s}$。

2. 例图10-2(a)的系统中，K是开关，当$|e|\geqslant a$时，K自动合向上方，与e相接；当$|e|<a$时，K自动合向下方，与地接通。设系统输入量$x_i=0$，试画出e和$\dot{e}$的相轨迹，并分析系统的运动。

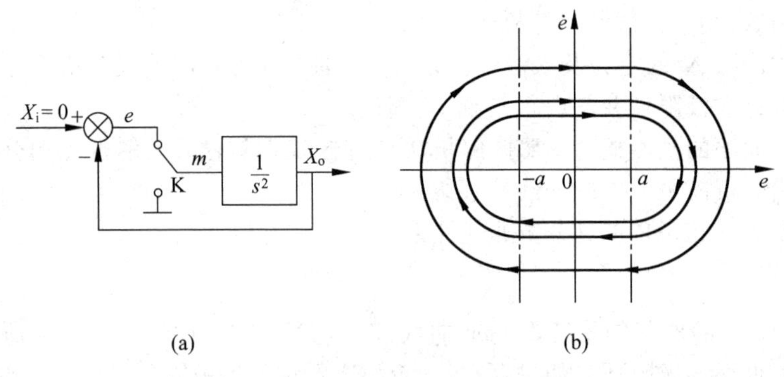

例图 10-2

解：由例图10-2(a)知$\frac{X_o(s)}{M(s)}=\frac{1}{s^2}$，则$s^2X_o(s)=M(s)$，经拉普拉斯反变换后，得

$$\ddot{x}_o(t)=m(t)\tag{10-24}$$

由例图10-2(a)知$e(t)=-x_o(t)$，则

$$\ddot{e}(t)=-\ddot{x}_o(t)\tag{10-25}$$

将式(10-24)代入式(10-25)，得

$$\ddot{e}(t)=-m(t)$$

(1) 当$|e|<a$时，$m(t)=0$，则$\ddot{e}(t)=0$，而

$$\dot{e}(t)=C_1,\quad C_1\text{ 为积分常数}$$

(2) 当$|e|\geqslant a$时，$m(t)=e(t)$，则$\ddot{e}(t)=-e(t)$，即

$$\dot{e}\frac{\mathrm{d}\dot{e}}{\mathrm{d}e}=-e,\quad \dot{e}\mathrm{d}\dot{e}=-e\mathrm{d}e$$

两边积分，得

$$\dot{e}^2+e^2=C_2^2,\quad C_2\text{ 为积分常数}$$

所以相轨迹如例图 10-2(b)所示。相轨迹由两部分组成：当$|e|<a$ 时为一族平行于 e 轴的直线；当$|e|\geqslant a$ 时为一族半径为C_2的圆弧。除非状态始点在 e 轴的$\pm a$ 之间，其他任何情况下都将形成极限环，反复振荡，极限环的大小取决于状态的初始位置。

习题

10-1 试求题图 10-1 所示非线性器件的描述函数，画出$-1/N$ 曲线，并指出 $X=0$，$X=1$ 和 $X=+\infty$时的$-1/N$ 值。

10-2 已知系统方程为 $\ddot{e}+\dot{e}+e=0$。

(1) 求该系统的等倾线方程式；

(2) 在 e-$\dot{e}$ 平面上画出下列斜率的等倾线：$k=0$，$k=-2$，$k=1$。

10-3 某非线性控制系统运动方程为 $\ddot{e}+m=0$，e-$\dot{e}$ 平面中曲线 AOB 将其分成两部分，如题图 10-3 所示。其中，点 A 在第二象限，点 B 在第四象限。当系统状态处于曲线 AOB 右上半平面(包括曲线 AO)时，$m=1$；当系统状态处于曲线 AOB 左下半平面(包括曲线 OB)时，$m=-1$。

(1) 分别求出上述两个区域的相轨迹方程表达式；

(2) 作起始于点(0,2)的相轨迹线(作到与曲线 BO 相交为止)，并标出与 e 轴相交处的坐标。

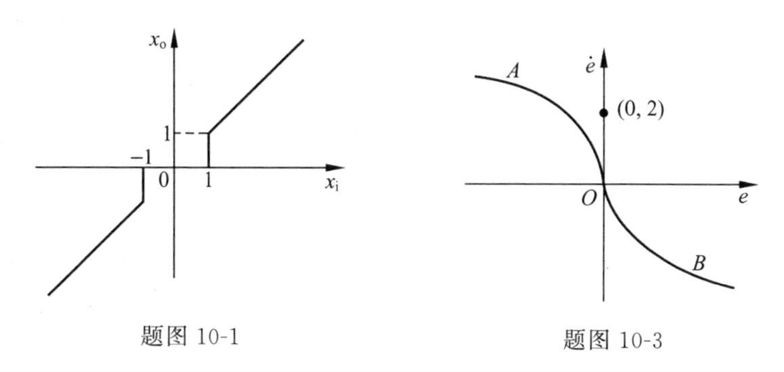

题图 10-1　　题图 10-3

10-4 试求题图 10-4 所示非线性环节的描述函数 N。

10-5 某非线性反馈系统如题图 10-5 所示，其中非线性部分的方程为 $m=e^2$，当输入 $x_i=0$ 时，

(1) 用描述函数法分析其运动；

(2) 用相轨迹法分析其运动。

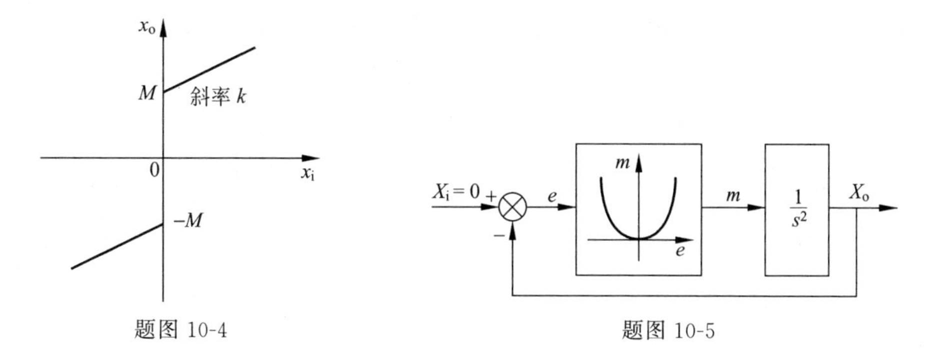

题图 10-4　　题图 10-5

10-6 试画出 $T\ddot{x}+\dot{x}=A$ 的相轨迹图。

10-7 题图 10-7 所示的系统稳定否?

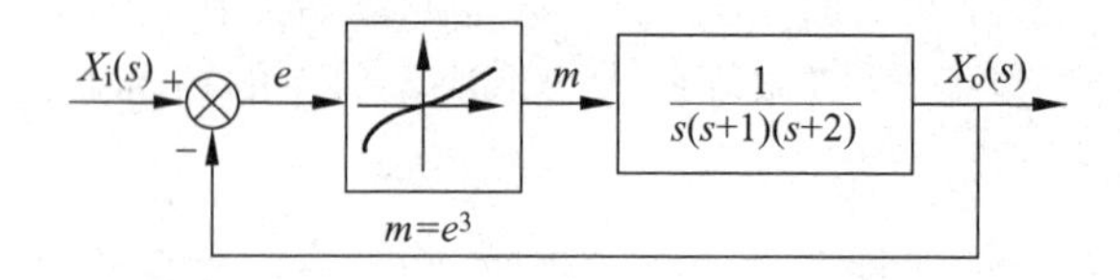

题图 10-7

10-8 试确定题图 10-8 所示系统极限环对应的振幅和频率。

10-9 画出下述系统的相平面图,令 $\theta(0)=0, \dot{\theta}(0)=2$,求时间解。

$$\ddot{\theta}+\dot{\theta}+\sin\theta=0$$

10-10 试确定下述系统奇点的类型,并画出相平面图。

$$\ddot{x}-(1-x^2)\dot{x}+x=0$$

10-11 题图 10-11 所示的系统,初始静止,试在 e-$\dot{e}$ 平面上画下列输入下的相轨迹:

(1) $x_i=0.1, t>0$;

(2) $x_i=0.6t, t>0$。

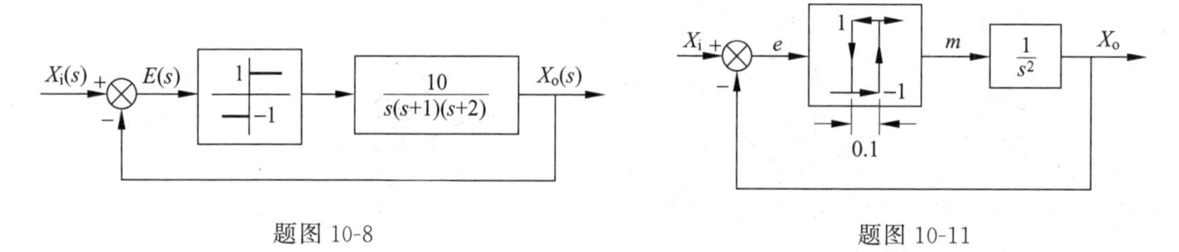

题图 10-8　　题图 10-11

10-12 有 3 个非线性环节完全一样的系统,线性部分如下。用描述函数法分析时,哪个系统分析的准确度高?

(1) $G_1(s)=\dfrac{10}{s(s+1)}$;

(2) $G_2(s)=\dfrac{10}{s(0.1s+1)}$;

(3) $G_3(s)=\dfrac{10(3s+1)}{s(s+1)(0.1s+1)}$。

10-13 试求题图 10-13 所示环节的描述函数。

10-14 题图 10-14 所示减速齿轮减速比 $i=10$,齿轮间隙为 $10'$,试求描述函数。

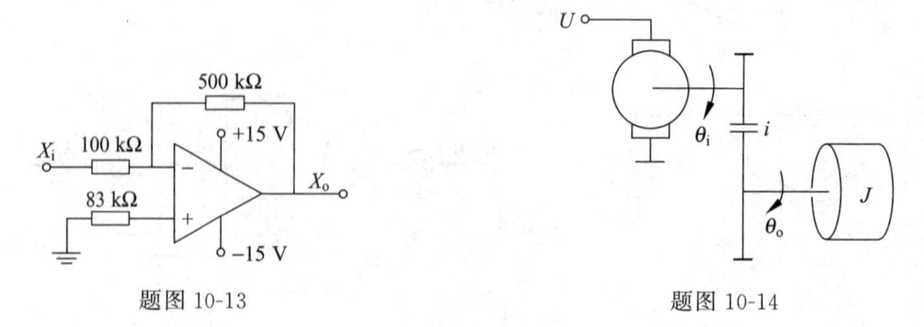

题图 10-13　　题图 10-14

10-15 将题图 10-15 所示的非线性系统分别化成标准形式的非线性系统，写出线性部分的传递函数。

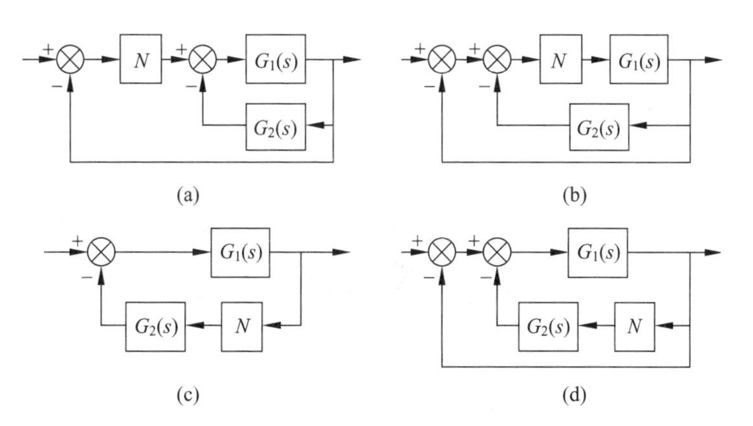

题图 10-15

10-16 题图 10-16(a)所示系统的非线性环节特性如题图 10-16(b)所示。系统原来静止，设输入为 $x_i(t)=A\cdot 1(t)$，试分别画出下列情况的相轨迹的大致图形。

(1) $\beta=0$；

(2) $0<\beta<1$。

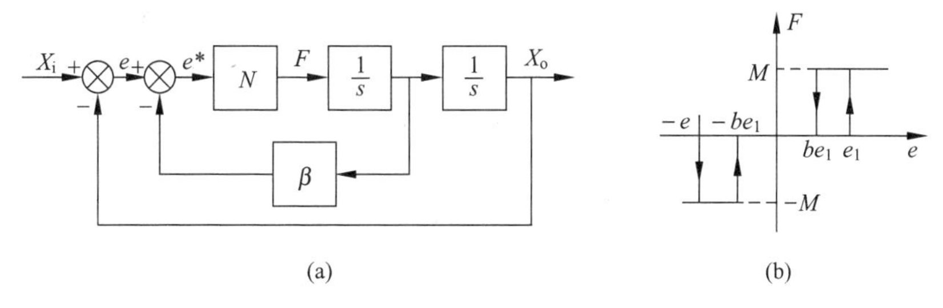

题图 10-16

10-17 判断下列方程奇点的性质和位置，画出相轨迹的大致图形。

(1) $\ddot{x}+\dot{x}+2x=0$；

(2) $\ddot{x}+\dot{x}+2x=1$；

(3) $\ddot{x}+3\dot{x}+x=0$；

(4) $\ddot{x}+3\dot{x}+x+1=0$。

10-18 对于题图 10-18 所示系统，设 $x_i=0$，$e(0)=3.5$，$\dot{e}(0)=0$，试画出相轨迹。

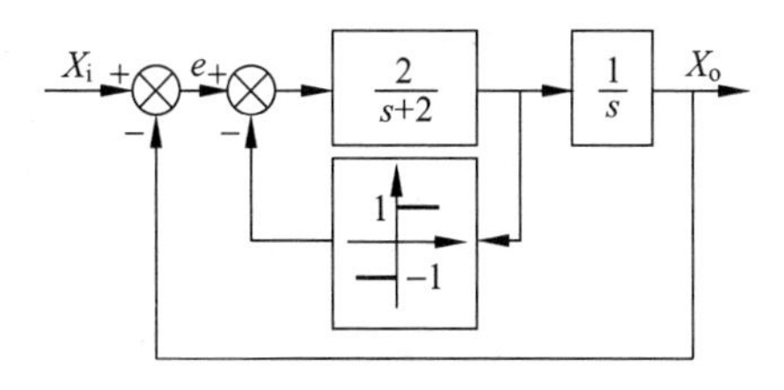

题图 10-18

11 基于 LabVIEW 的控制系统动态仿真演示软件

教材前面各章节中分别介绍了如何利用 MATLAB 进行控制系统的数学建模、时间响应分析、频域响应分析、系统稳定性分析和系统综合校正设计。同样，借助 LabVIEW 也可以实现这些功能。鉴于 LabVIEW 是更加直观方便的图形化程序编译平台，在控制工程中得到越来越多的应用。另一方面，为了方便初学者更好地理解本教材中经典理论的概念和方法，特基于 LabVIEW 设计编写了配合教材使用的控制系统动态仿真、分析、演示软件，不仅可以完成对控制系统的时域和频域特性进行仿真分析，还可以动态地分析和演示控制系统中不同参数及参数变化对系统特性的影响。本章将对基于 LabVIEW 的控制系统分析方法以及演示软件进行简单介绍。

11.1 LabVIEW 介绍

LabVIEW 是由美国国家仪器公司(NI)所开发的图形化程序编译平台，发明者为杰夫·考度斯基(Jeff Kodosky)，程序最初于 1986 年在苹果计算机上发表。

LabVIEW 基于“数据流”的图形化编程方式以及丰富的模块化函数库提供了直观高效的编程环境，同时与众多总线硬件平台(如 PCI，PXI，Real-time，FPGA)的无缝连接，可以帮助使用者快速地实现系统原型，被誉为“工程师的编程语言”。历经 30 多年的发展，LabVIEW 至今已经发展成为在工业和科研领域被广泛应用的高级编程语言。

1. 图形化系统设计理念

LabVIEW 是 NI 提供的图形化系统设计的核心，每个 LabVIEW 的程序都包括了前面板和程序框图两个主要的组成部分。前面板是程序的人机交互界面(见图 11-1)，上面提供了丰富的用于输入和表达数据的控件，如进行数据输入的滑动杆，用于表达数据的波形表，甚至是 3D 图形控件。

程序框图是实现逻辑结构的部分(见图 11-2)，在 LabVIEW 中是通过“数据流”的方式进行编程，其中数据通过连线在不同的函数模块之间传递。图形化的编程结构非常直观，与设计系统中的逻辑框图可以很好的对应。

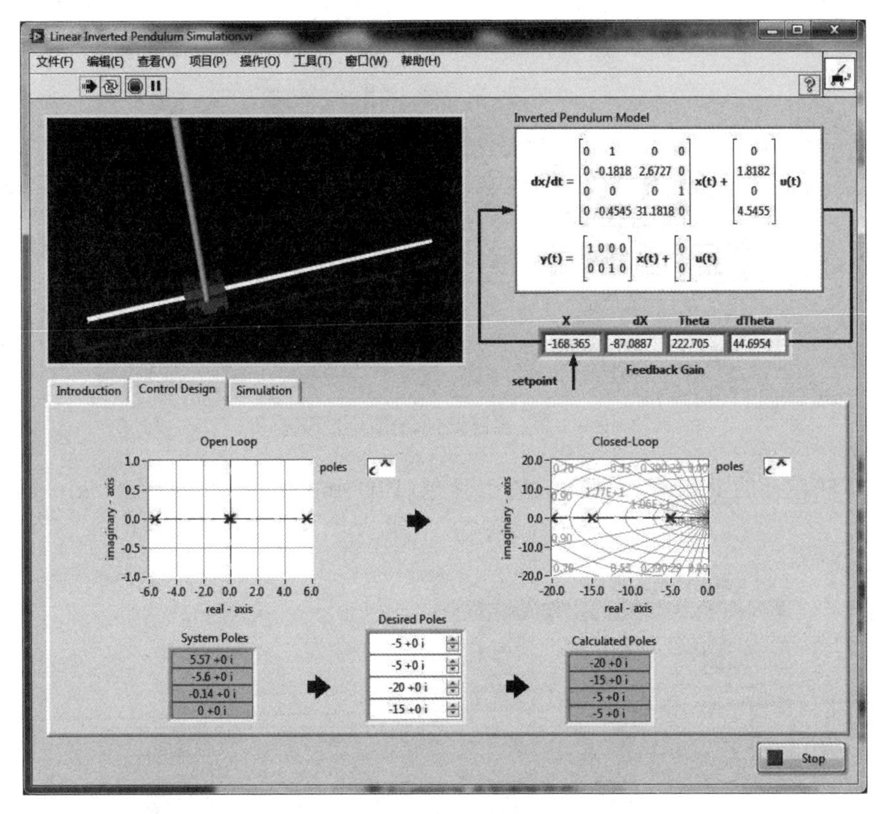

图 11-1 LabVIEW 程序前面板

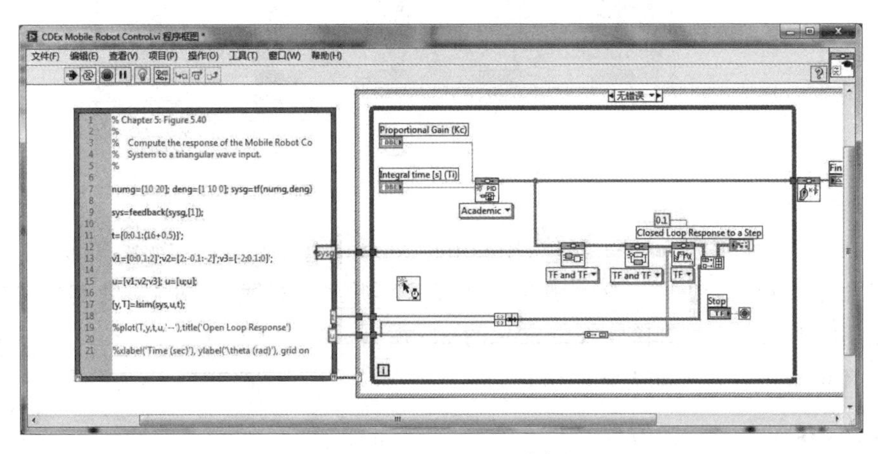

图 11-2 LabVIEW 程序框图

在 LabVIEW 中提供了多种编程方式，如通过 Mathscript 节点可方便地将. m 文本集成到 LabVIEW 环境中，在 Simulation 环境中进行各种模型的仿真计算等。

LabVIEW 中提供了非常多的模块，可以帮助快速实现系统级别的构架设计，如：控制设计仿真工具包(Control Design and Simulation Module)，如图 11-3 所示，用户可以进行各种模型的建立及分析，如：时域、频域、根轨迹等分析，同时借助仿真循环进行算法的仿真。

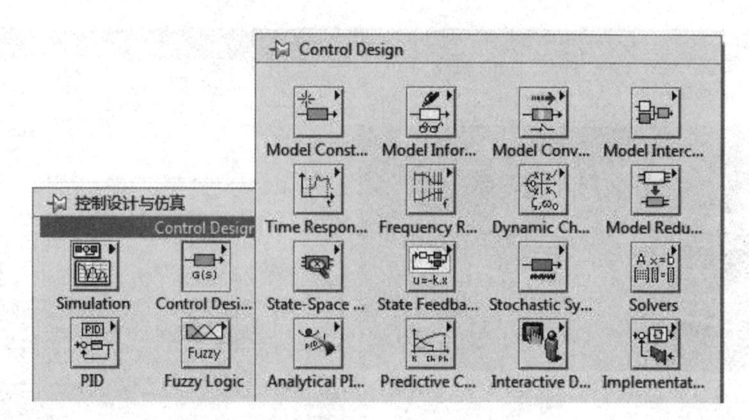

图 11-3 控制设计与仿真工具包

用于算法设计的 PID 和模糊算法的工具包(PID and Fuzzy Logic Toolkit),如图 11-4 所示。

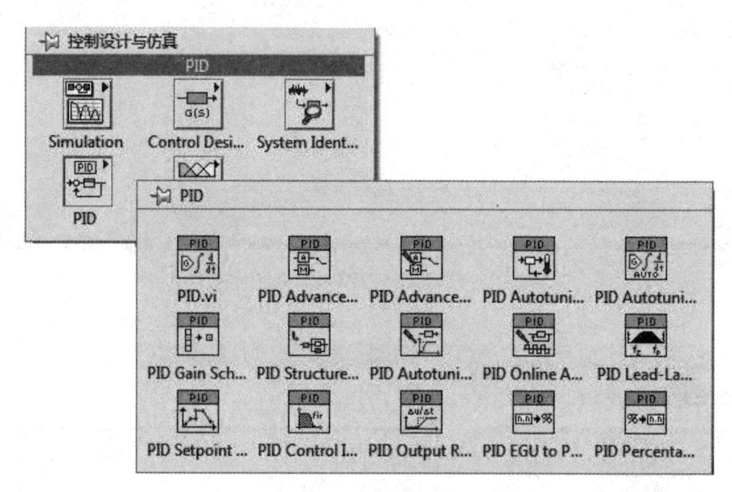

图 11-4 PID 控制设计工具包

用于机器人设计的机器人工具包(Robotics Module),如图 11-5 所示,在机器人工具包中提供了用于机器人开发的各种传感器和执行机构的驱动模块,同时借助其中提供的 3D 仿真环境,用户可以建立或者导入自定义的 3D 模型,在虚拟的环境中进行各种动力学的仿真。

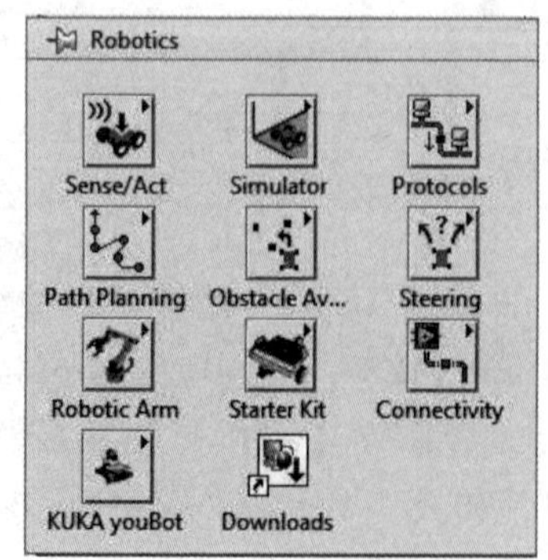

图 11-5 机器人工具包

2. LabVIEW 与硬件的互联

LabVIEW 与硬件可以进行无缝的连接,在 LabVIEW 环境中的各种算法,仿真都可以直接部署到合适的硬件终端上,如图 11-6 所示。包括各种总线的硬件设备,如典型的 PCI、USB,工业上使用的 GPIB、串口、网络等,还有 NI 提供的包含了实时操作系统以及 FPGA 目标的嵌入式设备。

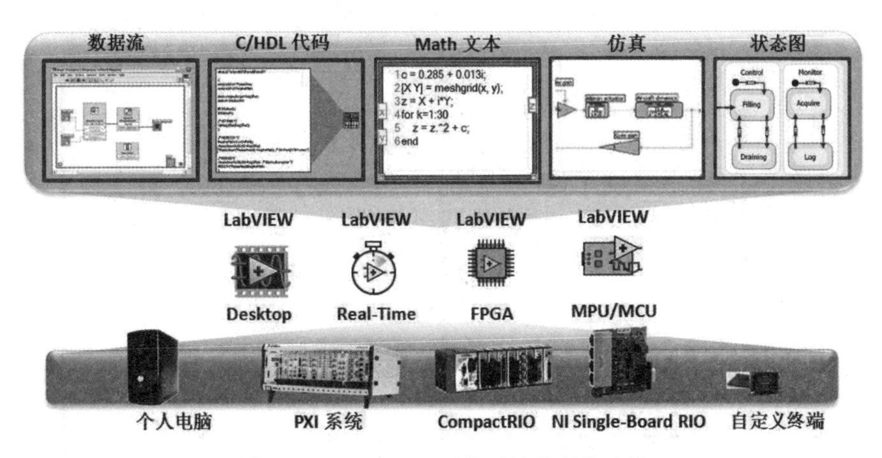

图 11-6 LabVIEW 环境下的软硬件连接

11.2 借助 LabVIEW 建立和分析控制系统

在 LabVIEW 中设计一个控制系统的模型并进行分析需要以下几个步骤：

(1) 系统参数输入；

(2) 系统模型建立、分析及仿真；

(3) 系统结果输出。

11.2.1 在 LabVIEW 中创建一个虚拟仪器(VI)

启动 LabVIEW，选择文件→新建 VI，创建空白 VI。(VI 是 Virtual Instruments 的缩写，在 LabVIEW 中所有的程序都是以 VI 的形式存在的)。前面板和程序框图是 VI 的必要组成部分，如图 11-7 所示。

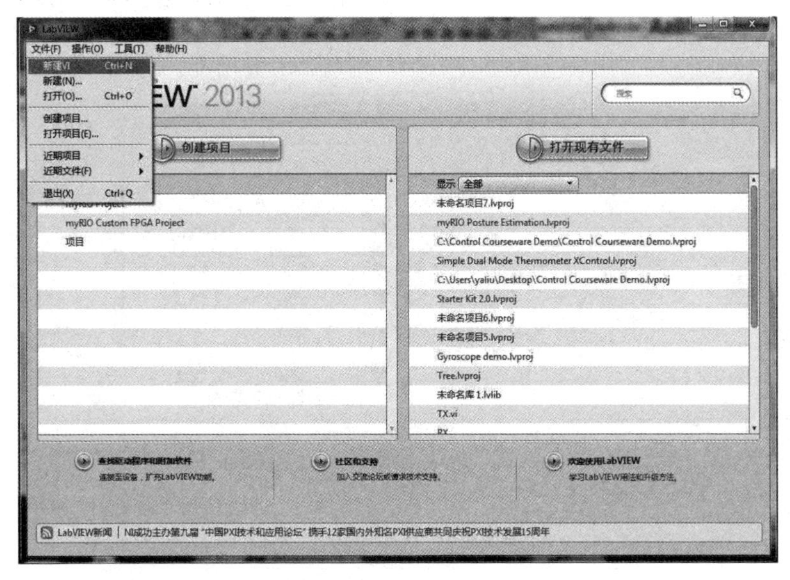

图 11-7 创建空白 VI 程序

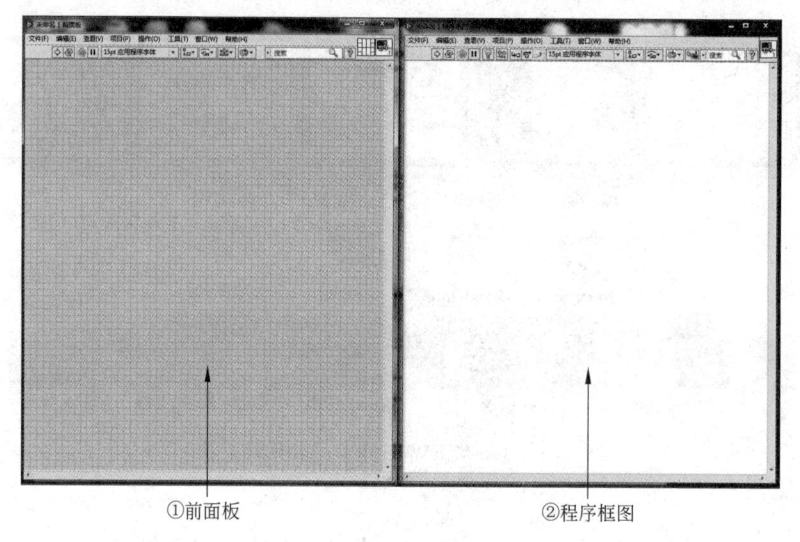

图 11-7 (续)

11.2.2 系统参数输入

在 LabVIEW 程序的前面板中进行参数输入,前面板也是进行人机交互的主要环境。

1. 放置控件

在前面板中,右击可以弹出放置控件的面板,选择合适的输入以及输出控件,如图 11-8 所示。

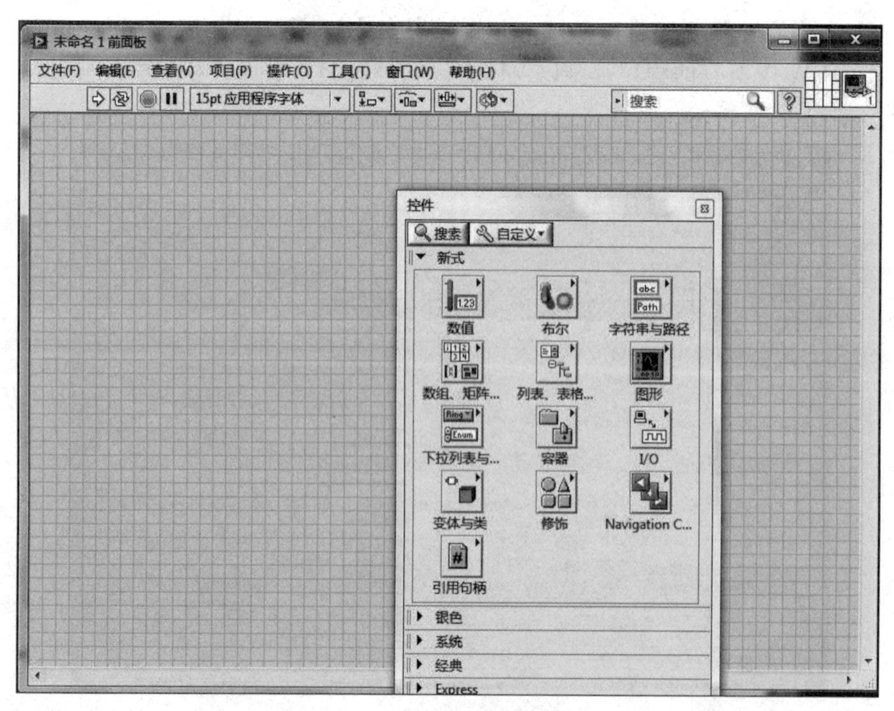

图 11-8 在前面板中放置控件

2. 控件类型

前面板的控件是按照数据类型分类,如数值、布尔、字符串等,如图 11-9 所示。

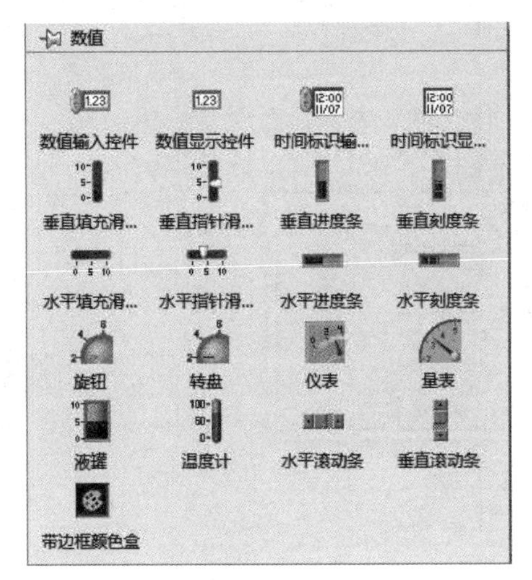

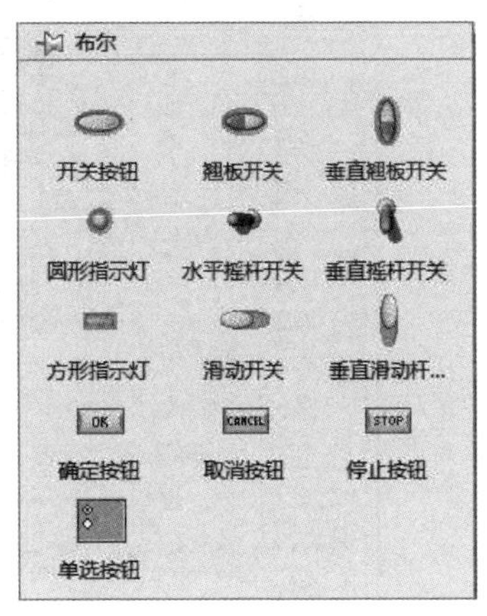

数值控件　　布尔控件

图 11-9 不同类型的控件

3. 控件操作

可以通过鼠标操作改变控件的属性,例如:双击坐标轴可以改变数值控件的范围,如图 11-10 所示。通过鼠标右键改变数组控件长度,如图 11-11 所示。

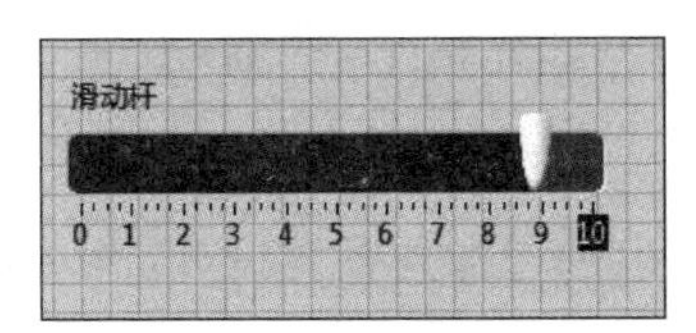

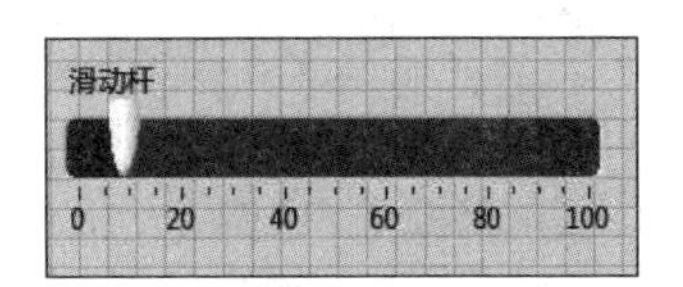

①改变前(0~10)　　②改变后(0~100)

图 11-10 修改数值控件的数值范围

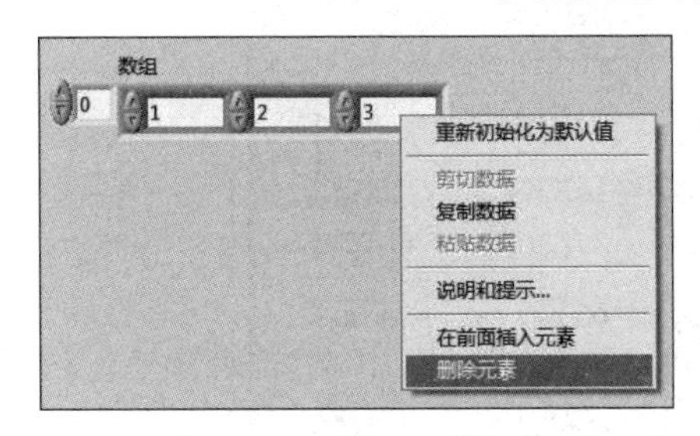

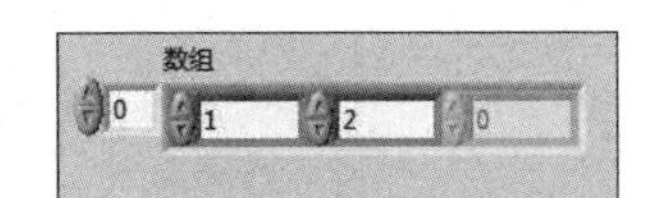

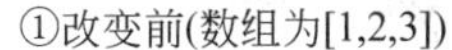

①改变前(数组为[1,2,3])　　②改变后(数组为[1,2])

图 11-11 修改数组控件的长度

11.2.3 系统模型建立、分析及仿真

在 LabVIEW 中可以通过控制设计与仿真工具包进行控制系统的设计和分析。在程序框图中右击可以打开控制设计与仿真面板,如图 11-12 所示。

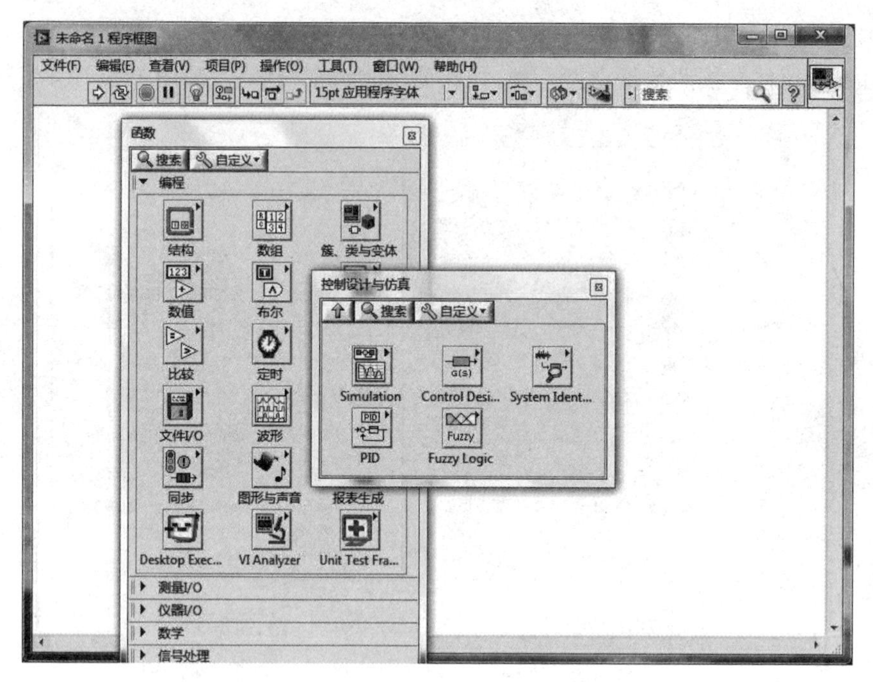

图 11-12　控制设计与仿真面板

控制设计与仿真面板中包含的内容如下所述。

控制设计：设计控制系统并进行相关的分析；

仿真：进行特定仿真环境下的系统仿真；

其他工具包：如系统识别(System Identification),PID 等工具包。

1. 控制设计

在 Control Design 面板中(见图 11-13),可以进行控制系统设计,并对系统进行时域响应、频域响应、零极点图、根轨迹等分析工作。

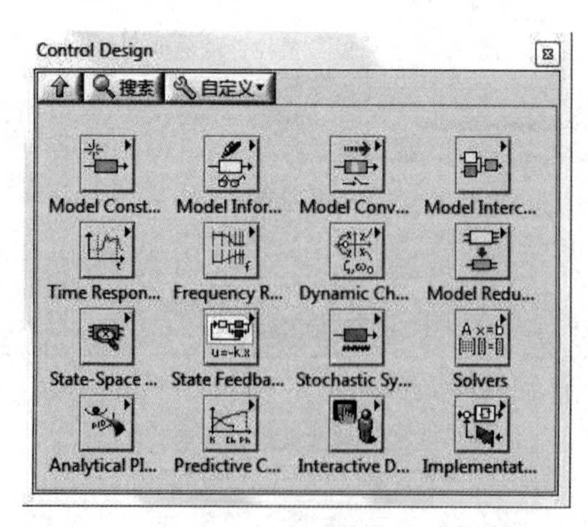

图 11-13　控制设计面板

以下举例说明二阶系统的创建和分析。

1）二阶系统的创建

通过前面板的输入控件，可以设定该二阶系统的参数。通过 CD Construct Second Order Model VI(见图 11-14)，创建二阶系统传递函数，前面板及程序框图分别如图 11-15、图 11-16 所示。

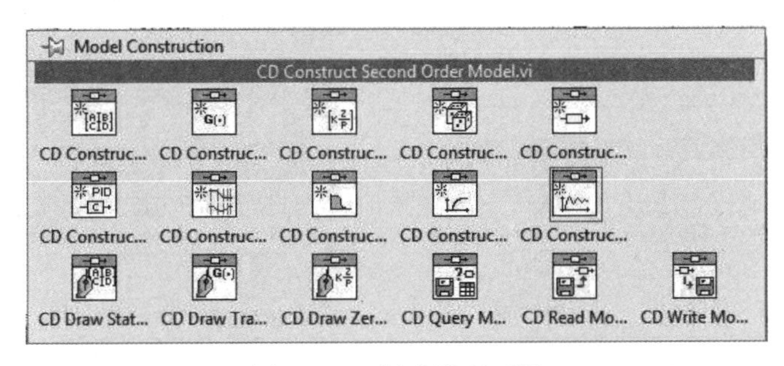

图 11-14 创建模型面板

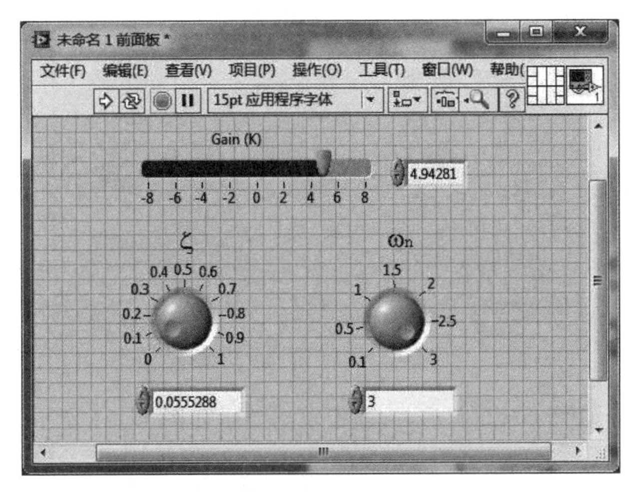

图 11-15 创建的二阶系统前面板

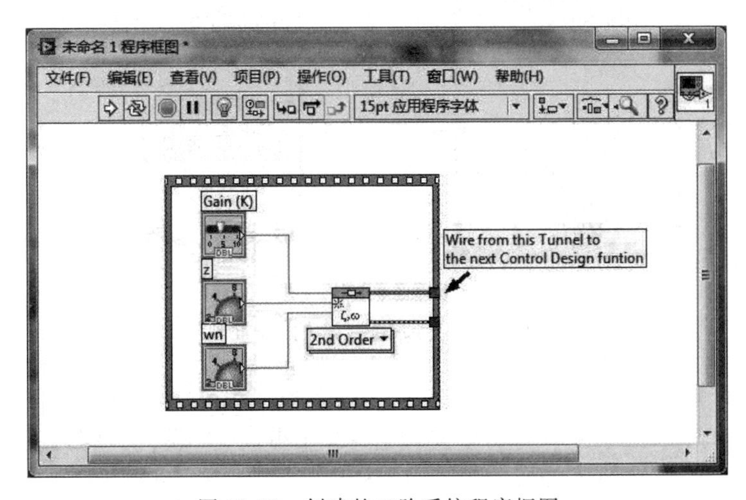

图 11-16 创建的二阶系统程序框图

2) 二阶系统的分析

此处以进行时域、频域和根轨迹分析为例。

通过 CD Parametric Time Response VI(见图 11-17),进行时域响应特性分析。

通过 CD Bode VI(见图 11-18),进行频率特性分析。

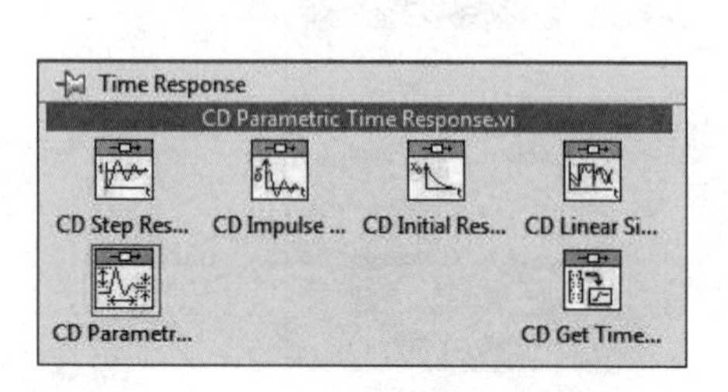

图 11-17 时域响应分析面板

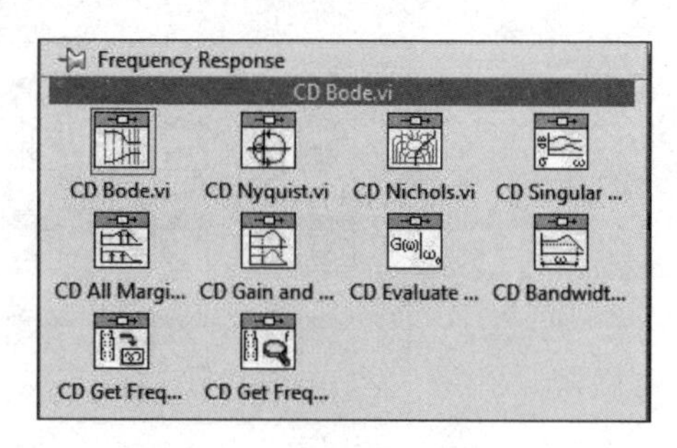

图 11-18 频率特性分析面板

通过 CD Root Locus VI(见图 11-19),进行根轨迹分析。

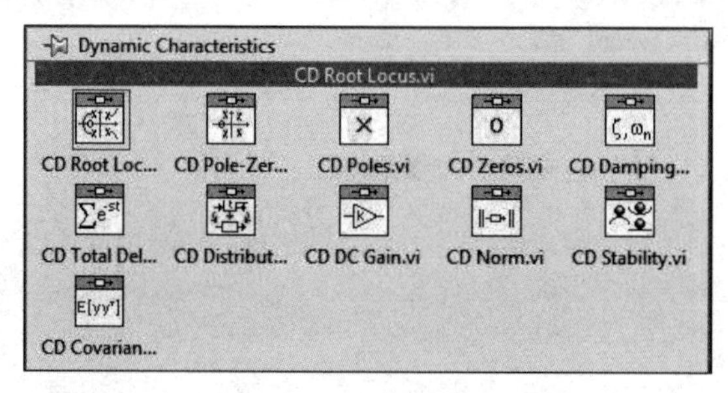

图 11-19 动态特性分析面板

程序框图中设计如图 11-20 所示,前面板输出显示如图 11-21 所示。

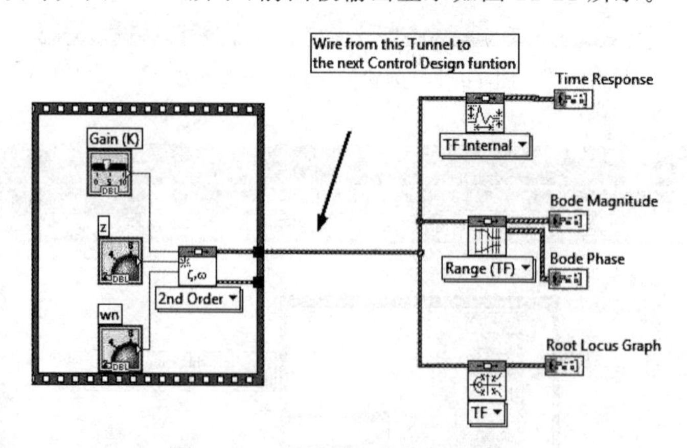

图 11-20 二阶系统分析程序框图

3) 复杂系统的建立

当系统中需要将不同的系统模型连接起来,如串联、并联、反馈等,可以通过 Model Interconnection 面板(见图 11-22)连接不同的模型。

例如在之前的二阶系统中添加一个一阶系统构成的反馈系统,如图 11-23 所示。

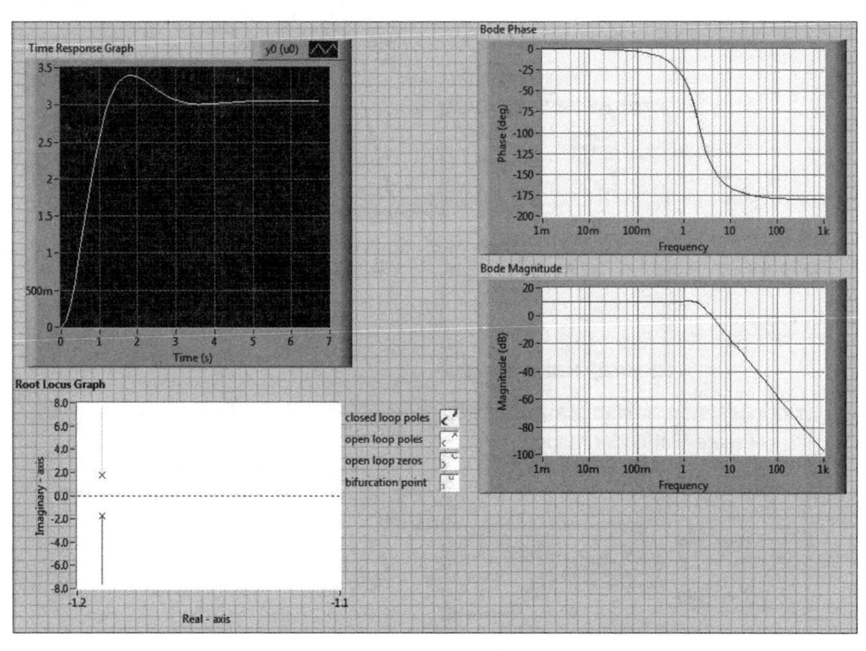

图 11-21 二阶系统分析前面板显示窗

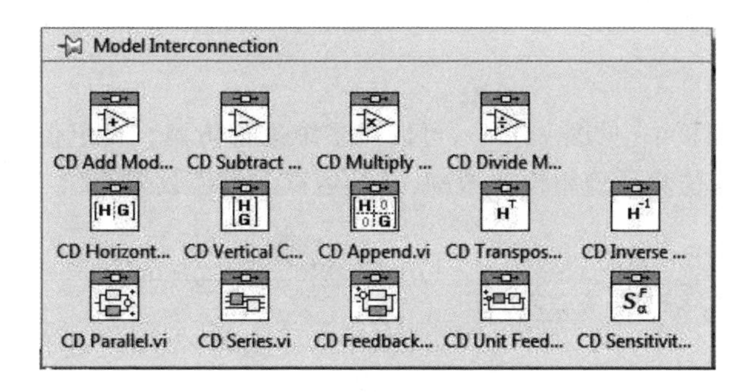

图 11-22 模型互联面板

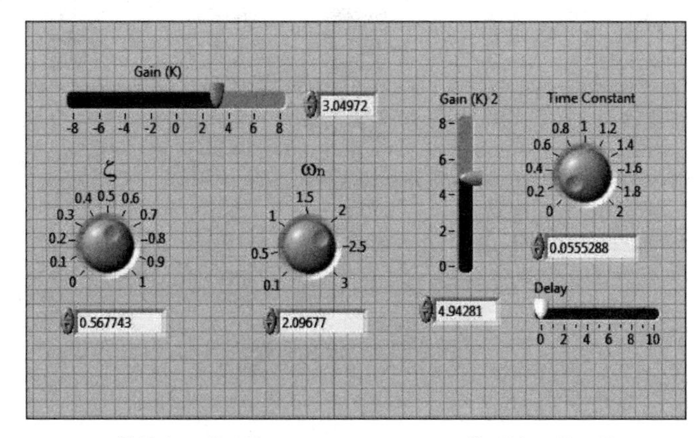

①前向通道函数　　　　②反馈通道函数

图 11-23 反馈控制系统的创建

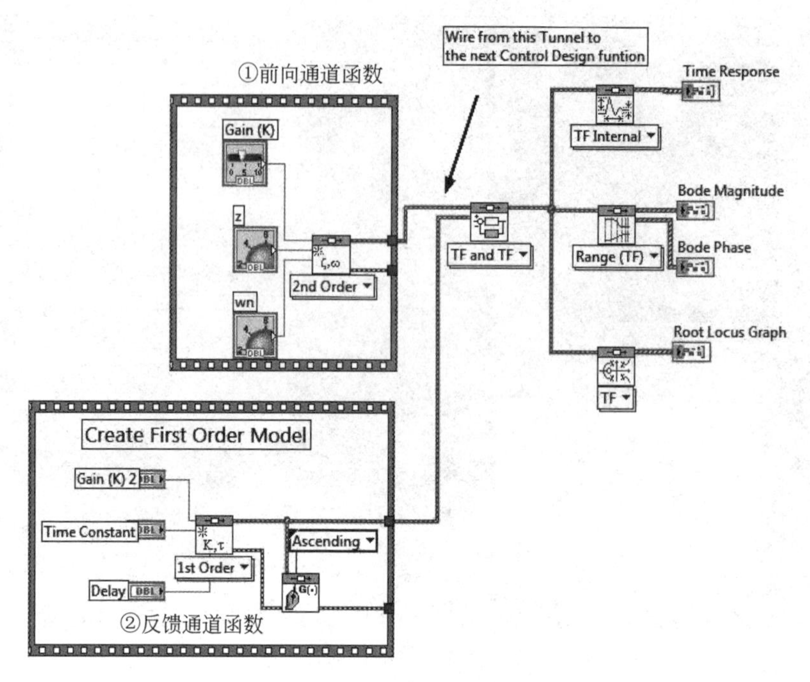

图 11-23 (续)

2. 仿真

在 Simulation 面板中(见图 11-24),可以对系统进行仿真。设定仿真的仿真器参数,如仿真时长、步长等,在仿真环境中设定激励、进行运算并保存数据等。

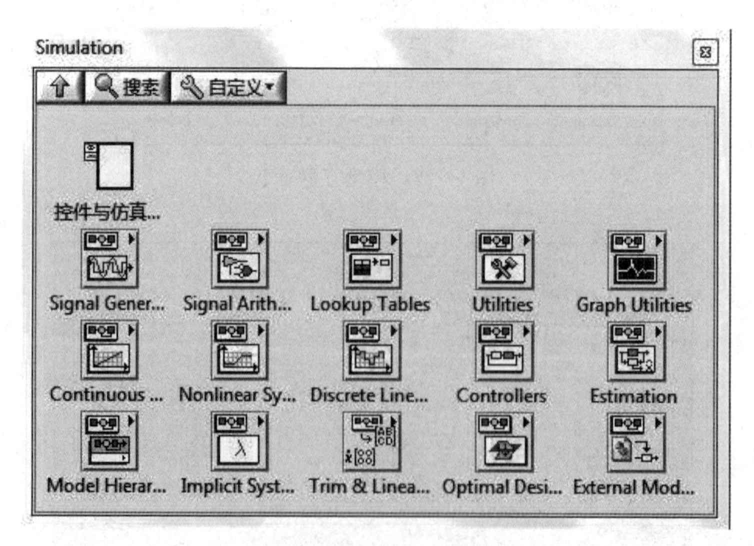

图 11-24 仿真面板

1) 配置仿真环境(见图 11-25)

2) 根据系统传递函数进行仿真(见图 11-26)

双击传递函数(Transfer Function)可以设定系统的传递函数,如图 11-27 所示。

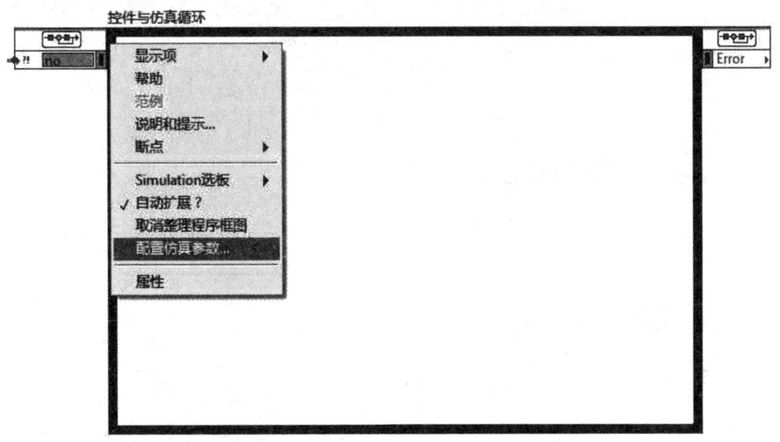

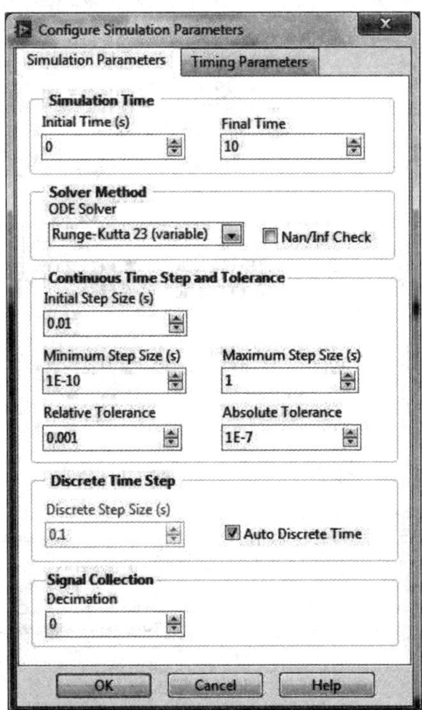

图 11-25　仿真环境的配置

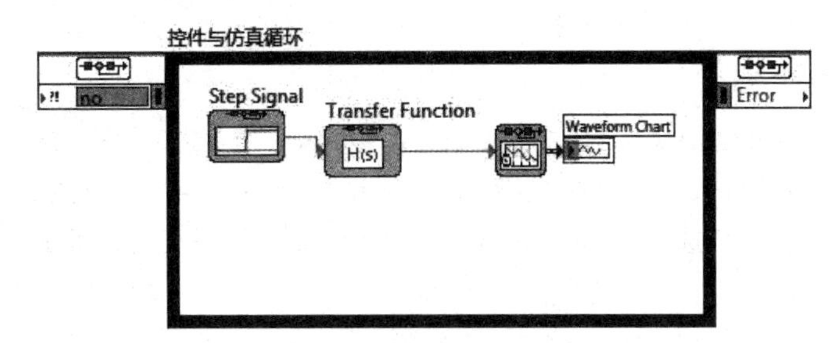

图 11-26　仿真程序框图

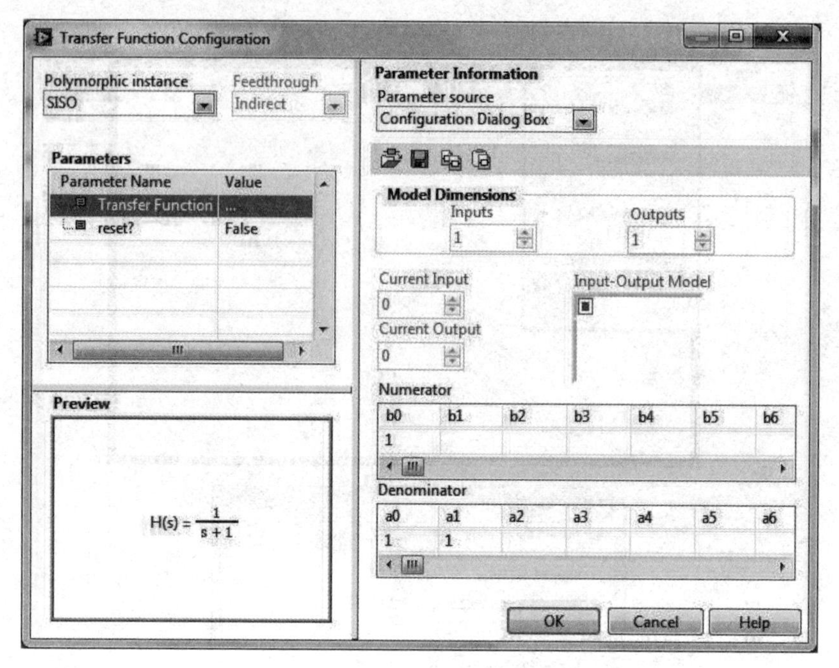

图 11-27 系统传递函数的设定

也可以通过转换函数将已经进行过控制设计的函数通过函数(CD Convert Control Design to Simulation VI)导入到仿真的循环当中。

根据前面设计过的函数导入仿真循环,如图 11-28 所示。

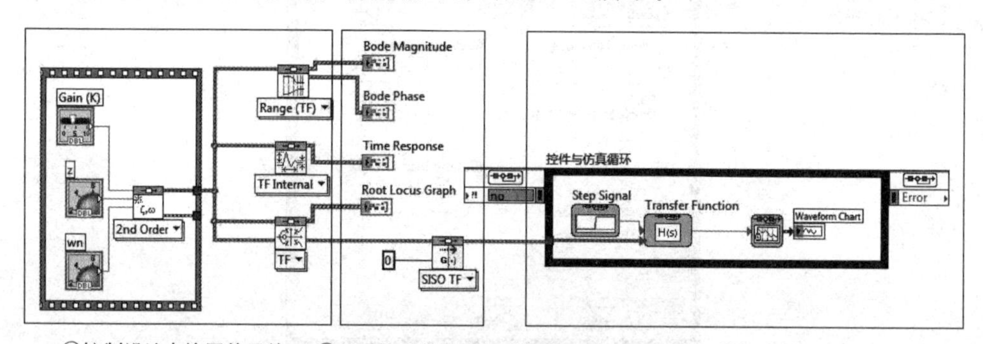

①控制设计中使用的函数 ②将系统函数转成仿真用的函数 ③仿真循环

图 11-28 导入系统函数

11.2.4 系统结果输出

在 LabVIEW 中可以使用丰富的控件来表达数据,一般在进行输出的时候,右键在响应的函数输出端选择创建→显示控件(见图 11-29),系统会自动匹配输出控件的形式。

在前面板也可以自行选择符合数据格式的显示控件,如图 11-30 所示。

如图 11-31 所示为显示零极点图和奈奎斯特图。

在 LabVIEW 中还有更多的显示方式,如 3D 显示控件(见图 11-32):参见 Quadcopter Dynamics and Control. vi(可以在 LabVIEW2013 范例查找器中找到)。

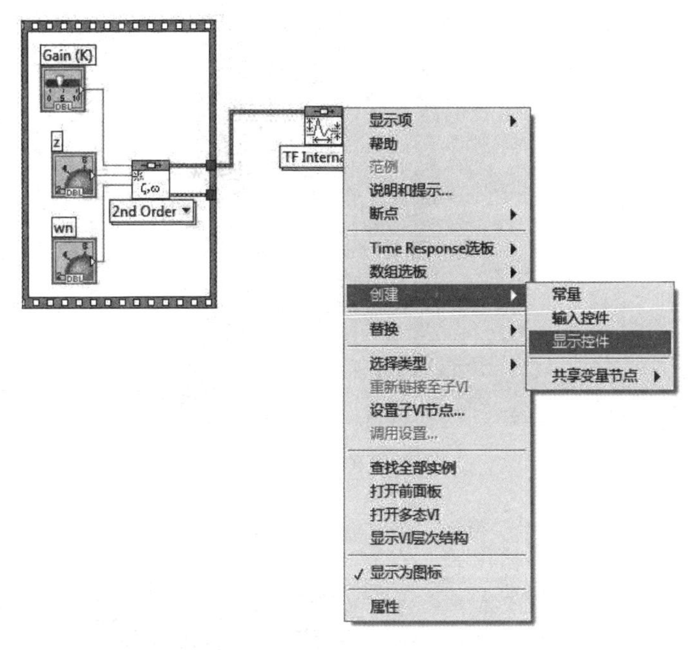

图 11-29 创建输出显示控件

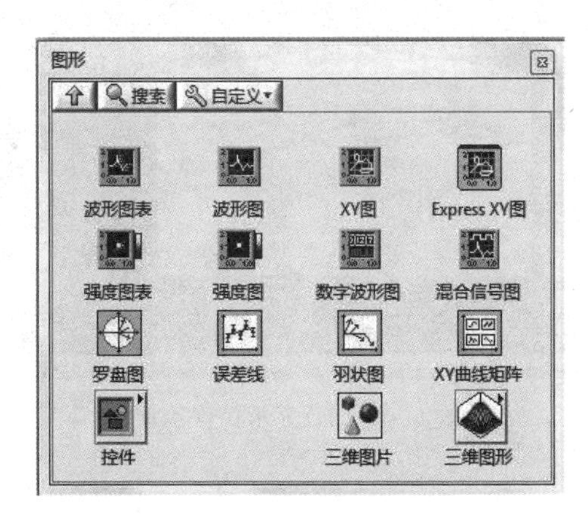

图 11-30 显示控件

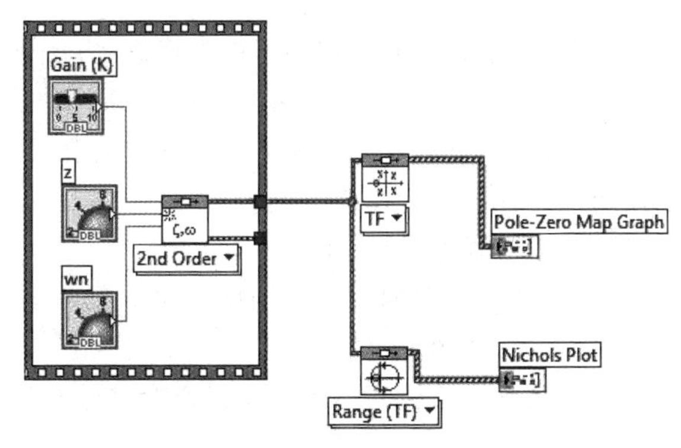

图 11-31 输出零极点图和奈奎斯特图

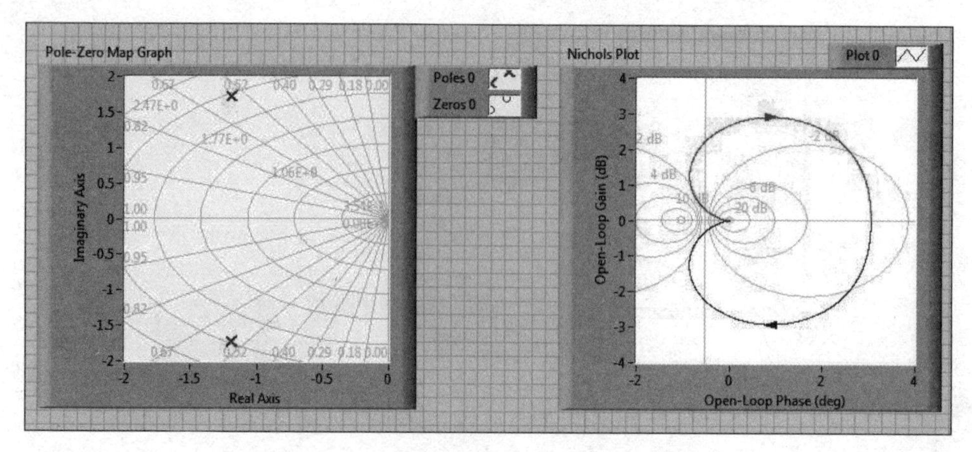

图 11-31 (续)

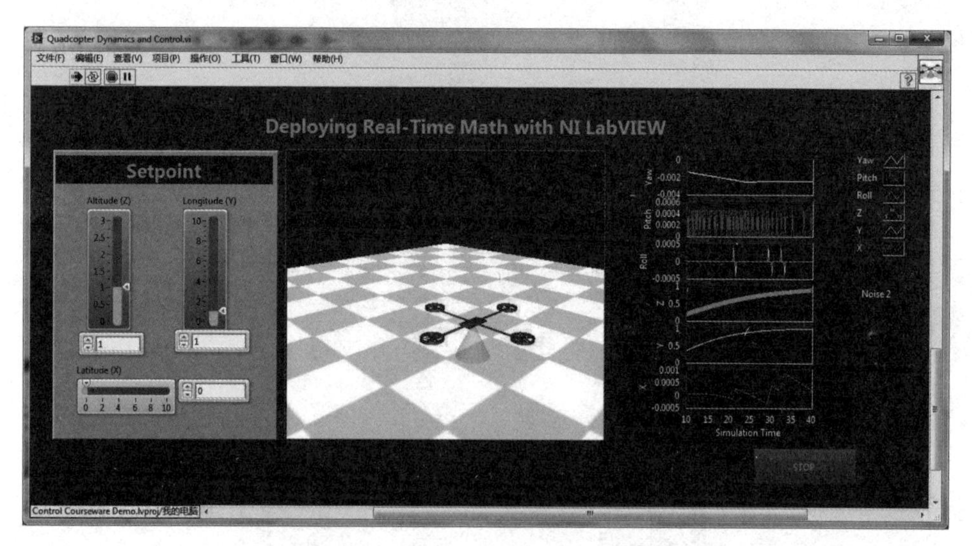

图 11-32 3D 显示控件示例

11.3 借助 LabVIEW 分析控制系统的时域特性

为配合本教材的使用,帮助初学者对典型控制理论的概念、方法进行学习、理解和掌握,特基于 LabVIEW2013 及控制设计及仿真工具包编写了控制系统仿真分析软件,可以实现创建典型系统或任意系统,并对其进行时域特性和频率特性分析和动态演示,还可以对闭环控制系统进行开环特性及闭环特性的分析和演示。

首先运行“控制工程基础”安装程序,如图 11-33 所示。

打开控制工程基础课件,点选程序左侧树形结构中的第 3 章时域瞬态响应分析→系统时域响应,进入时间响应程序页面,如图 11-34 所示。

本程序可以实现典型系统和任意系统的模型创建以及对其做时间响应特性的分析和动态演示。

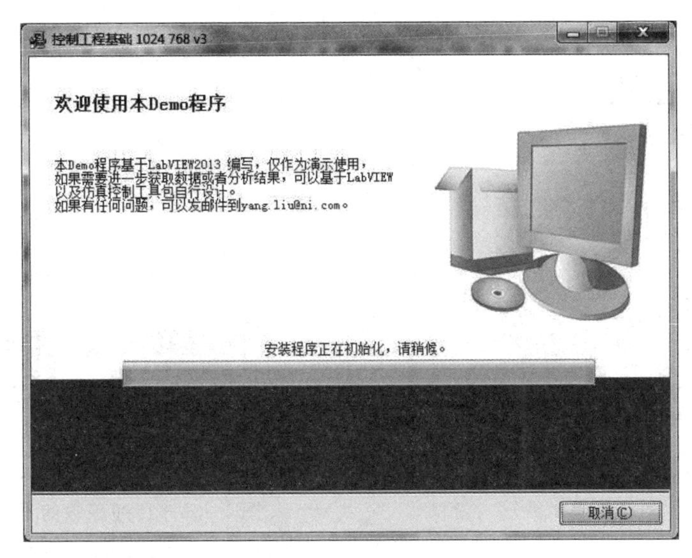

图 11-33　软件安装界面

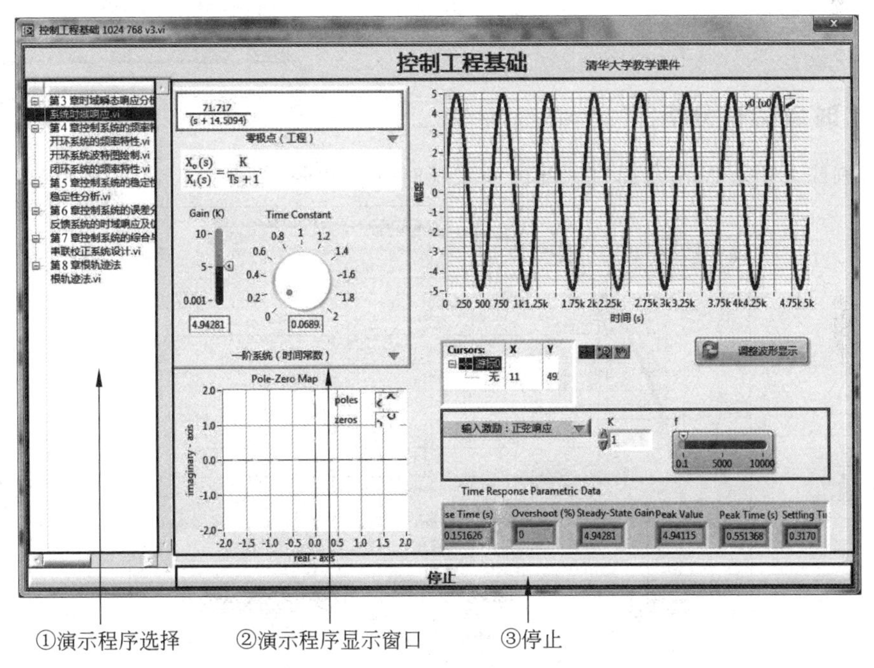

图 11-34　时域响应分析程序界面

11.3.1　系统传递函数输入

时域响应分析程序界面的左侧部分为系统传递函数输入窗口，如图 11-35 所示。

1. 输入形式选择

控件下方的下拉菜单可以选择对系统的传递函数以不同的形式进行输入，如图 11-36 所示。

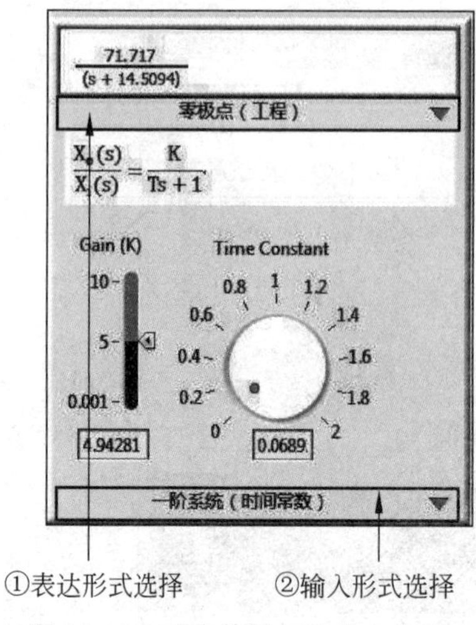

图 11-35　系统传递函数输入窗口

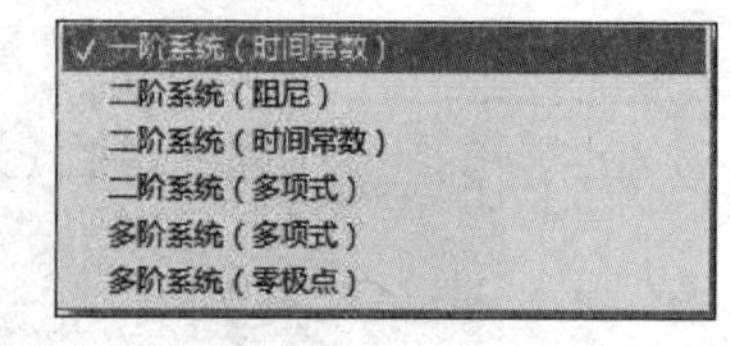

图 11-36　传递函数的不同输入形式

2. 表达形式选择

控件上方的下拉菜单可以选择将系统传递函数以不同的表达形式显示出来,如图 11-37 所示。

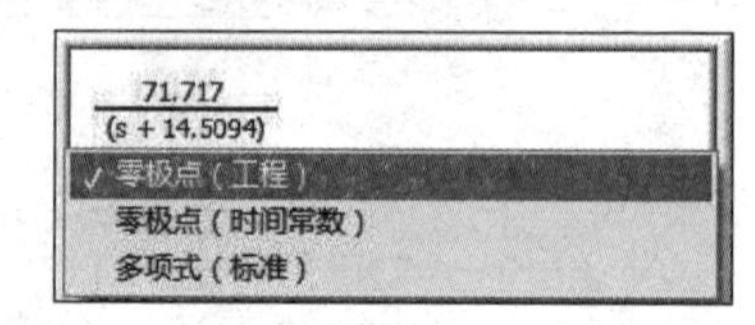

图 11-37　传递函数的不同表达形式

11.3.2　时域特性分析

时域响应分析程序界面的右侧部分为系统时域特性分析显示窗口,如图 11-38 所示。

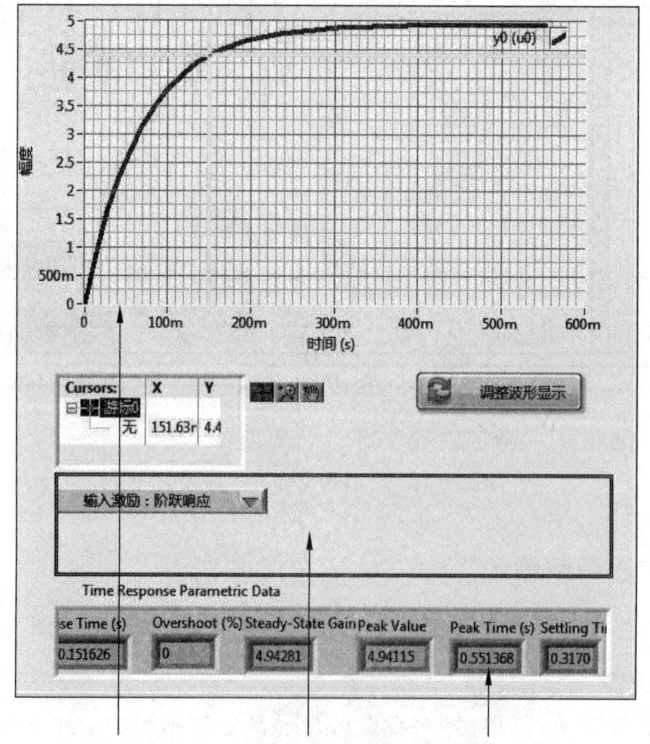

图 11-38　时域特性分析显示窗口

1. 响应波形显示(见图 11-39)

- 单击"调整波形显示"按钮,波形显示控件会根据波形自动调整 X、Y 坐标轴;
- 使用鼠标移动波形显示控件中的游标,在游标栏会显示当前光标的坐标,如图 11-40 所示;
- 图形选板中可以进行波形的放大显示,如图 11-41 所示。

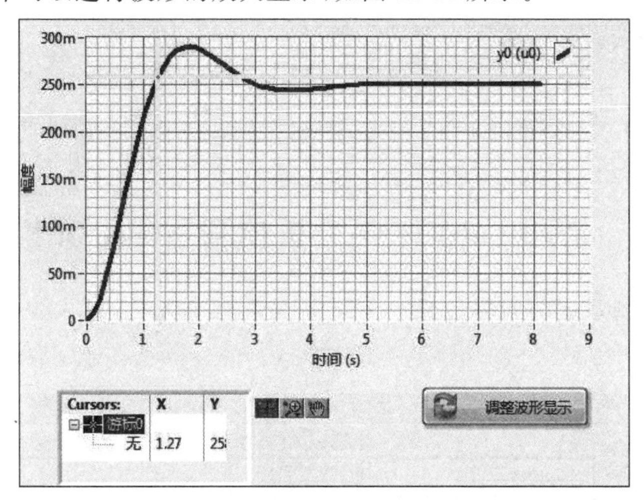

图 11-39 时间响应波形显示窗口

图 11-40 波形图中坐标显示操作

2. 激励形式选择

通过下拉菜单可以选择不同的激励形式,如图 11-42 所示。

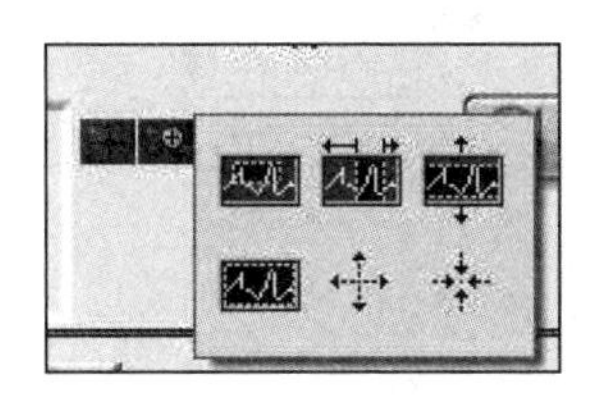

图 11-41 波形显示缩放操作

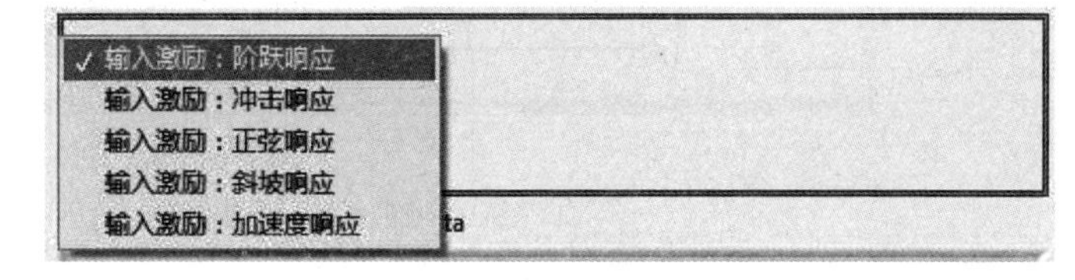

图 11-42 激励信号选择窗口

3. 时域特性参数

如图 11-43 所示,在此区域显示系统的时间响应性能指标,由单位阶跃响应得到。当所分析的系统不稳定时,该处区域不会显示相应的结果。

4. 零极点图

在分析系统的时域特性时,可以参照当前系统的零极点分布图(见图 11-44)来理解零极点对系统时域特性的影响。

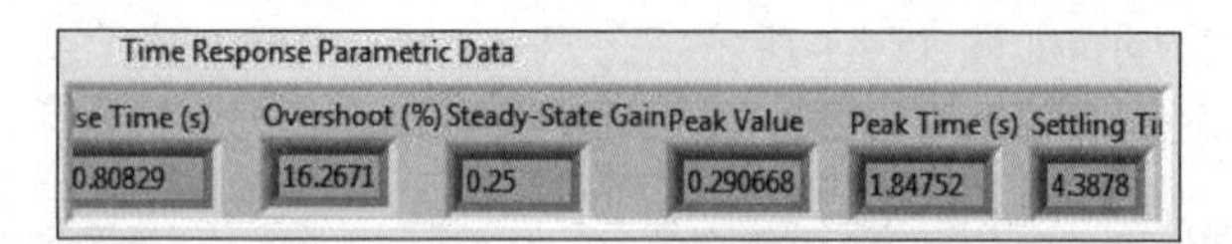

图 11-43 时间响应性能指标

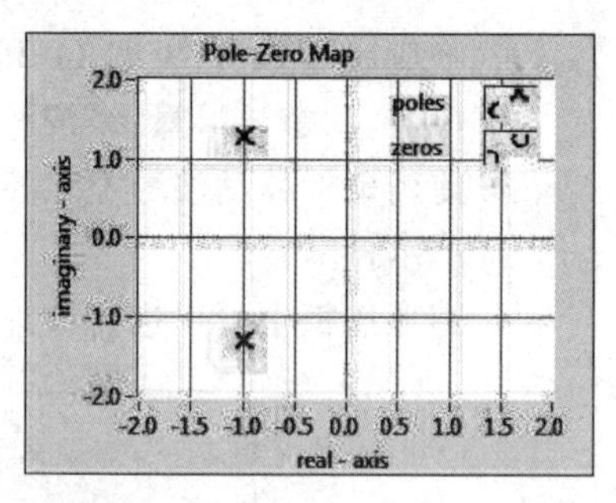

图 11-44 系统的零极点分析图

11.4 借助 LabVIEW 分析控制系统的频率特性

选择第 4 章控制系统的频率特性→开环系统的频率特性，进入程序界面，如图 11-45 所示。

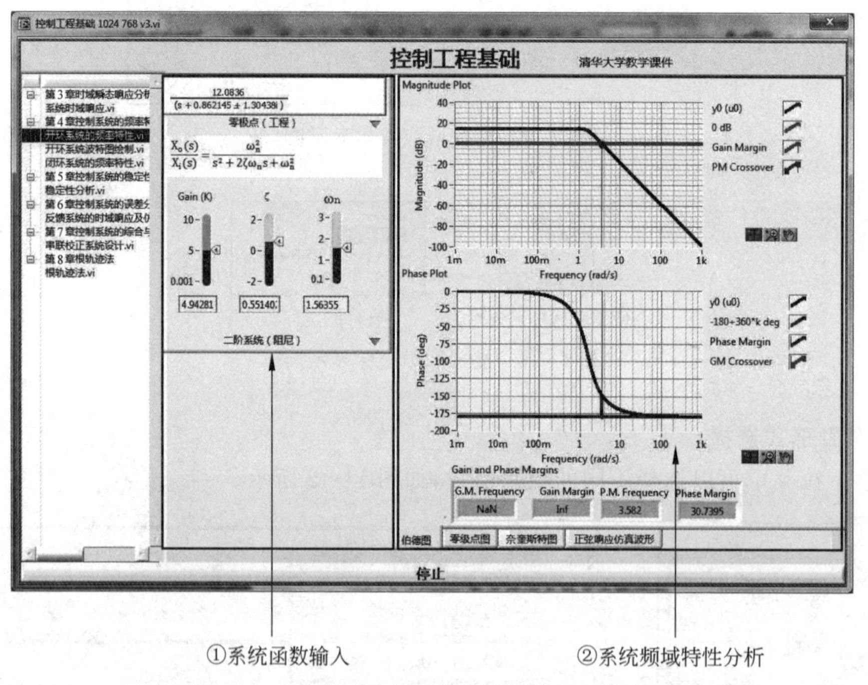

图 11-45 控制系统开环频率特性分析程序窗口

11.4.1 系统传递函数输入

以系统 $G(s)=\dfrac{50}{25s^2+2s+1}$ 为例，分析其频率特性。

根据此系统函数特点，在系统函数输入处选择多阶系统(多项式)，并输入参数如图 11-46 所示。

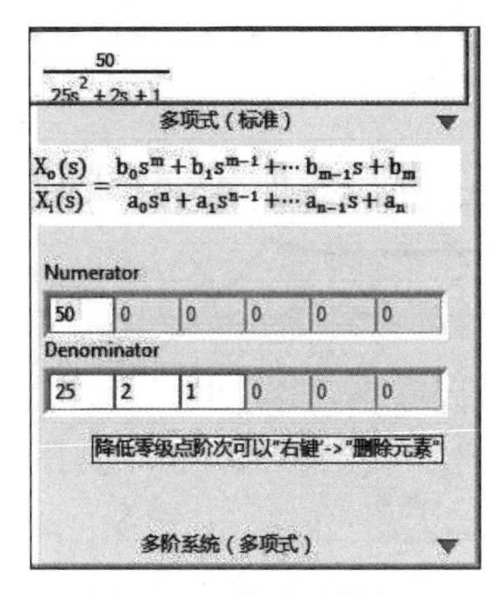

图 11-46 传递函数输入

11.4.2 系统频域特性分析

频域特性分析选项框中包括伯德图、零极点图、奈奎斯特图和正弦响应波形。

1. 伯德图

在系统函数输入以后，点选右侧的伯德图，就可以获得当前系统函数的频域响应，如图 11-47 所示，包括幅度曲线和相位曲线，以及相关的参数，例如增益裕量和相位裕量。

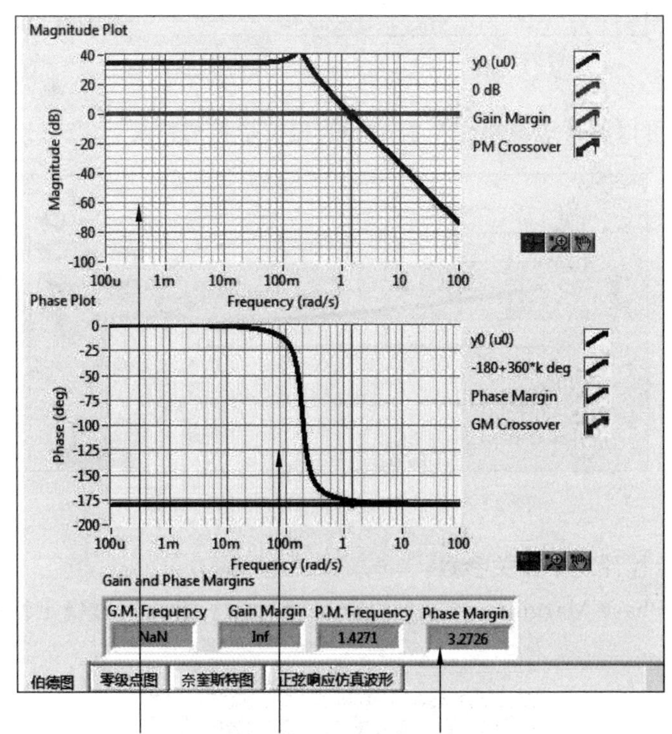

图 11-47 系统的伯德图

- 改变坐标轴范围：双击鼠标，可以改变当前幅值图中 Y 坐标的上限。经过调整，将 Y 坐标范围改至 $-100\sim60$ dB，如图 11-48 所示。

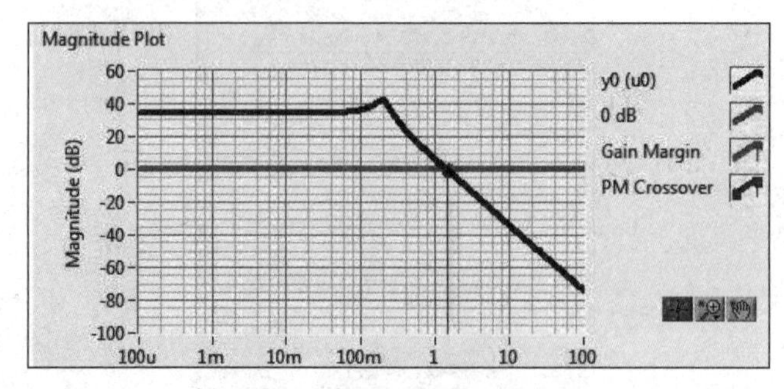

图 11-48　伯德图坐标轴参数调整

- 通过工具观察波形：使用图形工具选板，观察相位裕量，如图 11-49 所示。

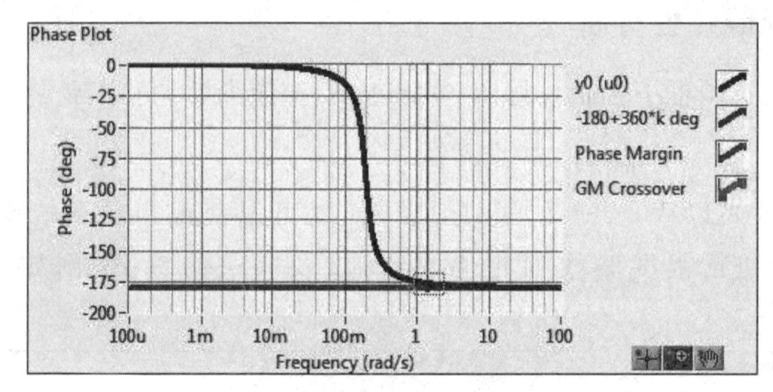

图 11-49　相频特性图局部放大

- 放大局部可以清晰地观察到当前系统的相位裕量的情况，如图 11-50 所示。

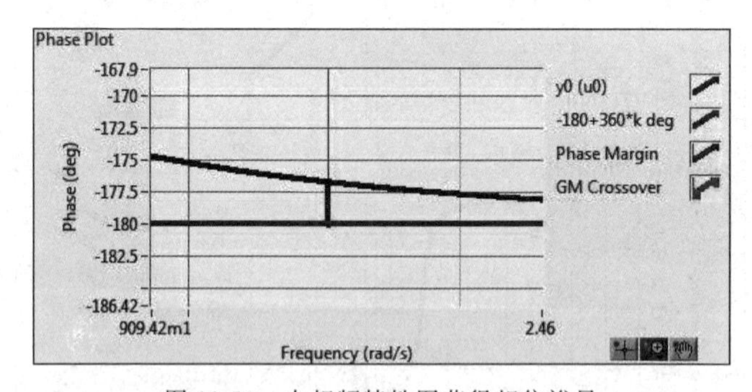

图 11-50　由相频特性图获得相位裕量

通过数值显示控件观察相关参数：

在 Gain and Phase Margins 一栏，可以获取到当前系统的相对稳定性指标，如图 11-51 所示。

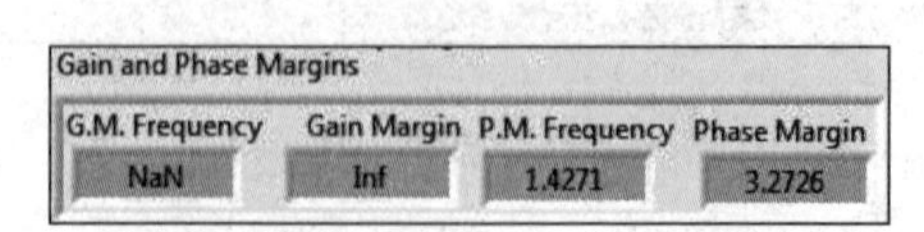

图 11-51　系统的相对稳定性指标

2. 零极点图

点选零极点图观察当前系统的零极点分布特征,如图 11-52 所示。

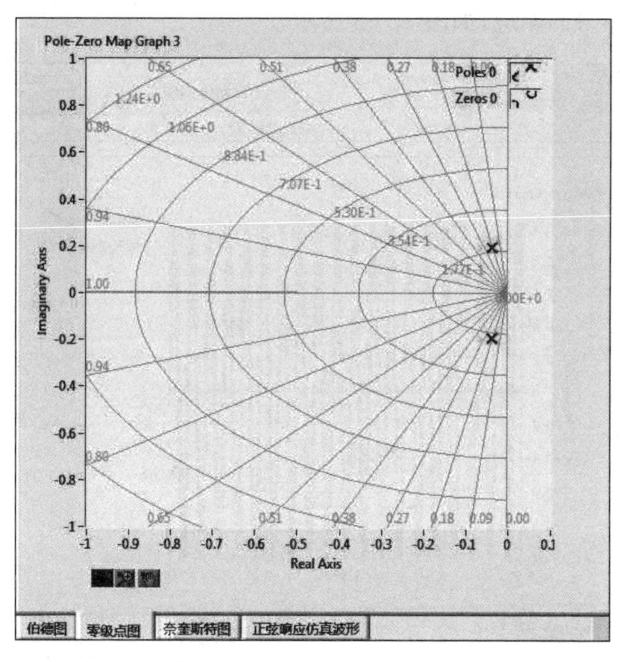

图 11-52 系统的零极点分布

3. 奈奎斯特图(见图 11-53)

可以通过“调整显示波形”按钮自动调整当前波形显示。

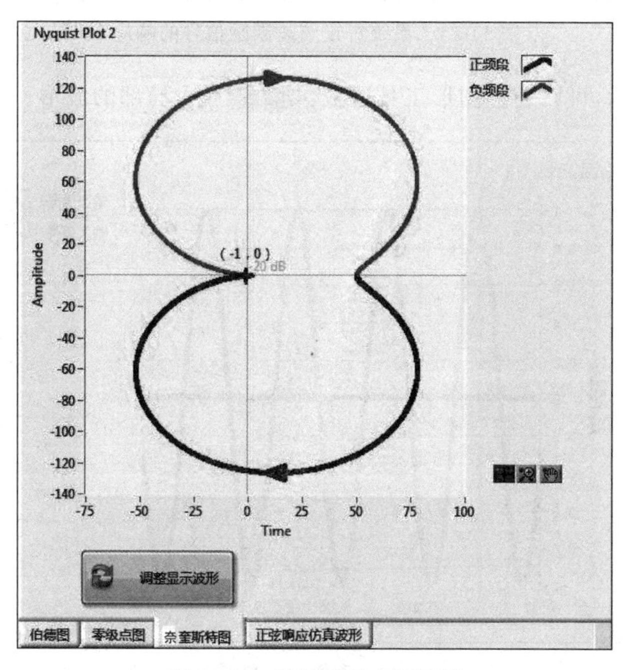

图 11-53 系统的奈奎斯特图

4. 正弦响应仿真波形

通过正弦输入参数可以设定正弦信号的幅值和频率,单击 ▷ 仿真 可以得到当前系统函数针对正弦激励的信号的响应,如图 11-54 所示。

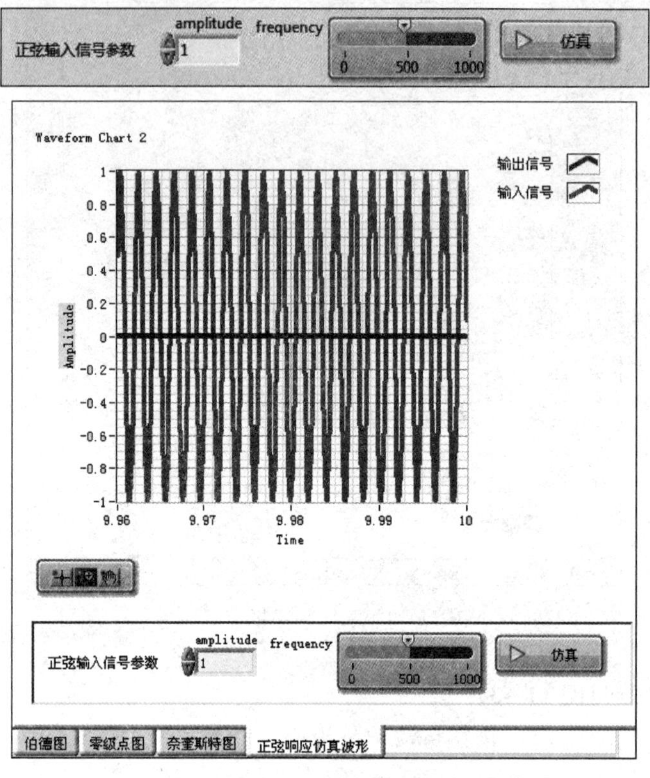

图 11-54 系统对正弦波激励信号的响应

如图 11-55 所示,可以通过图形工具选板放大局部的波形。

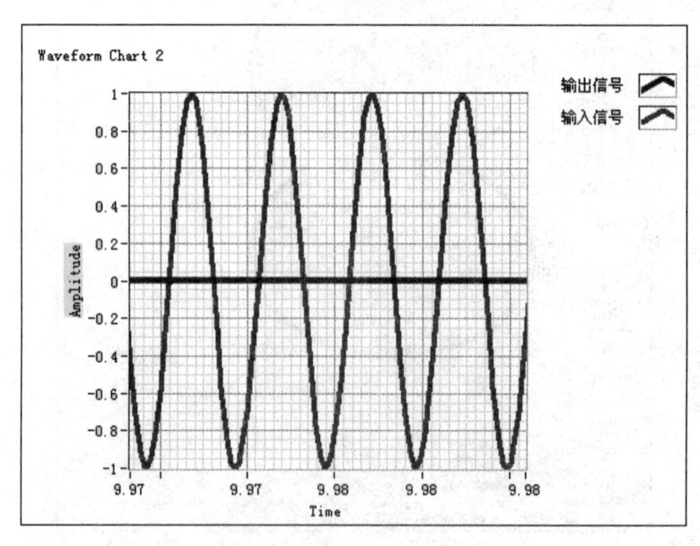

图 11-55 响应波形局部放大

11.4.3 开环系统伯德图绘制

要获得一个系统的频率特性，可通过输入一个幅值恒定、频率可变的正弦激励信号，在若干频率点处测量输出信号的幅值和相位，最终得出该系统的伯德图，这也称为扫频过程，软件中模拟了对任意系统进行扫频响应，从而获得其频率特性图的过程。

选择开环系统伯德图绘制，如图 11-56 所示。

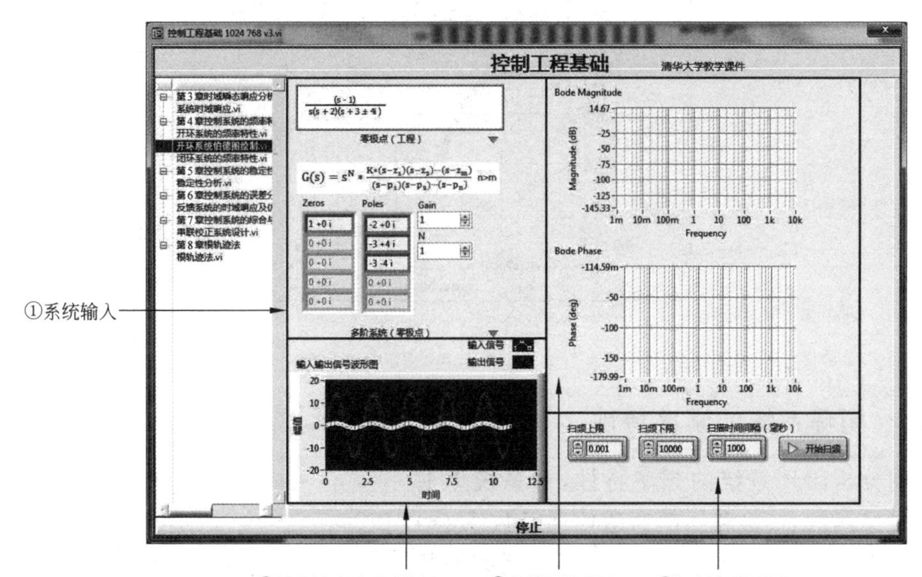

图 11-56　系统扫频实验仿真程序界面

扫频参数设置如下所述。

扫频上限，扫频下限：设置当前扫频的范围，系统会自动根据扫频的范围选取若干频率点进行测试。

扫描时间间隔：程序在每个频率点测试的时间。与结果的准确度无关，会影响整体扫描的时间。

开始扫描：当参数设定完毕，单击开始扫描，程序会在每个频率点计算当前的幅值和相位的结果，并将结果绘制在伯德图绘制窗口上。

随着扫描频率不断升高，可以通过输入-输出信号波形图直观地看到当前伯德图上点对应的时域信号的特性。

扫描到 8 Hz 时图形，如图 11-57 所示。

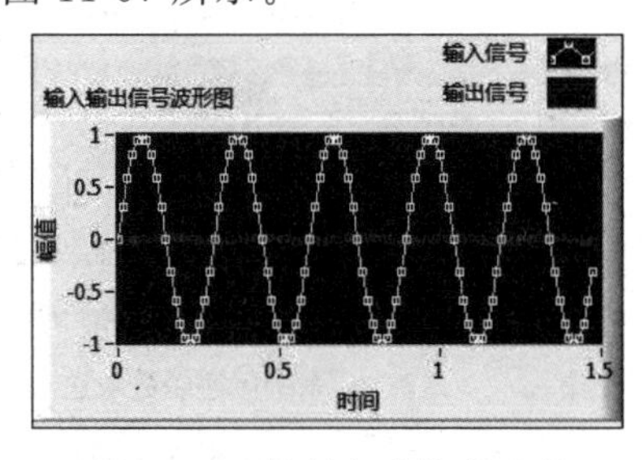

图 11-57　扫频实验仿真过程

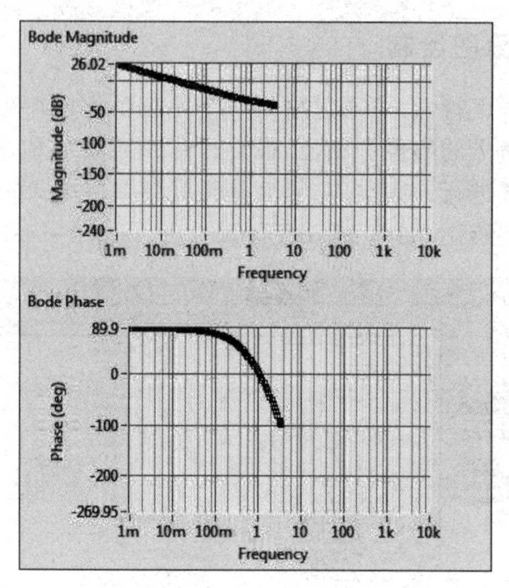

图 11-57 (续)

11.4.4 闭环系统的频率特性

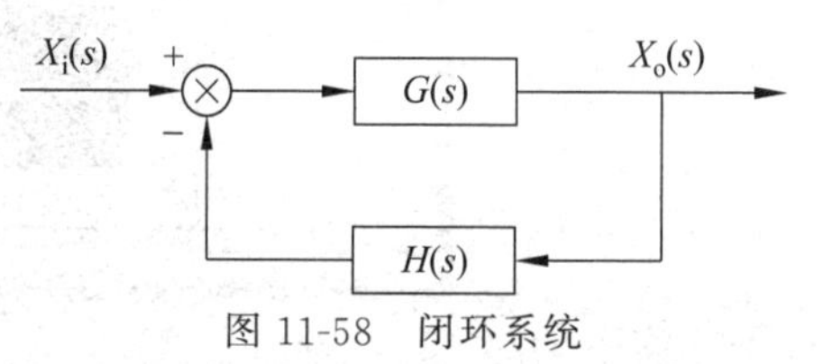

图 11-58 闭环系统

如需分析闭环系统的频率特性,即系统以前向通道传递函数 $G(s)$ 和反馈通道传递函数 $H(s)$ 的形式给出(见图 11-58),可以使用闭环系统的频率特性程序进行分析。选择第4章控制系统的频率特性→闭环系统的频率特性,如图 11-59 所示。

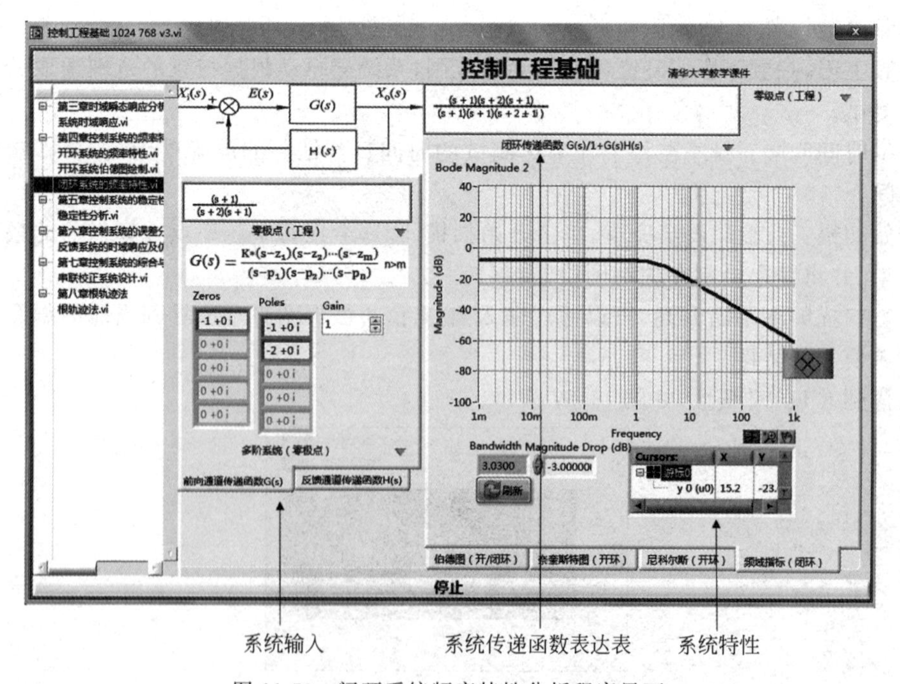

图 11-59 闭环系统频率特性分析程序界面

1. 系统输入

通过页面选择到前向通道传递函数和反馈通道传递函数的页面，分别设置 $G(s)$和 $H(s)$。当系统为单位负反馈时，可以按照图 11-60 的方式设置 $H(s)$。

2. 系统传递函数表达

通过该部分观察已经输入的由 $G(s)$和 $H(s)$ 组成的系统表达式，可以通过下拉菜单选择开环形式或闭环形式，如图 11-61 所示。

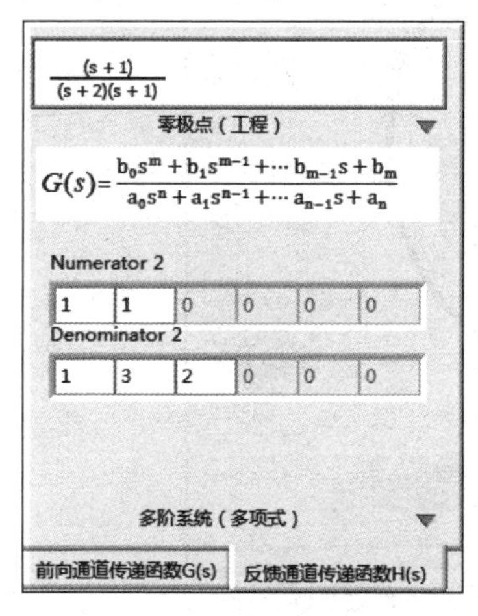

图 11-60 反馈通道传递函数的输入设置

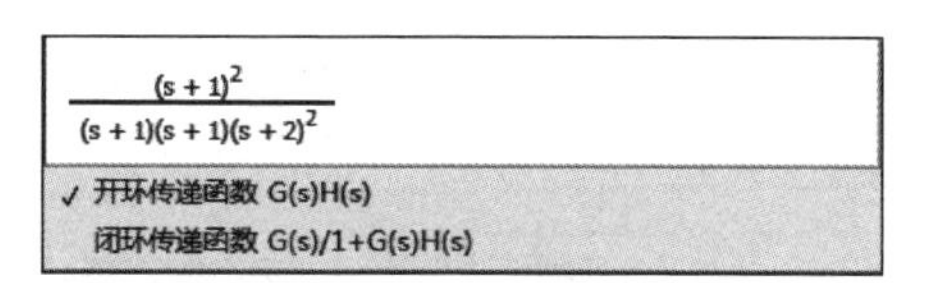

图 11-61 系统传递函数的显示形式

3. 系统特性-伯德图

选择伯德图，观察系统开环和闭环情况下伯德图的情况，如图 11-62 所示。

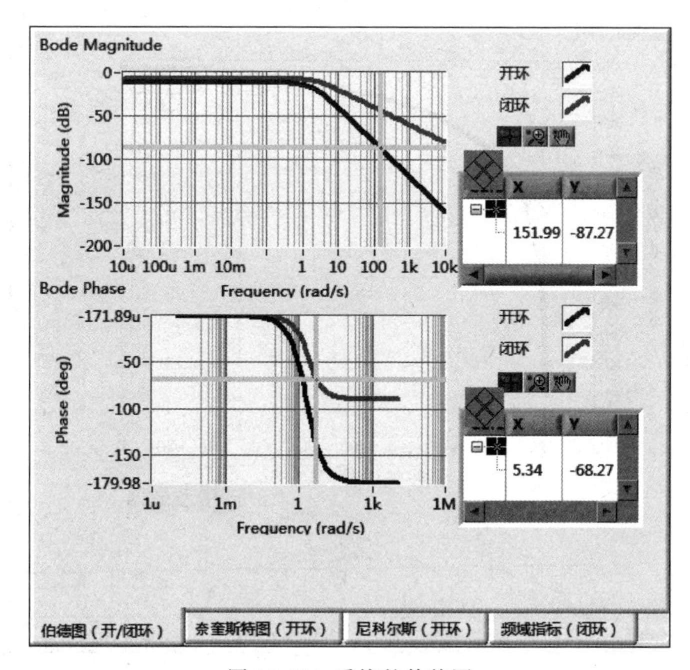

图 11-62 系统的伯德图

4. 系统特性-奈奎斯特图

当X、Y坐标范围不足以显示整个波形时,可以单击“刷新”按钮自动调整X、Y以显示整个波形,如图11-63所示。

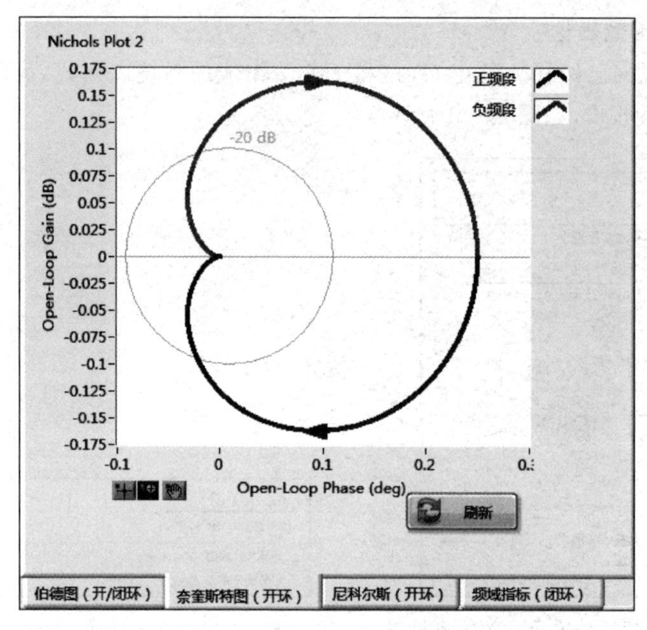

图11-63　系统的奈奎斯特图

5. 系统特性-频域指标(见图11-64)

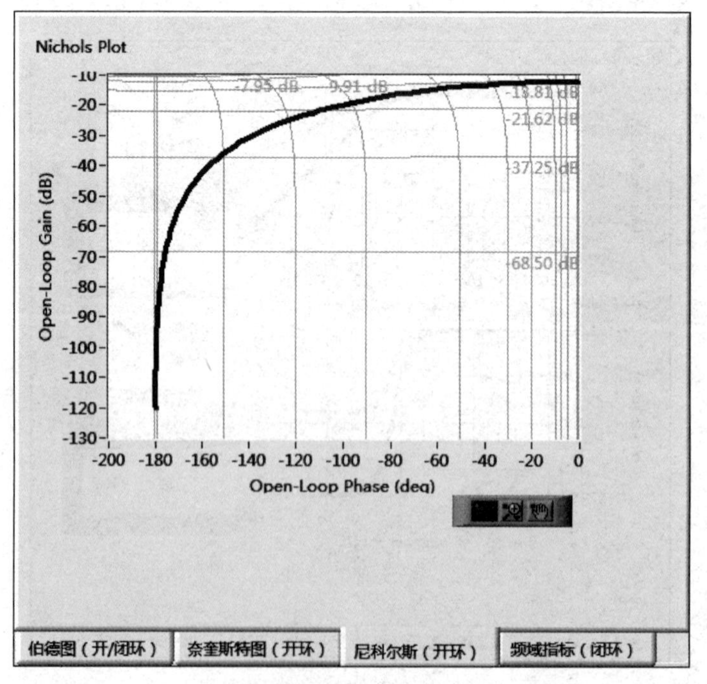

图11-64　系统的频域指标

11.5 借助 LabVIEW 分析控制系统的稳定性

选择第 5 章控制系统的稳定性→稳定性分析，其界面如图 11-65 所示。

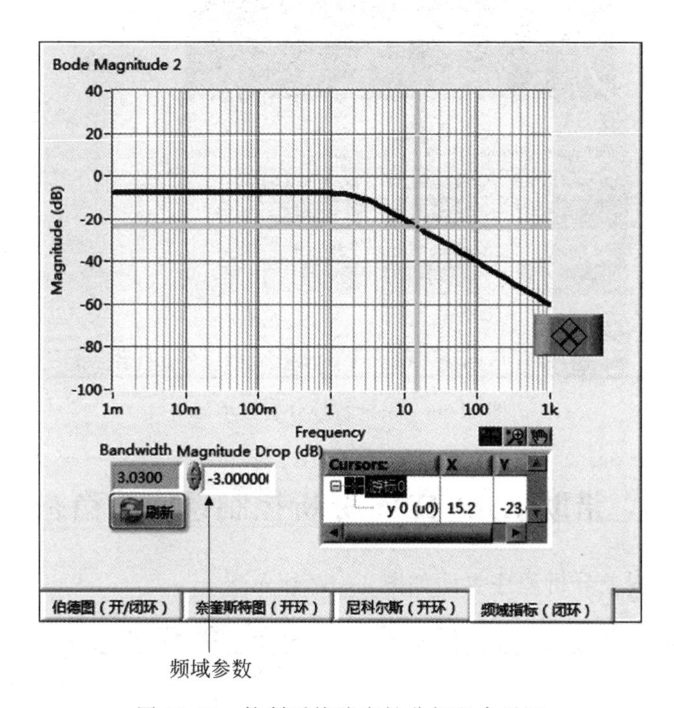

图 11-65 控制系统稳定性分析程序界面

1. 系统输入

系统输入可以通过系统分项输入和系统函数直接输入。

系统分项输入：通过前向通道 $G(s)$ 和 $H(s)$ 形式输入系统参数。

系统函数直接输入：直接输入系统的传递函数，当选择此页面时，右侧的所有系统特性曲线都是根据该系统函数直接计算得来，不会区分开环/闭环。

2. 系统传递函数表达式

可以灵活选择系统传递函数类型，如开环或闭环，也可选择传递函数表达形式，并结合系统特性中的零极点图（闭环）、伯德图（开环）、奈奎斯特图（开环）、尼科尔斯（开环）、阶跃响应（闭环）分析系统的稳定性。

3. 系统特性

系统特性显示区域可以在不同分页面中分别显示当前系统的开环伯德图、奈奎斯特图和尼科尔斯图，也可以显示闭环零级点图和阶跃响应波形，如图 11-66 所示。

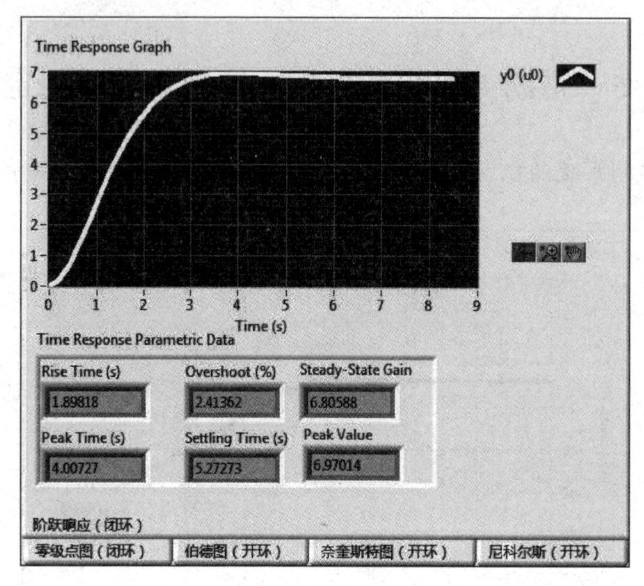

图 11-66　系统特性分析显示窗口

11.6　借助 LabVIEW 分析控制系统的稳态误差

控制系统稳态误差分析程序界面如图 11-67 所示。

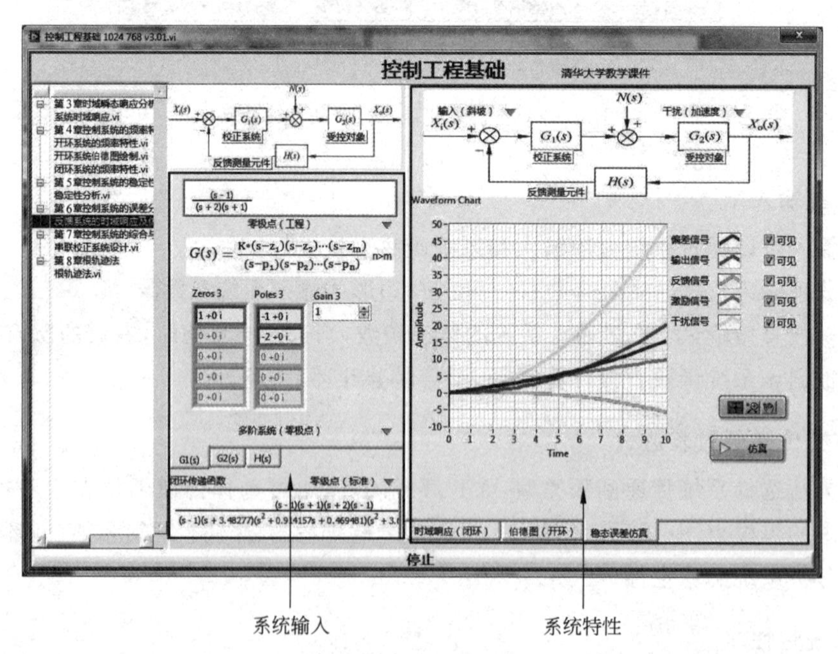

图 11-67　控制系统稳态误差分析程序界面

1. 系统输入

根据系统框图,输入组成系统的各环节传递函数,包括校正环节 $G_1(s)$,受控对象 $G_2(s)$,反馈测量元件 $H(s)$,如图 11-68 所示。

2. 系统特性

根据系统输入可以进行多种分析，如时域响应(闭环)、伯德图(开环)和稳态误差仿真分析，如图 11-69 所示。

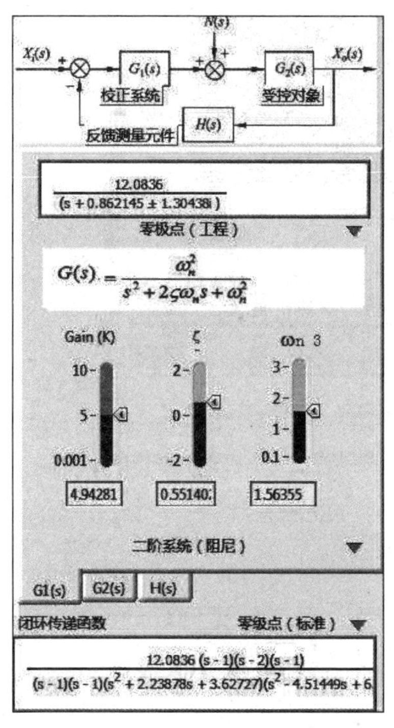

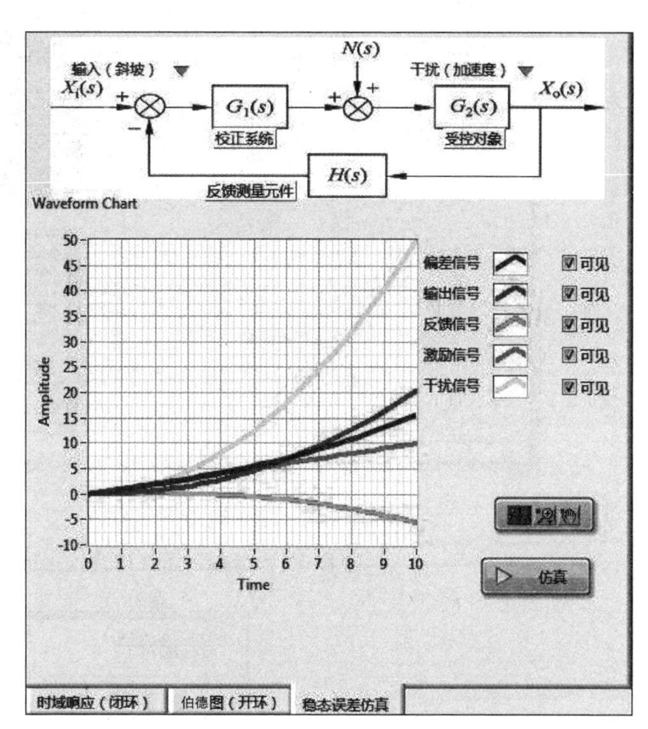

图 11-68　闭环控制系统的模型输入　　　　图 11-69　系统特性分析窗口

在稳态误差仿真分析中，根据系统框图可以选择输入信号以及干扰信号，如图 11-70 所示。

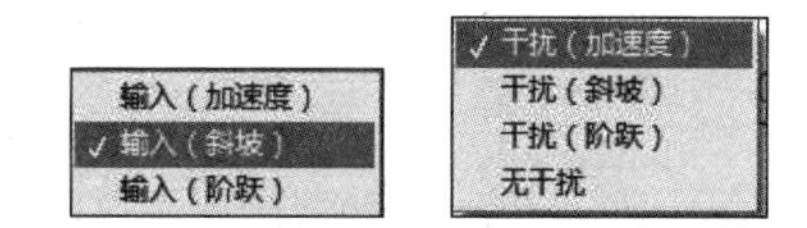

图 11-70　输入信号及干扰信号的选择

单击“仿真”按钮，系统开始计算相应的仿真结果。

在系统框图中可以显示的波形有：偏差信号、输出信号、反馈信号、激励信号、干扰信号。

可以通过右侧的☑可见选择是否显示该曲线。

11.7　LabVIEW 在系统综合校正中的应用

选择第 7 章控制系统的校正与应用→串联校正系统设计，其界面如图 11-71 所示。

1. 系统输入

根据系统框图，可以进行系统中各个组成部分的传递函数输入，如图 11-72 所示。

在校正系统中，可以进行多种形式的校正：超前校正，滞后校正，超前之后校正，PID 校正，任意形式校正器。

图 11-73 所示为校正器类型选择及模型输入。

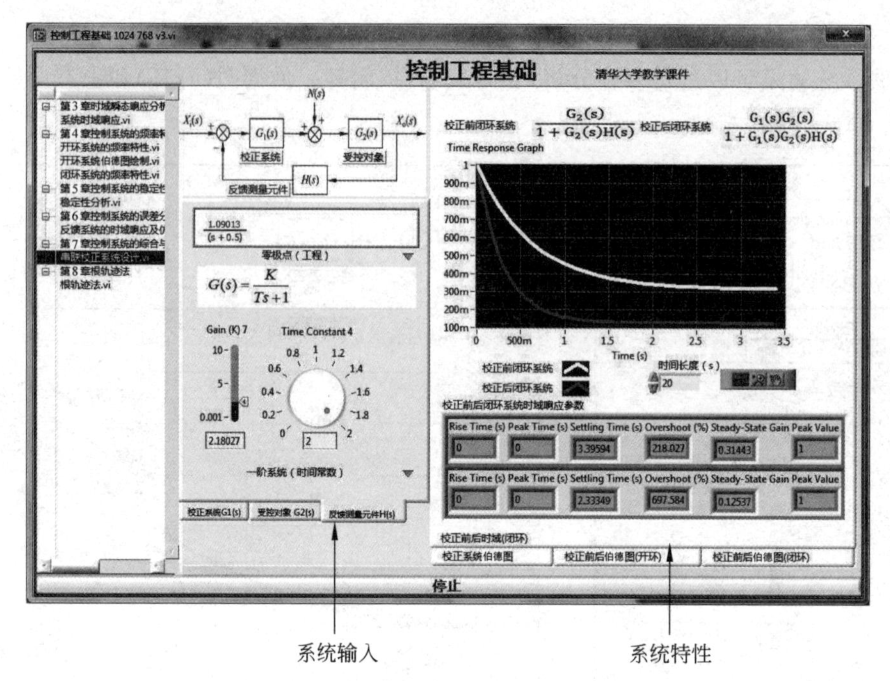

图 11-71 控制系统综合校正仿真程序界面

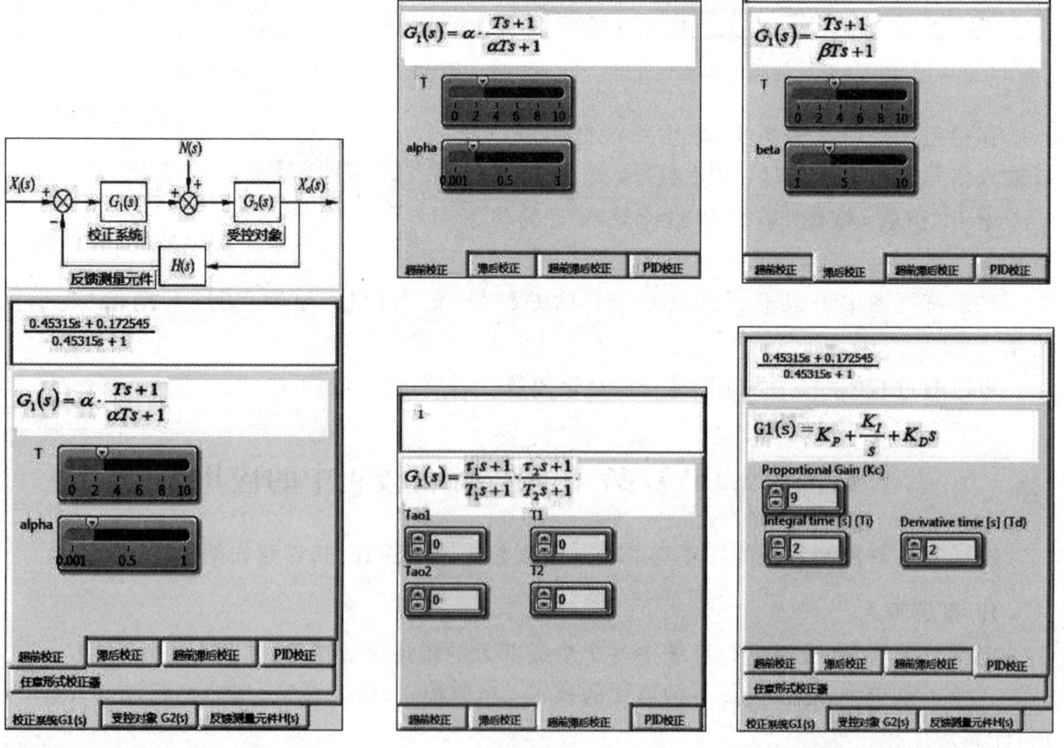

图 11-72 控制系统模型输入界面

图 11-73 校正器类型选择及模型输入

2. 系统特性

可以根据已经输入的系统参数进行相关的分析：校正系统伯德图、校正前后伯德图（开环）、校正前后伯德图（开环）、校正前后时域（闭环）。

如图 11-74 所示为一个超前校正系统的伯德图。

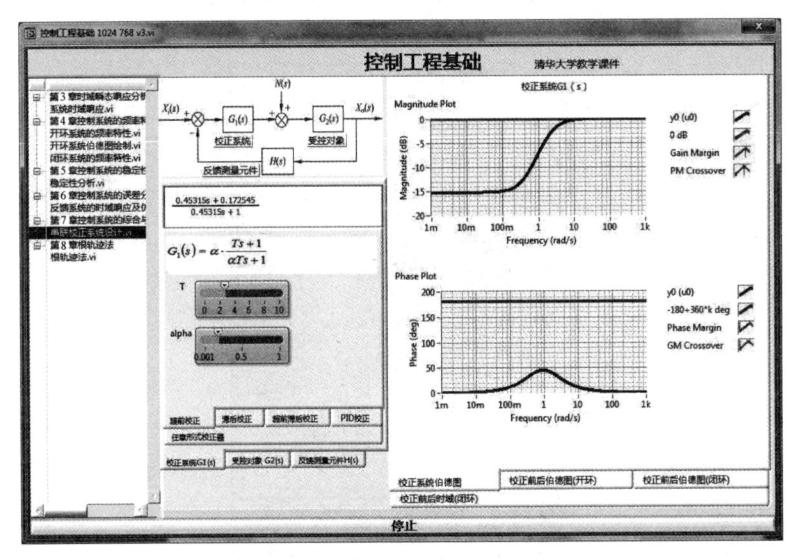

图 11-74　校正环节的频率特性

11.8　借助 LabVIEW 进行系统根轨迹分析

选择第 8 章根轨迹法→根轨迹法，界面如图 11-75 所示。

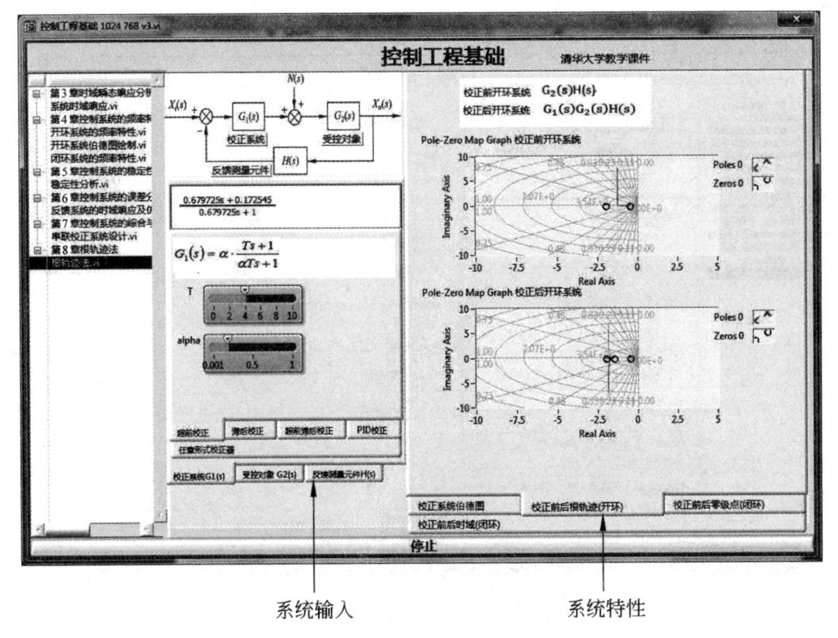

图 11-75　控制系统根轨迹分析程序界面

1. 系统输入

根据系统框图进行系统模型构建,如图11-76所示。

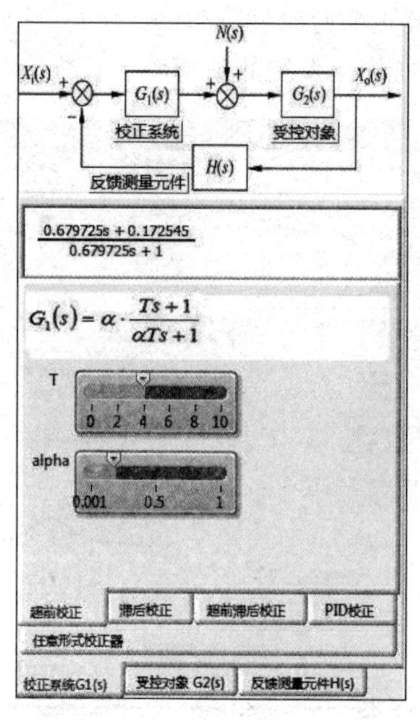

图 11-76 控制系统模型输入窗口

2. 系统特性

根据输入的参数进行系统特性的分析:校正系统伯德图、校正前后根轨迹(开环)、校正前后零极点(闭环)、校正前后时域(闭环)。

如图11-77所示为分析系统校正前后的根轨迹图。

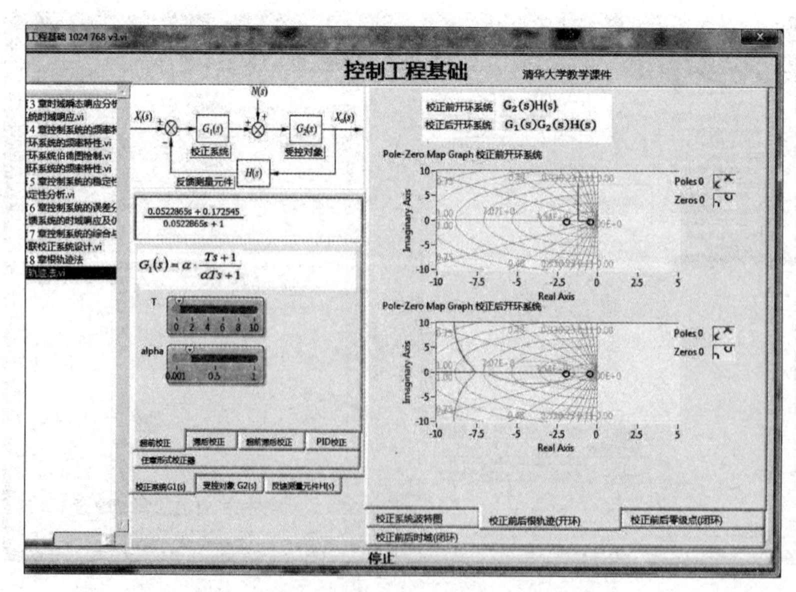

图 11-77 控制系统的根轨迹分析

附录 A

拉普拉斯变换表

序号	像函数 $F(s)$	原函数 $f(t)$
1	1	单位脉冲　$\delta(t)$
2	$\frac{1}{s}$	单位阶跃　$1(t)$
3	$\frac{k}{s}$	k
4	$\frac{1}{s^{r+1}}$	$\frac{1}{r!}t^r$
5	$\frac{1}{s}e^{-as}$	$1(t-a)$，$t=a$ 开始的单位阶跃
6	$\frac{1}{s-a}$	e^{at}
7	$\frac{1}{s+a}$	e^{-at}
8	$\frac{1}{(s+a)^n}$	$\frac{1}{(n-1)!}t^{n-1}e^{-at}$
9	$\frac{\omega}{s^2+\omega^2}$	$\sin \omega t$
10	$\frac{s}{s^2+\omega^2}$	$\cos \omega t$
11	$\frac{1}{s(s+a)}$	$\frac{1}{a}(1-e^{-at})$
12	$\frac{s+a_0}{s(s+a)}$	$\frac{1}{a}[a_0-(a_0-a)e^{-at}]$
13	$\frac{1}{s^2(s+a)}$	$\frac{1}{a^2}(at-1+e^{-at})$
14	$\frac{s+a_0}{s^2(s+a)}$	$\frac{a_0 t}{a}+\left(\frac{a_0}{a^2}-t\right)(e^{-at}-1)$
15	$\frac{s^2+a_1 s+a_0}{s^2(s+a)}$	$\frac{1}{a^2}[a_0 at+a_1 a-a_0+(a_0-a_1 a+a^2)e^{-at}]$

续表

序号	像函数 $F(s)$	原函数 $f(t)$
16	$\frac{\omega}{(s+a)^2+\omega^2}$	$e^{-at}\sin\omega t$
17	$\frac{s+a}{(s+a)^2+\omega^2}$	$e^{-at}\cos\omega t$
18	$\frac{1}{(s+a)^2+\omega^2}$	$\frac{1}{\omega}e^{-at}\sin\omega t$
19	$\frac{s+b}{(s+a)^2+\omega^2}$	$\frac{\sqrt{(b-a)^2+\omega^2}}{\omega}e^{-at}\sin(\omega t+\phi),\phi=\arctan\frac{\omega}{b-a}$
20	$\frac{s+a}{s^2+\omega^2}$	$\frac{\sqrt{a^2+\omega^2}}{\omega}\sin(\omega t+\phi),\phi=\arctan\frac{\omega}{a}$
21	$\frac{s\sin\theta+\omega\cos\theta}{s^2+\omega^2}$	$\sin(\omega t+\theta)$
22	$\frac{1}{s(s^2+\omega^2)}$	$\frac{1}{\omega^2}(1-\cos\omega t)$
23	$\frac{s+a}{s(s^2+\omega^2)}$	$\frac{a}{\omega^2}-\frac{\sqrt{a^2+\omega^2}}{\omega^2}\cos(\omega t+\phi),\phi=\arctan\frac{\omega}{a}$
24	$\frac{1}{(s+a)(s+b)}$	$\frac{1}{b-a}(e^{-at}-e^{-bt})$
25	$\frac{s}{(s+a)(s+b)}$	$\frac{1}{b-a}(be^{-bt}-ae^{-at})$
26	$\frac{1}{s(s+a)(s+b)}$	$\frac{1}{ab}\left[1+\frac{1}{a-b}(be^{-at}-ae^{-bt})\right]$
27	$\frac{s+a_0}{s(s+a)(s+b)}$	$\frac{1}{ab}\left[a_0-\frac{b(a_0-a)}{b-a}e^{-at}+\frac{a(a_0-b)}{b-a}e^{-bt}\right]$
28	$\frac{s+a_0}{(s+a)(s+b)}$	$\frac{1}{b-a}[(a_0-a)e^{-at}-(a_0-b)e^{-bt}]$
29	$\frac{s^2+a_1s+a_0}{s(s+a)(s+b)}$	$\frac{a_0}{ab}+\frac{a^2-aa_1+a_0}{a(a-b)}e^{-at}-\frac{b^2-a_1b+a_0}{b(a-b)}e^{-bt}$
30	$\frac{1}{s^2(s+a)(s+b)}$	$\frac{1}{a^2b^2}\left[abt-a-b+\frac{1}{a-b}(a^2e^{-bt}-b^2e^{-at})\right]$
31	$\frac{s+a_0}{s^2(s+a)(s+b)}$	$\frac{1}{ab}(1+a_0t)-\frac{a_0(a+b)}{a^2b^2}+\frac{1}{a-b}\left[\left(\frac{a_0-b}{b^2}\right)e^{-bt}-\left(\frac{a_0-a}{a^2}\right)e^{-at}\right]$
32	$\frac{s^2+a_1s+a_0}{s^2(s+a)(s+b)}$	$\frac{1}{ab}(a_1+a_0t)-\frac{a_0(a+b)}{a^2b^2}-\frac{1}{a-b}\left[\left(1-\frac{a_1}{a}+\frac{a_0}{a^2}\right)e^{-at}-\left(1-\frac{a_1}{b}+\frac{a_0}{b^2}\right)e^{-bt}\right]$
33	$\frac{1}{(s+a)(s+b)(s+c)}$	$\frac{e^{-at}}{(b-a)(c-a)}+\frac{e^{-bt}}{(a-b)(c-b)}+\frac{e^{-ct}}{(a-c)(b-c)}$
34	$\frac{s+a_0}{(s+a)(s+b)(s+c)}$	$\frac{(a_0-a)e^{-at}}{(b-a)(c-a)}+\frac{(a_0-b)e^{-bt}}{(c-b)(a-b)}+\frac{(a_0-c)e^{-ct}}{(a-c)(b-c)}$

续表

序号	像函数 $F(s)$	原函数 $f(t)$
35	$\frac{1}{s(s+a)(s+b)(s+c)}$	$\frac{1}{abc}-\frac{e^{-at}}{a(b-a)(c-a)}-\frac{e^{-bt}}{b(a-b)(c-b)}-\frac{e^{-ct}}{c(a-c)(b-c)}$
36	$\frac{s+a_0}{s(s+a)(s+b)(s+c)}$	$\frac{a_0}{abc}-\frac{(a_0-a)e^{-at}}{a(b-a)(c-a)}-\frac{(a_0-b)e^{-bt}}{b(a-b)(c-b)}-\frac{(a_0-c)e^{-ct}}{c(a-c)(b-c)}$
37	$\frac{1}{(s+a)(s^2+\omega^2)}$	$\frac{e^{-at}}{a^2+\omega^2}+\frac{1}{\omega\sqrt{a^2+\omega^2}}\sin(\omega t-\phi),\phi=\arctan\frac{\omega}{a}$
38	$\frac{1}{s[(s+a)^2+b^2]}$	$\frac{1}{a^2+b^2}+\frac{1}{b\sqrt{a^2+b^2}}e^{-at}\sin(bt-\phi),\phi=\arctan\frac{b}{-a}$
39	$\frac{s+a_0}{s[(s+a)^2+b^2]}$	$\frac{a_0}{a^2+b^2}+\frac{1}{b}\sqrt{\frac{(a_0-a)^2+b^2}{a^2+b^2}}e^{-at}\sin(bt+\phi)$ $\phi=\arctan\frac{b}{a_0-a}-\arctan\frac{b}{-a}$
40	$\frac{1}{(s+c)[(s+a)^2+b^2]}$	$\frac{e^{-ct}}{(c-a)^2+b^2}+\frac{e^{-at}\sin(bt-\phi)}{b\sqrt{(c-a)^2+b^2}},\phi=\arctan\frac{b}{c-a}$
41	$\frac{1}{s^2+2\zeta\omega_n s+\omega_n^2}$	$\frac{1}{\omega_n\sqrt{1-\zeta^2}}e^{-\zeta\omega_n t}\sin\omega_n\sqrt{1-\zeta^2}t$
42	$\frac{s}{s^2+2\zeta\omega_n s+\omega_n^2}$	$\frac{-1}{\sqrt{1-\zeta^2}}e^{-\zeta\omega_n t}\sin(\omega_n\sqrt{1-\zeta^2}t-\phi)$ $\phi=\arctan\frac{\sqrt{1-\zeta^2}}{\zeta}$
43	$\frac{\omega_n^2}{s^2+2\zeta\omega_n s+\omega_n^2}$	$\frac{\omega_n}{\sqrt{1-\zeta^2}}e^{-\zeta\omega_n t}\sin\omega_n\sqrt{1-\zeta^2}t$
44	$\frac{\omega_n^2}{s(s^2+2\zeta_n s+\omega_n^2)}$	$1-\frac{1}{\sqrt{1-\zeta^2}}e^{-\zeta\omega_n t}\sin(\omega_n\sqrt{1-\zeta^2}t+\phi)$ $\phi=\arctan\frac{\sqrt{1-\zeta^2}}{\zeta}$
45	$\frac{1}{s(s+c)[(s+a)^2+b^2]}$	$\frac{1}{c(a^2+b^2)}-\frac{e^{-ct}}{c[(c-a)^2+b^2]}+\frac{e^{-at}\sin(bt-\phi)}{b\sqrt{a^2+b^2}\sqrt{(c-a)^2+b^2}}$ $\phi=\arctan\frac{b}{-a}+\arctan\frac{b}{c-a}$
46	$\frac{s+a_0}{s[(s+a)^2+b^2]}$	$\frac{a_0}{c(a^2+b^2)}-\frac{(c-a_0)e^{-ct}}{c[(c-a)^2+b^2]}+\frac{\sqrt{(a_0-a)^2+b^2}}{b\sqrt{a^2+b^2}\sqrt{(c-a)^2+b^2}}e^{-at}\sin(bt\cdot\phi)$ $\phi=\arctan\frac{b}{a_0-a}-\arctan\frac{b}{-a}-\arctan\frac{b}{c-a}$
47	$\frac{s^2+a_1s+a_0}{s[(s+a)^2+b^2]}$	$\frac{a_0}{c^2}+\frac{1}{bc}[(a^2-b^2-a_1a+a_0)^2+b^2(a_1-2a)^2]^{1/2}\times e^{-at}\sin(bt+\phi)$ $\phi=\arctan\frac{b(a_1-2a)}{a^2-b^2-a_1a+a_0}-\arctan\frac{b}{-a}$ $c=a^2+b^2$

续表

序号	像函数 $F(s)$	原函数 $f(t)$
48	$\frac{\omega_n^2}{(1+Ts)(s^2+\omega_n^2)}$	$\frac{T\omega_n}{1+T^2\omega_n^2}e^{-\frac{t}{T}}+\frac{1}{\sqrt{1+T^2\omega_n^2}}\sin(\omega_n t-\phi)$ $\phi=\arctan\omega_n T$
49	$\frac{\omega_n^2}{(1+Ts)(s^2+2\zeta\omega_n s+\omega_n^2)}$	$\frac{T\omega_n^2 e^{-t/T}}{1-2\zeta\omega_n T+T^2\omega_n^2}+\frac{\omega_n e^{-\zeta\omega_n t}\sin(\omega_n\sqrt{1-\zeta^2}t-\phi)}{\sqrt{(1-\zeta^2)(1-2\zeta T\omega_n-T^2\omega_n^2)}}$ $\phi=\arctan\frac{T\omega_n\sqrt{1-\zeta^2}}{1-T\zeta\omega_n^2}$
50	$\frac{1}{s^2[(s+a)^2+\omega^2]}$	$\left[t-\frac{2a}{a^2+\omega^2}+\frac{1}{\omega}e^{-at}\sin(\omega t+\theta)\right]\frac{1}{a^2+\omega^2}$ $\theta=2\arctan\left(\frac{\omega}{a}\right)$

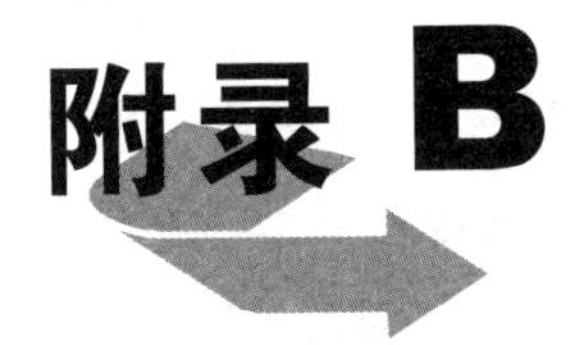

附录B 高阶最优模型最佳频比的证明

某典型Ⅱ型系统的开环传递函数为

$$G(s)=\frac{K(T_2s+1)}{s^2(T_3s+1)}=\frac{K(hT_3s+1)}{s^2(T_3s+1)} \tag{B1}$$

式中，$h=\frac{T_2}{T_3}=\frac{\omega_3}{\omega_2}$，称为中频宽；$\omega_2=\frac{1}{T_2}$，$\omega_3=\frac{1}{T_3}$，为转折频率。其对数幅频特性如图B1所示。

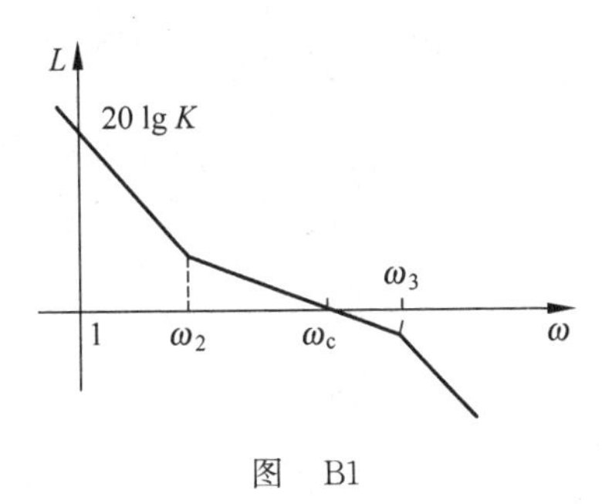

图　B1

系统的闭环传递函数为

$$\Phi(s)=\frac{G(s)}{1+G(s)}=\frac{K(hT_3s+1)}{T_3s^3+s^2+KhT_3s+K} \tag{B2}$$

闭环频率响应

$$\Phi(\mathrm{j}\omega)=\frac{K(1+\mathrm{j}hT_3\omega)}{(K-\omega^2)+\mathrm{j}\omega(KhT_3-T_3\omega^2)} \tag{B3}$$

考虑到开环增益 K 是可变参数，其闭环频率特性的幅值为

$$M(\omega,K)=\frac{K\sqrt{1+h^2T_3^2\omega^2}}{\sqrt{(K-\omega^2)^2+(Kh-\omega^2)^2T_3^2\omega^2}} \tag{B4}$$

每给一个固定的 K 值，有一个极大值 M_r，这可以通过

$$\frac{\partial M}{\partial\omega}=0$$

求得。

$$2h^2T_3^4\omega^6+(3T_3^2+h^2T_3^2-2Kh^3T_3^4)\omega^4+2(1-2KhT_3^2)\omega^2-2K=0 \tag{B5}$$

当 K 值变化时,通过 $\dfrac{\partial M}{\partial K}=0$,得到

$$K=\frac{1+T_3^2\omega^2}{1+hT_3^2\omega^2}\omega^2 \tag{B6}$$

将式(B5)和式(B6)联立求解,得到

$$\begin{cases}\omega_{\min}=\dfrac{1}{\sqrt{h}}\dfrac{1}{T_3}=\dfrac{\omega_3}{\sqrt{h}}=\sqrt{\omega_2\omega_3}=\omega_r\\ K_{\min}=\dfrac{h+1}{2h^2}\dfrac{1}{T_3^2}\end{cases} \tag{B7}$$

不同 K 值的 $M(\omega)$ 曲线示于图 B2 中,上式表明,选择

$$K_{\min}=\frac{h+1}{2h^2}\frac{1}{T_3^2}$$

后,系统的 M_r 取最小值,也就是说,满足 M_r 最小的条件为式(B7)。

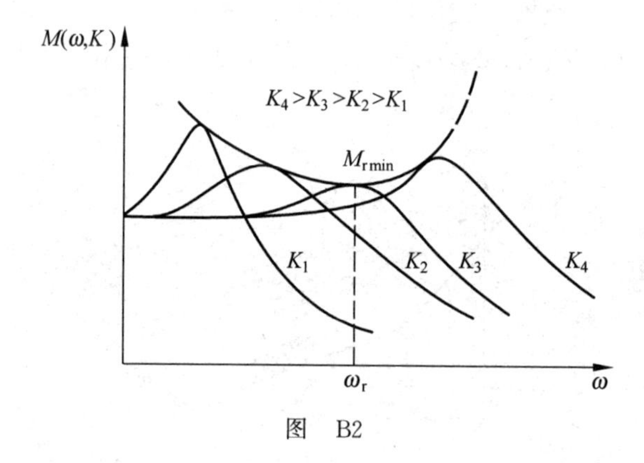

图 B2

下面就来讨论此时的 ω_c 值是多少?

从伯德图可以看出(见图 B1),

$$20\lg K=20\lg\frac{\omega_c}{\omega_2}+40\lg\omega_2=20\lg\frac{\omega_c}{\omega_2}\omega_2^2=20\lg\omega_c\omega_2$$

故

$$K=\omega_c\omega_2 \tag{B8}$$

又据式(B7)

$$K_{\min}=\frac{h+1}{2h^2}\frac{1}{T_3^2}$$

令式(B7)与式(B8)相等,即使 K 满足 M_r 最小原则,则

$$\frac{h+1}{2h^2}\frac{1}{T_3^2}=\omega_c\omega_2$$

故

$$\omega_c=\frac{h+1}{2h^2}\frac{1}{T_3^2\omega_2}$$

因

$$h\omega_2=\omega_3=\frac{1}{T_3}$$

故上式变为

$$\omega_c = \frac{h+1}{2h}\frac{1}{T_3} = \frac{h+1}{2h}\omega_3 \tag{B9}$$

或

$$\omega_c = \frac{h+1}{2}\omega_2 \tag{B10}$$

当 h 较大时，

$$\begin{aligned} \omega_c &\approx \frac{1}{2}\omega_3 \\ \omega_c &\approx \frac{h}{2}\omega_2 \end{aligned} \tag{B11}$$

式(B9)与式(B10)就是最佳频比公式。式(B6)或式(B9)都是满足 M_r 最小原则的条件，选择了 K，ω_c 就被唯一地确定；选择了 ω_c，K 也就被唯一地确定下来。

把 ω_r 与 K 代入式(B5)，得

$$M_r = \frac{h+1}{h-1}$$

证毕。

部分习题参考答案

第 1 章

1-1 （1）B；（2）B；（3）B；（4）A

第 2 章

2-1 （1）$5+\frac{2}{s}+\frac{1}{s^2}$；（2）$\frac{\sqrt{3}s+5}{2(s^2+25)}$；

（3）$\frac{1+e^{-\pi s}}{s^2+1}$；（4）$\frac{4se^{-\frac{\pi}{6}s}}{s^2+4}+\frac{1}{s+5}$；

（5）$6+\frac{e^{-2s}}{s}$；（6）$\frac{6se^{-\frac{\pi}{4}s}}{s^2+9}$；

（7）$\frac{s+8}{s^2+12s+100}$；（8）$2+\frac{2}{s+20}+\frac{5}{(s+20)^2}+\frac{9e^{-\frac{\pi}{6}s}}{s^2+9}$

2-2 （1）$(-e^{-2t}+2e^{-3t})\cdot 1(t)$；（2）$\frac{1}{2}\sin 2t\cdot 1(t)$；

（3）$e^t\left(\cos 2t+\frac{1}{2}\sin 2t\right)\cdot 1(t)$；（4）$e^{t-1}\cdot 1(t-1)$；

（5）$(-te^{-t}+2e^{-t}-2e^{-2t})\cdot 1(t)$；（6）$\frac{8\sqrt{15}}{15}e^{-\frac{t}{2}}\sin\frac{\sqrt{15}}{2}t\cdot 1(t)$；

（7）$\left(\cos 3t+\frac{1}{3}\sin 3t\right)\cdot 1(t)$

2-3 （1）$\frac{1}{8}+\frac{7}{4}e^{-2t}-\frac{7}{8}e^{-4t}$；（2）$0.2(1-e^{-10t})$；

（3）$3-0.5e^{-100t}$

2-4 $\frac{6e^{-0.0002s}}{s}(\text{V}\cdot\text{s})$

2-5 $y_o(+\infty)=\frac{3}{2}, y_o(0)=\frac{2}{3}$

2-6 （a）$\frac{G_1G_2G_3}{1+G_1G_2G_3H_1+G_2G_3H_2+G_3H_3}$；

（b）$\frac{G_1(G_2G_3+G_4)}{1+(G_2G_3+G_4)(G_1+H_2)+G_1G_2H_1}$；

（c）$\frac{G_1G_2G_3}{1+G_2G_3H_2+G_2H_1(1-G_1)}-G_4$；

（d）$\frac{G_1G_2}{1+G_1H_1+G_2H_2+G_1G_2H_1H_2+G_1G_2H_3}$

2-7 (1) $\dfrac{G_1G_2G_3}{1+G_2H_3+G_3H_2+G_1G_2G_3H_1}$;　(2) $\dfrac{G_3(1+G_2H_3)}{1+G_1G_2G_3H_1+G_3H_2+G_2H_3}$

2-8 $\dfrac{X_{o1}(s)}{X_{i1}(s)}=\dfrac{G_1G_2G_3(1+G_4)}{1+G_1G_2+G_4-G_1H_2G_4G_5H_1+G_1G_2G_4}$

$\dfrac{X_{o2}(s)}{X_{i1}(s)}=\dfrac{G_1H_2G_4G_5G_6}{1+G_1G_2+G_4-G_1H_2G_4G_5H_1+G_1G_2G_4}$

$\dfrac{X_{o1}(s)}{X_{i2}(s)}=\dfrac{G_4G_5H_1G_1G_2G_3}{1+G_1G_2+G_4-G_1H_2G_4G_5H_1+G_1G_2G_4}$

$\dfrac{X_{o2}(s)}{X_{i2}(s)}=\dfrac{G_4G_5G_6(1+G_1G_2)}{1+G_1G_2+G_4-G_1H_2G_4G_5H_1+G_1G_2G_4}$

2-9 (a) $\dfrac{D_1s}{ms^2+(D_1+D_2)s}$;　(b) $\dfrac{k_1Ds}{(k_1+k_2)Ds+k_1k_2}$;

(c) $\dfrac{Ds+k_1}{Ds+(k_1+k_2)}$;　(d) $\dfrac{D_1s+k_1}{(D_1+D_2)s+(k_1+k_2)}$;

(e) $\dfrac{1}{ms^2+Ds+(k_1+k_2)}$;　(f) $\dfrac{D_2s+k_2}{ms^2+(D_1+D_2)s+(k_1+k_2)}$;

(g) $\dfrac{k_2}{mDs^3+m(k_1+k_2)s^2+k_2Ds+k_1k_2}$

2-10 (a) $\dfrac{R_2Cs+1}{(R_1+R_2)Cs+1}$;　(b) $\dfrac{1}{LCs^2+RCs+1}$;

(c) $\dfrac{\dfrac{L_2}{L_1+L_2}\left(\dfrac{L_1}{R_1}s+1\right)}{\dfrac{L_1L_2}{L_1+L_2}C_2s^2+\dfrac{L_1L_2(R_1+R_2)}{(L_1+L_2)R_1R_2}s+1}$

2-11 (a) $-\dfrac{\dfrac{R_2}{R_1}}{R_2Cs+1}$;　(b) $-\dfrac{\dfrac{R_4}{R_1}(R_2Cs+1)}{(R_2+R_4)Cs+1}$;

(c) $-\dfrac{R_2+R_4}{R_1}\left(\dfrac{R_2R_4}{R_2+R_4}Cs+1\right)$;

(d) $-\dfrac{\dfrac{1}{R_1C_1}[(R_2R_4+R_2R_5+R_4R_5)C_1C_2s^2+(R_2C_1+R_4C_2+R_5C_1+R_5C_2)s+1]}{s(R_4C_2s+1)}$

2-12 (a) $\dfrac{\dfrac{k}{J_1J_2}}{s\left[s^3+\dfrac{D}{J_2}s^2+\dfrac{k(J_1+J_2)}{J_1J_2}s+\dfrac{Dk}{J_1J_2}\right]}$;

(b) $\dfrac{1}{\dfrac{J_1J_2}{k_1k_2}s^4+\dfrac{J_1D_2+J_2D_1}{k_1k_2}s^3+\left(\dfrac{J_1}{k_1}+\dfrac{J_2}{k_2}+\dfrac{J_2}{k_1}+\dfrac{D_1D_2}{k_1k_2}\right)s^2+\left(\dfrac{D_1}{k_1}+\dfrac{D_2}{k_2}+\dfrac{D_2}{k_1}\right)s+1}$

2-13 (a) $\dfrac{R_1R_2C_1C_2s^2+(R_1C_1+R_2C_2)s+1}{R_1R_2C_1C_2s^2+(R_1C_1+R_2C_2+R_1C_2)s+1}$;

(b) $\dfrac{\dfrac{D_1D_2}{k_1k_2}s^2+\left(\dfrac{D_1}{k_1}+\dfrac{D_2}{k_2}\right)s+1}{\dfrac{D_1D_2}{k_1k_2}s^2+\left(\dfrac{D_1}{k_1}+\dfrac{D_2}{k_2}+\dfrac{D_1}{k_2}\right)s+1}$

$u\Leftrightarrow x$； $R\Leftrightarrow D$； $C\Leftrightarrow\dfrac{1}{k}$

2-14 $M\Delta\ddot{y}_{o}(t)+D\cdot\Delta\dot{y}_{o}(t)+3y_{o}^{2}(0)k\cdot\Delta y_{o}(t)=\Delta f_{i}(t)$

2-15 (1) $\dfrac{X_o(s)}{X_i(s)}=\dfrac{G_1(s)G_2(s)}{1+G_1(s)G_2(s)H(s)}$；$\dfrac{Y(s)}{X_i(s)}=\dfrac{G_1(s)}{1+G_1(s)G_2(s)H(s)}$，

$\dfrac{B(s)}{X_i(s)}=\dfrac{G_1(s)G_2(s)H(s)}{1+G_1(s)G_2(s)H(s)}$；$\dfrac{E(s)}{X_i(s)}=\dfrac{1}{1+G_1(s)G_2(s)H(s)}$；

(2) $\dfrac{X_o(s)}{N(s)}=\dfrac{G_2(s)}{1+G_1(s)G_2(s)H(s)}$；$\dfrac{Y(s)}{N(s)}=\dfrac{-G_1(s)G_2(s)H(s)}{1+G_1(s)G_2(s)H(s)}$，

$\dfrac{B(s)}{N(s)}=\dfrac{G_2(s)H(s)}{1+G_1(s)G_2(s)H(s)}$；$\dfrac{E(s)}{N(s)}=\dfrac{-G_2(s)H(s)}{1+G_1(s)G_2(s)H(s)}$

2-16 $\dfrac{N_o(s)}{U_i(s)}=\dfrac{\dfrac{R_2K_T}{R_1LJ}}{s^2+\dfrac{R}{L}s+\dfrac{K_T(R_2R_4K_n+R_1R_3K_E+R_1R_4K_E)}{R_1(R_3+R_4)LJ}}$

$\dfrac{N_o(s)}{M_c(s)}=\dfrac{\dfrac{1}{J}\left(s+\dfrac{R}{L}\right)}{s^2+\dfrac{R}{L}s+\dfrac{K_T(R_2R_4K_n+R_1R_3K_E+R_1R_4K_E)}{R_1(R_3+R_4)LJ}}$

2-17 s

2-18 $\dfrac{D_2s+k_2}{M_1M_2s^4+(M_1D_2+M_2D_1+M_2D_2)s^3+(M_1k_2+M_2k_1+D_1D_2+M_2k_2)s^2+(D_1k_2+D_2k_1)s+k_1k_2}$

2-19

$G_1(s)=$

$\dfrac{M_2s^2+(D_2+D_3)s+k_2}{M_1M_2s^4+(M_1D_2+M_2D_1+M_1D_3+M_2D_3)s^3+(M_1k_2+M_2k_1+D_1D_2+D_1D_3+D_2D_3)s^2+(D_1k_2+D_2k_1+D_3k_1+D_3k_2)s+k_1k_2}$

$G_2(s)=$

$\dfrac{D_3s}{M_1M_2s^4+(M_1D_2+M_2D_1+M_1D_3+M_2D_3)s^3+(M_1k_2+M_2k_1+D_1D_2+D_1D_3+D_2D_3)s^2+(D_1k_2+D_2k_1+D_3k_1+D_3k_2)s+k_1k_2}$

2-20 $F_1(s)=\dfrac{\omega}{s^2+\omega^2},F_2(s)=\dfrac{e^{-t_0s}}{s^2+\omega^2}[\omega\cos\omega t_0+s\cdot\sin\omega t_0],F_3(s)=\dfrac{\omega}{s^2+\omega^2}e^{-t_0s}$

2-21 (1) $\dfrac{X_2(s)}{F_1(s)}=\dfrac{Ds}{m_1m_2s^4+D(m_1+m_2)s^3+(m_1k_2+m_2k_1)s^2+D(k_2+k_1)s+k_1k_2}$；

(2) $\dfrac{X_1(s)}{F_2(s)}=\dfrac{Ds}{m_1m_2s^4+D(m_1+m_2)s^3+(m_1k_2+m_2k_1)s^2+D(k_2+k_1)s+k_1k_2}$；

(3) $\dfrac{X_1(s)}{F_1(s)}=\dfrac{m_2s^2+Ds+k_2}{m_1m_2s^4+D(m_1+m_2)s^3+(m_1k_2+m_2k_1)s^2+D(k_2+k_1)s+k_1k_2}$；

(4) $\dfrac{X_2(s)}{F_2(s)}=\dfrac{m_1s^2+Ds+k_1}{m_1m_2s^4+D(m_1+m_2)s^3+(m_1k_2+m_2k_1)s^2+D(k_2+k_1)s+k_1k_2}$

2-22 (a) $\dfrac{5}{s^2}[1-e^{-2s}(1+2s)]$； (b) $\dfrac{e^{-s}}{s^2}\left(s+\dfrac{1}{2}\right)-\dfrac{e^{-3s}}{s^2}\left(2s+\dfrac{1}{2}\right)$；

(c) $\dfrac{5}{s}+\dfrac{5(e^{-s}-1)}{s^2(e^{-s}+1)}$

2-23 (1) t； (2) $\dfrac{1}{6}t^3$；

(3) e^t-t-1； (4) $t-\sin t$

2-24 $\dfrac{X(s)}{F(t)}=\dfrac{a/b}{ms^2+Ds+k}$

2-25 $\dfrac{\Theta(s)}{F(s)}=\dfrac{r}{Js^2+Ds+k}$

2-26 (a) $\dfrac{Y(s)}{X(s)}=\dfrac{b}{s^2+a_1s+a_2}$； (b) $\dfrac{Y(s)}{X(s)}=\dfrac{b_1s+b_2}{s^2+a_1s+a_2}$

第 3 章

3-1 $u_o(4)\approx 0.632$ V， $u_o(30)\approx 1$ V

3-2 $(-e^{-2t}+2e^{-3t})\cdot 1(t)$

3-3 $1+(e^{-\frac{1}{2}t}-2)\cdot 1(t)$(V)

3-4 (1) $\dfrac{1}{4s+1}$；

(2) $y(0)=0$ cm，$y(4)\approx 0.316$ cm，$y(8)\approx 0.749$ cm，$y(40)\approx 1$ cm，$y(400)\approx 0$ cm，$\Delta B(+\infty)=0$ cm

3-5 $\left(1-\dfrac{4}{3}e^{-t}+\dfrac{1}{3}e^{-4t}\right)\cdot 1(t)$；$\dfrac{4}{3}(e^{-t}-e^{-4t})\cdot 1(t)$

3-6 $\dfrac{10K}{s^2+10s+10K}$，$K=10$

3-7 $t_r\approx 2.418$ s，$t_p\approx 3.628$ s，$M_p\approx 16.3\%$，$t_s\approx 6$ s

3-8 $e^{-\frac{\zeta\pi}{\sqrt{1-\zeta^2}}}$

3-9 $\zeta\approx 0.69$，$\omega_n=2.2$ rad/s

3-10 $(4e^{-t}-3e^{-2t}-1)\cdot 1(t)$

3-11 0.216

3-13 (1) $\left(1-\cos\sqrt{\dfrac{L}{J}}\cdot t\right)\cdot 1(t)$； (2) $2\sqrt{\dfrac{J}{L}}\approx 20$；

(3) $K=0.5$，$t_1=10\pi$

3-14 0.707

3-15 $\omega_0 e^{-t/T}\cdot 1(t)$

3-16 $a\left[1-\frac{e^{-\frac{D}{2J}t}}{\sqrt{1-\frac{D^2}{4KJ}}}\sin\left(\frac{\sqrt{4KJ-D^2}}{2J}t+\arccos\frac{D}{2\sqrt{KJ}}\right)\right]1(t)$，输入为 $a\cdot 1(t)$

3-17 $M_p\approx16.3\%, t_r\approx0.806\ \text{s}, t_s\approx2\ \text{s}$

3-18 19.6倍

3-19 (1) $\frac{600}{(s+60)(s+10)}$； (2) $\omega_n=10\sqrt{6}\ \text{rad/s}, \zeta=\frac{7\sqrt{6}}{12}$

3-20 $K=100, M_p\approx16.3\%, t_p\approx0.363\ \text{s}, t_s\approx0.6\ \text{s}$

3-21 (1) $\frac{\alpha(s)}{A(s)}=\frac{0.143\times88.4^2}{s^2+2\times16.32\times88.4s+88.4^2}, \zeta\approx16.32$；

(2) $\zeta\approx1.632$，无阻尼自振角频率不改变

3-22 不同

3-23 (a) 稳定，衰减振荡； (b) 稳定，单调衰减；

(c) 不稳定，振荡发散； (d) 不稳定，单调发散；

(e) 临界稳定，等幅振荡

3-24 $\frac{Ka}{4}\left[1-e^{-t}\left(\cos\sqrt{3}t+\frac{\sqrt{3}}{3}\sin\sqrt{3}t\right)\right]\cdot1(t)$

3-25 $G_2(s)$先

3-26 (1) $\tau=0.01\ \text{s}$时，$x_o(3)\approx6.13\times10^{-3}$

$x_o(9)\approx8.30\times10^{-4}$

$x_o(30)\approx7.57\times10^{-7}$；

(2) $\tau=30\ \text{s}$时，$x_o(3)\approx3.16$

$x_o(9)\approx4.75$

$x_o(30)\approx5.0$

3-27 (1) 8.44 s； (2) $+\infty$

3-28 2/3

3-29 $\zeta=1/6, \omega_n=3\ \text{rad/s}, M_p\approx58.8\%, t_p\approx1.06\ \text{s}, t_s\approx6\ \text{s}$

3-30 (1) $\frac{0.14}{0.4s+1}$； (2) $\frac{a\omega\left(\frac{b}{a\omega}s+1\right)}{s^2+\omega^2}$；

(3) $\frac{0.5}{s^2}+\frac{7.5\left(\frac{\sqrt{3}}{3}s+1\right)}{s^2+9}$； (4) $\frac{-1.5}{(2.5s+1)(10s+1)}$

3-31 10 s

3-32 (1) $(2e^{-t}-e^{-2t})\cdot1(t)$； (2) $(3te^{-t}-2e^{-t}+3e^{-2t})\cdot1(t)$

3-33 $(5-5e^{-10t})\cdot1(t)-[5-5e^{-10(t-0.1)}]\cdot1(t-0.1)\ \text{V}$

第 4 章

4-1 (1) 6.02 dB； (2) 13.98 dB； (3) 20 dB； (4) 32.04 dB；

(5) 40 dB; (6) −40 dB; (7) 0 dB; (8) −∞ dB

4-2 (1) $G_1(\mathrm{j}2)=5\angle -90°$, $G_1(\mathrm{j}20)=0.5\angle -90°$;

(2) $G_2(\mathrm{j}2)=0.49\angle -101.3°$, $G_2(\mathrm{j}20)=0.022\angle -153.4°$

4-3 (1) $U_1(\omega)=\dfrac{5}{900\omega^2+1}$, $V_1(\omega)=\dfrac{-150\omega}{900\omega^2+1}$,

$A_1(\omega)=\dfrac{5}{\sqrt{900\omega^2+1}}$, $\phi_1(\omega)=-\arctan(30\omega)$;

(2) $U_2(\omega)=\dfrac{-0.1}{0.01\omega^2+1}$, $V_2(\omega)=\dfrac{-1}{\omega(0.01\omega^2+1)}$,

$A_2(\omega)=\dfrac{1}{\omega\sqrt{0.01\omega^2+1}}$, $\phi_2(\omega)=-90°-\arctan(0.1\omega)$

4-4 $\dfrac{25\sqrt{2}}{2}\cos(4t-75°)$

4-5 $G(s)H(s)=\dfrac{31.65}{s(0.0316s+1)}$, $M_r=1.15$, $\omega_r=22.38$ rad/s

4-6 (a) $\dfrac{1000\left(\frac{1}{400}s+1\right)}{\left(\frac{1}{2}s+1\right)\left(\frac{1}{200}s+1\right)\left(\frac{1}{4000}s+1\right)}$; (b) $\dfrac{3.98}{\frac{1}{100}s+1}$;

(c) $\dfrac{100\left(\frac{1}{100}s+1\right)}{s^2\left(\frac{1}{1000}s+1\right)}$; (d) $\dfrac{100\left(\frac{1}{10}s+1\right)}{s\left(\frac{1}{2}s+1\right)\left(\frac{1}{80}s+1\right)\left(\frac{1}{100}s+1\right)}$;

(e) $\dfrac{10(2s+1)}{(20s+1)(10s+1)}$

4-11 (α)⇔(f)高通、超前网络; (β)⇔(g)带阻、超前-滞后组合网络;

(γ)⇔(a)高通、超前网络; (δ)⇔(e)高通、超前网络;

(ε)⇔(d)低通、滞后网络

4-12 (1)⇔c; (2)⇔d; (3)⇔e; (4)⇔a

4-13 (a) $\dfrac{K(\tau s+1)}{s^2(T_1s+1)(T_2s+1)}$; (b) $\dfrac{(\tau s+1)}{s^2(T_1s+1)(T_2s+1)}$

4-14 $M_r=1.25$, $\omega_r=1.73$ rad/s, $\omega_b=2.97$ rad/s

4-16 $\omega_c=0.68$ rad/s, $\angle G(\mathrm{j}\omega_c)=-158.4°$

4-17 $K=475$, $a=26.2$, $\omega_b=25.0$ rad/s

4-18 $M_r=1.36$, $\zeta=0.4$

4-19 (1) $\dfrac{10\sqrt{122}}{122}\sin(t+24.8°)$; (2) $\dfrac{4\sqrt{5}}{5}\cos(2t-55.3°)$

4-21 (a) $\dfrac{10000s^2}{25^2s^2+2\times 25s+1}$; (b) $\dfrac{10\left(\frac{1}{80^2}s^2+2\times 0.1\times\frac{1}{80}s+1\right)}{\frac{1}{5^2}s^2+2\times 0.2\times\frac{1}{5}s+1}$;

(c) $\dfrac{10^{-4}\left(\dfrac{1}{0.04^2}s^2+2\times\dfrac{1}{0.04}s+1\right)}{s^2}$；　(d) $\dfrac{10^{3/2}s}{\left(\dfrac{1}{0.01}s+1\right)\left(\dfrac{1}{0.1}s+1\right)}$

第 5 章

5-1 稳定

5-2 不稳定,有两个右根

5-3 (1) 8； (2) 0.0127 s

5-4 (1) $0<K<\dfrac{109}{121}$；　(2) 不稳定；　(3) $K>\dfrac{-1+\sqrt{201}}{4}$；　(4) 不稳定

5-5 (1) 无；　(2) 2；　(3) 2；　(4) 1

5-6 (1) 不稳定；　(2) $-1<K<0$ 时稳定,$K<-1$ 或 $K>0$ 时不稳定；

(3) 稳定

5-7 $\begin{cases}K<-1\\T<0\end{cases}$ 时系统稳定

5-8 0.1

5-9 (1) $\gamma=-0.4°$,$K_g=0.98$,不稳定；　(2) $\gamma=57.7°$,$K_g=18.2$,稳定

5-10 均稳定

5-11 (1) $0<a<8$；　(2) $1.2<a<3$

5-12 $\begin{cases}0<T<\dfrac{1}{2a}\\K>a-a^2T\end{cases}$

5-13 $\begin{cases}\omega_1=16.6\ \text{rad/s}\\K_1=1.22\times10^6\end{cases}$ 和 $\begin{cases}\omega_2=3.82\times10^2\ \text{rad/s}\\K_2=1.75\times10^8\end{cases}$ 时闭环系统持续振荡

$1.22\times10^6<K<1.75\times10^8$ 时系统稳定

5-14 $a=\dfrac{1}{\sqrt[4]{2}}$

5-15 $\min\left\{T/T>\dfrac{1}{101}\right\}$

5-16 $0<K<6$

5-17 (1) 不稳定；　(2) 不稳定

5-18 $0<K<240$

5-19 $0<K<8$

5-20 $0<K<30$

5-21 (a) 稳定；　(b) 稳定

5-22 稳定

5-23 $\begin{cases} T_b>0 \\ T_m>0 \\ \dfrac{1}{T_m}+\dfrac{1}{T_b}>K_1K_2K_3K_4>0 \end{cases}$

5-24 $\begin{cases} T_b>0 \\ T_m>0 \\ \dfrac{1}{T_m}+\dfrac{1}{T_b}>K_1K_2K_3K_4>0 \end{cases}$

5-25 不稳定

第 6 章

6-1 (1) $K_p=50, K_v=K_a=0$； (2) $K_p=+\infty, K_v=K, K_a=0$；

(3) $K_p=+\infty, K_v=\dfrac{K}{200}, K_a=0$；(4) $K_p=K_v=+\infty, K_a=\dfrac{K}{10}$

6-2 $E(s)=(0.002s+0.000196s^2-0.000000792s^3+\cdots)X_i(s)$

(1) $+\infty$； (2) $+\infty$

6-4 $-0.2, 0.3$

6-5 (1) 5/6； (2) -10

6-6 当 $a>0$ 时，$e_{ss}=+\infty$；当 $a=0$ 时，$e_{ss}=0.01$

6-7 (1) $K_p=+\infty, K_v=10, K_a=0$；

(2) 当 $a_2\neq 0$ 时，$e_{ss}=+\infty$；当 $a_2=0, a_1\neq 0$ 时，$e_{ss}=\dfrac{a_1}{10}$；当 $a_2=a_1=0$ 时，$e_{ss}=0$

6-8 (1) 0； (2) $\dfrac{F+KK_h}{K}$

6-9 0.2，0.8

6-10 系统不稳定

6-11 2.08×10^{-3} rad

6-13 (1) $K_p=+\infty, K_v=2, K_a=0$； (2) 2.5 rad

6-14 $-\dfrac{1}{21}$

6-15 (1) 0.25； (2) 0.4

6-16 (1) 4； (2) $+\infty$

第 7 章

7-1 $\omega_{c1}\approx 50$ rad/s，$\gamma_1\approx 11.3°$，$\omega_{c2}\approx 125$ rad/s，$\gamma_2\approx 55.1°$

7-2 $\omega_{c1}\approx 59$ rad/s，$\gamma_1\approx -41°$，$\omega_{c2}\approx 15$ rad/s，$\gamma_2\approx 23°$

7-3 $\omega_{c1}\approx 45$ rad/s，$\gamma_1\approx -5.4°$，$\omega_{c2}\approx 5$ rad/s，$\gamma_2\approx 54.5°$

7-4 $K\leqslant 9.2$，$\omega_c\leqslant 9.2$ rad/s，$\gamma\approx 41.8°$，$M_p\leqslant 36\%$，$t_s\geqslant 1.15$ s

7-5 $G(s)\dfrac{K(\tau s+1)}{s}$，$\tau>T$，$K>0$

7-7 $G_j(s)=\dfrac{15\left(\dfrac{1}{0.5}s+1\right)(2.5s+1)}{\dfrac{1}{0.05}s+1}$

7-8 (1) $\gamma\approx45.6°$；　　(2) $+\infty$

7-10 $\gamma_1\approx-23.3°$，$\gamma_2\approx25.8°$，$G_j(s)=\dfrac{s+1}{10s+1}$

7-11 $G_j(s)=\dfrac{360\left(\dfrac{1}{9.9}s+1\right)}{\dfrac{1}{200}s+1}$

7-12 $G_j(s)=\dfrac{1000\left(\dfrac{1}{1.1}s+1\right)\left(\dfrac{1}{9.9}s+1\right)}{\left(\dfrac{1}{0.396}s+1\right)\left(\dfrac{1}{200}s+1\right)}$

7-13 $G_j(s)=\dfrac{(10^{-5}s+1)(10^{-6}s+1)}{\left(\dfrac{1}{316}s+1\right)\left(\dfrac{1}{3.16\times10^6}s+1\right)}$

7-14 $G_j(s)=\dfrac{0.1s+1}{s}$

7-15 (1) $G_j(s)=\dfrac{0.086(0.2s+1)}{0.07s+1}$；　(2) $G_j(s)=\dfrac{0.076(6.7s+1)}{10s+1}$

7-16 $G_j(s)=\dfrac{0.2s+1}{0.046s+1}$

7-17 $G_j(s)=\dfrac{0.5s+1}{0.04s+1}$

7-18 $G_j(s)=\dfrac{10.8s+1}{108s+1}$

7-20 $G_j(s)=\dfrac{0.89s^2+2.5s+2.5}{s}$

第 8 章

8-2 圆心为$(-z,j0)$，半径为$\sqrt{z^2-pz}$

8-3 $(-0.9,j0)$

8-6 (2) $K\approx0.95$

8-8 (2) 0.95

(4) $K_h=0$ 时，$M_p\approx16.5\%$，$t_s\approx8$ s

$K_h=0.5$ 时，$M_p\approx8\%$，$t_s\approx5$ s

$K_h=4$ 时，$M_p\approx0$，$t_s\approx8.5$ s

8-10 $K\approx 7.5$

第 9 章

9-2 $-36°$

9-4 量化单位 1.96 mV,量化误差 0.98 mV

9-5 (1) $y(kT)=1+2k-(-2)^k, k\geqslant 0$;

(2) $y(kT)=3(3^k-2^k), k\geqslant 0$;

(3) $y(kT)=-\frac{1}{2}\times 2^k+\frac{1}{6}\times 4^k+\frac{1}{3}, k\geqslant 0$

9-6 (1) $X(z)=\frac{z}{(z-1)^2}$; (2) $X(z)=\frac{z}{(z+1)(z+2)}$;

(3) $X(z)=\frac{z^2-z\mathrm{e}^{-aT}\cos(bT)}{z^2-2\mathrm{e}^{-aT}\cos(bT)z+\mathrm{e}^{-2aT}}$;

(4) $X(z)=\frac{1-z^{-n}}{1-z^{-1}}$;

(5) 设周期为 N,第一个周期内的 Z 变换为 $X_1(z)=\sum_{k=0}^{N-1}x(kT)z^{-k}$,

则 $X(z)=\frac{1}{1-z^{-N}}X_1(z)$

9-7 (1) $x(0)=2, x(+\infty)=2$; (2) $x(0)=0, x(+\infty)=+\infty$;

(3) $x(0)=5, x(+\infty)=+\infty$

9-8 (1) $\frac{z}{z-\mathrm{e}^{-aT}}$; (2) $\frac{z(1-\mathrm{e}^{-aT})}{(z-1)(z-\mathrm{e}^{-aT})}$;

(3) $\frac{1-\mathrm{e}^{-aT}}{z-\mathrm{e}^{-aT}}$; (4) $\frac{T\mathrm{e}^{-aT}z}{(z-\mathrm{e}^{-aT})^2}$

9-9 (1) $x(kT)=\left(-\frac{1}{3}\right)^{k+1}-\left(\frac{1}{2}\right)^{k+1}, k\geqslant 0$;

(2) $x(kT)=1(kT)-\mathrm{e}^{-kT}, k\geqslant 0$;

(3) $x(kT)=2^{k+1}-k-2, k\geqslant 0$;

(4) $\begin{cases}x(0)=0\\x(1)=1\\x(k)=-2+5\times 2^{k-2}, k\geqslant 2\end{cases}$

9-10 (1) $y(k)=\frac{8}{3}-2\times\left(\frac{1}{2}\right)^k+\frac{1}{3}\times\left(\frac{1}{4}\right)^k, k\geqslant 0$;

(2) $y(k)=\frac{1}{2}+\frac{1}{2}(-1)^k, k\geqslant 1$

9-11 (1) $y(k)=(-1)^k-(-2)^k, k\geqslant 0$;

(2) $y(k)=\frac{2+\mathrm{e}^{-aT}}{\mathrm{e}^{-2aT}+2\mathrm{e}^{-aT}-2}\mathrm{e}^{-a(k+1)T}+\frac{3+\sqrt{3}}{6(\sqrt{3}-1-\mathrm{e}^{-aT})}(-1+\sqrt{3})^{k+1}+$

$$\frac{\sqrt{3}-3}{6(\sqrt{3}+1+e^{-aT})}(-1-\sqrt{3})^{k+1},\quad k\geqslant 0;$$

(3) $y(k)=\frac{9}{8}(-3)^k-\frac{1}{4}(-1)^k+\frac{1}{8},k\geqslant 0$;

(4) $y(kT)=\frac{(5-13k)(-1)^k+k-1}{4},k\geqslant 0$

9-12 (a) $Y(z)=(1-z^{-1})Z\left[\frac{K}{s^2(s+a)}\right]X(z)$

$$=\frac{K}{a^2}(1-z^{-1})\left[\frac{aTz}{(z-1)^2}-\frac{z}{z-1}+\frac{z}{z-e^{-aT}}\right]X(z);$$

(b) $Y(z)=\frac{W(z)}{1+WH(z)}X(z)$;

(c) $Y(z)=\frac{D(z)W(z)}{1+D(z)WH(z)}X(z)$;

(d) $Y(z)=\frac{D(z)W(z)}{1+D(z)W(z)H(z)}X(z)$;

(e) $Y(z)=\frac{NW_2(z)}{1+W_1W_2(z)}$;

(f) $Y(z)=\frac{W(z)}{1+WH_1(z)+W(z)H_2(z)}X(z)$

9-13 $G_c(z)=\frac{k(1-e^{-aT})}{a(z-e^{-aT})+k(1-e^{-aT})}$

9-14 是代表同一系统。因为这两个系统的 z 特征多项式 $|z\boldsymbol{I}-\boldsymbol{\Phi}|$ 相同。

9-15 (1) 以原点为圆心的单位圆周；

(2) 由实轴上(1,0)点开始以 $\frac{2\pi}{T}$ 为角频率沿逆时针方向画圆心在原点的单位圆；

(3) 以原点为圆心的单位圆内；

(4) 以原点为圆心的单位圆外

9-16 (1) 不稳定； (2) 不稳定

9-17 (1) 稳定； (2) 不稳定

9-18 稳定

9-19 不稳定

9-20 (1) $\frac{az}{z-e^{-aT}}$； (2) $\frac{a-c}{a-b}\frac{z}{z-e^{-aT}}+\frac{c-b}{a-b}\frac{z}{z-e^{-bT}}$

9-21 (1) $\frac{1-e^{-aT}}{z-e^{-aT}}$;

(2) $(1-z^{-1})\left[\frac{c}{ab(1-z^{-1})}+\frac{a-c}{a(b-a)(1-e^{-aT}z^{-1})}+\frac{c-b}{b(b-a)(1-e^{-bT}z^{-1})}\right]$

9-22 (1) $G_1(z)=G_1(s)\Big|_{s=\frac{2}{T}\frac{z-1}{z+1}}=\frac{2.001-1.999z^{-1}}{1-z^{-1}}$;

(2) $u(k)=u(k-1)+2.001e(k)-1.999e(k-1)$

9-23 (1) $G(s)=\dfrac{2}{s^2+20s+400}$；

(2) 无阻尼自然频率 $\omega=20$ rad/s，一般取采样频率 $\omega_s=10\omega=200$ rad/s，$T=\dfrac{2\pi}{\omega_s}$。

$$G(z)=\frac{0.000784z^{-1}+0.000634z^{-2}}{1-1.250z^{-1}+0.534z^{-2}};$$

(3) $G_c(z)=\dfrac{KG(z)}{1+KG(z)}\overset{\text{def}}{=}\dfrac{B(z)}{A(z)}$，特征方程为 $A(z)=0$

第 10 章

10-1 $N=1-\dfrac{2}{\pi}\arcsin\dfrac{1}{X}+\dfrac{2}{\pi X}\sqrt{1-\dfrac{1}{X^2}}$

$x=0$ 时，$-\dfrac{1}{N}=-\infty$；$x=1$ 时，$-\dfrac{1}{N}=-\infty$；$x=+\infty$时，$-\dfrac{1}{N}=-1$

10-2 $\dfrac{\dot{e}}{e}=-\dfrac{1}{k+1}$

10-3 (1) AOB 曲线上为 $\dot{e}^2=-2(e-c)$；AOB 曲线下为 $\dot{e}^2=2(e-c)$；

(2) 与 e 轴相交处坐标为(2,0)

10-4 $N=k+\dfrac{4M}{\pi X}$

10-7 $\begin{cases}\omega=\sqrt{2}\ \text{rad/s}\\ e=2\sqrt{2}\end{cases}$ 对应不稳定极限环，$e<2\sqrt{2}$时稳定，$e>2\sqrt{2}$时不稳定

10-8 $X=2.121$，$\omega_X=1.414$ rad/s

10-10 不稳定焦点

10-12 系统(1)用描述函数法分析的准确度高

10-13 $N=\begin{cases}\dfrac{10}{\pi}\left[\arcsin\dfrac{3}{X}+\dfrac{3}{X}\sqrt{1-\left(\dfrac{3}{X}\right)^2}\right], & \text{当 } X>3\\ 5, & \text{当 } X\leqslant 3\end{cases}$

10-15 (a) $G(s)=\dfrac{G_1(s)}{1+G_1(s)G_2(s)}$；　(b) $G(s)=G_1(s)[1+G_2(s)]$；

(c) $G(s)=G_1(s)G_2(s)$；　(d) $G(s)=\dfrac{G_1(s)G_2(s)}{1+G_1(s)}$

10-17 (1) 稳定焦点；　(2) 稳定焦点；

(3) 稳定节点；　(4) 稳定节点

参考文献

[1] 董景新，赵长德，郭美凤，等．控制工程基础[M]．4 版．北京：清华大学出版社，2015．

[2] Experience Controls，Quanser Consulting Inc，2020．

[3] 张伯鹏．控制工程基础[M]．北京：机械工业出版社，1982．

[4] 高钟毓．机电控制工程[M]．3 版．北京：清华大学出版社，2011．

[5] 王显正，莫锦秋，王旭永．控制理论基础[M]．2 版．北京：科学出版社，2000．

[6] OGATA K．现代控制工程：第 4 版[M]．卢伯英，佟明安，译．北京：电子工业出版社，2017．

[7] 吴麒，王诗宓．自动控制原理：上[M]．2 版．北京：清华大学出版社，2006．

[8] 吴麒，王诗宓．自动控制原理：下[M]．2 版．北京：清华大学出版社，2006．

[9] 李友善．自动控制原理[M]．3 版．北京：国防工业出版社，2005．

[10] 杨叔子，杨克冲，吴波．机械工程控制基础[M]．6 版．武汉：华中科技大学出版社，2011．

[11] 阳含和．机械控制工程：上册[M]．北京：机械工业出版社，1986．

[12] 何克忠，李伟．计算机控制系统[M]．2 版．北京：清华大学出版社，2015．

[13] ASTROM K J，WITTENMARK B．计算机控制系统：原理与设计：第 3 版．[M]．周兆英，林喜荣，刘中仁，等译．北京：电子工业出版社，2001．

[14] 薛定宇．控制系统计算机辅助设计：MATLAB 语言及应用[M]．北京：清华大学出版社，1996．

[15] 张培强．MATLAB 语言：演算式的科学工程计算语言[M]．合肥：中国科学技术大学出版社，1995．

[16] 胡泽滋，方建国，商鼎成．现代控制工程理论及习题解答[M]．贵阳：贵州人民出版社，1982．

[17] 陈小琳．自动控制原理例题习题集[M]．北京：国防工业出版社，1982．

[18] DRIELS M．Linear Control Systems Engineering[M]．北京：清华大学出版社，2000．

[19] FRANKLIN G F，POWELL J D，NAEINI A E．Feedback Control of Dynamic Systems[M]．4th ed．Upper saddle River：Prentice Hall Inc，2002．

[20] DORF R C，BISHOP R H．现代控制系统：第 12 版[M]．北京：电子工业出版社，2012．

[21] VAN J V D．Feedback Control System[M]．3rd ed．Upper Saddle River：Prentice-Hall Inc．，1994．

[22] DOEBELIN E O．Control System Principles and Design[M]．Upper Saddle River：Prentice-Hall Inc．，1985．

[23] 孙增圻．计算机控制理论及应用[M]．2 版．北京：清华大学出版社，2008．

[24] 何衍庆，姜捷，江艳君，等．控制系统分析、设计和应用：Matlab 语言的应用[M]．北京：化学工业出版社，2003．

[25] 王凤如．巧妙使用 Simulink 绘制非线性系统的相轨迹[J]．电气电子教学学报，2004，26(6)：109-112．

[26] 李钟慎．超前校正器的根轨迹法设计及其 MATLAB 实现[J]．微计算机信息，2003(8)：84-85．

[27] 王春侠．基于 MATLAB 语言的非线性系统相空间分析[J]．电气传动自动化，2003(6)：40-42，45．

[28] 赵长德，郭美凤，董景新，等．控制工程基础实验指导[M]．北京：清华大学出版社，2007．

[29] 郭晨．非线性系统自适应控制理论及应用[M]．北京：科学出版社，2102．

[30] NORBERT N．控制论：或关于在动物和机器中控制和通讯的科学：第 2 版[M]．郝季仁，译．北京：科学出版社，1963．

[31] 自动控制与系统工程大事年表[EB/OL]．[2019-03-09][2022-03-21]．https://wenku.baidu.com/view/96fdd4ddce2f0066f4332200.html．

[32] 董景新，郭美凤，陈志勇，等．控制工程基础(第 4 版)习题解[M]．北京：清华大学出版社，2017．

质检04